REPETITORIUM DER INGENIEURMATHEMATIK

TEIL 2

Dietrich Feldmann

Repetitorium der Ingenieurmathematik, Teil 1

Standardarbeitsbuch zur Ingenieurmathematik

1. Grundbegriffe
2. Reelle Zahlen
3. Elementare Funktionen
4. Komplexe Zahlen
5. Vektorrechnung
6. Matrizen
7. Differentialrechnung
8. Integralrechnung
9. Reihen
10. Funktionen mehrerer Veränderlichen
11. Gewöhnliche DGLn
12. Mehrfache Integrale
13. Differentialgeometrie
14. Vektoranalysis

• Über 1000 Beispiele und Aufgaben •

ISBN 3–923923–00–7 unverbindlich empfohlener LP 21,80 DM

Repetitorium der Ingenieurmathematik, Teil 3

Wahrscheinlichkeitsrechnung und Statistik

1. Mengenlehre und Kombinatorik
2. Ereignisse und Wahrscheinlichkeit
3. Zufallsvariable
4. Parameter einer Verteilung
5. Wichtige Verteilungen
6. Zufallsvektoren
7. Grenzwertsätze
8. Korrelation und Regression
9. Beschreibende Statistik
10. Schätzungen unbekannter Konstanten
11. Konfidenzintervalle
12. Prüfungen von Hypothesen

• Über 200 Beispiele und Aufgaben •

ISBN 3–923923–30–9 unverbindlich empfohlener LP 18,80 DM

4.Auflage

Binomi Verlag, Am Bergfelde 28, 3257 Springe 2 Tel/Fax 05045–528

Druck: Buchdruckwerkstätten Hannover GmbH, Schwarzer Bär 8, 3000 Hannover 91

Zu beziehen beim Verlag oder im Buchhandel ISBN 3–923923–04–X

Hannover, 4/93–6

Vorwort

Dieses Buch ist weder ein Lehrbuch noch kann es mathematische Vorlesungen ersetzen, im Gegenteil: Die Möglichkeiten, den Stoff parallel zur Vorlesung zu erarbeiten, soll es verbessern helfen, um mehr Studenten in die Lage zu versetzen, den Stoff *sofort* nacharbeiten zu können.

Unsere Erfahrungen zeigen, daß viele Studenten der Ingenieurwissenschaften zum Verständnis mathematischen Stoffes Beispiele benötigen, anhand derer sie versuchen, Inhalt und Aussage von Sätzen, Formeln und Verfahren zu verstehen. Das geschieht gewöhnlich in Übungen, leider aber zunehmend unter Zeitdruck. Damit ist ein Ziel dieses Buches umrissen: Mathematik durch Beispiele leichter verständlich zu machen.

Da es sich in der Angewandten Mathematik meist um das handelt, was man "Verfahren" nennt, werden in der Mehrzahl Rechnungen vorgeführt, die Theorie dazu ist Gegenstand von Vorlesungen. Auch werden die Verfahren gewöhnlich in ihrer "ursprünglichen" Form vorgeführt, also ohne Abwandlungen für Sonderfälle bzw. weitere Verallgemeinerungen.

Wir meinen, daß viele "Verfahren" im Grunde recht einfach sind. Um so bedauerlicher ist es, daß nicht wenige Studenten hiermit Probleme haben. Das Ziel einer *wissenschaftlichen* Ausbildung geht aber weit über ein Anwendenkönnen von Verfahren hinaus: Die zugehörige Theorie und ihre Grenzen soll der Student kennenlernen um ggf. diese dem vorliegenden Problem anpassen und die dann gewonnenen Ergebnisse richtig einschätzen zu können. Wir hoffen, daß es dem Lernenden anhand unserer Beispiele erleichtert wird, die Verfahren zu verstehen, um Zeit für das Verständnis der genannten Zusammenhänge zu finden, wie sie in Vorlesungen gebracht werden.

Ein weiteres Ziel dieses Buches ist es, bei Prüfungen, insbesondere Klausuren, zu helfen; viele der Beispiele waren Klausuraufgaben. Daher sind die Beispiele meist einfach, um "per Hand" gerechnet werden zu können. Hier befindet sich der Student *vor* Prüfungen in der Situation, sich selbst prüfen zu müssen, um herauszufinden, ob seine Vorbereitung ausreichend, besser: gut ist. *Während* einer Klausur sucht er, soweit erlaubt, nach Hilfsmitteln, die ihn auf den richtigen Weg führen und ist für Tips dankbar. Dazu soll der zu Beginn eines jeden Kapitels stehende kurze Abschnitt "Besondere Tips und Hinweise" dienen: Man kann sich damit hoffentlich schnell und richtig an Wesentliches und Nützliches erinnern; Grafiken und Übersichten sollen den Ablauf eines Verfahrens veranschaulichen. Hier stehen häufig auch Tips mit dem Tenor *"erst denken - dann rechnen"*. So geschieht es in Klausuren "im Eifer des Gefechts" leider oft, daß jemand das Integral über ein Intervall [-a,a] für eine ungerade Funktion "berechnet" und dann (hoffentlich) 0 herausbekommt; besser ist es, *vorher* zu bemerken, daß dieses notwendig der Wert des Integrals ist. Solche und ähnliche Tips findet man hier, bezogen auf den Stoff des jeweiligen Abschnittes. Wenn das nicht ausreicht, suchen sich viele Studenten in Klausursituation Beispiele, die der Klausuraufgabe möglichst ähneln und versuchen, sich daran zu orientieren. Um dieses zu erleichtern, sind wie die Übersichten auch die Beispiele weitgehend gegliedert. Etwa: 1) Auflösen nach ..., 2) Einsetzen in ..., 3) Integrieren ... usw.. Auch dadurch soll der Ablauf einer Rechnung übersichtlich gemacht werden.

Ein ausführlicher alphabetischer Index soll die Suche nach Begriffen erleichtern.

Dietrich Feldmann

Vorwort zu dieser Auflage

Für diese Auflage wurden insbesondere diejenigen Abschnitte, die Differentialgleichungen betreffen, neu bearbeitet. Bei gewöhnlichen Differentialgleichungen bekamen Anfangswertaufgaben sowie Rand- und Eigenwertaufgaben jeweils eigene Kapitel.
Die Beispiele zu den Rand- und Eigenwertaufgaben, die sich per Hand rechnen lassen, ergeben häufig schlechte Resultate, da die Zahl der verwendeten Knoten oder Parameter notwendig klein sein muß. Aus diesem Grunde wurden jeweils die Ergebnisse zugefügt, die man bekommt, wenn mit einer größeren Anzahl gerechnet wird; damit soll gezeigt werden, was diese Verfahren in diesem Fall leisten.
Natürlich ist man dabei auf Rechner angewiesen. Alle so gewonnenen Werte wurden mit den Prozeduren und Programmen aus *"Turbo-Pascal-Quelltexte zur Ingenieur-Mathematik"* berechnet. Gleiches gilt für die partiellen Differentialgleichungen.
Der Abschnitt über Laplace-Transformation wurde um Anwendungen in Elektrotechnik und Mechanik ergänzt.

D.F. Lehrte, im März 1993

Inhaltsverzeichnis

Lineare Gleichungssysteme

Besondere Tips und Hinweise

1. Man mache sich die im 1. Abschnitt genannten Sachverhalte gut klar.
2. Gaußscher Algorithmus
   a) Ein Gleichungssystem $A\vec{x}=\vec{b}$ wird gelöst durch Überführung in $R\vec{x}=\vec{c}$, wobei R eine obere Dreiecksmatrix ist (wenn A quadratisch), das dann durch Rückwärtssubstitution ("von unten") gelöst wird. Um Rundungsfehler möglichst klein zu halten, sollte man, insbesondere wenn Koeffizienten stark abweichender Größenordnungen auftretetn, das System vor der weiteren Behandlung äquilibrieren (skalieren) - besser: so tun, als ob man es täte (Beispiel 2 am Schluß).
   Dabei sind drei Fälle möglich:
   1. Natürliche Pivotwahl: Die jeweils links oben stehende Zahl des entstandenen Systems wird zur Elimination benutzt (Beispiele 1 und 4).
   2. Partielle Pivotwahl (Spalten-Pivotwahl): Die betragsgrößte *unter* der links oben stehenden Zahl wird zur Elimination benutzt, z.B. wenn oben links eine 0 steht. Das hat auf die Lösung keinen Einfluß.
      ♥ Besonderer Tip: Bei Handrechnung erzeugt man leicht Brüche, daher nehme man dann nicht unbedingt die betragsgrößte Zahl sondern eine andere (wenn möglich ±1) (Beispiel 2).
   3. Totale Pivotwahl: Die betragsgrößte Zahl im Rest-System Zahl wird nach links oben gebracht. Das erfordert die Notierung der Spaltenvertauschungen in einem Permutationsvektor, weil die Lösung des entstandenen Systems eine Permutation der des gegebenen ist (Beispiel 3).
      ♥ Besonderer Tip: Bei Handrechnung meist schwerfällig, man erzeugt Brüche, auch wenn A und $\vec{b}$ ganzzahlig sind; im Rechner vorteilhaft.

   b) Bei 1. und 2. ergibt sich ohne Zusatzrechnung eine Zerlegung von A, nämlich $A=L\cdot R$ (bei natürlicher, Beispiel 1) oder $P\cdot A=L\cdot R$ (bei partieller Pivotwahl Beispiel 2), wobei P eine Permutationsmatrix ist, R obere ("rechte") und L untere ("linke") Dreiecksmatrix, die auf der Diagonale lauter 1 hat. $P\cdot A$ entsteht dabei aus A durch Vertauschung der Zeilen untereinander.
   c) Auch lineare Matrizengleichungen $A\cdot X=B$ lassen sich als "mehrere Gleichungssysteme mit gleicher Koeffizientenmatrix A und mehreren rechten Seiten, den Spalten von B" behandeln (Beispiel 5), insbesondere Berechnung der Inversen (Beispiel 6).
3. Sonderfall: Tridiagonalmatrizen
   Variante des Gauß-Algorithmus, die berücksichtigt, daß viele Elemente der Koeffizientenmatrix bereits 0 sind (Beispiel 7).
4. Verfahren von Banachiewicz (erläuterndes Beispiel 8)
   Variante des Gauß-Algorithmus, die Schreibarbeit erspart: man schreibt das System, ohne die Zwischenresultate zu notieren, Zeile für Zeile um. Man richte sich bei der Rechnung nach den angegebenen Skizzen, die die Vorgehensweise verdeutlichen (wird Pivotwahl gemacht, wird die Sache leicht zu einer verwirrenden Konzentrationsaufgabe).

5. QR-Zerlegung (Beispiel 10)

   Die Matrix A wird dargestellt als Produkt A=Q·R, wobei Q orthogonale Matrix ist (d.h. $Q^{-1}=Q^T$) und R obere Dreiecksmatrix. Man berechnet $A^{(1)}$, $A^{(2)}$,..., $A^{(n-1)}$=R und Q als Produkt von Householder-Matrizen. Die Lösung des Gleichungssystem $A\vec{x}=\vec{b}$ ist dann aus $R\vec{x}=Q^T\vec{b}$ zu berechnen.

   ♥ Besonderer Tip: $A^{(i)}$ hat dieselben Zeilen und Spalten 1 bis i-1 wie $A^{(i-1)}$.

6. Cholesky-Verfahren (Beispiele 11, 12, 13)

   Die Matrix A wird zdargestellt als Produkt $A=U\cdot U^T$, wobei U untere Dreiecksmatrix mit positiven Diagonalelementen ist. Geht genau dann, wenn A symmetrisch (im komplexen Fall: hermitesch) und positiv definit ist. Ist die letzte Voraussetzung (die man A nicht wie die erste sofort ansieht) nicht erfüllt, ergibt sich ein Widerspruch. Ist wohl das einfachste Verfahren, um positive Definitheit zu prüfen (Beispiel 11). Zur Vorgehensweise siehe die Übersichtsskizzen. Man berechnet die Lösung des Gleichungssystems $A\vec{x}=\vec{b}$ aus $U\vec{c}=\vec{b}$ und dann $U^T\vec{x}=\vec{c}$. (Beispiele 12, 13, 14).

7. Jacobi-Verfahren (Gesamtschritt-Verfahren) (Beispiele 15, 16, 17)

   Typisches Iterationsverfahren: Aus einer "Näherung" wird eine neue berechnet, aus dieser dann nach derselben Regel wieder eine neue usw. Man löst nach der Diagonale auf und dividiert durch das jeweilige Diagonalelement. Dann setzt man rechts einen Startvektor ein und berechnet daraus (links) einen "neuen" Vektor, den man wieder rechts einsetzt usw. Die entstehende Folge konvergiert gegen die Lösung, wenn das starke Zeilensummenkriterium erfüllt ist.

   Wenn es nicht erfüllt ist: Könnte es nach Änderung der Reihenfolge der Gleichungen zu erfüllen sein?

   2 Fehlerabschätzungen (wobei Zeilensummennorm einfach zu handhaben):

   a) a priori: nach dem ersten Iterationsschritt durch Vergleich mit dem Startvektor.

   b) a posteriori: nach dem letzten Schritt durch Vergleich mit dem vorletzten (genauer).

8. Gauß-Seidel-Verfahren (Einzelschrittverfahren) (Beispiele 18, 19, 20)

   Man gebe einen Startvektor vor. Aus der ersten Gleichung berechne man die erste Komponente des neuen Vektors (wie beim Jacobi-Verfahren); dann aus der 2. Gleichung dessen 2. Komponente, verwende aber bereits die berechnete *neue* erste Komponente. Aus der 3. Gleichung berechne man die neue 3. Komponente, verwende aber dabei die *neu* berechnete 1. und 2.Komponente usw. (hier liegt der Unterschied zum Jacobi-Verfahren). Wie das Jacobi-Verfahren insbesondere für große Systeme geeignet. 2 Fehlerabschätzungen analog dem Jacobi-Verfahren. Die entstehende Folge konvergiert gegen die Lösung, wenn das starke Zeilensummenkriterium erfüllt ist. Wenn es nicht erfüllt ist: Könnte es nach Änderung der Reihenfolge der Gleichungen zu erfüllen sein?

9. Rundungsfehler

   A. Abschätzung der Fehler bei der Lösung linearer Gleichungssysteme (Beispiel 21).

   B. Verbesserung von Näherungen: Nachiteration (Beispiel 22).

   C. Untersuchung, wie genau die *Lösung* sein kann, wenn die *Eingangs-Werte* (in A und/oder $\vec{b}$) nicht genau bekannt sind (Beispiel 23).

D. Satz von Prager und Öttli: Beantwortet die Frage, ob ein Vektor $\vec{x}$ als Lösung eines Gleichungssystems "brauchbar, akzeptabel" ist aufgrund der Rundungen der Matrix und der rechten Seite des Gleichungssystems.

♥ Besonderer Tip: Die Verwendung der ∞–Norm (Zeilensummen-Norm) ist meist am einfachsten (nicht unbedingt am effektivsten).

♥ Besonderer Tip: Man denke bei Abschätzungen insbesondere an die *Submultiplikativität:* $\|A \cdot B\| \leq \|A\| \cdot \|B\|$ (für jede Matrixnorm).

♥ Besonderer Tip: Vorsicht, wenn Vektoren als *Zeilen*-Vektoren geschrieben werden, obwohl sie im Sinne der Matrizenrechnung als *Spalten*-Vektoren zu schreiben wären oder transponiert sind (mit ' oder ^{T} oben): Dann ist z.B. $\|(2,3,-9)^T\|_\infty=9$ und $\|(2,3,-9)^T\|_1=14$ (der Name Zeilensummen- bzw. Spaltensummenmaximum kann bei oberflächlicher Betrachtung zu Mißverständnissen führen).

10. Methode der kleinsten Quadrate für überbestimmte Systeme

Ein überbestimmtes System (mehr Gleichungen als "Unbekannte") hat i.a. keine Lösung. Man berechnet den Vektor, der in gewissem Sinne den "Fehler" minimal macht. Er genügt einem aus dem gegebenen Gleichungssystem gewonnenen linearen Gleichungssystem.

Zu allen in diesem Kapitel behandelten Verfahren (und weiteren) stehen Quelltexte (Prozeduren, Programme und weitere Beispiele) in *"Turbo-Pascal-Quelltexte zur Ingenieur-Mathematik"*. Auch die verschiedenen Normen, Konditionszahlen usw. sind dort programmiert.

Eine vielleicht überflüssige Bemerkung:

In der *Geometrie* schreibt man Vektoren als oft "Zeilen- oder Spaltenvektoren", sie meinen jeweils dasselbe *geometrische Objekt:* (3,5,1) und $(3,5,1)^T$ ist derselbe Punkt oder Ortsvektor ein und desselben Punktes.

In der *Matrizenrechnung* muß man zwischen beiden unterscheiden: Die Vektoren (3,5,1) und $(3,5,1)^T$ sind verschiedene Objekte (1 Zeile 3 Spalten bzw. 3 Zeilen 1 Spalte).

Besondere Aufmerksamkeit ist erforderlich, wenn Produkte auftreten ("Zeilen mal Spalten") oder Normen ("Zeilen- oder Spaltensummennorm"), da diese Ausdrücke sonst etwas Falsches suggerieren könnten. So ist z.B. das Skalarprodukt von (2,3,5) mit (3,–1,3) als $(2,3,5)\cdot(3,-1,3)^T$ zu schreiben (auch $(3,-1,3)'$ ist verbreitet) –in der Vektorrechnung oft kurz $(2,3,5)\cdot(3,-1,3)$. Auch bei $\vec{x}^T A\vec{x}$ ($\vec{x}$ Spaltenvektor) beachte man dieses; $\vec{x}^T$ ist Zeilenvektor. Ferner ist z.B.

$\|(2,-6,3)\|_\infty=11$ aber $\|(2,-6,3)^T\|_\infty=6$ (s.o.)

1. Vorbemerkungen zu den numerischen Verfahren

A. Bei der Beschreibung und Anwendung vieler Verfahren zur Lösung linearer Gleichungssysteme oder Eigenwertaufgaben kommen besondere Typen von Matrizen vor, mit deren Hilfe die gegebene Matrix (meist sukzessive) in gewisser Hinsicht vereinfacht wird, wobei bestimmte Eigenschaften (z.B. die Lösungen des Gleichungssystems oder das charakteristische Polynom, damit die Eigenwerte) erhalten bleiben oder auf übersichtliche Art verändert werden (z.B. die Eigenvektoren). So bringen z.B. der Gaußsche Algorithmus das System auf Dreiecksform, das Wilkinsonverfahren und die Householder-Transformation die Matrix auf Hessenbergform.

B. Bei der Fehlerabschätzung ist es nötig, den "Abstand" zweier Vektoren oder Matrizen zu "messen". Hier sind drei "Abstandsbegriffe" (sie werden Normen genannt) von besonderer Bedeutung.

Beispiel: Welche Näherung für (1.0,3.7,2.6,1.3) ist "besser":

(1.1,3.6,2.5,1.2) oder (1.0,3.7,2.6,1.7)?

Die Antwort lautet zunächst wohl: "Das kommt darauf an, was man will", mathematisch: welche Norm man verwendet.

A. Besondere Matrizen und ihre Eigenschaften

Im Folgenden stehen leere Plätze in Matrizen für Nullen.

1. Transpositionsmatrizen

a) Begriff

Es sei E die n×n-Einheitsmatrix (also auf der Diagonale 1, sonst 0). Jede Matrix, die aus E durch Vertauschung zweier Zeilen (oder Spalten) hervorgeht, heißt eine *Transpositionsmatrix:* P_{ik} geht aus E durch Vertauschung der i-ten mit der k-ten Spalte (oder Zeile, was dasselbe Resultat hat) hervor.

Beispiel

Ist n=5, so ist

$$P_{24} = \begin{pmatrix} 1 & 0 & 0 & 0 & 0 \\ 0 & 0 & 0 & 1 & 0 \\ 0 & 0 & 1 & 0 & 0 \\ 0 & 1 & 0 & 0 & 0 \\ 0 & 0 & 0 & 0 & 1 \end{pmatrix} \quad \begin{matrix} \\ \text{(alte 4. Zeile)} \\ \\ \text{(alte 2. Zeile)} \\ \\ \end{matrix}$$

b) Eigenschaften bezüglich der Multiplikation

Multipliziert man eine Matrix A *von links* (bzw. *rechts*) mit einer Transpositionsmatrix P_{ik}, so entsteht dieses Produkt $P_{ik}A$ (bzw. AP_{ik}) aus A durch Vertauschung der i-ten mit der k-ten *Zeile* (bzw. *Spalte*).

Beispiel (n=4)

$$A = \begin{pmatrix} 2 & 3 & 1 & 4 & 5 \\ 2 & 1 & 3 & 2 & 1 \\ 4 & 2 & 1 & 4 & 3 \\ 2 & 4 & 2 & 3 & 6 \end{pmatrix}, \quad P_{23}A = \begin{pmatrix} 2 & 3 & 1 & 4 & 5 \\ 4 & 2 & 1 & 4 & 3 \\ 2 & 1 & 3 & 2 & 1 \\ 2 & 4 & 2 & 3 & 6 \end{pmatrix}, \quad AP_{23} = \begin{pmatrix} 2 & 1 & 3 & 4 & 5 \\ 2 & 3 & 1 & 2 & 1 \\ 4 & 1 & 2 & 4 & 3 \\ 2 & 2 & 4 & 3 & 6 \end{pmatrix}$$

c) **Inverse**

Die Inverse von P_{ik} ist wieder P_{ik} (denn Multiplikation von P_{ik} mit sich selbst bewirkt ein "Rückvertauschen"). Ferner ist auch die Transponierte wieder P_{ik}.

2. Permutationsmatrizen

a) Begriff

Jedes Produkt von Transpositionsmatrizen heißt *Permutationsmatrix.*

Beispiel (n=4)

$$P = P_{24}P_{14} = \begin{pmatrix} 0 & 0 & 0 & 1 \\ 1 & 0 & 0 & 0 \\ 0 & 0 & 1 & 0 \\ 0 & 1 & 0 & 0 \end{pmatrix}$$

Diese Matrix wird durch die zugehörige Permutation $\vec{\sigma} = (2,4,3,1)$ beschrieben, da in ihr die *Spalten* der Einheitsmatrix in dieser Reihenfolge stehen. Man kann auch so beschreiben: Eine Permutationsmatrix ist eine Matrix, die aus der Einheitsmatrix durch eine beliebige Vertauschung (Permutation) der Spalten (bzw. Zeilen) hervorgeht. Dann steht in jeder Zeile und jeder Spalte *genau eine* 1, sonst 0.

b) Inverse

Die Inverse der Permutationsmatrix P ist P^T. Ein Beispiel für zwei Faktoren:

$$\text{Aus } P = P_{ik}P_{rs} \text{ folgt } P^{-1} = (P_{ik}P_{rs})^{-1} = P_{rs}^{-1}P_{ik}^{-1} = P_{rs}^T P_{ik}^T = (P_{ik}P_{rs})^T = P^T.$$

Beispiel

Die vorige Matrix P hat die Inverse

$$P^{-1} = P^T = \begin{pmatrix} 0 & 1 & 0 & 0 \\ 0 & 0 & 0 & 1 \\ 0 & 0 & 1 & 0 \\ 1 & 0 & 0 & 0 \end{pmatrix}$$

Zu ihr gehört die Permutation $\vec{\tau} = (4,1,3,2)$, die auch mit $\vec{\sigma}^{-1}$ bezeichnet wird, wenn $\vec{\sigma}$ die von P bezeichnet (in ihr stehen die *Zeilen* in der Reihenfolge (2,4,3,1)).

c) Eigenschaften bezüglich der Multiplikation

Multipliziert man eine Matrix A von *links* (bzw. *rechts*) mit einer Permutationsmatrix P, so vertauschen sich ihre *Zeilen* (bzw. *Spalten*) entsprechend der Permutationsmatrix P (bzw. P^T) miteinander (d.h. der zugehörigen Permutationen, die diese Vertauschungen beschreiben).

Beispiel

Multipliziert man die folgende Matrix A von links bzw. rechts mit der zu $\vec{\sigma}=(2,4,3,1)$ gehörigen Permutationsmatrix P (siehe oben), so bekommt man

$$A = \begin{pmatrix} 3 & 2 & 4 & 7 \\ 1 & 3 & 2 & 6 \\ 0 & 3 & 1 & 3 \\ 2 & 9 & 1 & 3 \end{pmatrix}, \quad PA = \begin{pmatrix} 2 & 9 & 1 & 3 \\ 3 & 2 & 4 & 7 \\ 0 & 3 & 1 & 3 \\ 1 & 3 & 2 & 6 \end{pmatrix}, \quad AP = \begin{pmatrix} 2 & 7 & 4 & 3 \\ 3 & 6 & 2 & 1 \\ 3 & 3 & 1 & 0 \\ 9 & 3 & 1 & 2 \end{pmatrix}$$

In AP stehen die *Spalten* in der Reihenfolge $\vec{\sigma}=(2,4,3,1)$, dem zu P gehörigen Permutationsvektor, in PA die *Zeilen* in der Reihenfolge (4,1,3,2), dem zu $P^{-1}=P^T$ gehörenden Permutationsvektor.

3. Diagonalmatrizen

a) Begriff

Eine *Diagonalmatrix* ist eine quadratische Matrix, deren Elemente außerhalb der Diagonale alle 0 sind. Wir bezeichnen die Diagonalelemente einer solchen Matrix mit d_1, d_2, ...

b) Eigenschaften bezüglich der Multiplikation

Multipliziert man eine Matrix von *links* (bzw. *rechts*) mit einer Diagonalmatrix, so multipliplizieren sich die *Zeilen* (bzw. *Spalten*) von A der Reihe nach mit d_1, d_2, ...

Beispiel (Leerplätze stehen für 0)

$$\begin{pmatrix} 3 & & \\ & 4 & \\ & & -3 \end{pmatrix} \cdot \begin{pmatrix} 1 & 2 & 3 \\ 2 & 2 & 1 \\ 3 & -2 & -4 \end{pmatrix} = \begin{pmatrix} 3 & 6 & 9 \\ 8 & 8 & 4 \\ -9 & 6 & 12 \end{pmatrix}$$

$$\begin{pmatrix} 1 & 2 & 3 \\ 2 & 2 & 1 \\ 3 & -2 & -4 \end{pmatrix} \cdot \begin{pmatrix} 3 & & \\ & 4 & \\ & & -3 \end{pmatrix} = \begin{pmatrix} 3 & 8 & -9 \\ 6 & 8 & -3 \\ 9 & -8 & 12 \end{pmatrix}$$

c) Inverse einer Diagonalmatrix

Sind alle Diagonalelemente d_1, d_2, ... der Diagonalmatrix D ungleich 0, so existiert die Inverse von D und ist ebenfalls Diagonalmatrix mit den Diagonalelementen $1/d_1$, $1/d_2$, ...

Beispiel

$$\begin{pmatrix} 3 & & & & \\ & -1/3 & & & \\ & & 2 & & \\ & & & -1 & \\ & & & & 0.2 \end{pmatrix} \text{ hat die Inverse } \begin{pmatrix} 1/3 & & & & \\ & -3 & & & \\ & & 1/2 & & \\ & & & -1 & \\ & & & & 5 \end{pmatrix}.$$

4. Frobenius-Matrizen

a) Begriff

Ist E Einheitsmatrix und ersetzt man die Nullen unterhalb *einer* der 1 durch beliebige Zahlen, so erhält man eine *Frobenius-Matrix.*

Beispiel

$$L_2 = \begin{pmatrix} 1 & & & \\ & 1 & & \\ & 2 & 1 & \\ & -1 & & 1 \end{pmatrix}$$

ist eine Frobenius-Matrix. Wir bezeichnen sie mit L_2; der Index 2 soll andeuten, daß in der 2. Spalte von E unter dem Diagonalelement beliebige Zahlen stehen. (Der Buchstabe L soll an die LR-Zerlegung von Matrizen erinnern, wo diese Matrizen auftreten.) Es werden die Zahlen 2 bzw. -1 mit l_3 bzw. l_4 bezeichnet.

b) Eigenschaften bezüglich der Multiplikation

Multipliziert man eine Matrix A von *links* mit einer Frobenius-Matrix L_k, so entsteht das Produkt $L_k \cdot A$ aus A dadurch, daß

- die *Zeilen* 1 bis k ungeändert bleiben und
- Vielfache der k-ten *Zeile* zu den folgenden *Zeilen* addiert werden und zwar
  - zur k+1-ten Zeile das in der l_{k+1}-fache
  - zur k+2-ten Zeile das in der l_{k+2}-fache
  - usw.

Beispiel

$$\begin{pmatrix} 1 & & & \\ & 1 & & \\ & 5 & 1 & \\ & -2 & & 1 \end{pmatrix} \cdot \begin{pmatrix} 2 & 3 & 1 & 4 \\ 1 & 3 & 6 & 0 \\ 2 & 2 & 7 & 1 \\ 1 & 1 & 3 & 7 \end{pmatrix} = \begin{pmatrix} 2 & 3 & 1 & 4 \\ 1 & 3 & 6 & 0 \\ 7 & 17 & 37 & 1 \\ -1 & -5 & -9 & 7 \end{pmatrix}$$

Hier ist k=2. Die Zeilen 1 und 2 bleiben also ungeändert, die 3. Zeile der rechts stehenden Poduktmatrix entsteht aus der alten 3. Zeile durch Addition des l_3=5-fachen (die 5 in der 3. Zeile von L_2) der 2. Zeile und die 4. Zeile durch Addition des l_4=(-2)-fachen (-2 der 4. Zeile von L_2) der 2. Zeile zur alten 4. Zeile.

Multipliziert man eine Matrix A von *rechts* mit einer Frobenius-Matrix L_k, so entsteht das Produkt $A \cdot L_k$ aus A dadurch, daß

- alle *Spalten* bis auf die k-te Spalte ungeändert bleiben und
- die k-te *Spalte* aus der alten k-ten Spalte dadurch entsteht, indem zu ihr addiert wird
  - das l_{k+1}-fache der k+1-ten Spalte
  - das l_{k+2}-fache der k+2-ten Spalte
  - usw.

Beispiel

$$\begin{pmatrix} 3 & 2 & 5 & 1 \\ 4 & 1 & 0 & -1 \\ 4 & 5 & 1 & 2 \\ 1 & -2 & -4 & 3 \end{pmatrix} \cdot \begin{pmatrix} 1 & & & \\ & 1 & & \\ & 2 & 1 & \\ & -3 & & 1 \end{pmatrix} = \begin{pmatrix} 3 & 9 & 5 & 1 \\ 4 & 4 & 0 & -1 \\ 4 & 1 & 1 & 2 \\ 1 & -19 & -4 & 3 \end{pmatrix}$$

Hier ist k=2. Nur die 2. Spalte von A ändert sich und entsteht dadurch, daß zu ihr das 2-fache der 3. und das (-3)-fache der 4. Spalte addiert werden (z.B. $-19=-2+2\cdot(-4)+(-3)\cdot 3$).

c) Inverse einer Frobenius-Matrix

Die Inverse einer Frobenius-Matrix L_k entsteht dadurch, daß die Elemente unterhalb der Diagonale mit (-1) multipliziert werden.

Beispiel (Leerplätze 0)

$$\begin{pmatrix} 1 & & & & \\ & 1 & & & \\ & 5 & 1 & & \\ & -3 & & 1 & \\ & 0 & & & 1 \end{pmatrix} \text{ hat die Inverse } \begin{pmatrix} 1 & & & & \\ & 1 & & & \\ & -5 & 1 & & \\ & 3 & & 1 & \\ & 0 & & & 1 \end{pmatrix}$$

B. Vektor- und Matrixnormen

Vektornormen

Um den "Abstand" zwischen zwei Vektoren anzugeben, gibt es verschiedene Möglichkeiten:

Beispiel

$$\vec{a} = \begin{pmatrix} 2.34 \\ 1.36 \\ -2.40 \end{pmatrix} \text{ sei eine "Näherung" für } \vec{b} = \begin{pmatrix} 2.38 \\ 1.31 \\ -2.42 \end{pmatrix}, \text{ dann ist } \vec{a}-\vec{b} = \begin{pmatrix} -0.04 \\ -0.05 \\ 0.02 \end{pmatrix}.$$

1. Möglichkeit: Der Betrag $|\vec{a}-\vec{b}| = \sqrt{(0.04^2+0.05^2+0.02^2)} = 0.067$ ist ein "Maß" für die "Güte der Näherung" $\vec{a}$ für $\vec{b}$. Wir schreiben hierfür auch $\|\vec{a}-\vec{b}\|_2$. Das ist die *euklidische Norm.*
2. Möglichkeit: Die Summe der Beträge der Elemente von $\vec{a}-\vec{b}$, die mit $\|\vec{a}-\vec{b}\|_1$ bezeichnet wird: $0.04+0.05+0.02 = 0.11$; sie ist ebenfalls ein "Maß" für die Güte der Näherung. Dieses ist die *Spaltensummennorm.*
3. Möglichkeit: Der Betrag der betragsgrößten Komponente von $\vec{a}-\vec{b}$, der mit $\|\vec{a}-\vec{b}\|_\infty$ bezeichnet wird: 0.05. Das ist die *Maximumnorm.*

Eigenschaften:

Es gilt für jede dieser Normen die Dreiecksungleichung $\|\vec{a}+\vec{b}\| \le \|\vec{a}\|+\|\vec{b}\|$.

Es gilt für jeden n-dimensionalen Vektor $\vec{x}$: $\|\vec{x}\|_\infty \le \|\vec{x}\|_2 \le \|\vec{x}\|_1 \le n\cdot\|\vec{x}\|_\infty$.

Beispiel

Ein lineares Gleichungssystem wurde gelöst und man erhielt als Näherung für die Lösung $\vec{x}$ den Vektor

$$\vec{x}_o = \begin{pmatrix} 71.326 \\ 39.753 \\ 88.232 \end{pmatrix}.$$

1. Wenn man weiß, daß $\|\vec{x}-\vec{x}_o\|_\infty \le 0.003$ gilt, dann weicht *keine* der Komponenten der Näherung $\vec{x}_o$ um mehr als 0.003 von denen der (unbekannten) Lösung ab, es liegt also die erste Komponente von $\vec{x}$ zwischen 71.326−0.003 und 71.326+0.003, die zweite zwischen 39.753−0.003 und 39.753+0.003 und die dritte zwischen 88.232−0.003 und 88.232+0.003.
2. Wenn man weiß, daß $\|\vec{x}-\vec{x}_o\|_1 \le 0.007$ gilt, dann ist die *Summe* der Differenzen der Komponenten höchstens 0.007. Wenn die erste Komponente um mindestens 0.005 abweicht, bleibt für die anderen noch eine Abweichung um höchstens 0.002.
3. Bei $\|\vec{x}-\vec{x}_o\|_2$ handelt es sich um den "normalen" (euklidisch genannten) Abstand der durch $\vec{x}_o$ und $\vec{x}$ bestimmten Punkte (Satz von Pythagoras).

Matrixnormen

Zu jeder der drei genannten *Vektor*-Normen gehört eine *Matrix-Norm.* Ist $A = (a_{ik})$ eine m×n-Matrix, so sind:

1. $\|A\|_1 = \max \{ \sum_{i=1}^{m} |a_{ik}| \;/\; 1 \le k \le n\}$: *Spaltensummennorm*

Beispiel

Für die Matrix

$$A = \begin{pmatrix} 2 & -3 & 3 \\ 5 & 5 & -4 \\ 0 & 8 & -5 \end{pmatrix}$$

ist $\|A\|_1$ = max {7 , 16 , 12} = 16 (16 ist die Summe der Beträge der 2. Spalte).

2. $\|A\|_2$ bezeichnet die Wurzel aus dem größten Eigenwert der symmetrischen Matrix U:=$A^T A$ und wird *Spektralnorm* genannt. Auch $A \cdot A^T$ ist möglich, beide Matrizen haben dieselben Eigenwerte. Es ist dann übrigens

$$\|A\|_2 = \max\{ \|A\cdot\vec{x}\|_2 \ / \ \|\vec{x}\|_2 = 1 \}.$$

Alle Eigenwerte von U sind reell und nicht-negativ.

Beispiel

Für die Matrix A aus obigem Beispiel ist

$$A^T = \begin{pmatrix} 2 & 5 & 0 \\ -3 & 5 & 8 \\ 3 & -4 & -5 \end{pmatrix} \text{ und } A^T A = \begin{pmatrix} 29 & 19 & -14 \\ 19 & 98 & -69 \\ -14 & -69 & 50 \end{pmatrix}.$$

(Man sieht, daß $A^T A$ symmetrisch ist.) Die Matrix $A^T A$ hat die Eigenwerte 0.93859, 24.46546 und 151.59684, die Wurzel aus dem größten unter ihnen ist 12.31247 (alle Werte auf diese Stellen gerundet). Also ist $\|A\|_2$ = 12.31247.

3. $\|A\|_1 = \max \{ \sum_{k=1}^{n} |a_{ik}| \ / \ 1 \le i \le m \}$: *Zeilensummennorm*

Beispiel

Die obige Matrix A hat die Zeilensummennorm $\|A\|_\infty$ = max {8 , 14 , 13} = 14 (14 ist Summe der Beträge der Elemente der 2. Zeile von A).

Es gilt für jede dieser Matrixnormen die "Dreiecksungleichung": $\|A+B\| \le \|A\|+\|B\|$.

Ferner gilt die *Submultiplikativität*: $\|A\cdot B\| \le \|A\|\cdot\|B\|$, das ist Kennzeichen einer *Matrix*-Norm.

Zusammenhang zwischen Vektor- und Matrixnorm:

Für das Produkt einer *Matrix* A mit einem *Vektor* $\vec{x}$ gilt $\|A\vec{x}\| \le \|A\|\cdot\|\vec{x}\|$, wobei jeweils für Matrix und Vektor *dieselbe* Norm (Index 1, 2 oder ∞) zu nehmen ist. Diese Eigenschaft nennt man *Verträglichkeit* von Matrix- und Vektornorm. Aus diesem Grunde bezeichnet man diese sich so entsprechenden Normen häufig mit dem gleichen Symbol.

C. Konditionszahl einer Matrix

Ist A eine quadratische reguläre (d.h. invertierbare) Matrix, so heißt die Zahl cond(A)=$\|A\|\cdot\|A^{-1}\|$ die *Konditionszahl* von A. Dabei bedeuten die beiden Normen eine der drei behandelten (1, 2 oder ∞, die auch als Index, z.B. $\text{cond}_\infty(A)$ angefügt wird).

Beispiel

Für die Matrix

$$A = \begin{pmatrix} -14 & 12 & -2 \\ 2 & 0 & -2 \\ 2 & -4 & 2 \end{pmatrix} \text{ ist } A^{-1} = \begin{pmatrix} -1/4 & -2/4 & -3/4 \\ -1/4 & -3/4 & -4/4 \\ -1/4 & -4/4 & -3/4 \end{pmatrix}.$$

Ihre Zeilensummennormen sind $\|A\|_\infty=28$ und $\|A^{-1}\|_\infty=2$, daher ist $\mathrm{cond}_\infty(A) = 28\cdot 2= 56$.
Es ist $\|A\|_1=18$, $\|A^{-1}\|_1=2.5$ und daher $\mathrm{cond}_1(A)=18\cdot 2.5=45$.

Die Berechnung von $\mathrm{cond}_2(A)$ ist erheblich mühseliger:
Man berechnet (beachten, daß $A^{T^{-1}}=(A^{-1})^T$ gilt)

$$A^T A = \begin{pmatrix} 204 & -176 & 28 \\ -176 & 160 & -32 \\ 28 & -32 & 12 \end{pmatrix}, \quad A^{T^{-1}}A^{-1} = \frac{1}{16}\cdot\begin{pmatrix} 3 & 9 & 10 \\ 9 & 29 & 30 \\ 10 & 30 & 34 \end{pmatrix}$$

und findet die größten Eigenwerte dieser beiden Matrizen mit einem der Verfahren zur Eigenwert-Berechnung (z.B. von Mises-Iteration): $\lambda = 364.4166$ der ersten und $\lambda = 4.0340$ der zweiten Matrix. Daher sind die 2-Normen dieser Matrizen (Wurzeln daraus):

$\|A^T A\|_2=19.0897$, $\|A^{T^{-1}}A^{-1}\|_2=2.0085$ und $\mathrm{cond}_2(A)=19.0897\cdot 2.0085\approx 38.3415$.

2. Der Gauß-Algorithmus

Der Gauß-Algorithmus dient

a) zur Lösung linearer Gleichungssysteme und ist die mehr algorithmische Form des bekannten Gaußschen Eliminationsverfahrens,

b) zur Berechnung der LR-Zerlegung (Links-Rechts) einer Matrix,

c) zur Berechnung der Determinante einer quadratischen Matrix.

Gegeben sei ein lineares Gleichungssystem $A\vec{x} = \vec{b}$, wobei A eine $m \times n$-Matrix ist.

a) Das Gleichungssystem wird durch Elimination (äquivalent) so umgeformt, daß ein Gleichungssystem $B\vec{y} = \vec{c}$ entsteht, dabei hat die $m \times n$-Matrix B die Form

$$B = \begin{pmatrix} b_{11} & b_{12} & \cdots & b_{1r} & * & * & \cdots & * \\ & b_{22} & \cdots & b_{2r} & * & * & \cdots & * \\ & & \cdot\cdot\cdot & \cdot\cdot\cdot & \cdot\cdot\cdot & \cdot\cdot\cdot & \cdot\cdot\cdot & \\ & & & b_{rr} & * & * & \cdots & * \\ & & & & 0 & 0 & \cdots & 0 \\ & & & & & \cdot\cdot\cdot & \cdot\cdot & \\ & & & & 0 & 0 & \cdots & 0 \end{pmatrix}$$

Hier stehen leere Plätze für Nullen. Dieses Gleichungssystem kann man dann "rückwärts" durch Einsetzen ab r-ter Gleichung lösen, wenn es lösbar ist (i.a. hat es dann mehrere, unendlich viele Lösungen). Bei quadratischen Systemen (m=n) wird oft r=n sein. Hierbei geht $\vec{y}$ aus $\vec{x}$ durch Vertauschungen der Komponenten hervor (oft ist $\vec{y}=\vec{x}$, z.B. bei natürlicher und partieller Pivotwahl).

b) Es werden je eine Matrix L ("links"), R ("rechts") und P ("Permutation") berechnet, wobei L eine untere Dreiecksmatrix mit nur 1 auf der Diagonale ist, R eine obere Dreiecksmatrix und P eine Permutationsmatrix sind, für die gilt

$P \cdot A = L \cdot R$ (L-R d.h. "links-rechts-Zerlegung" von $P \cdot A$).

$P \cdot A$ entsteht also aus A durch Vertauschung der Zeilen (was auf die Lösung des Gleichungssystems keinen Einfluß hat, da das lediglich eine andere Reihenfolge der Gleichungen bedeutet; vielfach ist P=E). $P \cdot A$ ist also als Produkt von zwei Dreiecksmatrizen dargestellt.

Häufig wird die Zerlegung als LU-Zerlegung bezeichnet: 'Lower-Upper'.

c) Ist A quadratisch, so ist detA das Produkt der Diagonalelemente von R, wenn keine Permutationen gemacht wurden, sonst gilt $|\det A| = |\det R|$.

<u>Beispiel 1</u>

Man löse das Gleichungssystem $A\vec{x} = \vec{b}$, wobei

$$A = \begin{pmatrix} 4 & 2 & 1 & -1 & 3 \\ 4 & 3 & 3 & 0 & 0 \\ 12 & 8 & 8 & 1 & 0 \\ 4 & 4 & 2 & -3 & 6 \\ 8 & 5 & 4 & 1 & 6 \end{pmatrix}, \quad \vec{b} = \begin{pmatrix} 3 \\ 4 \\ 13 \\ 1 \\ 9 \end{pmatrix}.$$

Ferner bestimme man eine LR-Zerlegung von A (falls möglich).

Lösung:

Die erste Gleichung wird der Reihe nach mit 1, 3, 1 und 2 multipliziert und jeweils von der 2., 3., 4. und 5. Gleichung (Zeile) *subtrahiert*, um x_1 aus diesen Gleichungen zu eliminieren. Diese Faktoren sind die Quotienten a_{i1}/a_{11} für i=2,3,4,5, also der Reihe nach 4/4, 12/4, 4/4 und 8/4 (wichtig für die mehr formale Berechnung mit einem Programm auf einem Rechner). Wir schreiben nur die Koeffizientenmatrix und etwas abgesetzt den entstehenden Vektor $\vec{b}$ auf, hinter den Gleichungen notieren wir die genannten Faktoren 1, 3, 1 und 2 (schreiben also diese Faktoren nicht hinter die *erste* Gleichung, wie man es oft übersichtlich macht, man beachte auch, daß *subtrahiert* wird; leere Plätze stehen für Nullen:

4	2	1	-1	3	3	
	1	2	1	-3	1	1
	2	5	4	-9	4	3
	2	1	-2	3	-2	1
	1	2	3	0	3	2

In der ersten Spalte stehen also unter der 4 (dem *Pivot-Element*) Nullen.

Nun verfahren wir analog mit dem "Rest", indem das 2-, 2- bzw. 1-fache der nun zweiten Zeile (Gleichung) von den drei folgenden subtrahiert wird (die erste Zeile bleibt ungeändert). Diese Faktoren sind die Zahlen a_{i2} (i=3,4,5) dividiert durch das Pivot-Element a_{22} (jeweils in dem letzten System - man wird, wenn man mit einem Computer arbeitet, für die neu entstehenden Matrizen keine neuen Variablen vereinbaren sondern die alte Matrix "überschreiben"). Dann lautet das entstehende System

4	2	1	-1	3	3		
	1	2	1	-3	1	1	
		1	2	-3	2	3	2
		-3	-4	9	-4	1	2
		0	2	3	2	2	1

Hier haben wir hinter die vorigen Gleichungen erneut die genannten Faktoren geschrieben. Mit dem nun entstandenen System verfahren wir analog, subtrahieren also das -3-fache der 3. Zeile von der 4. und das 0-fache von der 5. Zeile:

4	2	1	-1	3	3			
	1	2	1	-3	1	1		
		1	2	-3	2	3	2	
			2	0	2	1	2	-3
			2	3	2	2	1	0

Im letzten Schritt subtrahieren wir das 1-fache der 4. Zeile (Gleichung) von der 5. Zeile und erhalten so das "Endschema"

4	2	1	-1	3	3				
	1	2	1	-3	1	1			
		1	2	-3	2	3	2		
			2	0	2	1	2	-3	
				3	0	2	1	0	1

Die Determinante von A ist $4 \cdot 1 \cdot 1 \cdot 2 \cdot 3 = 24$.

Das entstandene System wird nun "rückwärts" durch Einsetzen ("Rückwärts-Substitution") gelöst, man erhält der Reihe nach

$x_5 = 0,\ x_4 = 1\ ,\ x_3 = 0,\ x_2 = 0,\ x_1 = 1,$ also den Lösungsvektor

$\vec{x} = (1,0,0,1,0)^T$.

Wir schreiben $\vec{x}$ also als Spaltenvektor (^{T} deutet das an); der Grund ist, daß in Matrix-Schreibweise $A\vec{x}=\vec{b}$ die Lösung $\vec{x}$ ein Spaltenvektor ist; in bezug auf die Lösung des Gleichungssystems ist das unwesentlich.

Der Grund dafür, daß wir die Faktoren hinter den "eigentlichen" Gleichungen notiert haben, ist der Folgende: Die hier entstandene Matrix ist, wenn man ihre Diagonale durch lauter 1 ersetzt, die gesuchte Matrix L, links steht die aus A entstandene Matrix R:

$$L = \begin{pmatrix} 1 & & & & \\ 1 & 1 & & & \\ 3 & 2 & 1 & & \\ 1 & 2 & -3 & 1 & \\ 2 & 1 & 0 & 1 & 1 \end{pmatrix}, \quad R = \begin{pmatrix} 4 & 2 & 1 & -1 & 3 \\ & 1 & 2 & 1 & -3 \\ & & 1 & 2 & -3 \\ & & & 2 & 0 \\ & & & & 3 \end{pmatrix},$$

wobei leere Plätze für 0 stehen. Man prüfe nach, daß in der Tat $A = L \cdot R$ gilt (hierbei sieht man, daß obige Rechnung erneut nachvollzogen wird). Hier ist also $P=E$ die Einheitsmatrix.

Hinweis: Der erste Schritt (also die Erzeugung der Matrix mit Nullen unter der 4 in der ersten Spalte) bedeutet in Matrix-Formulierung, daß A von *links* mit der Frobenius-Matrix

$$L_1 = \begin{pmatrix} 1 & & & & \\ -1 & 1 & & & \\ -3 & & 1 & & \\ -1 & & & 1 & \\ -2 & & & & 1 \end{pmatrix} \quad \text{multipliziert wird}$$

(siehe Multiplikationseigenschaften der Frobenius-Matrizen), weswegen Frobenius-Matrizen mit dem Buchstaben L (links) bezeichnet wurden.

Rechnet man mit einem Rechner, so wird man, um Platz im Arbeitsspeicher zu sparen, die Zahlen der Matrix L (bis auf die Diagonalelemente) auf den entsprechenden Plätzen der Matrix A (wo nun Nullen entstanden sind) speichern. Dann sieht das letzte Schema im Rechner so aus (ohne die rechte Seite):

4	2	1	-1	3
1	1	2	1	-3
3	2	1	2	-3
1	2	-3	2	0
2	1	0	1	3

Der Strich soll die Trennungslinie der Elemente der Matrizen R und L (ohne die Diagonale 1,1,1,1,1 von L) markieren.

Wäre auf der Diagonale eine 0 (und darunter nicht überall auch) entstanden, so hätte das Verfahren *so* offenbar nicht geklappt. Man sagt, wir haben das Verfahren mit ***natürlicher Pivotwahl*** durchgeführt (durchführen können, nicht müssen). Das folgende Beispiel zeigt, wie man im anderen Fall verfahren kann.

Beispiel 2

Man löse folgendes Gleichungssystem $A\vec{x} = \vec{b}$ und berechne eine LR-Zerlegung:

$$A = \begin{pmatrix} 4 & 1 & 2 & -1 \\ 8 & 2 & 3 & 0 \\ 16 & 3 & 1 & 10 \\ 12 & -2 & -3 & 16 \end{pmatrix}, \quad \vec{b} = \begin{pmatrix} 9 \\ 14 \\ 8 \\ -10 \end{pmatrix}$$

Lösung:

In obiger Schreibweise bekommt man

4	1	2	-1	9			
	0	-1	2	-4	2		
	-1	-7	14	-28	4		
	-5	-9	19	-37	3		

Hier kann man die -1 und -5 nicht mit Hilfe der 0 darüber eliminieren. Daher suche man nun in der zweiten Spalte unter der 0 eine Zahl $\neq 0$ (wenn es eine solche nicht gibt, hat man also die gewünschten Nullen und kann mit der nächsten Spalte weitermachen) und vertausche die entsprechende Zeile mit der zweiten Zeile (was einer Multiplikation mit einer Transpositionsmatrix von links entspricht, siehe dort, und auf die Lösung des *Gleichungssystems* keinen Einfluß hat, wohl aber eine andere *Matrix* entstehen läßt). Wir wählen die -1 unter der Null, vertauschen also die 2. mit der 3. Zeile; das entspricht einer Multiplikation mit der Transpositionsmatrix P_{23}: wir haben es fortan mit der Matrix $P_{23}A$ zu tun. Die Zahl -1, die dann auf der Diagonale steht, ist unser Pivot-Element.

Wir hätten ebensogut die zweite mit der vierten Gleichung vertauschen können, dann wäre die Zahl -5 Pivot-Element geworden und die Matrix $P_{24}A$ behandelt worden. Da -5 die betragsgrößte der Zahlen ist, wäre dieses Vorgehen *partielle Pivotwahl* oder *Spalten-Pivot-Wahl.*

4	1	2	-1	9			
	-1	-7	14	-28	4		
	0	-1	2	-4	2		
	-5	-9	19	-37	3		

Nun geht es weiter wie beschrieben, um Nullen unter der -1 zu erzeugen:

4	1	2	-1	9			
	-1	-7	14	-28	4		
		-1	2	-4	2	0	
		26	-51	103	3	5	

Weiter mit der entstandenen -1 auf der Diagonale als Pivot-Element:

4	1	2	-1	9			
	-1	-7	14	-28	4		
		-1	2	-4	2	0	
			1	-1	3	5	-26

Hieraus ist das Ergebnis, die Lösung des Gleichungsstems zu berechnen:

$$x_4 = -1, \; x_3 = 2, \; x_2 = 0, \; x_1 = 1, \text{ also } \vec{x} = (1,0,2,-1)^T.$$

Eine LR-Zerlegung der Matrix A ist also nicht möglich, wir haben aber eine LR-Zerlegung der

Matrix P·A erhalten, also P·A=L·R, wobei (Probe) $P=P_{23}$ und

$$L = \begin{pmatrix} 1 & & & \\ 4 & 1 & & \\ 2 & 0 & 1 & \\ 3 & 5 & -26 & 1 \end{pmatrix}, \quad R = \begin{pmatrix} 4 & 1 & 2 & -1 \\ & -1 & -7 & 14 \\ & & -1 & 2 \\ & & & 1 \end{pmatrix}$$

Hätte man noch einmal vertauschen müssen, wäre P das Produkt *zweier* Transpositionsmatrizen, also eine Permutationsmatrix.

Es ist noch det(P·A)=det(L·R)=det(R)=4·(-1)·(-1)·1=4 (Produkt der Diagonalelemente von R), da $\det(P)=(-1)^1$ (eine Permutation), ist det A=-4.

Bevor man ein Gleichungssystem löst, kann man es *skalieren:* Dazu dividiere man jede Gleichung durch die Summe der Beträge aller Koeffizienten dieser Zeile. Das ist besonders dann empfehlenswert, wenn die Koeffizienten unterschiedliche Größenordnung haben.

In unserem Beispiel ist die erste Gleichung durch 4+1+2+1=8, die zweite durch 8+2+3+0=13, die dritte durch 30 und die vierte durch 33 zu dividieren. Nach dieser *Skalierung* ist es *zeilenäquilibriert*, d.h. alle Zeilensummen (der Beträge) sind einander gleich, hier 1. Danach fährt man mit etwa partieller Pivot-Wahl fort.

Diese Skalierung führt man allerdings nicht wirklich aus, sondern benutzt im ersten Schritt als Pivot-Element das betragsgrößte der ersten Spalte nach (gedachter) Skalierung: Die erste Spalte lautet nach Skalierung 4/8, 8/13, 16/30 und 12/33, die betragsgrößte dieser Zahlen ist 8/13, also wird im Ausgangssystem die Zahl $a_{21}=8$ Pivot-Element: Zeile 1 und 2 werden vertauscht (wie betont: ohne die Zeilen wirklich zu dividieren). Der Rest ist dann analog zu rechnen.

Bei partieller Pivot-Wahl ohne Skalierung wäre $a_{31}=16$ Pivot-Element geworden. Hätte man die 1. Gleichung mit 100 multipliziert, so wäre bei partieller Pivot-Wahl diese $a_{11}=400$ Pivot-Element: Man sieht, *so* könnte man (außer Nullen) jede zur betragsgrößten machen wobei i.a. Zahlen unterschiedlicher Größenordnung entstehen.

Man kann auch in jedem Schritt das betragsgrößte Element der "Restmatrix" nach links oben, also in die Position des Pivot-Elementes auf der Diagonale bringen. Man spricht dann von *totaler Pivotwahl.* Das folgende Beispiel zeigt das.

Beispiel 3

Man berechne die Lösung des Gleichungssystems $A\vec{x}=\vec{b}$, wobei

$$A = \begin{pmatrix} 1 & 4 & 2 & -1 \\ 2 & 8 & 3 & 0 \\ 6 & 32 & 2 & 20 \\ -2 & 12 & -3 & 16 \end{pmatrix}, \quad \vec{b} = \begin{pmatrix} 9 \\ 14 \\ 16 \\ -10 \end{pmatrix}$$

unter Verwendung totaler Pivot-Wahl.

Lösung:

Pivot-Element im ersten Schritt ist die betragsgrößte Zahl der Matrix A, also 32. Um diese Zahl der 3. Zeile und 2. Spalte nach links oben zu bringen, müssen die 1. und 3. Zeile vertauscht werden (entspricht Multiplikation mit der Transpositionsmatrix P_{13} von *links* und hat keinen Einfluß auf die Lösung, da es auf die Reihenfolge der Gleichungen nicht ankommt; da wir eine LR-Zerlegung nicht suchen, notieren wir diese Vertauschung nicht) und dann die 1. mit der 2. *Spalte*. Letzteres entspricht der Multipliklation mit der Transpositionsmatrix P_{12} von *rechts*. Nach diesem letzten Schritt gehört die Variable ("Unbekannte") x_1 zur 2. und x_2 zur 1. Spalte, anders: Diese Variablen stehen nun in der Reihenfolge x_2,x_1,x_3,x_4 - das muß also im Folgenden bedacht werden. Wir notieren daher diese Vertauschung in dem Permutationsvektor (siehe bei Permutationsmatrizen) $\vec{\sigma}$ = (2 1 3 4), der die Reihenfolge der *Spalten* im Vergleich zur Matrix A beschreibt. Nun lautet das System

32	6	2	20	16	$\vec{\sigma}$ = (2 1 3 4)
8	2	3	0	14	
4	1	2	-1	9	
12	-2	-3	16	-10	

Nun werden mit der 32 als Pivot-Element die Zahlen darunter zu 0 gemacht (aus den entsprechenden Gleichungen x_2, das ja nun zur ersten Spalte gehört, eliminiert). Man bekommt in der üblichen Notierung (wobei wir die Faktoren, die die Frobenius-Matrix L_1 bestimmen, der Übersichtlickkeit wegen wieder dahinter schreiben):

32	6	2	20	16	$\vec{\sigma}$ = (2 1 3 4)
	0.50000	2.50000	-5.00000	10	0.25
	0.25000	1.75000	-3.50000	7	0.125
	-4.25000	-3.75000	*8.50000*	-16	0.375

Man erkennt, daß "krumme" Zahlen entstehen, weswegen dieses Verfahren mit totaler Pivotwahl im Falle einer Handrechnung ungeeignet erscheint; bei Benutzung eines Computers allerdings hat es viele Vorteile (der Rechner speichert die reelle Zahl 6 z.B. als +0.600000000E+001 o.ä. und rechnet *damit*). Pivot-Element ist nun 8.5 (kursiv gedruckt) als betragsgrößte Zahl im nun zu behandelnden Restsystem, sie steht als a_{44} in der 4. Zeile, 4. Spalte. Um sie nach links oben, genauer: als a_{22} an die Stelle der 0.5 (2. Zeile, 2. Spalte) zu bekommen, muß von links mit P_{24} multipliziert werden (bewirkt Vertauschung der 2. mit der 4. Zeile, aber keine Änderung des Lösungsvektors) und von rechts mit P_{24} (bewirkt Vertauschung der *Spalten* 2 und 4), womit nun die Ausgangsmatrix insgesamt von *rechts* mit der Permutationsmatrix $P_{12}P_{24}$ multipliziert wurde, zuerst die 1. und 2. Spalte, dann die (neue) 2. mit der (neuen) 4. Spalte vertauscht wurden. Hiermit wird aus der bisherigen Permutation $\vec{\sigma}$ = (2 1 3 4) die neue Permutation $\vec{\sigma}$ = (2 4 3 1) (Element an 2. und 4. Stelle vertauschen) der *Spalten*. Dann also entsteht

32	20	2	6	16	$\vec{\sigma}$ = (2 4 3 1)
	8.50000	-3.75000	-4.25000	-16	
	-3.50000	1.75000	0.25000	7	
	-5.00000	2.50000	0.50000	10	

Nun werden mit der 8.5 als Pivot-Element dieses zweiten Gauß-Schrittes die darunter stehenden

Zahlen zu Null gemacht (wir notieren die Faktoren Übersicht wegen rechts daneben und notieren nur 5 Stellen nach dem Komma):

32	20	2	6	16		$\vec{\sigma}$ = (2 4 3 1)
	8.50000	-3.75000	-4.25000	-16		
		0.20588	-1.50000	0.41177	-0.41176	
		0.29412	*-2.00000*	0.58816	-0.58824	

Das Pivot-Element ist -2 (kursiv gedruckt. 4. Zeile, 4. Spalte). Um sie auf die Diagonalstelle links oben im Restsystem zu bekommen, müssen die 3. und 4. Zeile miteinander vertauscht werden (keinen Einfluß auf die Lösung) und die 3. und 4. Spalte. Damit entsteht aus der letzten Permutation $\vec{\sigma}$ = (2 4 3 1) die Permutation $\vec{\sigma}$ = (2 4 1 3). Man bekommt dann nach der Vertauschung und dem nächsten Eliminationsschritt das Endschema

32	20	6	2	16	$\vec{\sigma}$ = (2 4 1 3)
	8.50000	-4.25000	-3.75000	-16	
		-2.00000	0.29412	0.58824	
			-0.01471	-0.02941	

Wir haben die Faktoren für die Elimination rechts nun fortgelassen.

Dieses letzte System liefert der Reihe nach, von rückwärts gelöst, die Zahlen

$y_4 = 2,\ y_3 = 0,\ y_2 = -1,\ y_1 = 1$, also $\vec{y} = (1,-1,0,2)$.

Diese sind eine Permutation der Komponenten x_1, x_2, x_3, x_4 von $\vec{x}$.

Berechnung von $\vec{x}$

1. Möglichkeit (genau hinsehen)

   Die Komponenten von $\vec{x}$ stehen in der Reihenfolge $\vec{\sigma}$ = (2 4 1 3):

   An 1., 2., 3. bzw. 4. Stelle von $\vec{y}$ stehen x_2, x_4, x_1, bzw. x_3.

   Umgekehrt: x_1, x_2, x_3 bzw. x_4 stehen an 3., 1., 4. bzw. 2. Stelle in $\vec{y}$:

   $\vec{x} = (y_3, y_1, y_4, y_2)^T = (0,1,2,-1)^T$.

2. Möglichkeit (mehr formal)

   Bezeichnet P die zu $\vec{\sigma}$ = (2 4 1 3) gehörige Permutationsmatrix (bezieht sich immer auf die Reihenfolge der *Spalten*), so ist $P^{-1} = P^T$ (siehe Permutationsmatrizen). In P^T stehen die *Spalten* in der Reihenfolge $\vec{\tau}$ = (3 1 4 2) = $\vec{\sigma}^{-1}$.

   Daher multipliziere man den Spaltenvektor $\vec{y}$ von *links* mit P^T: Die *Zeilen* (Elemente) vertauschen sich gemäß $\vec{\tau}$.

Es soll ein Beispiel für ein nicht-quadratisches Gleichungssystem vorgeführt werden:

<u>Beispiel 4</u>

Man berechne alle Lösungen des Gleichungssystems $A\vec{x} = \vec{b}$, wobei

$$A = \begin{pmatrix} 2 & 4 & 2 & 6 & 1 \\ 2 & 7 & 5 & 4 & 1 \\ 4 & 11 & 7 & 12 & 3 \\ 2 & 1 & -3 & 4 & -1 \end{pmatrix}, \quad \vec{b} = \begin{pmatrix} -7 \\ 0 \\ -10 \\ -10 \end{pmatrix}.$$

Lösung:

Wir schreiben die entstehenden Schemata hin, notieren dort, wo die Nullen entstehen, die Fakoren, die zur Elimination benutzt wurden. Wenn nicht anders vermerkt, verwenden wir natürliche Pivotwahl, d.h. benutzen immer die jeweils auf der Diagonale stehende Zahl als Pivot-Element.

$$\begin{array}{rrrrr|r} 2 & 4 & 2 & 6 & 1 & -7 \\ 1 & 3 & 3 & -2 & 0 & 7 \\ 2 & 3 & 3 & 0 & 1 & 4 \\ 1 & -3 & -5 & -2 & -2 & -3 \end{array}$$

Nächster Schritt:

$$\begin{array}{rrrrr|r} 2 & 4 & 2 & 6 & 1 & -7 \\ 1 & 3 & 3 & -2 & 0 & 7 \\ 2 & 1 & 0 & 2 & 1 & -3 \\ 1 & -1 & -2 & -4 & -2 & 4 \end{array}$$

Hier wird Pivotwahl nötig: Wir vertauschen die 3. mit der 4. Zeile (entspricht Multiplikation mit der Transpositionsmatrix P_{34} von links und hat auf die Lösung des Gleichungssystem keinen Einfluß):

$$\begin{array}{rrrrr|r} 2 & 4 & 2 & 6 & 1 & -7 \\ 1 & 3 & 3 & -2 & 0 & 7 \\ 1 & -1 & -2 & -4 & -2 & 4 \\ 2 & 1 & 0 & 2 & 1 & -3 \end{array}$$

Nun ist also ein System entstanden, das von rückwärts gelöst werden kann. Dabei kann eine der beiden Variablen ("Unbekannten") x_5 oder x_4 beliebig gewählt werden (hätte etwa x_4 den Faktor 0 statt 2, so könnte man *nur* x_4 beliebig vorgeben; würde man x_5 beliebig wählen, etwa 1, so ergäbe sich die Gleichung $0 \cdot x_4 = 1$, die keine Lösung hat). Setzt man etwa $x_5 = t$, so bekommt man der Reihe nach:

$$x_5 = t, \; x_4 = (-3-t)/2, \; x_3 = 1, \; x_2 = (1-t)/3, \; x_1 = (-2+5t)/3,$$

als Vektor geschrieben

$$\vec{x} = \begin{pmatrix} -2/3 \\ 1/3 \\ 1 \\ -3/2 \\ 0 \end{pmatrix} + t \cdot \begin{pmatrix} 5/3 \\ -1/3 \\ 0 \\ -1/2 \\ 1 \end{pmatrix}, \quad t \in \mathbb{R}.$$

Man kann auch lineare Matrix-Gleichungen $A \cdot X = B$ mit dem Gaußschen Algorithmus lösen. Der einzige Unterschied zum bisher behandelten Fall eines linearen Gleichungssystems ist, daß man mehrere rechte Seiten hat.

Ein Sonderfall ergibt sich für $B = E$ (Einheitsmatrix), dann ist X die Inverse (wenn sie existiert, A also regulär ist).

Beispiel 5

Man berechne alle Matrizen X mit AX=B, wobei

$$A = \begin{pmatrix} 2 & -2 & 1 & 3 \\ 4 & -3 & 3 & 8 \\ 6 & -8 & 2 & 6 \\ 8 & -5 & 3 & 17 \end{pmatrix}, \quad B = \begin{pmatrix} -3 & -10 & 1 \\ -3 & -23 & 5 \\ -14 & -26 & -2 \\ -4 & -50 & 12 \end{pmatrix}.$$

Lösung:

Man erhält der Reihe nach bei natürlicher Pivotwahl folgende Schemata, wobei wir die Quotienten l_{ij} links auf die Plätze der a_{ij} schreiben:

1. Schritt:

$$\begin{array}{c|ccc|ccc} 2 & -2 & 1 & 3 & -3 & -10 & 1 \\ \hline 2 & 1 & 1 & 2 & 3 & -3 & 3 \\ 3 & -2 & -1 & -3 & -5 & 4 & -5 \\ 4 & 3 & -1 & 5 & 8 & -10 & 8 \end{array}$$

2. Schritt:

$$\begin{array}{cc|cc|ccc} 2 & -2 & 1 & 3 & -3 & -10 & 1 \\ 2 & 1 & 1 & 2 & 3 & -3 & 3 \\ \hline 3 & -2 & 1 & 1 & 1 & -2 & 1 \\ 4 & 3 & 4 & -1 & -1 & -1 & -1 \end{array}$$

3. Schritt:

$$\begin{array}{ccc|c|ccc} 2 & -2 & 1 & 3 & -3 & -10 & 1 \\ 2 & 1 & 1 & 2 & 3 & -3 & 3 \\ 3 & -2 & 1 & 1 & 1 & -2 & 1 \\ \hline 4 & 3 & -4 & 3 & 3 & -9 & 3 \end{array}$$

Dieses ist die schematische Schreibweise für *drei* Gleichungssysteme, nämlich für die 1., die 2. und die 3. Spalte der rechten Seite, wobei die linke Seite stets dieselbe ist.

Wir bezeichnen die Elemente der 4×3-Matrix X mit x_{ij} und bekommen dann für die erste Spalte der rechten Seite:

$$x_{41} = 1, \quad x_{31} = 0, \quad x_{21} = 1, \quad x_{11} = -2$$

und analog für die 2. und 3. Spalte die Werte

$$x_{42} = -3, \quad x_{32} = 1, \quad x_{22} = 2, \quad x_{12} = 1$$

$$x_{43} = 1, \quad x_{33} = 0, \quad x_{23} = 1, \quad x_{13} = 0$$

und also als Lösung der Matrizengleichung A·X=B

$$X = \begin{pmatrix} -2 & 1 & 0 \\ 1 & 2 & 1 \\ 0 & 1 & 0 \\ 1 & -3 & 1 \end{pmatrix}.$$

Es ist übrigens det(A)=6 (Produkt der Diagonalelemente von R, da natürliche Pivotwahl gemacht wurde).

<u>Beispiel 6</u>

Man berechne die Inverse der folgenden Matrix A, wenn sie existiert.

$$\begin{pmatrix} 1 & 2 & -3 & 3 \\ 2 & 5 & -5 & 4 \\ 2 & 6 & -5 & 4 \\ 1 & 5 & -3 & 4 \end{pmatrix}$$

Lösung:

Wir haben also die Gleichung A·X=E zu lösen (E ist 4-reihige Einheitsmatrix). Das Ausgangsschema lautet demnach

$$\begin{array}{cccc|cccc} 1 & 2 & -3 & 3 & 1 & 0 & 0 & 0 \\ 2 & 5 & -5 & 4 & 0 & 1 & 0 & 0 \\ 2 & 6 & -5 & 4 & 0 & 0 & 1 & 0 \\ 1 & 5 & -3 & 4 & 0 & 0 & 0 & 1 \end{array}$$

Wir rechnen mit dem Gauß-Algorithmus und bekommen der Reihe nach:

1. Schritt:

$$\begin{array}{cccc|cccc} 1 & 2 & -3 & 3 & 1 & 0 & 0 & 0 \\ 2 & 1 & 1 & -2 & -2 & 1 & 0 & 0 \\ 2 & 2 & 1 & -2 & -2 & 0 & 1 & 0 \\ 1 & 3 & 0 & 1 & -1 & 0 & 0 & 1 \end{array}$$

2. Schritt:

$$\begin{array}{cccc|cccc} 1 & 2 & -3 & 3 & 1 & 0 & 0 & 0 \\ 2 & 1 & 1 & -2 & -2 & 1 & 0 & 0 \\ 2 & 2 & -1 & 2 & 2 & -2 & 1 & 0 \\ 1 & 3 & -3 & 7 & 5 & -3 & 0 & 1 \end{array}$$

3. Schritt:

$$\begin{array}{cccc|cccc} 1 & 2 & -3 & 3 & 1 & 0 & 0 & 0 \\ 2 & 1 & 1 & -2 & -2 & 1 & 0 & 0 \\ 2 & 2 & -1 & 2 & 2 & -2 & 1 & 0 \\ 1 & 3 & 3 & 1 & -1 & 3 & -3 & 1 \end{array}$$

Hieraus berechnet man die 4 Spalten von $X=A^{-1}$, indem man die 4 Gleichungssysteme mit diesen 4 rechten Seiten löst. Man bekommt dann

$$A^{-1} = \begin{pmatrix} -8 & 17 & -14 & 3 \\ 0 & -1 & 1 & 0 \\ -4 & 8 & -7 & 2 \\ -1 & 3 & -3 & 1 \end{pmatrix}.$$

Die LR-Zerlegung der Matrix A ist demnach übrigens A = L·R:

$$A = \begin{pmatrix} 1 & 2 & -3 & 3 \\ 2 & 5 & -5 & 4 \\ 2 & 6 & -5 & 4 \\ 1 & 5 & -3 & 4 \end{pmatrix} = \begin{pmatrix} 1 & & & \\ 2 & 1 & & \\ 2 & 2 & 1 & \\ 1 & 3 & 3 & 1 \end{pmatrix} \cdot \begin{pmatrix} 1 & 2 & -3 & 3 \\ & 1 & 1 & -2 \\ & & -1 & 2 \\ & & & 1 \end{pmatrix}$$

Ähnlich dem Gauß-Verfahren ist das *Gauß-Jordan-Verfahren.* Bei diesem erzeugt man auch *über* dem jeweiligen Pivot-Element Nullen. Dann erhält man bei quadratischen Systemen und natürlicher Pivotwahl am Schluß statt einer Dreiecksmatrix sogar eine Diagonalmatrix. Ist letztere gleich E, so kann man die Lösung ohne Rechnung ablesen.

Wir wenden das auf das vorige Beispiel an:

1	2	-3	3	|	1	0	0	0
2	5	-5	4	|	0	1	0	0
2	6	-5	4	|	0	0	1	0
1	5	-3	4	|	0	0	0	1

Daraus mit den entsprechenden Schreibweisen (natürliche Pivotwahl)

1	2	-3	3	|	1	0	0	0	|	•
0	1	1	-2	|	-2	1	0	0	|	2
0	2	1	-2	|	-2	0	1	0	|	2
0	3	0	1	|	-1	0	0	1	|	1

Und dann ergibt sich (natürliche Pivotwahl)

1	0	-5	7	|	5	-2	0	0	|	•	2
0	1	1	-2	|	-2	1	0	0	|	2	•
0	0	-1	2	|	2	-2	1	0	|	2	2
0	0	-3	7	|	5	-3	0	1	|	1	3

Hier wurde, im Unterschied zum Gauß-Verfahren, auch von der ersten Zeile das 2-fache der zweiten Zeile subtrahiert um die 0 in der ersten Zeile zu erzeugen. So fährt man fort und erhält am Ende, wenn man noch durch die Diagonalelemente dividiert

1	0	0	0	|	-8	17	-14	3
0	1	0	0	|	0	-1	1	0
0	0	1	0	|	-4	8	-7	2
0	0	0	1	|	-1	3	-3	1

Hier steht links dann die Einheitsmatrix, rechts die Lösung, in diesem Falle die Inverse von A.

3. Gleichungssysteme mit Tridiagonalmatrix

Gegeben sei das quadratische lineare Gleichungssystem $A\vec{x}=\vec{s}$, wobei A eine invertierbare *Tridiagonalmatrix* ist (leere Plätze stehen für Nullen):

$$A = \begin{pmatrix} d_1 & b_1 & & & & & \\ a_2 & d_2 & b_2 & & & & \\ & a_3 & d_3 & b_3 & & & \\ & & a_4 & d_4 & b_4 & & \\ & & & \cdots & & & \\ & & & & a_{n-1} & d_{n-1} & b_{n-1} \\ & & & & & a_n & d_n \end{pmatrix}, \quad \vec{s} = \begin{pmatrix} s_1 \\ s_2 \\ s_3 \\ s_4 \\ \vdots \\ s_{n-1} \\ s_n \end{pmatrix}.$$

Solche Gleichungssysteme treten, oft mit großem n, bei Interpolationsaufgaben (Splines) und bei der Numerik partieller Differentialgleichungen auf. *Nur* die $n+2\cdot(n-1)$ Zahlen d, a und b auf der Diagonale, der Sub- und Superdiagonale legen eine Tridiagonalmatrix eindeutig fest.

Es wird der Gauß-Algorithmus angewendet, nur: da schon an vielen Stellen, an die eine Null soll, eine steht, vereinfacht sich das Verfahren (man würde bei seiner formalen Anwendung die meiste Zeit damit zu tun haben, Nullen zu addieren oder mit Nullen zu multiplizieren). Man bekommt dann nach LR-Zerlegung (leere Plätze stehen für 0) das Gleichungssystem $R\vec{x}=\vec{\sigma}$, wobei:

$$R = \begin{pmatrix} \delta_1 & b_1 & & & & \\ & \delta_2 & b_2 & & & \\ & & \delta_3 & b_3 & & \\ & & & \delta_4 & b_4 & \\ & & & \cdots & & \\ & & & & \delta_{n-1} & b_{n-1} \\ & & & & & \delta_n \end{pmatrix}, \vec{\sigma} = \begin{pmatrix} \sigma_1 \\ \sigma_2 \\ \sigma_3 \\ \sigma_4 \\ \vdots \\ \sigma_{n-1} \\ \sigma_n \end{pmatrix}.$$

Diese Zahlen berechnen sich so:

$\delta_1 = d_1, \; \sigma_1 = s_1$

$l_i = a_i/\delta_{i-1}, \; \delta_i = d_i - l_i \cdot b_{i-1}, \; \sigma_i = s_i - l_i \cdot \sigma_{i-1}$ für $i=2,3,\ldots,n$.

Aus diesen berechnet man dann die Lösung durch Rückwärtssubstitution:

$x_n = \sigma_n/\delta_n$

$x_i = (\sigma_i - b_i \cdot x_{i+1})/\delta_i$ für $i=n-1,n-2,\ldots,1$.

Auch dieses sind entsprechend "verkürzte" Formeln, die berücksichtigen, daß R oberhalb der Superdiagonale nur Nullen hat.

<u>Beispiel 7</u>

Das lineare Gleichungssystem $A\vec{x}=\vec{s}$ soll gelöst werden, wobei

$$A = \begin{pmatrix} 2 & 0 & & & \\ 0.5 & 2 & 0.5 & & \\ & 0.5 & 2 & 0.5 & \\ & & 0.5 & 2 & 0.5 \\ & & & 0 & 2 \end{pmatrix}, \quad \vec{s} = \begin{pmatrix} 0 \\ 6 \\ -21 \\ -6 \\ 0 \end{pmatrix} .$$

Leere Plätze stehen für 0.

Lösung:

Man rechnet "eigentlich" nach dem oben angegebenen Algorithmus; aber: Bei Handrechnung ist es der Gauß-Algorithmus (man wird natürlich nicht "wirklich" z.B. das 0-fache der ersten Zeile von der dritten subtrahieren).

Es ergibt sich am Schluß der Rechnung das folgende Schema, wobei wir wie in Beispiel 1 die Matrix L (ohne die 1 auf der Dagonale) zu Kontrollzwecken rechts notieren.

$$\left(\begin{array}{ccccc|ccccc} 2 & 0 & & & & 0 & & & & \\ & 2 & 0.5 & & & 6 & 0.25 & & & \\ & & 1.875 & 0.5 & & -22.5 & 0 & 0.25 & & \\ & & & 1.8667 & 0.5 & 0 & 0 & 0 & 0.2667 & \\ & & & & 1.8661 & 0 & 0 & 0 & 0 & 0.2679 \end{array}\right)$$

Die Lösung dieses Gleichungssystems ist $(0,6,-12,0,0)^T$, wie man leicht nachrechnet.

Wir bemerken noch, daß dieses Gleichungssystem bei der Berechnung einer interpolierenden Splinefunktion zu lösen ist (siehe dort).

4. Das Verfahren von Banachiewicz

Es handelt sich um den Gauß-Algorithmus in einer "verketteten" Form, indem man nach Eliminaton einer Variablen aus *einer* der Gleichungen sofort *diese und die nächste Variable* aus der nächsten Gleichung eliminiert u.s.w. A werde als reguläre Matrix vorausgesetzt.

Wir wollen das erläutern, indem wir das Beispiel 1 erneut rechnen, um die Unterschiede zum Gauß-Algorithmus zu verdeutlichen.

Beispiel 8

Mit dem Verfahren von Banachewicz sollen die LR-Zerlegung und die Lösung von $A\vec{x}=\vec{b}$ berechnet werden.

$$A = \begin{pmatrix} 4 & 2 & 1 & -1 & 3 \\ 4 & 3 & 3 & 0 & 0 \\ 12 & 8 & 8 & 1 & 0 \\ 4 & 4 & 2 & -3 & 6 \\ 8 & 5 & 4 & 1 & 6 \end{pmatrix}, \quad \vec{b} = \begin{pmatrix} 3 \\ 4 \\ 13 \\ 1 \\ 9 \end{pmatrix}$$

Lösung:

Zum Verständnis ist es empfehlenswert, das genannte Beispiel vor Augen zu haben.

Zunächst wird (wie beim Gauß-Algorithmus) die erste Zeile hingeschrieben, dann die Quotienten a_{i1}/a_{11} für i=2,3,... berechnet, diese tragen wir an die Stellen der a_{i1} (erste Spalte) ein.

Danach wird von der zweiten Zeile, auch wie beim Gauß-Algorithmus, das $a_{21}/a_{11}=4/4=1$-fache der ersten Zeile subtrahiert: es entsteht die neue zweite Zeile.

4	2	1	-1	3	3
1	1	2	1	-3	1
3	*				
1					
2					

Die Zahl $a_{31}=3$ in der ersten Spalte ist der Quotient $a_{31}/a_{11}=12/4$.

Die Zahl $a_{25}=-3$ in der zweiten Zeile ist $a_{25}-a_{21}\cdot a_{15}=0-1\cdot 3=-3$, wobei die bereits berechneten "neuen" Werte (erste Spalte) wie beschrieben bereits eingetragen und verwendet werden. Man mache sich klar, wo die beteiligten drei Zahlen stehen. Wir bemerken noch, daß die nicht ausgefüllten Plätze noch die "alten" Zahlen enthalten. Lediglich aus Gründen der besseren Erklärung schreiben wir das Schema erneut hin.

Nun werden in einem zweiten Schritt die Quotienten berechnet, die dann die Zahlen a_{i2} für i=3,4,... ersetzen (also unter die mit * markierte Stelle kommen), und zwar so:

An die Stelle von z.B. a_{32} (oben mit * markiert) kommt zunächst die Zahl, die entsteht, wenn das 3-fache der ersten Zeile von der dritten subtrahiert wird; dann entsteht hier die Zahl $a_{32}-a_{31}\cdot a_{12} = 8-3\cdot 2 = 2$ (diese steht nach dem ersten Schritt des Gauß-Algorithmus auch an dieser Stelle, siehe jenes Beispiel). Um eine 0 an diese Stelle zu bekommen, d.h. x_2 aus der 3. Gleichung zu eliminieren, muß das $2/a_{22} = 2$-fache der 2. Zeile von der 3. Zeile subtrahiert werden, daher schreiben wir diesen Quotienten an diese Stelle. Für die Zeilen darunter lauten die Quotienten, die in die 2. Spalte kommen:

4. Zeile: $(a_{42}-a_{41}\cdot a_{12})/a_{22} = (4-1\cdot 2)/1 = 2$ und

5. Zeile: $(a_{52}-a_{51}\cdot a_{12})/a_{22} = (5-2\cdot 2)/1 = 1$.

Dann werden die weiteren Zahlen der 3. Zeile eingetragen. Es ergibt sich nach diesem zweiten Schritt folgendes Schema:

4	2	1	-1	3	|	3
1	1	2	1	-3	|	1
3	2	1	2	-3	|	2
1	2				|	
2	1				|	

Z.B. ist die Zahl $a_{35}=-3$ wie folgt berechnet worden:

$$a_{35} - (a_{31}\cdot a_{15} + a_{32}\cdot a_{25}) = 0 - (3\cdot 3+2\cdot(-3)) = -3.$$

(Hierbei entsteht die Zahl $0 - 3\cdot 3$ nach dem ersten Schritt (3. Zeile minus 3·erste Zeile), der hier nicht hingeschrieben wird, dann wird im zweiten Schritt das 2-fache der zweiten Zeile von der dritten subtrahiert.) Auch hier mache man sich klar, wo die beteiligten Zahlen, die in der Klammer stehen, im Schema stehen: Es handelt sich in der Klammer um das *Skalarprodukt* der ersten 2 Elemente der *3. Zeile* mit denen der *5. Spalte*, die vom "alten" a_{35} subtrahiert werden:

		5. Spalte:	
		3	
		-3	
3. Zeile:	3 2	*	von $a_{35}=0$ subtrahieren

Das nun entstandene Schema ist bis hier dasselbe, das beim Gauß-Algorithmus nach zwei Schritten entstanden ist (nur: wir haben hier eben nicht die letzten Zeilen hingeschrieben und die Quotienten nicht hinter das System sondern auf die "frei" werdenden Stellen geschrieben).

Um nun x_3 aus den Gleichungen 4 und 5 zu eliminieren, d.h. an Stelle der Zahlen a_{i3} (i=4 und 5) Nullen zu erzeugen, muß für

a_{43} das $[a_{43}-(a_{41}\cdot a_{13}+a_{42}\cdot a_{23})]/a_{33} = [2-(1\cdot 1+2\cdot 2)]/1 = -3$-fache

der 3. Zeile von der 4. Zeile subtrahiert werden; diese Zahl kommt an die Stelle a_{43}. Darunter der Quotient $[4-(2\cdot 1+1\cdot 2)]/1 = 0$. Dann wird von der "alten" 4. Zeile subtrahiert das 1-fache der ersten, das 2-fache der 2. und das (-3)-fache der 3. Zeile. Man erhält nach diesem Schritt das Schema:

4	2	1	-1	3	|	3
1	1	2	1	-3	|	1
3	2	1	2	-3	|	2
1	2	-3	2	0	|	2
2	1	0			|	

Die Zahl $a_{45}=0$ ist also gleich $6-(1\cdot 3+2\cdot(-3)+(-3)\cdot(-3))$; man mache sich klar, wo diese Zahlen im Schema stehen:

				5. Spalte:	
				3	
				−3	
				−3	
4. Zeile:	1	2	−3	*	von $a_{45}=6$ subtrahieren

um zu erkennen, daß von der *"alten" 6 (kursiv)* ein Skalarprodukt subtrahiert wird.

Die Zahl 2 (rechte Seite unten) ist 1 (alte b_4) − $(1\cdot 3+2\cdot 1+(-3)\cdot 2)$; auch hier ist es nützlich, sich klarzumachen, wo diese Zahlen stehen (b_4-Skalarprodukt). Nun stimmt das Schema, soweit hingeschreiben, mit dem nach dem 3.Eliminationsschritt beim Gauß-Algorithmus überein.

Im letzten Schritt wird die letzte Zeile ergänzt:

An die Stelle a_{54} kommt der Qutotient

$$[a_{54} - (a_{51}\cdot a_{14}+a_{52}\cdot a_{24}+a_{53}\cdot a_{34})]/a_{44} = [1-(2\cdot(-1)+1\cdot 1+0\cdot 2)]/2 = 1,$$

Dann erhält man, wenn man die letzte Zeile berechnet, folgendes Schema:

4	2	1	−1	3	3
1	1	2	1	−3	1
3	2	1	2	−3	2
1	2	−3	2	0	2
2	1	0	1	3	0

Hier sind a_{55} = 1 (alte a_{55}) − $(2\cdot 3+1\cdot(-3)+0\cdot(-3)+1\cdot 0)$ = 3 und der untere Wert auf der rechten Seite: 9 (=alte b_5) − $(2\cdot 3+1\cdot 1+0\cdot 2+1\cdot 2)$ = 0.

Damit ist die Umformung des Gleichungssystems beendet.

Wir betonen noch einmal: Man schreibt das Schema natürlich nicht immer wieder neu hin (wir taten das nur, um das Verfahren besser erklären zu können), sondern ergänzt es stets in der Reihenfolge "Spalte runter, Zeile nach rechts".

Es entsteht dasselbe Schema wie bei Verwendung des Gauß-Algorithmus, siehe dort. Auch hier deutet die Linie die Trennung der Quotienten in der Matrix L von der Matrix R an. Man beachte noch, daß, um L aus dieser Matrix der Quotienten zu erhalten, noch lauter 1 auf die Diagonale zu schreiben sind.

Wir bemerken noch, daß wir mit natürlicher Pivotwahl ausgekommen sind. Wenn man nicht mit natürlicher Pivotwahl auskommt (weil auf der Diagonale eine 0 entsteht) oder man etwa totale Pivotwahl verwenden will, wird die Rechnung etwas unübersichtlicher.

Wir fassen zusammen:

Das System wird sukzessive Zeile für Zeile geändert. Dabei werden *zuerst die Quotienten* l_{ij} (links von der Trennungslinie unterhalb des Pivotelementes) berechnet und dort notiert und *danach der Rest der nächsten Zeile* und die rechte Seite. Wenn man das programmiert, wird man zweckmäßig die rechte Seite mit $a_{i,n+1}$ (im Beispiel $a_{i,6}$) bezeichnen und nach der Formel

$$a_{ij} - (a_{i1}\cdot a_{1j}+a_{i2}\cdot a_{2j}+ \dots + a_{i,i-1}\cdot a_{i-1,j})$$

rechnen, die dann auch auf die rechte Seite anzuwenden ist. Bei den links stehenden Zahlen

l_{ij} (i>j) ist durch das jeweilige Pivotelement a_{jj} auf der Diagonale zu teilen.
Wenn natürliche Pivotwahl nicht möglich ist, wird die Sache etwas unübersichtlicher, wenn man die Zahlen nicht wirklich vertauscht, wie beim Gauß-Algorithmus, sondern an ihren Plätzen stehen läßt. Man rechnet nach folgenden Formeln (die rechte Seite wird als $a_{k,n+1}$ bezeichnet):

Für k=1,2,...,n:

a) Zeile nach rechts:

a_{kj}(neu) <= {a_{kj} - (k-te Zeile × j-te Spalte)} für j=k,k+1,...,n,n+1

b) Spalte nach unten:

a_{jk}(neu) <= {a_{jk} - (j-te Zeile × k-te Spalte)}/a_{kk} für j=k+1,...,n

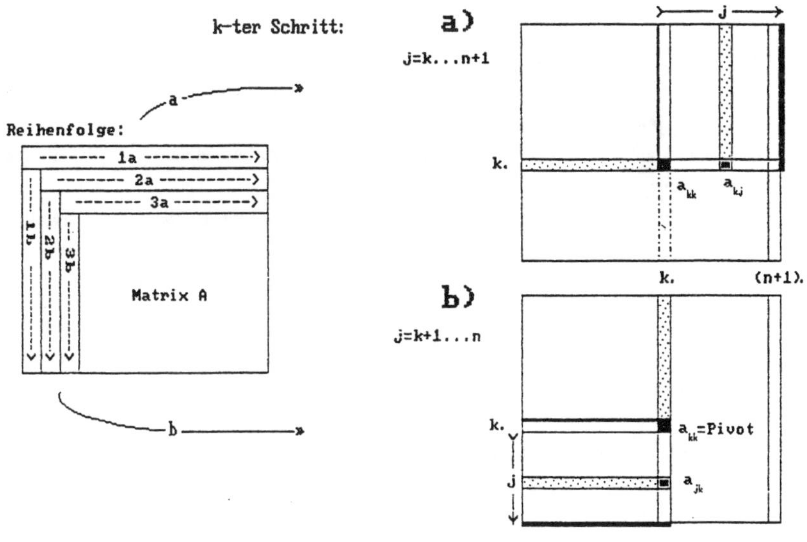

Beispiel 9

Mit dem Verfahren von Banachiewicz soll eine LR-Zerlegung der Matrix A berechnet werden und das Gleichungssystem $A\vec{x}=\vec{b}$ gelöst werden:

$$A = \begin{pmatrix} 2 & -2 & 1 & 3 \\ 4 & -3 & 3 & 8 \\ 6 & -8 & 2 & 6 \\ 8 & -5 & 3 & 17 \end{pmatrix}, \quad \vec{b} = \begin{pmatrix} -10 \\ -23 \\ -26 \\ -50 \end{pmatrix}.$$

Lösung:

Eine Rechnung ergibt am Ende folgendes Schema:

$$\begin{array}{cccc|c} 2 & -2 & 1 & 3 & -10 \\ 2 & 1 & 1 & 2 & -3 \\ 3 & -2 & 1 & 1 & -2 \\ 4 & 3 & -4 & 3 & -9 \end{array}$$

Berechnungsbeispiele (vergleiche auch anhand der Skizzen):

♣ Zuerst wird die erste Zeile hingeschrieben.

♣ Dann werden die *unter* $a_{11}=2$ stehenden Quotienten berechnet. Beispiel: $a_{31}=3$ ergibt sich als $a_{31}/a_{11}=6/2$. Dann werden die übrigen Zahlen der 2. Zeile berechnet.
Beispiel: $a_{24}=2$ ergibt sich so: $a_{24}-a_{21}\cdot a_{14}$ = 8 (alt) - $2\cdot 3$ = 2.
Die Zahl -3 auf der rechten Seite ist b_2 (besser mit a_{25} zu bezeichnen) - $a_{21}\cdot b_1$ (besser mit a_{15} zu bezeichnen) = -23 (alt) - $2\cdot(-10)$.

♣ Dann werden die *unter* $a_{22}=1$ stehenden Quotienten berechnet. Beispiel: $a_{42}=3$ ergibt sich so:

$[a_{42} - (a_{41}\cdot a_{12})]/a_{22} = [-5 - (4\cdot(-2))]/1.$

Dann die übrigen Zahlen der 3. Zeile. Beispiel: Die Zahl -2 auf der rechten ergibt sich so: $[b_3$ (besser a_{35} nennen) $- (a_{31}\cdot b_1+a_{32}\cdot b_2)] = [-26 - (3\cdot(-10)+(-2)\cdot(-3))]$ (-26 ist die noch alte dort stehende rechte Seite, -10 und -3 die inzwischen schon neu berechneten Werte).

♣ Es folgen schließlich die Quotienten *unter* $a_{33}=1$ (nur noch einer), der ergibt sich so:

$[a_{43} - (a_{41}\cdot a_{13}+a_{42}\cdot a_{23})]/a_{33} = [3 - (4\cdot 1+3\cdot 1)]/1.$

Dann werden die übrigen Elemente der 4. Zeile berechnet. Beispiel: $a_{44}=3$ ergibt sich so:
17 (alte Zahl dort) - $(4\cdot 3+3\cdot 2+(-4)\cdot 1)$.

Damit ist $A=L\cdot R$ die LR-Zerlegung von A, wobei

$$L = \begin{pmatrix} 1 & & & \\ 2 & 1 & & \\ 3 & -2 & 1 & \\ 4 & 3 & -4 & 1 \end{pmatrix}, \quad R = \begin{pmatrix} 2 & -2 & 1 & 3 \\ & 1 & 1 & 2 \\ & & 1 & 1 \\ & & & 3 \end{pmatrix}.$$

Aus dem "gestaffelten" System $R\vec{x}=\vec{b}$ (dem neuen $\vec{b}$) bekommt man durch rückwärts einsetzen (von unten gerechnet) die Lösung

$x_4 = -3,\ x_3 = 1,\ x_2 = 2,\ x_1 = 1$, also $\vec{x} = (1,2,1,-3)^T$.

5. QR-Zerlegung einer Matrix (auch QU-Zerlegung)

Die QR-Zerlegung der reellen n×n-Matrix A ist ihre Darstellung als Produkt A=Q·R einer *orthogonalen Matrix* Q (d.h. $Q^T \cdot Q = E$: Q und Q^T sind invers; äquivalent: Jede Spalte hat den Betrag 1 und je zwei verschiedene Spalten sind orthogonal - daher der Name) mit einer oberen Dreiecksmatrix R. Die QR-Zerlegung ist eindeutig, wenn die Matrix regulär ist und die Vorzeichen aller Diagonalelemente von R vorgeschrieben werden (etwa > 0), was wir nicht tun.

Die Berechnung von Q und R aus $A = A^{(0)}$ erfolgt in (n-1) Schritten:

$$A^{(1)} = H_1 A^{(0)},\ A^{(2)} = H_2 A^{(1)}, \ldots,\ R = A^{(n-1)} = H_{n-1} A^{(n-2)},\ Q = H_1 H_2 \cdots H_{n-1}.$$

Hat A weniger als n Spalten, etwa m, so werden R und Q aus nur m Schritten berechnet (siehe am Ende des folgenden Beispiels).

Die Berechnung der Matrizen $A^{(k)}$ und H_k aus $A^{(k-1)}$ erfolgt in drei Schritten (im Folgenden sind die $a_{..}$ die Elemente der *vorigen* Matrix $A^{(k-1)}$):

a) Berechnung eines Vektors $\vec{h} = (h_1, \ldots, h_n)^T$:

Sind alle Zahlen unter dem Diagonalelement a_{kk} bereits 0, so gehe zur nächsten Matrix (setze also $A^{(k)} = A^{(k-1)}$ und $H_k = E$). Andernfalls berechne

$$t = \sqrt{a_{kk}^2 + a_{k+1,k}^2 + \ldots + a_{nk}^2} \quad \text{(die } a_{..} \text{ der Matrix } A^{(k-1)}\text{, k. Spalte)}$$

Wenn $a_{kk} \geq 0$ ist, setze s = -t andernfalls s = t.

$$h_1 = h_2 = \ldots = h_{k-1} = 0$$

$$h_k = \sqrt{0.5 \cdot (1 - a_{kk}/s)}$$

$$w = \frac{-1}{2 \cdot h_k \cdot s}$$

$$h_j = w \cdot a_{jk} \quad \text{für } j = k+1, \ldots, n$$

Dann ist übrigens $|\vec{h}| = 1$.

b) Berechnung der sogenannten *Householder-Matrix* H_k:

$$H_k = E - 2 \cdot \vec{h} \cdot \vec{h}^T \quad (\text{dann ist } H_k = H_k^{-1})$$

$\vec{h} \cdot \vec{h}^T$ ist Spalten- mal Zeilenvektor, sogenanntes *dyadisches Produkt*.

c) Berechnung von $A^{(k)} = H_k \cdot A^{(k-1)}$

$A^{(k)}$ hat dann unter den Diagonalelementen der ersten k Spalten Nullen und stimmt in den ersten k-1 Zeilen und Spalten mit der vorigen Matrix $A^{(k-1)}$ überein.

Diese Multiplikation entspricht einer "Drehung" der Spaltenvektoren von $A^{(k-1)}$ so, daß insbesondere die (k+1)-te bis n-te Komponente der k-ten Spalte 0 werden und die Spalten 1 bis k-1 ungeändert bleiben. "Drehung" erhält insbesondere die Länge jedes Spaltenvektors.

Wenn man das Gleichungssystem $A\vec{x} = \vec{b}$ lösen will, berechne man $\vec{x}$ aus $R\vec{x} = Q^T \vec{b}$ durch Rückwärtssubstitution (diese Gleichung folgt aus $QR\vec{x} = \vec{b}$ wegen A=Q·R und $Q^T \cdot Q = E$, was $Q^{-1} = Q^T$ impliziert).

Beispiel 10

Man berechne die QR-Zerlegung von A und löse dann mit dem QR-Verfahren $A\vec{x}=\vec{b}$:

$$A = \begin{pmatrix} -1 & 1 & -2 & 3 \\ -1 & 4 & -1 & 6 \\ 1 & -4 & -1 & -4 \\ 2 & 0 & 5 & -4 \end{pmatrix}, \quad \vec{b} = \begin{pmatrix} 0 \\ 12 \\ -16 \\ 9 \end{pmatrix}$$

Lösung:

1. Berechnung von H_1 aus $A^{(0)}=A$ (k=1 in den Formeln)

a) Berechnung von $\vec{h}$

$s = +\sqrt{(-1)^2+(-1)^2+1^2+2^2} = 2.64575$ (Zahlen der ersten Spalte von A; Plus-Zeichen, weil $a_{11} = -1 < 0$ ist)

$$h_1 = \sqrt{0.5\cdot(1-(-1)/2.64575)} = 0.830050$$

$$w = \frac{-1}{2\cdot 0.830050\cdot 2.644575} = -0.227676$$

$h_2 = -0.227676\cdot(-1)$, $h_3 = -0.227676\cdot 1$, $h_4 = -0.227676\cdot 2$ (die Faktoren -1, 1 bzw. 2 von w stehen in der k=1. Spalte), also

$\vec{h} = (0.830050, 0.227676, -0.227676, -0.455352)^T$.

b) Householder-Matrix H_1 in diesem Schritt

$$H_1 = \begin{pmatrix} -0.377964 & -0.377964 & 0.377964 & 0.755929 \\ -0.377964 & 0.896327 & 0.103673 & 0.207345 \\ 0.377964 & 0.103673 & 0.896327 & -0.207345 \\ 0.755929 & 0.207345 & -0.207345 & 0.585310 \end{pmatrix}$$

Dazu ist $\vec{h}\cdot\vec{h}^T$ zu berechnen (Zeilen mal Spalten, je eine: *dyadisches Produkt):*

$$\begin{pmatrix} 0.830050 & 0.227676 & -0.227676 & -0.455352 \end{pmatrix} = \vec{h}^T$$

$$\vec{h} = \begin{pmatrix} 0.830050 \\ 0.227676 \\ -0.227676 \\ -0.455352 \end{pmatrix} \quad \begin{pmatrix} 0.688983 & 0.188982 & -0.188982 & -0.377965 \\ 0.188982 & 0.051836 & -0.051836 & -0.103673 \\ -0.188982 & -0.051836 & 0.051836 & 0.103673 \\ -0.377965 & -0.103673 & 0.103673 & 0.207345 \end{pmatrix} = \vec{h}\cdot\vec{h}^T$$

Diese Matrix ist mit 2 zu multiplizieren und dann von E zu subtrahieren.

c) Matrix $A^{(1)}$ ist das Produkt

$$A^{(1)} = H_1\cdot A^{(0)} = \begin{pmatrix} 2.645751 & -3.401680 & 4.535574 & -7.937254 \\ & 2.792655 & 0.792655 & 3.000000 \\ & -2.792655 & -2.792655 & -1.000000 \\ & 2.414690 & 1.414690 & 2.000000 \end{pmatrix}.$$

Sie hat in der ersten Spalte (k=1) unter dem Diagonalelement nur Nullen.

2. Berechnung von H_2 und $A^{(2)}$ aus $A^{(1)}$ (k=2 in den Formeln)

a) Berechnung von $\vec{h}$

$s = -\sqrt{2.792655^2+(-2.792655)^2+2.414690^2} = -4.629100$ (2. Spalte von $A^{(1)}$; Minus-Zeichen, weil $a_{22} = 2.792655 \ge 0$ ist)

$$h_1 = 0,\ h_2 = \sqrt{0.5\cdot(1-2.792655/(-4.629100))} = 0.895344$$

$$w = \frac{-1}{2\cdot 0.895344\cdot(-4.629100)} = 0.120638,$$

$h_3 = 0.120638\cdot(-2.792655) = -0.336900,\ h_4 = 0.120638\cdot 2.414690 = 0.291303$

daher ist $\vec{h} = (0\ ,\ 0.895344\ ,\ -0.336900\ ,\ 0.291303)^T$.

b) Householder-Matrix in diesem Schritt ist $H_2 = E-2\cdot\vec{h}\cdot\vec{h}^T =$

$$H_2 = \begin{pmatrix} 1.000000 & & & \\ & -0.603282 & 0.603282 & -0.521633 \\ & 0.603282 & 0.772997 & 0.196280 \\ & -0.521633 & 0.196280 & 0.830285 \end{pmatrix}$$ (Leerplätze für 0).

c) Die Matrix $A^{(2)}$ ist das Produkt (Leerplätze für Nullen, die entstehen *sollen)*

$$A^{(2)} = H_2\cdot A^{(1)} = \begin{pmatrix} 2.645751 & -3.401680 & 4.535574 & -7.937254 \\ & -4.629100 & -2.900903 & -3.456495 \\ & & -1.402845 & 1.429409 \\ & & 0.212980 & -0.100607 \end{pmatrix}.$$

Man beachte, daß die erste Zeile und Spalte von $A^{(1)}$ unverändert blieben.

3. Berechnung von H_3 und $A^{(3)}$ aus $A^{(2)}$ (k=3 in obigen Formeln; letzter Schritt)

a) Berechnung von $\vec{h}$:

$s = +\sqrt{(-1.402845)^2+0.212980^2} = 1.418920$ (3. Spalte von $A^{(2)}$, + weil $a_{33}<0$)

$h_1 = h_2 = 0,\ h_3 = \sqrt{0.5\cdot(1-(-1.402845)/1.41892)} = 0.997164$

$w = -1/(2\cdot 0.997164\cdot(1.418920) = -0.353383$

$h_4 = -0.353383\cdot(-0.212980) = -0.075264$

Also $\vec{h} = (0\ ,\ 0\ ,\ 0.997164\ ,\ -0.075264)^T$.

b) Householder-Matrix in diesem Schritt (Leerplätze Null)

$$H_3 = \begin{pmatrix} 1.000000 & & & \\ & 1.000000 & & \\ & & -0.988671 & 0.150100 \\ & & 0.150100 & 0.988671 \end{pmatrix}$$

c) Matrix $A^{(3)}$, die die gesuchte obere Dreiecksmatrix R ist, ist

$$R = A^{(3)} = H_3\cdot A^{(2)} = \begin{pmatrix} 2.645751 & -3.401680 & 4.535574 & -7.937254 \\ & -4.629100 & -2.900903 & -3.456495 \\ & & 1.418920 & -1.428317 \\ & & & 0.115087 \end{pmatrix}.$$

Man beachte, daß die ersten zwei Zeilen und Spalten sich nicht änderten; ferner, daß jede Spalte von R denselben Betrag wie die entsprechende von A hat.

Die orthogonale Matrix Q ist das Produkt der H:

$$Q = H_3\cdot H_2\cdot H_1 = \begin{pmatrix} -0.377964 & 0.061721 & -0.075175 & 0.920697 \\ -0.377964 & -0.586353 & -0.695365 & -0.172631 \\ 0.377964 & 0.586353 & -0.714158 & 0.057544 \\ 0.755929 & -0.555492 & -0.028190 & 0.345261 \end{pmatrix}$$

Es ist $Q^{-1}=Q^T$. Q ist nicht symmetrisch, obwohl die Householder-Matrizen H es sind (Produkte symmetrischer Matrizen sind nicht notwendig symmetrisch) aber:

Jede Spalte von Q hat den Betrag 1, je zwei verschiedene Spalten sind orthogonal.

Nun zur Lösung des Gleichungssystems. Es ist $\vec{x}$ aus $R\vec{x}=Q^T\vec{b}$ zu berechnen. Es ist $Q^T\vec{b} = (-3.779645,-21.417305,2.828443,0.115087)^T$ und daher lautet es schematisch

$$\begin{array}{cccc|c} 2.645751 & -3.401680 & 4.535574 & -7.937254 & -3.779645 \\ & -4.629100 & -2.900903 & -3.456495 & -21.417305 \\ & & 1.418920 & -1.428317 & 2.828443 \\ & & & 0.115087 & 0.115087 \end{array}$$

Links steht R, rechts $Q^T \vec{b}$. Die Lösung von $A\vec{x}=\vec{b}$ ist hieraus durch Rückwärtssubstitution (also von unten) zu berechnen und lautet auf 6 Stellen gerundet $(-1.000000, 2.000000, 3.000000, 1.000000)^T$ (exakte Lösung ist $(-1,2,3,1)^T$).

Wir wollen die QR-Zerlegung der folgenden Matrix berechnen:

$$A = \begin{pmatrix} -1 & 1 & -2 \\ -1 & 4 & -1 \\ 1 & -4 & -1 \\ 2 & 0 & 5 \end{pmatrix}$$

Es ist dieselbe, wie im obigen Beispiel, allerdings nur die ersten drei Spalten. Daher lautet die erste Householder-Matrix H_1 genauso, wie dort (sie hängt ja *nur* von den Zahlen der ersten Spalte von $A^{(0)}=A$ ab). Also ist

$$A^{(1)} = H_1 \cdot A^{(0)} = \begin{pmatrix} 2.645751 & -3.401680 & 4.535574 \\ & 2.792655 & 0.792655 \\ & -2.792655 & -2.792655 \\ & 2.414690 & 1.414690 \end{pmatrix}$$

Es ist (bis auf die fehlende letzte Spalte) dieselbe, wie in obigem Beispiel. Daher ist auch die folgende Householder-Matrix dieselbe wie dort und die neue Matrix $A^{(2)}$ lautet ebenso, wie dort, lediglich die letzte Spalte fehlt. Auch im letzten Schritt entsteht wieder dieselbe Householder-Matrix. Dann lautet die entstehende Matrix $R=A^{(3)}$

$$R = A^{(3)} = H_3 \cdot A^{(2)} = \begin{pmatrix} 2.645751 & -3.401680 & 4.535574 \\ & -4.629101 & -2.900903 \\ & & 1.418920 \\ 0.000000 & 0.000000 & 0.000000 \end{pmatrix}$$

Die Transformationsmatrix Q ist das Produkt der drei Householder-Matrizen:

$$H = H_3 \cdot H_2 \cdot H_1 = \begin{pmatrix} -0.377964 & 0.061721 & -0.075175 & 0.920697 \\ -0.377964 & -0.586353 & -0.695365 & -0.172631 \\ 0.377964 & 0.586353 & -0.714158 & 0.057544 \\ 0.755929 & -0.555492 & -0.028190 & 0.345261 \end{pmatrix}$$

Es ist dann $A=Q \cdot R$. R besteht "oben" aus einer Dreiecksmatrix, darunter Nullen.

Nimmt man folgende aus den ersten beiden Spalten bestehende Matrix:

$$A = \begin{pmatrix} -1 & 1 \\ -1 & 4 \\ 1 & -4 \\ 2 & 0 \end{pmatrix}$$

so hat man nur die ersten *zwei* Multiplikationen mit Householder-Matrizen durchzuführen, um die Matrix R zu berechnen. Dann lauten R und Q

$$R = \begin{pmatrix} 2.645751 & -3.401680 \\ & -4.629101 \\ 0.000000 & 0.000000 \\ 0.000000 & 0.000000 \end{pmatrix}$$

$$Q = H_2 \cdot H_1 = \begin{pmatrix} -0.377964 & 0.061721 & 0.212520 & 0.898982 \\ -0.377964 & -0.586353 & 0.661575 & -0.275049 \\ 0.377964 & 0.586353 & 0.714705 & -0.050304 \\ 0.755929 & -0.555492 & 0.079695 & 0.337118 \end{pmatrix}$$

6. Das Verfahren von Cholesky und Cholesky-Zerlegung

Das Verfahren von Cholesky dient

1. zur Lösung linearer Gleichungssysteme $A\vec{x}=\vec{b}$ mit reeller symmetrischer, positiv definiter Matrix A (dann ist das System eindeutig lösbar),
2. zur Prüfung, ob eine reelle symmetrische Matrix A positiv definit ist und
3. zur Berechnung der *Cholesky-Zerlegung* der reellen symmetrischen positiv definiten Matrix A: d.h. zur Berechnung derjenigen unteren Dreiecksmatrix U mit positiven Diagonalelementen, für die gilt $A = U \cdot U^T$.

Dabei heißt eine reelle symmetrische $n \times n$-Matrix *positiv definit*, wenn eine der folgenden äquivalenten Bedingungen erfüllt ist:

a) Für alle Vektoren $\vec{x} \in \mathbb{R}^n$ mit $\vec{x} \neq \vec{o}$ ist $H(\vec{x}) := \vec{x}^T A \vec{x} > 0$ (siehe auch unter *Hermitesche Form* im Abschnitt "Eigenwerte von Matrizen"). Die Hermitesche Form H heißt dann *positiv definit.*

b) Es gibt (genau) eine Matrix U mit den oben unter 3. genannten Eigenschaften.

c) Alle Eigenwerte von A sind positiv (da A symmetrisch ist, sind sie ohnehin reell).

d) Alle Hauptabschnittsdeterminanten von A sind positiv.

Beispiel 11

Ist folgende Matrix A positiv definit? Wenn ja, berechne man ihre Cholesky-Zerlegung.

$$\begin{pmatrix} 9 & 12 & 3 & 6 \\ 12 & 17 & 7 & 1 \\ 3 & 7 & 14 & -17 \\ 6 & 1 & -17 & 70 \end{pmatrix}$$

Lösung:

Um das festzustellen, versuchen wir die Cholesky-Zerlegung zu berechnen. Wenn das nicht geht (es entsteht dann ein Widerspruch), ist A nicht positiv definit. A ist symmetrisch; wäre das nicht der Fall, wäre dieses Verfahren nicht anwendbar. Wir schreiben dazu, um das Verfahren und die zugehörigen Formeln besser erklären zu können, in einer Form, die für Handrechnung übersichtlich ist. Wir wollen also $A=UU^T$ herstellen, wobei U untere Dreiecksmatrix ist (mit positiven Diagonalelementen). Wir schreiben U, U^T und A in der bewährten Anordnung (leere Plätze stehen für Nullen):

					u_{11}	u_{21}	u_{31}	u_{41}	
						u_{22}	u_{32}	u_{42}	$= U^T$
							u_{33}	u_{43}	
								u_{44}	
	u_{11}				9	12	3	6	
	u_{21}	u_{22}			12	17	7	1	
$U =$	u_{31}	u_{32}	u_{33}		3	7	14	-17	$= A$
	u_{41}	u_{42}	u_{43}	u_{44}	6	1	-17	70	

Man multipliziert nun die Zeilen von U (linke Matrix) oben beginnend mit der ersten Spalte von U^T, dann bekommt man die u der ersten Spalte von U (wir schreiben die Formeln gleich "allgemein" für spätere Verwendung, man beachte, daß A symmetrisch ist: $a_{ik}=a_{ki}$).

$u_{11}^2 = a_{11}$, woraus $u_{11} = \sqrt{a_{11}} = 3$ folgt (positive Diagonale).

$u_{21}u_{11} = a_{21}$, woraus $u_{21} = a_{21}/u_{11} = 12/3 = 4$ folgt.

$u_{31}u_{11} = a_{31}$, woraus $u_{31} = a_{31}/u_{11} = 3/3 = 1$ folgt.

$u_{41}u_{11} = a_{41}$, woraus $u_{41} = a_{41}/u_{11} = 6/3 = 2$ folgt.

Nun werden die Zeilen ab 2. von U mit der 2. Spalte von U^T multipliziert:

$u_{21}^2 + u_{22}^2 = a_{22}$, woraus $u_{22} = \sqrt{a_{22} - u_{21}^2} = \sqrt{17-16} = 1$ folgt.

$u_{31}u_{21} + u_{32}u_{22} = a_{32}$, woraus $u_{32} = (a_{32}-u_{31}u_{21})/u_{22} = (7-1\cdot 4)/1 = 3$.

$u_{41}u_{21} + u_{42}u_{22} = a_{42}$, woraus $u_{42} = (a_{42}-u_{41}u_{21})/u_{22} = (1-2\cdot 4)/1 = -7$.

Nun folgen die Produkte ab der 3. Zeile von U mit der 3. Spalte vom U^T:

$u_{31}^2 + u_{32}^2 + u_{33}^2 = a_{33}$, woraus $u_{33} = \sqrt{a_{33}-u_{31}^2-u_{32}^2} = \sqrt{14-1-9} = 2$.

$u_{41}u_{31}+u_{42}u_{32}+u_{43}u_{33} = a_{43}$, woraus $u_{43} = (a_{43}-u_{41}u_{31}-u_{42}u_{32})/u_{33} = 1$.

Nun die letzte Zeile von U mit der letzten Spalte von U^T:

$u_{41}^2+u_{42}^2+u_{43}^2+u_{44}^2 = a_{44}$, woraus $u_{44} = \sqrt{a_{44}-u_{41}^2-u_{42}^2-u_{43}^2} = \sqrt{70-4-49-1} = 4$.

Damit lautet das Ergebnis: $A = U\cdot U^T$ mit (leere Plätze für Nullen):

$$U = \begin{pmatrix} 3 & & & \\ 4 & 1 & & \\ 1 & 3 & 2 & \\ 2 & -7 & 1 & 4 \end{pmatrix}$$

Allgemein gilt:

1. Man rechne in folgender *Reihenfolge:* Jeweils das Diagonalelement von U, dann die darunter stehenden Elemente, links oben beginnend.
2. Man *berechne* die Zahlen der Matrix U nach folgenden Formeln:

   Für $k=1,2,\ldots, n$:

   a) Diagonalelement berechnen nach

   $$u_{kk} = \left(a_{kk} - \sum_{j=1}^{k-1} u_{kj}^2 \right)^{1/2} \quad \text{(positive Wurzel)}$$

   b) darunter stehende Zahlen nach (man beachte, daß $a_{ik}=a_{ki}$ ist)

   $$u_{ik} = \left(a_{ik} - \sum_{j=1}^{k-1} u_{ij}u_{kj} \right)/u_{kk} \quad \text{für } i>k, \text{ also } i=k+1,\ldots,n$$

3. Hat man ein Gleichungssystem $A\vec{x}=\vec{b}$ (mit positiv definiter Matrix A) und berechnet die Cholesky-Zerlegung von A, also $A=U\cdot U^T$, so berechnet man

1) $\vec{c}$ aus $U\vec{c}=\vec{b}$

2) $\vec{x}$ aus $U^T\vec{x}=\vec{c}$.

Dann ist nämlich $A\vec{x} = UU^T\vec{x} = U\vec{c} = \vec{b}$, $\vec{x}$ also Lösung des Gleichungssytems.

Das Gleichungssystem $U\vec{c}=\vec{b}$ löst man durch vorwärts einsetzen ("Vorwärts-Substitution"), denn U ist untere Dreiecksmatrix und $U^T\vec{x}=\vec{c}$ durch Rückwärts-Substitution, denn U^T ist obere Dreiecksmatrix.

Das ergibt die Formeln:

$$1)\quad c_k = (b_k - \sum_{j=1}^{k-1} u_{kj}c_j)/u_{kk} \quad \text{für } k=1,2,\ldots,n$$

dann

$$2)\quad x_k = (c_k - \sum_{j=k+1}^{n} u_{jk}x_j)/u_{kk} \quad \text{für } k=n,n-1,\ldots,1$$

Man wird, wenn man mit einem Computer rechnet, nur die z.B. obere Hälfte von A (ist symmetrisch) speichern und auf die untere dann die Elemente von U schreiben, wobei die Diagonalelemente von A überschrieben werden. Dadurch kann man Speicherplatz im *Arbeitsspeicher* (nicht Massenspeicher) sparen, namentlich bei großen Matrizen. Man beachte, daß in obigen Formeln dann a_{ik} durch a_{ki} zu ersetzen ist.

Beispiel 12

Das letzte Beispiel soll erneut behandelt werden als Gleichungssystem $A\vec{x}=\vec{b}$, wobei

$$\vec{b} = \begin{pmatrix} -12 \\ -28 \\ -42 \\ 91 \end{pmatrix}.$$

Lösung:

1) Aus der der Cholesky-Zerlegung berechnet man zuerst den Vektor $\vec{c}$ aus $U\vec{c}=\vec{b}$ (U siehe voriges Beispiel):

$$\left(\begin{array}{cccc|c} 3 & & & & -12 \\ 4 & 1 & & & -28 \\ 1 & 3 & 2 & & -42 \\ 2 & -7 & 1 & 4 & 91 \end{array}\right)$$

$c_1 = -12/3 = -4$

$c_2 = (-28-4\cdot(-4))/1 = -12$

$c_3 = (-42-1\cdot(-4)-3\cdot(-12))/2 = -1$

$c_4 = (91-2\cdot(-4)-(-7)\cdot(-12)-1\cdot(-1))/4 = 4$

2) Aus der Cholesky-Zerlegung berechnet man dann die Lösung $\vec{x}$ aus $U^T \vec{x}=\vec{c}$:

Das ergibt das Schema (U^T siehe oben)

$$\begin{array}{cccc|c} 3 & 4 & 1 & 2 & -4 \\ & 1 & 3 & -7 & -12 \\ & & 2 & 1 & -1 \\ & & & 4 & 4 \end{array}$$

Links steht U^T, rechts $\vec{c}$.

Damit durch Rückwärtssubstitution

$$x_4 = c_4/u_{44} = 4/4 = 1$$

$$x_3 = (c_3-u_{34}x_4)/u_{33} = (-1-1\cdot1)/2 = -1$$

$$x_2 = (c_2-u_{24}x_4-u_{23}x_3)/u_{22} = (-12-(-7)\cdot1-3\cdot(-1))/1 = -2$$

$$x_1 = (c_1-u_{14}x_4-u_{13}x_3-u_{12}x_2)/u_{11} = (-4-2\cdot1-1\cdot(-1)-4\cdot(-2))/3 = 1$$

Die Lösung ist daher $\vec{x} = (1,-2,-1,1)^T$.

Wir wollen an einem Beispiel erläutern, wie man die Werte überschreibt:

Beispiel 13

Mit dem Verfahren von Cholesky löse man das Gleichungssystem $A\vec{x}=\vec{b}$, wobei

$$A = \begin{pmatrix} 9 & -3 & -6 & 3 \\ -3 & 5 & 4 & 3 \\ -6 & 4 & 21 & 4 \\ 3 & 3 & 4 & 7 \end{pmatrix}, \quad \vec{b} = \begin{pmatrix} -3 \\ 11 \\ 23 \\ 13 \end{pmatrix}.$$

Lösung:

Ob die symmetrische Matrix A tatsächlich positiv definit ist, zeigt sich im Laufe der Rechnung: Wenn sie es nämlich nicht ist, ergibt sich ein Widerspruch, dann läßt sich das System mit dem Verfahren von Cholesky nicht lösen (A ist dann nicht positiv definit).

In vielen Anwendungsfällen ist aufgrund einer Theorie von vornherein bekannt, *daß* die Koeffizientenmatrix positiv definit ist; man rechnet dann *nicht* mit einem Verfahren, dessen Brauchbarkeit sich erst im Laufe der Rechnung zeigt.

Wir schreiben nur den oberen Teil der Matrix A auf, der untere Teil des folgenden Schemas enthält die Matrix U (wobei die Diagonale "doppelt" besetzt ist); alle links *kursiv* gedruckten Zahlen gehören zur Matrix U:

				$\vec{b}$	$\vec{c}$	$\vec{x}$
9 \ *3*	-3	-6	3	-3	*-1*	*1*
-1	5 \ *2*	4	3	11	*5*	*2*
-2	*1*	21 \ *4*	4	23	*4*	*1*
1	*2*	*1*	7 \ *1*	13	*0*	*0*

Berechnungsbeispiele folgen unten.

1. Vorgehensweise:

   Die Matrix A (oberer Teil einschließlich der Diagonale) hinschreiben, ferner die rechte Seite $\vec{b}$.

   Das sind alle nicht kursiv gedruckten Zahlen.

2. Alle *kursiv* gedruckten Zahlen werden *berechnet:*

   Zuerst die erste Spalte von U, dann die zweite usw., jeweils ab Diagonale.

   Die Formeln stehen oben.

   Dann wird $\vec{c}$ von oben und danach $\vec{x}$ von unten berechnet.

Berechnungsbeispiele:

1) Die Zahl 3 auf der Diagonale von U ist $\sqrt{9}$.

2) Die Zahl -2 in der ersten Spalte ist $u_{31} = a_{13}/u_{11} = (-6)/3$.

3) Die Zahl 4 auf der Diagonale von U ist

$$u_{33} = \sqrt{a_{33} - u_{31}^2 - u_{32}^2} = \sqrt{21-4-1} = 4.$$

also

$$a_{kk} - \left| \begin{matrix}\text{Betrag k. Zeile von U} \\ \text{soweit schon berechnet}\end{matrix} \right|^2 \Rightarrow \text{Wurzel} \Rightarrow u_{kk}$$

4) Die Zahl 1 darunter ist

$$u_{43} = (a_{34} - u_{41}u_{31} - u_{42}u_{32})/u_{33} = (4-1\cdot(-2)-2\cdot 1)/4$$

Man veranschauliche sich, *wo* die beteiligten Zahlen im Schema stehen:

Es wird von $a_{34}=a_{43}$ das Skalarprodukt der *4.* mit der *3.* Zeile (u_{43}) von U subtrahiert (man beachte die Indizes und Zeilennummern) und durch das entsprechende Diagonalelement von U dividiert.

Für i>k

$$a_{ki} - \left[\begin{matrix}\text{i. Zeile von U} \\ \times \\ \text{k. Zeile von U}\end{matrix} \right] \Rightarrow \text{dividiert durch } u_{kk} \Rightarrow u_{ik}$$

5) Der Vektor $\vec{c}$ wird aus $U\vec{c} = \vec{b}$ berechnet, anders: Ist Lösung dieses Gleichungssystems, das man natürlich von oben, durch Vorwärtssubstitution löst.

Die Zahl 4 im Vektor $\vec{c}$ berechnet sich so:

$$c_3 = (b_3 - u_{31}c_1 - u_{32}c_2)/u_{33} = (23 - (-2)\cdot(-1) - 1\cdot 5)/4.$$

Hier wird also zur Berechnung von c_3 von b_3 das Skalarprodukt der *3.* Zeile von U mit $\vec{c}$, soweit bereits berechnet, subtrahiert und durch das entsprechende Diagonalelement von U dividiert. Auch hier mache man sich klar, *wo* diese Zahlen im Schema stehen.

6) Die Lösung $\vec{x}$ wird dann aus $U^T\vec{x} = \vec{c}$ berechnet, anders: Ist Lösung dieses Gleichungssystems, das man natürlich (da U^T obere Dreiecksmatrix ist) von unten, durch Rückwärtssubstitution löst.

Die Zahl 2 im Lösungsvektor $\vec{x}$ berechnet sich so:

$$x_2 = (c_2 - u_{42}x_4 - u_{32}x_3)/u_{22} = (5-2\cdot 0-1\cdot 1)/2.$$

Auch hier wird zur Berechnung von x_2 vom entsprechenden Element c_2 ein Skalarprodukt subtrahiert, und zwar das der *2. Spalte* von U mit $\vec{x}$ (soweit $\vec{x}$ schon berechnet wurde) und durch das entsprechende Diagonalelement dividiert.

Auch hier mache man sich klar, *wo* diese Zahlen im Schema stehen.

Beispiel 14

Mit dem Verfahren von Cholesky berechne man die Cholesky-Zerlegung von A und die Lösung des Gleichungssystems $A\vec{x}=\vec{b}$.

$$A = \begin{pmatrix} 9 & 6 & 12 & 3 \\ 6 & 13 & 11 & 8 \\ 12 & 11 & 26 & 21 \\ 3 & 8 & 21 & 46 \end{pmatrix}, \quad \vec{b} = \begin{pmatrix} 75 \\ 77 \\ 160 \\ 144 \end{pmatrix}$$

Lösung:

Es ergibt sich folgende Matrix U der Cholesky-Zerlegung von A sowie die Lösung:

$$U = \begin{pmatrix} 3 & & & \\ 2 & 3 & & \\ 4 & 1 & 3 & \\ 1 & 2 & 5 & 4 \end{pmatrix}, \quad \vec{x} = \begin{pmatrix} 2 \\ 1 \\ 4 \\ 1 \end{pmatrix}.$$

Man prüfe einmal nach, daß in der Tat $A=U\cdot U^T$ gilt.

7. Das Jacobi- oder Gesamtschritt-Verfahren

A sei eine n×n-Matrix. Man löst das Gleichungssystem $A\vec{x}=\vec{b}$ wie folgt auf:

1. Gleichung nach x_1, 2. Gleichung nach x_2, usw. (kurz: "nach der Diagonale"). Dann lautet es

$$\vec{x} = B\vec{x} + \vec{c}.$$

Beispiel 15

Das links stehende Gleichungssystem hat die rechte stehende Auflösung

$$\begin{array}{rcl} 8x_1 + x_2 + x_3 = 20 & \Leftrightarrow & x_1 = - 1/8x_2 - 1/8x_3 + 20/8 \\ 2x_1 + 7x_2 + x_3 = 26 & \Leftrightarrow & x_2 = - 2/7x_1 - 1/7x_3 + 26/7 \\ x_1 - x_2 + 5x_3 = 4 & \Leftrightarrow & x_3 = - 1/5x_1 + 1/5x_2 + 4/5 \end{array}$$

Das Gesamtschrittverfahren von Jacobi:

1. Ausgehend von einem (beliebigen) Startvektor $\vec{x}^{(0)}$ berechne man die Folge

$$\vec{x}^{(i+1)} = B\vec{x}^{(i)} + \vec{c}.$$

2. Wenn $\|B\|_\infty<1$ ist, A also dem *starken Zeilensummenkriterium* genügt:

$$\text{(SZ)} \qquad \sum_{\substack{k=1\\k\neq i}}^{n} |a_{ik}| < |a_{ii}| \quad \text{für } i = 1,\dots,n,$$

dann konvergiert diese Folge von Vektoren (in jeder der drei Normen) gegen *die* Lösung $\vec{x}$ des Gleichungssystems $A\vec{x}=\vec{b}$ (das dann eindeutig lösbar ist).

In Worten besagt (SZ), daß die Summe der Beträge aller Elemente *außerhalb* der Diagonale von A kleiner als der Betrag des Diagonalelementes ist.

3. Es gilt unter dieser Voraussetzung (SZ) die Fehlerabschätzung

$$\|\vec{x}^{(i)}-\vec{x}\|_\infty \le \frac{\|B\|_\infty}{1-\|B\|_\infty}\cdot\|\vec{x}^{(i)}-\vec{x}^{(i-1)}\|_\infty \le \frac{\|B\|_\infty^i}{1-\|B\|_\infty}\cdot\|\vec{x}^{(1)}-\vec{x}^{(0)}\|_\infty.$$

Die vordere (schärfere) Ungleichung heißt *a posteriori*-Abschätzung (man schätzt den Fehler *nach* dem i-ten Schritt ab), die hintere (schwächere) heißt *a priori*-Abschätzung (man kann den Fehler, den man nach i Schritten hat, bereits *vor* der Rechnung, nach dem ersten Schritt, abschätzen).

Hinweis: Es kann sein, daß ein Gleichungssystem erst nach Umordnung der Gleichungen dem Zeilensummenkriterium (SZ) genügt.

Beispiel 16

Die Matrix aus dem vorigen Beispiel erfüllt das starke Zeilensummenkriterium;

1. Zeile: 1+1<8, 2. Zeile: 2+1<7 und 3. Zeile: 1+1<5. Daher konvergiert das Jacobi-Verfahren für jeden Startvektor.

Beispiel 17

Das Gleichungssystem aus Beispiel 15 soll mit dem Jacobi-Verfahren behandelt werden.

a) Wieviele Schritte sind (höchstens) nötig, um die Genauigkeit von 0.001 in allen Komponenten zu bekommen; was kann man also *im voraus* darüber feststellen?

b) Man berechne die ersten Iterationen und schätze den Fehler *im nachhinein* ab.

Dabei wähle man als Startvektor $\vec{x}^{(0)} = (1,2,1)^T$.

Lösung:

B ist die oben rechts stehende Koeffizientenmatrix und hat die Zeilensummennorm (∞-Norm) $\max\{1/4, 3/7, 2/5\} = 3/7 < 1$, daher konvergiert das Jacobi-Verfahren.

Wir rechnen statt mit $3/7 \approx 0.43$ mit 0.5, in dieser Norm und lassen den Index ∞ fort.

a) Wir berechnen $\vec{x}^{(1)}$ aus $(1,2,1)^T$, indem wir $(1,2,1)^T$ rechts einsetzen. Es ergibt sich

$$\vec{x}^{(1)} = (17/8\ ,\ 23/7\ ,\ 5/5)^T = (2.12500, 3.28571, 1.00000)^T,$$ also ist

$$\|\vec{x}^{(1)} - \vec{x}^{(0)}\| = \|(1.12500\ ,\ 1.28571\ ,\ 0.00000)^T\| < 1.3 \text{ (gerundet)}.$$

Nach dem i-ten Iterationsschritt gilt ($\vec{x}$ ist die Lösung):

$$\|\vec{x}^{(i)} - \vec{x}\| < \frac{0.5^i}{1-0.5} \cdot 1.3 = 2.6 \cdot 0.5^i.$$

Diese Zahl ist kleiner als 0.001, wenn $i \ge 12$ ist (für $i=11$ ergibt sich 0.0012).

Nach der 12. Iteration hat das Ergebnis die gewünschte Genauigkeit in *allen* Komponenten (∞-Norm); soviel läßt sich also *vor* dem Iterieren, *a priori* sagen.

b) Wir berechnen die Iterationen mit einem Programm:

i	1.Komponente	2.Komponente	3.Komponente
0	1.000000000000000	2.000000000000000	1.000000000000000
1	2.125000000000000	3.285714285714286	1.000000000000000
2	1.964285714285714	2.964285714285714	1.032142857142857
11	1.999999987397205	3.000000005618789	1.000000016713181
12	1.999999997208504	3.000000001213201	1.000000003644317
22	1.999999999999999	3.000000000000000	1.000000000000001
23	2.000000000000000	3.000000000000000	1.000000000000000

Berechnungsbeispiel:

Die Zahlen für $i=2$ ergeben sich, wenn man auf der rechten Seite des aufgelösten Systems (vorige Seite) die Werte von der vorigen Iteration $i=1$ einsetzt.

So ist z.B. $x_2 = -2/7 \cdot 2.125 - 1/7 \cdot 1.000 + 26/7 = 2.964 \ldots$.

Daraus kann man nun berechnen (a posteriori Abschätzung), daß

$$\|\vec{x}^{(12)} - \vec{x}\| \le \frac{\|B\|}{1-\|B\|} \cdot \|\vec{x}^{(12)} - \vec{x}^{(11)}\| \le \frac{0.5}{1-0.5} \cdot 0.000000014 = 1.4 \cdot 10^{-8}.$$

Nach dem 12. Iterationsschritt, also *a posteriori*, kann man daher eine schärfere Abschätzung bekommen, als vorher (was wohl auch nicht erstaunlich ist).

Wir wollen noch bemerken, daß die Lösung $\vec{x} = (2,3,1)^T$ ist; die 12. Iteration hat also einen Fehler, der sogar unter $4 \cdot 10^{-9}$ liegt.

8. Das Gauß-Seidel- oder Einzelschrittverfahren

Man zerlegt die Koeffizientenmatrix A folgendermaßen:

(*) $A = A_L + A_D + A_R$, wobei

A_L der unter der Diagonale stehende Teil von A ist (untere Dreiecksmatrix),

A_D die Diagonalelemente von A enthält (Diagonalmatrix),

A_R der über der Diagonale stehende Teil von A ist (obere Dreiecksmatrix).

Beispiel 18

$$\begin{pmatrix} 8 & 1 & 1 \\ 2 & 7 & 1 \\ 1 & -1 & 5 \end{pmatrix} = \begin{pmatrix} 0 & 0 & 0 \\ 2 & 0 & 0 \\ 1 & -1 & 0 \end{pmatrix} + \begin{pmatrix} 8 & 0 & 0 \\ 0 & 7 & 0 \\ 0 & 0 & 5 \end{pmatrix} + \begin{pmatrix} 0 & 1 & 1 \\ 0 & 0 & 1 \\ 0 & 0 & 0 \end{pmatrix}$$

ist die genannte Zerlegung der links stehenden Matrix.

Ist $\vec{x}$ Lösung des Gleichungssystems, gilt also $A\vec{x}=\vec{b}$, so folgt aus (*)

$A\vec{x} = A_L\vec{x} + A_D\vec{x} + A_R\vec{x} = \vec{b}$, woraus folgt

$A_L\vec{x} + A_D\vec{x} = \vec{b} - A_R\vec{x}$. Zur Iteration setzt man links den neuen, rechts den alten Vektor ein.

Löst man nach $A_D\vec{x}$ auf, so bekommt man folgende Iterationsvorschrift.

Das Einzelschritt-Verfahren von Gauß-Seidel

1. Ausgehend von Startvektor $\vec{x}^{(0)}$ (beliebig) berechne man

   $\vec{x}^{(1)}, \vec{x}^{(2)}, \vec{x}^{(3)}, \ldots$ nach folgender Formel:

   (GS) $A_D\vec{x}^{(i+1)} = \vec{b} - A_L\vec{x}^{(i+1)} - A_R\vec{x}^{(i)}$,

   Anschließend dividiere man durch das jeweilige Diagonalelement. Man beachte, daß rechts Komponenten sowohl des ***neuen*** als auch des ***alten*** Vektors auftreten.

2. Wenn A dem *starken Zeilensummenkriterium* genügt:

   (SZ) $\sum_{\substack{k=1 \\ k\neq i}}^{n} |a_{ik}| < |a_{ii}|$ für i = 1,...,n,

   so konvergiert diese Folge von Vektoren (in jeder der drei Normen) gegen *die* Lösung $\vec{x}$ des Gleichungssystems $A\vec{x}=\vec{b}$ (das dann eindeutig lösbar ist).

3. Es gilt unter dieser Voraussetzung (SZ) die Fehlerabschätzung

   $$\|\vec{x}^{(i)}-\vec{x}\|_\infty \le \frac{\|B\|_\infty}{1-\|B\|_\infty}\cdot\|\vec{x}^{(i)}-\vec{x}^{(i-1)}\|_\infty \le \frac{\|B\|_\infty^{i}}{1-\|B\|_\infty}\cdot\|\vec{x}^{(1)}-\vec{x}^{(0)}\|_\infty .$$

   Die vordere (schärfere) Ungleichung heißt *a posteriori*-Abschätzung (man schätzt den Fehler *nach* dem i-ten Schritt ab), die hintere (schwächere) heißt *a priori*-Abschätzung (man kann den Fehler, den man nach i Schritten hat, bereits *vor* der Rechnung, nach dem ersten Schritt, abschätzen).

B ist die Matrix, wie sie beim Gesamtschrittverfahren von Jacobi beschrieben ist: Sie entsteht aus A dadurch, daß man alle Elemente jeder Zeile durch das Diagonalelement dividiert und das Diagonalelement dann 0 setzt und anschließend mit -1 multipliziert.

Hinweis: Es kann sein, daß ein Gleichungssystem erst nach Umordnung der Gleichungen dem Zeilensummenkriterium (SZ) genügt.

Beispiel 19

Das Gleichungssystem aus Beispiel 15 soll mit dem Gauß-Seidel-Verfahren behandelt werden.

Lösung:

Die Zerlegung ist hier

$$\begin{aligned} 8x^{(i+1)} &= 20 \qquad\qquad\quad - y^{(i)} - z^{(i)} \\ 7y^{(i+1)} &= 26 - 2x^{(i+1)} \qquad\quad - z^{(i)} \\ 5z^{(i+1)} &= 4 - x^{(i+1)} + y^{(i+1)} \end{aligned}$$

Man beachte, daß z.B. in der zweiten Gleichung bereits der *neue* Wert von x benutzt wird. Beim Gesamtschritt-Verfahren von Jacobi wird hier noch der *alte* Wert benutzt. Entsprechend werden bei der Berechnung von z die schon berechneten neuen Werte von x und y verwendet, anders als beim Gesamtschritt-Verfahren von Jacobi. Das erklärt auch die Namen dieser beiden Verfahren.

Man bekommt, wenn man wieder mit $\vec{x}^{(0)} = (1,2,1)^T$ startet, die folgenden Werte für für die drei Komponenten der ersten drei Näherungen $\vec{x}^{(i)}$ (auf drei Stellen gerundet):

1. Näherung:	x = 2.125	y = 2.964	z = 0.968
2. Näherung:	x = 2.008	y = 3.002	z = 0.999
3. Näherung:	x = 2.000	y = 3.000	z = 1.000

was die (exakte) Lösung ist.

Berechnungsbeispiel: Der Wert 3.002 der 2. Näherung ist aus der 1. und 2. Näherung berechnet worden: $(26 - 2\cdot\mathit{2.008} - 1\cdot 0.968)/7 = 3.0022857$ (der kursiv gedruckte Wert ist schon der neue aus der 2. Iteration).

Die im Satz genannte Matrix B ist hier

$$B = \begin{pmatrix} 0 & -1/8 & -1/8 \\ -2/7 & 0 & -1/7 \\ -1/5 & 1/5 & 0 \end{pmatrix},$$

daher ist $\|B\|_\infty = \max\{2/8, 3/7, 2/5\} = 3/7$.

Beispiel 20

Das Gleichungssystem $A\vec{x}=\vec{b}$ ist zu lösen, wobei

$$A = \begin{pmatrix} 8.133 & -0.313 & 1.201 & 0.103 \\ 0.321 & 8.372 & 0.021 & 0.734 \\ 0.240 & 1.010 & 6.382 & 0.321 \\ -0.372 & 0.842 & 1.027 & -5.936 \end{pmatrix}, \quad \vec{b} = \begin{pmatrix} 1.901040 \\ 19.265488 \\ -0.654668 \\ -9.202146 \end{pmatrix}$$

a) Wieviele Iterationen sind nach dem Einzelschrittverfahren von Gauß-Seidel höchstens erforderlich, um eine Genauigkeit für die Lösung von mindestens 10^{-6} in allen 4 Komponenten zu bekommen?

b) Man iteriere 6 mal und schätze den Fehler dann ab.

Lösung:

Es ist

$$B = \begin{pmatrix} 0 & -0.313/8.133 & 1.201/8.133 & 0.103/8.133 \\ 0.321/8.372 & 0 & 0.021/8.372 & 0.734/8.372 \\ 0.240/6.382 & 1.010/6.382 & 0 & 0.321/6.382 \\ -0.372/-5.936 & 0.842/-5.936 & 1.027/-5.936 & 0 \end{pmatrix}$$

$\|B\|_\infty = \max\{1.617/8.133\ ,\ 1.076/8.372\ ,\ 1.571/6.382\ ,\ 2.241/5.936\} = 0.377... < 0.4.$

Es ergeben sich folgende Iterationen

0:	1.00000000000	1.00000000000	1.00000000000	1.00000000000
1:	0.11189474978	2.20670924335	-0.50631449009	1.76862960827
2:	0.37103834331	2.13316330191	-0.54308089025	1.73559622005
3:	0.37405555785	2.13603598174	-0.54198747447	1.73600378922
4:	0.37399948713	2.13599965603	-0.54200011687	1.73599996313
5:	0.37400000449	2.13600000335	-0.54199999885	1.73600000039
6:	0.37399999995	2.13599999996	-0.54200000001	1.73600000000
7:	0.37400000000	2.13600000000	-0.54200000000	1.73600000000

a) Zu diesem Teil benötigen wir *nur* den ersten Iterationsschritt.

Es ergibt sich aufgrund der obigen Tabelle

$$\|\vec{x}^{(1)} - \vec{x}^{(0)}\|_\infty = \max\{|0.111...-1.000|, |2.206...-1.000|,...\} < 1.5064$$

(3. Komponente). Daher bekommt man (a priori-Abschätzung) nach dem i-ten Schritt

$$\|\vec{x}^{(i)} - \vec{x}\|_\infty \le \frac{0.4^i}{1-0.4}\cdot 1.5064 < 2.511\cdot 0.4^i.$$

Wenn man diese rechts stehende Zahl nun $\le 10^{-6}$ macht, ist sichergestellt, daß der Fehler von $\vec{x}^{(i)}$ in keiner Komponente (∞–Norm) größer als diese vorgegebene Fehlerschranke ist:

$$2.511\cdot 0.4^i \le 10^{-6} \quad \text{also } 0.4^i \le 0.0000004, \text{ logarithmieren:}$$

$i\cdot\ln 0.4 \le \ln 0.0000004$, also $i \ge 16.1$: Ab $i=17$ ist die geforderte Genauigkeit sicher erreicht; das läßt sich also *vor* dem Iterieren sagen. Das heißt nicht, daß besagter Fehler nicht schon früher den geforderten Wert unterschreitet (folgende Abschätzung a posteriori zeigt, daß die Genauigkeit viel eher erreicht ist).

b) Hier ist ein Fehler a posteriori abzuschätzen. Es ist aufgrund der Zahlen

$$\|\vec{x}^{(6)} - \vec{x}^{(5)}\|_\infty = 0.00000000454 \le 5\cdot 10^{-9},$$

daher erhält man die Abschätzung

$$\|\vec{x}^{(6)} - \vec{x}\|_\infty \le \frac{0.4}{1-0.4}\cdot 5\cdot 10^{-9} \le 3.4\cdot 10^{-9}.$$

Man erkennt, daß die unter a) geforderte Genauigkeit bereits nach viel weniger als 17 Iterationen erreicht ist.

Eine Variante des Einzelschrittverfahrens sind *Relaxationsverfahren*. Näheres hierzu, Prozeduren, Programme und Beispiele stehen in *"Turbo-Pascal-Quelltexte zur Ingenieur-Mathematik"*.

9. Rundungsfehler

Im Folgenden sei A eine reguläre (d.h. invertierbare) $n\times n$-Matrix.

A. Man löst das lineare Gleichungssystem $A\vec{x}=\vec{b}$ und bekommt (z.B. durch Rundungen) eine Näherung $\vec{y}$ für die Lösung $\vec{x}$ des Systems. Was kann man über die Genauigkeit von $\vec{y}$ sagen?

B. Wie kann man die Genauigkeit in diesem Falle evtl. erhöhen?

C. Die Koeffizienten a_{ik} von A und die rechten Seiten b_i des Gleichungssystems sind nicht exakt (z.B. können sie ihrerseits berechnet und gerundet oder gemessen worden sein): *"Datenfehler"*. Wenn nun das Gleichungssytem $A\vec{x}=\vec{b}$ gelöst wird (anstelle des nicht exakt bekannten $B\vec{x}=\vec{c}$): Was läßt sich über die Genauigkeit von $\vec{x}$ aussagen?

D. Ist ein Vektor als Lösung zu akzeptieren, wenn die Koeffizienten der Matrix mit ihren maximal möglichen (Rundungs- oder Meß-) Fehlern bekannt sind?

A. Abschätzung von Näherungen

Sei also $\vec{y}$ eine Näherung für die Lösung $\vec{x}$ von $A\vec{x}=\vec{b}$. Dann ist der *Defekt* $\vec{d} = \vec{b}-A\vec{y}$.

Wenn $\vec{d}=\vec{o}$ ist, ist $\vec{y}=\vec{x}$ die (exakte) Lösung.

Für die Genauigkeit von $\vec{y}$ gilt:

$$(1)\quad \|\vec{y}-\vec{x}\| \le \frac{\text{cond}(A)}{\|A\|}\|\vec{d}\|, \quad \text{"absoluter Fehler"}$$

$$(2)\quad \frac{\|\vec{y}-\vec{x}\|}{\|\vec{x}\|} \le \text{cond}(A)\frac{\|\vec{d}\|}{\|\vec{b}\|}, \quad \text{"relativer Fehler"},$$

wobei beliebige Normen (1,2 oder ∞) zu nehmen sind (aber in jeder Formel dieselben) und die zugehörigen Konditionszahlen cond(A).

<u>Beispiel 21</u>

Das Gleichungssystem $A\vec{x}=\vec{b}$ sei gegeben. Man hat als "Lösung" gefunden $\vec{y} = (-3.264,1.032,-2.400,-0.982)^T$. Diese Werte sind (etwa durch Rundungen) nicht genau. Wie weit kann die (exakte) Lösung hiervon höchstens abweichen?

$$A = \begin{pmatrix} 1 & 2 & -3 & 3 \\ 2 & 5 & -5 & 4 \\ 2 & 6 & -5 & 4 \\ 1 & 5 & -3 & 4 \end{pmatrix}, \quad \vec{b} = \begin{pmatrix} 3.0541 \\ 6.7042 \\ 7.7363 \\ 5.1685 \end{pmatrix}$$

Lösung:

Wir verwenden die Zeilensummennorm (∞-Norm) bei Matrizen und Vektoren, lassen aber den Index ∞ im folgenden fort. Es sind (Inverse von A siehe Beispiel 6)

$$\|A\| = \max\{9,16,17,13\} = 17, \quad \|A^{-1}\| = \max\{42,2,21,8\} = 42,$$

Damit gilt für die Konditionszahl von A: $\text{cond}(A) = 17\cdot 42 = 714.$

Ferner berechnet man den Defekt:

$$\vec{d} = \vec{b} - A\vec{y} = \begin{pmatrix} 3.0541 \\ 6.7042 \\ 7.7363 \\ 5.1685 \end{pmatrix} - \begin{pmatrix} 3.0540 \\ 6.7040 \\ 7.7360 \\ 5.1680 \end{pmatrix} = \begin{pmatrix} 0.0001 \\ 0.0002 \\ 0.0003 \\ 0.0005 \end{pmatrix},$$

also $\|\vec{d}\|=0.0005$, woraus nach obigen Formeln folgt:

$$\|\vec{y}-\vec{x}\| \le \frac{714}{17} \cdot 0.0005 = 0.021$$

und für den relativen Fehler

$$\frac{\|\vec{y}-\vec{x}\|}{\|\vec{x}\|} \le \text{cond}(A) \cdot \frac{\|\vec{d}\|}{\|\vec{b}\|} = 714 \cdot \frac{0.0005}{7.7363} < 0.0462.$$

Die erste Ungleichung besagt also (∞-Norm): Keine Komponente der (exakten) Lösung $\vec{x}$ weicht um mehr als 0.021 von den berechneten Rundungen ab, also $-3.264-0.021<x_1<-3.264+0.021$ usw. für die weiteren Komponenten; anders: $|x_1-(-3.264)| < 0.021$ usw., wohl auch bisweilen etwas mißverständlich $x_1=-3.264\pm0.021$, $x_2=1.032\pm0.021$ usw. (mißverständlich deshalb, weil man auch statistische Fehlerangaben so bezeichnet findet, wie z.B. den mittleren Fehler des Mittelwertes, siehe *Repetitorium der Ingenieur-Mathematik*, Teil 3).

B. Verfahren der Nachiteration

Wir nehmen wie eben an, das Gleichungssystem sei mit z.B. dem Gauß-Algorithmus "gelöst", die Lösung aber gerundet, auch die auftretenden Matrizen L und R.

Mit dem folgenden *Verfahren der Nachiteration* wird das gefundene Ergebnis iterativ Schritt für Schritt "verbessert":

Gegeben die reguläre Matrix A, die also "näherungsweise" LR-zerlegt worden ist:

$A \approx L \cdot R$ und $A^{-1} \approx (L \cdot R)^{-1}$ und $\vec{x}^{(0)}$ sei eine "Näherungslösung" von $A\vec{x}=\vec{b}$.

Dann ergibt sich auf folgende Art eine Verbesserung des Ergebnisses:

1. Berechne $\vec{d} = \vec{b} - A\vec{x}^{(0)}$, den Defekt oder Residuum.
2. Löse $L\vec{w} = \vec{d}$, (durch Vorwärtssubstitution) das ergibt also $\vec{w}$.
3. Löse $R\vec{v} = \vec{w}$, (durch Rückwärtssubstitution) das ergibt also $\vec{v}$.
4. Dann ist $\vec{x}^{(1)} = \vec{x}^{(0)} + \vec{v}$.

Diesen Vektor setzt man wieder oben (als neues $\vec{x}^{(0)}$) ein usw.

Die so berechnete Folge von Vektoren konvergiert (in jeder der drei behandelten Normen) gegen die Lösung $\vec{x}$ des Gleichungssystems, d.h. die *Zahlen*folge $\|\vec{x}^{(k)}-\vec{x}\|$ konvergiert für jede der drei Normen 1,2 und ∞ gegen Null.

Es gilt darüber hinaus die Fehlerabschätzung

$$\|\vec{x}^{(k)}-\vec{x}\| \le \frac{\|E-B\cdot A\|^k}{1-\|E-B\cdot A\|}\cdot\|\vec{x}^{(1)}-\vec{x}^{(0)}\| \quad ,B := (LR)^{-1} = R^{-1}L^{-1}.$$

Beispiel 22

Das lineare Gleichungssystem $A\vec{x}=\vec{b}$ mit

$$A = \begin{pmatrix} -7.0 & 6.0 & -1.0 \\ 1.0 & 0.0 & -1.0 \\ 1.0 & -2.0 & 1.0 \end{pmatrix}, \quad \vec{b} = \begin{pmatrix} 3.8 \\ 1.0 \\ -3.4 \end{pmatrix}$$

wurde mit etwa dem Gauß-Algorithmus gelöst, dabei wurde zwei Stellen nach dem Komma abgebrochen. Es ergab sich dann für die LR-Zerlegung (leere Plätze Null)

$$L = \begin{pmatrix} 1 & & \\ -0.14 & 1 & \\ -0.14 & -1.33 & 1 \end{pmatrix}, \quad R = \begin{pmatrix} -7.00 & 6.00 & -1.00 \\ & 0.86 & -1.14 \\ & & -0.67 \end{pmatrix}$$

und die hieraus gefundene und ebenso gerundete "Lösung" $\tilde{x} = (2.22,3.42,1.24)^T$.

Man führe, von diesem Vektor $\tilde{x}=\vec{x}^{(0)}$ ausgehend eine Nachiteration durch.

Lösung:

1. Wir berechnen $A\vec{x}^{(0)}$ und dann den Defekt

$$\vec{d} = \vec{b} - A\vec{x}^{(0)} = \begin{pmatrix} 3.8 \\ 1.0 \\ -3.4 \end{pmatrix} - \begin{pmatrix} 3.74 \\ 0.98 \\ -3.38 \end{pmatrix} = \begin{pmatrix} 0.06 \\ 0.02 \\ -0.02 \end{pmatrix}.$$

2. Wir lösen das Gleichungssystem $L\vec{w}=\vec{d}$: Da L untere Dreiecksmatrix ist, geschieht das von oben ("Vorwärtssubstitution"). Man bekommt zuerst w_1=0.06, dann w_2=0.02-(-0.14)·0.06=0.0284 und aus der 3.Gleichung w_3=0.026172. Daher ist

   $\vec{w} = (0.06000,0.02840,0.026172)^T$.

3. Wir lösen $R\vec{v}=\vec{w}$: Da R obere Dreiecksmatrix ist, geschieht das von unten (Rückwärtssubstitution). Man bekommt v_3=0.026172/(-0.67)=-0.0390627, aus der mittleren Gleichung v_2=-0.0187575 und aus der ersten v_1=-0.0190689. Also ist $\vec{v} = (-0.0190689,-0.0187575,-0.0390627)^T$ (wir schreiben nur diese Stellen auf).

4. Daher ist

   $\vec{x}^{(1)} = \vec{x}^{(0)} + \vec{v} = (2.2009310,3.4012424,1.2009373)^T$,

   wobei wir die weiteren Stellen "abgehackt" haben (nicht gerundet).

Nun startet man erneut bei 1., mit diesem Vektor als neuem $\vec{x}^{(0)}$. Dann ergibt sich der nächste iterierte Vektor. Für Handrechnung empfiehlt sich folgende Anordnung (aus Platzgründen schreiben wir nur weniger Stellen als oben hin, die Liste unten zeigt mehr Stellen):

gegebenes Gleichungssystem Matrix A			$\vec{b}$	$\vec{d}^{(0)}$	$\vec{v}^{(0)}$	$\vec{d}^{(1)}$	$\vec{v}^{(1)}$
-7.00	6.00	-1.00	3.8	0.06000	-0.01907	0.00000	-0.00092
1.00	0.00	-1.00	1.0	0.02000	-0.01876	0.00000	-0.00123
1.00	-2.00	1.00	-3.4	-0.02000	-0.03906	0.00062	-0.00093
-7.00	6.00	-1.00	2.22	0.06000	2.20093	0.00000	2.20001
-0.14	0.86	-1.14	3.42	0.02840	3.40124	0.00000	3.40001
-0.14	-1.33	-0.67	1.24	0.02617	1.20094	0.00062	1.20000
L und R			$\vec{x}^{(0)}$	$\vec{w}^{(0)}$	$\vec{x}^{(1)}$	$\vec{w}^{(1)}$	$\vec{x}^{(2)}$

Hierbei sind L (ohne die Diagonale mit den 1) und R in der beim Gauß-Algorithmus verwendeten Form zusammen in ein Schema geschrieben. Der Vektor $\vec{x}^{(0)}$ ist dann aus $LR\vec{x}=\vec{b}$ berechnet worden (und gerundet).

Man mache sich klar, daß diese Art der Anordnung recht zweckmäßig ist bei Handrechnung (die zu berechnenden Zahlen in $\vec{x}$, $\vec{d}$, $\vec{w}$ und $\vec{v}$ sind dann Skalarprodukte "Zeile mal Spalte", die von Zahlen subtrahiert (bei $\vec{d}$) oder durch solche dividiert (bei der Berechnung von $\vec{w}$) werden.

Man kann nun weiterrechnen wie angedeutet und das Schema nach rechts fortsetzen.

Um die folgenden Werte zu berechnen, haben wir einen PC benutzt. Es ergeben sich folgende Iterationen: (die erste ist die oben eingetragene, die weiteren sind dann zu ergänzen):

```
d:  0.06000000000000  0.02000000000000 -0.02000000000000
w:  0.06000000000000  0.02840000000000  0.02617200000000
v: -0.01906891456340 -0.01875751475182 -0.03906268656716
x:  2.20093108543660  3.40124248524818  1.20093731343284

d:  0.00000000000000  0.00000622799623  0.00061657162692
w:  0.00000000000000  0.00000622799623  0.00062485486190
v: -0.00092021508636 -0.00122902080023 -0.00093261919687
x:  2.20001087035024  3.40001346444794  1.20000469423597

   ... 3 Schritte ...

d:  0.00000000000000  0.00000000000153 -0.00000000000342
w:  0.00000000000000  0.00000000000153 -0.00000000000140
v:  0.00000000000359  0.00000000000453  0.00000000000208
x:  2.19999999999998  3.39999999999997  1.20000000000000

d: -0.00000000000000  0.00000000000002 -0.00000000000003
w: -0.00000000000000  0.00000000000002 -0.00000000000000
v:  0.00000000000002  0.00000000000003  0.00000000000000
x:  2.20000000000000  3.40000000000000  1.20000000000000
```

Man sieht, daß die Lösung, nämlich $\vec{x}=(2.2,3.4,1.2)^T$ nach der 2. Iteration (kursiv) einen Fehler hat, der in allen Komponenten ≤ 0.000013 ist und nach der 7. Iteration auf 15 Stellen genau herauskommt (der letzte Vektor ist unserer Zählung zufolge mit $\vec{x}^{(7)}$ zu bezeichnen).

C. **Fehler in den Eingangswerten (Datenfehler)**

Nehmen wir an, daß $\vec{x} = (x_1,...,x_n)^T$ dem Gleichungssystem $A\vec{x}=\vec{b}$ genügt, aus dem $\vec{x}$ zu berechnen *wäre*. Nun liegen die Koeffizienten a_{ik} von A und/oder die Werte b_i der rechten Seite $\vec{b}$ ihrerseits nur gerundet oder gemessen, jedenfalls nicht exakt, vor. Statt der a_{ik} hat man die Werte $\tilde{a}_{ik}$ (die die reguläre "Ersatzmatrix" $\tilde{A}$ bilden) und für die Werte b_i die Zahlen $\tilde{b}_i$, die den "Näherungsvektor" $\tilde{\vec{b}}$ bilden. Man löst nun das Gleichungssystem $\tilde{A}\tilde{\vec{x}}=\tilde{\vec{b}}$.

Was kann man dann über die wahre Lösung, also $\vec{x}$, aussagen?

Wir setzen:

$$\Delta\vec{x} := \vec{x}-\tilde{\vec{x}}, \quad \Delta\vec{b} := \vec{b}-\tilde{\vec{b}}, \quad \Delta A := A-\tilde{A}.$$

Ist $\|\cdot\|$ irgendeine der drei Normen, cond(·) zugehörige Konditionszahl, dann gilt:

Wenn

$\|\Delta A\| \cdot \|\tilde{A}^{-1}\| < 1$ ist, dann ist auch A invertierbar (regulär) und es gilt

$$\frac{\|\Delta\vec{x}\|}{\|\tilde{\vec{x}}\|} \le \frac{\text{cond}(\tilde{A})}{1-\|\tilde{A}^{-1}\cdot\Delta A\|} \cdot \left[\frac{\|\Delta A\|}{\|\tilde{A}\|} + \frac{\|\Delta\vec{b}\|}{\|\tilde{\vec{b}}\|} \right].$$

Auch hier ist eine der drei Normen 1, 2 oder ∞ (stets dieselbe) zu nehmen.

Beispiel 23

Man hat das lineare Gleichungssystem $A\vec{x}=\vec{b}$ zu lösen, um die Zahlen $x_1,...,x_3$ zu berechnen. Die Matrix A und auch $\vec{b}$ sind dabei nicht genau bekannt, sondern ihre Werte sind gerundete Meßwerte, deren Fehler man abschätzen kann. Man fand

$$\tilde{A} = \begin{pmatrix} -7.0000 & 6.0000 & -1.0000 \\ 1.0000 & 0.0000 & -1.0000 \\ 1.0000 & -2.0000 & 1.0000 \end{pmatrix}, \quad \tilde{\vec{b}} = \begin{pmatrix} 4.000 \\ -5.000 \\ 1.000 \end{pmatrix}$$

als gerundete Meßwerte für die Matrix A bzw. den Vektor $\vec{b}$. Dabei sind die Werte a_{ik} von A (dem Betrage nach) um maximal δa_{ik} gerundet (ungenau), die b_i von $\vec{b}$ um maximal δb_i (also

$$|a_{ik}-\tilde{a}_{ik}| \le \delta a_{ik}, \quad |b_i-\tilde{b}_i| \le \delta b_i.$$

Man löst nun das Gleichungssystem $\tilde{A}\tilde{\vec{x}}=\tilde{\vec{b}}$, seine Lösung ist $\tilde{\vec{x}}$.

Welche Aussagen sind über die wahre Lösung des (unbekannten) Gleichungssystems $A\vec{x}=\vec{b}$ daraus zu zu gewinnen? Wir wollen vier Fälle durchrechnen:

Wir nehmen an, daß aufgrund des Meßverfahrens bekannt ist:

a) für alle i,k gilt $\delta a_{ik} \le 0.0001$ und $\delta b_i \le 0.001$;

b) für alle i,k gilt $\delta a_{ik} \le 0.0002$ und $\delta b_i \le 0.003$;

c) die Faktoren von x_2 (2. Spalte von A) sind um ±0.0005, die übrigen um ±0.0001, die in $\vec{b}$ um ±0.001 gerundet;

d) was gilt, wenn die Werte von A *alle* um maximal 0.5 gerundet sein könnten?

Lösung:

Wir rechnen jeweils in der ∞-Norm und lassen den Index ∞ fort.

Das System $\tilde{A}\tilde{\vec{x}}=\tilde{\vec{b}}$ hat die Lösung (Gauß-Algorithmus): $\tilde{\vec{x}} = (1.5, 3.5, 6.5)^T$.

a) Hier sind

$$\|\Delta\vec{b}\| \le 0.001, \text{ also } \frac{\|\Delta\vec{b}\|}{\|\tilde{\vec{b}}\|} \le \frac{0.001}{5} = 0.0002,$$

$\|\Delta A\| \le 3 \cdot 0.0001 = 0.0003$, (jede der 3 Spalten von ΔA kann maximal 0.0001 enthalten), daher weiter

$$\frac{\|\Delta A\|}{\|\tilde{A}\|} \le \frac{0.0003}{14} \le 0.000022, \text{ da } \|\tilde{A}\|=14.$$

Die Matrix $\tilde{A}^{-1}$ ist gleich

$$\begin{pmatrix} -0.5 & -1.0 & -1.5 \\ -0.5 & -1.5 & -2.0 \\ -0.5 & -2.0 & -1.5 \end{pmatrix} \quad \text{also } \|\tilde{A}^{-1}\| = 4.$$

Daraus folgt, daß $\|\tilde{A}^{-1}\cdot\Delta A\| \le \|\tilde{A}^{-1}\|\cdot\|\Delta A\| \le 4\cdot 0.0003 = 0.0012$ (die erste Ungleichung ist die allgemein gültige Submultiplikativität einer Matrixnorm).

Dieser Wert ist < 1, daher ist auch $A\vec{x}=\vec{b}$ eindeutig lösbar (die nicht exakt bekannte Matrix A also invertierbar). Es ist

$$\text{cond}(\tilde{A}) = \|\tilde{A}\|\cdot\|\tilde{A}^{-1}\| = 14\cdot 4 = 56.$$

Nun folgt aus der Abschätzung des obigen Satzes:

$$\frac{\|\Delta\vec{x}\|}{\|\tilde{\vec{x}}\|} \le \frac{56}{1-0.0012} \cdot (0.000022+0.0002) \le 0.0125.$$

Daher gilt, da $\|\tilde{\vec{x}}\| = 6.5$ ist (Zeilensummennorm; die Lösung steht oben)

$$\|\Delta\vec{x}\| \le 0.0125\cdot 6.5 = 0.08125 < 0.082.$$

Das bedeutet, daß *keine* Komponente von $\tilde{\vec{x}}$ um mehr als 0.082 von der entsprechenden Komponente von $\vec{x}$ abweicht: Für die Lösung $\vec{x}$ des (unbekannten) Systems $A\vec{x}=\vec{b}$ gilt:

$$1.418=1.5-0.082\le x_1\le 1.5+0.082=1.582, \quad 3.418\le x_2\le 3.582, \quad 6.418\le x_3\le 6.582.$$

b) Hier sind $\|\Delta\vec{b}\| \le 0.003$ und $\|\Delta A\| \le 3\cdot 0.0002 = 0.0006$, so daß deren relative Fehler sich gegen a) ebenfalls verdreifachen bzw. verdoppeln.

Ferner ist cond(A)=56 und $\|\tilde{A}^{-1}\cdot\Delta A\| \le 4\cdot 0.0006 = 0.0024 < 1$.

Daher ist auch die unbekannte Matrix A invertierbar. Es folgt

$$\frac{\text{cond}(\tilde{A})}{1-\|\tilde{A}^{-1}\cdot\Delta A\|} \le \frac{56}{1-0.0024} = 56.08$$ (ändert sich gegenüber a) also kaum).

Hieraus folgt die Abschätzung

$$\frac{\|\Delta\vec{x}\|}{\|\tilde{\vec{x}}\|} \le 56.08\cdot\left(\frac{0.0006}{14} + \frac{0.003}{5}\right) \approx 0.036.$$

Also wegen $\|\tilde{\vec{x}}\| = 6.5$: $\|\vec{x}-\tilde{\vec{x}}\| \le 0.24$.

Interpretation des Ergebnisses für die Komponenten entsprechend a), mit 0.24 statt dort 0.082.

c) Hier sind $\|\Delta\vec{b}\| \le 0.001$ und $\|\Delta A\| \le 0.0001+0.0005+0.0001 = 0.0007$, denn die maximalen Werte in der Differenzmatrix ΔA sind in der ersten Spalte 0.0001, in der zweiten 0.0005 und in der dritten 0.0001 (Zeilensummennorm). Daher sind

$$\frac{\|\Delta\vec{b}\|}{\|\tilde{\vec{b}}\|} \le 0.0002, \quad \frac{\|\Delta A\|}{\|\tilde{A}\|} \le \frac{0.0007}{14} \le 0.00005, \quad \mathrm{cond}(\tilde{A}) = 56 \text{ (wie oben)}$$

und weiter

$$\|\tilde{A}^{-1}\cdot\Delta A\| \le \|\tilde{A}^{-1}\|\cdot\|\Delta A\| \le 4\cdot 0.0007 = 0.0028 < 1, \text{ auch A ist daher inver-}$$

tierbar. Dann ist der Quotient

$$\frac{\mathrm{cond}(\tilde{A})}{1-\|\tilde{A}^{-1}\cdot\Delta A\|} \le \frac{56}{1-0.0028} \le 56.16, \text{ man sieht, daß er sich fast nicht ändert.}$$

Damit ergibt sich

$$\frac{\|\Delta\vec{x}\|}{\|\tilde{\vec{x}}\|} \le 56.16\cdot(0.0002+0.00005) \le 0.0141.$$

Ergebnis: $\|\vec{x}-\tilde{\vec{x}}\| \le 6.5\cdot 0.0141 \le 0.092.$

d) In diesem Falle ist

$$\|\tilde{A}^{-1}\cdot\Delta A\| \le \|\tilde{A}^{-1}\|\cdot\|\Delta A\| = 4\cdot(3\cdot 0.5) = 6 \ge 1.$$

Man kann also nicht darauf schließen, daß auch die (unbekannte) Matrix A invertierbar ist; sie ist möglicherweise "zu weit von $\tilde{A}$ entfernt". In der Tat: Für die Matrix

$$A = \begin{pmatrix} -7+0.5 & 6+0.5 & -0.5 \\ 1+\alpha & 0 & -1 \\ 1 & -2 & 1 \end{pmatrix} \quad \text{mit } \alpha = 1/5.5 < 0.182$$

werden die oben genannten maximal möglichen Abweichungen "eingehalten" (keines ihrer Elemente weicht um mehr als 0.5 von dem entsprechenden von $\tilde{A}$ ab). Man rechnet aber sofort nach, daß A nicht invertierbar ist (detA=0).

D. Der Satz von Prager und Oettli

Um folgende Aussagen bequemer formulieren zu können, bedeuten in diesem Abschnitt für eine Matrix

$A=(a_{ik})$: $|A|:=(|a_{ik}|)$ (Matrix der Beträge)

und einen Vektor

$\vec{v}=(v_i)$: $|\vec{v}|:=(|v_i|)$ (Vektor der Beträge).

Ferner bedeute $A\le B$ für zwei gleichartige Matrizen $a_{ik}\le b_{ik}$ für alle Elemente.

Beispiel:

$$A = \begin{pmatrix} -2 & 3 \\ -1 & -4 \end{pmatrix}, \quad B = \begin{pmatrix} 0 & 3 \\ 2 & -3 \end{pmatrix} \Rightarrow |A| = \begin{pmatrix} 2 & 3 \\ 1 & 4 \end{pmatrix}, \text{ und } A \le B$$

$|(-2,5,-1)|=(2,5,1)$.

Gegeben sei das $n\times n$-Gleichungssystem $A\vec{x}=\vec{b}$. Die Elemente von A und $\vec{b}$ haben sind gerundete oder gemessene (jedenfalls i.a. nicht exakt bekannte) Werte.

$\delta a_{ik}\ge 0$ sei obere Schranke für den absoluten Fehler von a_{ik}, $\delta b_i\ge 0$ von b_i; es liegt die entsprechende

Zahl also im durch $a_{ik} \pm \delta a_{ik}$ bestimmten Intervall.

ΔA sei die Matrix der δa_{ik}, $\Delta \vec{b}$ Vektor der δb_i.

Es sei $\bar{\vec{x}}$ ein beliebiger Vektor. Die Frage ist, ob dieser als Lösung des gegebenen Gleichungssystems "akzeptiert" werden kann, "brauchbare" Lösung ist. Genauer: Genügt $\bar{\vec{x}}$ einem Gleichungssystem mit einer Matrix $\bar{A}$ und rechter Seite $\bar{\vec{b}}$, die innerhalb der genannten Fehlerschranken liegen?

(1a) $|a_{ik} - \bar{a}_{ik}| \le \delta a_{ik}$ und $|b_i - \bar{b}_i| \le \delta b_i$ für $i,k=1,\ldots,n$.

Mit obiger Vereinbarung:

(1b) $|A - \bar{A}| \le \Delta A$ und $|\vec{b} - \bar{\vec{b}}| \le \Delta b$.

Folgender Satz gibt ein Kriterium dafür an, daß solche Matrix und Vektor existieren:

<u>Satz von Prager und Öttli</u>

A sei eine $n \times n$-Matrix, $\vec{b}$ und $\bar{\vec{x}}$ n-dimensionale Vektoren.

Ferner seien ΔA und $\Delta \vec{b}$ eine Matrix und ein Vektor mit nicht-negativen Elementen.

Dann sind folgende Aussagen äquivalent:

(1) Es gibt eine Matrix $\bar{A}$ und einen Vektor $\bar{\vec{b}}$ für die (1b) (äquivalent (1a)) gilt und

$$\bar{A}\vec{x} = \bar{\vec{b}}.$$

(2) Es gilt für den Defekt (auch Residuum genannt) $\vec{d} := \vec{b} - A\bar{\vec{x}}$

$$|\vec{d}| \le \Delta A \cdot |\bar{\vec{x}}| + \Delta \vec{b}.$$

Wichtiger Sonderfall: Sind alle *relativen Fehler* einander gleich ε, gilt also

$$\frac{\delta a_{ik}}{|a_{ik}|} = \varepsilon, \quad \frac{\delta b_i}{|b_i|} = \varepsilon,$$

anders: $\Delta A = \varepsilon \cdot |A|$ und $\Delta \vec{b} = \varepsilon \cdot |\vec{b}|$, so lautet (2)

(2a) $|\vec{d}| \le \varepsilon \cdot (|A| \cdot |\bar{\vec{x}}| + |\vec{b}|)$.

<u>Beispiel 24</u>

Es seien

$$A = \begin{pmatrix} -7 & 6 & -1 \\ 1 & 0 & -1 \\ 1 & -2 & 1 \end{pmatrix}, \quad \vec{b} = \begin{pmatrix} 4 \\ -5 \\ 1 \end{pmatrix}, \quad \bar{\vec{x}} = \begin{pmatrix} 1.4 \\ 3.6 \\ 6.6 \end{pmatrix}.$$

a) Wenn die Zahlen der ersten Spalte von A einen absoluten Fehler von ±0.02, die der zweiten Spalte von ±0.03 und die der dritten Spalte sowie die von $\vec{b}$ einen absoluten Fehler von ±0.01 haben: Kann man dann den Vektor $\bar{\vec{x}}$ als brauchbare Lösung von $A\vec{x}=\vec{b}$ ansehen?

b) Wenn die Zahlen der zweiten Spalte von A einen absoluten Fehler von ε haben, die anderen wie bei a): Bis zu welchen ε kann $\bar{\vec{x}}$ nicht als Lösung akzeptiert werden?

c) Wenn alle Zahlen in A und $\vec{b}$ denselben relativen Fehler ε haben: Wie groß muß ε dann mindestens sein, damit $\bar{\vec{x}}$ als Lösung akzeptiert werden kann?

Lösung:

Der Defekt ist

$$\vec{d} = \vec{b} - A\tilde{\vec{x}} = (4,-5,1)^T - (5.2,-5.2,0.8)^T = (-1.2,0.2,0.2)^T, \quad |\vec{d}| = (1.2,0.2,0.2)^T.$$

a) Hier sind die Matrix ΔA und der Vektor $\Delta\vec{b}$ gegeben durch

$$\Delta A = \begin{pmatrix} 0.02 & 0.03 & 0.01 \\ 0.02 & 0.03 & 0.01 \\ 0.02 & 0.03 & 0.01 \end{pmatrix}, \quad \Delta\vec{b} = \begin{pmatrix} 0.01 \\ 0.01 \\ 0.01 \end{pmatrix}.$$

Für die rechte Seite von (2) ergibt sich

$$\Delta A \cdot |\tilde{\vec{x}}| + \Delta\vec{b} = \begin{pmatrix} 0.212 \\ 0.212 \\ 0.212 \end{pmatrix}.$$

Damit ist die Ungleichung in (2) mit folgenden 3 Ungleichungen äquivalent:

$$1.2 \le 0.212$$
$$0.2 \le 0.212$$
$$0.2 \le 0.212$$

Diese drei Ungleichungen sind *nicht alle* erfüllt. Damit gilt (1): Der Vektor $\tilde{\vec{x}}$ ist als Lösung *nicht* brauchbar.

b) Hier sind die Matrix ΔA und der Vektor $\Delta\vec{b}$ gegeben durch

$$\Delta A = \begin{pmatrix} 0.02 & \varepsilon & 0.01 \\ 0.02 & \varepsilon & 0.01 \\ 0.02 & \varepsilon & 0.01 \end{pmatrix}, \quad \Delta\vec{b} = \begin{pmatrix} 0.01 \\ 0.01 \\ 0.01 \end{pmatrix}.$$

Wir berechnen die rechte Seite von (2):

$$\Delta A \cdot |\tilde{\vec{x}}| + \Delta\vec{b} = \begin{pmatrix} 0.104+3.6\cdot\varepsilon \\ 0.104+3.6\cdot\varepsilon \\ 0.104+3.6\cdot\varepsilon \end{pmatrix}.$$

Die Ungleichung in (2) gilt daher, wenn folgende drei Ungleichungen gelten:

$$1.2 \le 0.104+3.6\cdot\varepsilon$$
$$0.2 \le 0.104+3.6\cdot\varepsilon$$
$$0.2 \le 0.104+3.6\cdot\varepsilon$$

Diese gelten, wenn (gerundet) $\varepsilon \ge 0.3$ (die erste Ungleichung ist die schärfste).

Das heißt, wenn $\varepsilon < 0.3$ ist, gibt es keine Matrix $\bar{A}$ und keinen Vektor $\bar{\vec{b}}$, also kein Gleichungssystem "im Fehlerbereich von A und $\vec{b}$", dessen Lösung $\tilde{\vec{x}}$ ist. Ist $\varepsilon \ge 0.3$, ist das der Fall: Der Vektor ist als Lösung akzeptabel.

c) Hier kann (2a) zur Prüfung benutzt werden: Es sind

$$\Delta A \cdot |\tilde{\vec{x}}| + \Delta\vec{b} = \varepsilon\cdot(|A|\cdot|\tilde{\vec{x}}| + |\vec{b}|) = \varepsilon\cdot(42.0,13.0,16.2)^T.$$

Der Vektor ist als Lösung brauchbar, wenn (2a) gilt, also folgende drei Ungleichungen gelten:

$$1.2 \le \varepsilon\cdot 42.0$$
$$0.2 \le \varepsilon\cdot 13.0$$
$$0.2 \le \varepsilon\cdot 16.2$$

Die erste Ungleichung schränkt am stärksten ein: $\varepsilon \ge 0.029 \approx 0.03$.

Wenn alle Werte einen relativen Fehler unter 0.03 haben (also recht genau sind), kann man diesen Vektor $\tilde{\vec{x}}$ nicht als Lösung akzeptieren, sind die Fehler größer: $\varepsilon \ge 0.03$, so ist er als Lösung brauchbar.

10. Methode der kleinsten Quadrate für überbestimmte Systeme

Gegeben sei das lineare Gleichungssystem $A\vec{x}=\vec{b}$ mit der m×n-Matrix A, wobei m>n sei: Das System ist überbestimmt (mehr Gleichungen als Unbekannte) und wird daher i.a. keine Lösung haben. Man kann nun fragen, ob es ein $\vec{x}$ gibt, für das $\|A\vec{x}-\vec{b}\|$ (wenn schon nicht 0, so doch) minimal wird (in einer beliebigen Norm), für das also gilt

(1) $\|A\vec{x}-\vec{b}\| \leq \|A\vec{y}-\vec{b}\|$ für alle $\vec{y}$.

Es gibt immer mindestens eine Lösung von (1). Legt man die euklidische Norm zugrunde, so ist demnach $\vec{x}$ zu berechnen aus der Forderung, das Minimum für

$$f(x_1,x_2,\ldots,x_n) := \|A\vec{x}-\vec{b}\| = \Big(\sum_{i=1}^{m}\Big(\sum_{k=1}^{n} a_{ik}x_k-b_i\Big)^2\Big)^{½}$$

zu berechnen. Diese stetige Funktion von n reellen Veränderlichen ist nach unten durch 0 beschränkt und ihr Minimum berechnet sich aus den n Gleichungen $f_{x_i}(\ldots) = 0$ (i=1,...,n). Diese führen auf das n×n-System mit symmetrischer Koeffizientenmatrix

(2) $A^T A\cdot\vec{x} = A^T\cdot\vec{b}$ *("Normalgleichungen")*

Das folgende Beispiel zeigt auch die zweckmäßige Anordnung bei Handrechnung.

Beispiel 25

Es seien

$$A = \begin{pmatrix} 1 & 4 & 2 \\ 3 & 1 & 0 \\ 2 & 7 & 3 \\ 4 & 5 & 1 \\ 3 & 6 & 3 \end{pmatrix}, \quad \vec{b} = \begin{pmatrix} 1 \\ 2 \\ 1 \\ 0 \\ 0 \end{pmatrix}.$$

Nach der Methode der kleinsten Quadrate bestimme man $\vec{x}$ aus $\|A\vec{x}-\vec{b}\|$=Min.

Lösung:

Es ergeben sich

					A =	1	4	2	1		
						3	1	0	2		
						2	7	3	1	= $\vec{b}$	
						4	5	1	0		
						3	6	3	0		
A^T =	1	3	2	4	3	*39*	*59*	*21*	*9*		
	4	1	7	5	6	*59*	*127*	*52*	*13*		
	2	0	3	1	3	*21*	*52*	*23*	*5*		

Das Gleichungssystem der Normalgleichungen ist kursiv gedruckt. Seine Lösung lautet $(0.410729\ ,\ -0.321857\ ,\ 0.570056)^T$, z.B. mit dem Gauß-Algorithmus berechnet.

Auf ein Mißverständnis soll noch hingewiesen werden: Eine Lösung von (1) (für die euklidische Norm) ist nicht ein (der) Punkt, der von allen durch die m Gleichungen gegebenen Hyperebenen gleichen (minimalen) Abstand hat; für ihn ist eben die (Wurzel aus der) Summe der Quadrate der m Defekte minimal (daher der Name).

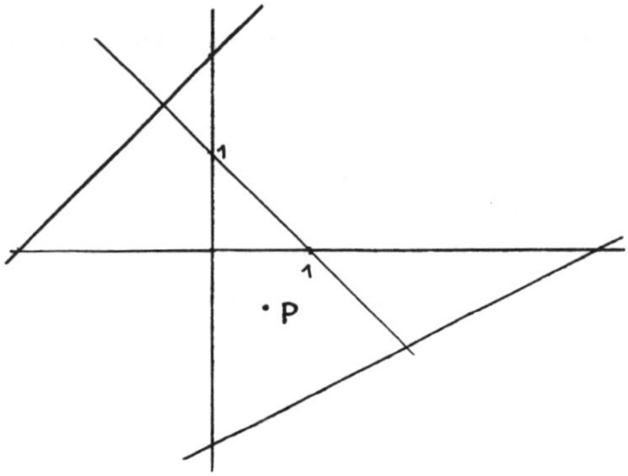

Beispiel 26

$$\begin{aligned} x - y &= -2 \\ x + y &= 1 \\ x - 2y &= 4 \end{aligned}$$

Es handelt sich um drei Geraden in der Ebene (Skizze). Hier ergibt sich

			1	-1	-2
			1	1	1
			1	-2	4
1	1	1	*3*	*-2*	*3*
-1	1	-2	*-2*	*6*	*-5*

mit der Lösung $P = (x,y)^T = (8/14\ ,\ -9/14)^T$. Dieser Punkt hat offensichtlich nicht die gleiche Entfernung von den drei Geraden. Für ihn ist

$$f(x,y) = \sqrt{(x-y+2)^2 + (x+y-1)^2 + (x-2y-4)^2}$$

minimal. Es ist $f(P) = \sqrt{16.0714} = 4.0089$ (zum Vergleich etwa $f(0,0) = 4.5826$ und $f(0,1) = 6.0828$). Setzt man die beiden partiellen Ableitungen von (aus Monotoniegründen) f^2 gleich 0, so bekommt man

$$\begin{aligned} 2\cdot[(x-y+2)+(x+y-1)+(x-2y-4)] &= 0 \quad \Longleftrightarrow \quad 3x - 2y = 3 \\ 2\cdot[-(x-y+2)+(x+y-1)-2\cdot(x-2y-4)] &= 0 \quad \Longleftrightarrow \quad -2x + 6y = -5 \end{aligned}$$

also das System der Normalgleichungen.

Eigenwertaufgaben

Besondere Tips und Hinweise

Für den Vektor $\vec{x}$ bedeuten der Betrag $|\vec{x}|$ die übliche Länge *(euklidische Norm)* (sie wird auch mit $\|\vec{x}\|_2$ bezeichnet). Ferner sind A^T (auch A') zu A transponiert.

1. Wichtig zum Verständnis vieler Verfahren ist zu wissen, daß ähnliche Matrizen ***dasselbe charakteristische Polynom*** haben (und daher auch dieselben Eigenwerte) aber i.a. ***nicht dieselben Eigenvektoren***, nämlich:

   Ist $B = T^{-1}AT$ (dann heißen A und B ähnlich) und ist
   $\vec{y}$ Eigenvektor von B, so ist $T\vec{y}$ Eigenvektor von A.
   Man mache sich ***genau*** klar, wo T^{-1} und wo T steht.

2. Hessenberg-Matrizen

   Haben unter der Subdiagonale 0. Oft wird noch gefordert, daß auf der Subdiagonale nur 0 oder 1 stehen, was durch Ähnlichkeitstransformation erreicht werden kann.

   A. Für sie läßt sich das *charakteristische Polynom* leicht algorithmisch berechnen und zwar auf zwei Arten:

   a) Rekursiv: Entwicklung von $\det(A-\lambda E)$ nach der letzten Spalte (Beispiel 10).

   b) Über ein Schema (Matrix, mehr algorithmisch; Beispiel 11)

   ♥ Besonderer Tip: Wenn auf der Subdiagonale von A eine (oder k) Nullen steht, so ist das charakteristische Polynom Produkt von 2 (oder k+1) Faktoren, die einzeln genauso ausgerechnet werden: ein angenehmer Effekt (Beispiel 9).

   Auch die *Eigenvektoren* lassen sich dann algorithmisch berechnen:

   Wenn man einen Eigenwert λ hat (Nullstelle des charakteristischen Polynoms), so geht das durch Lösung des linearen Gleichungssystems $(A-\lambda E)\vec{x}=\vec{o}$.

   ♥ Besonderer Tip: Stehen auf der Subdiagonale nur Zahlen *ungleich 0*, so kann man die erste Gleichung von $(A-\lambda E)\vec{x}=\vec{o}$ fortlassen, $x_n=1$ setzen und "von unten" rechnen (unteres Dreiecks-System, Beispiel 10).

   Wenn auf der Subdiagonale von A eine (oder k) Nullen steht, so kann man nicht einfach die erste Gleichung von $(A-\lambda E)\vec{x}=\vec{o}$ fortlassen (Beispiel 12).

   B. Mit dem Verfahren von Hyman kann man Funktions- und Ableitungswert des charakteristischen Polynoms berechnen, ohne letzteres zu kennen. Das gestattet die Anwendung des Newtonschen Iterationsverfahrens. Eigenvektoren werden dann automatisch mitberechnet (Beispiele 13, 14).

3. Wilkinson-Verfahren (erklärendes Beispiel 15)

   Die n×n-Matrix A wird durch n-2 Ähnlichkeitstransformationen mit je einer Frobenius-Matrix und anschließende Ähnlichkeitstransformation mit einer Diagonalmatrix in eine Hessenberg-Matrix (mit 0 oder 1 auf der Subdiagonale) transformiert. Wenn auf der Subdiagonale eine 0 entsteht (und darunter nicht nur Nullen stehen), muß eine Transformation mit einer Transpositionsmatrix eingeschoben werden (Beispiele 17, 18).

Die entstandene Hessenberg-Matrix B=–P wird mit einer der Methoden für diesen Matrixtyp (s.o.) behandelt. Dabei ist $-P=B=T^{-1}AT$. Ist $\vec{y}$ Eigenvektor von B, so ist $\vec{x}=T\vec{y}$ Eigenvektor von A.

Die Matrix T ist Produkt von Frobenius- und Transpositionsmatrizen sowie einer Diagonalmatrix und ebenfalls leicht algorithmisch zu berechnen. Auch das LR- oder QR-Verfahren kann man anschließen (siehe oben).

♥ Besonderer Tip: Da sich bei den einzelnen Matrix-Multiplikationen immer nur wenige Zahlen ändern (z.B. nur *eine* Spalte), schreibe man zuerst alles hin, was sich bei der Multiplikation *nicht* ändert, das vermeidet Fehler.

4. Householder-Verfahren (Householder-Transformation) (Beispiele 19, 20)

   Die n×n-Matrix A wird mit n-2 Ähnlichkeitstransformationen in eine Hessenberg-Matrix B umgeformt (Householder-Transformation). Ist A insbesondere symmetrisch, so ist B symmetrische Tridiagonalmatrix. Ausgangspunkt für die Weiterbehandlung mit einem der Verfahren für Hessenberg-Matrizen (siehe oben).

   ♥ Besonderer Tip: Jede neu zu berechnende Matrix $A^{(i)}$ hat dieselben Zeilen und Spalten 1 bis i-1 wie die vorige $A^{(i-1)}$ (gleich hinschreiben).

   ♥ Besonderer Tip: Ist A symmetrisch, so wird B symmetrische Tridiagonalmatrix:
   Man braucht also nur Diagonal- und Subdiagonalelemente zu berechnen; Nullen gleich hinschreiben.

5. Deflation durch Ähnlichkeitstransformation (Beispiele 21 und 22)

   Bei Kenntnis eines Eigenpaares $(\lambda, \vec{t})$ der n×n-Matrix A wird eine zu A ähnliche Matrix B konstruiert; diese enthält eine (n-1)×(n-1)-Matrix C, die alle Eigenwerte von A enthält außer λ (genauer: die Vielfachheit von λ ist um 1 kleiner).

   Wenn die 1. Komponente vom bekannten Eigenvektor $\vec{t}$ Null ist, muß man eine Ähnlichkeitstransformation mit einer Transformationmatrix zusätzlich einfügen (Zeilen- und Spalten-Vertauschung) (Beispiel 22). Eigenwerte von C sind auch solche von A, Eigenvektoren von C sind leicht in solche von A umzurechnen.

6. Mit dem Jacobi-Verfahren (Jacobi-Rotation) berechnet man Eigenwerte und -vektoren symmetrischer Matrizen A. Es wird eine Folge symmetrischer zu A ähnlicher konstruiert, die gegen eine Diagonalmatrix konvergiert; die Folge der Transformationsmatrizen konvergiert gegen eine Matrix, deren Spaltenvektoren die Eigenvektoren von A sind. (Beispiel 23)

   ♥ Besonderer Tip: Wegen der Symmetrie nur einen Teil wirklich berechnen.

7. Mit dem QR- und dem LR-Verfahren kann man die Eigenwerte iterieren. Man zerlegt dazu A=QR (nach vorherigen Householder-Transformation, siehe QR-Zerlegung) [oder A=LR (siehe LR-Zerlegung) oder $A=UU^T$ (siehe Cholesky-Zerlegung)] und berechnet dann die neue Matrix A=RQ [oder A=RL oder $A=U^TU$].

Diese Matrix wird wieder zerlegt in ein Produkt und umgekehrt multipliziert ... (Beispiele 24 bis 26)

♥ Besonderer Tip: Wenn A symmetrisch ist, sind es beim QR-Verfahren auch die neuen A (also nur einen Teil ausrechnen); bei vorgeschalteter Householder-Transformation sogar Tridiagonalmatrizen (nur Diagonale und Nebendiagonale berechnen).

8. Von Mises-Iterationsverfahren (Potenz-Verfahren) für reelle symmetrische Matrizen
Man berechnet, ausgehend von einem Startvektor $\vec{x}^{(0)}$, die Vektoren

$\vec{x}^{(1)} = A\vec{x}^{(0)}$, $\vec{x}^{(2)} = A\vec{x}^{(1)}$, ... , $\vec{x}^{(i+1)} = A\vec{x}^{(i)}$, ...

Dann konvergiert (unter gewissen Voraussetzungen) die Folge dieser Vektoren, wenn man noch "normiert", gegen einen bestimmten Eigenvektor $\vec{x}$ von A, gewisse Quotienten von Komponenten aufeinanderfolgender Vektoren und Rayleigh-Quotienten gegen einen zugehörigen Eigenwert (Beispiele 27, 28).

♥ Besonderer Tip: Bei Handrechnung nicht nach dem Betrag normieren, (M2) verwenden.

9. Inverse Iteration nach Wielandt: Anwendung des Potenzverfahrens nach von Mises auf die Matrix $B = (A-\sigma E)^{-1}$; zweckmäßig über z.B. eine LR-Zerlegung von B rechnen (Beispiel 29).

Matrix-Eigenwertaufgabe $A\vec{x}=\lambda\vec{x}$; gesucht λ und evtl. $\vec{x}$; A ist n×n-Matrix

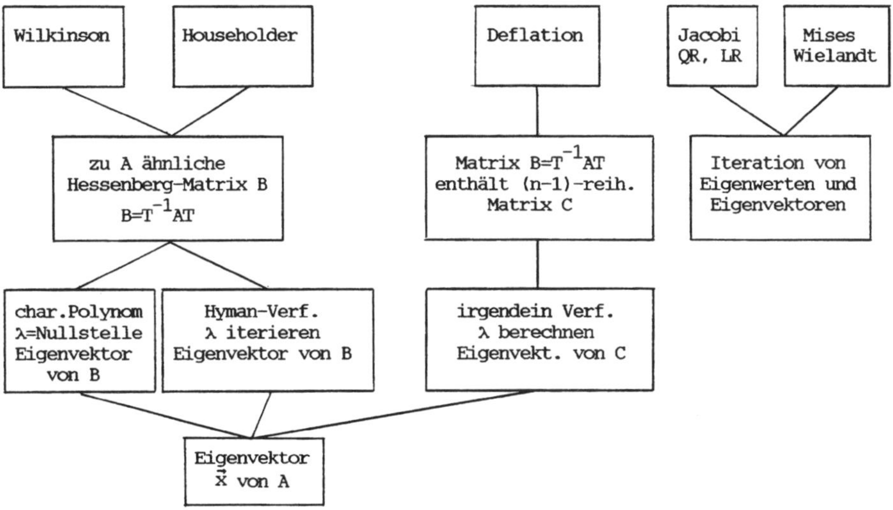

♥ Wichtiger Hinweis zum Verständnis vieler Verfahren und zur Arbeitserleichterung: Viele Verfahren werden zwar so beschrieben, daß Ähnlichkeitstransformationen durchgeführt werden, also Matrizen*produkte* zu berechnen sind. Das geschieht hauptsächlich aus dem Grunde, daß man erkennt, daß in der Tat eine zur vorigen Matrix ähnliche entsteht. *Aber:* Wenn man rechnet (oder Programme schreibt), wird man ausnutzen, daß die zu bearbeitende Matrix mit *besonderen* Matrizen multipliziert wird und nicht wirklich ***Matrizenprodukte auszurechnen*** sind. Bei der Multiplikation mit z.B. einer Frobenius-Matrix von rechts ändert sich nur ***eine einzige Spalte*** der Matrix; bei der Multiplikation mit einer Diagonalmatrix ist die entstehende Matrix ebenfalls einfacher zu berechnen, als ein Matrixprodukt suggeriert. Beim LR-Verfahren sind Dreiecksmatrizen zu multiplizieren. Aus diesem Grunde halte man sich stets die Eigenschaften von Transpositions-, Diagonal- und Frobenius-Matrizen vor Augen; sie sind zu Beginn des Kapitels über lineare Gleichungssysteme zusammengestellt.

Quelltexte von Prozeduren und Programmen zu allen hier erklärten Verfahren (und weiteren) sowie weitere Beispiele stehen in *"Turbo-Pascal-Quelltexte zur Ingenieur-Mathematik"*.

1. Begriff der Eigenwertaufgabe, Eigenschaften

Es sei A eine n×n-Matrix und $\vec{x}$ ein Vektor. Dann ist auch $A\vec{x}$ ein Vektor, d.h. $\vec{x} \to A\vec{x}$ ordnet jedem Vektor $\vec{x}$ einen Vektor $A\vec{x}$ zu.

Wir fragen: Welche Vektoren $\vec{x}$ gehen bei dieser Abbildung in ein Vielfaches $\lambda\vec{x}$ über, wobei λ eine (reelle oder) komplexe Zahl ist?

Da das für $\vec{x} = \vec{o}$ natürlich der Fall ist, lautet die Frage:

(E) Zu welchen Vektoren $\vec{x} \neq \vec{o}$ gibt es Zahlen λ derart, daß $A\vec{x} = \lambda\vec{x}$?

Jede solche Zahl λ heißt ein Eigenwert von A, jeder Vektor $\vec{x}$, der dann (E) erfüllt, heißt ein zu λ gehöriger *Eigenvektor* von A.

Aus (E) erkennt man, daß mit $\vec{x}$ auch $c\cdot\vec{x}$ $(c\neq 0)$ Eigenvektor ist.

Die Gleichung

(1) $A\vec{x} = \lambda\vec{x}$

ist äquivalent zu $A\vec{x}-\lambda\vec{x} = \vec{o}$ und daher zu ($\vec{x}$ ausklammern)

(2) $(A-\lambda E)\vec{x} = \vec{o}$ (auch die äquivalente Gleichung $(\lambda E-A)\vec{x} = \vec{o}$ ist üblich),

wobei E die n×n-Einheitsmatrix bedeute. (2) ist ein lineares *homogenes* Gleichungssystem und nach (E) suchen wir Vektoren $\vec{x}\neq\vec{o}$, für die (2) gilt.

(2) hat als homogenes System stets die triviale Lösung, hat daher nicht-triviale Lösungen genau dann, wenn es nicht eindeutig lösbar ist, nach obigem Satz also genau dann wenn

(3) $\det(A-\lambda E) = 0$ (auch $\det(\lambda E-A) = (-1)^n\det(A-\lambda E)$ ist üblich)

ist. Diese Gleichung heißt *charakteristische Gleichung* von A, $p(\lambda)=\det(A-\lambda E)$ (oder $\det(\lambda E-A)$) *charakteristisches Polynom* von A; es ist ein Polynom vom Grade n (Reihenzahl von A) in λ. Man kann also auch so definieren:

Jede Lösung der charakteristischen Gleichung (jede Nullstelle des charakteristischen Polynoms) von A heißt (ist) ein Eigenwert von A.

"Besser" ist obige Definition.

Beispiel 1

Eigenvektoren und -werte der folgenden Matrix A sind zu berechnen.

$$\begin{pmatrix} 0 & -1 & 1 & 0 \\ 6 & 5 & 3 & 0 \\ -10 & -5 & 1 & 0 \\ -14 & -23 & 53 & 18 \end{pmatrix}$$

Lösung:

1. Berechnung des charakteristischen Polynoms von A

$$p(\lambda) = \det(A-\lambda E) = \begin{vmatrix} -\lambda & -1 & 1 & 0 \\ 6 & 5-\lambda & 3 & 0 \\ -10 & -5 & 1-\lambda & 0 \\ -14 & -23 & 53 & 18-\lambda \end{vmatrix}$$

Diese Determinante entwickelt man zweckmäßig nach ihrer vierten Spalte:

$$p(\lambda) = (\lambda-18)\cdot(\lambda^3-6\lambda^2+36\lambda-56),$$

ein Polynom vierten Grades (nicht ausmultiplizieren, da Nullstellen gesucht).

2. Berechnung der Eigenwerte von A

   Die vier Nullstellen von $p(\lambda)$ sind $\lambda_1=18$, $\lambda_2=2$, $\lambda_{3/4}=2\pm i\cdot\sqrt{24}$

   Das sind die vier Eigenwerte; zwei sind also nicht reell.

3. Berechnung der Eigenvektoren von A

   a) Zum Eigenwert 18:

   Wir setzen $\lambda=18$ in das Gleichungssystem (2) ein und bekommen

$$\begin{array}{rcrcrcrcl} -18x_1 & - & x_2 & + & x_3 & + & 0x_4 & = & 0 \\ 6x_1 & - & 13x_2 & + & 3x_3 & + & 0x_4 & = & 0 \\ -10x_1 & - & 5x_2 & - & 17x_3 & + & 0x_4 & = & 0 \\ -14x_1 & - & 23x_2 & + & 53x_3 & + & 0x_4 & = & 0 \end{array}$$

   das die Lösungen $\vec{x} = t\cdot(0,0,0,1)^T$ (Spaltenvektor) hat, wobei t eine beliebige Zahl ist. Da $\vec{x}=\vec{o}$ nach Definition nicht Eigenvektor ist, sind dieses alle Eigenvektoren, wenn $t\neq 0$ ist.

   b) Zum Eigenwert 2:

   Eine Rechnung wie oben (nun mit $\lambda=2$ in (2)) liefert hier $\vec{x} = t\cdot(-1,2,0,2)^T$, $(t\neq 0)$ als Eigenvektoren zum Eigenwert 2. Es genügt, etwa $(-1,2,0,2)^T$ oder $(3,-6,0,-6)^T$ anzugeben; normiert man, erhält man bis auf den Faktor ± 1 den Vektor $(-1/9,2/9,0,2/9)^T$.

   c) Zu den beiden nicht reellen Eigenwerten bekommt man komplexe Eigenvektoren. Ist

$$\vec{x} = (x_1+iy_1\ ,\ x_2+iy_2\ ,\ x_3+iy_3\ ,\ x_4+iy_4)^T$$

   so lautet (2) für $\lambda_3 = 2+i\sqrt{24}$:

$$\begin{array}{llllll} (-2-i\sqrt{24})(x_1+iy_1) - & 1\ (x_2+iy_2) + & 1\ (x_3+iy_3) & & & = 0 \\ 6\ (x_1+iy_1) + & (3-i\sqrt{24})(x_2+iy_2) + & 3\ (x_3+iy_3) & & & = 0 \\ -10\ (x_1+iy_1) - & 5\ (x_2+iy_2) + & (-1-i\sqrt{24})(x_3+iy_3) & & & = 0 \\ -14\ (x_1+iy_1) - & 23\ (x_2+iy_2) + & 53\ (x_3+iy_3) + & (16-i\sqrt{24})(x_4+iy_4) & & = 0 \end{array}$$

   Das ergibt für die je 4 Größen x_i und y_i folgende 8 Gleichungen (die ersten vier sind der Real-, die nächsten der Imaginärteil obiger Gleichungen, wir schreiben im folgenden Koeffizientenschema zuerst die vier Koeffizienten der x dann der y)

−2	−1	1	0	√24	0	0	0	0
6	3	3	0	0	√24	0	0	0
−10	−5	−1	0	0	0	√24	0	0
−14	−23	53	16	0	0	0	√24	0
−√24	0	0	0	−2	−1	1	0	0
0	−√24	0	0	6	3	3	0	0
0	0	−√24	0	−10	−5	−1	0	0
0	0	0	−√24	−14	−23	53	16	0

   Lösung: $(x_1,x_2,x_3,x_4,y_1,y_2,y_3,y_4)=(-0.0816,0,-0.1633,0.1633,0,0.2,-0.2,1)$,

   also $\vec{x} = (-0.0816\ ,\ 0.2i\ ,\ -0.1633-0.2i\ ,\ 0.1633+i)^T$. Zum konjugiert komplexen Eigenwert

$2-i\sqrt{24}$ ergibt sich (bei unserer *reellen* Matrix) der zu obigem konjugierte Eigenvektor $(-0.0816\ ,\ -0.2i\ ,\ -0.1633+0.2i\ ,\ 0.1633-i)^T$.

Man sieht, daß drei Probleme auftreten *können:*

1. Die Determinante von $A-\lambda E$ (oder $\lambda E-A$) ist zu berechnen.
   Das ist i.a. mühselig, insbesondere natürlich bei großer Reihenzahl n der Matrix A.
2. Die Nullstellen des charakteristischen Polynoms n-ten Grades sind zu berechnen.
   Hier ist man i.a. auf Näherungsverfahren angewiesen (Iterationsverfahren, Newton-Verfahren, Hornerschema benutzen). *Numerische* Verfahren vermeiden gewöhnlich diesen "Umweg".
3. Die zugehörigen Eigenvektoren sind zu berechnen.
   Dazu ist ein lineares Gleichungssystem mit singulärer Koeffizienten-Matrix zu lösen, was zumindest bei großem n aufwendig ist.

Vorsicht: Wenn man die Eigenwerte aus $p(\lambda)=0$ berechnet hat, wird man i.a. nur *gerundete* Werte für die λ haben. Setzt man diese nun in das Gleichungssystem $(A-\lambda E)\vec{x} = \vec{o}$ ein, so hat es *nur die triviale Lösung* $\vec{x} = \vec{o}$, denn für diese Werte ist die Koeffizienten-Matrix $A-\lambda E$ eben doch *nicht singulär.*
Numerische Verfahren vermeiden i.a. den "Umweg" über das charakteristische Polynom.

In den folgenden Sätzen seien A und B (reelle) $n\times n$-Matrizen und

$$p(\lambda) = \det(A-\lambda E) = (-1)^n\lambda^n + a_{n-1}\lambda^{n-1} + a_{n-2}\lambda^{n-2} + \ldots + a_1\lambda + a_0$$

das charakteristische Polynom der Matrix A.

1. Das *Produkt* aller Eigenwerte von A ist gleich (Beispiel 2)
   a) dem Absolutglied a_0 des charakteristischen Polynoms und
   b) der Determinante von A.
   Insbesondere ist 0 ein Eigenwert genau dann wenn A singulär ist (keine Inverse hat).
2. Die *Summe* aller Eigenwerte von A ist gleich (Beispiel 2)
   a) der *Spur* von A; die Spur ist die Summe aller Diagonalelemente von A.
   b) $(-1)^{n-1}a_{n-1}$.
3. A und die transponierte (gespiegelte) A^T (auch mit A' bezeichnet) haben dieselben Eigenwerte.
4. Wenn A Dreiecksmatrix ist, d.h. alle Elemente oberhalb oder unterhalb der Diagonale 0 sind, so sind die Diagonalelemente die Eigenwerte.
5. Ist T regulär und $B = T^{-1}AT$ (A und B heißen dann *ähnlich*), so gilt:
   a) A und B haben dasselbe charakteristische Polynom und folglich auch dieselben Eigenwerte; also: Ähnliche Matrizen haben gleiche Eigenwerte.
   b) Ist $\vec{y}$ Eigenvektor von B zum Eigenwert λ, so ist $T\vec{y}$ Eigenvektor von A zu λ.
6. A habe den Eigenwert λ und $\vec{x}$ sei zugehöriger Eigenvektor. Dann gilt:
   a) cA hat den Eigenwert $c\lambda$ und ebenfalls $\vec{x}$ als zugehörigen Eigenvektor ($c\in\mathbb{R}$).
   b) A^p hat den Eigenwert λ^p und ebenfalls $\vec{x}$ als zugehörigen Eigenvektor ($p\in\mathbb{N}$).

c) A^{-1} hat den Eigenwert λ^{-1} und ebenfalls $\vec{x}$ als zugehörigen Eigenvektor (A als regulär vorausgesetzt).

d) Ist q(x) ein Polynom, so hat die Matrix q(A) den Eigenwert q(λ) und ebenfalls $\vec{x}$ als zugehörigen Eigenvektor (für A^0 ist in q(A) natürlich E einzusetzen).

e) Hat B den Eigenwert μ und ebenfalls $\vec{x}$ als zugehörigen Eigenvektor, so haben

A+B den Eigenwert λ+μ und ebenfalls $\vec{x}$ als zugehörigen Eigenvektor und

A·B den Eigenwert λ·μ und ebenfalls $\vec{x}$ als zugehörigen Eigenvektor.

Sonderfall: A−σE hat den Eigenwert λ−σ; alle Eigenwerte sind gegenüber A um σ verschoben: Man nennt das *Shift*. Insbesondere hat A−λE den Eigenwert 0.

Man kann so das *Spektrum* (Menge aller Eigenwerte) "verschieben" und dadurch z.B. die Konvergenz von Iterationsverfahren beschleunigen.

7. Satz von *Cayley-Hamilton* (Beispiel 2):

Jede Matrix "erfüllt" ihre eigene charakteristische Gleichung: p(A)=0 (Nullmatrix).

8. Sind λ bzw. μ *verschiedene* Eigenwerte von A und $\vec{x}$ bzw. $\vec{y}$ zugehörige Eigenvektoren, so sind $\vec{x}$ und $\vec{y}$ linear unabhängig. (Beispiele 1 bis 5)

Kurz: Zu verschiedenen Eigenwerten gehörige Eigenvektoren sind linear unabhängig.

Das bedeutet *nicht*, daß auch n verschiedene linear unabhängige Eigenvektoren existieren (Beispiel 3). Aber:

9. Ist A symmetrisch, so gilt:

a) A hat nur reelle Eigenwerte.

b) A hat n linear unabhängige Eigenvektoren.

c) Sind $\vec{x}$ bzw. $\vec{y}$ Eigenvektoren zu den *verschiedenen* Eigenwerten λ bzw. μ, so gilt

1) $\vec{x}$ und $\vec{y}$ sind orthogonal: $\vec{x}^T \vec{y} = 0$ und

2) $\vec{x}$ und $\vec{y}$ sind *verallgemeinert-orthogonal*: $\vec{x}^T A\vec{y} = 0$.

Kurz: Zu verschiedenen Eigenwerten einer symmetrischen Matrix gehörende Eigenvektoren sind orthogonal und verallgemeinert-orthogonal. (Beispiele 4, 5, 23, 27)

10. Ist λ k-fache Nullstelle des charakteristischen Polynoms, so nennt man k die *algebraische Vielfachheit* von λ. Wenn es zu λ genau r linear unabhängige Eigenvektoren gibt, so heißt r die *geometrische Vielfachheit* von λ. Es ist r≤k.

11. A sei symmetrisch und

$\lambda_1 \geq \lambda_2 \geq \lambda_3 \geq \ldots \geq \lambda_n$ alle (nach 9: reellen) Eigenwerte von A und

$\vec{x}_1, \vec{x}_2, \vec{x}_3, \ldots, \vec{x}_n$ zugehörige normierte Eigenvektoren (also $|\vec{x}_i|=1$).

Ferner sei für beliebige Vektoren $\vec{x} \in \mathbb{R}^n$

(R) $$R[\vec{x}] = \frac{\vec{x}^T A\vec{x}}{\vec{x}^T \cdot \vec{x}} = \frac{\vec{x}^T A\vec{x}}{|\vec{x}|^2}$$ *Rayleigh-Quotient von A.*

(H) $H(\vec{x}) = \vec{x}^T A\vec{x}$ ist *Hermitesche Form* (quadratisch in den Komponenten von $\vec{x}$).

Dann gilt

a) $\lambda_n \le R[\vec{x}] \le \lambda_1$ für jeden Vektor $\vec{x} \neq \vec{o}$ und $R[\vec{x}_i] = \lambda_i$ für i=1,...,n.

Kurz: Der Rayleigh-Quotient liegt (für symmetrische Matrizen) zwischen kleinstem und größtem Eigenwert und sein Wert für einen Eigenvektor ist der zugehörige Eigenwert. Es gilt darüber hinaus

$$\max \{R[\vec{x}] \;/\; \vec{x} \neq \vec{o}\} = \lambda_1 .$$

b) $\lambda_1 = \max \{H(\vec{x}) \;/\; \vec{x} \in \mathbb{R}^n \text{ und } |\vec{x}| = 1\} = H(\vec{x}_1)$

$\lambda_2 = \max \{H(\vec{x}) \;/\; \vec{x} \in \mathbb{R}^n \text{ und } |\vec{x}|=1 \text{ und } \vec{x}^T \vec{x}_1 = 0\} = H(\vec{x}_2)$

$\lambda_3 = \max \{H(\vec{x}) \;/\; \vec{x} \in \mathbb{R}^n \text{ und } |\vec{x}|=1 \text{ und } \vec{x}^T \vec{x}_i = 0 \text{ für } i=1,2\} = H(\vec{x}_3)$

allgemein für k=2,3,...,n:

$\lambda_k = \max \{H(\vec{x}) \;/\; \vec{x} \in \mathbb{R}^n \text{ und } |\vec{x}|=1 \text{ und } \vec{x}^T \vec{x}_i = 0 \text{ für } i=1,2,\ldots,k-1\} = H(\vec{x}_k)$.

<u>Beispiel 2</u>

$A = \begin{pmatrix} 3 & 1 & -5 \\ 1 & 1 & -1 \\ 1 & 1 & -3 \end{pmatrix}$ hat die Determinante -4. Das charakteristische Polynom ist

$$p(\lambda) = \begin{vmatrix} 3-\lambda & 1 & -5 \\ 1 & 1-\lambda & -1 \\ 1 & 1 & -3-\lambda \end{vmatrix} = -\lambda^3 + \lambda^2 + 4\lambda - 4 = -(\lambda+2)\cdot(\lambda-1)\cdot(\lambda-2)$$

und daher sind die Eigenwerte $\lambda_1=-2$, $\lambda_2=1$, $\lambda_3=2$.

Man bestätigt (Probenmöglichkeit), daß das Produkt der drei Eigenwerte gleich -4, also der Determinante und gleich dem Absolutglied im charakteristischen Polynom ist. Ferner ist die Summe der Eigenwerte gleich 1, der Spur der Matrix A: (3+1-3) = Summe der Diagonalelemente und auch gleich dem Faktor von λ^2.

Wir berechnen die zugehörigen Eigenvektoren:

1) Zu $\lambda_1 = -2$ sind die Eigenvektoren aus $(A+2E)\cdot\vec{x} = \vec{o}$ zu berechnen:

Das ergibt das (homogene) Gleichungssystem (wir notieren nur das "Schema"):

$$\left.\begin{array}{rrr|r} 5 & 1 & -5 & 0 \\ 1 & 3 & -1 & 0 \\ 1 & 1 & -1 & 0 \end{array}\right.$$

aus dem folgt: $\vec{x} = t\cdot(1,0,1)^T$ (es genügt z.B. $(1,0,1)^T$ anzugeben).

2) Zu $\lambda_2 = 1$ sind die zugehörigen Eigenvektoren aus $(A-E)\cdot\vec{x} = \vec{o}$ zu berechnen:

$$\left.\begin{array}{rrr|r} 2 & 1 & -5 & 0 \\ 1 & 0 & -1 & 0 \\ 1 & 1 & -4 & 0 \end{array}\right.$$

Lösungen sind $\vec{x} = t\cdot(1,3,1)^T$ (genügt die Angabe $(1,3,1)^T$ oder $(-3,-9.-3)^T$ usw.).

3) Zu $\lambda_3 = 2$ berechnet man die Eigenvektoren $\vec{x} = t\cdot(3,2,1)^T$.

Man kann auch leicht den Satz von Cayley-Hamilton an diesen Beispiel bestätigen:

Es ist für unsere Matrix A: $p(A) = -A^3 + A^2 + 4A - 4E = 0$ (Nullmatrix).

Hieraus kann man A^{-1} berechnen: Multipliziert man dieses mit A^{-1}, so bekommt man

$$A^{-1} = \frac{1}{4}\cdot(-A^2 + A + 4E) = \frac{1}{2}\cdot\begin{pmatrix} 1 & 1 & -2 \\ -1 & 2 & 1 \\ 0 & 1 & -1 \end{pmatrix}.$$

Die Eigenvektoren sind linear unabhängig, denn die mit ihnen gebildete Determinante

$$\begin{vmatrix} 1 & 1 & 3 \\ 0 & 3 & 2 \\ 1 & 1 & 1 \end{vmatrix} \neq 0 \text{ (wir schrieben die Eigenvektoren spaltenweise).}$$

Diese Tatsache folgt auch aus 8., da die drei Eigenwerte paarweise verschieden sind.

Beispiel 3

$$A = \begin{pmatrix} 0 & 1 & 0 & 0 \\ 0 & 0 & 1 & 0 \\ 0 & 0 & 0 & 1 \\ 0 & 0 & 0 & 0 \end{pmatrix}$$

hat das charakteristsche Polynom $p(\lambda) = \lambda^4$, das hat $\lambda=0$ als vierfache Nullstelle: der Eigenwert 0 hat die algebraische Vielfachheit k=4. Wir berechnen die zugehörigen Eigenvektoren aus dem Gleichungssystem $(A-\lambda E)\vec{x}=\vec{o}$, also aus $A\vec{x}=\vec{o}$ und erhalten *nur* $\vec{x} = t\cdot(1,0,0,0)^T$ als Eigenvektoren.

Das zeigt, daß 0 die geometrische Vielfachheit r=1 besitzt: Hier ist $r<k$. Bei symmetrischen Matrizen kann das (nach 9.) nicht passieren, für sie gibt es stets ebensoviele (linear unabhängige) Eigenvektoren wie die Reihenzahl von A ist.

Beispiel 4

Die symmetrische Matrix E (vierreihige Einheitsmatrix) hat das charakteristische Polynom $p(\lambda)=(1-\lambda)^4$ mit $\lambda=1$ als vierfacher Nullstelle: 1 hat die algebraische Vielfachheit k=4. Zugehörige Eigenvektoren, aus $(E-\lambda E)\vec{x} = \vec{o}$, also $N\vec{x} = \vec{o}$ zu berechnen (N ist Nullmatrix), sind $(1,0,0,0)^T$, $(0,1,0,0)^T$, $(0,0,1,0)^T$ und $(0,0,0,1)^T$ und natürlich *jeder* beliebige Vektor (außer $\vec{o}$). Es gibt hier also (genau) vier linear unabhängige Eigenvektoren (eine Basis aus Eigenvektoren). Damit hat 1 auch die geometrische Vielfachheit r=4. Nach 9. hat jede symmetrische Matrix diese Eigenschaft.

9b) besagt *nicht*, daß *je* vier Eigenvektoren linear unabhängig sind. Die Aussage aus 9c) läßt sich hier nicht belegen, da es nur einen Eigenwert gibt.

Beachten: Zwar sind die vier genannten Eigenvektoren orthogonal, aber $(1,0,0,0)^T$, $(1,1,0,0)^T$, $(1,1,1,0)^T$ und $(1,1,1,1)^T$ sind auch vier linear unabhängige Eigenvektoren, aber nicht orthogonal (Skalarprodukte nicht 0).

Beispiel 5

$$A = \begin{pmatrix} 1 & 0 & 0 & 0 \\ 0 & 1 & 0 & 0 \\ 0 & 0 & 1 & 1 \\ 0 & 0 & 1 & 1 \end{pmatrix}$$

ist symmetrische Matrix. Sie hat das charakteristische Polynom $p(\lambda) = (1-\lambda)^2((1-\lambda)^2-1)$ und also die vier Eigenwerte $\lambda_1 = 2$, $\lambda_2 = \lambda_3 = 1$, $\lambda_4 = 0$, also nur drei verschiedene. Eigenvektoren zu diesen sind

a) zu 2: $(0,0,1,1)^T$

b) zur doppelten Nullstelle 1: $(1,0,0,0)^T$ und $(0,1,0,0)^T$; sie sind linear unabhängig:
1 hat die algebraische und geometrische Vielfachheit 2 (A ist symmetrisch).

c) zu 0: $(0,0,1,-1)^T$.

Man beachte, daß diese vier Vektoren orthogonal sind (Skalarprodukte 0).

Der Kreisesatz von Gerschgorin

Mit Hilfe dieses Satzes lassen sich Eigenwerte einer Matrix abschätzen.

Beispiel 6

Die 4×4-Matrix

$$A = \begin{pmatrix} 6 & 1 & 0 & -1 \\ 1 & 13 & -2 & 0 \\ 0 & -2 & -3 & 1 \\ -1 & 0 & 1 & 0 \end{pmatrix}$$

hat die 4 Gerschgorin-Kreise

$$K_1 = \{ z \in \mathbb{C} \; / \; |z-6| \le 1+0+1 \}$$

$$K_2 = \{ z \in \mathbb{C} \; / \; |z-13| \le 1+2+0 \}$$

$$K_3 = \{ z \in \mathbb{C} \; / \; |z+3| \le 0+2+1 \}$$

$$K_4 = \{ z \in \mathbb{C} \; / \; |z| \le 1+0+1 \}$$

K_1 ist ein Kreis in der komplexen Zahlenebene mit dem Mittelpunkt 6 (Diagonalelement der ersten Zeile) und dem Radius 1+0+1=2 (Summe der Beträge der *anderen* Elemente der ersten Zeile).

K_2 entsprechend mit der zweiten Zeile: Mittelpunkt $a_{22}=13$, Radius 1+2+0=3.

Entsprechend die beiden weiteren Kreise um -3 mit Radius 3 bzw. um 0 mit Radius 2.

Der folgende Kreisesatz von Gerschgorin besagt in diesem Falle:

In K_1 und K_2 liegen je ein Eigenwert von A während in der Vereinigung der *zwei* Kreise K_3 und K_4, deren Durchschnitt nicht leer ist, *zwei* Eigenwerte von A liegen.

Zusatz: Da in unserem Beispiel A symmetrisch ist, die Eigenwerte also sogar reell, liegt ein Eigenwert in [4,8] (reller Teil von K_1), einer in [10,16] (K_2) und zwei in [-6,2] (Realteil der Vereinigung von K_3 und K_4). Die Eigenwerte sind übrigens $6.02419 \in K_1$, $13.38458 \in K_2$, -3.54183 und 0.13306 beide in $K_3 \cup K_4$ (daß der dritte sogar in K_3 und der vierte in K_4 liegt, ist ein Sonderfall).

Die *Gerschorin-Kreise* haben als Mittelpunkt ein Diagonalelement von A und als Radius die Summe der Beträge der anderen Elemente derselben Zeile.

Kreisesatz von Gerschgorin

Ist S_1 Vereinigung von p und S_2 von q Gerschgorin-Kreisen der Matrix A mit $S_1 \cap S_2 = \emptyset$, so liegen in S_1 genau p und in S_2 genau q Eigenwerte von A, entsprechend ihren algebraischen Vielfachheiten (als Nullstellen des charakteristischen Polynoms) gezählt.

Man kann auch Spalten statt Zeilen nehmen (A und A^T haben dasselbe Spektrum).

2. Hessenberg-Matrizen

Berechnung ihres charakteristischen Polynoms, ihrer Eigenwerte und -vektoren

Eine n×n-Matrix $B=(b_{ik})$ heißt obere *Hessenberg-Matrix*, wenn alle Elemente unterhalb der Subdagonale 0 sind; oft wird noch gefordert, daß auf der Subdiagonale nur 1 oder 0 stehen. Stehen andere Zahlen auf der Subdiagonale, so kann man sie mit einer Ähnlichkeitstransformation (mit einer Diagonalmatrix) zu 1 machen.

Die Bedeutung dieser Matrizen für Eigenwertprobleme folgt aus folgenden Eigenschaften:

1. Man kann algorithmisch leicht ihr ***charakteristisches Polynom*** und ***Eigenvektoren*** berechnen. Das wird gleich anschließend gezeigt. Wir zeigen zwei Verfahren.
2. Man kann algorithmisch leicht *Funktionswerte* und ggf. Eigenvektoren einer Hessenberg-Matrix berechnen *ohne* das charakteristische Polynom selbst zu berechnen: Verfahren von *Hyman.*

Der wichtigste Grund sind diese Eigenschaften in Verbindung mit folgender:

3. Man kann algorithmisch leicht aus einer beliebigen Matrix A durch Ähnlichkeits-Transformation(en) die Hessenberg-Form erzeugen (Wilkinson- und Householder-Verfahren). Dabei kann man sogar noch erreichen, daß auf der Subdigonale lauter 1 und 0 stehen (zerstört allerdings i.a. Symmetrie).

Hat die Hessenberg-Matrix B auf ihrer Subdiagonale nicht nur 0 oder 1, so kann man dieses durch eine Ähnlichkeitstransformation mit einer Diagonalmatrix D erreichen:

Die Matrix D^{-1} hat die Diagonalelemente

$$d_{11} = 1$$

$$d_{ii} = \begin{cases} d_{i-1,i-1}/b_{i,i-1}, & \text{wenn } b_{i,i-1} \neq 0 \\ 1, & \text{wenn } b_{i,i-1} = 0 \end{cases} \qquad \text{für } i=2,\dots,n$$

Dann hat $D^{-1}BD$ nur 0 oder 1 auf der Diagonale (ihre "alten" 0 bleiben erhalten).

Beispiel 7

$$B = \begin{pmatrix} -1 & -3 & 29/2 & 3 \\ -1 & -7 & 32 & 6 \\ & -2 & 9 & 2 \\ & & -5/2 & -3 \end{pmatrix}$$

(Leerplätze 0) soll auf die beschriebene Art transformiert werden.

Lösung:

B ist Hessenberg-Matrix (unter der Subdiagonale nur 0). Um zu erreichen, daß auf der Subdiagonale nur 0 und 1 (hier nur 1) entstehen, ist mit D zu transformieren:

$$D^{-1} = \begin{pmatrix} 1 & & & \\ & -1 & & \\ & & 1/2 & \\ & & & -1/5 \end{pmatrix} \quad \text{dann } D = \begin{pmatrix} 1 & & & \\ & -1 & & \\ & & 2 & \\ & & & -5 \end{pmatrix}$$

Berechnung von D^{-1}: $d_{11} = 1$ und

$d_{22} = d_{11}/b_{21} = 1/(-1)$, $d_{33} = d_{22}/b_{32} = (-1)/(-2) = 1/2$, $d_{44} = d_{33}/b_{43} = -1/5$

D enthält dann auf der Diagonale die reziproken Werte. Berechnung von $D^{-1}BD$ in der für Handrechnung übersichtlichen Anordnung:

				-1	-3	29/2	3	1			
				-1	-7	32	6		-1		
					-2	9	2			2	
						-5/2	-3				-5
1				-1	-3	29/2	3	-1	3	29	-15
	-1			1	7	-32	-6	1	-7	-64	30
		1/2			-1	9/2	1		1	9	-5
			-1/5			1/2	3/5			1	-3

Die entstandene Hessenberg-Matrix hat auf der Subdiagonale nur 1 (oder 0).

<u>Beispiel 8</u>

Man transformiere folgende Matrix so, daß alle Subdiagonalelemente 0 oder 1 sind.

$$B = \begin{pmatrix} 2 & 2 & -5 & -4 \\ 2 & 2 & -2 & -2 \\ & 0 & 2 & -2 \\ & & -1 & 6 \end{pmatrix}$$

Lösung: Hier steht auf der Subdiagonale eine 0 (als b_{32}). Darum ergeben sich

				2	2	-5	-4	1			
				2	2	-2	-2		2		
					0	2	-2			1	
						-1	6				-1
1				2	2	-5	-4	2	4	-5	4
	1/2			1	1	-1	-1	1	2	-1	1
		1				2	-1		0	2	2
			-1			1	-6			1	6

Die entstandene Hessenberg-Matrix hat auf der Subdiagonale nur 0 (die alte) und 1.

Wenn die Hessenberg-Matrix eine 0 auf ihrer Subdiagonale hat, so "zerfällt" ihr charakteristisches Polynom:

<u>Beispiel 9</u>

Man berechne das charakteristische Polynom der Hessenberg-Matrix

$$B = \begin{pmatrix} 2 & -3 & -5 & -1 & -1 \\ 1 & 2 & 8 & 1 & 0 \\ & 1 & 3 & 0 & -4 \\ & & 0 & 2 & 11 \\ & & & 1 & 12 \end{pmatrix}$$

Lösung:

Das charakteristische Polynom ist $p(\lambda) = \det(B-\lambda E)$ ausgeschrieben

$$p(\lambda) = \left|\begin{array}{ccc|cc} 2-\lambda & 3 & 5 & 1 & 1 \\ -1 & 2-\lambda & -8 & -1 & 0 \\ & -1 & 3-\lambda & 0 & 4 \\ \hline & & 0 & 2-\lambda & -11 \\ & & & -1 & 12-\lambda \end{array}\right| .$$

Hier steht eine 0 auf der Subdiagonale. Dann zerfällt es in zwei Faktoren, wie man durch Entwicklung der Determinante leicht bestätigt:

$$p(\lambda) = \begin{vmatrix} 2-\lambda & 3 & 5 \\ -1 & 2-\lambda & -8 \\ & -1 & 3-\lambda \end{vmatrix} \cdot \begin{vmatrix} 2-\lambda & -11 \\ -1 & 12-\lambda \end{vmatrix}.$$

Man bestätigt auch leicht, daß beides wieder Hessenberg-Matrizen (bzw. deren charakteristische Polynome) sind. Dieses Beispiel wird als Beispiel 12 fortgesetzt.

Daher genügt es, sich nur mit Hessenberg-Matrizen zu befassen, die auf der Subdiagonale keine 0 haben, wir nehmen sogar an, daß alles 1 dort stehen.

Allgemein: Wenn * für beliebige Zahlen (Matrizen) steht, Leerplätze für 0 und A_i quadratische Matrizen sind, so ist

$$\det A = \begin{pmatrix} A_1 & * & * & * \ldots * \\ & A_2 & * & * \ldots * \\ & & A_3 & * \quad\; * \\ & & & \ldots\ldots \end{pmatrix} = \det A_1 \cdot \det A_2 \cdot \det A_3 \cdot \cdots$$

Das heißt, das charakteristische Polynom zerfällt in mehrere Faktoren. Da man dessen Nullstellen berechnen will, ein erwünschter Effekt. Ist A Hessenberg-Matrix, so sind es auch die A_i.

A. Berechnung des charakteristischen Polynoms einer Hessenberg-Matrix

Es sei B eine n×n-Hessenberg-Matrix mit lauter 1 auf der Subdiagonale.

Schritt Nr.1: Man setzt $P=-B=(p_{ik})$. Die Matrix P entsteht also aus B dadurch, daß alle Vorzeichen umgedreht werden; die Elemente der entstandenen Matrix P werden dann mit p_{ik} bezeichnet: $p_{ik}=-b_{ik}$.

Schritt Nr.2: Man berechnet nun das charakteristische Polynom von -P; das lautet

$$\det(-P-\lambda E) = (-1)^n \cdot \det(P+\lambda E), \quad \text{(n Reihenzahl von B).}$$

Wir berechnen nun $\det(P+\lambda E)$, denn dieses Polynom hat natürlich dieselben Nullstellen wie das charakteristsche Polynom von -P=B.

Diese Determinante $\det(P+\lambda E)$ ist (bis evtl. aufs Vorzeichen) charakteristisches Polynom von B und lautet

$$\begin{vmatrix} p_{11}+\lambda & p_{12} & p_{13} & p_{14} & \ldots & p_{1,n-1} & p_{1n} \\ -1 & p_{22}+\lambda & p_{23} & p_{24} & \ldots & p_{2,n-1} & p_{2n} \\ 0 & -1 & p_{33}+\lambda & p_{34} & \ldots & p_{3,n-1} & p_{3n} \\ 0 & 0 & -1 & p_{44}+\lambda & \ldots & p_{4,n-1} & p_{4n} \\ \vdots & \vdots & \vdots & \vdots & & & \\ 0 & 0 & 0 & 0 & \ldots & -1 & p_{nn}+\lambda \end{vmatrix}$$

Erstes Verfahren zur Berechnung des charakteristischen Polynoms

Wir berechnen der Reihe nach die *Hauptabschnitts-Determinanten*

$p_1(\lambda),\ p_2(\lambda),\ \ldots,$

das sind die durch Punktierung angedeuteten Determinanten, die jeweils nach ihrer letzten Spalte entwickelt werden; man bekommt so:

$$
\begin{array}{lll|l}
p_1(\lambda) & = & (p_{11}+\lambda) & \\
p_2(\lambda) & = & (p_{22}+\lambda)\cdot p_1(\lambda) + p_{12} & \\
p_3(\lambda) & = & (p_{33}+\lambda)\cdot p_2(\lambda) + p_{23}p_1(\lambda) & + p_{13} \\
p_4(\lambda) & = & (p_{44}+\lambda)\cdot p_3(\lambda) + p_{34}p_2(\lambda) & + p_{24}p_1(\lambda) + p_{14} \\
\cdot\;\cdot\;\cdot\;\cdot\;\cdot & & & \\
p_i(\lambda) & = & (p_{ii}+\lambda)\cdot p_{i-1}(\lambda) + p_{i-1,i}p_{i-2}(\lambda) & + \ldots + p_{3i}p_2(\lambda) + p_{2i}p_1(\lambda) + p_{1i} \\
\cdot\;\cdot\;\cdot\;\cdot\;\cdot & & & \\
p_n(\lambda) & = & (p_{nn}+\lambda)\cdot p_{n-1}(\lambda) + p_{n-1,n}p_{n-2}(\lambda) & + \ldots\ldots + p_{3n}p_2(\lambda) + p_{2n}p_1(\lambda) + p_{1n}
\end{array}
$$

Ist B (und damit P) Tridiagonalmatrix, so sind die hinter dem senkrechten Strich stehenden Summanden alle 0, können also fortgelassen werden.
Dieses sind Rekursionsformeln, mit denen man der Reihe nach Polynome p_i berechnet, das letzte ist das gesuchte charakteristische Polynom von P.

Beispiel 10

Man berechne das charakteristische Polynom folgender Hessenberg-Matrix B.

$$
B = \begin{pmatrix} -1 & 3 & 29 & -15 \\ 1 & -7 & -64 & 30 \\ & 1 & 9 & -5 \\ & & 1 & -3 \end{pmatrix}
$$

Lösung:

Das charakteristische Polynom von -P=B lautet (bis auf Faktor $(-1)^4=1$)

$$
\det(P+\lambda E) = \begin{vmatrix} 1+\lambda & -3 & -29 & 15 \\ -1 & 7+\lambda & 64 & -30 \\ & -1 & -9+\lambda & 5 \\ & & -1 & 3+\lambda \end{vmatrix}
$$

(leere Plätze = 0). Obige Rekursionsformeln liefern hier:

$$p_1(\lambda) = p_{11} + \lambda = 1+\lambda$$

$$p_2(\lambda) = (p_{22} + \lambda)\cdot p_1(\lambda) + p_{12} = (7+\lambda)\cdot(1+\lambda) - 3 = \lambda^2 + 8\lambda + 4$$

$$p_3(\lambda) = (p_{33}+\lambda)\cdot p_2(\lambda) + p_{23}p_1(\lambda) + p_{13} = (-9+\lambda)\cdot(\lambda^2+8\lambda+4) + 64\cdot(1+\lambda) - 29$$

$$= \lambda^3 - \lambda^2 - 4\lambda - 1$$

$$p_4(\lambda) = (p_{44}+\lambda)\cdot p_3(\lambda) + p_{34}p_2(\lambda) + p_{24}p_1(\lambda) + p_{14} =$$

$$= (3+\lambda)\cdot(\lambda^3-\lambda^2-4\lambda-1) + 5\cdot(\lambda^2+8\lambda+4) - 30\cdot(1+\lambda) + 15 = \lambda^4+2\lambda^3-2\lambda^2-3\lambda+2.$$

Das ist das charakteristische Polynom.

Wir berechnen noch die Eigenwerte:

Nullstellen dieses Polynoms, also Eigenwerte von P und B, sind

$$\lambda_1 = -2,\ \lambda_2 = 1,\ \lambda_3 = 0.5\cdot(-1+\sqrt{5}) = 0.6180,\ \lambda_4 = 0.5\cdot(-1-\sqrt{5}) = -1.6180.$$

Bemerkung: Die Summe ist in der Tat gleich der Spur von B, nämlich -2.

Wir wollen noch einen zum Eigenwert -2 gehörigen Eigenvektor berechnen.

Dieser ist aus $(P+(-2)E)\vec{x} = \vec{o}$ zu berechnen, also aus dem Gleichungssystem

$$\begin{array}{rrrr|r} 1 & 3 & 29 & -15 & 0 \\ 1 & -5 & -64 & 30 & 0 \\ & 1 & 11 & -5 & 0 \\ & & 1 & -1 & 0 \end{array}$$

Dieses kann man so lösen, daß man die letzte Spalte "nach rechts bringt" und dann das entstehende System von unten löst. Die obere Gleichung kann dann als Rechenprobe dienen (man setzt also $x_4=1$). Dann bekommt man $\vec{x} = t\cdot(4,-6,1,1)^T,\ t\neq 0$.

Zweites Verfahren zur Berechnung des charakteristischen Polynoms

Dieses Verfahren ist die algorithmische Form des vorigen.

Man schreibt die Matrix P und eine Matrix F (mit n+1 Zeilen und Spalten) wie folgt auf, wobei leere Plätze für Nullen stehen und * für zu berechnende Zahlen von F.

Zur Erinnerung: B soll auf der Subdiagonale ja lauter 1 haben, P also -1 und P (nicht -P) habe die Elemente p_{ik}.

Spalte Nr. von P:						Zeilen-Nr.	Spalten-Nr. von F:					
1	2	3	4		n		0	1	2		n-1	n
p_{11}	p_{12}	p_{13}	p_{14}	...	p_{1n}	0	1					
-1	p_{22}	p_{23}	p_{24}	...	p_{2n}	1	*	1				
	-1	p_{33}	p_{34}	...	p_{3n}	2	*	*	1			
		....					....					
				-1	p_{nn}	n-1	*	*	*	....	1	1
						n	*	*	*	....	*	1

a) Nun berechnet man zunächst die fehlenden Zahlen in der ersten Spalte von F:

Man berechnet das Skalarprodukt der *1. Spalte von P* (man beachte die Numerierung bei F) mit der *0. Spalte von F* (links):

Das ergibt f_{10} (der 1. Zeile und 1. Spalte, man beachte die kursiv gedruckten Spaltennummern und das Indexpaar): $f_{10}=p_{11}\cdot 1$

Dann ist f_{20} (2. Zeile, 0. Spalte) das Skalarprodukt der *2. Spalte von P* (links) mit der *0. Spalte von F*, soweit die Zahlen von F bereits vorliegen.

So fährt man fort, bis die erste Spalte von F fertig ist.

b) Nun folgen die Zahlen der weiteren Spalten von F. Hier wird nach demselben Schema gerechnet, *aber:* am Ende jeweils noch die *schräg links darüberstehende* Zahl addiert:

Die Zahl f_{21} (2. Zeile, 1. Spalte; man beachte die Nummern, sie steht in der 3. Zeile, 2. Spalte des Schemas, der obere * dort) ist das Skalarprodukt der *2. Spalte von P* mit der *1. Spalte von F* PLUS $f_{10}(=1)$ schräg links über f_{21}:

$$f_{21} = p_{12} \cdot f_{01} + p_{22} \cdot f_{11} + f_{10} \quad (f_{01}=0).$$

Allgemein: Die Zahlen ab 1. Spalte (k>0) von F werden so berechnet:

f_{ik} = [Skalarprodukt (i.Spalte von P) · (k.Spalte von F)] + $f_{i-1,k-1}$ Skalarprodukte jeweils bilden, soweit die Zahlen in F schon berechnet sind; man berechnet also links beginnend Spalte für Spalte von F, jeweils beim oberen * beginnend.

Ergebnis: Die Zahlen in der letzten Zeile von F (die die Nr. n hat) sind die Koeffizienten des charakteristischen Polynoms und zwar im Sinne steigender Exponenten von λ (links also das Absolutglied).

Beispiel 11

Man berechne das charakteristische Polynom der Hessenberg-Matrix B aus Beispiel 10.

Lösung:

Wir schreiben

Spalte Nr.:	1	2	3	4
	1	-3	-29	15
	-1	7	64	-30
		-1	-9	5
			-1	3

	0	1	2	3	4
0	*1*	*0*	*0*	*0*	*0*
1	1	*1*	*0*	*0*	*0*
2	4	8	*1*	*0*	*0*
3	-1	-4	-1	*1*	*0*
4	2	-3	-2	2	*1*

Berechnung:

Links steht die Matrix P (= -B), rechts werden die Zahlen auf und oberhalb der Diagonale (also 1 auf und 0 über ihr, kursiv gedruckt) sofort hingeschrieben.

Berechnung der Zahlen in der rechts stehenden Matrix:

a) Zahlen in der Spalte Nr. 0:

Es werden Skalarprodukte dieser Spalte mit den Spalten von P gebildet:

- Die 1 in der *Zeile Nr.1* ist das Skalarprodukt der darüber stehenden Zahlen (also nur 1) mit der *Spalte Nr.1* von P (soweit möglich): 1·1.
- Die darunter stehende 4 in der *Zeile Nr.2* ist das Skalarprodukt der darüber stehenden Zahlen (1 und 1) mit der *Spalte Nr.2* von P (soweit schon bekannt): 1·(-3)+1·7 = 4.
- Die darunter stehende -1 in der *Zeile Nr.3* ist das Skalarprodukt der darüber stehenden Zahlen (also 1,1 und 4) mit der *Spalte Nr.3* von P: 1·(-29)+1·64+4·(-9) = -1.
- Die in der *Zeile Nr.4* stehende Zahl 2 ist das Skalarprodukt der Zahlen über ihr mit der *Spalte Nr.4* von P: 1·15+1·(-30)+4·5+(-1)·3 = 2.

b) Zahlen in den übrigen Spalten der rechts stehenden Matrix:

Es wird nach demselben Schema gerechnet, *aber:* am Ende wird jeweils noch die schräg links darüberstehende Zahl addiert:

- Die Zahl in der *Zeile Nr.2* (Spalte Nr.1), also die 8, ist das Skalarprodukt der darüber stehenden Zahlen (0 und 1) mit der *Spalte Nr.2* (von P) PLUS 1 (schräg links darüber): $0\cdot(-3)+1\cdot 7+1 = 8$.
- Die darunterstehende -4 in der *Zeile Nr.3* ist Skalarprodukt der Zahlen darüber mit der *Spalte Nr.3* von P PLUS 4 (schräg links darüber): $0\cdot(-29)+1\cdot 64+8\cdot(-9)+4 = -4$.

So berechnet man alle noch fehlenden Zahlen rechts.

Die Zahlen in der letzten *Zeile Nr.4* sind die Koeffizienten des charakteristischen Polynoms $\det(\lambda E-A) = \det(\lambda E+P)$ in der Reihenfolge steigender Exponenten:

$$p(\lambda) = 2 - 3\lambda - 2\lambda^2 + 2\lambda^3 + \lambda^4 .$$

(In der Zeile darüber stehen übrigens die Koeffizienten von $p_3(\lambda)$, darüber die von $p_2(\lambda)$ usw. von Beispiel 10.) Die Berechnung der Eigenwerte und -vektoren geschieht wie in Beispiel 10.

Beispiel 12

Man berechne einen zum Eigenwert $\lambda=1$ gehörigen Eigenvektor der Matrix B aus Beispiel 9.

Lösung:

Hier steht auf der Subdiagonale eine 0, daher zerfällt das charakteristische Polynom in zwei Faktoren (siehe Beispiel 9), $\lambda=1$ ist Nullstelle des zweiten Faktors, wie leicht nachzurechnen. Wir berechnen einen zugehörigen Eigenvektor aus $(\lambda E-B)\vec{x} = (1\cdot E-B)\vec{x} = \vec{o}$. Dieses Gleichungssystem lautet (als Schema geschrieben)

-1	3	5	1	1	0
-1	-1	-8	-1	0	0
	-1	-2	0	4	0
		0	-1	-11	0
			-1	-11	0

(alle Vorzeichen von B umgedreht, auf der Diagonale $\lambda=1$ addiert).

Hier kann man nun nicht, wie etwa in Beispiel 10, wo auf der Subdiagonale *keine* 0 steht, einfach die erste Gleichung fortlassen und von unten rechnen. Vielmehr kann man hier eine der letzten beiden Gleichungen fortlassen. Dann bekommt man der Reihe nach: $x_5=1$ (beliebig außer 0 gesetzt) und dann weiter

$$x_4=-11,\; x_3=1,\; x_2=2,\; x_1=1, \quad \text{also } \vec{x} = (1,2,1,-11,1)^T .$$

Die Berechnung der ersten 3 Komponenten aus dem oberen "Block" kann man mit z.B. dem Gauß-Algorithmus durchführen.

B. Das Verfahren von Hyman für Hessenberg-Matrizen

Dieses Verfahren dient zur Berechnung von Funktionswerten $p(\lambda_0)$ des charakteristischen Polynoms einer Hessenberg-Matrix B und Ableitungen $p'(\lambda_0)$. Ferner, wenn λ ein Eigenwert von B ist, auch zur Berechnung eines zugehörigen Eigenvektors $\vec{y}$. Es ist dazu *nicht* nötig, das charakteristische Polynom selbst zu berechnen.

Das charakteristische Polynom hat oft nur theoretischen Wert und ist für numerische Zwecke nicht besonders gut geeignet.

Sei wieder $B=(b_{ik})$ die $n\times n$ Hessenberg-Matrix: Unter der Subdiagonale stehen 0 und auf ihr *nur von 0 verschiedene* Zahlen. Dann berechne man Zahlen x_i und y_i nach folgenden Formeln:

(1) Setze $b_{1,0}=1$ (dann lassen sich die Formeln (2) "geschlossen" schreiben) und

$$x_n=1,\quad y_n=0.$$

(2) Für k=1,2,...,n berechne man

$$x_{n-k} = [\qquad \lambda\cdot x_{n-k+1} - \sum_{j=n-k+1}^{n} b_{n-k+1,j}\cdot x_j]/b_{n-k+1,n-k}$$

$$y_{n-k} = [x_{n-k+1} + \lambda\cdot y_{n-k+1} - \sum_{j=n-k+1}^{n} b_{n-k+1,j}\cdot y_j]/b_{n-k+1,n-k}$$

Dann ist

$$p(\lambda) = b_{21}b_{32}\cdots b_{n,n-1}\cdot x_0\ ,\quad p'(\lambda) = b_{21}b_{32}\cdots b_{n,n-1}\cdot y_0$$

Sind alle Subdiagonalelemente 1, so "entfallen" die Nenner nach [ ] und die Produkte der b vor x_0, y_0 sowie $p(\lambda)$ und $p'(\lambda)$.

Ist λ Eigenwert von B, also $p(\lambda)=0$, so ist darüber hinaus

$$\vec{y} = (x_1, x_2, \ldots, x_n)^T \quad \text{(also } x_0 \text{ nicht)}$$

Eigenvektor von B zum Eigenwert λ.

<u>Beispiel 13</u>

Man berechne einige Funktionswerte des charakteristischen Polynoms $p(\lambda)$ der Matrix B aus Beispiel 10.

Lösung:

Wir berechnen p(−2). Es ist daher $\lambda=-2$. Wir schreiben B noch einmal auf:

$$B = \begin{pmatrix} -1 & 3 & 29 & -15 \\ 1 & -7 & -64 & 30 \\ & 1 & 9 & -5 \\ & & 1 & -3 \end{pmatrix}$$

Dann ergibt sich der Reihe nach

(1) $b_{1,0} = 1,\ x_4 = 1,\ y_4 = 0$ (immer so, Ergänzung der b und Start der x und y)

Nun weiter die x und y nach den Formeln (2) für $\lambda=-2$:

$$x_3 = (-2)\cdot 1 - [\,(-3)\cdot 1] = 1$$

$$y_3 = 1 + (-2)\cdot 0 - [\,(-3)\cdot 0] = 1$$

$$x_2 = (-2)\cdot 1 - [9\cdot 1 + (-5)\cdot 1] = -6$$

$$y_2 = 1 + (-2)\cdot 1 - [9\cdot 1 + (-5)\cdot 0] = -10$$

$$x_1 = (-2)\cdot(-6) - [\,(-7)\cdot(-6) + (-64)\cdot 1 + 30\cdot 1] = 4$$

$$y_1 = -6 + (-2)\cdot(-10) - [\,(-7)\cdot(-10) + (-64)\cdot 1 + 30\cdot 0] = 8$$

$$x_0 = (-2)\cdot 4 - [\,(-1)\cdot 4 + 3\cdot(-6) + 29\cdot 1 + (-15)\cdot 1] = 0$$

$$y_0 = 4 + (-2)\cdot 8 - [\,(-1)\cdot 8 + 3\cdot(-10) + 29\cdot 1 + (-15)\cdot 0] = -3$$

Man beachte, wie die Zahlen in den [ ] aus B und den vorigen x bzw. y entstehen:

Es sind *Skalarprodukte* zwischen den *Zeilen* von B (kursiv gedruckte Zahlen) und schon berechneten x- bzw. y-Werten; jeweils dieselben kursiv gedruckten Zahlen bei x und y mit gleichem Index (wir haben sie, um das zu verdeutlichen, spaltenrichtig so untereinander geschrieben).

Daher gilt $p(-2)=0$ und übrigens $p'(-2)=-3$, -2 ist daher Eigenwert von B. In diesem Falle ist der Vektor der x_1 bis x_4 zugehöriger Eigenvektor: $\vec{x} = (4,-6,1,1)^T$; vergleiche auch Beispiel 10.

Wenn die Zahl λ nicht Eigenwert ist, hat dieser Vektor keine solche Bedeutung.

Wir wollen noch weitere Werte berechnen:

Für $\lambda=-1$ ergibt sich der Reihe nach als x und y: 2 und 1, -15 und -8, 8 und 1, 2 und 3. Daher sind $p(-1)=2$ und $p'(-1)=3$. Der entsprechende Vektor der x-Werte, also $(8,-15,2,1)^T$ hat hier keine Bedeutung, da -1 wegen $p(-1)\neq 0$ kein Eigenwert ist.

Für $\lambda=1$ bekommt man analog 4 und 1, -27 und -4, 10 und 5 sowie 0 und 3. Also gilt $p(1)=0$, 1 ist also Eigenwert von B, ferner $p'(1)=3$. Eigenvektor zu diesem Eigenwert ist der Vektor der x-Werte, also $(10,-27,4,1)^T$ (beachten, daß es mit x_1 beginnt und mit x_4 endet und x_4 immer gleich 1 ist).

Zusatzbemerkung: Wir haben nun folgende Werte $p(\lambda)$ berechnet:

$p(-2)=0$, $p'(-2)=0$, $p(-1)=2$, $p'(-1)=3$, $p(1)=0$ und $p'(1)=3$. Das Polynom $p(\lambda)$ 4. Grades mit dem Hauptkoeffizient 1, das diese Werte interpoliert, ist das charakteristische Polynom (siehe *Hermite-Interpolation)*.

Wichtiger noch ist Folgendes: Mit dem *Newtonschen Iterationsverfahren* zur Bestimmung von Nullstellen kann man Nullstellen von $p(\lambda)$ berechnen, denn $p(\lambda)$ und $p'(\lambda)$ liefert der Hyman-Algorithmus. Das geschieht nach der Vorschrift

$$\lambda_{i+1} = \lambda_i - p(\lambda_i)/p'(\lambda_i),$$ ausgehend von einem Startwert λ_0

Hier wird das zu

$$\boxed{\lambda_{i+1} = \lambda_i - x_0/y_0}$$

Beispiel 14

Wir nehmen wieder das vorige Beispiel.

Wir starten mit dem Wert λ_o=-4 und bekommen folgende Werte für i=1,2,...

λ_{i+1}	$p(\lambda_i)$ [$=x_o$]	$p'(\lambda_i)$ [$=y_o$]
-3.2517006802721	110.0000000000000	-147.0000000000000
-2.7266694652533	33.6440146646374	-64.0800274388065
-2.3752333670615	10.0416291217024	-28.5731294348225
-2.1585966754887	2.8705228892639	-13.2504003288814
-2.0453716742033	0.7518867530050	-6.6406424770930
-2.0055057496890	0.1572655583253	-3.9448616893104
-2.0000980943573	0.0168213841662	-3.1106613004024
-2.0000000320578	0.0002943793026	-3.0019620603547
-2.0000000000000	0.0000000961735	-3.0000006411564
-2.0000000000000	0.0000000000000	-3.0000000000001
-2.0000000000000	0.0000000000000	-3.0000000000000

Dieser Wert -2 ist ein Eigenwert, zugehöriger Eigenvektor $(4,-6,1,1)^T$.

Startet man mit -1, bekommt man entsprechend:

-1.6666666666667	2.0000000000000	3.0000000000000
-1.6122448979592	-0.0987654320988	1.8148148148148
-1.6179760017630	0.0130779882948	2.2819318481245
-1.6180339827369	0.0001296762936	2.2365318282832
-1.6180339887499	0.0000000134454	2.2360680256036
-1.6180339887499	-0.0000000000000	2.2360679774998

den Eigenwert $0.5\cdot(-1-\sqrt{5})$ = -1.61803398874989..,

Eigenvektor (gerundet): $(6.381966 , -9.673762 , 1.381966 , 1.000000)^T$.

Für 0 als Startwert ergibt sich

0.6666666666667	2.0000000000000	-3.0000000000000
0.6122448979592	-0.0987654320988	-1.8148148148148
0.6179760017630	0.0130779882948	-2.2819318481245
0.6180339827369	0.0001296762936	-2.2365318282832
0.6180339887499	0.0000000134454	-2.2360680256036
0.6180339887499	-0.0000000000000	-2.2360679774998

also den Eigenwert $0.5\cdot(-1+\sqrt{5})$ = 0.61803398874984...,

Eigenvektor (gerundet): $(8.618034 , -25.326238 , 3.618034 , 1.000000)^T$.

Für den Startwert 1.3 schließlich:

1.1163590604027	1.9701000000000	10.7280000000000
1.0277647719269	0.4941074195500	5.5771927067833
1.0022322430301	0.0911321559128	3.5692569381340
1.0000164095225	0.0067466249430	3.0447345974557
1.0000000008975	0.0000492312601	3.0003281952959
1.0000000000000	0.0000000026924	3.0000000179500
1.0000000000000	0.0000000000000	3.0000000000003

also den Eigenwert 1; Eigenvektor $(10,-27,4,1)^T$.

Berechnungsbeispiel aus dem letzten Block: λ_0=1.3.

p(1.3)=1.9701, p'(1.3)=10.728, daher wird λ_1 = 1.3 - 1.9701/10.728 = 1.116359...

Diese Werte wurden alle mit den Prozeduren aus *"Turbo-Pascal-Quelltexte zur Ingenieur-Mathematik"* berechnet.

3. Das Verfahren von Wilkinson (Wilkinson-Transformation)

zur Berechnung einer zur gegebenen Matrix A ähnlichen Hessenberg-Matrix (Ähnlichkeits-Transformation von A auf Hessenberg-Form).

Zum Verständnis dieses Abschnittes muß man den vorigen über Hessenberg-Matrizen kennen sowie die Eigenschaften von Frobenius-Matrizen (siehe Abschnitt "Lineare Gleichungssysteme").

Es wird aus der Matrix A über Zwischenschritte eine zu A ähnliche Matrix $-P = T^{-1}AT$ konstruiert (die also dasselbe charakteristische Polynom und daher auch dieselben Eigenwerte wie A hat). Dabei hat A *Hessenberg-Form*. Sollte auf der Subdiagonale eine 0 entstehen, vereinfacht sich die Berechnung des charakteristischen Polynoms: Es zerfällt dann in Faktoren (siehe Hessenberg-Matrizen und Beispiel 18).

Die entstandene Hessenberg-Matrix kann dann mit den im vorigen Abschnitt genannten Verfahren (Eigenwerte, Eigenvektoren, charakteristisches Polynom) behandelt werden.

<u>Beispiel 15</u>

Die Matrix

$$A = \begin{pmatrix} -1 & 1 & -2 & 3 \\ -1 & 4 & -1 & 6 \\ 1 & -4 & -1 & -4 \\ 2 & 0 & 5 & -4 \end{pmatrix}$$

soll auf Hessenberg-Form transformiert werden, also auf die Form (* bel. Zahl)

$$B = \begin{pmatrix} * & * & * & * \\ + & * & * & * \\ 0 & + & * & * \\ 0 & 0 & + & * \end{pmatrix}$$

man kann erreichen, daß auf der Subdiagonale nur 0 und 1 stehen.

Man berechne das charakteristische Polynom, die Eigenwerte und -vektoren von A.

Lösung:

1. Berechnung der Hessenberg-Form

Wir schreiben die beteiligten Martizen in folgendem Schema auf:

	A	L_2	
L_2^{-1}	$L_2^{-1}A$	$L_2^{-1}AL_2$	L_3
	L_3^{-1}	$L_3^{-1}L_2^{-1}AL_2$	$L_3^{-1}L_2^{-1}AL_2L_3$

wobei die zu multiplizierenden Matrizen stets in der Anordnung

	B
A	A·B

versetzt geschrieben erscheinen, die für Handrechnung ja übersichtlich ist ("Zeilen mal Spalten"). *Wie* die Frobenius-Matrizen L berechnet werden, ist unten erklärt. Leere Plätze stehen für 0, die durch diese Rechnung entstehen *sollen.*

	(1) $\begin{matrix} -1 & 1 & -2 & 3 \\ -1 & 4 & -1 & 6 \\ 1 & -4 & -1 & -4 \\ 2 & 0 & 5 & -4 \end{matrix}$	(4) $\begin{matrix} 1 & & & \\ & 1 & & \\ & -1 & 1 & \\ & -2 & & 1 \end{matrix}$	
(2) $\begin{matrix} 1 & & & \\ & 1 & & \\ & 1 & 1 & \\ & 2 & & 1 \end{matrix}$	(3) $\begin{matrix} -1 & 1 & -2 & 3 \\ -1 & 4 & -1 & 6 \\ & 0 & -2 & 2 \\ & 8 & 3 & 8 \end{matrix}$	(5) $\begin{matrix} -1 & -3 & -2 & 3 \\ -1 & -7 & -1 & 6 \\ & -2 & -2 & 2 \\ & -11 & 3 & 8 \end{matrix}$	(8) $\begin{matrix} 1 & & & \\ & 1 & & \\ & & 1 & \\ & & 11/2 & 1 \end{matrix}$
	(6) $\begin{matrix} 1 & & & \\ & 1 & & \\ & & 1 & \\ & & -11/2 & 1 \end{matrix}$	(7) $\begin{matrix} -1 & -3 & -2 & 3 \\ -1 & -7 & -1 & 6 \\ & -2 & -2 & 2 \\ & & 14 & -3 \end{matrix}$	(9) $\begin{matrix} -1 & -3 & 29/2 & 3 \\ -1 & -7 & 32 & 6 \\ & -2 & 9 & 2 \\ & & -5/2 & -3 \end{matrix}$

Für das Folgende ist die Kenntnis der Eigenschaften von Frobenius-Matrizen wichtig.

Berechnungsweise: Die Nummern beziehen sich auf die Ziffern in den Kreisen.

1. Matrix A hinschreiben.
2. L_2^{-1} hinschreiben: Es handelt sich um eine Frobenius-Matrix, die aus der Einheitsmatrix dadurch hervorgeht, daß in der 2. Spalte (daher L_2) unter der Diagonale die Zahlen 1 und 2 stehen. Diese bewirken, daß im Produkt $L_2^{-1}A$ die beiden 0 unterhalb des Subdiagonalelementes der ersten Spalte entstehen. Formal sind es die Quotienten $1=-a_{31}/a_{21}=-1/(-1)$ und $2=-a_{41}/a_{21}=-2/(-1)$. Man beachte, daß Multiplikation (der Matrix A) mit der Frobenius-Matrix L_2^{-1} von *links* bewirkt, daß zu deren 3. Zeile und 4. Zeile ein Vielfaches der zweiten Zeile addiert wird (hier das 1- bzw. das 2-fache, um die 0 zu erzeugen).
3. Diese Matrix entsteht, wie soeben beschrieben, aus A, indem das 1-fache der 2. Zeile zur 3. und das 2-fache der 2. Zeile zur 4. Zeile addiert werden. Man sollte sie also *nicht* als *Produkt* berechnen, da sich die ersten zwei Zeilen von A nicht ändern (auch für Programme wichtig, Genauigkeit, Geschwindigkeit).
   Hier also steht die Matrix $L_2^{-1}A$ (siehe obige Übersichtsskizze).
4. Nun ist diese Matrix von rechts mit L_2 zu multiplizieren. Diese Matrix L_2 ist sofort hinzuschreiben (siehe Frobenius-Matrizen): Die Zahlen unterhalb der Diagonale der Matrix aus (2) werden mit -1 multipliziert (deren Vorzeichen also "umgedreht"). Nun wird
5. die unter 3. berechnete Matrix von *rechts* mit L_2 multipliziert. Auch diese Matrix ist ohne wirkliche Matrix-Multiplikation zu ermitteln: Es ändert sich nämlich *nur* die zweite Spalte: Zu ihr wird das (-1)-fache der 3. und das (-2)-fache der 4. Spalte addiert; die 1., 3. und 4. Spalte ändern sich also gar nicht (siehe Multiplikationseigenschaften von Frobenius-Matrizen). Diese Matrix ist zu A ähnlich.
6. Nun sollen in der zweiten Spalte der jetzt entstandenen Matrix unterhalb der Subdiagonale

0 entstehen. Dazu wird von links mit einer Frobenius-Matrix multipliziert. Diese Matrix L_3^{-1} entsteht aus E dadurch, daß die Zahl -11/2 in die 3. Spalte unter das Diagonalelement kommt: Es ist -11/2 = - (-11)/(-2) aus der zuletzt entstandenen Matrix.

7. ist die Matrix

$$L_3^{-1}L_2^{-1}AL_2 .$$

Um nun wieder eine zu A ähnliche Matrix zu bekommen, muß mit L_3 von rechts multipliziert werden.

8. Diese Matrix entsteht aus ihrer Inversen wieder durch Multiplikation der Zahlen unterhalb der Subdiagonale mit -1, ist also ohne jede Rechnung hinzuschreiben.

9. ist das Produkt der Matrix aus 7. mit L_3 von *rechts*. In unserer Anordnung stehen die Matrizen schon in der zweckmäßigen Form "versetzt", um nach "Zeilen mal Spalten" zu rechnen. Aber auch hier gilt (Multiplikation mit einer Frobenius-Matrix von rechts): *Nur* die dritte Spalte ändert sich, zu ihr wird das 11/2-fache der 4. Spalte addiert.

Hier steht also die Matrix

$$L_3^{-1}L_2^{-1}AL_2L_3 = (L_2L_3)^{-1}A(L_2L_3) \quad \text{(beachten, daß } A^{-1}B^{-1} = (BA)^{-1} \text{ gilt),}$$

die zur Matrix A ähnlich ist (also dasselbe charakteristische Polynom hat).

Nun werden in der Subdiagonale der entstandenen Matrix noch 1 erzeugt:
Dieses ist bereits in Beispiel 7 gemacht worden (siehe dort), es ergibt sich

$$B = \begin{pmatrix} -1 & 3 & 29 & -15 \\ 1 & -7 & -64 & 30 \\ & 1 & 9 & -5 \\ & & 1 & -3 \end{pmatrix}$$

Das Ergebnis ist die Hessenberg-Matrix B, deren Zusammenhang mit der ursprünglichen Matrix A durch die Gleichung (D siehe Beispiel 7)

$$B = D^{-1}L_3^{-1}L_2^{-1}AL_2L_3D = (L_2L_3D)^{-1}A(L_2L_3D) = T^{-1}AT$$

gegeben ist, wobei wir

$$T = L_2L_3D$$

gesetzt haben. B ist also ähnlich zu A und hat Hessenberg-Form.

Mit dem Verfahren von Hyman kann man nun Eigenwerte iterieren ohne das charakteristische Polynom zu berechnen (siehe Beispiel 13).

2. Berechnung des charakteristischen Polynoms

Dies geschieht mit einem der beiden Verfahren, die im vorigen Abschnitt über Hessenberg-Matrizen vorgeführt worden sind. Dort ist dieser Teil als Beispiel 10 (rekursiv) und als Beispiel 11 (über die dort mit F bezeichnete Matrix) gerechnet worden.

Als Ergebnis bekommt man (siehe dort)

$$p(\lambda) = 2 - 3\lambda - 2\lambda^2 + 2\lambda^3 + \lambda^4 .$$

Dieses ist das charakteristische Polynom der zuletzt entstandenen Hessenberg-Matrix $-P:=B$, also auch von A.

3. Berechnung der Eigenwerte

Die Nullstellen des charakteristischen Polynoms sind

$$-2\ ,\ 1\ ,\ -0.5\cdot(1+\sqrt{5}) = -1.618\ ,\ -0.5\cdot(1-\sqrt{5}) = 0.618.$$

Man kann diese mit z.B. dem Newtonschen Iterationsverfahren berechnen oder, wenn man probieren will: Da das Polynom in Normalform vorliegt (λ^n hat den Faktor 1 oder -1) und alle Koeffizienten ganze Zahlen sind, können ganzzahlige Nullstellen nur Teiler vom Absolutglied 2 sein, also nur -1, 1, -2 und 2 (das heißt *nicht, daß* überhaupt ganzzahlige Nullstellen vorliegen müssen). Siehe auch Beispiel 14.

4. Berechnung der Eigenvektoren

Wie mehrfach betont: Ist $\vec{y}$ Eigenvektor von -P, so ist $\vec{x}=T\vec{y}$ Eigenvektor von A.

Wir berechnen

$$T = L_2L_3D =$$

$$\begin{pmatrix} 1 & & & \\ & 1 & & \\ & -1 & 1 & \\ & -2 & & 1 \end{pmatrix} \cdot \begin{pmatrix} 1 & & & \\ & 1 & & \\ & & 1 & \\ & & 11/2 & 1 \end{pmatrix} \cdot \begin{pmatrix} 1 & & & \\ & -1 & & \\ & & 2 & \\ & & & -5 \end{pmatrix} = \begin{pmatrix} 1 & & & \\ & -1 & & \\ & 1 & 2 & \\ & 2 & 11 & -5 \end{pmatrix}$$

a) Zum Eigenwert $\lambda=-2$ ist $\vec{y}=(4,-6,1,1)^T$ (siehe Beispiel 10), daher ist

$$\vec{x} = T\vec{y} = (4,6,-4,-6)^T$$

Eigenvektor von A zu diesem Eigenwert.

b) Zum Eigenwert $\lambda=1$ ist $\vec{y}=(10,-27,4,1)^T$ ein Eigenvektor von -P, also ist

$$\vec{x} = T\vec{y} = (10,27,-19,-15)^T$$

Eigenvektor zu $\lambda=1$ von A.

Die Eigenvektoren zu den beiden weiteren Eigenwerten berechnet man analog; die von -P stehen übrigens im Beispiel 14, wo sie mit dem Hyman-Verfahren berechnet wurden.

Aus diesen erhält man:

c) Zum Eigenwert $\lambda = -0.5\cdot(1+\sqrt{5})$ ist Eigenvektor $(-0.6978,-1.0577,0.7555,1.0000)^T$.

d) Zum Eigenwert $\lambda = -0.5\cdot(1-\sqrt{5})$ ist Eigenvektor $(-0.5436,-1.5975,1.1410,1.0000)^T$.

Die letzten beiden sind so "normiert", daß ihre letzten Komponenten 1 sind.

<u>Beispiel 16</u>

Mit dem Verfahren von Wilkinson transformiere man A auf Hessenberg-Form und berechne das charakteristische Polynom.

$$A = \begin{pmatrix} 2 & -34 & -12 & 4 \\ 4 & -28 & 0 & 8 \\ -8 & 87 & 8 & -20 \\ 16 & -110 & -2 & 30 \end{pmatrix}$$

Lösung:

1. Berechnung der Hessenberg-Matrix

Wir schreiben die entstehenden Matrizen wieder in der im vorigen Beispiel benutzten Anordnung:

				2	-34	-12	4	1							
				4	-28	0	8		1						
				-8	87	8	-20		-2	1					
				16	-110	-2	30		4		1				
1				2	-34	-12	4	2	6	-12	4	1			
	1			4	-28	0	8	4	4	0	8		1		
	2	1			31	8	-4		-1	8	-4			1	
	-4		1		2	-2	-2		-2	-2	-2			2	1
				1				2	6	-12	4	2	6	-4	4
					1			4	4	0	8	4	4	16	8
						1			-1	8	-4		-1	0	-4
						-2	1			-18	6			-6	6

Diese zuletzt entstandene Matrix wird nun noch mit einer Diagonalmatrix transformiert, so daß die Subdiagonalelemente gleich 1 werden:

				2	6	-4	4	1			
				4	4	16	8		4		
					-1	0	-4			-4	
						-6	6				24
1				2	6	-4	4	2	24	16	96
	1/4			1	1	4	2	1	4	-16	48
		-1/4			1/4	0	1		1	0	24
			1/24			-1/4	1/4			1	6

Diese zuletzt berechnete Matrix ist gleich

$$D^{-1}L_3^{-1}L_2^{-1}AL_2L_3D \quad = \quad (L_2L_3D)^{-1}A(L_2L_3D),$$

also zu A ähnlich. Die Transformationsmatrix ist demnach übrigens

$$T := L_2L_3D = \begin{pmatrix} 1 & 0 & 0 & 0 \\ 0 & 4 & 0 & 0 \\ 0 & -8 & -4 & 24 \\ 0 & 16 & -8 & 24 \end{pmatrix}$$

2. Berechnung des charakteristischen Polynoms

Wir schreiben wieder die Matrix -P und daneben die Matrix, aus der die Koeffizienten des charakteristischen Polynoms abgelesen werden können (die Berechnung erfolgt nach dem Schema aus Beispiel 11):

Spalte Nr.:	1	2	3	4
	-2	-24	-16	-96
	-1	-4	16	-48
		-1	0	-24
			-1	-6

	0	1	2	3	4
0	*1*	*0*	*0*	*0*	*0*
1	-2	*1*	*0*	*0*	*0*
2	-16	-6	*1*	*0*	*0*
3	-48	0	-6	*1*	*0*
4	672	48	12	-12	*1*

Der letzten Zeile der rechts stehenden Matrix entnimmt man die Koeffizienten des charakteristischen Polynoms von P, das dasselbe wie das von A ist:

$$p(\lambda) = 672 + 48\lambda + 12\lambda^2 - 12\lambda^3 + \lambda^4.$$

Beispiel 17

Mit dem Verfahren von Wilkinson transformiere man folgende Matrix A auf Hessenberg-Form und berechne das charakteristische Polynom

$$\begin{pmatrix} 2 & -9 & -5 & -4 \\ 2 & -2 & -2 & -2 \\ -6 & 14 & 8 & 4 \\ 2 & -10 & -3 & 4 \end{pmatrix}$$

Lösung:

Die erste Ähnlichkeitstransformation nach dem Wilkinsonverfahren berechnet sich so und liefert eine Matrix, die auf der Subdiagonale eine 0 stehen hat (2. Spalte):

				2	-9	-5	-4	1			
				2	-2	-2	-2		1		
				-6	14	8	4		-3	1	
				2	-10	-3	4		1		1
1				2	-9	-5	-4	2	2	-5	-4
	1			2	-2	-2	-2	2	2	-2	-2
	3	1			8	2	-2		*0*	2	-2
	-1		1		-8	-1	6		1	-1	6

Man kann also nicht "normal" weiterrechnen und die 1 unter der 0 in der 2. Spalte eliminieren. Wir vertauschen daher die 3. mit der 4. *Zeile* (was einer Multiplikation mit der Transpositionsmatrix P_{34} von *links* entspricht), da die 4. Zeile in der 2. Spalte keine 0 hat ("Pivot-Element"). Dann multiplizieren wir die entstehende Matrix von *rechts* mit der Inversen von P_{34}, die ebenfalls P_{34} ist (siehe Eigenschaften der Transpositionsmatrizen), was eine anschließende Vertauschung der 3. mit der 4. *Spalte* bewirkt. Insgesamt macht man daher eine Ähnlichkeitstransformation, die folgende Matrix B erzeugt

$$B = \begin{pmatrix} 2 & 2 & -4 & -5 \\ 2 & 2 & -2 & -2 \\ 0 & 1 & 6 & -1 \\ 0 & 0 & -2 & 2 \end{pmatrix},$$

die also gleich

$$P_{34}^{-1}L_2^{-1}AL_2P_{34} = (L_2P_{34})^{-1}A(L_2P_{34})$$

ist, also zu A ähnlich.

Die damit entstandene Matrix hat schon die gewünschte Form (unterhalb der Subdiagonale Nullen). Nun soll noch so transformiert werden, daß die Subdiagonalelemente gleich 1 oder 0 werden. Dazu ist sie mit einer Diagonalmatrix zu transformieren (Formeln vor Beispiel 7):

				2	2	-4	-5	1			
				2	2	-2	-2		2		
					1	6	-1			2	
						-2	2				-4
1				2	2	-4	-5	2	4	-8	20
	1/2			1	1	-1	-1	1	2	-2	4
		1/2		0	1/2	3	-1/2		1	6	2
			-1/4	0	0	1/2	-1/2			1	2

Die gesamte Transformationsmatrix T lautet

$$T = DL_2P_{34} = \begin{pmatrix} 1 & 0 & 0 & 0 \\ 0 & 2 & 0 & 0 \\ 0 & -6 & 0 & -4 \\ 0 & 2 & 2 & 0 \end{pmatrix}$$

Die Matrix zur Berechnung des charakteristischen Polynoms lautet (vergleiche zur Erläuterung Beispiel 11):

1	2	3	4		0	1	2	3	4
-2	-4	8	-20	0	*1*	*0*	*0*	*0*	*0*
-1	-2	2	-4	1	-2	*1*	*0*	*0*	*0*
	-1	-6	-2	2	0	-4	*1*	*0*	*0*
		-1	-2	3	4	26	-10	*1*	*0*
				4	-20	-44	44	-12	*1*

Das charakteristische Polynom von A lautet daher (Koeffizienten in der letzten Zeile des rechts stehenden Schemas)

$$-20 - 44\lambda + 44\lambda^2 - 12\lambda^3 + \lambda^4.$$

Die Nullstellen, also die vier Eigenwerte von A sind reell und lauten (gerundet) -0.333174, 2.825711, 3.590025 und 5.917438.

<u>Beispiel 18</u>

Mit Hilfe des Wilkinson-Verfahrens berechne man alle Eigenwerte folgender Matrix A.

$$\begin{pmatrix} 2 & -9 & -5 & -4 \\ 2 & -2 & -2 & -2 \\ -6 & 14 & 8 & 4 \\ 2 & -11 & -3 & 4 \end{pmatrix}$$

Lösung:

1. Berechnung der Hessenberg-Form

Wir schreiben die beteiligten Matrizen wieder in der zweckmäßigen Form der vorigen Beispiele:

				2	-9	-5	-4	1			
				2	-2	-2	-2		1		
				-6	14	8	4		-3	1	
				2	-11	-3	4		1		1
1				2	-9	-5	-4	2	2	-5	-4
	1			2	-2	-2	-2	2	2	-2	-2
	3	1			8	2	-2		*0*	2	-2
	-1		1		-9	-1	6		*0*	-1	6

Hier entsteht bereits nach der ersten Transformation eine Matrix, die unterhalb des Diagonalelementes der 2. Spalte *nur* Nullen hat (kursiv gedruckt). Daher kann dann sofort die nächste Spalte behandelt werden, denn die Hessenberg-Form hat nach Definition *unter* der Subdiagonale nur Nullen. Wie wir wissen (Beispiel 9) hat das den Vorteil, daß das charakteristische Polynom dann in Faktoren zerfällt und daher seine Nullstellen, also die Eigenwerte leichter berechnet werden können.

Transformiert man so, daß 0 und 1 auf der Subdiagonale stehen, so ergibt sich (siehe Beispiel 8)

$$B = \begin{pmatrix} 2 & 4 & -5 & 4 \\ 1 & 2 & -1 & 1 \\ & & 2 & 2 \\ & & 1 & 6 \end{pmatrix}.$$

Bei unserer Matrix mit 4 Reihen endet das Verfahren bereits.

2. Berechnung des charakteristischen Polynoms

Die zuletzt entstandene Hessenberg-Matrix $-P$ hat auf ihrer Subdiagonale eine 0. Daher zerfällt das charakteristische Polynom in zwei Faktoren, nämlich die der beiden "Blöcke":

$$\begin{pmatrix} 2 & 4 \\ 1 & 2 \end{pmatrix} \text{ und } \begin{pmatrix} 2 & 2 \\ 1 & 6 \end{pmatrix}.$$

Diese sind immer Hessenberg-Matrizen (bei 2-reihigen Matrizen nicht zu erkennen), die jede für sich mit dem Verfahren zur Berechnung des charakteristischen Polynoms behandelt werden können. In unserem Falle von 2-reihigen Matrizen geht es "direkt" schneller (wenn man aber ein Programm schreibt, wird man auch diese hiermit verarbeiten). Es ergeben sich die beiden Faktoren $(\lambda-2)\cdot(\lambda-2)-4$ und $(\lambda-2)\cdot(\lambda-6)-2$ (das charakteristische Polynom von $-P$ und damit auch von A ist also das Produkt dieser beiden). Die vier Nullstellen sind

$\lambda_1 = 0$, $\lambda_2 = 4$ (erstes Polynom) und

$\lambda_3 = 4+\sqrt{6} = 6.449490$, $\lambda_4 = 4-\sqrt{6} = 1.550510$ (zweites Polynom).

4. Das Verfahren von Householder (Householder-Transformation)

Es wird, ähnlich dem Wilkinson-Verfahren, die n×n-Matrix A durch (n-2) Ähnlichkeitstransformationen in ebenfalls eine Hessenberg-Matrix transformiert. Diese Matrix kann dann mit einem der in dem Abschnitt über Hessenberg-Matrizen behandelten Verfahren weiter ausgewertet werden: charakteristisches Polynom, Eigenwerte und Eigenvektoren.

Ist A eine reelle symmetrische Matrix, so entsteht eine symmetrische Tridiagonalmatrix.

Das Verfahren berechnet aus $A=A^{(0)}$ zunächst eine zu ihr ähnliche Matrix $A^{(1)}$, die in der *ersten Spalte unter der Subdiagonale* nur 0 hat (im Falle einer symmetrischen Matrix A sind auch alle Zahlen in der *ersten Zeile rechts der Superdiagonale* 0):

$$A^{(1)} = H_1 \cdot A^{(0)} \cdot H_1 ,$$

wobei die Transformationsmatrix H_1 symmetrisch und orthogonal ist, also insbesondere H_1^{-1}, so daß es sich in der Tat um eine Ähnlichkeitstransformation handelt.

H_1 ist eine *Householder-Matrix.*

Dann wird die entstandene Matrix $A^{(1)}$ erneut durch eine symmetrische Orthogonalmatrix H_2 transformiert, so daß eine Matrix $A^{(2)}$ entsteht, deren *erste* Zeile und Spalte *ungeändert* bleiben und deren *zweite Spalte unterhalb der Subdiagonale* nur 0 hat (und bei symmetrischer Ausgangsmatrix A auch die *zweite Zeile rechts der Superdiagonale*). So fährt man fort, bis auch die (n-2)-te Spalte unter der Subdiagonale nur Nullen hat (ist nur noch eine) und bei symmmetrischer Matrix A auch rechts der Superdiagonale der (n-2)-ten Zeile. Die zuletzt entstehende Matrix $B = A^{(n-2)}$ ist zu A ähnlich und es ist

$$(*) \qquad B = [H_{n-2} \cdot H_{n-3} \cdot \; ... \; \cdot H_1] \cdot A \cdot [H_1 \cdot \; ... \; \cdot H_{n-3} \cdot H_{n-2}] = T^{-1} \cdot A \cdot T ;$$

(*) ist die *Householder-Transformation* von A.

Man beachte: Das Produkt T der Matrizen H_i (linke und rechte [ ] in (*)) ist eine orthogonale Matrix (je zwei verschiedene Spalten von T sind orthogonal und jede Spalte hat den Betrag 1) aber nicht notwendig symmetrisch.

Die Matrizen $A^{(i)}$ sehen also so aus (für n=5):

$$A^{(1)} = \begin{pmatrix} * & * & + & + & + \\ * & * & * & * & * \\ & * & * & * & * \\ & * & * & * & * \\ & * & * & * & * \end{pmatrix}, \quad A^{(2)} = \begin{pmatrix} * & * & + & + & + \\ * & * & * & + & + \\ & * & * & * & * \\ & & * & * & * \\ & & * & * & * \end{pmatrix}, \quad B = A^{(3)} = \begin{pmatrix} * & * & + & + & + \\ * & * & * & + & + \\ & * & * & * & + \\ & & * & * & * \\ & & & * & * \end{pmatrix}$$

hierbei bedeuten * irgendwelche Zahlen, Leerplätze Nullen und an den Stellen, die durch + markiert sind, stehen bei symmetrischer Ausgangs-Matrix ebenfalls Nullen.

Man beachte, daß immmer weitere Nullen Spalte für Spalte (und bei symmetrischem A auch Zeile für Zeile) entstehen; $A^{(2)}$ hat dieselbe erste Zeile und Spalte wie $A^{(1)}$, bei $A^{(3)}$ ändern sich die ersten und zweiten Zeilen und Spalten von $A^{(2)}$ nicht.

Die zuletzt entstandene Matrix $A^{(3)}$ (3=n-2) ist eine Hessenberg-Matrix.

Die Berechnung jeder der Matrizen $A^{(\cdot)}$ aus der vorigen geschieht in jeweils drei Schritten:

a) Vektor $\vec{h}$, b) *Householder-Matrix* H, c) Ähnlichkeitstransformation.

Wir beschreiben die Berechnung von $A^{(k)}$ und H_k aus $A^{(k-1)}$ (k=1,2,...,n-2).

a) Berechnung des Vektors $\vec{h}$

In folgenden Formeln bezeichnen die a.. die Elemente der *vorigen* Matrix $A^{(k-1)}$.

Es kommen nur Zahlen in deren k-ter Spalte vor. Sei

$$s = \sqrt{a^2_{k+1,k}+a^2_{k+2,k}+\cdots+a^2_{n,k}} \ .$$

s ist der Betrag des Teiles der k-ten Spalte, der unter dem Diagonalelement liegt.

Ist s=0, erhöhe k um eins, ändere das letzte A also nicht: Es stehen bereits lauter Nullen unter dem Diagonalelement; H ist dann E.

Man berechne den Spaltenvektor

$\vec{h} = (h_1, h_2, \ldots, h_n)^T$ wobei

$h_1 = h_2 = \ldots = h_k = 0$ (die ersten k Komponenten 0)

$h_{k+1} = a_{k+1,k} + v \cdot s$, ($v=1$ wenn $a_{k+1,k} \geq 0$, sonst -1) (die (k+1)-te Komponente)

$h_j = a_{jk}$ für j=k+2,...,n (die restlichen Komponenten)

und den Faktor

$$w = \frac{1}{s^2 + s \cdot |a_{k+1,k}|} \qquad (= 2/|\vec{h}|^2)$$

b) Berechnung der *Householder-Matrix* H_k (der Transformationsmatrix dieses Schrittes)

$H_k = E - w \cdot \vec{h} \cdot \vec{h}^T$

Bemerkung: Hier wird der <u>Spalten</u>vektor $\vec{h}$ mit dem <u>Zeilen</u>vektor $\vec{h}^T$ multipliziert (das sogenannte *dyadische Produkt* dieser Vektoren) und ergibt eine n×n-Matrix, deren w-faches von E subtrahiert wird. Eine Matrix H dieser Bauart heißt *Householder-Matrix*; sie ist übrigens symmetrisch und zu sich selbst invers.

c) Berechnung der transformierten Matrix *(Householder-Transformation)*

$A^{(k)} = H_k \cdot A^{(k-1)} \cdot H_k$

Da H_k zu sich selbst invers ist (H^{-1}=H), ist die neu entstandene Matrix zur vorigen ähnlich, damit schließlich auch zur Ausgangsmatrix A.

Die zuletzt (k=n-2) entstandene Matrix $B=A^{(n-2)}$ ist zu A ähnlich und es gilt (*): *Householder-Transformation* von A.

Die Householder-Matrizen werden "fast" genauso wie bei der QR-Zerlegung berechnet, nur sozusagen um 1 versetzt: Man erzeugt Nullen unter dem *Sub*diagonalelement (dort bereits unter dem Diagonalelement). Hier ist dann (im Gegensatz zur QR-Zerlegung) auch noch von *rechts* mit H zu multiplizieren, um ähnliche Matrizen zu erhalten (dort *nur* von links).

Würde man mit der Matrix H aus der QR-Zerlegung auch von rechts multiplizieren, so bekäme man keine Hessenberg-Matrix (und erst recht keine obere Dreiecksmatrix).

Beispiel 19

Mit dem Householder-Verfahren transformiere man die Matrix A auf Hessenbergform.

$$A = \begin{pmatrix} 4 & 1 & 2 & 1 \\ \mathit{1} & 7 & 1 & 0 \\ \mathit{2} & 1 & 4 & -1 \\ \mathit{1} & 0 & -1 & 3 \end{pmatrix}$$

Lösung:

Da A symmetrisch ist, wird nach n-2=2 Transformationen eine Tridiagonalmatrix B entstehen. Siehe auch Beispiel 27: Potenzverfahren (von Mises) für diese Matrix.

1. Transformation (k=1: Berechnung von $A^{(1)}$ aus $A = A^{(0)}$)

a) Alle auftretenden Matrixelemente a.. stehen unterhalb der Diagonale der 1. Spalte von A, sie sind dort *kursiv* gedruckt.

Man bekommt der Reihe nach

$s = \sqrt{1+4+1} = 2.449490$ (die Quadrate der Zahlen *1,2,1* der ersten Spalte von A).

Daher ist

$\vec{h} = (0.000000, 3.449490, \mathit{2.000000}, \mathit{1.000000})^T$.

Berechnung:

$h_1 = 0$ (im ersten Schritt),

$h_2 = \mathit{1}+1\cdot\sqrt{6} = 3.449490$ ($v=1$, da $a_{21} = \mathit{1} \geq 0$)

$h_3 = a_{31} = \mathit{2},\ h_4 = a_{41} = \mathit{1}.$

$$w = \frac{1}{6 + \sqrt{6}\cdot\mathit{1}} = 0.118350$$

b) Householder-Transformationsmatrix H_1 in diesem Schritt ist (stets symmetrisch)

$$H_1 = \begin{pmatrix} 1.000000 & & & \\ & -0.408248 & -0.816497 & -0.408248 \\ & -0.816497 & 0.526599 & -0.236701 \\ & -0.408248 & -0.236701 & 0.881650 \end{pmatrix}.$$

Berechnung:

Die Matrix entsteht aus dem dyadischen Produkt $\vec{h}\cdot\vec{h}^T$, das wir in der für Handrechnung zweckmäßigen Form schreiben (Zeilen mal Spalten):

$$(0.000000 \quad 3.449490 \quad 2.000000 \quad 1.000000) = \vec{h}^T$$

$$\vec{h} = \begin{pmatrix} 0.000000 \\ 3.449490 \\ 2.000000 \\ 1.000000 \end{pmatrix} \begin{pmatrix} 0.000000 & 0.000000 & 0.000000 & 0.000000 \\ 0.000000 & 11.898979 & 6.898979 & 3.449490 \\ 0.000000 & 6.898979 & 4.000000 & 2.000000 \\ 0.000000 & 3.449490 & 2.000000 & 1.000000 \end{pmatrix} = \vec{h}\cdot\vec{h}^T$$

Diese wird nach Multiplikation mit w von E subtrahiert, das ergibt H_1.

c) Die transformierte Matrix ist nach diesem Schritt

$$A^{(1)} = H_1 \cdot A^{(0)} \cdot H_1 = \begin{pmatrix} 4.000000 & -2.449490 & 0.000000 & 0.000000 \\ -2.449490 & 4.333333 & 1.376769 & 1.913129 \\ & \mathit{1.376769} & 5.333333 & 0.666667 \\ & \mathit{1.913129} & 0.666667 & 4.333333 \end{pmatrix}.$$

Weil A symmetrisch ist, ist es auch diese Matrix.

Bei Handrechnung notiere man die Matrizen zweckmäßig in folgendem Schema

	A	H_1
H_1	$H_1 A$	$H_1 A H_1$

2. Transformation (k=2: Berechnung von $A^{(2)}$ aus $A^{(1)}$)

a) Alle auftretenden Matrixelemente a.. stehen unterhalb der Diagonale der 2. Spalte von $A^{(1)}$, sie sind dort *kursiv* gedruckt.

Es ist $s = \sqrt{1.376769^2+1.913129^2} = \sqrt{5.555555} = 2.357023$, die beiden quadrierten Zahlen stehen in der zweiten Spalte der *vorigen* Matrix $A^{(1)}$.

Dann ergibt sich der Spaltenvektor

$\vec{h} = (\, 0.000000, 0.000000, 3.733791, \mathit{1.913129}\,)^T$.

Berechnung:

Hier sind die ersten *zwei* Komponenten 0 und dann

$h_3 = \mathit{1.376769} + 1 \cdot 2.357023 = 3.733791$ (v=1, da $a_{32}=\mathit{1.376769} \geq 0$),

die Zahl *1.376769* ist die Zahl a_{32} der *vorigen* Matrix $A^{(1)}$,

$h_4 = a_{42} = \mathit{1.913129}$ (der *vorigen* Matrix A);

$w = 1/(5.555555 + 2.357023 \cdot \mathit{1.376769}) = 0.113628$

b) Als Householder-Transformationsmatrix H_2 in diesem Schritt ergibt sich

$$H_2 = \begin{pmatrix} 1.000000 & & & \\ & 1.000000 & & \\ & & -0.584113 & -0.811672 \\ & & -0.811672 & 0.584113 \end{pmatrix}$$

(Leerplätze 0). Ihre Berechnung aus $E - w \cdot \vec{h} \cdot \vec{h}^T$ geschieht wie im ersten Schritt.

Diese Matrix ist symmetrisch und zu sich selbst invers (ist immer so).

c) Die Transformation von $A^{(1)}$ mit dieser Householder-Matrix ergibt

$$B = A^{(2)} = H_2 \cdot A^{(1)} \cdot H_2 = \begin{pmatrix} 4.000000 & -2.449490 & & \\ -2.449490 & 4.333333 & -2.357023 & \\ & -2.357023 & 5.306667 & 0.685857 \\ & & 0.685857 & 4.360000 \end{pmatrix}$$

Man beachte, daß sich die erste Zeile und Spalte nicht geändert haben und daß wegen der Symmetrie von A eine symmetrische Tridiagonalmatrix entstanden ist.

Es ist insgesamt $B=T^{-1}AT$, wobei $T=H_1H_2$ ist. Dieses Produkt ist

$$T = H_1 \cdot H_2 = \begin{pmatrix} 1.000000 & 0.000000 & 0.000000 & 0.000000 \\ 0.000000 & -0.408248 & 0.808290 & 0.424264 \\ 0.000000 & -0.816497 & -0.115470 & -0.565685 \\ 0.000000 & -0.408248 & -0.577350 & 0.707107 \end{pmatrix}.$$

(T ist nicht symmetrisch; das Produkt symmetrischer Matrizen ist nicht notwendig symmetrisch). Es gilt also

$$B = T^{-1}AT.$$

Diese Hessenberg-Matrix B kann mit einem der hierfür geeigneten Verfahren weiterbehandelt werden. Als Beispiel 24 wird diese Matrix mit dem QR-Verfahren behandelt. Man beachte, daß die rekursive Berechnung des charakteristischen Polynoms sich bei einer Tridiagonalmatrix weiter vereinfacht (siehe Seite 73).

Ist dann $\vec{y}$ Eigenvektor von B zum Eigenwert λ, so ist $T\vec{y}$ Eigenvektor von A zu diesem Eigenwert.

Beispiel 20

Man transformiere A mit der Householder-Transformation auf Hessenberg-Form:

$$A = \begin{pmatrix} -1 & 1 & -2 & 3 \\ -1 & 4 & -1 & 6 \\ 1 & -4 & -1 & -4 \\ 2 & 0 & 5 & -4 \end{pmatrix}$$

Lösung:

Diese Matrix wurde als Beispiel 15 mit dem Wilkinson-Verfahren auf Hessenberg-Form transformiert; hier wird ein anderes Ergebnis entstehen.

Wir schreiben die Zwischenergebnisse ohne weitere Kommentare auf.

1. Transformation

a) Berechnung von $\vec{h}$ und w

$s = 2.449490$

$\vec{h} = (0.0000000,-3.449490,1.000000,2.000000)^T$

$w = 0.118350$

b) Householder-Matrix H in diesem Schritt:

$$H_1 = \begin{pmatrix} 1.000000 & & & \\ & -0.408248 & 0.408248 & 0.816497 \\ & 0.408248 & 0.881650 & -0.236701 \\ & 0.816497 & -0.236701 & 0.526599 \end{pmatrix}$$

c) Zu A ähnliche Matrix $A^{(1)} = H_1AH_1$ nach diesem Schritt:

$$A^{(1)} = \begin{pmatrix} -1.000000 & 1.224745 & -2.065153 & 2.869694 \\ 2.449490 & -3.000000 & 4.005374 & -7.502687 \\ & -0.343095 & -2.922891 & -1.029286 \\ & 2.171548 & 2.644949 & 4.922891 \end{pmatrix}$$

2. Transformation

a) $s = 2.198484$

$\vec{h} = (0.0000000,0.0000000,-2.541579.2.171548)^T$

$w = 0.178967$

b) Householder-Matrix H in diesem Schritt:

$$H_2 = \begin{pmatrix} 1.000000 & & & \\ & 1.000000 & & \\ & & -0.156060 & 0.987748 \\ & & 0.987748 & 0.156060 \end{pmatrix}$$

c) Zu A ähnliche Matrix B = $A^{(2)}$ nach diesem letzten Schritt:

$$A^{(2)} = \begin{pmatrix} -1.000000 & 1.224745 & 3.156821 & -1.592006 \\ 2.449490 & -3.000000 & -8.035839 & 2.785430 \\ & 2.198484 & 4.482759 & 3.815010 \\ & & 0.140775 & -2.482759 \end{pmatrix}$$

Die Transformationsmatrix T = $H_1 \cdot H_2$ lautet:

$$T = \begin{pmatrix} 1.000000 & & & \\ & -0.408248 & 0.742781 & 0.530669 \\ & 0.408248 & -0.371391 & 0.833908 \\ & 0.816497 & 0.557086 & -0.151620 \end{pmatrix}$$

Man sieht, daß die entstandene Matrix B = $A^{(2)}$ eine nicht symmetrische Hessenberg-Matrix ist.

5. Matrix-Deflation durch Ähnlichkeitstransformation

A habe n linear unabhängige Eigenvektoren.

Das Verfahren erzeugt bei Kenntnis *eines* Eigenpaares $(\lambda, \vec{x})$ (also Eigenwert λ und zugehörigem Eigenvektor $\vec{x}$) der $n \times n$-Matrix A durch Ähnlichkeits-Transformation eine $(n-1)\times(n-1)$-Matrix C, deren Eigenwerte dieselben -bis auf diesen λ einmal- sind.

Aus C kann man mit einem unserer Verfahren weitere Eigenwerte und -vektoren von A berechnen um dann erneut Deflation zu machen, die Dimension wieder um 1 zu verkleinern usw.

Das Verfahren:

Es sei λ ein Eigenwert von A und $\vec{x}=(x_1,\dots,x_n)^T$ zugehöriger Eigenvektor von A.

1. Berechnung einer Matrix $\bar{A}$ und eines Vektors $\bar{\vec{x}}$:
   a) Wenn $x_1 \neq 0$, so sind $\bar{A} = A$ und $\bar{\vec{x}} = \vec{x}$.
   b) Wenn $x_1 = 0$:
   Es gibt (mindestens) eine Komponente x_k des Eigenvektors $\vec{x}$, die nicht Null ist (sonst wäre $\vec{x}=\vec{o}$, also nach Definition nicht Eigenvektor). Dann mache man mit A die Ähnlichkeitstransformation
   $$\bar{A} = P_{1k}^{-1} A P_{1k} = P_{1k} A P_{1k},$$ wobei P_{1k} Transpositionsmatrix ist, siehe dort.
   In Worten: Man vertauscht in A die 1. mit der k. Zeile und dann die 1. mit der k. Spalte, das ist $\bar{A}$ (Beispiel 22).
   Ferner berechne man $\bar{\vec{x}} := P_{1k}\cdot\vec{x}$ (entsteht aus $\vec{x}$ durch Vertauschen der 1. mit der k. Komponente) das ist ein Eigenvektor zu λ der Matrix $\bar{A}$.
2. Berechnung einer Frobenius-Matrix
   Man berechne die Zahlen
   $$l_{21} = \frac{\bar{x}_2}{\bar{x}_1},\quad l_{31} = \frac{\bar{x}_3}{\bar{x}_1},\quad \dots,\quad l_{n1} = \frac{\bar{x}_n}{\bar{x}_1}.$$
   Mit diesen Zahlen bilde man die Frobenius-Matrix (leere Plätze stehen für 0)
   $$L_1^{-1} := \begin{pmatrix} 1 & & & & \\ -l_{21} & 1 & & & \\ -l_{31} & & 1 & & \\ & & \cdot\;\cdot & \cdot\;\cdot & \\ -l_{n1} & & & & 1 \end{pmatrix},\ \text{dann ist } L_1 = \begin{pmatrix} 1 & & & & \\ l_{21} & 1 & & & \\ l_{31} & & 1 & & \\ & & \cdot\;\cdot & \cdot\;\cdot & \\ l_{n1} & & & & 1 \end{pmatrix}$$
3. Ähnlichkeits-Transformation
   Man berechne folgende $n \times n$-Matrix B
   $$B := L_1^{-1} \bar{A} L_1 = \begin{pmatrix} \lambda & b_1 & b_2 & \cdots & b_{n-1} \\ 0 & & & & \\ 0 & c_{11} & c_{12} & \cdots & c_{1,n-1} \\ 0 & c_{21} & c_{22} & \cdots & c_{2,n-1} \\ & \cdot & \cdot & \cdot\;\cdot & \cdot \\ 0 & c_{n-1,1} & c_{n-1,2} & \cdots & c_{n-1,n-1} \end{pmatrix}$$
   (die erste Spalte hat also oben λ, darunter nur 0; kommt automatisch so heraus).
   B hat als zu A ähnliche Matrix dieselben Eigenwerte wie A, daher hat die $(n-1)\times(n-1)$-Matrix

$C=(c_{ik})$ die Eigenwerte von A *ohne* λ (ist dieser mehrfach, so ist seine *Vielfachheit* in C um 1 kleiner).

4. Rücktransformation

   Man berechne mit einem der üblichen Verfahren einen Eigenwert μ von C (der auch Eigenwert von A ist); sei ferner

   $\vec{v} = (v_1, v_2, ..., v_{n-1})^T$ zugehöriger Eigenvektor *von C*.

   Dann ist

   $\vec{y} = (\alpha, v_1, v_2, ..., v_{n-1})^T$ zugehöriger Eigenvektor *von B*, wobei

   $$\alpha = \begin{cases} \dfrac{\vec{b}\cdot\vec{v}}{\mu-\lambda} & \text{wenn } \lambda\neq\mu \quad (\vec{b} \text{ ist der Vektor in der 1. Zeile von B}) \\ 0 & \text{wenn } \lambda=\mu \end{cases}$$

   Dann ist

   a) wenn $x_1\neq 0$ in 1a): $\vec{x} = L_1\vec{y}$ Eigenvektor *von A*

   b) wenn $x_1=0$ in 1b): $\vec{z}=L_1\vec{y}$ Eigenvektor *von* $\bar{A}$ und $P_{1k}\vec{z}$ Eigenvektor *von A* (dieser letzte Schritt ist eine Vertauschung der 1. mit der k. Komponente von $\vec{z}$).

Beispiel 21

Die folgende Matrix A hat den Eigenwert $\lambda=-2$ und als zugehörigen Eigenvektor $\vec{x} = (2,3,-2,-3)^T$ (ermittelt z.B. mit dem Verfahren von Wilkinson). Mit der Methode der Matrix-Deflation berechne man einen weiteren Eigenwert und zugehörigen Eigenvektor.

$$A = \begin{pmatrix} -1 & 1 & -2 & 3 \\ -1 & 4 & -1 & 6 \\ 1 & -4 & -1 & -4 \\ 2 & 0 & 5 & -4 \end{pmatrix}$$

Lösung:

1. Es ist $x_1=2$ (erste Komponente von $\vec{x}$), also nicht 0, daher $\bar{A} = A$ (dieser Punkt entfällt sozusagen).
2. Berechnung der Frobenius-Matrix

   Es ergibt sich

   $$L_1^{-1} = \begin{pmatrix} 1 & & & \\ -3/2 & 1 & & \\ 1 & & 1 & \\ 3/2 & & & 1 \end{pmatrix}, \quad \text{daher } L_1 = \begin{pmatrix} 1 & & & \\ 3/2 & 1 & & \\ -1 & & 1 & \\ -3/2 & & & 1 \end{pmatrix}$$

   (letzte Gleichung siehe Frobenius-Matrizen: nur Vorzeichen ändern sich).
2. Ähnlichkeits-Transformation

   Es ergibt sich

   $$B = L_1^{-1}AL_1$$

   aus folgender Rechnung (die wir ähnlich auch beim Wilkinson-Verfahren in gleicher Anordnung durchführten):

					-1	1	-2	3	1				
				$A =$	-1	4	-1	6	3/2	1			$= L_1$
					1	-4	-1	-4	-1		1		
					2	0	5	-4	-3/2			1	
	1				-1	1	-2	3	-2	1	-2	3	
$L_1^{-1} =$	-3/2	1			1/2	5/2	2	3/2		5/2	2	3/2	$= B$
	1		1		0	-3	-3	-1		-3	-3	-1	
	3/2			1	1/2	3/2	2	1/2		3/2	2	1/2	

Die Nullen in der ersten Spalte von B kommen "automatisch" heraus, ebenso $\lambda(=-2)$ oben links. Daher ist

$$C = \begin{pmatrix} 5/2 & 2 & 3/2 \\ -3 & -3 & -1 \\ 3/2 & 2 & 1/2 \end{pmatrix}.$$

4. Rücktransformation

Ein Eigenwert von C ist $\mu=1$, zugehöriger Eigenvektor *von C* ist $\vec{v}=(4,-3,0)^T$ (berechnet z.B. mit dem Wilkinson-Verfahren; ob das bei einer 3×3-Matrix günstig ist, ist eine andere Frage; hier geht es nur um das Prinzipielle).

Es ist $\lambda\neq\mu$, daher ist wegen $\vec{b}=(1,-2,3)$ (in erster Zeile von B)

$$\alpha = \frac{(1,-2,3)\cdot(4,-3,0)^T}{1-(-2)} = \frac{10}{3}$$

und $\vec{y} = (10/3,4,-3,0)^T$ Eigenvektor zu $\mu=1$ *von B*. Dann ist

$$\vec{x} = L_1\vec{y} = (10/3,9,-19/3,-5)^T \quad \text{Eigenvektor von A zu } \mu=1$$

(man beachte, was geschieht, wenn man $\vec{y}$ *von links* mit einer Frobenius-Matrix multipliziert, siehe unter Frobenius-Matrizen).

Man kann auch mit 3 multiplizieren: $(10,27,-19,-15)^T$ ist ebenfalls ein Eigenvektor von A zum Eigenwert 1 (siehe auch Beispiel 15).

Beispiel 22

Mit dem Verfahren der Matrix-Deflation sollen ein weiterer Eigenwert und -vektor der Matrix A berechnet werden, ausgehend von $\vec{x}=(0,2,1,1)^T$.

$$A = \begin{pmatrix} 3 & 0 & -1 & 1 \\ 0 & 7 & 1 & 1 \\ -1 & 1 & 4 & 2 \\ 1 & 1 & 2 & 4 \end{pmatrix}$$

Lösung:

1. Berechnung der Matrix A

Hier ist $x_1=0$. Daher machen wir eine Ähnlichkeitstransformation mit dem Ziel, eine von 0 verschiedene Zahl an die erste Stelle von $\vec{x}$ zu bringen, etwa die 1. mit der 3. Komponente zu vertauschen. Das geschieht, indem mit der Transpositionsmatrix P_{13} transformiert wird. Dann erhält man (in A Zeilen 1 und 3 vertauschen und dann Spalten 1 und 3, entspricht einer Linksmultiplikation mit P_{13} und anschließender Rechtsmultiplikation mit der Inversen, die auch

P_{13} ist, siehe Transpositionsmatrizen) die zu A also ähnliche Matrix

$$\tilde{A} = P_{13}^{-1} A P_{13} = \begin{pmatrix} 4 & 1 & -1 & 2 \\ 1 & 7 & 0 & 1 \\ -1 & 0 & 3 & 1 \\ 2 & 1 & 1 & 4 \end{pmatrix},$$

die $\tilde{\vec{x}} = P_{13} \cdot (0,2,1,1)^T = (1,2,0,1)^T$ als Eigenvektor hat.

2. Berechnung der Frobenius-Matrix aus A

Es ergeben sich die Zahlen

$$l_{21} = 2/1 = 2, \; l_{31} = 0/1 = 0, \; l_{41} = 1/1 = 1$$

mit denen die Frobenius-Matrix (leere Plätze = 0)

$$L_1^{-1} = \begin{pmatrix} 1 & & & \\ 2 & 1 & & \\ 0 & & 1 & \\ 1 & & & 1 \end{pmatrix}$$ gebildet wird.

3. Ähnlichkeitstransformation

Man erhält hier (in der bewährten Anordnung geschrieben, leere Plätze = 0):

$$\begin{array}{rc|cccc|cccc|l}
 & & & & & & & & & & \\
 & \tilde{A} = & 4 & 1 & -1 & 2 & 1 & & & & \\
 & & 1 & 7 & 0 & 1 & 2 & 1 & & & = L_1 \\
 & & -1 & 0 & 3 & 1 & 0 & & 1 & & \\
 & & 2 & 1 & 1 & 4 & 1 & & & 1 & \\
\hline
 & \begin{array}{cccc} 1 & & & \\ -2 & 1 & & \\ 0 & & 1 & \\ -1 & & & 1 \end{array} & 4 & 1 & -1 & 2 & 8 & 1 & -1 & 2 & \\
L_1^{-1} = & & -7 & 5 & 2 & -3 & & 5 & 2 & -3 & = B \\
 & & -1 & 0 & 3 & 1 & & 0 & 3 & 1 & \\
 & & -2 & 0 & 2 & 2 & & 0 & 2 & 2 &
\end{array}$$

wobei $\lambda = 8$ und die Nullen darunter in der ersten Spalte entstehen *müssen* (8 ist daher der Eigenwert zum gegebenen Eigenvektor $(0,2,1,1)^T$).

4. Diese Matrix

$$C = \begin{pmatrix} 5 & 2 & -3 \\ 0 & 3 & 1 \\ 0 & 2 & 2 \end{pmatrix}$$

hat den Eigenwert $\mu = 5$, ein Eigenvektor dazu ist $\vec{v} = (1,0,0)^T$.

Daher ist $\lambda = 8 \neq \mu = 5$ und folglich

$$\alpha = \frac{(1,-1,2) \cdot (1,0,0)^T}{5-8} = -1/3.$$

Folglich ist $\vec{y} = (-1/3,1,0,0)^T$ Eigenvektor *von B* und weiter

$\vec{z} = L_1 \vec{y} = (-1/3,1/3,0,-1/3)^T$ Eigenvektor *von* $\tilde{A}$ und

$\vec{x} = P_{13} \vec{z} = (0,1/3,-1/3,-1/3)^T$ Eigenvektor *von A* zum Eigenwert 5.

Natürlich kann man auch $(0,1,-1,-1)^T$ als Eigenvektor angeben.

Bemerkung: Wählt man in 1. etwa P_{12} statt P_{13} (auch möglich, da auch die zweite Komponente des bekannten Eigenvektors nicht 0 ist), verläuft die Rechnung natürlich anders, aber mit demselben Resultat.

Günstig ist allgemein, die betragsgrößte Komponente von $\vec{x}$ an die Stelle der ersten Komponente zu bringen (partielle Pivot-Wahl).

6. Das Verfahren von Jacobi (Jacobi-Rotation)
zur iterativen Berechnung der Eigenwerte und -vektoren einer symmetrischen Matrix A.

Ausgehend von $A_0 = A$ wird eine Folge $A_1, A_2, \ldots$ von Matrizen konstruiert, die alle zu A ähnlich sind (also auch dieselben Eigenwerte haben) und (elementweise) gegen eine Diagonalmatrix konvergiert, deren Diagonalelemente die Eigenwerte von A sind (alle Matrizen dieser Folge sind übrigens symmetrisch).

Durch geeignete Shifts kann man die Konvergenz verbessern (beschleunigen); wird hier nicht gemacht. Man kann die folgenden Formeln mit demselben Ergebnis auch anders schreiben (Winkel φ).

Die Berechnung von A_{k+1} aus A_k geschieht mit folgenden Formeln:

Es bedeuten a.. jetzt die Elemente von A_k.

1. Suche das betragsgrößte Element außerhalb der Diagonale von A_k (Suche oberhalb der Diagonale reicht, da A_k symmetrisch ist). Das sei $a_{i_0 j_0}$ (wobei $i_0 < j_0$ sei).
   Es gibt Varianten, bei denen ein anderes *von 0 verschiedenes* Element gesucht wird.
2. $d = a_{i_0 i_0} - a_{j_0 j_0}$ Differenz der Diagonalelmente der i_0-ten und j_0-ten Zeile
3. $\alpha = \dfrac{d}{2 \cdot a_{i_0 j_0}}$
4. $\beta = \dfrac{v}{|\alpha| + \sqrt{1+\alpha^2}}$, wobei $v=1$ wenn $\alpha>0$ und $v=-1$ wenn $\alpha\le 0$ ist
5. $c = \dfrac{1}{\sqrt{1+\beta^2}}$, $s = c \cdot \beta$
6. Dann sei $\Omega = (r_{ik})$ diejenige Matrix, die aus E dadurch hervorgeht, daß
   $$r_{i_0 i_0} = r_{j_0 j_0} = c, \quad r_{i_0 j_0} = -r_{j_0 i_0} = s$$
   gesetzt wird (sonst wie E). Dann ist Ω eine *Rotationsmatrix* (orthogonal, insbesondere ist $\Omega^{-1} = \Omega^T$), daher ist
   $$A_{k+1} = \Omega^T \cdot A_k \cdot \Omega$$
   eine zu A_k (und daher zu A) ähnliche Matrix, für sie ist $a_{i_0 j_0} = 0$. Es ändern sich übrigens *nur* die i_0-te und j_0-te Zeile und Spalte von A_k.
   Bemerkung: c und s sind Cosinus und Sinus eines bestimmten Winkels φ, $\cot an 2\varphi = -\alpha$, so daß $\Omega^T \cdot \ldots$ Drehung der Spaltenvektoren von A bewirkt ($c^2+s^2=1$), dann $\ldots \cdot \Omega$ Drehung der Zeilenvektoren (daher der Name). Der Winkel wurde so konstruiert, daß für die neue Matrix $a_{i_0 j_0} = 0$ ist (siehe auch folgendes Beispiel). φ *nicht* berechnen!

   Die Folge der Transformationsmatrizen, also das Produkt der Ω, kann man laufend mitberechnen, indem man jede mit der neuen von rechts multipliziert. Diese Folge konvergiert gegen eine Matrix, deren Spalten die normierten Eigenvektoren von A sind, und zwar in der Reihenfolge, in der die Eigenwerte in der genannten Diagonalmatrix stehen.

Beispiel 23

Mit dem Jacobi-Verfahren sollen die Eigenwerte folgender Matrix iteriert werden.

$$A = \begin{pmatrix} 9 & 12 & 3 & 6 \\ 12 & 17 & 7 & 1 \\ 3 & 7 & 14 & -17 \\ 6 & 1 & -17 & 70 \end{pmatrix}$$

Lösung:

Dieselbe Matrix mit dem LR-Verfahren und Cholesky-Zerlegung siehe Beispiel 26.

Wir rechnen 15-stellig, schreiben bisweilen aber weniger Stellen hin.

1. Iteration

1. Das betragsgrößte Element oberhalb der Diagonale ist $a_{34} = -17$ (wenn es mehrere gibt, wähle man irgendeines, z.B. das erste bei zeilenweisem Suchen).

   Es sind also $i_0 = 3$, $j_0 = 4$ (in A_1 wird daher $a_{34}=0$).

2. $d = a_{33} - a_{44} = 14 - 70 = -56$

3. $\alpha = d/(2\cdot a_{34}) = -56/(2\cdot(-17)) = 1.64706$

4. $\beta = \dfrac{1}{1.64706 + \sqrt{1 + 1.64706^2}} = 0.27980$ denn v=1, da $\alpha>0$

5. $c = 1/\sqrt{1+0.27980^2} = 0.96301$, $s = 0.96301\cdot 0.27980 = 0.26946$ (Probe: $c^2+s^2=1$)

6. Daher lautet die Rotationsmatrix Ω (Punkte stehen für Nullen):

$$\Omega = \begin{pmatrix} 1 & \cdot & \cdot & \cdot \\ \cdot & 1 & \cdot & \cdot \\ \cdot & \cdot & 0.96301 & -0.26946 \\ \cdot & \cdot & 0.26946 & 0.96301 \end{pmatrix}.$$

Der Drehwinkel ist hier übrigens 0.2728 (cos 0.2728 = c, sin 0.2728 = s).

Auf der Diagonale in 3. und 4. Position steht c, auf den Plätzen r_{34} steht $-s$, auf r_{43} die Zahl s.

Dann ergibt sich das Produkt $\Omega^T\cdot A$ (nicht symmetrisch) zu

$$\Omega^T A = \begin{pmatrix} 9.000000000000 & 12.000000000000 & 3.000000000000 & 6.000000000000 \\ 12.000000000000 & 17.000000000000 & 7.000000000000 & 1.000000000000 \\ 4.505771294779 & 7.010545435629 & 8.901437220621 & 2.490663347103 \\ 4.969710760109 & -0.923175332744 & -20.143594897817 & 71.991642543363 \end{pmatrix}$$

Es ändern sich im Vergleich zu A nur die *Zeilen* 3 und 4. Die *Spalten*vektoren haben dieselbe Länge wie die entsprechenden von A (nur eine Drehung).

Dann ergibt sich die erste iterierte $A_1 = \Omega^T\cdot A\cdot\Omega$:

$$A_1 = \begin{pmatrix} 9.000000000000 & 12.000000000000 & 4.505771294779 & 4.969710760109 \\ 12.000000000000 & 17.000000000000 & 7.010545435629 & -0.923175332744 \\ 4.505771294779 & 7.010545435629 & 9.243321291682 & \\ 4.969710760109 & -0.923175332744 & & 74.756678708318 \end{pmatrix}$$

Es ändern sich im Vergleich zu $\Omega^T\cdot A$ nur die *Spalten* 3 und 4, die Längen der *Zeilen*vektoren der vorigen Matrix bleiben erhalten. Diese Matrix ist symmetrisch, die beiden Leerplätze stehen für Nullen, die entstehen *sollen* (s.o.). Insgesamt sind nur die 3. und 4. Zeile und Spalte im Vergleich zu A geändert (das sind bei einer 4-reihigen Matrix allerdings 12 der 16 Elemente).

2. Iteration

Die weiteren Ergebnisse geben wir nur an:

Betragsmaximum oberhalb der Diagonale ist a_{12} = 12: i_0 = 1, j_0 = 2 (also wird a_{12} Null werden),

$d = 9.00000 - 17.00000 = -8.00000$, $\alpha = -0.33333$, $v = -1$, $\beta = -0.72076$,

$c = 0.81124$, $s = -0.58471$ ($c^2+s^2=1$; der Winkel ist hier -0.6245) .

Daher lautet die Rotationsmatrix Ω (Punkte stehen für 0)

$$\Omega = \begin{pmatrix} 0.81124 & 0.58471 & \cdot & \cdot \\ -0.58471 & 0.81124 & \cdot & \cdot \\ \cdot & \cdot & 1 & \cdot \\ \cdot & \cdot & \cdot & 1 \end{pmatrix}$$

Multipliziert man die vorige Transformationsmatrix von rechts mit dieser, so bekommt man insgesamt die Transformationsmatrix

$$\Omega_2 = \begin{pmatrix} 0.811242185176 & 0.584710284664 & 0.000000000000 & 0.000000000000 \\ -0.584710284664 & 0.811242185176 & 0.000000000000 & 0.000000000000 \\ 0.000000000000 & 0.000000000000 & 0.963012854333 & -0.269455455297 \\ 0.000000000000 & 0.000000000000 & 0.269455455297 & 0.963012854333 \end{pmatrix}$$

Die Matrix $A_2 = \Omega^T \cdot A_1 \cdot \Omega$ ist

$$A_2 = \begin{pmatrix} 0.350889359326 & & -0.443866266237 & 4.571429128324 \\ & 25.649110640674 & 8.321821014872 & 2.156922219005 \\ -0.443866266237 & 8.321821014872 & 9.243321291682 & -0.000000000000 \\ 4.571429128324 & 2.156922219005 & 0.000000000000 & 74.756678708318 \end{pmatrix}$$

Es ist also insgesamt $A_2 = T^{-1} \cdot A \cdot T$ für die Matrix $T=\Omega_2$ ($T^{-1}=T^T$). Die beiden Leerplätze stehen wieder für Nullen, die entstehen *sollen;* die Nullen aus dem vorigen Schritt werden i.a. wieder "verschwinden" (hier zufällig nicht); aber die entstehende Matrixfolge *konvergiert* (elementweise) gegen eine Diagonalmatrix.

Nun rechnet man weiter (als Iterationsverfahren für Handrechnung kaum geeignet).

Man bekommt dann z.B.

$$A_{10} = \begin{pmatrix} 0.045715318204 & 0.000001255736 & 0.000548719666 & -0.000000000000 \\ 0.000001255736 & 29.049412220911 & -0.000000000000 & -0.000370562571 \\ 0.000548719666 & 0.000000000000 & 5.772972823593 & 0.000511091555 \\ 0.000000000000 & -0.000370562571 & 0.000511091555 & 75.131899637292 \end{pmatrix}$$

mit der zugehörigen Transformationsmatrix

$$\Omega_{10} = \begin{pmatrix} 0.799377267411 & 0.528166860757 & -0.276328048605 & 0.075356227997 \\ -0.594585627378 & 0.754529137013 & -0.277765348071 & 0.000352881347 \\ 0.075680691295 & 0.384274816414 & 0.881516877902 & -0.263691661621 \\ -0.041669521551 & 0.063705683161 & 0.263471468926 & 0.961658994638 \end{pmatrix}$$

und

$$A_{15} = \begin{pmatrix} 0.045715265632 & -0.000000000000 & 0.000000000000 & -0.000000000000 \\ -0.000000000000 & 29.049412217932 & 0.000000002851 & -0.000000000000 \\ 0.000000000000 & 0.000000002851 & 5.772972872399 & -0.000000000000 \\ 0.000000000000 & -0.000000000000 & -0.000000000000 & 75.131899644037 \end{pmatrix}$$

Hier ist im Rahmen unserer Genauigkeit "fast" eine Diagonalmatrix entstanden; die Diagonalelemente sind Näherungen für die Eigenwerte von A. Zugehörige Transformationsmatrix ist

$$\Omega_{15} = \begin{pmatrix} 0.799403715486 & 0.528167501296 & -0.276252015517 & 0.075349944689 \\ -0.594559045050 & 0.754529114067 & -0.277822315716 & 0.000344767133 \\ 0.075596217374 & 0.384272699306 & 0.881526067772 & -0.263688255951 \\ -0.041694766283 & 0.063713414347 & 0.263460389152 & 0.961660423770 \end{pmatrix}$$

Es gilt also insgesamt $A_{15} = T^{-1} \cdot A \cdot T$ mit $T = \Omega_{15}$ (wobei $T^{-1} = T^T$).

Der Spaltenvektor der ersten Spalte ist Näherung für einen Eigenvektor zum Eigenwert $\lambda \approx 0.045715$ (erste Spalte), der der 2. Spalte zu $\lambda \approx 29.049412$ u.s.w.; sie alle sind Einheitsvektoren.

Diese Vektoren sind, wie stets bei symmetrischen Matrizen, orthogonal.

7. Das QR-, LR- und LR-Verfahren mit Cholesky-Zerlegung

1. **QR-Verfahren** (vorzugsweise für symmetrische Matrizen; Beispiel 24)

   Es ist günstig, vorher eine Householder-Transformation durchzuführen, das ergibt A_0.

   a) Man macht eine QR-Zerlegung mit A_0, also $A_0=Q_0 \cdot R_0$.

   b) Man berechnet $A_1=R_0 \cdot Q_0$ (also das Produkt in umgekehrter Reihenfolge).

   Diesen Prozeß: *a) zerlegen, b) umgekehrt multiplizieren* führt man dann mit A_1 (statt A_0) durch usw., also

   $A_0=Q_0R_0,\ A_1=R_0Q_0;\ A_1=Q_1R_1,\ A_2=R_1Q_1;\ A_2=Q_2R_2, \dots\ ;\ A_i=Q_iR_i,\ A_{i+1}=R_iQ_i,\ \dots$

   zerlegen-multipl.-zerlegen-multipl.-zerlegen-...-zerlegen - multipl. - ...

2. **LR-Verfahren** (Beispiel 25)

   Wie das QR-Verfahren, nur macht man LR-Zerlegungen mit $A=A_0$ (statt der QR-Zerlegungen): Statt Q (Orthogonalmatrix) nimmt man L (untere Dreiecksmatrix); ersetze also alle Q durch L in obigen Formeln.

3. **LR-Verfahren mit Cholesky-Zerlegung für positiv definite Matrizen** (Beispiel 26)

   Wie LR-Verfahren, nur macht man Cholesky-Zerlegungen $A=U \cdot U^T$ (statt der LR-Zerlegungen; siehe dort): Statt L ist U, statt R ist U^T zu setzen (das geht natürlich nur bei positiv definiten Matrizen A).

Die Folge der Matrizen A_i konvergiert dann unter gewissen Voraussetzungen gegen eine obere Dreiecksmatrix (ist A_0 symmetrisch, beim QR-Verfahren sogar gegen eine Diagonalmatrix), deren Diagonalelemente die Eigenwerte von A sind. Man beachte, daß dann A_{i+1} zu A_i ähnlich ist und damit zu A; z.B.: $A_1 = Q^{-1}A_0Q$, so daß gilt

$A_{i+1}^{-1} = T^{-1}AT$, mit $T = Q_0 \cdot Q_1 \cdots Q_i$ (bzw. L oder U statt Q).

Mit Shifts kann man die Konvergenz erheblich beschleunigen, insbesondere beim QR-Verfahren (wird hier nicht gemacht; siehe *Turbo-Pascal-Quelltexte zur Ingenieur-Mathematik)*.

Beispiel 24

Die folgende symmetrische Matrix A soll mit dem QR-Verfahren behandelt werden.

$$A = \begin{pmatrix} 4 & 1 & 2 & 1 \\ 1 & 7 & 1 & 0 \\ 2 & 1 & 4 & -1 \\ 1 & 0 & -1 & 3 \end{pmatrix}$$

Lösung:

1. Vorbehandlung: Householder-Transformation ergibt die Tridiagonalmatrix (siehe Beispiel 19)

$$A_0 = \begin{pmatrix} 4.000000 & -2.449490 & & \\ -2.449490 & 4.333333 & -2.357023 & \\ & -2.357023 & 5.306667 & 0.685857 \\ & & 0.685857 & 4.360000 \end{pmatrix}$$

2. Iteration nach dem QR-Verfahren

   Durch andere Rundungen können geringfügig andere Werte auftreten.

In folgenden Matrizen bedeuten Leerplätze wieder Nullen, die entstehen *müssen.*

Das Verfahren ist für Handrechnung ungeeignet.

1. Iteration

a) Die QR-Zerlegung dieser Matrix $A=A_0$ wird berechnet.

Man bekommt dann nach den dort abgedruckten Formeln $A_0=Q_0R_0$:

$$Q_0 = \begin{pmatrix} -0.85280286542 & -0.37382957256 & -0.35057177049 & -0.10039002509 \\ 0.52223296787 & -0.61046113570 & -0.57248130396 & -0.16393622449 \\ & 0.69827548466 & -0.68816920062 & -0.19706470723 \\ & & -0.27529573493 & 0.96135958846 \end{pmatrix}$$

$$R_0 = \begin{pmatrix} -4.69041575982 & 4.35194139889 & -1.23091490979 & 0.00000000000 \\ & -3.37549098561 & 5.14438593429 & 0.47891721845 \\ & & -2.49134672630 & -1.67227515579 \\ & & & 4.05636957157 \end{pmatrix}$$

b) $A_1 = R_0Q_0$ berechnen:

$$A_1 = \begin{pmatrix} 6.27272727273 & -1.76279267542 & & \\ -1.76279267542 & 5.65280464217 & -1.73964634277 & \\ & -1.7396463427 & 2.17483830312 & -1.11670124235 \\ & & -1.11670124235 & 3.89962978198 \end{pmatrix}$$

2. Iteration

a) QR-Zerlegung von A_1 berechnen: $A_1=Q_1R_1$:

$$Q_1 = \begin{pmatrix} -0.96270739507 & -0.25532598212 & -0.07173614974 & 0.05345127832 \\ 0.27054476798 & -0.90855281726 & -0.25526615195 & 0.19020120514 \\ & 0.33066663137 & -0.75677090050 & 0.56387709924 \\ & & 0.59748717195 & 0.80187846920 \end{pmatrix}$$

$$R_1 = \begin{pmatrix} -6.51571526807 & 3.22639026495 & -0.47065221617 & 0.00000000000 \\ & -5.26102780787 & 2.29970704123 & -0.36925583805 \\ & & -1.86899618064 & 3.17506577484 \\ & & & 2.49734690275 \end{pmatrix}$$

b) $A_2=R_1Q_1$ berechnen:

$$A_2 = \begin{pmatrix} 7.14561027837 & -1.42334354762 & & \\ -1.42334354762 & 5.54035801698 & -0.61801467110 & \\ & -0.61801467110 & 3.31146299322 & 1.49213273829 \\ & & 1.49213273829 & 2.00256871143 \end{pmatrix}$$

So iteriert man weiter. Es ergibt sich eine Folge von symmetrischen Hessenberg-Matrizen (also Tridiagonalmatrizen) A_i, die gegen eine Diagonalmatrix konvergiert, deren Diagonalelemente die Eigenwerte von A sind. Man bekommt z.B.

$$A_{10} = \begin{pmatrix} 7.99949996014 & -0.03877735954 & & \\ -0.03877735954 & 4.99035539024 & -0.10021474131 & \\ & -0.10021474131 & 4.01014464935 & 0.00002846744 \\ & & 0.00002846744 & 1.00000000027 \end{pmatrix}$$

$$A_{22} = \begin{pmatrix} 7.99999999374 & -0.00013709043 & & \\ -0.00013709043 & 4.99995161289 & -0.00695636619 & \\ & -0.00695636619 & 4.00004839337 & 0.00000000000 \\ & & 0.00000000000 & 1.00000000000 \end{pmatrix}$$

Es zeigt sich bereits, daß die Zahlen *außerhalb* der Diagonale nahe 0 liegen.

Die Zahlen auf der Diagonale sind Näherungen für die Eigenwerte (nach Beispiel 27 sind 8, 5, 4 und 1 die Eigenwerte). Man könnte nun die letzte Zeile und Spalte fortlassen und mit der verbleibenden 3×3-Matrix weitermachen.

Varianten der QR-Verfahrens

Wie dieses Beispiel zeigt, konvergiert die Folge der Matrizen nur langsam. Man kann aber die Konvergenz durch Shifts erheblich beschleunigen:

Dazu macht man vor jeder QR-Zerlegung einen Shift mit einer geeigneten Shift-Zahl σ, dabei wird die jeweilige Matrix A durch $A-\sigma E$ ersetzt. Dann wird diese Matrix QR-zerlegt und $Q\cdot R+\sigma E$ berechnet. Diese ist zur ursprünglichen Matrix ähnlich. So fährt man fort: Shift, zerlegen, multiplizieren, Rückshift.

Als Shiftzahl benutzt man in den einzelnen Schritten entweder:

a) $\sigma=a_{nn}$: sogenannter *Rayleigh-Shift* oder - besser -

b) σ ist derjenige der beiden Eigenwerte der 2×2-Matrix

$$\begin{pmatrix} a_{n-1,n-1} & a_{n-1,n} \\ a_{n,n-1} & a_{n,n} \end{pmatrix}$$

- sie steht unten rechts in der jeweiligen Matrix A -, der näher an a_{nn} liegt: *Wilkinson-Shift.*

Beispiel: Für obige Ausgangsmatrix A sind die Eigenwerte von

$$\begin{pmatrix} 4 & -1 \\ -1 & 3 \end{pmatrix}$$

zu berechnen, es sind $(7\pm\sqrt{5})/2$, näher an 3 liegt $\sigma=(7-\sqrt{5})/2\approx2.381966$.

Vor Start der Iteration ist es noch vorteilhaft, A auf Hessenberg-Form zu transformieren mit entweder Wilkinson-Transformation oder, bei symmetrischen Matrizen wegen der Symmetrie-Erhaltung besser: Householder-Transformation. Dieses Verfahren wird ausführlich in *"Turbo-Pascal-Quelltexte zur Ingenieur-Mathematik"* beschrieben (und programmiert, dort stehen auch vergleichende Beispiele). Die vier Eigenwerte obiger Matrix sind nach 6 Schritten mit einer Genauigkeit von $\pm10^{-15}$ berechnet.

Eine zweite Variante ist das Verfahren mit QR-Doppelschritten. Hier werden zwei Schritte in einem so gemacht, daß auch im Falle komplexer Eigenwerte die Rechnung rein reell verläuft und bei einer "Dreiecks-Matrix" endet, die längs der Diagonale maximal 2×2-Blöcke hat. Auch dieser Algorithmus ist dort ausfühlich beschrieben. Um die vier Eigenwerte obiger Matrix auf $\pm10^{-17}$ zu berechnen, ist lediglich ein Schritt erforderlich.

<u>Beispiel 25</u>

Mit dem LR-Verfahren iteriere man die Eigenwerte der Matrix

$$A = \begin{pmatrix} 4 & 1 & -5 & -5 \\ -34 & -7 & 31 & 30 \\ 14 & 3 & -16 & -15 \\ -20 & -4 & 18 & 17 \end{pmatrix}.$$

Lösung:

1. Iteration (Leerplätze für Nullen, die entstehen *sollen)*

Die Matrix R der LR-Zerlegung von A_0=A lautet

$$R = \begin{pmatrix} 4.0000000000 & 1.0000000000 & -5.0000000000 & -5.0000000000 \\ & 1.5000000000 & -11.5000000000 & -12.5000000000 \\ & & -2.3333333333 & -1.6666666667 \\ & & & -0.1428571429 \end{pmatrix}$$

Die Matrix L der LR-Zerlegung lautet

$$L = \begin{pmatrix} 1 & & & \\ -8.5000000000 & 1 & & \\ 3.5000000000 & -0.3333333333 & 1 & \\ -5.0000000000 & 0.6666666667 & -0.2857142857 & 1 \end{pmatrix}$$

(Probe: A=L·R). Das Produkt R·L lautet

$$A_1 = RL = \begin{pmatrix} 3.0000000000 & -0.6666666667 & -3.5714285714 & -5.0000000000 \\ 9.5000000000 & -3.0000000000 & -7.9285714286 & -12.5000000000 \\ 0.1666666667 & -0.3333333333 & -1.8571428571 & -1.6666666667 \\ 0.7142857143 & -0.0952380952 & 0.0408163265 & -0.1428571429 \end{pmatrix}$$

2. Iteration

Die Matrix R der LR-Zerlegung der letzten Matrix A_1 lautet

$$R = \begin{pmatrix} 3.0000000000 & -0.6666666667 & -3.5714285714 & -5.0000000000 \\ & -0.8888888889 & 3.3809523810 & 3.3333333333 \\ & & -2.7857142857 & -2.5000000000 \\ & & -0.0000000000 & 0.2692307692 \end{pmatrix}$$

Die Matrix L der LR-Zerlegung lautet

$$L = \begin{pmatrix} 1 & & & \\ 3.1666666667 & 1 & & \\ 0.0555555556 & 0.3333333333 & 1 & \\ 0.2380952381 & -0.0714285714 & -0.4065934066 & 1 \end{pmatrix}$$

Das Produkt R·L lautet

$$A_2 = RL = \begin{pmatrix} -0.5000000000 & -1.5000000000 & -1.5384615385 & -5.0000000000 \\ -1.8333333333 & -0.0000000000 & 2.0256410256 & 3.3333333333 \\ -0.7500000000 & -0.7500000000 & -1.7692307692 & -2.5000000000 \\ 0.0641025641 & -0.0192307692 & -0.1094674556 & 0.2692307692 \end{pmatrix}$$

So fährt man fort. Es ergibt sich z.B.

$$A_{50} = \begin{pmatrix} -2.0000104969 & -0.3819659998 & -1.3819660113 & -5.0000000000 \\ 0.0000104972 & -1.6180235001 & 1.0000379783 & 0.0001374066 \\ 0.0000000000 & -0.0000000217 & 1.0000000083 & 5.0000000000 \\ 0.0000000000 & 0.0000000000 & -0.0000000000 & 0.6180339887 \end{pmatrix}$$

Man sieht, daß "fast" eine Dreiecksmatrix entstanden ist. Die Zahlen auf der Diagonale sind Näherungen für die Eigenwerte [exakt: -2, 1, $(-1\pm\sqrt{5})/2$].

Beispiel 26

Mit dem LR-Verfahren und Cholesky-Zerlegung iteriere man Eigenwerte der Matrix

$$A = \begin{pmatrix} 9 & 12 & 3 & 6 \\ 12 & 17 & 7 & 1 \\ 3 & 7 & 14 & -17 \\ 6 & 1 & -17 & 70 \end{pmatrix}.$$

Lösung:

1. Iteration

Die Cholesky-Zerlegung $A = A_0 = U \cdot U^T$ ist

$$U = \begin{pmatrix} 3 & & & \\ 4 & 1 & & \\ 1 & 3 & 2 & \\ 2 & -7 & 1 & 4 \end{pmatrix}, \quad U^T = \begin{pmatrix} 3 & 4 & 1 & 2 \\ & 1 & 3 & -7 \\ & & 2 & 1 \\ & & & 4 \end{pmatrix}.$$

Sie ist im Kapitel "Lineare Gleichungssysteme" als Beispiel 11 berechnet worden.

Dann ergibt sich das Produkt $A_1 = U^T \cdot U$

$$A_1 = \begin{pmatrix} 30.000000000 & -7.000000000 & 4.000000000 & 8.000000000 \\ -7.000000000 & 59.000000000 & -1.000000000 & -28.000000000 \\ 4.000000000 & -1.000000000 & 5.000000000 & 4.000000000 \\ 8.000000000 & -28.000000000 & 4.000000000 & 16.000000000 \end{pmatrix}.$$

Man beachte, daß auch diese Matrix symmetrisch ist.

2. Iteration

Die Cholesky-Zerlegung dieser Matrix, also $A_1 = U \cdot U^T$, ergibt

$$U = \begin{pmatrix} 5.477225575 & & & \\ -1.278019301 & 7.574078602 & & \\ 0.730296743 & -0.008801951 & 2.113430669 & \\ 1.460593487 & -3.450364686 & 1.373578720 & 0.273736557 \end{pmatrix}$$

U^T dann gespiegelt. Das Produkt $A_2 = U^T \cdot U$ ist dann

$$A_2 = \begin{pmatrix} 34.300000000 & -14.725826862 & 3.549671667 & 0.399817833 \\ -14.725826862 & 69.271760604 & -4.757949822 & -0.944490951 \\ 3.549671667 & -4.757949822 & 6.353307693 & 0.375998710 \\ 0.399817833 & -0.944490951 & 0.375998710 & 0.074931703 \end{pmatrix}.$$

Auch diese Matrix ist (wie alle iterierten) symmetrisch.

So rechnet man weiter. Es ergibt sich dann z.B.

$$A_{25} = \begin{pmatrix} 75.131899535 & -0.002242007 & 0.000000000 & 0.000000000 \\ -0.002242007 & 29.049412327 & 0.000000015 & 0.000000000 \\ 0.000000000 & 0.000000015 & 5.772972872 & 0.000000000 \\ 0.000000000 & 0.000000000 & 0.000000000 & 0.045715266 \end{pmatrix}$$

(symmetrisch) und

$$A_{34} = \begin{pmatrix} 75.131899644 & -0.000031156 & 0.000000000 & 0.000000000 \\ -0.000031156 & 29.049412218 & 0.000000000 & 0.000000000 \\ 0.000000000 & 0.000000000 & 5.772972872 & 0.000000000 \\ 0.000000000 & 0.000000000 & 0.000000000 & 0.045715266 \end{pmatrix}$$

Man sieht, daß eine Diagonalmatrix entsteht. Die Zahlen auf der Diagonale sind Näherungen der Eigenwerte von A.

8. Das von Misessche Iterationsverfahren (Potenzmethode, Vektoriteration)

A sei eine n×n-Matrix und es gelte:

1. $|\lambda_1| > |\lambda_2| \geq |\lambda_3| \geq |\lambda_4| \geq \ldots \geq |\lambda_n|$

für ihre Eigenwerte, wobei diese nicht notwendig verschieden sein müssen (man beachte aber das erste > Zeichen). Ist λ_1, der betragsgrößte Eigenwert, *reell*, so muß er also einfache Nullstelle des charakteristischen Polynoms von A sein und $-\lambda_1$ darf dann nicht Eigenwert sein.

Beispiel:

-Ist n=4 und 3, -1, -2, -5 die Eigenwerte, so ist diese Voraussetzung erfüllt.

-Ist n=4 und sind 4, 4, -1, -3 die Eigenwerte (4 also doppelte Nullstelle des charakteristischen Polynoms), so ist die Voraussetzung nicht erfüllt.

-Bei 5, 3, 2, -5 ist sie ebenfalls nicht erfüllt, da 5 und -5 betragsgrößte.

2. A habe n linear unabhängige Eigenvektoren $\vec{x}_1, \ldots, \vec{x}_n$ zu diesen Eigenwerten: $A\vec{x}_i = \lambda_i \vec{x}_i$. Ist A reell und symmetrisch, ist diese Voraussetzung erfüllt.

3. Man wähle einen "Startvektor" $\vec{z}_o$, für den gelte

(S) $\vec{z}_o = c_1\vec{x}_1 + c_2\vec{x}_2 + \ldots + c_n\vec{x}_n$ mit $c_1 \neq 0$.

Auch diese Voraussetzung ist kaum nachprüfbar, aber meist erfüllt (s.u.).

Man berechne nach folgender Iterationsvorschrift von *von Mises* eine Folge $\vec{z}_i$:

(M) $\vec{z}_{i+1} = A\vec{z}_i$, i = 0,1,2,... (Modifikationen (M1) und (M2) s.u. und Beispiel 27)

Für diese Folge gilt:

a) (*) $\lim\limits_{i\to\infty} \operatorname{sgn}(\lambda_1^i)\cdot\dfrac{\vec{z}_i}{|\vec{z}_i|} = \dfrac{\vec{x}_1}{|\vec{x}_1|}$ (komponentenweise Konvergenz, $|\cdot| = \|\cdot\|_2$)

Ist $\lambda_1 > 0$, so ist $\operatorname{sgn}(\lambda_1) = 1$, sonst -1; für reelle Matrizen ist λ_1 reell; alternieren die $\vec{z}_i$ in allen Komponenten, so deutet das also auf negatives λ_1 hin.

b) Ist $\vec{z}_i = (z_{i1}, z_{i2}, \ldots, z_{in})^T$ und q_{ij} der Quotient aus den j-ten Komponenten von $\vec{z}_i$ und $\vec{z}_{i-1}$, also

$$q_{ij} = \frac{z_{ij}}{z_{i-1,j}}, \text{ wenn } z_{i-1,j} \neq 0, \text{ so gilt, wenn } x_{1j} \neq 0:$$

(**) $\lim\limits_{i\to\infty} q_{ij} = \lambda_1.$

c) Wenn A symmetrisch ist, so liegt für jedes i zwischen dem kleinsten und größten der q_{ij} ein Eigenwert von A (nicht notwendig λ_1).

d) Wenn A symmetrisch ist, konvergiert die Folge der Rayleigh-Quotienten

$$R[z_i] = \frac{\vec{z}_i^T \cdot A\vec{z}_i}{|\vec{z}_i|^2} = \frac{\vec{z}_i^T \cdot \vec{z}_{i+1}}{|\vec{z}_i|^2}$$

schneller als die der Quotienten (**) gegen λ_1.

Bemerkung: Selbst wenn die Voraussetzung (S) über den Startvektor nicht erfüllt ist, wird sie möglicherweise durch Rundungen für einen der Vektoren $\vec{z}_i$ erfüllt werden.

Beispiel 27

Mit dem von Misesschen Iterationsverfahren sollen betragsgrößter Eigenwert nebst zugehörigem Eigenvektor der folgenden symmetrischen Matrix berechnet werden:

$$A = \begin{pmatrix} 4 & 1 & 2 & 1 \\ 1 & 7 & 1 & 0 \\ 2 & 1 & 4 & -1 \\ 1 & 0 & -1 & 3 \end{pmatrix}$$

Lösung:

Für spätere Vergleiche hier die exakten Werte:

Die vier Eigenwerte sind $\lambda_1=8$, $\lambda_2=5$, $\lambda_3=4$, $\lambda_4=1$. Man sieht wieder, daß ihre Summe 18 gleich der Spur (4+7+4+3) ist. Zugehörige Eigenvektoren sind in dieser Reihenfolge

$\vec{x}_1 = (1,2,1,0)^T$, $\vec{x}_2 = (1,-1,1,0)^T$, $\vec{x}_3 = (1,0,-1,2)^T$, $\vec{x}_4 = (1,0,-1,-1)^T$.

Sie sind paarweise orthogonal (wie immer bei symmetrischen Matrizen), normiert:

$(0.4082\ ,\ 0.8165\ ,\ 0.4082\ ,\ 0.0000)^T$, $(0.5774\ ,\ -0.5774\ ,\ 0.5774\ ,\ 0.0000)^T$

$(0.4082\ ,\ 0.0000\ ,\ -0.4082\ ,\ 0.8165)^T$, $(0.5774\ ,\ 0.0000\ ,\ -0.5774\ ,\ -0.5774)^T$.

Anwendung des von Misesschen Verfahrens

Wir starten mit dem Vektor $\vec{z}_o = (1,1,1,1)^T$ und erhalten der Reihe nach die Vektoren $\vec{z}_1$, $\vec{z}_2, \ldots$, die in folgender Tabelle stehen:

i	0	1	2	3	4	5	6	
$\vec{z}_i \xrightarrow{A\cdot}$	1 1 1 1	8 9 6 3	56 77 46 11	404 641 362 43	3024 5253 2854 171	23228 42649 22546 683	181336 344317 178606 2731	
	0.5 0.5 0.5 0.5	0.5804 0.6529 0.4353 0.2176	0.5268 0.7243 0.4327 0.1035	0.4805 0.7623 0.4305 0.0511	0.4512 0.7838 0.4259 0.0255	0.4338 0.7965 0.4211 0.0128	0.4235 0.8041 0.4171 0.0063	diese werden nicht benötigt
		8.0000 9.0000 6.0000 3.0000	7.0000 8.5556 7.6667 3.6667	7.2143 8.3247 7.8696 3.9091	7.4851 8.1950 7.8840 3.9767	7.6812 8.1190 7.8998 3.9942	7.8068 8.0733 7.9218 3.9986	
$R[\vec{z}_i]$	6.5	7.6316	7.8841	7.9624	7.9874	7.9956		

Zu dieser Tabelle:

In der Tabelle stehen oben jeweils die Vektoren $\vec{z}_o$, $\vec{z}_1$, ..., berechnet nach der von Misesschen Iterationsvorschrift (M): $\vec{z}_{i+1} = A\vec{z}_i$.

Darunter stehen dieselben Vektoren *normiert* (durch ihren Betrag dividiert).

Darunter die Quotienten q_{ij} der j-ten Komponente von $\vec{z}_i$ durch dieselbe Komponente von $\vec{z}_{i-1}$; z.B. ist 7.8840 = 2854/362 (3.Komponenten dividiert).
In der letzten Zeile schließlich steht der Rayleigh-Quotient für den Vektor $\vec{z}$, der derselbe ist für den normierten Vektor; z.B. ist

$$7.9624 = \frac{\vec{z}_3^T A \vec{z}_3}{|\vec{z}_3|^2} = \frac{\vec{z}_3^T \vec{z}_4}{|\vec{z}_3|^2} = \frac{404 \cdot 3024 + \ldots + 43 \cdot 171}{404^2 + \ldots + 43^2}$$

Man kann aus den letzten berechneten Quotienten schließen, daß zwischen 3.9986 und 8.0733 (kleinster und größter) ein Eigenwert liegt (nicht notwendig der betragsgrößte, wir wissen ja, daß 4 und 5 auch Eigenwerte sind). Aufgrund der Eigenschaften des Rayleigh-Quotienten folgt, daß der größte Eigenwert größer als 7.9956 ist (er lautet 8). Ferner: Die Folge der $\vec{z}/|\vec{z}|$ konvergiert gegen einen zu diesem gehörigen Eigenvektor (die Folge der $\vec{z}$ ist offensichtlich nicht konvergent), der normiert ist, dieser ist (s.o.) $(0.4082\ ,\ 0.8165\ ,\ 0.4082\ ,\ 0.0000)^T$ und die letzte Iteration oben ergibt $(0.4235\ ,\ 0.8041\ ,\ 0.4171\ ,\ 0.0063)^T$ als Näherung für diesen.
Man erkennt, daß die Folge der $\vec{z}_i$ nicht konvergiert, denn da 8 der betragsgrößte Eigenwert ist, verachtfachen sich diese Vektoren in etwa mit jedem Iterationsschritt, die Folge der *normierten* Vektoren aber konvergiert. Daher sollte man gleich nach

$$\text{(M1)} \qquad \vec{z}_{i+1} = A \cdot \frac{\vec{z}_i}{|\vec{z}_i|}$$

rechnen, also jeweils den *normierten* Vektor mit A multiplizieren.
Erinnerung: Mit $\vec{x}$ ist auch jedes Vielfache $t \cdot \vec{x}$ $(t \neq 0)$ Eigenvektor.
Die folgende Tabelle ist so berechnet worden. Man beachte, daß *nur* der obere Teil (die Vektoren $\vec{z}$) im Vergleich zur vorigen Tabelle anders sind.

i	0	1	2	3	4	10	11	20
	1	4.0000	4.0627	3.8002	3.5965		3.2761	
	1	4.5000	5.5862	6.0295	6.2474		6.5227	
	1	3.0000	3.3372	3.4051	3.3943		3.2744	
	1	1.5000	0.7980	0.4045	0.2034		0.0016	
	0.5	0.5804	0.5268	0.4805	0.4512	0.4103		0.4083
	0.5	0.6529	0.7243	0.7623	0.7838	0.8146		0.8165
	0.5	0.4353	0.4327	0.4305	0.4259	0.4099		0.4083
	0.5	0.2176	0.1035	0.0511	0.0255	0.0004		0.0000
		8.0000	7.0000	7.2143	7.4851		7.9845	8.0000
		9.0000	8.5556	8.3247	8.1950		8.0068	8.0000
		6.0000	7.6667	7.8696	7.8840		7.9884	8.0000
		3.0000	3.6667	3.9091	3.9767		4.0000	
$R[\vec{z}_i]$	6.5	7.6316	7.8841	7.9624			8.0000	8.0000

Berechnungsbeispiele:

1) Der Vektor, der mit 0.4512 (4.Iteration) beginnt, ist der darüberstehende Vektor (der mit

3.5965 beginnt) normiert, also durch dessen Betrag 7.9704 dividiert.

2) Der Vektor, der mit 3.2761 (erste Zeile 11. Iteration) beginnt, ist das Produkt des vorigen normierten Vektors (beginnt mit 0.4103) mit A. Der Pfeil links neben der Tabelle soll das veranschaulichen.

3) Die Zahl 7.9845 (11. Iteration in den q) ist der Quotient 3.2761/0.4103 (durch Rundung auf vier Stellen nach den Berechnungen geringfügig andere Werte) der ersten Komponenten vom normierten Vektor 10. Iteration und dessen Bildvektor $A\cdot\vec{x}$. Ein "-" in den Zeilen der Quotienten besagt, daß hier ein Quotient nicht berechnet werden kann, da ein Nenner 0 wird.

4) Der Rayleigh-Quotient 7.9624 (3.Iteration) ist also

$$R[\vec{z}_3] = \frac{\vec{z}_3^{\,T} A \vec{z}_3}{|\vec{z}_3|^2} = \frac{0.4805\cdot 3.5965 + \ldots + 0.0511\cdot 0.2034}{1}$$

Die normierten Vektoren und die Quotienten sind dieselben wie in der vorigen Tabelle, desgleichen die Rayleigh-Quotienten, denn diese hängen nicht von der *Länge (Betrag)* der Vektoren ab, aus denen sie berechnet werden.

Die letzten Werte der Quotienten q (20.Iteration) sind alle gleich den exakten Werten (im Rahmen unserer Genauigkeit). Der genannte normierte Eigenvektor zu 8, nämlich (0.4082 , ...) (s.o.) weicht vom letzten normierten Vektor (20.Iteration) (0.4083 , ...) nur noch wenig ab.

Man kann auch, statt die $\vec{z}_i$ zu "normieren", durch den Betrag der betragsgrößten Komponente m_i dividieren, um sicherzustellen, daß die Längen der Vektoren nicht gegen 0 oder ∞ gehen (also bezüglich $\|.\|_\infty$ normieren statt $|.|=\|.\|_2$):

$$\text{(M2)} \qquad \vec{z}_{i+1} = A\cdot\frac{\vec{z}_i}{m_i} \quad , \quad m_i = \max\{\,|z_{i1}|, |z_{i2}|, \ldots , |z_{in}|\,\}$$

Das ist bei "Handrechnung" einfacher. Dann bekommt man folgende Tabelle:

	0	1	2	3
	1	8.0000	6.2222	5.2469
	1	9.0000	8.5556	8.3247
	1	6.0000	5.1111	4.7013
	1	3.0000	1.2222	0.5586
	1	0.8889	0.7273	
	1	1.0000	1.0000	
	1	0.6667	0.5974	
	1	0.3333	0.1429	
		8.0000	7.0000	
		9.0000	8.5556	
		6.0000	7.6667	
		3.0000	3.6667	
$R[\vec{z}_i] =$	6.5	7.6316	7.8841	

Berechnungsbeispiele:

1) Wegen unserer "Normierung", Division durch die betragsgrößte Komponente, ist die größte

Komponente der Vektoren $\vec{z}/m$ jeweils gleich 1. Der Vektor $\vec{z}$ der 2.Iteration wird durch seine betragsgrößte Komponente, 8.5556, dividiert.

2) Der Vektor $\vec{z}$ der 3.Iteration (5.2469 , 8.3247 , ...) ergibt sich als Produkt $A\cdot(0.7273\ ,\ 1.0000\ ,\ ...)^T$, der schräg links unter ihm steht (das soll der Pfeil links andeuten).

3) Die Quotienten werden wie bisher berechnet: z.B. 7.6667 = 5.1111/0.6667 (Rundungen berücksichtigen); sie und der Rayleigh-Quotient sind dieselben wie in den vorigen beiden Tabellen.

<u>Beispiel 28</u>

Wir wollen das von Misessche Iterationsverfahren noch auf die nicht-symmetrische Matrix A anwenden:

$$A = \begin{pmatrix} 2 & 0 & -1 & 1 \\ -1 & -5 & -6 & -4 \\ 3 & 6 & 7 & 5 \\ 2 & 5 & 6 & 4 \end{pmatrix}$$

Lösung:

Es ergibt sich folgende Tabelle (normiert nach dem euklidischen Betrag), die aufgebaut ist wie die zweite im vorigen Beispiel.

i	0	1	2	3	4	...	8	...	12
	1	2.0000	0.7071	0.0000	-0.1101		-0.1525		-0.1530
	0	-1.0000	-5.4212	-3.7755	-3.4121		-3.2661		-3.2644
	0	3.0000	7.3068	4.6217	4.0725		3.8535		3.8510
	0	2.0000	5.8926	3.8406	3.4121		3.2409		3.2389
	1	0.4714	0.0651	0.0000	-0.0174		-0.0254		-0.0255
	0	-0.2357	-0.4991	-0.5320	-0.5403		-0.5440		-0.5441
	0	0.7071	0.6726	0.6512	0.6449		0.6419		0.6418
	0	0.4714	0.5425	0.5412	0.5403		0.5398		0.5398
		2.0000	1.5000	0.0000	-		6.0500		6.0006
		-	23.0000	7.5652	6.4138		6.0046		6.0001
		-	10.3333	6.8710	6.2535		6.0029		6.0000
		-	12.5000	7.0800	6.3051		6.0035		6.0000
	2	9.5556	7.0763	6.3140	6.1002		6.0012		6.0000

Die vier Eigenwerte sind übrigens (exakt) 6,2,0,0, Eigenvektor zu 6 ist $(-6,-128,151,127)^T$, normiert $\approx (-0.025503,-0.544065,0.641827,0.539815)^T$.

A ist nicht symmetrisch: Man sieht, daß die Rayleigh-Quotienten z.T. (sogar alle) größer als der größte Eigenwert sind, auch liegt zwischen dem größten und kleinsten der Quotienten nicht notwendig ein Eigenwert.

9. Inverse Iteration nach Wielandt

Hierbei handelt es sich um das von Misessche Potenzverfahren, angewendet auf die Matrix

(1) $B = (A-\sigma E)^{-1}$

zur Berechnung von Näherungen für weitere Eigenwerte und -vektoren.

Wenn σ *kein* Eigenwert der n×n-Matrix A ist, ist $(A-\sigma E)$ regulär und B existiert.

Wenn λ Eigenwert von A ist, so ist $(\lambda-\sigma)^{-1}$ Eigenwert von B, ferner hat B dieselben Eigenvektoren wie A (siehe Abschnitt 1). Mit A ist übrigens auch B symmetrisch.

A besitze die Eigenwerte λ_i (i=1,...,n) und es gelte

(2) $\frac{1}{|\lambda_i-\sigma|} < \frac{1}{|\lambda_k-\sigma|} =: \mu$ (anders: $|\lambda_k-\sigma| < |\lambda_i-\sigma|$) für $i=1,\ldots,n,\ i\neq k$

d.h. σ ist eine bessere Näherung für λ_k als für die übrigen Eigenwerte (aber $\sigma \neq \lambda_k$) und μ ist betragsgrößter Eigenwert von B. Wenn für μ die beim von Misesschen Iterationsverfahren genannten Voraussetzungen erfüllt sind, dann konvergiert das von Misessche Potenzverfahren für B (im dort genannten Sinne) gegen einen zum betragsgrößten Eigenwert μ gehörenden Eigenvektor $\vec{x}$. Dieser Eigenwert μ ist nach (1) und dem oben Gesagten

(3) $\mu = \frac{1}{\lambda_k-\sigma}$, so daß $\lambda_k = \sigma + \frac{1}{\mu}$.

Die *Berechnung* des Vektors $\vec{z}_{i+1}$ aus $\vec{z}_i$ geschieht nach einer der folgenden Formeln:

$$\vec{z}_{i+1} = B\cdot\vec{z}_i \quad \Leftrightarrow \quad \vec{z}_i = (A-\sigma E)\cdot\vec{z}_{i+1} \quad \Leftrightarrow \quad \vec{z}_i = L\cdot R\cdot\vec{z}_{i+1}$$

wobei $(A-\sigma E) = L\cdot R$ eine LR-Zerlegung dieser Matrix sei. Diese letzte Formel wird zweckmäßig benutzt und liefert die Iterationsvorschrift

(4) $L\vec{y}_{i+1} = \vec{z}_i,\quad R\vec{z}_{i+1} = \vec{y}_{i+1}$ ($\vec{z}_{i+1}$ evtl. anschließend noch normieren).

Man berechnet also aus dem vorigen $\vec{z}$ zunächst $\vec{y}$ (Vorwärtssubstitution) und dann das neue $\vec{z}$ (Rückwärtssubstitution). Statt einer LR-Zerlegung kann man natürlich auch eine QR-Zerlegung oder (wenn möglich) Cholesky-Zerlegung von $(A-\sigma E)$ verwenden.

Anschließend kann man nach jedem Schritt das gewonnene $\vec{z}$ normieren, etwa durch $\vec{z}/\|\vec{z}\|_\infty$ ersetzen (siehe beim Potenzverfahren).

Auch die Rayleigh-Quotienten R sind leicht zu berechnen:

(5) $R = R[\vec{z}_i] = \frac{\vec{z}_i^T\cdot\vec{z}_{i+1}}{|\vec{z}_i|^2}$ ist Näherung für μ

(6) $r = \sigma + \frac{1}{R}$ ist daher nach (3) Näherung für λ_k.

Beispiel 29

Man iteriere, ausgehend von der Näherung σ=6, einen Eigenwert von

$$A = \begin{pmatrix} 4 & 1 & 2 & 1 \\ 1 & 7 & 1 & 0 \\ 2 & 1 & 4 & -1 \\ 1 & 0 & -1 & 3 \end{pmatrix}.$$

Lösung:

Es ergibt sich die Matrix A−σE für σ=6 zu

$$B = A-\sigma E = \begin{pmatrix} -2 & 1 & 2 & 1 \\ 1 & 1 & 1 & 0 \\ 2 & 1 & -2 & -1 \\ 1 & 0 & -1 & -3 \end{pmatrix}.$$

Die LR-Zerlegung dieser Matrix ergibt

$$L = \begin{pmatrix} 1 & & & \\ -1/2 & 1 & & \\ -1 & 4/3 & 1 & \\ -1/2 & 1/3 & 1/4 & 1 \end{pmatrix} \quad R = \begin{pmatrix} -2 & 1 & 2 & 1 \\ & 3/2 & 2 & 1/2 \\ & & -8/3 & -2/3 \\ & & & -5/2 \end{pmatrix}.$$

Sie wird berechnet, wie im Abschnitt über lineare Gleichungssysteme gezeigt (oder mit einem entsprechenden Programm).

Wir starten mit dem Vektor $\vec{z}_0 = (1,1,2,1)^T$. Dann ergibt sich aus (4) zunächst $\vec{y}_1$ als Lösung von $L\cdot\vec{y}_1 = \vec{z}_0$. Man erhält diese Lösung durch "Vorwärtssubstitution":
$\vec{y}_1 = (1.0,1.5,1.0,0.75)^T$ und dann $\vec{z}_1$ als Lösung des Gleichungssystems $R\cdot\vec{z}_1 = \vec{y}_1$ durch "Rückwärtssubstitution:

$$\vec{z}_1 = (-0.2,1.5,-0.3,-0.3)^T.$$

Dieser Vektor ist 1. Näherung für den zu μ gehörenden Eigenvektor von $B=(A-\sigma E)^{-1}$, also auch von A. Der Rayleigh-Quotient ist nach (5)

$$R = R[\vec{z}_0] = \frac{1\cdot(-0.2) + 1\cdot1.5 + 2\cdot(-0.3) + 1\cdot(-0.3)}{1^2+1^2+2^2+1^2} = 0.057143$$

so daß nach (6) $r = \sigma + 1/R = 23.5$ eine (nach nur einem Schritt schlechte) Näherung für einen Eigenwert von A ist.

Die Quotienten der Komponenten dieses Vektors und des vorigen lauten in der Reihenfolge der Komponenten

$$-0.2/1=-0.2,\ 1.5/1=1.5,\ -0.3/2=-0.15,\ -0.3/1=-0.3$$

(wenn ein Nenner 0 ist, entsprechenden Quotienten fortlassen; siehe Zahlen unten).

Auch diese Zahlen sind Näherungen (der 1. Iteration) für den betragsgrößten Eigenwert μ der *Matrix B*, die Zahlen $\sigma+1/\mu$ also Näherungen für den entsprechenden Eigenwert *der Matrix A;* sie lauten (in derselben Reihenfolge)

$$6+1/(-0.2)=1,\ 6+1/1.5=6.6667,\ 6+1/(-0.15)=-0.6667,\ 6+1/(-0.3)=2.6667.$$

Nun wird dieser Vektor für $\vec{z}_1$ für den nächsten Schritt normiert, indem durch seine betragsgrößte Komponente, also 1.5 dividiert wird, man erhält dann

$$\vec{z}_1 = (-0.1333,1.0000,-0.2000,-0.2000)^T.$$

Dieses ist der Startvektor für den nächsten Schritt. Es ergeben sich daher:

```
Iteration Nr. 1
 y=  1.000000  1.500000  1.000000  0.750000   (siehe oben)
 z= -0.200000  1.500000 -0.300000 -0.300000   (siehe oben)
 r= 23.500000                                 (Näherung (6) für λ, aus Rayleigh-Qu.)
 q= -0.200000  1.500000 -0.150000 -0.300000   (siehe oben: Quotienten)
 λ=  1.000000  6.666667 -0.666667  2.666667   (siehe oben: λ=σ+1/q)
 z= -0.133333  1.000000 -0.200000 -0.200000   (siehe oben: z normiert, neuer Startvektor)
Iteration Nr. 2
 y= -0.133333  0.933333 -1.577778 -0.183333   (aus (4))
 z=  0.593333 -0.166667  0.573333  0.073333   (aus (4))
 r=  3.073460                                 (aus (6) und (5), R=-0.341700)
 q= -4.450000 -0.166667 -2.866667 -0.366667   (Quotienten: -4.45=0.593333/(-0.133333)
 λ=  5.775281  0.000000  5.651163  3.272727   (jeweils σ+1/q: Näherungen für Eigenwert)
 z=  1.000000 -0.280899  0.966292  0.123596   (Startvektor für den nächsten Schritt)
Iteration Nr. 3
 y=  1.000000  0.219101  1.674157  0.132022
 z= -0.649438  0.983146 -0.614607 -0.052809
 r = 4.671118                                 (R=-0.752512)
 q= -0.649438 -3.500000 -0.636047 -0.427273   (z.B. -3.500000=0.983146/(-0.280899))
 λ=  4.460208  5.714286  4.427788  3.659574   (z.B. 5.714286=6+1/(-3.500000))
 z= -0.660571  1.000000 -0.625143 -0.053714   (z.B. -0.660571=-0.649438/0.983146))
 ...

Iteration Nr. 21
 ...
 z= -0.999998  1.000000 -0.999998 -0.000000
Iteration Nr. 22
 y= -0.999998  0.500001 -2.666664 -0.000000
 z=  0.999999 -0.999998  0.999999  0.000000
 r=  5.000000
 q= -1.000001 -0.999998 -1.000001
 λ=  5.000001  4.999998  5.000001
 z=  1.000000 -0.999999  1.000000  0.000000
Iteration Nr. 23
 y=  1.000000 -0.499999  2.666665  0.000000
 z= -1.000000  1.000000 -0.999999 -0.000000
 r=  5.000000
 q= -1.000000 -1.000001 -1.000000
 λ=  5.000000  5.000001  5.000000
 z= -1.000000  1.000000 -1.000000 -0.000000
Iteration Nr. 24
 y= -1.000000  0.500000 -2.666666 -0.000000
 z=  1.000000 -1.000000  1.000000  0.000000   (Näherung für einen Eigenvektor von A)
 r=  5.000000                                 (Näherung für einen Eigenwert von A)
 q= -1.000000 -1.000000 -1.000000             (Näherungen für einen Eigenwert von B)
 λ=  5.000000  5.000000  5.000000             (Näherungen für einen Eigenwert von A)
 z=  1.000000 -1.000000  1.000000  0.000000   (obiges z normiert; ändert sich nicht)
```

Zusatzbemerkung:

Nach Beispiel 27 ist $\lambda=5$ Eigenwert von A und $(1,-1,1,0)^T$ zugehöriger Eigenvektor.

Für die Eigenwerte von A, nämlich 8, 5, 4 und 1 gilt (2) mit $\lambda_k=5$: $|5-6|=1$ ist kleiner als $|8-6|=2$ $|4-6|=2$ und $|1-6|=5$, weswegen der Eigenwert 5 iteriert wird.

Alle Zahlen wurden mit den Prozeduren aus *"Turbo-Pascal-Quelltexte zur Ingenieur-Mathematik"* berechnet.

Interpolation

Besondere Tips und Hinweise

1. Hornerschema (erläuterndes Beispiel 1, Beispiele 1,2,3)

   Das Polynom ist nach Potenzen von $(x-z_0)$ zu ordnen, es liegt in Newton-Form vor.

   Man muß die Knoten x_i $(i=0,1,...,n)$ und vor allem die Differenzen (x_i-z_0) notieren, ferner die Koeffizienten des Polynoms.

   ♥ Besondere Tips:

   - Zuerst das Schema mit seinen Knoten, Faktoren, Koeffizienten und Strichen fertig erstellen, um nicht die Übersicht zu verlieren.
   - "Fehlende" Koeffizienten als 0 nicht vergessen, Vorzeichen negativer Koeffizienten nicht übersehen, desgl. 1 als nicht hingeschriebener Koeffizient.
   - Besonders auf die Reihenfolge (insbesondere der Knoten) achten, ein Faktor x bedeutet Knoten 0. Im Sinne *fallender* Exponenten notieren.
   - Am Ende der Zeilen stehen die Ableitungen durch entsprechende Fakultät dividiert, sie sind die *Koeffizienten*, also die durch k! *dividierten Ableitungen.*
   - z.B.: (x+3) steht für den Knoten -3 (Vorzeichen).

2. Polynom-Interpolation bei einer Variablen

   Es wird jeweils das Polynom kleinsten Grades berechnet.

   Sind die Knoten paarweise verschieden (alle einfach), so der Größe nach sortieren (übersichtlicher).

   Zwei Möglichkeiten zur Berechnung des Interpolationspolynoms:

   a) Lagrangesche Interpolationsformel (Beispiel 4)

      Theoretisch leicht hinzuschreiben, in der numerischen Handhabung aber eher schwerfällig. Für einfache Knoten.

   b) Newtonsche Interpolationsformel (Beispiele 4,5,6,7)

      Sind alle Knoten einfach: Knoten in aufsteigender Reihenfolge notieren (muß nicht sein, aber vielleicht übersichtlicher, siehe Beispiel 5).

      Man berechnet aus den gegebenen Knoten und Werten dividierte Differenzen in einem übersichtlichen Schema, aus diesem kann man dann die Koeffizienten des Polynoms ablesen; letzteres entsteht in der Newton-Form.

      Diese ist mit dem Hornerschema leicht nach Potenzen von (x-...) zu entwickeln.

      Interpoliert man eine Funktion f, so kann man den "Interpolationsfehler" abschätzen: Cauchysche Restgliedformel (Beispiele 8,9)

      ♥ Besonderer Tip:

      Sind mehrfache Knoten vorhanden, Hermite-Interpolation (Beispiele 6,7), so notiere man zuerst jeden Knoten so oft, wie seine Vielfachheit angibt, dahinter die Funktionswerte, in die nächste Spalte den Wert der 1. Ableitung, in die folgende den der 2. Ableitung durch 2! dividiert usw. Dann stehen die Koeffizienten des Newtonschen Interpolationspolynoms (d.h. in Newton-Form) jeweils oben in den Spalten der dividierten Differenzen und die Knoten geben mit ihrer Reihenfolge die hinzukommenden Faktoren $(x-x_i)$ an.

Für dividierte Differenzen gibt es viele Bezeichnungen: [...]f, Klammer auch dahinter oder *nur* eine Klammer, Schreibweisen mit Delta u.v.a.m.

3. Der Algorithmus von Neville-Aitken

   Es wird ein Funktionswert des Interpolationspolynoms berechnet *ohne* das Polynom selbst zu berechnen. (Beispiel 10)

4. Spline-Interpolation (Beispiele 11 bis 14)

   Es wird eine kubische Splinefunktion berechnet, die an gegebenen Stellen vorgegebene Werte (oder eine Funktion) interpoliert. Dabei gibt es drei Möglichkeiten:

   I. An den Intervallenden sind die 1. Ableitungen vorgegeben (zu interpolieren).

   II. An den Intervallenden sollen die 2. Ableitungen 0 sein ("natürlicher Spline").

   III. Die Splinefunktion habe an beiden Intervallenden dieselben Funktionswerte, 1. und 2. Ableitung ("periodische Splinefunktion").

   Die Koeffizienten werden aus einem Formelsatz berechnet.

   ♥ Besonderer Tip:

   Man trage *alle* zu berechnenden Zahlen in ein Schema ein, in das gleich zu Beginn einige Zahlen und Leerplätze (-) eingetragen werden, die von vornherein bekannt sind (Beispiele 12 bis 14).

5. Ausgleichsrechnung (Polynom-Ausgleich)

   Man berechnet das Polynom eines gegebenen Grades m (kleiner als die Knotenzahl), das zwar nicht interpoliert aber in gewissem Sinne "möglichst gut" die Interpolationspunkte approximiert.

In *"Turbo-Pascal-Quelltexte zur Ingenieur-Mathematik"* stehen alle hier aufgeführten Verfahren (und weitere) mit Programmen, Prozeduren, Erklärungen, Graphik und Beispielen.

1. Das allgemeine Hornerschema

Mit diesem kann man Funktions- und Ableitungswerte eines Polynoms in *Newton-Form* auf einfache und übersichtliche Weise berechnen; sind alle Knoten gleich, geht es in die einfachere Form über (siehe *Repetitorium der Ingenieur-Mathematik*, Teil 1).

Die Newton-Form ergibt sich z.B. bei Interpolationsaufgaben, sie wird wohl oft mit wachsenden Exponenten geschrieben, die "Normalform" hingegen mit fallenden.

Bei der Newton-Form kommt immer ein neuer Faktor $(x-x_i)$ *hinzu*, die x_i heißen die Knoten.

Beispiel 1

Mit dem Hornerschema soll das in Newton-Form gegebene Polynom

(1) $p(x) = 31 - 34(x+2) + 16(x+2)(x+1) - 5(x+2)(x+1)x + (x+2)(x+1)x(x-1)$

im Punkte 2 entwickelt werden.

Lösung:

Man beachte, daß nach rechts fortschreitend in p(x) stets ein neuer Faktor (x-...) hinzukommt, keiner der alten fällt fort (Kennzeichen der Newton-Form).

Statt "im Punkt 2 entwickeln" kann man auch sagen "nach Potenzen von (x-2) umordnen".

Zum Verständnis ist wichtig zu erkennen, daß man das Polynom so schreiben kann:

```
(2)   p(x)  =  [[[1·(x-1)-5]·(x-0)+16]·(x+1)-34]·(x+2)+31
```

(man multipliziere aus und lese (1) von rechts nach links).

Nach dieser Formel rechnet man nämlich nun, wobei für x der Entwicklungspunkt 2 eingesetzt wird:

```
(3)   p(2)  =  [[[1·(2-1)-5]·(2-0)+16]·(2+1)-34]·(2+2)+31
(a)                     1        -8          24         -40
(b)               1         -4          8          -10           -9 = p(2)
```

Hier stehen in den beiden Zeilen darunter die Werte, die herauskommen, wenn man *bis* zur Stelle jeweils darüber rechnet. Genau diese Zahlen erscheinen in den ersten beiden Ergebniszeilen des folgenden Hornerschemas.

Im folgenden Rechenschema notiere man die mit * markierten Zeilen (kursiv) sofort.

Zeile 1 enthält die Knoten, Zeile 2 enthält die Koeffizienten des Polynoms im Sinne steigender Exponenten (im Vergleich zu (1) jeweils "rückwärts");

Zeile 4 die benötigten Faktoren (x minus Knoten, der in Zeile 1 steht, hier x=2).

Die Zeilen 7, 10, 13 und 16 entstehen aus der 4., 7., 10. bzw. 13. Zeile jeweils durch Verschiebung um eine Spalte nach links (wobei der jeweils links stehende Wert "verschwindet"; Zeile 16 ist eigentlich natürlich entbehrlich).

Dann werden die Zeilen 3 und 5, 6 und 8, 9 und 11, 12 und 14 sowie 15 und 17 jeweils "paarweise" berechnet. Das Schema steht unten.

*	1.Zeile:	*Knoten*		*1*	*0*	*-1*	*-2*	
*	2.Zeile:	*Koeffizienten*	*1*	*-5*	*16*	*-34*	*31*	
	3.Zeile:		-	1	-8	24	-40	
*	4.Zeile:	*1.Faktoren*		*1*	*2*	*3*	*4*	
	5.Zeile:		1	-4	8	-10	-9	= p(2)
	6.Zeile:		-	2	-6	8		
*	7.Zeile:	*2.Faktoren*		*2*	*3*	*4*		
	8.Zeile:		1	-2	2	-2	= p'(2)/1!	
	9.Zeile:		-	3	4			
*	10.Zeile:	*3.Faktoren*		*3*	*4*			
	11.Zeile:		1	1	6	= p"(2)/2!		
	12.Zeile:		-	4				
*	13.Zeile:	*4.Faktoren*		*4*				
	14.Zeile:		1	5	= $p^{(3)}(2)/3!$			
	15.Zeile:		-					
*	16.Zeile:	*5.Faktoren*						
	17.Zeile:		1	= $p^{(4)}(2)/4!$				

Berechnungsbeispiele:

1. Die Zeilen 3 und 5 werden wie folgt berechnet:

   5. Zeile: Summe aus den Zahlen darüber in den Zeilen 2 und 3,

   3. Zeile: jeweils die in der vorigen Spalte stehende Zahl aus Zeile 5, mit dem Faktor aus der Faktorzeile multipliziert, man rechnet also nach dem Schema

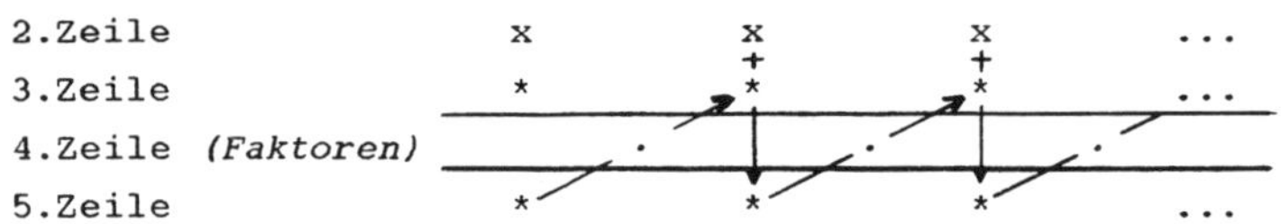

   Man sieht, daß die 3. und 5. Zeile genau die Zahlen (Zwischenergebnisse) enthalten, die unter (3) in den mit (a) und (b) bezeichneten Zeilen stehen.

2. Die Zeilen 6 und 8 werden nun analog berechnet: Man ersetze im soeben erläuterten Schema die Zeilen 2 bis 5 durch 5 bis 8. Analog die weiteren Zeilen berechnen.

Das Ergebnis ist p(x) in der "umgeordneten", bei x=2 entwickelten Form:

$$p(x) = 1\cdot(x-2)^4 + 5\cdot(x-2)^3 + 6\cdot(x-2)^2 - 2\cdot(x-2) - 9$$

wobei die Koeffizienten -9, -2, 6, ... obige Zahlen am Ende der Zeilen sind: Ableitungen/Fakultät, also die entsprechenden Taylor-Koeffizienten.

Beispiel 2

Man entwickle das in Newton-Form gegebene Polynom nach Potenzen von (x-2).

$p(x) = 2 - 3(x+2) - 10(x+2)(x+1)(x-1) + 3(x+2)^2(x+1)(x-1)$

Lösung:

Wir schreiben das Schema analog dem aus dem vorigen Beispiel hin; hier ist die Zahl -2 übrigens zweifacher Knoten (sieht man am letzten Summanden), ein Summand mit dem Faktor (x+2)(x+1) "fehlt", hat also den Faktor 0.

Zur Hilfe notieren wir p(x) in der zugrunde liegenden Form (siehe (2) im Beispiel 1), worin dann x=2 zu setzen ist:

$$p(x) = [[[3\cdot(x+2)-10]\cdot(x-1)+0]\cdot(x+1)-3]\cdot(x+2)+2$$

- übrigens ist auch $[[[3\cdot(x+2)-10]\cdot(x+1)+0]\cdot(x-1)-3]\cdot(x+2)+2$ möglich.

Die kursiv gedruckten Zeilen (*) also sofort notieren

*	*Knoten:*		*-2*	*1*	*-1*	*-2*	(aus p(x))
*	*Koeffizienten:*	*3*	*-10*	*0*	*-3*	*2*	(aus p(x))
		–	12	2	6	12	
*	*Faktoren:*		*4*	*1*	*3*	*4*	(x=2 minus Knoten)
		3	2	2	3	14	= p(2)
		–	3	15	68		
*	*Faktoren:*		*1*	*3*	*4*		
		3	5	17	71 = p'(2)/1!		
		–	9	56			
*	*Faktoren:*		*3*	*4*			
		3	14	73 = p"(2)/2!			
		–	12				
*	*Faktoren:*		*4*				
		3	26 = $p^{(3)}(2)/3!$				
		–					
*	*Faktoren:*						
		3 = $p^{(4)}(2)/4!$					

Daher lautet das Polynom in der gesuchten Form:

$$p(x) = 3\cdot(x-2)^4 + 26\cdot(x-2)^3 + 73\cdot(x-2)^2 + 71\cdot(x-2) + 14.$$

Beispiel 3

Man entwickle das Polynom aus dem vorigen Beispiel im Punkt x=0.

Lösung:

Wir machen die Rechnung nicht vor. Es ergibt sich

$$p(x) = 3x^4 + 2x^3 - 11x^2 - 5x + 4.$$

Wir bemerken noch, daß das Hornerschema für Polynome der "Normalform", also für

$$p(x) = a_n x^n + a_{n-1} x^{n-1} + \ldots$$

ein Sonderfall hiervon ist, wenn nämlich alle Knoten gleich sind (hier 0); dann erübrigt es sich, die Zeilen mit "Knoten" bzw. "Faktoren" zu notieren (siehe z.B. *Repetitorium der Ingenieur-Mathematik*, Teil 1).

2. Interpolation mit Polynomen einer Variablen

Es gibt zwei Arten solcher Interpolationsaufgaben, bei denen stets ein *Polynom kleinsten Grades* zu berechnen ist:

1. Interpolation mit paarweise verschiedenen, *einfachen Knoten* $x_0,\dots,x_n$:
   Man sucht das (eindeutig bestimmte) Polynom p(x) (höchstens) n-ten Grades, für das gilt $p(x_i) = y_i$ für $i=0,1,\dots,n$, wobei die y_i beliebige reelle Zahlen sind (sind sie Funktionswerte $y_i=f(x_i)$ einer Funktion f, so sagt man, p interpoliere f an den Knoten x_i).
2. *Hermitesche* Interpolationsaufgabe:
   Es gibt *mehrfache Knoten*, wo dann entsprechende Ableitungen vorgegeben sind:

$$p(x_0),\ p'(x_0),\ \dots,\ p^{(\mu_0)}(x_0),\quad (x_0 \text{ ist } \mu_0\text{-facher Knoten})$$

$$p(x_1),\ p'(x_1),\ \dots,\ p^{(\mu_1)}(x_1),\quad (x_1 \text{ ist } \mu_1\text{-facher Knoten})$$

$$\dots\dots\dots\dots$$

$$p(x_k),\ p'(x_k),\ \dots,\ p^{(\mu_k)}(x_k),\quad (x_k \text{ ist } \mu_k\text{-facher Knoten})$$

wobei es sich um insgesamt n+1 Werte handeln möge und die Knoten $x_0, x_1, \dots, x_k$ paarweise verschieden sind und die Zahlen μ die Vielfachheit der Knoten bedeuten. Auch hier gibt es genau ein Polynom höchstens n-ten Grades.

Beispiel:

Gesucht ist das Polynom kleinsten Grades, für das gilt

$p(-2)=3$, $p'(-2)=2$; $p(0)=11$; $p(1)=9$, $p'(1)=11$; $p(2)=-5$, $p'(2)=10$, $p''(2)=174$, $p^{(3)}(2)=822$.

Hier ist -2 ein 2-, 0 ein 1-, 1 ein 2- und 2 ein 4-facher Knoten. Es handelt sich um insgesamt 8 Interpolationsgleichungen, es gibt also genau ein Polynom 7. Grades, für das die Gleichungen gelten (man beachte: es kann auch kleineren Grad haben, denn ein Polynom etwa 3. Grades ist auch eines 5. Grades: es entsteht eben das *eindeutig bestimmte Polynom kleinsten Grades).* Die Lösung dieser Interpolationsaufgabe steht übrigens in Beispiel 7.

Die Berechnung der Polynome in den genannten Interpolationsaufgaben geschieht mit folgenden Formeln.

1. *Lagrangesche* Interpolationsformel (für einfache Knoten):

$$p(x) = y_0 l_0(x) + y_1 l_1(x) + y_2 l_2(x) + \dots + y_n l_n(x)$$

wobei gesetzt ist

$$l_i(x) = w_i(x)/w_i(x_i) \text{ mit}$$

$$w_i(x) = (x-x_0)(x-x_1)\cdots(x-x_{i-1})\cdot(x-x_{i+1})(x-x_{i+2})\cdots(x-x_n)$$

(hier "fehlt" also der Faktor $(x-x_i)$).

Dann ist übrigens offensichtlich $l_i(x_i)=1$ und für $j\neq i$: $l_i(x_j)=0$.

2. *Newtonsche* Interpolationsformel (auch für mehrfache Knoten: Hermite-Interpolation)
   Sie ist der Lagrangeschen meist vorzuziehen, da sie in der numerischen Handhabung gewöhnlich

günstiger ist (Koeffizienten werden "rekursiv" berechnet).

$$p(x) = [x_0]f + [x_0,x_1]f\cdot(x-x_0) + [x_0,x_1,x_2]f\cdot(x-x_0)(x-x_1) + \ldots$$
$$\ldots + [x_0,x_1,\ldots,x_n]f\cdot(x-x_0)(x-x_1)\cdots(x-x_{n-1})$$

wobei die Faktoren $[\ldots]f$ *dividierte Differenzen* sind, die so definiert sind:

a) Ist $x_{j+m} \neq x_j$, so ist

$$[x_j,x_{j+1},\ldots,x_{j+m}]f := \{[x_{j+1},\ldots,x_{j+m}]f - [x_j,\ldots,x_{j+m-1}]f\}/(x_{j+m}-x_j)$$

die *dividierte Differenz* m-ter Ordnung mit Knoten $x_j,\ldots,x_{j+m}$,

$[x_j]f = y_j = f(x_j)$ (dividierte Differenz 0-ter Ordnung).

b) Ist $x_j=x_{j+1}=\ldots=x_{j+m}$, so ist

$$[x_j,x_{j+1},\ldots,x_{j+m}]f := f^{(m)}(x_j)/m!.$$

Es kommt auf die Reihenfolge der Knoten in [ ] dabei nicht an.

Man nennt das die *Newtonsche Form* des Polynoms (mit den Knoten $x_0,\ldots,x_n$).

Die Berechnung der in der Formel für p(x) benötigten dividierten Differenzen (die übrigens alle mit $[x_0\ldots]$ beginnen) erfolgt nach dem folgenden Schema:

$$\begin{array}{llllll}
x_0 & [x_0]f & & & & \\
 & & [x_0,x_1]f & & & \\
x_1 & [x_1]f & & [x_0,x_1,x_2]f & & \\
 & & [x_1,x_2]f & & [x_0,x_1,x_2,x_3]f & \\
x_2 & [x_2]f & & [x_1,x_2,x_3]f & & \\
 & & [x_2,x_3]f & & [x_1,x_2,x_3,x_4]f & \ldots \\
x_3 & [x_3]f & & [x_2,x_3,x_4]f & & \\
 & & [x_3,x_4]f & & [x_2,x_3,x_4,x_5]f & \\
\ldots & \ldots & \ldots & \ldots & \ldots & \\
x_n & [x_n]f & & & &
\end{array}$$

Wenn *mehrfache* Knoten auftreten, so ist jeweils die entsprechende Ableitung $f^{(k)}/k!$ einzutragen (Beispiel 7), *andernfalls* erfolgt die Berechnung jeder dieser dividierten Differenzen nach dem Schema

$$\left.\begin{array}{l}[x_j,x_{j+1},\ldots,x_{j+m-1}]f \\ [x_{j+1},x_{j+2},\ldots,x_{j+m}]f\end{array}\right\rangle [(\text{Differenz}) : (x_{j+m}-x_j)] = [x_j,x_{j+1},\ldots,x_{j+m}]f.$$

Beispiel: [2,4,1,9]f=([4,1,9]f-[2,4,1]f)/(9-2) und

[4,1,9,2]f=([1,9,2]f-[4,1,9]f)/(2-4); beide sind gleich,

[5,5,5,7]f=([5,5,7]f-[5,5,5]f)/(7-5), diese letzte ist f"(5)/2!.

Dann stehen in dem Schema in den Spalten oben die im Newtonschen Interpolationspolynom benötigten dividierten Differenzen.

Man beachte noch, daß verschiedene Reihenfolgen der Knoten auch verschiedene Arten der Darstellung des Polynoms bewirken, aber stets Newton-Form; es handelt sich natürlich immer um dieselbe Polynom*funktion* (siehe Beispiel 5).

Beispiel 4

Man berechne das Polynom p(x) kleinsten Grades, das folgende Werte annimmt:

p(1)=2, p(3)=-6, p(4)=5.

Lösung:

a) Lagrangesche Interpolationsformel verwendet:

Hier sind $x_0=1$, $x_1=3$ und $x_2=4$, n=2; es gibt also ein Polynom 2. Grades.

$$w_0(x) = (x-3)(x-4),\quad w_1(x) = (x-1)(x-4),\quad w_2(x) = (x-1)(x-3)$$

Die drei Polynome l(x) ergeben sich daher zu

$$l_0(x) = \frac{(x-3)(x-4)}{(1-3)(1-4)},\quad l_1(x) = \frac{(x-1)(x-4)}{(3-1)(3-4)},\quad l_2(x) = \frac{(x-1)(x-3)}{(4-1)(4-3)}$$

und daher das Interpolationspolynom (in seiner Lagrange-Form)

$p(x) = 2\cdot l_0(x) - 6\cdot l_1(x) + 5\cdot l_2(x)$, umgerechnet in die "übliche" Form:

$p(x) = 5x^2 - 24x + 21$ (Probe!).

b) Newtonsche Interpolationsformel verwendet:

Man schreibt sich das folgende Schema auf, in dem die Zahlen in der zweiten und dritten Spalte die gegebenen Wertepaare (x,p(x)) sind (in der ersten ist der Index notiert).

i	x_i	y_i		
0	1	*2*		
1	3	*-6*	*-4*	*5*
2	4	5	11	

Berechnungsbeispiele:

Die dividierten Differenzen 1. Ordnung: -4 = (-6-2)/(3-1), 11 = (5-(-6))/(4-3), die dividierte Differenz 2. Ordnung: 5 = (11-(-4))/(4-1).

Die kursiv gedruckten Zahlen sind die gesuchten Koeffizienten:

$p(x) = 2 - 4\cdot(x-1) + 5\cdot(x-1)(x-3)$.

Der letzte Knoten, nämlich 4 tritt hier optisch nicht in Erscheinung.

Das Beispiel zeigt, daß Newton-Interpolation wohl einfacher in der Handhabung ist als Lagrange-Interpolation.

Wenn man das in die Form wie bei a) bringen, also nach Potenzen von x umordnen (entwickeln) will, so geschieht das am einfachsten mit dem Horner-Schema (hier beim Grade zwei geht es "direkt" allerdings ebenso schnell).

Beispiel 5

Man berechne das folgende Daten interpolierende Polynom p(x) kleinsten Grades in Newton-Form:

x	-1	0	1	3	4
f(x)	1	0	0	4	-1

Lösung:

Da hier nur Funktionswerte (und keine Ableitungen) vorgegeben sind, spricht man von einer Newtonschen Interpolationsaufgabe.

Wir wollen diese Aufgabe mit zwei verschiedenen Reihenfolgen der Knoten rechnen, zuerst mit der "natürlichen": der Größe nach sortierten Knoten.

Wir schreiben in die erste Spalte der folgenden Tabelle den Index (aus der Formel), in die zweite und dritte die Werte x und f(x) (letztere kursiv); danach die daraus berechneten dividierten Differenzen:

x_i	f_i	1.	2.	3.	4.
-1	*[-1]f=1*				
		[-1,0]f=-1			
0	*[0]f=0*		**[-1,0,1]f=1/2**		
		[0,1]f=0		**[-1,0,1,3]f=1/24**	
1	*[1]f=0*		[0,1,3]f=2/3		**[-1,0,1,3,4]f=-19/120**
		[1,3]f=2		[0,1,3,4]f=-3/4	
3	*[3]f=4*		[1,3,4]f=-7/3		
		[3,4]f=-5			
4	*[4]f=-1*				

Berechnungsbeispiele:

Die Spalte der dividierten Differenzen 0. Ordnung sind die gegebenen Funktionswerte.

Dann folgt die der dividierten Differenzen 1. Ordnung

[-1,0]f=([0]f-[-1]f)/(0-1)=(0-1)/(0-(-1)); [1,3]f=([3]f-[1]f)/(3-1)=(4-0)/(3-1).

Für die dividierten Differenzen 2. Ordnung z.B.

[1,3,4]f = ([3,4]f-[1,3]f)/(4-1) = (-5-2)/(4-1) = -7/3.

Die dividierte Differenz 4. Ordnung ist

[-1,0,1,3,4]f = ([0,1,3,4]f-[-1,0,1,3]f)/(4-(-1)) = (-3/4 - 1/24)/5 = -19/120.

Das Polynom ist dann so zu berechnen:

Die jeweils oben in den Spalten der dividierten Differenzen stehenden Zahlen (fett gedruckt) sind die gesuchten Faktoren des Polynoms in Newton-Form:

$p(x) = 1 - (x+1) + 1/2\cdot(x+1)(x-0) + 1/24\cdot(x+1)(x-0)(x-1) - 19/120\cdot(x+1)(x-0)(x-1)(x-3).$

Neu hinzukommende Faktoren (x-·) in der Reihenfolge der x in der Tabelle.

Der letzte Knoten 4 tritt hier "optisch" nicht in Erscheinung.

Will man das Polynom in einer anderen Form haben, etwa nach Potenzen von (x-0) (also x) entwickelt oder nach (x-9) usw., rechnet man mit dem Hornerschema die entstehenden Koeffizienten aus.

Wir wollen dieses Polynom noch berechnen, indem wir die Reihenfolge -1,1,4,3,0 der Knoten zugrunde legen. Dann bekommt man als Schema der dividierten Differenzen:

-1	[-1]f=1				
		[-1,1]f=-1/2			
1	[1]f=0		[-1,1,4]f=1/30		
		[1,4]f=-1/3		[-1,1,4,3]f=-71/120	
4	[4]f=-1		[1,4,3]f=-7/3		[-1,1,4,3,0]f=-19/120
		[4,3]f=-5		[1,4,3,0]f=-3/4	
3	[3]f=4		[4,3,0]f=-19/12		
		[3,0]f=4/3			
0	[0]f=0				

Berechnungsbeispiele:

Die ersten zwei Spalten sind die gegebenen Werte. In der Spalte der dividierten Differenzen 1. Ordnung ist z.B. [4,3]f=([3]f-[4]f)/(3-4)=-5. In der der dividierten Differenzen zweiter Ordnung: [1,4,3]f=([4,3]f-[1,4]f)/(4-1)=-7/3.

In der der dividierten Differenzen 3. Ordnung ist z.B.

[1,4,3,0]f=([4,3,0]f-[1,4,3]f)/(0-1)=(-19/12 - (-7/3))/(0-1) = -3/4. Die letzte der dividierten Differenzen: [-1,1,4,3,0]f=([1,4,3,0]f-[-1,1,4,3]f)/(0-(-1)) = -19/120.

Die in den Spalten der dividierten Differenzen jeweils oben stehenden Zahlen sind die gesuchten Koeffizienten des Interpolationspolynoms:

$$p(x) = 1 - \frac{1}{2}(x+1) + \frac{1}{30}(x+1)(x-1) - \frac{71}{120}(x+1)(x-1)(x-4) - \frac{19}{120}(x+1)(x-1)(x-4)(x-3)$$

Beachten: Die Reihenfolge, in der die Faktoren (x-...) neu hinzukommen, ist die, die in der 1. Spalte der Tabelle steht.

Man beachte, daß dieses dieselbe *Funktion* wie die oben berechnete ist (sie hat nur sozusagen eine andere Darstellung, aber auch Newton-Form), das besagt der Satz von der Eindeutigkeit des interpolierenden Polynoms kleinsten Grades.

Das sieht man auch, wenn man beide etwa nach Potenzen von x entwickelt (Hornerschema verwenden); es ergibt sich dann in beiden Fällen

$$p(x) = -\frac{19}{120}\cdot x^4 + \frac{155}{300}\cdot x^3 + \frac{1975}{3000}\cdot x^2 - \frac{305}{300}\cdot x.$$

(Dieses ist *wieder* dieselbe *Funktion*, aber eine weitere Art der Darstellung.)

Beispiel 6

Man berechne das Polynom p(x) kleinsten Grades, für das gilt

$p(0)=1,\ p'(0)=0,\ p''(0)=2,\ p(1)=0,\ p(2)=9,\ p'(2)=24.$

Lösung:

Hier ist 0 dreifacher, 1 einfacher und 2 zweifacher Knoten.

Es handelt sich um *Hermite*-Interpolation, da auch Ableitungen vorgegeben sind.

Wir tragen die unterstrichenen Werte in unsere Tabelle der dividierten Differenzen ein und berechnen die anderen nicht kursiv gedruckten dividierten Differenzen:

x	0.	1.	2.	3.	4.	5. Ordnung
0	*[0]f=1*					
		[0,0]f= 0				
0	*[0]f=1*		*[0,0,0]f= 1*			
		[0,0]f= 0		[0,0,0,1]f=-2		
0	*[0]f=1*		[0,0,1]f=-1		[0,0,0,1,2]f=5/2	
		[0,1]f=-1		[0,0,1,2]f=3		[0,0,0,1,2,2]f=-3/4
1	*[1]f=0*		[0,1,2]f= 5		[0,0,1,2,2]f=1	
		[1,2]f= 9		[0,1,2,2]f=5		
2	*[2]f=9*		[0,2,2]f=15			
		[2,2]f=24				
2	*[2]f=9*					

Das Interpolationspolynom lautet daher

$$p(x) = 1 + 0\cdot(x-0) + 1\cdot(x-0)^2 - 2\cdot(x-0)^3 + 5/2\cdot(x-0)^3(x-1) - 3/4\cdot(x-0)^3(x-1)(x-2).$$

Die Reihenfolge der Knoten in den Klammern ergibt sich aus dem Schema: 0,0,0,1,2.

Berechnungsbeispiele

a) *Sofort* einzutragende Werte sind *kursiv gedruckt.*

Die x_i entsprechend den Vielfachheiten (z.B. 0 also 3-fach), dann in die Spalte der dividierten Differenzen 0. Ordnung die gegebenen Funktionswerte $p(x_i)$, in die Spalte der dividierten Differenzen 1. Ordnung die Ableitungen, soweit vorgegeben (z.B. [0,0]f=p'(0)=0/1!=0 und [2,2]f=p'(2)/1!=24), dann in die Spalte der dividierten Differenzen 2. Ordnung die zweiten Ableitungen (hier nur [0,0,0]f=p"(0)/2!=2/2!=1).

b) Die übrigen dividierten Differenzen berechnet man dann von oben nach unten Spalte für Spalte nach der Formel der dividierten Differenzen; z.B.

[1,2]f = ([2]f-[1]f)/(2-1) = (9-0)/(2-1) = 9

[0,0,1]f=([0,1]f-[0,0]f)/(1-0) = (-1-0)/(1-0) = -1

[0,1,2]f=([1,2]f-[0,1]f)/(2-0) = (9-(-1))/(2-0) = 5

.....

[0,0,0,1,2,2]f=([0,0,1,2,2]f-[0,0,0,1,2]f)/(2-0) = (1-5/2)/(2-0) = -3/4

Die unterstrichenen Zahlen jeweils oben in den Spalten sind dann die Faktoren des gesuchten Polynoms *in seiner Newtonschen Form:*

$$p(x) = 1 + 0\cdot x + 1\cdot x^2 - 2\cdot x^3 + 5/2\cdot x^3(x-1) - 3/4\cdot x^3(x-1)\cdot(x-2).$$

Die Reihenfolge der Faktoren (x-...) ergibt sich aus der Spalte der Knoten, hier kann man ablesen, welcher Faktor neu hinzukommt.

Will man diese Newton-Form nach Potenzen von etwa (x-3) "ordnen" (das Polynom also nach Taylor im Punkt 3 entwickeln), so verwendet man das Hornerschema.

Zu Übungszwecken geben wir das Ergebnis an:

$$p(x) = -0.75\cdot(x-3)^5 - 6.50\cdot(x-3)^4 - 16.50\cdot(x-3)^3 + 1.00\cdot(x-3)^2 + 53.25\cdot(x-3) + 50.50.$$

Beispiel 7

Man berechne das folgenden Interpolationsbedingungen genügende Polynom p(x) kleinsten Grades: p(-2)=3, p'(-2)=2; p(0)=11; p(1)=9, p'(1)=11; p(2)=-5, p'(2)=10, p"(2)=174, $p^{(3)}(2)$=822. Hier ist -2 ein 2-, 0 ein 1-, 1 ein 2- und 2 ein 4-facher Knoten. Es handelt sich um Hermite-Interpolation (wir lassen die [...]f fort).

x	0	1	2	3	4	5	6	7	8 (Ordnung)
-2	*3*								
		2							
-2	*3*		1						
		4		-1					
0	11		-2		2				
		-2		5		-2			
1	*9*		13		-6		3		
		11		-19		10		-2	
1	*9*		-25		34		-5		3
		-14		49		-10		10	
2	*-5*		24		14		35		
		10		63		60			
2	*-5*		*87*		74				
		10		*137*					
2	*-5*		*87*						
		10							
2	*-5*								

Daher lautet das Interpolationspolynom

$$p(x) = 3 + 2\cdot(x+2) + (x+2)^2 - (x+2)^2x + 2\cdot(x+2)^2x\cdot(x-1) - 2\cdot(x+2)^2x\cdot(x-1)^2$$
$$+ 3\cdot(x+2)^2x\cdot(x-1)^2(x-2) - 2\cdot(x+2)^2x\cdot(x-1)^2(x-2)^2 + 3\cdot(x+2)^2x\cdot(x-1)^2(x-2)^3$$

Die Knoten kommen in der Reihenfolge -2,-2,0,1,1,2,2,2 (wie im Schema) hinzu, die Koeffizienten stehen in den Spalten jeweils ganz oben.

Berechnungsbeispiele:

1. *Kursiv* gedruckte Werte sofort hinschreiben, insbesondere die Ableitungen, durch die entsprechende Fakultät dividiert (Beispiele: [-2,-2]f=f'(2)/1!=2, [2,2,2,2]f=$f^{(3)}(2)$/3!=822/6=137). Dann entstehen "kleine Dreiecke".
2. Die anderen Zahlen nach dem Schema berechnen. z.B. [1,1,2,2]f=49=(24-(-25))/(2-1), [-2,0,1,1,2,2]f=10=(35-(-5))/(2-(-2)) (man laufe von der 10 aus schräg nach links oben und unten, um die Zahlen im Nenner zu finden, siehe die Pfeile).

Ordnet man nach Potenzen von x, d.h. entwickelt man das Polynom im Punkte 0, so erhält man (mit dem Hornerschema)

$$p(x) = 11 - 166x + 345x^2 - 143x^3 - 127x^4 + 102x^5 - 2x^6 - 14x^7 + 3x^8$$

Wenn man eine *Funktion f interpoliert* durch das Polynom p kleinsten Grades mit Knoten $x_0,\dots,x_n$, so gilt für den "Interpolationsfehler" im Punkte x die *Cauchysche Formel*

$$f(x) - p(x) = \frac{f^{(n+1)}(\xi)}{(n+1)!}\cdot(x-x_0)(x-x_1)\cdots(x-x_n) \ ,$$

wobei ξ zwischen der kleinsten und größten der Zahlen x, $x_0,\ldots,x_n$ liegt (die Existenz der (n+1)-ten Ableitung sei vorausgesetzt).

Beispiel 8

Man interpoliere f(x)=sinx in den Punkten 0, 0.3, 0.6, 0.9, 1.2, 1.5 durch das Interpolationspolynom p(x) kleinsten Grades und schätze f(1)-p(1) ab.

Lösung:

Das Ergebnis - es ist per Hand wohl kaum zu ermitteln - lautet (gerundet)

$p(x) = 0 + 0.985067\cdot x - 0.146655\cdot x\cdot(x-0.3) - 0.148394\cdot x\cdot(x-0.3)(x-0.6)$
$\quad + 0.023176\cdot x\cdot(x-0.3)(x-0.6)(x-0.9) + 0.005984\cdot x\cdot(x-0.3)(x-0.6)(x-0.9)(x-1.2).$

Der Fehler ist, da n=5 (Grad des Polynoms) und $f^{(6)}(x) = -\sin x$:

$$\sin x - p(x) = \frac{-\sin\xi}{6!}\cdot x\cdot(x-0.3)(x-0.6)(x-0.9)(x-1.2)(x-1.5) \text{ für ein } \xi \text{ in } [0,1.5].$$

Für x=1 ergibt sich, da der Sinus (nach oben) durch 1 abgeschätzt werden kann:

$|\sin 1 - p(1)| \le 1\cdot 0.7\cdot 0.4\cdot 0.1\cdot 0.2\cdot 0.5/6! \le 0.000004.$

Es ist übrigens $\sin 1 \approx 0.8414710$ und $p(1) \approx 0.8414737$ (Hornerschema!), es ist daher sogar

$|\sin 1 - p(1)| \le 0.000003.$

Beispiel 9

Man interpoliere f(x) = ln(x+1) mit dem Interpolationspolynom kleinsten Grades, als Knoten nehme man 0, 1, 2, 3, 4, 5. Man schätze den Fehler für x=2.5 ab.

Lösung:

Es ergibt sich (Computerrechnung)

$p(x) = 0 + 0.693147\cdot x - 0.143841\cdot x\cdot(x-1) + 0.028317\cdot x\cdot(x-1)(x-2)$
$\quad - 0.004861\cdot x\cdot(x-1)(x-2)(x-3) - 0.000726\cdot x\cdot(x-1)(x-2)(x-3)(x-4).$

Hier ist n=5. Die 6. Ableitung von ln(x+1) lautet $-5!\cdot(x+1)^{-6}$ und kann in [0,5] nach oben dem Betrage nach durch 5! abgeschätzt werden. Daher ist

$$|\ln(2.5+1) - p(2.5)| \le \frac{5!}{6!}\cdot(2.5-0)(2.5-1)(2.5-2)(2.5-3)(2.5-4)(2.5-5) \le 0.6$$

ein "schlechtes" Ergebnis.

Tatsächlich ist (ausrechnen!) $p(2.5) \approx 1.25213$ und $\ln(2.5+1) \approx 1.25276$, so daß der Interpolationsfehler sogar ≤ 0.0007 ist.

Dieser Effekt kann auftreten, wenn der Betrag der (n+1)-ten Ableitung - hier also der 6. - im betrachteten Intervall stark schwankt. Hier ist er am größten im Punkt 0: Wert dort 5! = 120, am kleinsten im Punkt 5: Wert dort $5!/6^6 \approx 0.0026$.

3. Der Algorithmus von Neville-Aitken

Gegeben seien n+1 *paarweise verschiedene* Interpolationsknoten $x_0,\dots,x_n$ und n+1 Zahlen $y_0,\dots,y_n$. Mit dem Algorithmus von *Neville-Aitken* kann man den Funktionswert p(x) des Interpolationspolynoms p kleinsten Grades berechnen *ohne* dieses Polynom selbst zu berechnen. Dazu gehe man folgendermaßen vor:

x sei eine feste Zahl. Berechne

(1) $p_i^{(o)}(x) := y_i$ für i=0,...,n

(2) für jedes k = 1,2,...,n

$$p_i^{(k)}(x) := \frac{(x-x_i)\cdot p_{i+1}^{(k-1)}(x) - (x-x_{i+k})\cdot p_i^{(k-1)}(x)}{x_{i+k} - x_i} \qquad \text{für } i = 0,\dots,n-k.$$

(3) Dann ist $p(x) = p_0^{(n)}(x)$.

Die zu berechnenden Zahlen ordnet man in einem Schema, ähnlich dem Differenzenschema (es *ist* ein solches) bei der Berechnung des Newtonschen Interpolationspolynoms:
In die erste Spalte schreibt man die Knoten, dann die y-Werte, die ja die $p^{(0)}$ sind.
Dann die p mit oben (1), dann die mit oben (2) usw. Das Ergebnis steht am Ende.

Beispiel 10

Man berechne den Wert p(2) des folgende Werte interpolierenden Polynoms:

x	-1	0	1	3	4
y	1	0	0	4	-1

Lösung:

Wir notieren die berechneten Zahlen, wie angedeutet, in einem Schema:

i	x_i	$p_i^{(0)}$	$p_i^{(1)}$	$p_i^{(2)}$	$p_i^{(3)}$	$p_i^{(4)}$
0	-1	1	-2	1	5/4	11/5
1	0	0	0	4/3	34/12	
2	1	0	2	13/3		
3	3	4	9			
4	4	-1				

Berechnungsbeispiele

Die p mit oben (0) sind die Funktionswerte y (nach 1).

Die der nächsten Spalte mit oben (1) z.B.:

$$p_1^{(1)}(2) = \frac{(x-0)\cdot 0 - (x-1)\cdot 0}{1-0} = 0, \quad p_3^{(1)}(2) = \frac{(x-3)\cdot(-1) - (x-4)\cdot 4}{4-3} = 9$$

denn x=2 (wir haben der Übersicht wegen x hingeschrieben). Dann weiter z.B.

$$p_2^{(2)}(2) = \frac{(x-1)\cdot 9 - (x-4)\cdot 2}{4-1} = 13/3.$$

Also ist p(2) = 11/5 = 2.2 (beachte: wir haben *nicht* das Polynom p berechnet).
Siehe auch Beispiel 5.

4. Interpolation mit kubischen Splinefunktionen

Es sei

$Z: \quad a=x_0 \le x_1 \le x_2 \le \ldots \le x_n \le x_{n+1}=b$ (beachten: Indizes 0 bis n+1)

eine Zerlegung des Intervalls [a,b]. Unter einer ***kubischen Splinefunktion*** mit den ***Stützstellen*** $x_1,\ldots,x_n$ versteht man eine auf [a,b] definierte Funktion s, deren 2. Ableitung in [a,b] stetig ist (d.h. $s \in C^2[a,b]$), und die in jedem der Teilintervalle $[x_i,x_{i+1}]$ (i=0,...,n) ein Polynom vom Grade 3 ist.

Beispiel 11

Folgende Funktion s ist eine kubische Splinefunktion:

$$s(x) = \begin{cases} -1 + 2\cdot(x-0) - \frac{7}{4}\cdot(x-0)^2 + \frac{7}{4}\cdot(x-0)^3, & \text{wenn } 0\le x\le 1 \\ 1 + \frac{15}{4}\cdot(x-1) + \frac{7}{2}\cdot(x-1)^2 - \frac{13}{4}\cdot(x-1)^3, & \text{wenn } 1\le x\le 2 \\ 5 + 1\cdot(x-2) - \frac{25}{4}\cdot(x-2)^2 + \frac{9}{4}\cdot(x-2)^3, & \text{wenn } 2\le x\le 3 \\ 2 - \frac{19}{4}\cdot(x-3) + \frac{1}{2}\cdot(x-3)^2 - \frac{3}{4}\cdot(x-3)^3, & \text{wenn } 3\le x\le 4 \end{cases}$$

[a,b] = [0,4], Stützstellen sind 1, 2 und 3 (n+1=4).

Um das einzusehen, muß man zeigen, daß s(x) in jedem der 4 Teilintervalle ein Polynom 3. Grades ist (klar) und:

1. s ist stetig in [0,4]: zu zeigen also, daß an den Stützstellen gilt
   $s(1) = -1 + 2 - 7/4 + 7/4 = 1$ (linksseitig) und $s(1) = 1$ (rechtsseitig),
   $s(2) = \ldots = 5$ (links-) und $s(2) = 5$ (rechtsseitig),
   $s(3) = \ldots = 2$ (links-) und $s(3) = 2$ (rechtsseitig).
   Wir haben daher oben in der Definition von s überall ≤ (statt ggf. <) geschrieben.
2. s' ist stetig in [0,4]: zu zeigen an den Stützstellen:
   $s'(1) = 15/4$ sowohl rechts- als auch linksseitig,
   $s'(2) = 1$ und $s'(3) = -19/4$, jeweils links- und rechtseitig.
3. s" ist stetig in [0,4]:
   $s''(1) = 7$, $s''(2) = -25/2$ und $s''(3) = 1$, jeweils links- als auch rechtsseitig.

In jedem der n+1 Teilintervalle ist s als Polynom 3. Grades durch seine 4 Koeffizienten bestimmt, man hat daher zunächst $4\cdot(n+1)$ Koeffizienten. Diese sind aber aufgrund der Forderung über die Stetigkeit der Ableitungen 0., 1. und 2. Ordnung nicht unabhängig voneinander:

1. s ist stetig: An den n Stützstellen müssen links- und rechtsseitiger Grenzwert gleich sein, das ergibt n Gleichungen für die Koeffizienten;
2. s' ist stetig: Das sind entsprechend weitere n Gleichungen und
3. s" ist stetig: Das sind weitere n Gleichungen.

Insgesamt bestehen also 3n Gleichungen für die $4\cdot(n+1)$ Koeffizienten.

a) Schreibt man die Funktionswerte an den Stütz- und Randstellen, also bei $x_0,\ldots,x_{n+1}$ vor: $s(x_i)=y_i$ $(i=0,\ldots,n+1$, y_i beliebige Zahlen), so sagt man, s interpoliere die Werte y_i; das sind n+2 weitere Gleichungen. Dann hat man zur Lösung dieser Interpolationsaufgabe genau $3n+(n+2) = 4n+2$ Gleichungen für die $4\cdot(n+1)=4n+4$ Koeffizienten, also zwei weniger als Koeffizienten.

b) Diese zwei "fehlenden" Gleichungen kann man aus verschiedenen Forderungen gewinnen; wichtig sind die drei folgenden:

I. Interpolationsaufgabe (Ableitungen am Rand gegeben)

$s'(x_0) = y_0'$ und $s'(x_{n+1}) = y_{n+1}'$ werden vorgeschrieben (Ableitungen am Rand vorgeschrieben).

II. Interpolationsaufgabe (natürliche Splinefunktion)

$s''(x_0) = 0$ und $s''(x_{n+1}) = 0$ werden verlangt; s heißt bei diesen Randbedingungen *natürliche Splinefunktion* ("lineare Fortsetzung" von s nach links bzw. rechts über [a,b] hinaus möglich).

III. Interpolationsaufgabe (periodische Splinefunktion)

$s'(x_0) = s'(x_{n+1})$ und $s''(x_0) = s''(x_{n+1})$ und die Interpolationsbedingung $y_0 = s(x_0) = s(x_{n+1}) = y_{n+1}$: Dann läßt sich s über [a,b] mit der Periode b-a periodisch als Splinefunktion fortsetzen. (Die letzte Bedingung ist eine Interpolationsforderung und gehört nach a), es handelt sich also in der Tat um *zwei* weitere Bedingungen.) s heißt dann *periodische Splinefunktion.*

Der wichtige Interpolationssatz besagt: Durch die Interpolationsbedingung a) und eine der drei Bedingungen aus b) ist s eindeutig bestimmt; es gibt jeweils genau eine diesen Bedingungen genügende kubische Splinefunktion.

Es folgt nun deren *Berechnung.*

Man nennt die Zahlen $M_i := s''(x_i)$ die *Momente* der kubischen Splinefunktion. Diese werden aus einem linearen Gleichungssystem berechnet.

1. Berechnung der Koeffizienten des Gleichungssystems für die Momente

I., II. und III. Interpolationsaufgabe

(1) $\Delta x_i = x_{i+1} - x_i,\qquad i = 0,\ldots,n$

(2) $\Delta y_i = y_{i+1} - y_i,\qquad i = 0,\ldots,n$

(3) $\lambda_i = \dfrac{\Delta x_i}{\Delta x_{i-1}+\Delta x_i},\qquad i = 1,\ldots,n$

(4) $\mu_i = 1 - \lambda_i,\qquad i = 1,\ldots,n$

(5) $r_i = \dfrac{6}{\Delta x_{i-1}+\Delta x_i}\cdot\left[\dfrac{\Delta y_i}{\Delta x_i} - \dfrac{\Delta y_{i-1}}{\Delta x_{i-1}}\right],\qquad i = 1,\ldots,n$

Ferner benötigt man für die entsprechende Interpolationsaufgabe

I. Aufgabe	II. Aufgabe	III. Aufgabe
$\lambda_0 = 1$	$\lambda_0 = 0$	$\lambda_{n+1} = \frac{\Delta x_0}{\Delta x_0 + \Delta x_n}$
$\mu_{n+1} = 1$	$\mu_{n+1} = 0$	$\mu_{n+1} = 1 - \lambda_{n+1}$
$r_0 = \frac{6}{\Delta x_0} \cdot [\frac{\Delta y_0}{\Delta x_0} - y'_0]$	$r_0 = 0$	
$r_{n+1} = \frac{-6}{\Delta x_n} \cdot [\frac{\Delta y_n}{\Delta x_n} - y'_{n+1}]$	$r_{n+1} = 0$	$r_{n+1} = \frac{6}{\Delta x_0 + \Delta x_n} \cdot [\frac{\Delta y_0}{\Delta x_0} - \frac{\Delta y_n}{\Delta x_n}]$

2. Berechnung der Momente $M_i = s''(x_i)$

   Die Momente berechne man aus folgendem Gleichungssystem (die λ bilden die Super-, die μ die Subdiagonale, auf der Diagonale stehen 2):

   I. und II. Interpolationsaufgabe:

$$\begin{pmatrix} 2 & \lambda_0 & & & & \\ \mu_1 & 2 & \lambda_1 & & & \\ & \mu_2 & 2 & \lambda_2 & & \\ & \cdots & \cdots & \cdots & \cdots & \\ & & & \mu_n & 2 & \lambda_n \\ & & & & \mu_{n+1} & 2 \end{pmatrix} \cdot \begin{pmatrix} M_0 \\ M_1 \\ M_2 \\ \cdots \\ M_n \\ M_{n+1} \end{pmatrix} = \begin{pmatrix} r_0 \\ r_1 \\ r_2 \\ \cdots \\ r_n \\ r_{n+1} \end{pmatrix}$$

   Man beachte, daß es sich um ein System mit einer Tridiagonalmatrix handelt, leere Plätze in der Matrix bedeuten 0.

   Bei der II. Aufgabe sind übrigens $M_0 = M_{n+1} = 0$.

   III. Interpolationsaufgabe (periodische Splinefunktion)

   $M_0 = M_{n+1}$ und

$$\begin{pmatrix} 2 & \lambda_1 & & & & \mu_1 \\ \mu_2 & 2 & \lambda_2 & & & \\ & \mu_3 & 2 & \lambda_3 & & \\ & & \cdots & \cdots & \cdots & \\ & & & \mu_n & 2 & \lambda_n \\ \lambda_{n+1} & & & & \mu_{n+1} & 2 \end{pmatrix} \cdot \begin{pmatrix} M_1 \\ M_2 \\ M_3 \\ \cdots \\ M_n \\ M_{n+1} \end{pmatrix} = \begin{pmatrix} r_1 \\ r_2 \\ r_3 \\ \cdots \\ r_n \\ r_{n+1} \end{pmatrix}$$

3. Berechnung der Koeffizienten der Splinefunktion s in den Intervallen

Für $x_i \le x \le x_{i+1}$ sei $s(x) = d_i + c_i(x-x_i) + b_i(x-x_i)^2 + a_i(x-x_i)^3$

Dann lauten die vier Koffizienten für i=0,...,n

(6) $d_i = y_i,\ c_i = \frac{\Delta y_i}{\Delta x_i} - \frac{1}{6} \cdot \Delta x_i \cdot [2M_i + M_{i+1}],\ b_i = \frac{1}{2} \cdot M_i,\ a_i = \frac{1}{6} \cdot [M_{i+1} - M_i]/\Delta x_i.$

Beispiel 12

Man berechne die folgende Werte interpolierende natürliche kubische Splinefunktion:

x_i	0	1	2	3	4
y_i	-1	1	5	2	-3

Lösung:

Die Stützstellen sind 1, 2, und 3, zu interpolieren ist in 0, 1, 2, 3 und 4, es sind also 5 Interpolationsknoten, n+1=5. Ferner lautet die Forderung s"(0) = s"(4) = 0 (natürliche Splinefunktion: II. Interpolationsaufgabe).

1. Berechnung der Koeffizienten des Gleichungssystems der Momente

Wir notieren die benötigten Werte in folgender Tabelle. Die kursiv gedruckten Zahlen sofort eintragen, desgleichen die Striche –.

i	*0*	*1*	*2*	*3*	*4*	
x_i	*0*	*1*	*2*	*3*	*4*	(gegebene Knoten)
y_i	*-1*	*1*	*5*	*2*	*-3*	(gegebene Funktionswerte)
Δx_i	1	1	1	1	–	(nach (1) berechnet)
Δy_i	2	4	-3	-5	–	(nach (2) berechnet)
λ_i	*0*	0.5	0.5	0.5	–	(nach (3) berechnet)
μ_i	–	0.5	0.5	0.5	*0*	(nach (4) berechnet)
r_i	*0*	6	-21	-6	*0*	(nach (5) berechnet)

Berechnungsbeispiele

Die Zeile der Δx aus (1): $\Delta x_2 = x_3 - x_2 = 3-2 = 1$

Die Zeile der Δy aus (2): $\Delta y_2 = y_3 - y_2 = 2-5 = -3$

Die Zeile der λ aus (3):

$\lambda_0 = 0$ (natürliche Splinefunktion, Aufgabe II)

$\lambda_2 = \Delta x_2/(\Delta x_1 + \Delta x_2) = 1/(1+1) = 0.5$

Die Zeile der μ aus (4):

$\mu_4 = 0$ (natürliche Splinefunktion, Aufgabe II)

$\mu_2 = 1-\lambda_2 = 1-0.5 = 0.5$

Die Zeile der r aus (5):

$r_0 = 0$ und $r_4 = 0$ (natürliche Splinefunktion, Aufgabe II)

$$r_2 = \frac{6}{\Delta x_1 + \Delta x_2} \cdot \left[\frac{\Delta y_2}{\Delta x_2} - \frac{\Delta y_1}{\Delta x_1} \right] = \frac{6}{1+1} \cdot \left[\frac{-3}{1} - \frac{4}{1} \right] = -21$$

2. Berechnung der Momente

Das Gleichungssystem lautet also:

$$\begin{pmatrix} 2 & 0 & & & \\ 0.5 & 2 & 0.5 & & \\ & 0.5 & 2 & 0.5 & \\ & & 0.5 & 2 & 0.5 \\ & & & 0 & 2 \end{pmatrix} \cdot \begin{pmatrix} M_0 \\ M_1 \\ M_2 \\ M_3 \\ M_4 \end{pmatrix} = \begin{pmatrix} 0 \\ 6 \\ -21 \\ -6 \\ 0 \end{pmatrix}$$

Es kann mit einem Verfahren für Tridiagonalsysteme behandelt werden (siehe dort) bzw. auch iterativ gelöst werden (Gauß-Seidel oder Jacobi), denn es genügt dem starken Zeilensummenkriterium (lohnt sich aber erst bei umfangreicheren Systemen), die Koeffizientenmatrix ist auch positiv definit.

i	0	1	2	3	4
M_i	0	6	-12	0	0

Es ist zweckmäßig, obige Tabelle um diese Zeile zu ergänzen.

3. Berechnung der Koeffizienten der Splinefunktion nach (6)

Es ergeben sich folgende Zahlen, die wir tabellarisch angeben (man sollte auch sie aus Gründen der Übersichtlichkeit an obige Tabelle anhängen), kursiv gedruckte Zahlen sofort hinschreiben.

i	0	1	2	3	4
d_i	*-1*	*1*	*5*	*2*	-
c_i	1	4	1	-5	-
b_i	0	3	-6	0	-
a_i	1	-3	2	0	-

(aus der Zeile der y abschreiben)

Berechnungsbeispiele

$$c_2 = \frac{\Delta y_2}{\Delta x_2} - \frac{1}{6} \cdot \Delta x_2 \cdot [2M_2 + M_3] = \frac{-3}{1} - \frac{1}{6} \cdot 1 \cdot [2 \cdot (-12) + 0] = 1$$

$$b_2 = \frac{1}{2} \cdot M_2 = -6$$

$$a_1 = \frac{M_2 - M_1}{6 \cdot \Delta x_1} = \frac{-12 - 6}{6 \cdot 1} = -3.$$

Daher lautet die natürliche kubische Splinefunktion

$$s(x) = \begin{cases} -1 + 1\cdot(x-0) + 0\cdot(x-0)^2 + 1\cdot(x-0)^3, & \text{wenn } 0\le x\le 1 \\ 1 + 4\cdot(x-1) + 3\cdot(x-1)^2 - 3\cdot(x-1)^3, & \text{wenn } 1\le x\le 2 \\ 5 + 1\cdot(x-2) - 6\cdot(x-2)^2 + 2\cdot(x-2)^3, & \text{wenn } 2\le x\le 3 \\ 2 - 5\cdot(x-3) + 0\cdot(x-3)^2 + 0\cdot(x-3)^3, & \text{wenn } 3\le x\le 4 \end{cases}$$

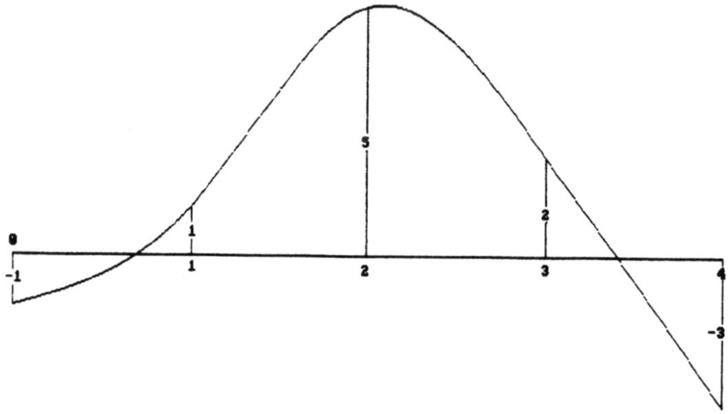

Beispiel 13

Man berechne die natürliche kubische Splinefunktion, die folgende Werte annimmt:

x_i	0	1	3	4
y_i	-1	2	12	19

Lösung:

Es ergibt sich folgende Tabelle der benötigten Werte, wobei die kursiv gedruckten Zahlen und Striche sofort hinzuschreiben sind (siehe voriges Beispiel):

i	0	1	2	3	
x_i	*0*	*1*	*3*	*4*	(gegebene Knoten bzw. Stützstellen)
y_i	*-1*	*2*	*12*	*19*	(vorgegebene Funktionswerte)
Δx_i	1	2	1	–	(Differenzen nach (1))
Δy_i	3	10	7	–	(Differenzen nach (2))
λ_i	*0*	2/3	1/3	–	(nach (3))
μ_i	–	1/3	2/3	*0*	(nach (4))
r_i	*0*	4	4	*0*	(nach (5))
M_i	0	3/2	3/2	0	(aus dem Gleichungssystem)
d_i	*-1*	*2*	*12*	–	(Formeln (6), = y_i, s.o.)
c_i	11/4	7/2	13/2	–	(Formeln (6) für die Koeffizienten)
b_i	0	3/4	3/4	–	(Formeln (6) für die Koeffizienten)
a_i	1/4	0	-1/4	–	(Formeln (6) für die Koeffizienten)

Das Gleichungssystem, aus dem die Momente M berechnet wurden, lautet (Koeffizientenmatrix, rechte Seite, leere Plätze für Nullen)

$$\left(\begin{array}{cccc|c} 2 & 0 & & & 0 \\ 1/3 & 2 & 2/3 & & 4 \\ & 2/3 & 2 & 1/3 & 4 \\ & & 0 & 2 & 0 \end{array}\right)$$

Damit ist die gesuchte Splinefunktion

$$s(x) = \begin{cases} -1 + 11/4\cdot(x-0) + 0\cdot(x-0)^2 + 1/4\cdot(x-0)^3, & 0\le x\le 1 \\ 2 + 7/2\cdot(x-1) + 3/4\cdot(x-1)^2 + 0\cdot(x-1)^3, & 1\le x\le 3 \\ 12 + 13/2\cdot(x-3) + 3/4\cdot(x-3)^2 - 1/4\cdot(x-3)^3, & 3\le x\le 4 \end{cases}$$

Beispiel 14

Man berechne die kubische Splinefunktion, die folgende Werte interpoliert

x	0	1	2	3	4
y	-1	1	5	2	-3

und für die s'(0) = 2, s'(4) = -6 gilt.

Lösung:

Es handelt sich um die I. Interpolationsaufgabe, da die Ableitungen an den Intervallenden 0 und 4 vorgegeben sind $(y_0'=2,\ y_4'=-6)$.

Wir bekommen folgende Liste mit zu berechnenden Werten, die sich zunächst nur bei λ_4, μ_0 und den ersten und letzten der r-Werte von der aus Beispiel 12 unterscheidet (wir haben für die Funktionswerte dieselben Bedingungen).

i	0	1	2	3	4	
x_i	*0*	*1*	*2*	*3*	*4*	(gegebene Knoten)
y_i	*-1*	*1*	*5*	*2*	*-3*	(gegebene Funktionswerte)
Δx_i	1	1	1	1	-	(nach (1) berechnet)
Δy_i	2	4	-3	-5	-	(nach (2) berechnet)
λ_i	*1*	1/2	1/2	1/2	-	(nach (3) berechnet)
μ_i	-	1/2	1/2	1/2	*1*	(nach (4) berechnet)
r_i	0	6	-21	-6	-6	(nach (5) berechnet)
M_i	-7/2	7	-25/2	1	-7/2	(aus dem Gleichungssystem)
d_i	*-1*	*1*	*5*	*2*	-	(aus (6), die y)
c_i	2	15/4	1	-19/4	-	(aus (6))
b_i	-7/4	7/2	-25/4	1/2	-	(aus (6))
a_i	7/4	-13/4	9/4	-3/4	-	(aus (6))

Berechnungsbeispiele

Die Zahlen bis zur Zeile der r sind wie im Beispiel 12, lediglich folgende vier Zahlen sind anders:

λ_0 und μ_4 aus den Formeln für die I. Interpolationsaufgabe.

Ferner die zwei Werte für die rechte Seite

$$r_0 = \frac{6}{\Delta x_0} \cdot [\, \frac{\Delta y_0}{\Delta x_0} - y_0' \,] = \frac{6}{1} \cdot [\, \frac{2}{1} - 2 \,] = 0 \text{ und}$$

$$r_4 = \frac{-6}{\Delta x_3} \cdot [\, \frac{\Delta y_3}{\Delta x_3} - y_4' \,] = \frac{-6}{1} \cdot [\, \frac{-5}{1} - (-6) \,] = -6.$$

Das Gleichungssystem, aus dem die Momente M berechnet werden, lautet (wir notieren nur die Koeffizientenmatrix und die rechte Seite, Leerplätze Null)

2	1				0
1/2	2	1/2			6
	1/2	2	1/2		-21
		1/2	2	1/2	-6
			1	2	-6

Auch hier entsteht ein Gleichungssystem, dessen Matrix dem starken Zeilensummenkriterium genügt (Jacobi- sowie Gauß-Seidel-Verfahren konvergieren gegen *die* Lösung, man wird solch kleines System allerdings direkt mit einem Verfahren für Tridiagonalmatrizen lösen). Die Lösung ist oben eingetragen.

Die Berechnung der a, b, c und d erfolgt nach den Formeln (6). Damit ergibt sich die Splinefunktion s(x), die in Beispiel 11 steht, siehe dort.

Beispiel 15

Man berechne die $f(x) = \sin^2(\pi/2 \cdot x)$ in den Punkten 0,1,2,3,4,5,6 interpolierende Splinefunktion s, für die $s'(0) = f'(0)$ und $s'(6) = f'(6)$ gilt.

Lösung:

Wir geben das Ergebnis in Tabellenform an (siehe die vorigen Beispiele).

Es ist $s'(0) = s'(6) = 0$: I. Interpolationsaufgabe.

i	0	1	2	3	4	5	6
x	0.0000	1.0000	2.0000	3.0000	4.0000	5.0000	6.0000
y	0.0000	1.0000	0.0000	1.0000	0.0000	1.0000	0.0000
Δx	1.0000	1.0000	1.0000	1.0000	1.0000	1.0000	-
Δy	1.0000	-1.0000	1.0000	-1.0000	1.0000	-1.0000	-
λ	1.0000	0.5000	0.5000	0.5000	0.5000	0.5000	-
μ	-	0.5000	0.5000	0.5000	0.5000	0.5000	1.0000
r	6.0000	-6.0000	6.0000	-6.0000	6.0000	-6.0000	6.0000
M	6.0000	-6.0000	6.0000	-6.0000	6.0000	-6.0000	6.0000
d	0.0000	1.0000	0.0000	1.0000	0.0000	1.0000	-
c	0.0000	0.0000	0.0000	-0.0000	0.0000	-0.0000	-
b	3.0000	-3.0000	3.0000	-3.0000	3.0000	-3.0000	-
a	-2.0000	2.0000	-2.0000	2.0000	-2.0000	2.0000	-

$$s(x) = \begin{cases} -2.0000\cdot(x-0)^3 + 3.0000\cdot(x-0)^2 & 0 \le x \le 1 \\ 2.0000\cdot(x-1)^3 - 3.0000\cdot(x-1)^2 + 1.0000 & 1 \le x \le 2 \\ -2.0000\cdot(x-2)^3 + 3.0000\cdot(x-2)^2 & 2 \le x \le 3 \\ 2.0000\cdot(x-3)^2 - 3.0000\cdot(x-3)^2 + 1.0000 & 3 \le x \le 4 \\ -2.0000\cdot(x-4)^3 + 3.0000\cdot(x-4)^2 & 4 \le x \le 5 \\ 2.0000\cdot(x-5)^3 - 3.0000\cdot(x-5)^2 + 1.0000 & 5 \le x \le 6 \end{cases}$$

Das Interpolations*polynom* kleinsten Grades lautet übrigens

$$p(x) = x - x\cdot(x-1) + 0.66667\cdot x\cdot(x-1)(x-2) - 0.33333\cdot x\cdot(x-1)(x-2)(x-3)$$
$$+ 0.13333\cdot x\cdot(x-1)(x-2)(x-3)(x-4) - 0.04444\cdot x\cdot(x-1)(x-2)(x-3)(x-4)(x-5)$$
$$= -0.04444x^6 + 0.8x^5 - 5.44444x^4 + 17.33333x^3 - 25.51111x^2 + 13.86666x$$

Beispiel 16

Man berechne für die Funktion

$$f(x) = e^{2/(x^2+1)} - \frac{1}{x^2-27} - x$$

die in den Knoten -5,-4,...,4,5 interpolierende natürliche Splinefunktion sowie das Interpolationspolynom.

Lösung:

Splinefunktion s und Polynom p und alle folgenden Werte sind mit den Pascal-Programmen aus *"Turbo-Pascal-Quelltexte zur Ingenieur-Mathematik"* berechnet worden. Wir wollen hier nur ein Bild der drei beteiligten Funktionen zeichnen, das ebenfalls mit einem dieser Programme erstellt worden ist. Man beachte die z.T. beträchtlichen Abweichungen des Interpolationspolynoms von f(x). Es gilt z.B. $f(-4.7)\approx5.99$, $p(-4.7)\approx29.74(!)$, $s(-4.7)\approx6.15$.

Die Koeffizienten des Polynoms in Newton-Form lauten (steigend):

6.57995900 -1.36420287 0.21270253 -0.03804377 0.04142566 0.00603870
-0.02460407 0.01499005 -0.00533418 0.00136167 -0.00027233

Also ist (weiter gerundet)

$$p(x)=6.58-1.36\cdot(x+5)+0.21\cdot(x+5)(x+4)+\ldots-0.00027\cdot(x+5)\cdot\ldots\cdot(x-4).$$

Die interpolierende natürliche kubische Splinefunktion hat die Koeffizienten

	0	1	2	3	
(x+5):	6.57995900	-1.45070864	0.00000000	0.08650577,	$-5\le x\le-4$
(x+4):	5.21575613	-1.19119133	0.25951731	-0.00712379,	$-4\le x\le-3$
(x+3):	4.27695831	-0.69352808	0.23814594	-0.28627321,	$-3\le x\le-2$
(x+2):	3.53530296	-1.07605584	-0.62067369	1.91816994,	$-2\le x\le-1$
(x+1):	3.75674337	3.43710659	5.13383612	-4.90159295,	$-1\le x\le0$
(x-0):	7.42609314	-1.00000000	-9.57094271	4.90159295,	$0\le x\le1$
(x-1):	1.75674337	-5.43710659	5.13383612	-1.91816994,	$1\le x\le2$
(x-2):	-0.46469704	-0.92394416	-0.62067369	0.28627321,	$2\le x\le3$
(x-3):	-1.72304169	-1.30647192	0.23814594	0.00712379,	$3\le x\le4$
(x-4):	-2.78424387	-0.80880867	0.25951731	-0.08650577,	$4\le x\le5$

Lesebeispiel: Im Intervall $1\le x\le2$ lautet die Splinefunktion

$$1.75674337-5.43710659\cdot(x-1)+5.13383612\cdot(x-1)^2-1.91816994\cdot(x-1)^3.$$

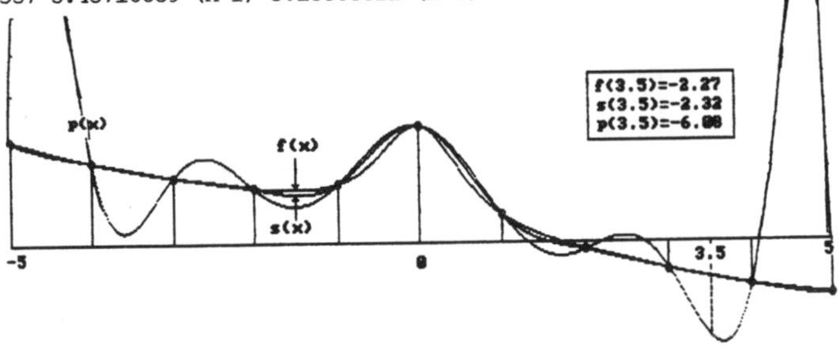

5. Ausgleichsrechnung (Polynom-Ausgleich)

Gegeben sind die n+1 Punkte (x_0,y_0), $(x_1,y_1),\ldots,(x_n,y_n)$, wobei die x_i paarweise verschieden sind. Es gibt dann genau ein Polynom kleinsten Grades, das diese Punkte interpoliert. Es gibt kein Polynom noch kleineren Grades, das diese Punkte interpoliert.

Es gibt aber ein Polynom p vom Grade m, m<n, das der Minimum-Forderung

$$\sum_{i=0}^{n} |p(x_i)-y_i|^2 = \min \{ \sum_{i=0}^{n} |q(x_i)-y_i|^2 \ / \ q \text{ Polynom vom Grade} \leq m \}$$

genügt. Die m+1 Koeffizienten a_i dieses *Ausgleichspolynoms* $p(x) = a_0+a_1x+ \ldots +a_mx^m$ sind dann aus $\|A\cdot\vec{a}-\vec{y}\|_2 \Rightarrow$ Min (siehe Methode der kleinsten Quadrate) zu berechnen, wobei

$$A = \begin{pmatrix} 1 & x_0 & x_0^2 & \ldots & x_0^m \\ 1 & x_1 & x_1^2 & \ldots & x_1^m \\ 1 & x_2 & x_2^2 & \ldots & x_2^m \\ & & \ldots & & \\ 1 & x_n & x_n^2 & \ldots & x_n^m \end{pmatrix}, \quad \vec{y} = \begin{pmatrix} y_0 \\ y_1 \\ y_2 \\ .. \\ y_n \end{pmatrix}, \quad \vec{a} = \begin{pmatrix} a_0 \\ a_1 \\ .. \\ a_m \end{pmatrix}$$

A ist die *Vandermonde-Matrix* der x_i. Das Gleichungssystem hat n+1 Gleichungen für die m+1 "Unbekannten", ist also, wenn m<n ist, überbestimmt. Seine Lösung kann auf zwei Arten erfolgen:

1. Man berechne $\vec{a}$ aus dem (m+1)-reihig quadratischen System $A^T A\cdot\vec{x}=A^T\cdot\vec{y}$ (Normalgleichungen).
   Der Nachteil ist, daß diese Matrix A^TA schlecht konditioniert ist, bei größerem m die Berechnung der Lösung des Systems also problematisch werden kann.
2. Man berechne die QR-Zerlegung von A: $A = Q\cdot R$ (siehe dort). Dann wird $\vec{a}$ aus den ersten m+1 Gleichungen von $R\cdot\vec{a}=Q^T\cdot\vec{y}$ berechnet, einem durch Rückwärtssubstitution zu lösenden quadratischen System.

Beispiel 17

Man berechne das Ausgleichspolynom 2. Grades für die 5 Punkte (0,3), (2,5), (3,5), (5,-3), (6,0).

Lösung:

Hier ist m=2 und es ergibt sich

$$A = \begin{pmatrix} 1 & 0 & 0 \\ 1 & 2 & 4 \\ 1 & 3 & 9 \\ 1 & 5 & 25 \\ 1 & 6 & 36 \end{pmatrix}, \quad \vec{y} = \begin{pmatrix} 3 \\ 5 \\ 5 \\ -3 \\ 0 \end{pmatrix}.$$

1. Weg (über die Normalgleichungen, A^TA)

$$B := A^T\cdot A = \begin{pmatrix} 5 & 16 & 74 \\ 16 & 74 & 376 \\ 74 & 376 & 2018 \end{pmatrix}, \quad A^T\cdot\vec{y} = \begin{pmatrix} 10 \\ 10 \\ -10 \end{pmatrix}.$$

Die Matrix ist (natürlich) symmetrisch und positiv definit. Die Lösung des Gleichungssystems

$(A^T \cdot A) \cdot \vec{x} = A^T \cdot \vec{y}$ lautet $(3.54978355, 1.01731602, -0.32467532)^T$.

Daher lautet das gesuchte Ausgleichspolynom 2. Grades

$$p(x) = 3.54978355 + 1.01731602 \cdot x - 0.32467532 \cdot x^2.$$

Konditionszahlen von B sind übrigens $cond_0(B)=cond_1(B)\approx 3846$, $cond_2(B)\approx 2795$.

2. Weg (über die QR-Zerlegung von A)

Die Matrix R der QR-Zerlegung von A lautet

$$R = \begin{pmatrix} 2.236068 & 7.155418 & 33.093806 \\ & 4.774935 & 29.152232 \\ & & 8.540923 \\ 0.000000 & 0.000000 & 0.000000 \\ 0.000000 & 0.000000 & 0.000000 \end{pmatrix}$$

und die Matrix Q (für die A=Q·R gilt)

$$Q = \begin{pmatrix} 0.447214 & -0.670166 & 0.554605 & -0.007041 & -0.207943 \\ 0.447214 & -0.251312 & -0.406711 & 0.339281 & 0.675512 \\ 0.447214 & -0.041885 & -0.536119 & -0.643358 & -0.311308 \\ 0.447214 & 0.376969 & -0.092434 & 0.615196 & -0.520466 \\ 0.447214 & 0.586395 & 0.480658 & -0.304078 & 0.364205 \end{pmatrix}$$

Der Vektor $Q^T \cdot \vec{y}$ lautet

$(4.472136, -4.607393, -2.773027, -3.387097, 2.758592)^T$

Lösung aus den ersten 3 Gleichungen von $R \cdot \vec{a} = Q^T \vec{y}$:

$(3.54978355, 1.01731602, -0.32467532)^T$ (also natürlich dieselbe wie oben).

Zwischenergebnisse zum ersten Schritt der Berechnung der QR-Zerlegung (siehe QR-Zerlegung):
$\vec{h} = (0.000000, 1.203002, 0.371748, 0.371748, 0.371748, 0.371748)^T$. Householder-Matrix ist

$$H_1 = \begin{pmatrix} -0.447214 & -0.447214 & -0.447214 & -0.447214 & -0.447214 \\ -0.447214 & 0.861803 & -0.138197 & -0.138197 & -0.138197 \\ -0.447214 & -0.138197 & 0.861803 & -0.138197 & -0.138197 \\ -0.447214 & -0.138197 & -0.138197 & 0.861803 & -0.138197 \\ -0.447214 & -0.138197 & -0.138197 & -0.138197 & 0.861804 \end{pmatrix}$$

$$H_1 A = \begin{pmatrix} -2.236068 & -7.155418 & -33.093806 \\ & -0.211146 & -6.226548 \\ & 0.788854 & -1.226548 \\ & 2.788854 & 14.773452 \\ & 3.788854 & 25.773452 \end{pmatrix}$$

Dann werden noch zwei weitere Schritte gemacht, um Q und R zu berechnen.

Diese Werte wurden mit Prozeduren aus *"Turbo-Pascal-Quelltexte zur Ingenieur-Mathematik"* berechnet.

Beispiel 18

Es sollen das Interpolationspolynom sowie das Ausgleichspolynom 3. Grades folgender Interpolationspunkte berechnet werden:

x	0	1	3	4	5	6
y	7	-5	5	5	-3	-3

Lösung:

Wir geben nur die Ergebnisse an:

Interpolationspolynom:

7-12x+17/3x(x-1)-55/30x(x-1)(x-3)+1/4x(x-1)(x-3)(x-4)+2/30x(x-1)(x-3)(x-4)(x-5)

$= 7-22.1666666\cdot x+10.6166666\cdot x^2+0.1\cdot x^3-0.61666666\cdot x^4+0.0666666\cdot x^5$,

Ausgleichspolynom 3. Grades:

$$5.16770186-10.04865424\cdot x+4.43167702\cdot x^2-0.50724638\cdot x^3.$$

Beide Polynome wurden mit dem Programm aus *"Turbo-Pascal-Quelltexte zur Ingenieur-Mathematik"* berechnet, ebenso das folgende Bild, in das beide Polynome zu Vergleichszwecken eingezeichnet sind.

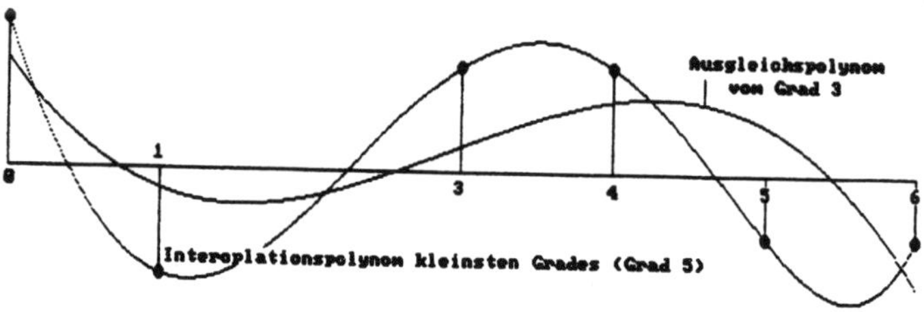

Beispiel 19

Folgendes Bild zeigt für die Interpolationsaufgabe

x	0	1	2	3	4	5	6
y	1	2	-3	9	1	5	1

das Interpolationspolynom kleinsten Grades (Grad 5), die natürliche kubische Splinefunktion und die Ausgleichspolynome vom Grade 2 und vom Grade 4. Man beachte auch hier die großen "Ausschläge" des Interpolationspolynoms in den beiden äußeren Intervallen.

Berechnung und Erstellung der Zeichnung erfolgte mit den Programmen aus *"Turbo-Pascal-Quelltexte zur Ingenieur-Mathematik"*.

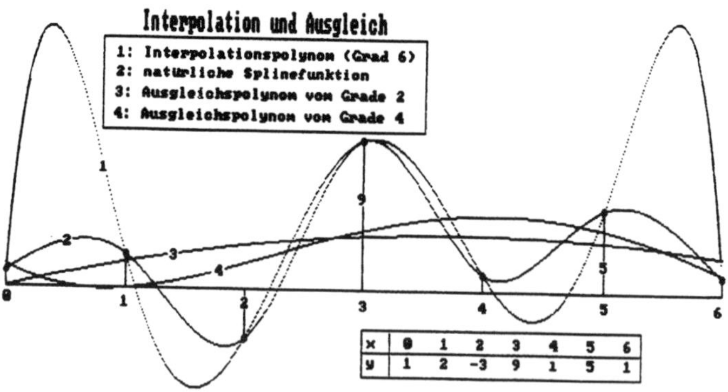

Integration (Quadratur)

Besondere Tips und Hinweise

Es geht um die Berechnung *bestimmter* Integrale.

Es gibt zwei Klassen von Integrationsformeln (Quadraturformeln): Solche,

1) die dadurch entstehen, daß man die zu integrierende Funktion f durch ein Polynom *interpoliert* und dann dieses Polynom integriert ("interpolatorische Formeln", z. B. Sehnen-Trapez-Regel und Simpson-Regel)
2) die aus der Forderung berechnet werden, daß *Polynome* möglichst hohen Grades (im Integrationsintervall [-1,1]) *exakt* integriert werden (z.B. die Gaußschen, genauer: Gauß-Legendreschen Formeln gehören hierzu).

Alle diese Formeln haben die Bauart

$$(1)\quad \int_a^b f(x)\,dx = \sum_{i=1}^{n} \alpha_i \cdot f(x_i) + R \qquad \text{(oft a=-1, b=1)}$$

wobei die α_i die *Gewichte* und die x_i die *Knoten* sind. Durch sie unterscheiden sich die Formeln hauptsächlich. R ist der Fehler (und hängt außer von a, b und f von den Gewichten und Knoten ab): $R = R_n(f)$.

♥ Besonderer Tip:

Wenn das Integrationsintervall auf etwa [-1,1] transformiert wird, hat man eine andere Funktion f als die ursprüngliche als Integrand.

In *"Turbo-Pascal-Quelltexte zur Ingenieur-Mathematik"* stehen Prozeduren der hier aufgeführten Quadraturverfahren.

1. Interpolatorische Formeln

Es seien die Knoten in [a,b] äquidistant:

$$a = x_0 \le x_1 \le x_2 \le \ldots \le x_{n-1} \le x_n = b,\quad h := x_i - x_{i-1}\ (i=1,\ldots,n).$$

a) Sehnen-Trapez-Verfahren

$$\int_a^b f(x)\,dx \approx h\cdot[0.5\cdot f(x_0)+f(x_1)+f(x_2)+\ldots+f(x_{n-1})+0.5\cdot f(x_n)]$$

Hier ist der Fehler R gleich

$$R = -(b-a)\cdot\frac{h^2}{12}\cdot f''(\xi),\quad \text{wobei } \xi \text{ zwischen a und b liegt.}$$

(Hierbei ist natürlich die Existenz von f" in [a,b] vorausgesetzt.)

b) Simpson-Verfahren (n ist als gerade Zahl zu wählen)

$$\int_a^b f(x)\,dx \approx \frac{h}{3}\cdot[f_0+4\cdot f_1+2\cdot f_2+4\cdot f_3+2\cdot f_4+\ldots+4\cdot f_{n-1}+f_n]\ ,\quad f_i:=f(x_i)$$

(beachten: Faktoren sind 1 4 2 4 2 4 2 4 2 ... 4 2 4 2 4 1).

Der Fehler R ist gleich

$$R = -(b-a)\cdot\frac{h^4}{180}\cdot f^{(4)}(\xi),$$ wobei ξ zwischen a und b liegt.

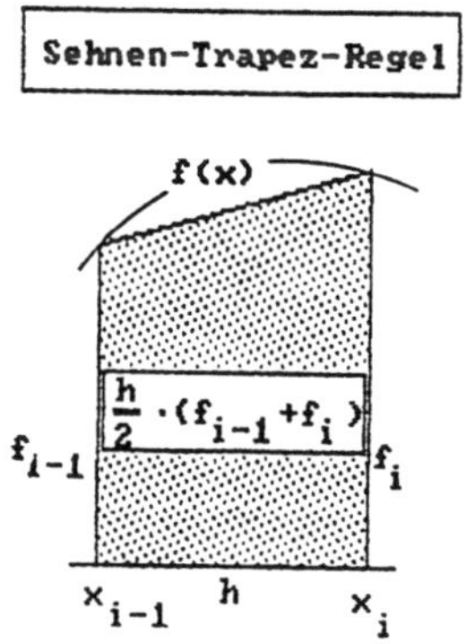

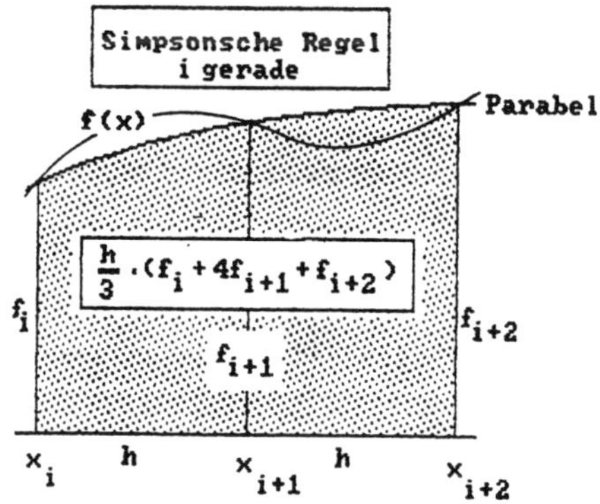

Zur Entstehung dieser beiden Formeln:

a) Sehnen-Trapez-Regel: Der Inhalt des abgebildeten Trapezes, also das Integral über die f(x) in den beiden Endpunkten interpolierende lineare Funktion l(x) (Polynom ersten Grades) ist

$$\int_{x_{i-1}}^{x_i} l(x)\,dx = \frac{h}{2}\cdot[f(x_{i-1})+f(x_i)],$$

addiert man diese von i=1 bis i=n, so ergibt sich die Formel des Sehnen-Trapez-Verfahrens.

b) Simpson-Regel: Durch die drei Punkte wird eine quadratische Parabel p(x) gelegt (Interpolationspolynom 2. Grades) und diese integriert, das ergibt

$$\int_{x_i}^{x_{i+2}} p(x)\,dx = \frac{h}{3}\cdot[f(x_i)+4\cdot f(x_{i+1})+f(x_{i+2})]$$ (i gerade Zahl),

addiert man diese für i=0 bis i=n−2 für gerade i, so ergibt sich obige Formel (der Faktor 2 entsteht also jeweils aus einem "linken" und einem "rechten" Wert).

Bemerkung: Oft wird die Länge des Doppelintervalls mit h bezeichnet (und die Indizierung entsprechend gewählt). Man beachte, daß dann in der Formel h/6 (statt h/3) und in der Restgliedformel $(h/2)^4$ (statt h^4) stehen.

2. Gaußsche Quadraturformeln (auch Gauß–Legendre)

Hier ist das Integrationsintervall grundsätzlich [-1,1], andere Intervalle [a,b] transformiere man mit der linearen Substitution

$$t = \frac{2}{b-a}\cdot(x-a)-1 \quad (\text{dann } dt = \frac{2}{b-a}\cdot dx,\ x=a \Leftrightarrow t=-1,\ x=b \Leftrightarrow t=1)$$

auf [-1,1].

a) 2 Knoten (n=1, manchmal auch mit n=2 bezeichnet)

$$\int_{-1}^{1} f(t)\,dt \approx f(-\sqrt{1/3}) + f(+\sqrt{1/3}),$$

für den Fehler gilt: Es gibt ξ mit $-1\le\xi\le1$ derart, daß

$$R = \frac{8}{45\cdot4!}\cdot f^{(4)}(\xi) \approx 7.41\cdot10^{-3}\cdot f^{(4)}(\xi).$$

b) 3 Knoten (n=2, mitunter auch mit der Zählung n=3)

$$\int_{-1}^{1} f(t)\,dt \approx \frac{5}{9}\cdot f(-\sqrt{3/5}) + \frac{8}{9}\cdot f(0) + \frac{5}{9}\cdot f(+\sqrt{3/5}),$$

der Fehler R ist dann

$$R = \frac{8}{175\cdot6!}\cdot f^{(6)}(\xi) \approx 6.35\cdot10^{-5}\cdot f^{(6)}(\xi), \text{ für ein } \xi \text{ mit } -1\le\xi\le1.$$

c) 4 Knoten (n=3, mitunter auch mit der Zählung n=4)

$$\int_{-1}^{1} f(t)\,dt \approx g_1f(x_1) + g_2f(x_2) + g_3f(x_3) + g_4f(x_4)$$

wobei die Gewichte g bzw. Knoten x die folgenden Werte haben:

i	g_i	x_i
1	0.347 854 845 137 457	$-x_4$
2	0.652 145 154 862 543	$-x_3$
3	g_2	0.339 981 043 584 865
4	g_1	0.861 136 311 594 049

Der Fehler R ist dann

$$R = \frac{1}{3472875}\cdot f^{(8)}(\xi), \text{ für ein } \xi \text{ mit } -1\le\xi\le1.$$

Zur Entstehung dieser Formeln:

a) ist so berechnet, daß alle Polynome (bis) 3. Grades über [-1,1] exakt integriert werden (das sieht man dem Restglied unmittelbar an),

b) entsprechend für Polynome (bis) Grad 5; man nennt daher 5 auch den *Exaktheitsgrad* dieser Gaußschen Quadraturformel,

c) entsprechend Exaktheitsgrad 7 (bis 7. Grades exakt).

Man kann natürlich in beiden Fällen das Integrationsintervall [a,b] zuerst zerlegen und dann auf jedes der Teilintervalle (-integrale) die entsprechende Formel anwenden (siehe folgende Beispiele).

Beispiel 1

Man berechne folgendes Integral mit jeder dieser Formeln:

$$\int_{-3}^{5} \sin x \, dx$$

Lösung:

Wir schicken den exakten Wert voraus: $-\cos 5 + \cos(-3)$, also etwa -1.273654682064 (diesen Wert liefert ein *Rechner*; auch diese Zahl ist gerundet, also keineswegs "exakt").

1. Sehnen-Trapez-Verfahren

   Wir zerlegen das Integrationsintervall [-3,5] in n Teilintervalle, hier wählen wir n=16 Intervalle, jedes hat dann die Länge h=0.5, die Zerlegung ist dann durch

   $-3.0 < -2.5 < -2.0 < -1.5 < \dots < 4.0 < 4.5 < 5.0$ festgelegt.

   Wir bekommen dann die Näherung

   $$0.5\cdot[0.5\cdot\sin(-3)+\sin(-2.5)+\sin(-2.0)+ \dots + \sin(4.0)+\sin(4.5)+0.5\cdot\sin(5.0)]$$
   $$= -1.2470$$

   Für den Fehler R gilt: Es gibt eine Zahl ξ zwischen -3 und 5 so daß

   $$R = (5-(-3))\cdot\frac{0.5^2}{12}\cdot f''(\xi);$$

   da $f''(\xi) = -\sin\xi$ zwischen -1 und 1 liegt, folgt für den Betrag des Fehlers

   $$|R| \le 8\cdot 0.5^2/12 \le 0.17.$$

   Man beachte: Das ist eine Abschätzung des *Verfahrens*-Fehlers, er berücksichtigt keine Rundungen.

2. Simpsonsche Formel

   Wir zerlegen wieder in 16 Teilintervalle der Länge h=0.5. Dann ergibt sich die folgende Näherung

   $$\frac{0.5}{3}\cdot[\sin(-3)+4\cdot\sin(-2.5)+2\cdot\sin(-2.0)+\dots+2\cdot\sin(4.0)+4\cdot\sin(4.5)+\sin(5.0)]$$
   $$= -1.27411$$

   Für den Fehler R gilt analog

   $$R = -(5-(-3))\cdot\frac{0.5^4}{180}\cdot f^{(4)}(\xi)$$

   und da die 4. Ableitung zwischen -1 und 1 liegt weiter

   $$|R| \le 8\cdot 0.5^4/180 \le 0.0028.$$

3. Gaußsche Quadraturformel

   Zunächst rechnen wir nach beiden Formeln (2 bzw. 3 Knoten) *ohne* das Intervall [-3,5] zu zerlegen.

a) Transformation auf [-1,1]

Es ergibt sich nach obiger Substitutionsformel

$$x = \frac{1}{2}\cdot(5-(-3))\cdot t + \frac{1}{2}\cdot(-3+5) = 4t+1$$

(Probe: t=-1 genau dann wenn x=-3, t=1 genau dann wenn x=5) Dann ist dx = 4·dt und daher

$$\int_{-3}^{5} \sin x \; dx = \int_{-1}^{1} 4\cdot\sin(4t+1)\; dt,$$

der Integrand für die Gauß-Formel ist daher f(t) = 4·sin(4t+1) [und nicht sint].

b) Bei Verwendung der Formel mit zwei Knoten erhält man die Näherung

$$4\cdot\sin(-4\cdot\sqrt{1/3} + 1) + 4\cdot\sin(+4\cdot\sqrt{1/3} + 1) \approx -4.53.$$

Der Fehler ist dann

$$R = 7.41\cdot 10^{-3}\cdot f^{(4)}(\xi),$$

und da hier

$$|f^{(4)}(\xi)| = |4\cdot 4^{4}\cdot\sin(4t+1)| \le 4^{5} \quad \text{(beachte } f(t) = 4\cdot\sin(4t+1))$$

hat man $|R| \le 9.5$. Daher ist das Ergebnis -4.53 unbrauchbar.

Verwendet man die Formel mit drei Knoten, erhält man als Näherung

$$\frac{5}{9}\cdot 4\cdot\sin(-4\cdot\sqrt{3/5} + 1) + \frac{8}{9}\cdot 4\cdot\sin(1) + \frac{5}{9}\cdot 4\cdot\sin(+4\cdot\sqrt{3/5} + 1) \approx -0.744.$$

Für den Fehler bekommt man die Abschätzung

$$|R| \le 6.35\cdot 10^{-5}\cdot\max|f^{(6)}(\xi)| \text{ für } -1\le\xi\le 1 \text{ ist das } \le 1.05$$

(die Ableitung ist durch 4^7 beschränkt), das Ergebnis wohl auch unbrauchbar zu nennen.

Nun wollen wir die Gauß-Formel mit 4 Knoten verwenden und auch hier, wie oben beim Simpson-Verfahren, das Intervall [-3,5] in 16 gleichlange Teilintervalle und in jedem der Teilintervalle einzeln nach Gauß (4 Knoten) integrieren:

$$\int_{-3.0}^{-2.5} \sin x \; dx + \int_{-2.5}^{-2.0} \sin x \; dx + \int_{-2.0}^{-1.5} \sin x \; dx + \cdots + \int_{4.5}^{5.0} \sin x \; dx.$$

Als Muster greifen wir heraus:

$$\int_{-1.5}^{-1.0} \sin x \; dx$$

a) Substitution auf [-1,1]

x = t/4 - 5/4 lautet die Substitution, dx = dt/4.

Dann ist x=-1.5 ⇔ t=-1, x=-1.0 ⇔ t=1.

Daher bekommt man

$$\int_{-1.5}^{-1.0} \sin x \, dx = \int_{-1}^{1} 0.25\cdot\sin(t/4-5/4)\, dt.$$

Hier ist also $f(t) = 0.25\cdot\sin(t/4-5/4)$ in der Gauß-Formel zu setzen (in den anderen Intervallen ergibt sich ein anderer Integrand).

b) Eine Näherung für dieses Integral wird nun berechnet, anschließend analog für die weiteren "Teilintegrale", alle Werte sind dann zu addieren.

Man erhält für die Summe, also als Näherung für das gesuchte Integral den Wert -1.273654682061 (man vergleiche mit dem "exakten" Wert von oben).

Fehlerabschätzung: In jedem der Teilintervalle ist

$$|R| \le \frac{1}{3472875}\cdot\max|f^{(8)}(\xi)| \quad \text{für } -1\le\xi\le 1,$$

so daß man wegen $|f^{(8)}(\xi)| \le 4^{-9}$ für jedes Intervall bekommt $|R| \le 1.1\cdot 10^{-12}$ und daher für die Summe der 16 Integrale $|R| \le 16\cdot$dieser Zahl $\le 1.8\cdot 10^{-11}$, also eine recht hohe Genauigkeit.

Wenn man in 4 Teilintervalle zerlegt, bekommt man als Näherung den Wert -1.27365446, also schon eine große Genauigkeit.

Beispiel 2

Man berechne das Integral

$$\int_{-1}^{1} (x^2+2x)\cdot(x^3+9x^2+3x-3)\,dx.$$

Lösung:

Der exakte Wert ist übrigens 6.4.

Wir benutzen hier die *Simpsonsche Formel* (und rechnen mit einem Computer). Wir wählen n=20 (gerade Zahl erforderlich, also h=0.1) und rechnen die 20 Werte

$y_0=f(-1),\ y_1=f(-0.9),\ y_2=f(-0.8),\ldots,\ y_{18}=f(0.8),\ y_{19}=f(0.9),\ y_{20}=f(1)$

aus, wobei f(x) den Integranden bezeichne, und dann die oben angegebene Summe S. Computerrechnung ergibt den Wert 6.40029.

Das *Sehnen-Trapez-Verfahren* (n=20) ergibt 6.48236.

Das *Gauß-Verfahren* (4 Knoten) liefert ohne Zerlegung des Intervalls den Wert 6.400000000000006 (13 Nullen), ist also sehr genau (kein Wunder: der Integrand ist ein Polynom 5. Grades, diese werden exakt integriert; aber Rundungsfehler).

Beispiel 3

Mit dem Sehnen-Trapez-Verfahren soll das folgende Integral mit einem Fehler, der kleiner als 0.005 ist, berechnet werden.

$$I = \int_0^1 \sqrt{1+\cos^2 t}\, dt$$

Lösung:

Der Fehler bei Anwendung der Sehnen-Trapez-Regel für die Schrittweite h ist durch

$R = -(1-0)\cdot\frac{h^2}{12}\cdot f''(\xi)$ beschränkt, wobei ξ zwischen 0 und 1 liegt. Hier ist

$$f''(t) = -(1+\cos^2 t)^{-1/2}\cos 2t - \frac{1}{4}\cdot(1+\cos^2 t)^{-3/2}\sin^2 2t.$$

Schätzt man den Betrag hiervon (in [0,1]) so ab, daß man alle auftretenden trigonometrischen Funktionen durch 1 abgeschätzt und die Dreiecksungleichung verwendet, bekommt man (für $0\le t\le 1$, sogar für alle t)

$$\max|f''(t)| \le 1\cdot 1 + \frac{1}{4}\cdot 1\cdot 1 = \frac{5}{4}$$

(denn $1+\cos^2 t\ge 1$, der reziproke Wert ≤ 1):

$$|R| \le 1\cdot h^2/12\cdot |f''(t)| \le 5\cdot h^2/48$$

Wenn wir daher h so wählen, daß dieser letzte Wert ≤ 0.005 ist, ist die Forderung erfüllt:

$$5\cdot h^2/48 \le 0.005.$$

Das gilt, wenn $h^2 \le 0.005\cdot 48/5 = 0.048$, also $n^2 = 1/h^2 \ge 1/0.048 = 20.833...$

Die kleinste Zahl n, für die das richtig ist, ist n = 5. Für dieses n (bzw. h) ergibt das Sehnen-Trapez-Verfahren den Wert

$$\frac{1}{5}\cdot\left(\frac{1}{2}\cdot\sqrt{2} + \sqrt{1+\cos^2 1/5} + \sqrt{1+\cos^2 2/5} + \sqrt{1+\cos^2 3/5} + \sqrt{1+\cos^2 4/5} + \frac{1}{2}\cdot\sqrt{1+\cos^2 1}\right)$$

$= 1.31010,$

auf drei Stellen gerundet (mehr Stellen ist nicht sinnvoll) also $I \approx 1.310$.

Beispiel 4

In der Wahrscheinlichkeitsrechnung kommt folgendes Integral vor (siehe z.B. *Repetitorium der Ingenieur-Mathematik*, Teil 3: Wahrscheinlichkeitsrechnung und Statistik)

$$\Phi(x) = \sqrt{1/2\pi}\cdot\int_0^x e^{-t^2/2}\, dt$$ normierte *Gauß- oder Normalverteilung.*

Die Funktion im Integranden ist nicht "elementar integrierbar". Mit Hilfe des Simpson-Verfahrens kann man eine Tabelle von $\Phi(x)$ berechnen.

Hat man dieses Integral von $-\infty$ (statt 0) bis x zu berechnen, so ist zu den Tabellenwerten 0.5 zu addieren.

Wir rechneten mit n=4. Dabei rechneten wir von 0 ausgehend bis 0.01 (4 Schritte), dann von 0.01

ausgehend bis 0.02 (wieder 4 Schritte) u.s.w. und addierten jedes Integral zum vorhergehenden. Man bekommt dann folgende Tabelle:

x	Φ(x)	x	Φ(x)	x	Φ(x)	x	Φ(x)	x	Φ(x)
0.01	0.0040	0.26	0.1026	0.51	0.1950	0.76	0.2764	1.01	0.3438
0.02	0.0080	0.27	0.1064	0.52	0.1985	0.77	0.2793	1.02	0.3461
0.03	0.0120	0.28	0.1103	0.53	0.2019	0.78	0.2823	1.03	0.3485
0.04	0.0160	0.29	0.1141	0.54	0.2054	0.79	0.2852	1.04	0.3508
0.05	0.0199	0.30	0.1179	0.55	0.2088	0.80	0.2881	1.05	0.3531
0.06	0.0239	0.31	0.1217	0.56	0.2123	0.81	0.2910	1.06	0.3554
0.07	0.0279	0.32	0.1255	0.57	0.2157	0.82	0.2939	1.07	0.3577
0.08	0.0319	0.33	0.1293	0.58	0.2190	0.83	0.2967	1.08	0.3599
0.09	0.0359	0.34	0.1331	0.59	0.2224	0.84	0.2995	1.09	0.3621
0.10	0.0398	0.35	0.1368	0.60	0.2257	0.85	0.3023	1.10	0.3643
0.11	0.0438	0.36	0.1406	0.61	0.2291	0.86	0.3051	1.11	0.3665
0.12	0.0478	0.37	0.1443	0.62	0.2324	0.87	0.3078	1.12	0.3686
0.13	0.0517	0.38	0.1480	0.63	0.2357	0.88	0.3106	1.13	0.3708
0.14	0.0557	0.39	0.1517	0.64	0.2389	0.89	0.3133	1.14	0.3729
0.15	0.0596	0.40	0.1554	0.65	0.2422	0.90	0.3159	1.15	0.3749
0.16	0.0636	0.41	0.1591	0.66	0.2454	0.91	0.3186	1.16	0.3770
0.17	0.0675	0.42	0.1628	0.67	0.2486	0.92	0.3212	1.17	0.3790
0.18	0.0714	0.43	0.1664	0.68	0.2517	0.93	0.3238	1.18	0.3810
0.19	0.0753	0.44	0.1700	0.69	0.2549	0.94	0.3264	1.19	0.3830
0.20	0.0793	0.45	0.1736	0.70	0.2580	0.95	0.3289	1.20	0.3849
0.21	0.0832	0.46	0.1772	0.71	0.2611	0.96	0.3315	1.21	0.3869
0.22	0.0871	0.47	0.1808	0.72	0.2642	0.97	0.3340	1.22	0.3888
0.23	0.0910	0.48	0.1844	0.73	0.2673	0.98	0.3365	1.23	0.3907
0.24	0.0948	0.49	0.1879	0.74	0.2703	0.99	0.3389	1.24	0.3925
0.25	0.0987	0.50	0.1915	0.75	0.2734	1.00	0.3413	1.25	0.3944

Lineare Optimierung

Besondere Tips und Hinweise

Bei Problemen mit zwei Variablen: Grafisches Verfahren (Beispiele 1, 2 und 3).

Bei Problemen mit n>2 Variablen: Simplexverfahren (Beispiele 4 bis 10) (eine *genaue* Beschreibung dieses Verfahrens siehe weiter hinten)

1. a) Alle m Restriktionen in die Form ≤ bringen (ggf. durch Multiplikation mit -1).
   b) Durch Addition von Schlupfvariablen aus den m Ungleichungen Gleichungen machen. Dann sind alle n+m Variablen (n alte + m Schlupfvariable) ≥ 0.
2. a) Aus diesen m Gleichungen (mit insgesamt n+m Variablen) n Variable als Nullvariable auswählen.
   b) Das Gleichungssystem nach den m Nicht-Nullvariablen auflösen (die gewählten n Nullvariablen als Parameter betrachten).
   c) Wenn man die n Nullvariablen = 0 setzt, müssen alle m Nicht-Nullvariablen ≥ 0 sein. Ist das nicht der Fall: Andere Wahl in a) treffen; sonst weiter nach 3.
   ♥ Besonderer Tip: Oft kann man die ursprünglichen Variablen nehmen.
3. a) Alle Nicht-Nullvariablen durch die Nullvariablen ausdrücken (im ersten Durchlauf bereits unter 2b) geschehen).
   b) Die Zielfunktion C durch die Nullvariablen ausdrücken (ggf. die unter 2b) gewonnenen Gleichungen oder unter 3e) gewonnene Gleichung (*) in C einsetzen).
   c) Haben beim *Maximum*-Problem alle Variablen in C einen Faktor, der ≤ 0 ist (beim *Minimum*-Problem ≥ 0), so hat man einen Lösungspunkt erreicht:
   Er und das Extremum ergeben sich, wenn man die Nullvariablen gleich 0 setzt.
   Das Problem ist gelöst: Ende. - Ist das nicht der Fall:
   Diejenige Variable in C mit beim *Maximum*-Problem: dem größten positiven (beim *Minimum*-Problem: kleinsten negativen) Faktor wird ausgetauscht. Bei mehreren möglichen wähle man z.B. die erste in der Reihenfolge $x_1, x_2, ..., s_1, s_2, ...$
   d) Die neue Nullvariable wird ermittelt: Wie groß darf die nach c) auszutauschende Nullvariable maximal werden? Das sieht man aus der Darstellung der Nicht-Nullvariablen durch die Nullvariablen (alle Variablen sind ≥ 0). Diejenige, die die kleinste maximale Vergrößerung zuläßt (sozusagen "zuerst" 0 wird), ist die neue Nullvariable.
   Bei mehreren möglichen wieder die erste in der Reihenfolge nach c) nehmen.
   e) Die nach d) ermittelte Gleichung (*) zwischen alter und neuer Nullvariablen nach der neuen Nicht-Nullvariablen (= alte Nullvariable) auflösen. Diese in die anderen Gleichungen einsetzen und nach 3a) weiter.

♥ Besonderer Tip: Vor dem Einsetzen von (*) in die anderen Gleichungen setze man in C ein (3b), es könnte das Extremum ja schon erreicht sein (3c). In diesem Falle erübrigt es sich, in die anderen Gleichungen einzusetzen.

Arbeitsablauf

1a → 1b → 2a → 2b → 2c → 3a → 3b → 3c → 3d → 3e (3e ← zurück zu 3a)

geeignete Form — Anfang finden — Simplex-Algorithmus

In *"Turbo-Pascal-Quelltexte zur Ingenieur-Mathematik"* stehen eine Prozedur und Programm zum Simplex-Verfahren mit den einzelnen Zwischenschritten (Eckenaustausch).

1. Beschreibung des Problems

Ein lineares Optimierungsproblem besteht aus einem System von m linearen Ungleichungen, den *Restriktionen*

$$\text{(R)}\qquad \begin{array}{l} a_{11}x_1 + a_{12}x_2 + a_{13}x_3 + \ldots + a_{1n}x_n \le b_1 \\ a_{21}x_1 + a_{22}x_2 + a_{23}x_3 + \ldots + a_{2n}x_n \le b_2 \\ \quad\cdot\quad\cdot\quad\cdot\quad\cdot\quad\cdot\quad\cdot \\ a_{m1}x_1 + a_{m2}x_2 + a_{m3}x_3 + \ldots + a_{mn}x_n \le b_m \end{array}$$

wobei die a_{ik} und b_i Zahlen sind, die x_k die Variablen, ferner aus den *Vorzeichenbedingungen*

$$\text{(V)}\qquad x_1 \ge 0,\ x_2 \ge 0,\ \ldots,\ x_n \ge 0$$

und einer linearen *Zielfunktion*

$$\text{(Z)}\qquad C = a_1x_1 + a_2x_2 + \ldots + a_nx_n$$

wobei die a_i Zahlen sind.

Das Problem lautet:

Für welche Punkte $(x_1, x_2, \ldots, x_n) \in \mathbb{R}^n$, die den Restiktionen (R) und den Vorzeichenbedingungen (V) genügen, nimmt die Zielfunktion C ihr Maximum an und welchen Wert hat dieses Maximum C_{max}?

Bemerkungen:

1. Man spricht von einem n-dimensionalen *linearen Optimierungsproblem* (auch von einem Problem der *linearen Programmierung*, kurz LP-Problem) mit m Restriktionen (R).
2. Statt des Maximums von C kann auch das Minimum von C gesucht sein:
   Durch Multiplikation von C mit -1, also für die Zielfunktion -C erhält man dann wieder obiges Maximumproblem.
3. Tritt in Restriktionen ≥ statt ≤ auf, so kann man durch Multiplikation dieser Ungleichungen mit -1 obige Form erhalten.
4. In Anwendungen sind die Variablen x_k häufig Größen, die ohnehin nicht negativ sein können (Mengen, Anzahlen usw.), daher bestehen die Vorzeichenbedingungen dann naturgemäß.

5. Bezeichnet man die Matrix der a_{ik} mit A, den Spaltenvektor der b_i mit $\vec{b}$ und den Spaltenvektor der x_k mit $\vec{x}$ (wie etwa bei linearen *Gleichungs*systemen), und den Zeilenvektor der a_k in der Zielfunktion mit $\vec{a}$, dann kann man die Restriktionen (R) auch schreiben

(R) $A\vec{x} \leq \vec{b}$,

wobei ≤ komponentenweise zu verstehen ist und die Vorzeichenbedingungen

(V) $\vec{x} \geq \vec{o}$

und die Zielfunktion

(Z) $\vec{a}\vec{x} = C$.

2. Graphisches Verfahren für zweidimensionale Probleme und Beschreibung

Beispiel 1

Das Maximum von $C = 2x+5y$ ist zu bestimmen für $x\geq 0$ und $y\geq 0$ unter den m=3 Restriktionen

$$\begin{array}{llcl} (1) & -x + y & \leq & 2 \\ (2) & 2x + y & \leq & 6 \\ (3) & 3x + 5y & \leq & 15 \end{array}$$

Lösung:

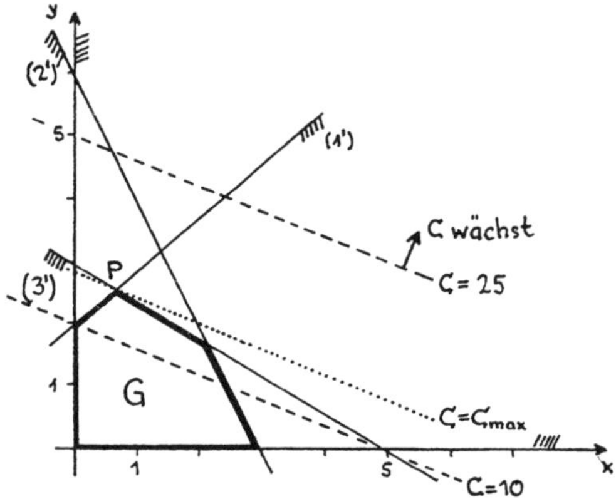

Wir haben ein 2-dimensionales (also "ebenes") LP-Problem, das wir graphisch lösen wollen. Das Bild zeigt die aus den Ungleichungen (1) bis (3) sich ergebenden Geraden mit den Gleichungen

$$\begin{array}{llcl} (1') & -x + y & = & 2 \\ (2') & 2x + y & = & 6 \\ (3') & 3x + 5y & = & 15 \end{array}$$

Durch die *Ungleichung* (1) $-x+y\leq 2$ wird diejenige Seite der Geraden mit der *Gleichung* (1') beschrieben, auf der der 0-Punkt (0,0) liegt (er genügt der Ungleichung (1)), es wird also eine *Halbebene* beschrieben; die Strichelung an der Geraden im Bild soll diese Seite markieren. Hätte der 0-Punkt *nicht* der Ungleichung (1) genügt, so wäre es die andere Seite; liegt der 0-Punkt auf der Geraden, so wähle man einen anderen Punkt zu dieser Entscheidung, etwa (1,0) oder (0,1).

Das gleiche macht man mit allen 3 Ungleichungen (1) bis (3). Diejenigen Punkte, die *allen* drei Restriktionen *und allen* beiden Vorzeichenbedingungen (letztere beschreiben den ersten Quadranten) genügen, bilden den im Bild dick umrandeten Bereich G (der Rand gehört wegen der ≤ und ≥ dazu). Dieser Bereich wird also (im ebenen Fall) grundsätzlich von Geradenstücken begrenzt und kann keine einspringende Ecke haben (weil jede Ungleichung gewissermaßen ein Stück abschneidet): Er ist *konvex* (eine Punktmenge heißt konvex, wenn mit je zwei ihrer Punkte auch deren Verbindungsstrecke in der Menge liegt, z.B. Ellipsen, Kreissegmente, Kugeln, Quader). Dieser Bereich G wird der *zulässige Bereich* genannt. Gesucht wird hier also das Maximum von $C = 2x+5y$ für $(x,y)\in G$.

Für C = 25 ergibt sich die Gerade mit der Gleichung $2x+5y = 25$, die im Bild gestrichelt gezeichnet ist. Für C=30 ergibt sich eine zu dieser parallele Gerade, die weiter "oben" liegt; der Pfeil deutet an, in welche Richtung die Gerade parallel verschoben wird, wenn C wächst (Verkleinerung von C bewirkt natürlich Verschiebung in entgegengesetzte Richtung). Die gezeichnete Gerade (für C=25) hat mit G keinen Punkt gemeinsam. Wenn man C verkleinert, die Gerade also entgegen der Pfeilrichtung parallel verschiebt, wird sie für gewisse C den zulässigen Bereich G "treffen" (z.B. für C=10, die entsprechende Gerade ist eingezeichnet). Die Frage ist nun: Welches ist der größte Wert von C, für den die entsprechende Gerade mit der Gleichung $2x+5y = C$ den Bereich G schneidet (berührt)? Man sieht am Bild, daß das derjenige Wert $C=C_{max}$ ist, für den die Gerade (gepunktet) durch den Eckpunkt P geht; dieser Punkt P ist Schnittpunkt der Geraden mit den Gleichungen (1') und (3'), genügt also dem Gleichungssystem

(1')	$-x$ +	y	=	2
(2')	$3x$ +	$5y$	=	15

Dessen Lösung ist $x = 5/8$, $y = 21/8$, also $P = (5/8\ ,\ 21/8)$. Dann ist $C_{max} = 2x + 5y = 115/8$.
Man hat also das

Ergebnis: Die Zielfunktion nimmt ihr Maximum im Punkt $P = (5/8,21/8)$ an und das Maximum von C hat den Wert $C_{max} = 115/8$.

Beispiel 2

Gesucht ist das Minimum der Zielfunktion $C = x+2y$ für $x\geq 0$ und $y\geq 0$ unter den Restriktionen

(1)	$5x + y$	$\geq$	5	
(2)	$x + y$	$\geq$	2	
(3)	$2x - y$	$\leq$	12	
(4)	$x - y$	$\leq$	4	

Lösung:

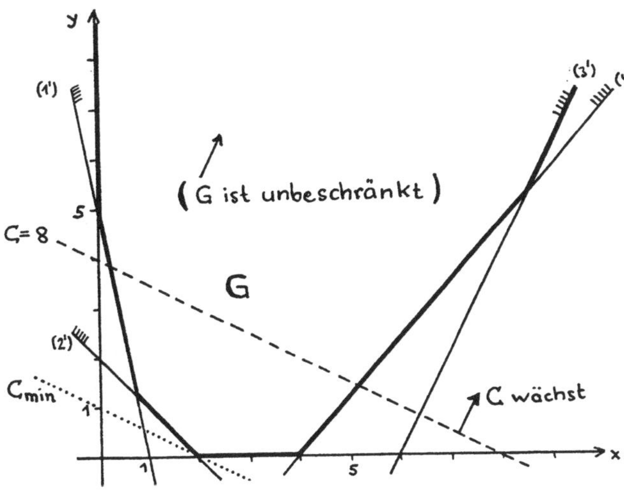

Obiges Bild beschreibt den Bereich G, wobei wir dieselben Symbole wie im vorigen Beispiel verwendet haben. Man beachte hier die unterschiedlichen Ungleichungen in den Restiktionen. Hier ist der zulässige Bereich G unbeschränkt.

Das *Minimum* von C für $(x,y) \in G$ ergibt sich, wenn C in der Zielfunktion so gewählt wird, daß die Gerade $x+2y = C$ durch den Punkt (2,0) geht. Daher wird das Minimum von C in G für $x=2$, $y=0$ angenommen und hat den Wert $C_{min} = 2$.

Bemerkung: Man muß schon genau zeichnen, um das zu erkennen, insbesondere dann, wenn die beteiligten Geraden sich unter einem kleinen Winkel schneiden, sozusagen "fast" parallel sind oder mehrere Ecken dicht beieinander liegen.

Beispiel 3

Gesucht ist das Maximum von $C = 2x+5y$ für $x \geq 0$, $y \geq 0$ unter den Restriktionen

$$
\begin{array}{lrcl}
(1) & -x + y & \leq & 2 \\
(2) & 2x + y & \leq & 6 \\
(3) & 3x + 5y & \leq & a
\end{array}
$$

wobei der "Parameter" a eine beliebige nichtnegative Zahl sei ($a \geq 0$).

Lösung:

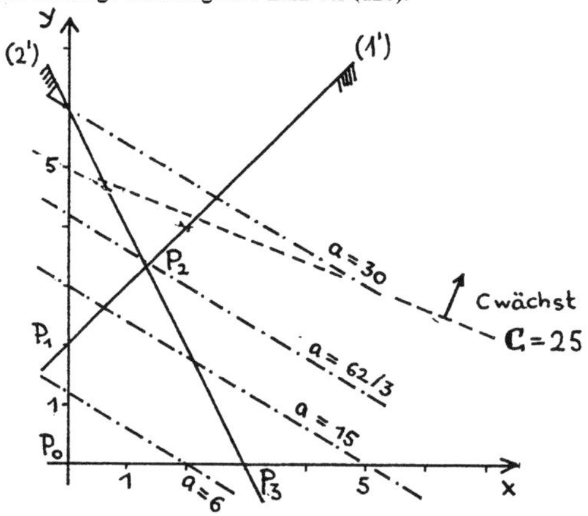

C_{max} ist eine Funktion von a: $C_{max} = C_{max}(a)$. Die Geraden (1') und (2') sowie die Werte von C im Bild sind dieselben, wie im Beispiel 1. Für verschiedene Werte von a ergeben sich verschiedene parallele Geraden (3'): $3x+5y = a$.

Man erkennt also:

1. Wenn a Werte annimmt, für die (3') die y-Achse zwischen P_0 und P_1 schneidet, wird das gesuchte Maximum von C in diesem Schnittpunkt angenommen. Das ist der Fall, wenn a zwischen 10 (P_1 ist Schnittpunkt) und 0 (P_0 ist Schnittpunkt) liegt. Dann errechnet sich der Schnittpunkt aus

$$
\begin{array}{llcl}
\text{y-Achse:} & x & = & 0 \\
(3') & 3x + 5y & = & a
\end{array}
$$

Es ist also $x = 0$, $y = a/5$ der Schnittpunkt und daher $C = 2x+5y = a$ der gesuchte Maximalwert von C in G (in diesem Falle $0 \leq a \leq 10$).

2. Wenn a Werte annimmt, für die (3') die Gerade (1') zwischen P_1 und P_2 schneidet, wird das Maximum von C in diesen Schnittpunkten angenommen. Das ist der Fall, wenn a zwischen 10 (P_1 ist Schnittpunkt) und 62/3 (P_2 = (4/3 , 10/3) ist Schnittpunkt zwischen (1') und (3')) liegt. Dann ist dieser Schnittpunkt aus

$$\begin{array}{ll} (1') & -x + y = 2 \\ (3') & 3x + 5y = a \end{array}$$

zu berechnen und ergibt

$x = \frac{a-10}{8}$, $y = \frac{a+6}{8}$, woraus sich für das gesuchte Maximum

$C = 2x + 5y = \frac{7a+10}{8}$ ergibt, wenn also $10 \le a \le 62/3$ gilt.

3. Wenn schließlich $a \ge 62/3$ ist, dann liegt die Gerade (3') ganz "oberhalb" des Vierecks mit den Eckpunkten P_i und die Ungleichung (3) ist schwächer als die beiden anderen (kann mithin fortgelassen werden, da sie aus (1) und (2) folgt).
Das Maximum von C wird dann in P_2 angenommen und hat den Wert 58/3.

Ergebnis:

Es gilt

$$C_{max} = \begin{cases} a & \text{, wenn } 0 \le a \le 10 \\ \frac{7a+10}{8} & \text{, wenn } 10 \le a \le 62/3 \\ 58/3 & \text{, wenn } a \ge 62/3 \end{cases}$$

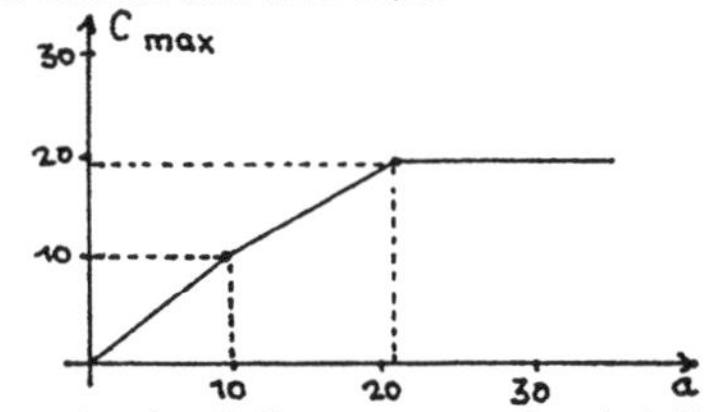

Diesen drei Beispielen entnimmt man für den n=3-dimensionalen Fall, wenn man also drei Variable (etwa x, y und z) hat:

1. Die Menge aller Punkte, die den Restriktionen *und* den Vorzeichenbedingungen genügen, bildet den zulässigen Bereich G, der, wenn er beschränkt ist (etwa analog dem Beispiel 1), ein konvexes Polyeder ist (d.h. von Ebenen (-stücken) begrenzt wird, weil eine Gleichung der Form ax+by+cz = d eine Ebene beschreibt).
Ist er unbeschränkt (etwa analog dem Beispiel 2), so wird er auch von Ebenen begrenzt (dort, wo "Ränder" sind) und er ist ebenfalls konvex.
2. Die Zielfunktion wird durch Ebenen beschrieben, die für verschiedene Werte C durch Parallelverschiebung auseinander hervorgehen.
3. Diejenige Ebene, die das größte C hat und "noch" oder "gerade" den zulässigen Bereich G schneidet (berührt), berührt diesen in (mindestens) einer Ecke (oder einer Kante oder einer Begrenzungsebene, wobei immer auch eine Ecke ist), vorausgesetzt, daß das Problem überhaupt eine Lösung hat (wenn G beschränkt ist, ein konvexes Polyeder also, nimmt C als stetige Funktion auf der abgeschlossenen beschränkten Menge G sowohl sein Maximum als auch sein Minimum an: Satz vom Maximum/Minimum stetiger Funktionen).
4. Jede Ecke des zulässigen Bereichs G ist dadurch gekennzeichnet, daß sich in ihm (mindestens) n=3 Begrenzungsebenen schneiden (deren Gleichungen unter den Restriktionen und Vorzeichenbedingungen vorkommen), d.h. in (mindestens) n=3 der Restriktionen und Vorzeichenbedingungen gilt dann Gleichheit statt ≤ oder ≥.

Es ist also das Problem, eine solche Ecke zu finden (oft wird es genau eine geben).

Im allgemeinen n-dimensionalen Fall behält man wie üblich die Sprechweise aus dem 3-dimensionalen Fall bei, spricht also von Punkten, Ecken, Ebenen, Polyedern usw.
Da man nach 3. weiß, daß man eine *Ecke* suchen muß, könnte man nun *alle* Ecken (es sind ja "nur" endlich viele) berechnen, in jeder den Wert von C und dann den größten (beim Minimum-Problem den kleinsten) heraussuchen, womit man die Lösung hat. Im Beispiel 1 (n=2) etwa hat der zulässige Bereich G genau 5 Ecken.
Diese findet man dadurch, daß man in den m=3 Restriktionen (1), (2) und (3) und den n=2 Vorzeichenbedingungen (die *insgesamt* ja G festlegen), also aus m+n=5 Ungleichungen *je* n=2 herausgreift, das geht auf 10 Arten (5 über 2).
Aber: Nicht jeder solche Schnittpunkt zweier Geraden ist eine Ecke von G (z.B. der Schnittpunkt von (1') mit (2') liegt außerhalb, ebenso (1') mit der x-Achse).
Man muß also bei jedem ermittelten Schnittpunkt noch zusätzlich prüfen, ob er auch innerhalb des zulässigen Bereichs (einschließlich Rand) liegt, d.h. allen Restriktionen und allen Vorzeichenbedingungen genügt (durch Einsetzen in alle diese Ungleichungen).

Das im Folgenden beschriebene *Simplexverfahren* ist ein Algorithmus, der, ausgehend von einer *Ecke* weitere *Ecken* (und keine anderen außerhalb liegenden Schnittpunkte) berechnet, in ihnen den Wert C der Zielfunktion und eine Entscheidung liefert, ob das gesuchte Extremum (Maximum oder Minimum) von C erreicht ist und dann "normalerweise" abbricht. Dabei wird ein einmal erreichter Wert von C nicht wieder verschlechtert, d.h. etwa beim Maximum-Problem, daß der entsprechende Wert von C von einer Ecke zur nächsten berechneten Ecke nicht kleiner wird.
Besondere Probleme können sich ergeben, wenn es mehrere Ecken gibt, in denen die Zielfunktion C ein Extremum annimmt, sog. Entartungsfälle.

3. Das Simplexverfahren

(siehe auch die Grafik zu Beginn dieses Kapitels)

Wir beginnen vor der Beschreibung des Simplexverfahrens mit einem ausführlichen Beispiel.

Beispiel 4

Das Maximum von $C = 4x+7y+2z$ ist unter den Restriktionen

$$\begin{array}{ll} (1) & 2x + 2y + z \le 10 \\ (2) & 4x + y + 2z \le 14 \\ (3) & x + 2y + z \le 8 \\ (4) & 2x + y + 2z \le 8 \\ (5) & x + y + z \le 15 \end{array}$$

für $x \ge 0$, $y \ge 0$ und $z \ge 0$ zu bestimmen.

Lösung:

Durch Einführung von *Schlupfvariablen* s_1 bis s_5 in den fünf Ungleichungen (1) bis (5) werden sie zu Gleichungen gemacht:

$$\begin{array}{ll} (1') & 2x + 2y + z + s_1 = 10 \\ (2') & 4x + y + 2z + s_2 = 14 \\ (3') & x + 2y + z + s_3 = 8 \\ (4') & 2x + y + 2z + s_4 = 8 \\ (5') & x + y + z + s_5 = 15 \end{array}$$

Man beachte, daß in *allen* Ungleichungen dasselbe Zeichen $\le$ steht.

Dabei beachte man, daß auch die $s_i \ge 0$ sind (man muß ja, um aus den *Ungleichungen* (1) bis (5) *Gleichungen* zu machen, links etwas nichtnegatives addieren). Jede der nunmehr $3+5=8$ Variablen $x, y, z, s_1, \ldots, s_5$ ist also ≥ 0. Wir haben nun ein lineares Gleichungssystem mit $m=5$ Gleichungen (m ist immer die Zahl der Restriktionen) und $m+n=8$ Variablen (n ist immer die Raumdimension, d.h. die Zahl der ursprünglichen Variablen). Setzt man 3 der 8 Variablen zu Null, so hat man ein quadratisches System, das (von Ausnahmen abgesehen) genau eine Lösung hat. Jede solche Lösung definiert dann einen Schnittpunkt von drei Ebenen; z.B. liefert $x=0$, $s_2=0$, $s_3=0$ den Schnittpunkt der (y,z)-Ebene ($x=0$) mit der Ebene $4x+y+2z = 14$ ($s_2=0$) und der Ebene $x+2y+z=8$ ($s_3=0$):

$$\begin{array}{l} x = 0 \\ 4x + y + 2z = 14 \\ x + 2y + z = 8 \end{array}$$

Dieses lineare Gleichungssystem hat die Lösung $(x,y,z) = (0 , 2/3 , 20/3)$.

Nun ist zu prüfen, ob dieser Punkt ein *Eck*punkt des zulässigen Bereiches ist, d.h. ob in ihm alle 8 Variablen ≥ 0 sind:

Die drei Variablen, die wir 0 *setzten*, nämlich x, s_2 und s_3 sind es.

Bleiben die 5 anderen: Wir prüfen, ob alle Ungleichungen erfüllt sind in unserem Punkt (0,2/3,20/3):

(1) $2x + 2y + z = 8 \le 10$: die erste Ungleichung ist also erfüllt.

Die zweite und dritte Ungleichung sind mit = erfüllt (aus ihnen wurde der Punkt ja gewonnen).
(4) $2x + y + 2z = 14 > 8$: Diese Ungleichung ist nicht erfüllt, das heißt, daß unser Punkt zwar Schnittpunkt dreier beteiligter Ebenen ist aber kein Eckpunkt des Polyeders, er liegt außerhalb (genauer: auf der "falschen" Seite der Begrenzungsebene aus (4)). Wir müssen uns also drei andere Variablen suchen und sie 0 setzen, also drei andere *Nullvariable* suchen. Hier ergibt sich also i.a. das Problem, überhaupt erst einmal eine *Ecke* zu finden. (Auch hierfür gibt es Algorithmen, die hier nicht behandelt werden.)

Oft, besonders bei Maximum-Problemen, wird der Nullpunkt ein Eckpunkt sein; das kann man auch schnell übersehen. Hier ist das der Fall, denn für $x=y=z=0$ sind (1) bis (5) offensichtlich erfüllt. Wir beginnen also:

1. Nullvariable x, y und z.

   a) Das Gleichungssystem (1') bis (5') wird nach den Nicht-Nullvariablen, also den s_i aufgelöst:

		max.Vergr.y	
(1.1)	$s_1 = 10 - 2x - 2y - z$	5	
(1.2)	$s_2 = 14 - 4x - y - 2z$	14	
(1.3)	$s_3 = 8 - x - 2y - z$	4	(*)
(1.4)	$s_4 = 8 - 2x - y - 2z$	8	
(1.5)	$s_5 = 15 - x - y - z$	15	

   Sind die Nullvariablen x, y und z alle 0, so haben die s_1 bis s_5 die Werte 10, 14, 8, 8 und 15 (sind also alle ≥ 0, was wir ja schon wußten).

   b) Nun wird die Zielfunktion durch die Nullvariablen x, y und z ausgedrückt, (was hier ohne Rechnung geht):

   (1.Z) $C = 4x + 7y + 2z.$

   Man erkennt nun, daß C noch vergrößert werden kann (wir suchen ja das Maximum von C), wenn man etwa x vergrößert (x ist ja im Augenblick als Nullvariable 0 zu setzen), aber auch y oder z. Hätte eine dieser drei einen negativen Faktor, so würde deren Vergrößerung eine Verkleinerung von C nach sich ziehen.

   c) Austausch einer der Nullvariablen:

   Wir suchen nun diejenige Nullvariable in der Zielfunktion (1.Z), die den *größten positiven* Faktor hat (im Falle eines Minimumproblems umgekehrt den kleinsten negativen Faktor). Wenn es mehrere davon gibt, so wähle man irgendeine, z.B. diejenige, die

   (A) in der Reihenfolge $x, y, z, s_1, s_2, \ldots s_5$ die erste

   ist. Hier ist dieses y (sein Faktor ist von den drei positiven Faktoren 4, 7 und 2 der größte): y bleibt nicht mehr Nullvariable sondern wird ausgetauscht gegen eine andere bisherige Nicht-Nullvariable.

d) Bestimmung der neuen Nullvariablen:

Man sehe in obigen Gleichungen (1.1) bis (1.5) nach, wie weit die nach c) auszutauschende (bisherige) Nullvariable, also y, vergrößert werden darf, ohne daß eine der Nicht-Nullvariablen negativ wird:

In (1.1) darf man y vergrößern bis maximal 5; wenn y noch größer wird, wird s_1 negativ (man beachte, daß x und z Nullvariable bleiben, also Null zu setzen wären). Diese Zahl 5 steht hinter der Gleichung (1.1) in der Spalte, die mit "maximale Vergrößerung von y" (max.Vergr.y) überschrieben ist. In (1.2) darf man y bis 14 vergrößern; wenn y noch größer wird, wird s_2 negativ. So steht hinter jeder Gleichung der sich ergebende Maximalwert von y (käme y in einer Gleichung nicht vor (Faktor 0) oder hätte y einen positiven Faktor, so könnte man y beliebig vergrößern, wir werden dann ∞ in diese Spalte eintragen).

Die kleinste dieser maximal möglichen Vergrößerungen ist 4, dann wird $s_3=0$, damit wird dieses die neue Nullvariable. Die entsprechende Gleichung haben wir rechts mit (*) gekennzeichnet. Diese Wahl bewirkt zweierlei:

1. Man hat wieder einen *Eckpunkt* des zulässigen Bereichs, also keinen Schnittpunkt außerhalb des Polyeders, weil man unter den maximal zulässigen Vergrößerungen wiederum die kleinste gewählt hat;
2. das Ergebnis, der Wert von C, wird nicht verkleinert, i.a. sogar vergrößert.

Wären mehrere der s_i in Betracht gekommen, so hätten wir irgendeine genommen, z.B. wieder diejenige, die in obiger Anordnung (A) die erste ist.

Nullvariable nun x, z und s_3.

Nun wird wieder das Schema a) bis d) durchlaufen:

Auflösen der Gleichungen (1.1) bis (1.5) nach den Nicht-Nullvariablen, also y, s_1, s_2, s_4 und s_5

e) Dazu löse man die Gleichung (*), in der der Zusammenhang zwischen der "alten" Nullvariablen y und der "neuen" s_3 steht, nach der neuen Nullvariablen auf und setze das in alle weiteren Gleichungen und die Zielfunktion ein: (die Grundnumerierung (1) bis (5) behalten wir der Übersichtlichkeit wegen bei und setzen eine Zahl davor):

$$(*) \quad y = 4 - \frac{1}{2}x - \frac{1}{2}z - \frac{1}{2}s_3 .$$

2. Nullvariable x, z, s_3

a)

		max.Vergr. x
(2.3)	$y = 4 - \frac{1}{2}x - \frac{1}{2}z - \frac{1}{2}s_3$	8
(2.1)	$s_1 = 2 - x + s_3$	2 (*)
(2.2)	$s_2 = 10 - \frac{7}{2}x - \frac{3}{2}z + \frac{1}{2}s_3$	20/7
(2.4)	$s_4 = 4 - \frac{3}{2}x - \frac{3}{2}z + \frac{1}{2}s_3$	8/3
(2.5)	$s_5 = 11 - \frac{1}{2}x - \frac{1}{2}z + \frac{1}{2}s_3$	22

b) Nun wird in der Zielfunktion (1.Z) die Variable y durch s_3 ausgedrückt (also (2.3) einsetzen):

$$(2.Z) \quad C = 28 + \frac{1}{2}x - \frac{3}{2}z - \frac{7}{2}s_3.$$

c) Die (Null-) Variable mit dem größten positiven Faktor ist x (sogar einzige). Also wird x ausgetauscht.

d) Die maximalen Vergrößerungen von x in den 5 Gleichungen (2.1) bis (2.5) sind wieder oben angegeben. Die kleinste darunter ist 2, dann wird s_1 gleich Null. s_1 ist also neue Nullvariable.

e) Auflösen von (*), also (2.1) nach der alten Nullvariablen x:

$$(3.1) \quad x = 2 - s_1 + s_3$$

3. Nullvariable z, s_1, s_3

a) Einsetzen von (3.1) in die vier anderen Gleichungen.

b) Bevor wir dieses tun, berechnen wir C, setzen also (3.1) in (2.Z) ein:

$$(3.Z) \quad C = 29 - \frac{3}{2}z - \frac{1}{2}s_1 - 3s_3.$$

Nun sehen wir, daß in der Zielfunktion eine Vergrößerung einer der drei derzeitigen Nullvariablen z, s_1 oder s_3 eine Verkleinerung von C bewirken würde, da die Faktoren der Nullvariablen in C *alle* negativ sind: Das Verfahren ist beendet. (Aus diesem Grunde haben wir in a) die weiteren Gleichungen nicht erst berechnet, man sollte also stets zuerst in die Zielfunktion einsetzen.)

Das Maximum wird also angenommen, wenn die letzten Nullvariablen Null gesetzt werden, das gibt $C_{max} = 29$, z = 0 (Nullvariable), x = 2 (aus (3.1)) und y = 3 (aus (2.3)).

Ergebnis: Das Maximum von C ist 29 und wird im Punkt (2,3,0) angenommen.

Beschreibung des Simplexverfahrens

1. Die Aufgabe in eine geeignete Form bringen

   a. Man bringe alle Restriktionen in die Form mit ≤.

   Wenn in einer der Ungleichungen ≥ steht, so multipliziere man sie mit -1.

   Steht in einer der Restriktionen = (statt ≤ oder ≥), so kann man entweder eine Variable aus allen Restriktionen und der Zielfunktion eliminieren oder diese Restriktion mit ≤ *und* ≥ aufnehmen (also zweimal, die zweite mit -1 multiplizieren). Dann lautet das Optimierungsproblem in Matrizenschreibweise

   (R) $A\vec{x} \le \vec{b}$, (V) $\vec{x} \ge \vec{o}$ und $C = \vec{a}\vec{x} = \text{Extr}$. (Maximum oder Minimum).

   b. Man addiere in allen m Restriktionen Schlupfvariable s_1, s_2, ... s_m derart, daß aus den *Ung*leichungen *Gleichungen* werden. Dann müssen, da vorher überall ≤ stand, auch die Schlupfvariablen ≥ 0 sein.

2. Vorlauf: Auffinden einer Ecke des zulässigen Bereichs

   a. In 1b bekommt man m Gleichungen mit den m+n Größen $x_1,\ldots, x_n, s_1,\ldots s_m$.

   Setzt man n von ihnen Null, so bekommt man im "Normalfall" genau eine Lösung; der andere Fall Fall ist ein "Entartungsfall" und wird hier nicht behandelt.

   Nur: Man setzt diese n ausgewählten Größen nicht Null, sondern läßt sie als Parameter (sog. Nullvariable) des Gleichungssystems stehen, um die Abhängigkeit der anderen Größen einschließlich C von diesen zu erkennen.

   b. Man löst das Gleichungssystem mit den m Gleichungen und m Nicht-Nullvariablen (und n Nullvariablen) nach ersteren auf (letztere bleiben, wie gesagt, als Parameter auf der rechten Seite).

   c. Sind alle m Nicht-Nullvariable ≥ 0, wenn man alle Nullvariable Null setzt, so hat man eine Ecke des zulässigen Bereichs. Ist das nicht der Fall, so wähle man n andere Größen nach 2a aus und beginne dort erneut. (Es gibt einen Algorithmus, der systematisch eine Ecke heraussucht.) Oft sind $x_1,\ldots,x_n$ geeignete Nullvariable.

3. Der Simplex-Algorithmus

   a. Die Nicht-Nullvariablen durch die Nullvariablen ausdrücken.

   (Das ist beim ersten Male bereits unter 2b geschehen.)

   b. Man ersetze die Nicht-Nullvariablen in der Zielfunktion durch die Nullvariablen. C ist lineare Funktion der Nullvariablen.

   c. Wenn in dieser Darstellung von C *alle* Nullvariablen Faktoren haben, die

   1) beim Maximum-Problem ≤ 0

   2) beim Minimum-Problem ≥ 0

   sind, so würde eine Vergrößerung jeder Nullvariablen (die im betrachteten Eckpunkt ja 0 sind und sonst ≥ 0) in C

1) beim Maximum-Problem eine Verkleinerung (jedenfalls keine Vergrößerung)

2) beim Minimum-Problem eine Vergrößerung (jedenfalls keine Verkleinerung)

von C bewirken, d.h. eine "Verschlechterung" im Sinne der Aufgabenstellung:

Das Extremum ist erreicht, das Verfahren beendet. Die Lösung ergibt sich, indem man alle Nullvariablen = 0 setzt.

Ist das nicht der Fall, d.h. haben nicht alle Faktoren der Nullvariablen in C die unter 1) bzw. 2) genannte Eigenschaft, so wird eine der n Nullvariablen gegen eine der m Nicht-Nullvariablen ausgetauscht, und zwar diejenige Nullvariable, die in der Darstellung von C

1) beim Maximum-Problem den größten (dann positiven)

2) beim Minimum-Problem den kleinsten (dann negativen)

Faktor hat. Kommen hierbei mehrere infrage, so wähle man etwa

(A) die erste in der Reihenfolge $x_1, x_2, \ldots, x_n, s_1, \ldots, s_m$

(oder eine beliebige unter diesen möglichen).

d. Die neue Nullvariable, die die soeben ermittelte ersetzt, wird so bestimmt:

Man prüfe, wie groß die auszutauschende Nullvariable maximal werden darf, ohne daß eine der Nicht-Nullvariablen negativ wird. Das geschieht dadurch, daß man in den Gleichungen aus a prüft, wieweit diese auszutauschende Nullvariable maximal vergrößert werden darf; diesen maximal möglichen Wert notiere man zweckmäßig bei der jeweiligen Gleichung (in den Beispielen stehen sie jeweils dahinter). Diejenige bisherige Nicht-Nullvariable, die die kleinste dieser maximalen Vergrößerungen zuläßt (sozusagen zuerst Null wird; in den Beispielen durch (*) gekennzeichnet), wird die neue Nullvariable, ersetzt also die nach 3c auszutauschende. Kommen mehrere infrage, so verfahre man wieder so, daß

(A) die erste in der Reihenfolge $x_1, x_2, \ldots, x_n, s_1, \ldots, s_m$

gewählt wird (oder eine beliebige unter diesen möglichen).

e. Diese Gleichung (*) liefert den Zusammenhang zwischen neuer und alter Nullvariablen und wird nach der neuen Nicht-Nullvariablen (alte Nullvariable) aufgelöst. Dann setze man das in alle Gleichungen aus a ein und erhält das unter a Gesagte um dann nach b fortzufahren.

Meist ist es sinnvoll, zuerst in C einzusetzen (also b vorzuziehen) um dann nach c zu prüfen, ob die Lösung schon erreicht ist; ist das der Fall, braucht man nicht mehr in die Gleichungen von a einzusetzen.

Das Verfahren läßt sich leicht programmieren, jedenfalls der Fall, daß keine "entartete Ecke" vorliegt. Es kann nämlich auch passieren, daß man sich "im Kreise" bewegt und eine Folge von Ecken immer wieder durchläuft.

Siehe *"Turbo-Pascal-Quelltexte zur Ingenieur-Mathematik"*.

Beispiel 5

Das Maximum von $C = 2x + 3y + 6z$ für $x \geq 0$, $y \geq 0$ und $z \geq 0$ ist unter den folgenden Restriktionen zu bestimmen:

$$\begin{array}{ll} (1) & x + 2y + 2z \leq 10 \\ (2) & 3y + 3z \leq 12 \\ (3) & x + 2y + 4z \leq 12 \\ (4) & 3y + 4z \leq 14 \end{array}$$

Lösung:

Es werden die Schlupfvariablen s_1 bis s_4 addiert, um Gleichungen zu bekommen, wobei alle vier Schlupfvariablen ≥ 0 sind, da in allen Ungleichungen (1) bis (4) dieselbe Relation $\leq$ steht:

$$\begin{array}{ll} (1') & x + 2y + 2z + s_1 = 10 \\ (2') & 3y + 3z + s_2 = 12 \\ (3') & x + 2y + 4z + s_3 = 12 \\ (4') & 3y + 4z + s_4 = 14 \end{array}$$

1. Nullvariable x, y und z

a) Die vier Gleichungen werden nach den Nullvariablen aufgelöst:

		max.Vergr. z
(1.1)	$s_1 = 10 - x - 2y - 2z$	5
(1.2)	$s_2 = 12 - 3y - 3z$	4
(1.3)	$s_3 = 12 - x - 2y - 4z$	3 (*)
(1.4)	$s_4 = 14 - 3y - 4z$	14/4

b) Die Zielfunktion wird durch die Nullvariablen ausgedrückt (was schon der Fall ist):

(1.Z) $C = 2x + 3y + 6z$

c) Den größten positiven Faktor (Maximum-Problem) in der Zielfunktion hat die Variable z, also wird z ausgetauscht. Die jeweils größtmöglichen Werte von z in den vier Gleichungen (1.1) bis (1.4) sind jeweils hinter diesen Gleichungen notiert.

d) Die kleinste unter diesen größtmöglichen Vergrößerungen ist 3, dann wird $s_3 = 0$, damit ist dieses die neue Nullvariable (mit (*) gekennzeichnet).

e) (*) wird nach z aufgelöst und in die anderen Gleichungen (1.1) bis (1.4) eingesetzt:

2. Nullvariable x, y und s_3

a) Aus (*) folgt

		max.Vergr.x
(2.3)	$z = 3 - \frac{1}{4}x - \frac{1}{2}y - \frac{1}{4}s_3$	12

Dieses in die weiteren drei Gleichungen eingesetzt, ergibt

(2.1)	$s_1 = 4 - \frac{1}{2}x - y + \frac{1}{2}s_3$	8 (*)
(2.2)	$s_2 = 3 + \frac{3}{4}x - \frac{3}{2}y + \frac{3}{4}s_3$	∞
(2.4)	$s_4 = 2 + x - y + s_3$	∞

Dieses in die weiteren drei Gleichungen eingesetzt, ergibt

$$\begin{array}{llll} (2.1) & s_1 = 4 - \frac{1}{2}x - y + \frac{1}{2}s_3 & 8 & (*) \\ (2.2) & s_2 = 3 + \frac{3}{4}x - \frac{3}{2}y + \frac{3}{4}s_3 & \infty & \\ (2.4) & s_4 = 2 + x - y + s_3 & \infty & \end{array}$$

b) C aus (1.Z) durch die neuen Nullvariablen ausdrücken, d.h. (2.3) in (1.Z) einsetzen:

$$(2.Z) \qquad C = 18 + \frac{1}{2}x - \frac{3}{2}s_3 \; .$$

c) Auszutauschen ist x, da x den größten (sogar einzigen) positiven Faktor hat.

d) Hinter den Gleichungen (2.1) bis (2.4) stehen die maximal möglichen Vergrößerungen von x, z.B. kann x in (2.2) und (2.4) beliebig groß gemacht werden, es bleiben dann s_2 und s_4 nicht-negativ. Die kleinste unter diesen Vergrößerungen ist 8 (*), dann wird $s_1=0$: Dieses ist die neue Nullvariable und gegen x auszutauschen.

e) (*) nach x auflösen und in (2.1) bis (2.4) einsetzen:

3. Nullvariable y, s_1 und s_3

a) Die neue durch die alte Nullvariable mit (*) ausdrücken:

$$(3.1) \qquad x = 8 - 2y - 2s_1 + s_3 .$$

Nun ist dieses in die Gleichungen (2.2) bis (2.4) einzusetzen. Besser ist es, *vorher* in C, also (2.Z) einzusetzen um zu sehen, ob das Verfahren bereits abbricht:

b) $\qquad C = 22 - y - s_1 - s_3 .$

Man sieht, daß in C keine der Nullvariablen mehr einen positiven Faktor hat: Das Maximum ist erreicht in dem Punkt, der durch Nullsetzen der (letzten) Nullvariablen bestimmt ist:

Ergebnis:

$C_{max} = 22$, das Maximum wird angenommen im Punkte $(x,y,z) = (8,0,1)$.

Beispiel 6

Es sei a>0. Die Funktion $C = 3x+y+z$ ist zu maximieren unter den Restriktionen

$$\begin{array}{ll} (1) & 3x + 2y + z \le a \\ (2) & x + y + z \le 1 \\ (3) & 3x - y + 4z \le 3 \\ (4) & 2x + z \le 1 \\ (5) & x - 4y + 5z \le 3 \end{array}$$

und den Vorzeichenbedingungen $x\geq0$, $y\geq0$ und $z\geq0$.

Lösung:

Das Ergebnis C_{max} ist eine Funktion des Parameters a.

Einführung der Schlupfvariablen:

$$\begin{array}{ll} (1') & 3x + 2y + z + s_1 = a \\ (2') & x + y + z + s_2 = 1 \\ (3') & 3x - y + 4z + s_3 = 3 \\ (4') & 2x + z + s_4 = 1 \\ (5') & x - 4y + 5z + s_5 = 3 \end{array}$$

1. Nullvariablen x,y und z

Man sieht sofort, daß dann alle Restriktionen erfüllt sind.

a) Die Gleichungen werden nach den Nicht-Nullvariablen aufgelöst:

		max.Vergr. x
(1.1)	$s_1 = a - 3x - 2y - z$	a/3
(1.2)	$s_2 = 1 - x - y - z$	1
(1.3)	$s_3 = 3 - 3x + y - 4z$	1
(1.4)	$s_4 = 1 - 2x - z$	1/2
(1.5)	$s_5 = 3 - x + 4y - 5z$	3

b) Es ist

(1.Z) $\quad C = 3x + y + z.$

c) Auszutauschen ist die Nullvariable x, da diese den größten positiven Faktor hat.

d) Die maximalen Vergrößerungen von x sind hinter den Gleichungen notiert, die kleinste davon ist

1. Fall: s_1, wenn $a/3 \leq 1/2$ ist, also $a \leq 3/2$,

2. Fall: s_4, wenn $a/3 > 1/2$ ist, also $a > 3/2$.

<u>1. Fall</u> $a \leq 3/2$.

2. Nullvariable y, z und s_1

a) Aus der Gleichung (1.1), die den Zusammenhang von alter und neuer Nullvariablen beschreibt, folgt

		max.Vergr. y
(2.1)	$x = \frac{a}{3} - \frac{2}{3}y - \frac{1}{3}z - \frac{1}{3}s_1$	a/2

b) Wir berechnen zuerst C, indem wir (2.1) in C einsetzen:

(2.Z) $\quad C = a - y - s_1$

und sehen, daß keine Nullvariable einen positiven Faktor hat: Das Maximum ist erreicht.

Ergebnis: Wenn $0 \leq a \leq 3/2$ ist, ist $C_{max} = a$, dieses Maximum wird im Punkte (a/3,0,0) angenommen.

Die Tatsache, daß in C eine der drei Nullvariablen nicht vorkommt, nämlich z, deutet darauf hin, daß es mehrere Punkte gibt, in denen C diesen Maximalwert a annimmt.

2. Fall $a > 3/2$

2. Nullvariable y, z und s_4

a) Aus der Gleichung (1.4) erhält man den Zusammenhang zwischen der alten und der neuen Nullvariablen:

max.Vergr. y

(2.4) $x = \frac{1}{2} - \frac{1}{2}z - \frac{1}{2}s_4$ ∞

b) Es ergibt sich dann aus (1.Z)

(2.Z) $C = \frac{3}{2} + y - \frac{1}{2}z - \frac{3}{2}s_4 .$

Man sieht, daß C nicht maximal ist, da noch Koeffizienten der Nullvariablen positiv sind, die mit dem größten positiven Faktor ist y (auch einzige) und damit auszutauschen.

c) Wir berechnen die anderen Nicht-Nullvariablen, ausgedrückt durch die Nullvariablen, setzen also (2.4) in (1.1),... ein:

(2.1) $s_1 = (a-\frac{3}{2}) - 2y + \frac{1}{2}z + \frac{3}{2}s_4$ $(a-3/2)/2$

(2.2) $s_2 = \frac{1}{2} - y - \frac{1}{2}z + \frac{1}{2}s_4$ $1/2$

(2.3) $s_3 = \frac{3}{2} + y - \frac{5}{2}z + \frac{3}{2}s_4$ ∞

(2.5) $s_5 = \frac{5}{2} + 4y - \frac{9}{2}z + \frac{1}{2}s_4$ ∞

Die maximalen Vergrößerungen der alten Nullvariablen y sind wieder hinter den Gleichungen (2.1) bis (2.5) eingetragen. Die kleinste dieser Zahlen ist

Fall 2.1: s_1 , wenn $(a-3/2)/2 \leq 1/2$ ist, also $a \leq 5/2$

Fall 2.2: s_2 , wenn $a > 5/2$

Fall 2.1 Es sei also $3/2 < a \leq 5/2$ (die linke Ungleichung besteht in diesem ersten Fall ohnehin.)

3. Nullvariable z, s_1 und s_4

a) Die Gleichung (2.1) wird nach der neuen Nullvariablen s_1 aufgelöst:

(3.1) $y = \frac{1}{2}(a-\frac{3}{2}) + \frac{1}{4}z - \frac{1}{2}s_1 + \frac{3}{4}s_4$

b) und dieses in C, also (2.Z) eingesetzt:

(3.Z) $C = (\frac{1}{2}a + \frac{3}{4}) - \frac{1}{4}z - \frac{1}{2}s_1 - \frac{3}{4}s_4 .$

Da keine Nullvariable hierin einen positiven Faktor hat, ist das Maximum erreicht. Ergebnis: In diesem Fall ist $C_{max} = a/2 + 3/4$, angenommen im Punkt $(1/2, a/2-3/4, 0)$ (die letzten Nullvariablen wurden 0 gesetzt).

Fall 2.2 Es sei also $a > 5/2$

3. Nullvariable z, s_2 und s_4

a) Die Gleichung (2.2) wird nach y aufgelöst:

$$(3.2) \qquad y = \frac{1}{2} - \frac{1}{2}z - s_2 + \frac{1}{2}s_4$$

b) und in C in (2.Z) eingesetzt:

$$(3.Z) \qquad C = 2 - z - s_2 - s_4.$$

Da keine der Nullvariablen einen positiven Faktor hat, ist das Maximum erreicht.

Ergebnis: In diesem Fall ist $C_{max} = 2$, angenommen im Punkt (1/2,1/2,0).

Endergebnis: Die folgende Skizze zeigt C_{max} als Funktion von a.

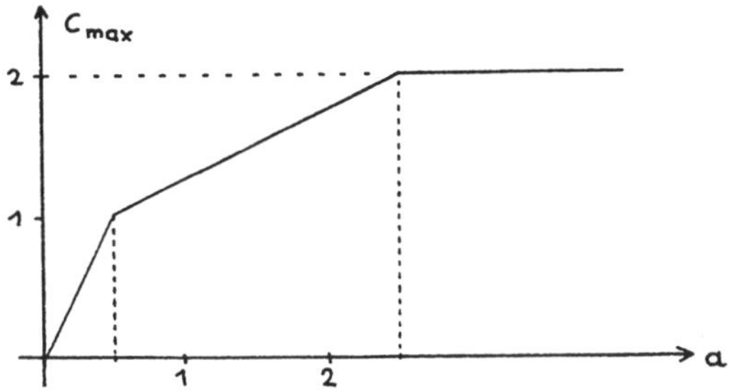

Beispiel 7

Es ist das Maximum von $C = 3x+y+2z$ unter den Restriktionen

$$\begin{array}{llcl} (1) & x + y + z & \le & 4 \\ (2) & 5x - y + z & \le & 14 \\ (3) & 2x + y & \le & 4 \\ (4) & x + az & \le & 2 \\ (5) & -2z & \le & 1 \end{array}$$

zu berechnen für $x \ge 0$, $y \ge 0$, $z \ge 0$, wobei $a \ge 1/2$ sei.

Lösung:

Man erkennt, daß (5): $z \ge -1/2$ schwächer als die Vorzeichenbedingung $z \ge 0$ ist, also fortgelassen werden kann.

Wir führen Schlupfvariable ein, um aus den Ungleichungen Geichungen zu machen; da in allen Ungleichungen $\le$ steht, sind diese Schlupfvariablen ebenfalls ≥ 0:

$$\begin{array}{llcl} (1') & x + y + z + s_1 & = & 4 \\ (2') & 5x - y + z + s_2 & = & 14 \\ (3') & 2x + y + s_3 & = & 4 \\ (4') & x + az + s_4 & = & 2 \end{array}$$

Nun sind von den insgesamt 3 (Unbekannten) + 5 (Schlupfvariablen) = 8 Variablen dieses Gleichungssystems mit 5 Gleichungen 3 Variable als Nullvariable zu nehmen. Dann ist zu prüfen, ob, wenn man diese drei 0 setzt, alle verbleibenden 5 nicht-negativ sind; ist das der Fall, so hat man einen Startpunkt (eine Ecke des konvexen Polyeders), andernfalls wähle man 3 andere als Null-

Variable aus; so lange, bis man die Bedingung der Nicht-Negativität erfüllt hat, um dann zu starten. Hier erkennt man sofort, daß für $x=y=z=0$ alle Ungleichungen erfüllt sind (also alle s nicht-negativ), also Start mit x, y und z als Nullvariable.

1. Nullvariable x, y, z

a) Auflösen des Gleichungssystems nach den Nicht-Nullvariablen:

		Max.Vergr. von x
(1.1)	$s_1 = 4 - x - y - z$	4
(1.2)	$s_2 = 14 - 5x + y - z$	14/5
(1.3)	$s_3 = 4 - 2x - y$	2 (*)
(1.4)	$s_4 = 2 - x - az$	2

(5) haben wir, wie erwähnt, fortgelassen.

b) Ausdrücken der Zielfunktion durch die Nullvariablen (wenn die ursprünglichen Variablen die Nullvariable sind, ist nichts zu rechnen)

(1.Z) $C = 3x + y + 2z.$

c) Den größten positiven (Maximumproblem) Faktor hat hier x, daher ist x als Nullvariable auszutauschen gegen ...

d) Die maximal möglichen Vergrößerungen von x, ohne daß also eine der Basis-Variablen negativ wird, sind oben im letzten Gleichungssystem bereits nach den Gleichungen eingetragen. Die kleinste unter diesen, nämlich 2, wird für s_3 und s_4 angenommen; gemäß unserer Regel (A) (siehe Beschreibung des Simplexverfahrens) wählen wir die erste in dieser Anordnung, also s_3, diese ersetzt x.

2. Nullvariable y, z, s_3

a) Ausdrücken der Nicht-Nullvariablen durch die Nullvariablen

Die Gleichung (1.3) liefert den Zusammenhang zwischen alter und neuer Nullvariablen, zwischen x und s_3, nach x wird sie aufgelöst:

		Max.Vergr. von z
(2.3)	$x = 2 - \frac{1}{2}y - \frac{1}{2}s_3$	∞ (bel.)

Man rechne nun zuerst C aus, setze dieses also in (1.Z) ein, um zu prüfen, ob das Maximum erreicht ist, dann nämlich erübrigt sich die Berechnung der folgenden Gleichungen. Da das Maximum nicht erreicht ist, rechnen wir also weiter und setzen (2.3) in die Gleichungen (1.1) ... ein:

(2.1)	$s_1 = 2 - \frac{1}{2}y - z + \frac{1}{2}s_3$	2
(2.2)	$s_2 = 4 + \frac{7}{2}y - z + \frac{5}{2}s_3$	4
(2.4)	$s_4 = \frac{1}{2}y - az + \frac{1}{2}s_3$	0 (*)

b) C durch die Nullvariablen ausdrücken, also (2.3) in (1.Z) einsetzen:

$$(2.Z) \qquad C = 6 - \frac{1}{2}y + 2z - \frac{3}{2}s_3.$$

c) Man sieht, daß in C noch positive Faktoren vor einigen (nur z) der Nullvariablen stehen, das Maximum ist also noch nicht erreicht. Den größten positiven Faktor (einzigen) hat z und ist damit auszutauschen gegen eine andere Nullvariable, nämlich ...

d) Die maximal möglichen Vergrößerungen von z sind hinter den Gleichungen (2.1),... bereits notiert, die kleinste unter diesen ist 0, dann wird $s_4=0$ und ist also neue Nullvariable.

3. Nullvariable y, s_3, s_4

a) Ausdrücken der Nicht-Nullvariablen durch die Nullvariablen

Der Zusammenhang zwischen alter und neuer Nullvariablen steht in (2.4)

$$(3.4) \qquad z = \frac{1}{2a}y + \frac{1}{2a}s_3 - \frac{1}{a}s_4.$$

b) Wir drücken C durch die Nullvariablen aus, indem (3.4) in (2.Z) eingesetzt wird:

$$(3.Z) \qquad C = 6 + \left(\frac{1}{a} - \frac{1}{2}\right)y + \left(\frac{1}{a} - \frac{3}{2}\right)s_3 - \frac{2}{a}s_4.$$

c) Das Maximum ist erreicht, wenn keiner der Faktoren der drei Nullvariablen in (3.Z) positiv ist. Da $a \geq 1/2$ nach Voraussetzung, ist $-2/a \leq -4 < 0$.

Also ist das der Fall, wenn der Faktor von y, der größer als der von s_3 ist (in letzterem wird 3/2, in ersterem 1/2 subtrahiert), nicht positiv ist, wenn also

$$\frac{1}{a} - \frac{1}{2} \leq 0 \quad \text{ist, d.h. wenn } a \geq 2 \text{ ist.}$$

Das Maximum von C hat dann den Wert 6 (die derzeitigen Nullvariablen alle 0 setzen) und wird angenommen im Punkte (x,y,z) = (2,0,0).

Ist $a < 2$, so ist das Maximum nicht erreicht. Auszutauschen ist dann y, da y in (3.Z) dann den größten positiven Faktor hat. Wir rechnen weiter, setzen also (3.4) in die anderen Gleichungen aus (2...) ein: (Der Übersichtlichkeit wegen wiederholen wir (3.4))

		Max.Vergr. y	
(3.4)	$z = \frac{1}{2a}y + \frac{1}{2a}s_3 - \frac{1}{a}s_4$	∞ (bel.)	
(3.1)	$s_1 = 2 - \frac{1}{2}(1 + \frac{1}{a})y + \frac{1}{2}(1 - \frac{1}{a})s_3 + \frac{1}{a}s_4$	$\frac{4a}{1+a}$	(A)
(3.2)	$s_2 = 4 + \frac{1}{2}(7 - \frac{1}{a})y + \frac{1}{2}(5 - \frac{1}{a})s_3 + \frac{1}{a}s_4$	$\frac{8a}{1-7a}$	(B)
(3.3)	$x = 2 - \frac{1}{2}y - \frac{1}{2}s_3$	4	(C)

Wie oben bereits vermerkt, ist y auszutauschen gegen ...

d) Die maximal möglichen Vergrößerungen von y sind hinter den Gleichungen (3.1) bis (3.4) notiert. Welches darunter die kleinste ist, hängt demnach von a ab. Es ist zu ermitteln, welche der drei Zahlen (im Falle $0<a<2$)

$$(A):\ \frac{4a}{1+a} = 4 - \frac{4}{1+a}\ ,\quad (B):\ \frac{8a}{1-7a} = -\frac{8}{7}\left(1 + \frac{1}{7a-1}\right)\ ,\quad (C):\ 4$$

die kleinste ist, *aber positiv*, denn wenn einer der Faktoren von y in (3....) *positiv* ist, darf y hier beliebig vergrößert werden. (Z.B. für a=1 ist in (3.2) der Faktor von y positiv, nämlich 3 und daher darf y dann beliebig vergrößert werden, die rechts notierte maximale Vergrößerung ist dann ∞, die dort notierte Zahl -8/6).

Das Bild zeigt diese drei Funktionen von a, aus ihm erkennt man sofort, daß (A) für $1/2 \le a < 2$ am kleinsten ist unter den Kurven, die oberhalb der a-Achse liegen.

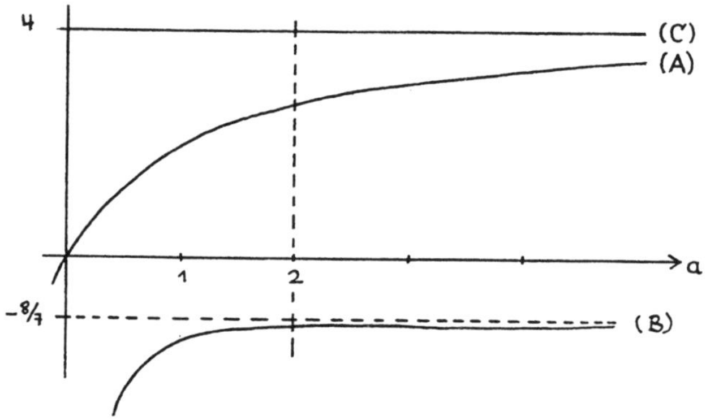

Dann ist s_1 neue Nullvariable.

4. Nullvariable s_1, s_3, s_4

a) Ausdrücken der Nicht-Nullvariablen durch die Nullvariablen

Der Zusammenhang zwischen alter und neuer Nullvariablen wird durch (3.1) (d.h. (A)) beschrieben:

$$(4.1)\quad y = \frac{4a}{1+a} - \frac{2a}{1+a}s_1 + \frac{a-1}{1+a}s_3 + \frac{2}{1+a}s_4\ .$$

Bevor wir weiterrechnen, berechnen wir C:

b) Ausdrücken von C durch die Nullvariablen

Wir setzen also (4.1) in (3.Z) ein und erhalten

$$(4.Z)\quad C = 6 + \frac{4-2a}{1+a} - \frac{2-a}{1+a}s_1 + \frac{(a-1)(2-a)+(2-3a)(a+1)}{2a(a+1)}s_3 + \frac{2-a-2a-2}{a(a+1)}s_3$$

$$= \frac{1}{a+1}\left[(10+4a) - (2-a)s_1 - (2a-1)s_3 - 3s_4\right]$$

c) Da für $1/2 \le a < 2$ der Vorfaktor positiv ist, sind die Faktoren der Nullvariablen zu untersuchen:

$-(2-a) < 0$, $-(2a-1) \le 0$ für $1/2 \le a < 2$. Das Maximum ist daher erreicht und sein Wert ergibt sich, wenn die drei Nullvariablen 0 gesetzt werden:

$$C = \frac{4a+10}{a+1} = 4 + \frac{6}{a+1}.$$

Es wird angenommen im Punkte (x,y,z), wobei

aus (4.1): $y = \frac{4a}{a+1}$, aus (3.4): $z = \frac{2}{a+1}$ und aus (3.3): $x = \frac{2}{a+1}$.

Beispiel 8

Das Minimum von $C = x+ay+z$ ist für $x \ge 0$, $y \ge 0$, $z \ge 0$ gesucht, wobei der Parameter $a \ge 1/2$ sei. Dabei seien

$$\begin{aligned} x + 4y + 2z &\ge 8 \\ 3x + y + z &\ge 12 \\ 2x + 3y + z &\ge 9 \\ x + 3y + 2z &\ge 10 \\ x + y + 3z &\ge 10. \end{aligned}$$

Lösung:

1. Einführung der Schlupfvariablen

Da in allen Ungleichungen $\ge$ steht, ist etwas nicht-negatives zu *subtrahieren*, damit aus den Ungleichungen Gleichungen werden (oder - äquivalent - die 5 Ungleichungen mit -1 zu multiplizieren und dann etwas nicht-negatives zu *addieren* und dann wieder die entstandenen Gleichungen mit -1 zu multiplizieren):

$$\begin{aligned} &(1) \quad x + 4y + 2z - s_1 = 8 \\ &(2) \quad 3x + y + z - s_2 = 12 \\ &(3) \quad 2x + 3y + z - s_3 = 9 \\ &(4) \quad x + 3y + 2z - s_4 = 10 \\ &(5) \quad x + y + 3z - s_5 = 10 \end{aligned}$$

2. a) Wir wählen als Nullvariable x, y und s_2.

b) Auflösung des Gleichungssystems (1)-(5) nach den Nicht-Nullvariablen

		max. Vergr. von x	
(1.2)	$z = 12 - 3x - y + s_2$	4	
(1.1)	$s_1 = 16 - 5x + 2y + 2s_2$	16/5	
(1.3)	$s_3 = 3 - x + 2y + s_2$	3	
(1.4)	$s_4 = 14 - 5x + y + 2s_2$	14/5	(*)
(1.5)	$s_5 = 26 - 8x - 2y + 3s_2$	26/8	

Man erkennt, daß alle diese Nicht-Nullvariablen ≥ 0 sind, wenn die drei Nullvariablen 0 gesetzt werden. Die drei gewählten Nullvariablen ergeben in diesem Fall also einen Eckpunkt. Wäre eine der Nicht-Nullvariablen < 0, so hätte man eine andere Wahl von drei Nullvariablen versuchen müssen.

3. a) Die Nicht-Nullvariablen sind unter 2b schon durch die Nullvariablen ausgedrückt.

b) Die Zielfunktion durch die Nullvariablen ausdrücken

Dazu setzt man für x, y und z die unter 3a gefundenen Ausdrücke in C ein, hier also nur noch z nach (1.2):

$$(1.Z) \quad C = 12 - 2x + (a-1)y + s_2.$$

c) Man erkennt, daß C noch nicht minimal ist, da der Faktor der Nullvariablen x, also -2, negativ ist: Eine Vergrößerung von x, das derzeit als Nullvariable 0 zu setzen ist, bewirkt eine Verkleinerung von C.

Der Faktor von y, also (a-1) ist wegen a ≥ 1/2 größer als -1/2, so daß x den "größten negativen" Faktor hat (richtig: kleinsten negativen), also auszutauschen ist gegen ...

d) Die maximale Vergrößerung von x ergibt sich aus den Gleichungen (1.1)-(1.5) und steht wieder hinter jeder dieser Geichungen.

Noch als Beispiel: x darf etwa in (1.4) bis 14/5 vergrößert werden, noch größere Werte von x ergeben negatives s_4, denn die anderen Nullvariablen y und s_2 bleiben ja Nullvariable, also 0.

Die kleinste dieser Maximal-Vergrößerungen ist 14/5, dann wird s_4=0.

Also ist dieses die neue Nullvariable, sie ersetzt x.

e) Die Gleichung (1.4) zwischen alter und neuer Nullvariablen wird nach der neuen Nicht-Nullvariablen, also x, aufgelöst und ergibt

$$(2.4) \quad x = \frac{14}{5} + \frac{1}{5}y + \frac{2}{5}s_2 - \frac{1}{5}s_4.$$

Wir setzen das zunächst in C, also (1.Z) ein und bekommen

$$(2.Z) \quad C = \frac{32}{5} + (a - \frac{7}{5})y + \frac{1}{5}s_2 + \frac{2}{5}s_4.$$

Der Faktor von y ist für a < 7/5 negativ, wir rechnen daher weiter, da das Minimum in diesem Fall noch nicht erreicht ist.

2. Nullvariable y, s_2 und s_4

a) Einsetzen von (2.4) in (1.1) bis (1.5): ((2.4) wiederholen wir der besseren Übersicht wegen)

		max.Vergr. von y
(2.4)	$x = \frac{14}{5} + \frac{1}{5}y + \frac{2}{5}s_2 - \frac{1}{5}s_4$	∞
(2.2)	$z = \frac{18}{5} - \frac{8}{5}y - \frac{1}{5}s_2 + \frac{3}{5}s_4$	18/8
(2.1)	$s_1 = 2 + y + s_4$	∞
(2.3)	$s_3 = \frac{1}{5} + \frac{9}{5}y + \frac{3}{5}s_2 + \frac{1}{5}s_4$	∞
(2.5)	$s_5 = \frac{18}{5} - \frac{18}{5}y - \frac{1}{5}s_2 + \frac{8}{5}s_4$	1 (*)

b) C durch die Nullvariablen ausdrücken (siehe unter 1e)

$$(2.Z) \quad C = \frac{32}{5} + (a - \frac{7}{5})y + \frac{1}{5}s_2 + \frac{2}{5}s_4.$$

c) 1. Fall

Wenn $(a - 7/5) \geq 0$ ist, sind alle Faktoren der Nullvariablen in C nicht-negativ: Das Minimum ist erreicht. Es ergibt sich, wenn man die Nullvariablen gleich 0 setzt:

$C_{min} = 32/5$, angenommen im Punkt $(14/5 \,,\, 0 \,,\, 18/5)$.

2. Fall

Wenn $(a - 7/5) < 0$ ist, also $a < 7/5$, ist der Faktor von y negativ, und mithin das Minimum noch nicht erreicht. Dann ist y auszutauschen (einzige Variable in (2.Z) mit negativem Faktor) gegen ...

d) Die maximal möglichen Vergrößerungen von y stehen hinter den Gleichungen (2.1) bis (2.5), darunter ist 1 die kleinste, dann wird $s_5 = 0$, das ist also die neue Nullvariable.

e) Die Gleichung (2.5), die den Zusammenhang zwischen alter und neuer Nullvariablen beschreibt, wird nach y aufgelöst:

$$(3.4) \quad y = 1 - \frac{1}{18}\cdot s_2 + \frac{8}{18}\cdot s_4 - \frac{5}{18}\cdot s_5$$

und in C aus (2.Z) eingesetzt:

$$(3.Z) \quad C = (5+a) + \frac{1}{18}\cdot(5-a)s_2 + \frac{1}{18}\cdot(8a-4)s_4 + \frac{1}{18}\cdot(7-5a)s_5$$

Alle auftretenden Koeffizienten sind ≥ 0, nämlich

$5-a \geq 0$, weil $a \leq 5$ in unserem 1.Fall;

$8a-4 \geq 0$, weil $a \geq 1/2$ vorausgesetzt ist und

$7-5a \geq 0$, weil $a \leq 7/5$ im betrachteten 2. Fall.

Die Lösung ergibt sich, wenn man die drei Nullvariablen, das sind nun s_2, s_4 und s_5 Null setzt: $C_{min} = 5+a$, angenommen im Punkte (3,1,2).

(Man bekommt zunächst y=1 aus (3.4), dann x und z aus (2.4) und (2.2)).

Wir fassen zusammen:

$$c_{min} = \begin{cases} 5+a, & \text{wenn } 1/2 \le a \le 7/5 \\ 32/5, & \text{wenn } a \ge 7/5 \end{cases}$$

Anfangswertaufgaben

Besondere Tips und Hinweise

Ein- und Mehrschrittverfahren für die

Anfangswertaufgabe $y' = f(x,y),\ y(x_0) = y_0$.

Es wird eine Schrittweite h vorgegeben und es sei

$x_1 = x_0+h,\ x_2 = x_1+h,\ x_3 = x_2+h,\ \ldots$

Ausgehend vom Anfangspunkt (x_0,y_0) werden

Näherungen	$y_1\ ,\ y_2\ ,\ \ldots$
für die Werte	$y(x_1),\ y(x_2),\ \ldots$

berechnet.

1) Einschrittverfahren von Euler, Cauchy, Heun und Runge-Kutta (Beispiel 1)

Es werden Zahlen k_1, k_2,... berechnet, daraus ein gewichtetes Mittel k und dann $y_1=y_0+h\cdot k$ als Näherung für $y(x_1)$; dann nach derselben Formel von (x_1,y_1) ausgehend y_2 u.s.w.

Für das *Runge-Kutta-Verfahren* werden noch zwei weitere Regeln erläutert:

a) Schrittweitenregel von Collatz (Beispiel 2)

Die Schrittweite kann von Schritt zu Schritt geändert werden, wenn ein Quotient aus den k außerhalb eines bestimmten Bereichs liegt.

b) Fehlerkorrektur nach Richardson (Beispiel 2)

Man rechne mit der Schrittweite h *zwei* Schritte und dann mit der *doppelten* Schrittweite 2h *einen* Schritt, in beiden Fällen ist man bei demselben Wert x. Aus den beiden gewonnenen y-Näherungen ergibt sich eine Fehler*schätzung* sowie *Korrektur*.

2) Mehrschrittverfahren von Adams-Bashforth und Adams-Moulton (Beispiel 4)

Es wird ein neuer Wert y_n aus y_{n-4} bis y_{n-1} berechnet (die ersten Näherungen müssen vorher mit z.B. einem der Einschrittverfahren ermittelt werden). Dann wird y_{n+1} aus den vorigen 4 berechnet u.s.w. Beim Prädiktor-Korrektor-Verfahren von Adams-Moulton wird zunächst eine Näherung y_n^* aus den vorigen vier berechnet (Prädiktor) und dann y_n aus y_n^*, y_{n-1}, y_{n-2} und y_{n-3} (Korrektor).

Runge-Kutta-Verfahren für andere Anfangswertaufgaben

Bei allen folgenden Verfahren wird, ausgehend von den Anfangswerten , eine Näherung im folgenden Punkt berechnet. Dazu werden Zahlen k_i (und l_i) berechnet. Aus diesen Näherungen nach derselben Formel eine Näherung im darauf folgenden Punkt usw.

3) Runge-Kutta-Verfahren für ein 2×2-System 1. Ordnung (Beispiele 5 und 6)

4) Runge-Kutta-Nyström-Verfahren für eine Anfangswertaufgabe 2. Ordnung (Schwingungsprobleme; Beispiele 7-9)

5) Runge-Kutta-Verfahren für ein 2×2-System 2. Ordnung (gekoppelte Schwingungen; Beispiel 10)

Anfangswertaufgaben

Hier handelt es sich um das Problem, diejenige(n) Lösung(en) der Differentialgleichung zu ermitteln, für die *an einer Stelle* (Anfangsstelle) Funktionswert und Werte von Ableitungen (Anfangswerte) (oder Gleichungen zwischen diesen) bekannt (oder gegeben) sind.

In *"Turbo-Pascal-Quelltexte zur Ingenieur-Mathematik"* stehen Quelltexte zu den hier aufgeführten Verfahren (und weiteren) mit Programmen, Prozeduren, Erklärungen und Beispielen.

1. Einschrittverfahren von Euler, Euler-Cauchy, Heun und Runge-Kutta

Gegeben ist eine Anfangswertaufgabe 1. Ordnung

$$y' = f(x,y), \quad y(x_0) = y_0.$$

Berechnet wird bei allen Verfahren eine Näherung y_n für den Wert $y(x_n)$ der Lösung y im Punkte $x_n = x_{n-1}+h$, wobei h gegeben ist.

Man berechnet nach jeweils derselben Formel, ausgehend von y_0 eine Näherung y_1 für $y(x_1)$, wobei $x_1 = x_0+h$ ist (man kann auch eine andere Schrittweite h wählen), dann y_2 u.s.w. ("Eigentlich" berechnet man dann eine Näherung für die Lösung der Anfangswertaufgabe $y'=f(x,y)$, $y(x_1)=y_1$, also unter Verwendung der bereits berechneten *Näherung* für $y(x_1)$.)

Im folgenden steht jeweils der aus dem vorigen Wert y_{n-1} berechnete neue Wert y_n.

a) Euler-Verfahren

$$y_n = y_{n-1} + h \cdot f(x_{n-1}, y_{n-1}).$$

b) Verbessertes Euler-Verfahren

$$y_n = y_{n-1} + h \cdot k, \qquad k = k_2$$

wobei

$$k_1 = f(x_{n-1}, y_{n-1})$$

$$k_2 = f(x_{n-1} + \frac{h}{2}, y_{n-1} + \frac{h}{2} \cdot k_1).$$

c) Euler-Cauchy-Verfahren, auch Heun-Verfahren genannt

$$y_n = y_{n-1} + h \cdot k, \qquad k = \frac{1}{2} \cdot (k_1 + k_2),$$

wobei

$$k_1 = f(x_{n-1}, y_{n-1})$$

$$k_2 = f(x_{n-1} + h, y_{n-1} + h \cdot k_1).$$

d) Folgendes Verfahren wird bisweilen auch nach Heun benannt

$$y_n = y_{n-1} + h\cdot k, \qquad k = \frac{1}{4}\cdot(k_1+3\cdot k_3),$$

wobei

$$k_1 = f(x_{n-1}, y_{n-1})$$

$$k_2 = f(x_{n-1} + \frac{h}{3}, y_{n-1} + \frac{h}{3}\cdot k_1)$$

$$k_3 = f(x_{n-1} + \frac{2\cdot h}{3}, y_{n-1} + \frac{2\cdot h}{3}\cdot k_2).$$

e) Runge-Kutta-Verfahren der Ordnung 4

$$y_n = y_{n-1} + h\cdot k, \qquad k = \frac{1}{6}(k_1+2k_2+2k_3+k_4)$$

wobei

$$k_1 = f(x_{n-1}, y_{n-1})$$

$$k_2 = f(x_{n-1} + \frac{h}{2}, y_{n-1} + \frac{h}{2}\cdot k_1)$$

$$k_3 = f(x_{n-1} + \frac{h}{2}, y_{n-1} + \frac{h}{2}\cdot k_2)$$

$$k_4 = f(x_{n-1} + h, y_{n-1} + h\cdot k_3)$$

a) Schrittweitenregel von Collatz

Wenn bei einem Schritt die folgende Ungleichung gilt:

$$0.025 \le \left|\frac{k_3-k_2}{k_2-k_1}\right| \le 0.050,$$

so führe man den nächsten Schritt wieder mit derselben Schrittweite h durch.

Bisweilen werden auch andere Werte genommen, etwa 0.1 als obere Schranke (statt 0.050). Wenn der obige Quotient kleiner als 0.025 ist, vergrößere man h im nächsten Schritt, wenn er größer als 0.050 ist, verkleinere man h.

Bei Verwendung von Computer-Programmen kann man den Quotienten jeweils gleich mitberechnen und dann bei "vergrößern" einfach h verdoppeln, bei "verkleinern" halbieren.

b) Korrektur nach Richardson (Fehlerüberschlag)

1) Man hat, ausgehend von x_0 über $x_1 = x_o+h$, $x_2 = x_o+2h$, ... in 2n Schritten (Durchläufen) eine Näherung y_{2n} für $y(x_o+2nh)$ berechnet. Diese Näherung bezeichnen wir mit y_{2n} (also eine *gerade* Zahl von Schritten).

2) Man berechne erneut eine Näherung für $y(x_o+2nh)$, aber diesesmal mit der *doppelten* Schrittweite 2h, dazu sind n Schritte nötig; also über die Zwischenwerte x_o+2h, x_o+4h,....

Diese Näherung bezeichnen wir mit $\bar{y}_n$.

Dann ist in vielen Fällen die Zahl

$$y_{2n} - \frac{\bar{y}_n - y_{2n}}{15}$$

eine bessere Näherung für $y(x_{2n})$ als die unter 1) gewonnene Näherung y_{2n}.
Den Bruch bezeichnet man als *Korrektur nach Richardson* (durch ihn wird der zuerst berechnete Wert "korrigiert"). Analog mit weiteren Indizes.

Beispiel 1

Mit den fünf Einschrittverfahren sollen Näherungen für die Lösung der folgenden Anfangswertaufgabe berechnet werden (h=0.1).

$$y' = -\frac{2xy^2}{x^2+1}, \quad y(0) = 2$$

Lösung:

Die folgende Tabelle enthält die berechneten Werte. Wir haben mit 15 Stellen gerechnet und den Ausdruck gerundet (bei anderer Stellenzahl wird es etwas andere Werte geben). Es bedeuten: Euler = Euler-Verfahren, verb. = verbessertes Euler-Verfahren, Euler-C. = Euler-Cauchy-Verfahren (Heun), Verf.d = unter d) beschriebenes Verfahren und R.-K. = Runge-Kutta-Verfahren.

Die Werte wurden mit den Programmen aus *"Turbo-Pascal-Quelltexte zur Ingenieur-Mathematik"* berechnet.

Die (exakte) Lösung ist übrigens $y=1/(\ln(x^2+1)+0.5)$, sie steht in der letzten Spalte.

x	Euler	verb.	Euler-C.	Verf.d	R.-K.	exakt
0.0	2.0000000	2.0000000	2.0000000	2.0000000	2.0000000	2.0000000
0.1	2.0000000	1.9600998	1.9603960	1.9608810	1.9609738	1.9609753
0.2	1.9207921	1.8517091	1.8540649	1.8544557	1.8545232	1.8545282
0.3	1.7788905	1.7016397	1.7063589	1.7060051	1.7059605	1.7059673
0.4	1.6047005	1.5375868	1.5437947	1.5423414	1.5422042	1.5422103
0.5	1.4271099	1.3789083	1.3854989	1.3830110	1.3828472	1.3828513
0.6	1.2641785	1.2355557	1.2417593	1.2385530	1.2384114	1.2384135
0.7	1.1231655	1.1108375	1.1162948	1.1127245	1.1126233	1.1126241
0.8	1.0046352	1.0044189	1.0090490	1.0053938	1.0053319	1.0053320
0.9	0.9061677	0.9143688	0.9182313	0.9146707	0.9146398	0.9146395
1.0	0.8245074	0.8382916	0.8414971	0.8381290	0.8381199	0.8381195
1.1	0.7565261	0.7738625	0.7765278	0.7733947	0.7734001	0.7733996
1.2	0.6995519	0.7190371	0.7212666	0.7183778	0.7183922	0.7183917
1.3	0.6514169	0.6721010	0.6739814	0.6713283	0.6713481	0.6713476
1.4	0.6104022	0.6316510	0.6332519	0.6308171	0.6308399	0.6308394
1.5	0.5751572	0.5965519	0.5979282	0.5956912	0.5957154	0.5957149
1.6	0.5446212	0.5658893	0.5670839	0.5650239	0.5650485	0.5650481
1.7	0.5179595	0.5389265	0.5399731	0.5380705	0.5380949	0.5380946
1.8	0.4945106	0.5150686	0.5159937	0.5142307	0.5142545	0.5142542
1.9	0.4737478	0.4938332	0.4946577	0.4930184	0.4930415	0.4930412
2.0	0.4552475	0.4748269	0.4755675	0.4740379	0.4740602	0.4740599
...						
3.0	0.3424142	0.3573513	0.3576962	0.3567987	0.3568136	0.3568135

Berechnungsbeispiele:

Die Berechnung der Zahlen für x=1.2 ergibt sich bei den Verfahren wie folgt:

Der Wert von x_{n-1} in den Formeln ist jeweils 1.1, der Wert für y_{n-1} jeweils der in der Zeile darüber (also bei x=1.1) stehende.

Es können sich geringfügig andere Werte durch Rundungen ergeben.

a) Euler-Verfahren

$$f(x_{n-1},y_{n-1}) = f(1.1,0.7565261) = -0.5697421$$

und daher $y_1 = 0.7565261+0.1\cdot(-0.5697421) = 0.6995519$.

b) Verbessertes Euler-Verfahren

$$k_1 = f(x_{n-1},y_{n-1}) = f(1.1,0.7738625) = -0.5961534$$

$$k_2 = f(x_{n-1}+0.5\cdot h\ ,\ y_{n-1}+0.5\cdot h\cdot k_1) = f(1.15,0.7738625-0.0298077)=-0.5482542$$

woraus sich $y_n = y_{n-1}+h\cdot k_2 = 0.7738625+0.1\cdot(-0.5482542) = 0.7190371$ ergibt.

c) Euler-Cauchy-Verfahren (auch Heun)

$$k_1 = f(x_{n-1},y_{n-1}) = f(1.1,0.7765278) = -0.6002670$$

$$k_2 = f(x_{n-1}+h\ ,\ y_{n-1}+h\cdot k_1) = f(1.15,0.7165011) = -0.5049579$$

und daher das Mittel $0.5\cdot(k_1+k_2) = -0.5526124$, so daß man erhält

$y_n = 0.7765278 + 0.1\cdot(-0.5526124) = 0.7212666$.

d) Verfahren d) (von Heun)

$$k_1 = f(x_{n-1},y_{n-1}) = f(1.1,0.7733947) = -0.5954329$$

$$k_2 = f(x_{n-1}+h/3\ ,\ y_{n-1}+h\cdot k_1/3) = f(1.3333333,0.7535470) = -0.5634141$$

$$k_3 = f(x_{n-1}+2h/3\ ,\ y_{n-1}+2h\cdot k_2/3) = f(1.6666667,0.7358338) = -0.5350813$$

Das benötigte gewichtete Mittel dieser Werte ist

$(k_1+3k_3)/4 = -0.5501692$, so daß $y_n = 0.7733947+0.1\cdot(-0.5501692) = 0.7183778$.

e) Runge-Kutta-Verfahren

$$k_1 = f(x_{n-1},y_{n-1}) = f(1.1,0.7734001) = -0.5954412$$

$$k_2 = f(x_{n-1}+h/2\ ,\ y_{n-1}+h\cdot k_1/2) = f(1.15,0.7436280) = -0.5476255$$

$$k_3 = f(x_{n-1}+h/2\ ,\ y_{n-1}+h\cdot k_2/2) = f(1.15,0.7460188) = -0.5511524$$

$$k_4 = f(x_{n-1}+h\ ,\ y_{n-1}+h\cdot k_3) = f(1.2,0.7182849) = -0.5074752$$

Damit erhält man das benötigte gewichtete Mittel

$$k = (k_1+2k_2+2k_3+k_4)/6 = -0.5500787$$

und daher $y_n = 0.7734001+0.1\cdot(-0.5500787) = 0.7183922$.

Beispiel 2

Mit dem Runge-Kutta-Verfahren soll folgende Anfangswertaufgabe behandelt werden.

$$y' = -2\sqrt{y}\cdot\sin x,\quad y(0) = 1$$

Lösung:

Die Lösung der Anfangswertaufgabe ist $y=\cos^2 x$ ("Trennung der Veränderlichen"). Es soll eine Näherung für y(0.2) berechnet werden mit der Schrittweite h=0.1.

Wir rechnen im Folgenden mit 15 Stellen, runden den Ausdruck aber; bei geringerer Stellenzahl werden sich möglicherweise gerinfügig andere Werte ergeben.

1. Schritt

Wir bekommen folgende Werte, die wir tabellarisch notieren:

x	y	$-2\cdot\sqrt{y}\cdot\sin x = k_i$
0.0	1.0	0.0
0.05	1.0	-0.099958339
0.05	0.9950020831	-0.099708234
0.10	0.9900291766	-0.198668918

$k = (k_1 + 2k_2 + 2k_3 + k_4)/6 = -0.099667011$ und daher die Näherung

$y(0.1) \approx y_1 = y_0 + h\cdot k = 1.0 - 0.1\cdot 0.099667011 = 0.9900332989$

(exakt: $\cos^2 0.1 = 0.9900332889...$).

Als Quotient der k erhält man

$$\left|\frac{k_3-k_2}{k_2-k_1}\right| = 0.0025,$$

genügt also nicht der Ungleichung: man würde die Schrittweite im nächsten Schritt entsprechend ändern (verdoppeln). Da wir aber eine Näherung für y(0.2) suchen, bleiben wir bei h=0.1.

2. Schritt

Wir rechnen nach derselben Formel, nun aber ausgehend vom "neuen" Anfangswert y(0.1)=0.99003..., also der neuen Anfangsbedingung, für die $x_o = 0.1$, $y_o = 0.9900332989$ sind. Wir bekommen dann folgende Tabelle:

x	y	$-2\cdot\sqrt{y}\cdot\sin x = k_i$
0.10	0.9900332989	-0.198669332
0.15	0.9800998323	-0.295887477
0.15	0.9752389251	-0.295152823
0.20	0.9605180166	-0.389415812

$k=-0.295027624$ und daraus $y_2 = y_1+k\cdot h = 0.9900332989-0.1\cdot 0.295027624 = 0.9605305366$ als Näherung für y(0.2).

3. Korrektur nach Richardson

Wir rechnen mit der doppelten Schrittweite h = 0.2 in *einem* Schritt von 0 ausgehend; das ergibt folgende Tabelle:

x	y	$-2\cdot\sqrt{y}\cdot\sin x = k_i$
0.0	1.0	0.0
0.1	1.0	-0.199666833
0.1	0.9800333167	-0.197663440
0.2	0.9604673119	-0.389405534

$k_1 = -0.197344347$, daraus $y_1 = 1.0 - 0.2 \cdot 0.197344347 = 0.9605311306$, hier mit $\bar{y}$ bezeichnet.
Als korrigierten Wert bekommt man daher für y(0.2)

$$y_2 - \frac{\bar{y}_1 - y_2}{15} = 0.9605305366 - 3.96 \cdot 10^{-8} = 0.9605304969.$$

Exakter Wert ist $y(0.2) = \cos^2 0.2 = 0.960530497001\ldots$.

Beispiel 3

Mit dem Verfahren von Runge-Kutta sollen Näherungen für die Werte y(1.5), y(2.0), y(2.5), ... y(5.0) der Anfangswertaufgabe

$$y' = \frac{1}{2(y-x^3)} + 3x^2, \quad y(1) = 2.00$$

berechnet werden. Als Schrittweite wird h = 0.1 gewählt.

Lösung:

Wir berechnen (wegen h=0.1) die Werte y(1.0), dann y(1.1), y(1.2), ... und drucken nur die gesuchten Werte y(1.5), y(2.0), ... aus (wir rechneten mit 15 Stellen).

Wir haben in den ersten zwei Schritten die Werte von k zu Übungszwecken notiert.

Es ergeben sich dann folgende Werte:

$k_1 = 3.5$, $k_2 = 3.798961$, $k_3 = 3.791845$, $k_4 = 4.107015$; $k = 3.798104$;
$x_1 = 1.1000000$; $y_1 = 2.3798104$; $|(k_3-k_2)/(k_2-k_1)| = 0.0238$.

Nun rechnet man, ausgehend von den "neuen" Werten x=1.1, y=2.3798104 als Anfangswerte wieder nach den Formeln von Runge-Kutta und erhält (wir schreiben nur die Ergebnisse hin):

$x_2 = 1.2000000$, $y_2 = 2.8234484$.

Wir bekommen folgende Tabelle, in der die x-Werte und die Näherungen y der Anfangswertaufgabe stehen. Dann folgt der exakte Wert für y (die Lösung der Anfangswertaufgabe ist $y=x^3+\sqrt{x}$); darauf der Betrag der Differenz zwischen diesen beiden und hinten der erwähnte Quotient der k-Werte. Wir haben zunächst einige Schritte im x-Abstand h=0.1 hingeschrieben, dann nur die Werte 1.5, 2.0, 2.5, ... wie oben gewünscht (aber nach wie vor mit 0.1-er Schritten gerechnet).

x	y	y exakt	Fehler	Quotient
1.1	2.3798104	2.3798088	0.0000016	0.0238036
1.2	2.8234484	2.8234451	0.0000032	0.0217341
1.3	3.3371804	3.3371754	0.0000049	0.0199957
1.4	3.9272227	3.9272160	0.0000067	0.0185148
1.5	4.5997534	4.5997449	0.0000085	0.0172381
nun wird nur jede fünfte Zeile gedruckt				
2.0	9.4142320	9.4142136	0.0000184	0.0128187
2.5	17.2061682	17.2061388	0.0000294	0.0102031
3.0	28.7320922	28.7320508	0.0000414	0.0084740
3.5	44.7458830	44.7458287	0.0000543	0.0072461
4.0	66.0000682	66.0000000	0.0000682	0.0063291
4.5	93.2464032	93.2463203	0.0000829	0.0056181
5.0	127.2361664	127.2360680	0.0000984	0.0050508

2. Mehrschrittverfahren: Die Verfahren von Adams-Bashforth und Adams-Moulton

Hier werden neue Näherungen aus *mehreren* vorangehenden Näherungen berechnet.

Im folgenden sei $f_k := f(x_k, y_k)$ und n=4,5,6,....

a) Verfahren von Adams-Bashforth

$$y_n = y_{n-1} + \frac{h}{24} \cdot (55 \cdot f_{n-1} - 59 \cdot f_{n-2} + 37 \cdot f_{n-3} - 9 \cdot f_{n-4})$$

b) Prädiktor-Korrektor-Verfahren von Adams-Moulton

$$y_n^* = y_{n-1} + \frac{h}{24} \cdot (55 \cdot f_{n-1} - 59 \cdot f_{n-2} + 37 \cdot f_{n-3} - 9 \cdot f_{n-4})$$

$$y_n = y_{n-1} + \frac{h}{24} \cdot (9 \cdot f_n^* + 19 \cdot f_{n-1} - 5 \cdot f_{n-2} + f_{n-3})$$

$$f_n^* = f(x_n, y_n^*)$$ (die zuerst berechnete Näherung wird also verwendet)

Die erste Näherung (übrigens die Adams-Bashforth-Formel) heißt in diesem Zusammenhang *Prädiktor*, die zweite *Korrektor*.

Bei beiden Verfahren muß man sich die ersten Werte y_1, y_2 und y_3 (y_0 ist gegeben) mit einem geeigneten Einschrittverfahren berechnen (z.B. Runge-Kutta oder Euler-Cauchy), um dann nach diesen Formeln ab n=4 zu rechnen.

Beispiel 4

Mit den beiden Mehrschrittverfahren sollen Näherungen für die Lösung der folgenden Anfangswertaufgabe berechnet werden (h=0.1).

$$y' = -\frac{2xy^2}{x^2+1}, \quad y(0) = 2$$

Lösung:

Diese Anfangswertaufgabe ist als Beispiel 5 mit den Einschrittverfahren behandelt worden. Dort stehen auch die exakten Werte.

Folgende Tabelle enthält die berechneten Näherungen. Der Vorlauf, nämlich die Berechnung der Werte y_1, y_2 und y_3 (kursiv gedruckt) erfolgte für beide Verfahren (Adams-Bashforth bzw. Adams-Moulton) mit dem Runge-Kutta-Verfahren (siehe auch die Tabelle zu Beispiel 1). Beim Prädiktor-Korrektor-Verfahren von Adams-Moulton sind zuerst der Prädiktor y^*, dann der endgültige Wert (Korrektor) angegeben.

Die Werte wurden mit dem in *"Turbo-Pascal-Quelltexte zur Ingenieur-Mathematik"* abgedruckten Programm berechnet und auf 7 Nachkommastellen gerundet.

x	Ad.-Bashf.	Adams - Moulton Prädiktor	Korrektor
0.0	2.0000000	(geg. Anfangswert)	
0.1	*1.9609738*	aus Runge-Kutta	
0.2	*1.8545232*	aus Runge-Kutta	
0.3	*1.7059605*	aus Runge-Kutta	
0.4	1.5466283	1.5466283	1.5416572
0.5	1.3870230	1.3844782	1.3822545
0.6	1.2425001	1.2375498	1.2380455
0.7	1.1144340	1.1112490	1.1124815
0.8	1.0064698	1.0042883	1.0053288
0.9	0.9145761	0.9140510	0.9147011
1.0	0.8380774	0.8378640	0.8382016
1.1	0.7730093	0.7733337	0.7734813
1.2	0.7181789	0.7184165	0.7184652
1.3	0.6710591	0.6714078	0.6714112
1.4	0.6306656	0.6309082	0.6308937
1.5	0.5955377	0.5957806	0.5957614
1.6	0.5649277	0.5651067	0.5650882
1.7	0.5379867	0.5381454	0.5381295
1.8	0.5141736	0.5142980	0.5142850
1.9	0.4929728	0.4930790	0.4930686
2.0	0.4740054	0.4740927	0.4740845
...			
3.0	0.3567996	0.3568266	0.3568258

Berechnungsbeispiele:

Die Berechnung der Werte für x=1.2 geschieht folgendermaßen:

a) Verfahren von Adams-Bashforth

$$f_{n-1} = f(1.1, 0.7730093) = -0.5948396$$

$$f_{n-2} = f(1.0, 0.8380774) = -0.7023738$$

$$f_{n-3} = f(0.9, 0.9145761) = -0.8318282$$

$$f_{n-4} = f(0.8, 1.0064698) = -0.9882745$$

$$y_n = 0.7730093 + \frac{0.1}{24} \cdot [55 \cdot (-0.594..) - 59 \cdot (-0.702..) + 37 \cdot (-0.831..) - 9 \cdot (-0.988..)]$$

$$= 0.7730093 - 0.0548304 = 0.7181789$$

b) Verfahren von Adams-Moulton

1) y_n^* (Prädiktor) berechnen

$$f_{n-1} = f(1.1, 0.7734813) = -0.5955662$$

$$f_{n-2} = f(1.0, 0.8382016) = -0.7025819$$

$$f_{n-3} = f(0.9, 0.9147011) = -0.8320556$$

$$f_{n-4} = f(0.8, 1.0053288) = -0.9860350$$

$$y^* = 0.7734813 + \frac{0.1}{24}\cdot[55\cdot(-0.595..)-59\cdot(-0.702..)+37\cdot(-0.832..)-9\cdot(-0.986..)]$$

$$= 0.7734813 - 0.0550648 = 0.7184165$$

2) y_n (Korrektor) berechnen

$f_n^* = f(1.2,0.7184165) = -0.5076613$ (soeben als Prädiktor berechnete (x,y))

die f_{n-1} bis f_{n-3} wie unter 1) berechnet. Dann erhält man

$$y_n = 0.7734813 + \frac{0.1}{24}\cdot[9\cdot(-0.507..)+19\cdot(-0.595..)-5\cdot(-0.702..)+(-0.832..)]$$

$$= 0.7734813 - 0.0550161 = 0.7184652$$

3. Das Runge-Kutta-Verfahren (der Ordnung 4) für 2×2-Systeme 1. Ordnung

Dieses ist eine direkte Übertragung des Runge-Kutta-Verfahrens für *eine* Differentialgleichung auf ein System.

Gegeben sei das System von 2 Differentialgleichungen erster Ordnung für die zwei Funktionen x(t),y(t)

$$\dot{x} = f(t,x,y), \quad \dot{y} = g(t,x,y)$$

mit der Anfangsbedingung

$$x(t_0) = x_0, \quad y(t_0) = y_0.$$

Es wird angenommen, daß genau eine Lösung im interessierenden Intervall existiert.

Man wählt eine Schrittweite h und berechnet dann eine Näherung x_1, y_1:

$x_1 \approx x(t_0+h)$, $y_1 \approx y(t_0+h)$. Von dieser ausgehend kann man mit denselben Formeln eine Näherung (x_2,y_2) für $(x(t_2),y(t_2))$ mit $t_2=t_0+2h$ berechnen usw.

Aus der Näherung (x_{n-1},y_{n-1}) im Punkte t_{n-1} wird die Näherung (x_n,y_n) im Punkte $t_n = t_{n-1}+h$ mit folgenden Formeln berechnet:

Man berechne der Reihe nach folgende 8 Zahlen k_1, l_1, k_2, l_2,...

$$k_1 = f(t_{n-1},x_{n-1},y_{n-1}) \qquad l_1 = g(t_{n-1},x_{n-1},y_{n-1})$$

$$k_2 = f(t_{n-1}+\frac{h}{2},x_{n-1}+\frac{h}{2}\cdot k_1,y_{n-1}+\frac{h}{2}\cdot l_1) \qquad l_2 = g(t_{n-1}+\frac{h}{2},x_{n-1}+\frac{h}{2}\cdot k_1,y_{n-1}+\frac{h}{2}\cdot l_1)$$

$$k_3 = f(t_{n-1}+\frac{h}{2},x_{n-1}+\frac{h}{2}\cdot k_2,y_{n-1}+\frac{h}{2}\cdot l_2) \qquad l_3 = g(t_{n-1}+\frac{h}{2},x_{n-1}+\frac{h}{2}\cdot k_2,y_{n-1}+\frac{h}{2}\cdot l_2)$$

$$k_4 = f(t_{n-1}+h,x_{n-1}+h\cdot k_3,y_{n-1}+h\cdot l_3) \qquad l_4 = g(t_{n-1}+h,x_{n-1}+h\cdot k_3,y_{n-1}+h\cdot l_3)$$

Dann lautet die nächste Näherung

$$x_n = x_{n-1} + \frac{h}{6}\cdot(k_1+2\cdot k_2+2\cdot k_3+k_4) \qquad y_n = y_{n-1} + \frac{h}{6}\cdot(l_1+2\cdot l_2+2\cdot l_3+l_4)$$

<u>Beispiel 5</u>

Mit dem Runge-Kutta-Verfahren berechne man eine Näherung der Anfangswertaufgabe

$$\dot{x} = 5x\cdot(y-x) \qquad [= f(t,x,y)]$$

$$\dot{y} = 5x\cdot\cos t - \sin t \qquad [= g(t,x,y)]$$

$$x(0) = 1, \; y(0) = 2.$$

Lösung:

Als Schrittweite wird h=0.02 gewählt. (Taschenrechner: Bogenmaß!)

Im ersten Schritt ergeben sich folgende 8 Zahlen für k_1, l_1, ...:

5.00000, 5.00000; 5.25000, 5.23974; 5.26196, 5.25224; 5.52512, 5.50509

Als Näherung (x_1,y_1) für x(0.02) und y(0,02) ergibt sich daraus:

t=0.02: x_1=1.10516347, y_1=2.10496347 *1.10516355* *2.10496356*

(die beiden kursiv gedruckten Zahlen sind die Werte der (exakten) Lösung; diese lautet übrigens $x=e^{5\sin t}$, $y=e^{5\sin t}+\cos t$ (Probe!).)

Im folgenden Schritt lauten die k und l entsprechend

5.52471, 5.50471; 5.79973, 5.76945; 5.81288, 5.78319; 6.10226, 6.06223

und die Näherung für x(0.04) und y(0.04):

t=0.04: x_2=1.22133745, y_2=2.22053754 *1.22133762* *2.22053773*

Die Näherungen lauten

t	x	y	"exakte Werte"	
0.02	1.10516347	2.10496347	*1.10516355*	*2.10496356*
0.04	1.22133745	2.22053754	*1.22133762*	*2.22053773*
0.06	1.34961561	2.34781613	*1.34961590*	*2.34781644*
0.08	1.49118810	2.48798977	*1.49118853*	*2.48799023*
0.10	1.64734802	2.64235213	*1.64734859*	*2.64235276*
...				
0.20	2.70025440	3.68032075	*2.70025619*	*3.68032277*
0.30	4.38241582	5.33775156	*4.38241978*	*5.33775627*

Die Zahlen wurden mit den Prozeduren und dem Programm aus *"Turbo-Pascal-Quelltexte zur Ingenieur-Mathematik"* berechnet.

Beispiel 6

Das folgende "Räuber-Beute-Modell" soll mit dem Runge-Kutta-Verfahren behandelt werden:

Es gibt Räuber und Beutetiere, erstere fressen letztere.

u(t) bezeichne die Population der Beutetiere, v(t) die der Räuber, jeweils zum Zeitpunkt t.

Dann ist u'/u die Wachstumsrate der Beutetiere, v'/v die der Räuber (' bedeute die Ableitung nach der Zeit t).

Nun gelte folgendes:

Beutetiere: Ihre Geburtsrate sei konstant τ, ihre Sterberate proportional (Faktor σ) zur Population der Räuber: Dann ist also $u'/u = \tau - \sigma \cdot v$.

Räuber: Ihre Geburtsrate sei proportional (Faktor Γ) zur Population der Beutetiere, ihre Sterberate sei konstant Σ: Dann gilt $v'/v = \Gamma \cdot u - \Sigma$.

Diese beiden Gleichungen beschreiben das Räuber-Beute-Modell.

Wir wollen mit $\tau=3$, $\sigma=1$, $\Gamma=1$, $\Sigma=4$ und der Anfangsbedingung u(0)=3, v(0)=1 rechnen. Dann lautet die Anfangswertaufgabe

$$u' = 3\cdot u - 1\cdot u\cdot v$$
$$v' = 1\cdot u\cdot v - 4\cdot v$$
$$u(0)=3,\ v(0)=1.$$

Es handelt sich um eine nicht-lineare Anfangswertaufgabe.

Folgende Tabelle enthält die mit dem Runge-Kutta-Verfahren berechneten Näherungen u für u(x) und v für v(x). Als Schrittweite wurde h=0.01 gewählt. Die Zahlen wurden mit den Prozeduren und dem Programm aus *"Turbo-Pascal-Quelltexte zur Ingenieur-Mathematik"* berechnet. Wir lassen aus Platzgründen viele Werte fort.

t	u	v	
0.00	2.0000000000	1.0000000000	Anfangsbedingung
0.01	2.0406040265	0.9803967034	
0.02	2.0824324234	0.9615739190	
0.03	2.1255101361	0.9435129613	
0.04	2.1698627257	0.9261960168	
... ab hier nur einige Werte gedruckt			
0.10	2.4642559053	0.8370304405	
0.20	3.0758493756	0.7391588200	
0.31	3.9555529683	0.6992958699	A: Minimum der Räuber v
0.81	9.5489141793	2.9838154034	B: Maximum der Beute u
1.00	6.5716386499	7.0428746683	
1.11	3.9160698872	8.0160229776	C: Maximum der Räuber v
1.57	1.1777838507	2.9960143482	D: Minimum der Beute u
2.00	1.9983565863	1.0008228657	≈ wieder Anfangswerte: Periode t≈2
2.01	2.0389108033	0.9811870696	

Folgendes Bild zeigt die Funktionen u(t) und v(t) über t aufgatragen. Auch dieses Bild wurde mit einem Programm aus *"Turbo-Pascal-Quelltexte zur Ingenieur-Mathematik"*, das das Runge-Kutta-Verfahren benutzt, erstellt.

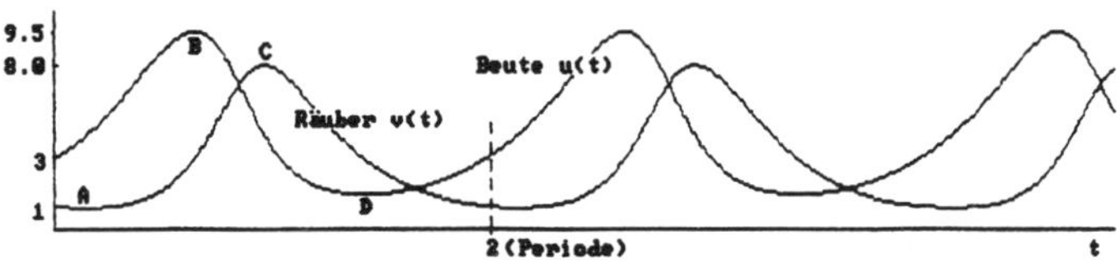

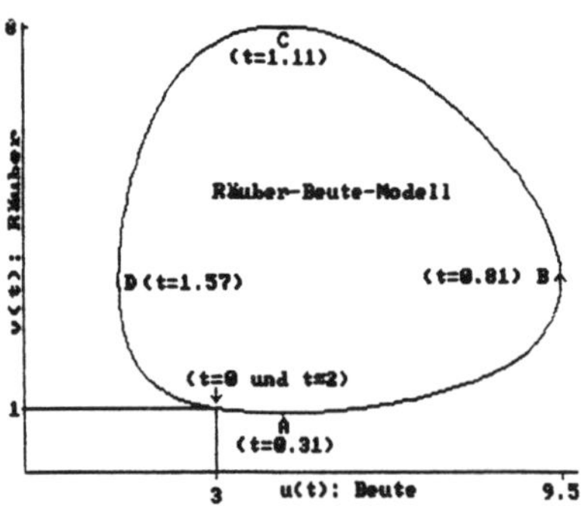

Das nebenstehende Bild ist die Darstellung von (u(t),v(t)) als *Kurve* mit t als Parameter. Die eingezeichneten Punkte sind oben in der Tabelle besonders hervorgehoben.

Auch dieses Bild wurde mit einem Programm aus *"Turbo-Pascal-Quelltexte zur Ingenieur-Mathematik"*, das das Runge-Kutta-Verfahren benutzt, erstellt.

4. Das Runge-Kutta-Nyström-Verfahren für Anfangswertaufgaben 2. Ordnung

Gegeben sei die Anfangswertaufgabe

$$y'' = f(x,y,y'),\quad y(x_0) = y_0,\quad y'(x_0) = v_0$$

Man berechnet dann Näherungen y_1 für $y(x_0+h)$ und v_1 für $y'(x_0+h)$. Dann werden diese als Ausgangswerte für den nächsten Schritt verwendet usw.

Die Formeln zur Berechnung von y_1 und v_1 aus y_0 und v_0 lauten

$$k_1 = f(x_0, y_0, v_0) \qquad w = \frac{h}{2}\cdot\left(v_0 + \frac{h}{4}\cdot k_1\right)$$

$$k_2 = f\left(x_0 + \frac{h}{2}, y_0 + w, v_0 + \frac{h}{2}\cdot k_1\right)$$

$$k_3 = f\left(x_0 + \frac{h}{2}, y_0 + w, v_0 + \frac{h}{2}\cdot k_2\right)$$

$$k_4 = f\left(x_0 + h, y_0 + h\cdot\left(v_0 + \frac{h}{2}\cdot k_3\right), v_0 + h\cdot k_3\right)$$

Dann ergeben sich die Näherungen y_1 für $y(x_0+h)$ bzw. v_1 für $y'(x_0+h)$:

$$y_1 = y_0 + h\cdot\left[v_0 + \frac{h}{6}\cdot(k_1+k_2+k_3)\right],\quad v_0 = v_1 + \frac{h}{6}\cdot(k_1+2k_2+2k_3+k_4).$$

Dann ersetzen diese die alten x,y und v und es wird ein wieder ein Schritt nach diesen Formeln gemacht.

Beispiel 7

Die nicht-lineare Anfangswertaufgabe

$$y'' = -2\cdot y\cdot y' + 2\cdot x,\quad y(0.5)=2.5,\quad y'(0.5)=6.0$$

soll mit dem Runge-Kutta-Nyström-Verfahren behandelt werden, Schrittweite 0.1.

Lösung:

Es ergibt sich folgende Wertetabelle für die Näherungen y von y(x) und v von y'(x), die mit dem entsprechenden Programm aus *"Turbo-Pascal-Quelltexte zur Ingenieur-Mathematik"* berechnet wurde:

x	y	v	
0.5	2.5	6.0	(Anfangswerte)
0.60	2.9692195472	3.5450285695	
0.70	3.2391364967	2.0001436079	
0.80	3.3913693375	1.1411085509	
0.90	3.4805763617	0.6982018886	
1.00	3.5382038761	0.4837681055	
...			
2.00	3.9396470669	0.4818635815	
...			
3.00	4.5113896906	0.6500439808	
...			
3.90	5.1442419940	0.7494536067	
4.00	5.2196272571	0.7581704284	

Berechnungsbeispiel:

Im ersten Schritt ist

$$x_0 = 0.50,\quad y_0 = 2.5000000000,\quad v_0 = 6.0000000000.$$

Dann ergigt sich

$k_1 = f(0.5,2.5,6.0) = -2\cdot 2.5\cdot 6.0 + 2\cdot 0.5 = -29.$

Ferner werden dann (h=0.1)

$w = 0.5\cdot h\cdot (v_0 + 0.25\cdot h\cdot k_1) = 0.5\cdot 0.1\cdot (6 + 0.25\cdot 0.1\cdot (-29)) = 0.26375$

$x = x_0+0.5\cdot h = 0.55,\ y = y_0+w = 2.76375,\ v = v_0+0.5\cdot h\cdot k_1 = 4.55$

und daher

$k_2 = f(x,y,v) = -2\cdot y\cdot v + 2\cdot x = -24.050125.$

Dann ergibt sich

$v = v_0 + 0.5\cdot h\cdot k_2 = 4.79749375$

und daraus

$k_3 = f(x,y,v) = -25.4181467031.$

Nun werden

$x = 0.5+h = 0.6,\ y = 2.5+h\cdot (v_0+0.5\cdot h\cdot k_3) = 2.9729092665,$

$v = v_0+h\cdot k_3 = 3.4581853297$

und dann

$k_4 = f(x,y,v) = -19.3617424237.$

Aus diesen Werten für k berechnet man die neuen y- und v=y'-Werte:

$y_1 = y_0+h\cdot (v_0 + \frac{h}{6}\cdot (k_1+k_2+k_3)) = 2.9692195472$

$v_1 = v_0 + \frac{h}{6}\cdot (k_1+2\cdot k_2+2\cdot k_3+k_4) = 3.5450285695$

Dieses, mit $x_1 = 0.6$ sind die Ausgangswerte für den nächsten Schritt, sie stehen in der zweiten Ergebniszeile obiger Tabelle.

Beispiel 8

Mit dem Runge-Kutta-Nyström-Verfahren berechne man eine Näherung der Lösung der Anfangswertaufgabe

$$y''=[2xy'-2y+(1-x^2)/x]/(x^2+1),\quad y(1)=y'(1)=0.$$

Lösung:

Wir geben hier die sich ergebenden Näherungen für die Schrittweite h=0.2 an. In der ersten Spalte steht x, in der 2. die Näherungen für y, in der 3. die für y'[=v]; letztere werden jeweils für den nächsten Schritt benötigt. (In den Spalten 5 und 6 Näherungen für y und v der vorigen Aufgabe). In der 4. Spalte steht zu Vergleichszwecken kursiv der Wert der (exakten) Lösung; sie lautet $y = -0.5\cdot(x^2-1)+x\cdot\ln x$.

x	y≈	y'≈	y_{ex}
1.0	0.00000000	0.00000000	*0.00000000*
1.2	-0.00120912	-0.01767123	*-0.00121413*
1.4	-0.00892934	-0.06351565	*-0.00893887*
1.6	-0.02798023	-0.12998059	*-0.02799419*
1.8	-0.06196548	-0.21219457	*-0.06198400*
2.0	-0.11368234	-0.30683149	*-0.11370564*
...			
3.0	-0.70411147	-0.90135599	*-0.70416313*
4.0	-1.95473406	-1.61366468	*-1.95482256*
5.0	-3.95267629	-2.39051211	*-3.95281044*
10.0	-26.47365308	-6.69732025	*-26.47414907*
20.0	-139.58346568	-16.00408382	*-139.58535453*

Es ist übrigens $y'_{ex}(2.0)=-0.30685282$ und $y'_{ex}(20.0)=-16.00426773$.

Die Tabelle ist mit dem entsprechenden Programm aus *"Turbo-Pascal-Quelltexte zur Ingenieur-Mathematik"* berechnet worden.

Beispiel 9

Wir betrachten die in der Elektrizitätslehre auftretende *van der Polsche Gleichung:*

$$\ddot{y} = -y+0.8\cdot(1-y\cdot y)\cdot\dot{y},\quad y(0)=0,\quad \dot{y}(0)=5.$$

Mit dem Runge-Kutta-Nyström-Verfahren sollen Näherungen berechnet werden. Als Schrittweite wird h=0.01 gewählt.

Lösung:

Die folgenden Werte sind natürlich mit oben genanntem Pascal-Programm berechnet worden.

t	y(t)≈	$\dot{y}$(t)≈	
0.00	0.0000000000	5.0000000000	(Anfangswerte)
0.01	0.0501996136	5.0398752910	
0.02	0.1007962005	5.0793585578	
0.03	0.1517847380	5.1182273854	
0.04	0.2031579224	5.1562480552	
0.05	0.2549060571	5.1931757273	
ab hier nur besondere Werte gedruckt			
0.25	1.3292495509	5.2727275037	
0.50	2.3695411120	2.7072478038	
0.87	2.7546594520	0.0107128498	(Maximum)
0.88	2.7546284606	-0.0166704792	
1.00	2.7369137281	-0.2537722518	
3.44	0.9359399911	-1.3423454158	
3.98	0.0144745960	-2.1369832203	
3.99	-0.0069813052	-2.1541846517	(y wird negativ)
5.20	-2.0198005910	-0.0143291728	
5.21	-2.0198419647	0.0059711432	(Minimum)
7.25	-0.0173681631	2.1001391718	
7.26	0.0037179668	2.1170750570	(y wird positiv)
8.48	2.0067826719	0.0117870595	
8.49	2.0067995915	-0.0083219947	(Maximum)
10.00	0.8880182152	-1.3379450562	(etwa wie bei t=3.44)

Das folgende Bild ist die Darstellung y=y(t) für 0≤t≤20, berechnet mit dem Runge-Kutta-Nyström-Verfahren.

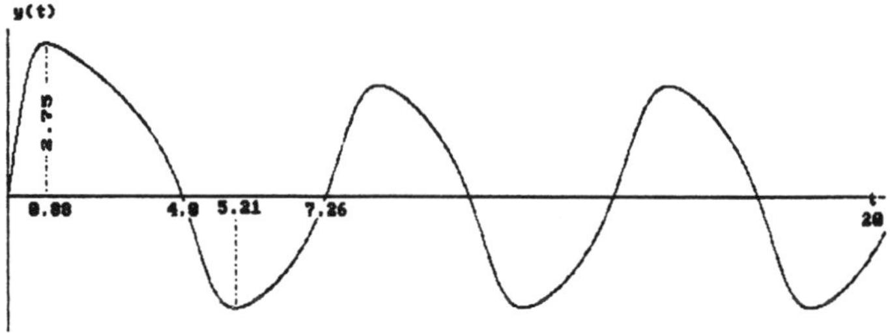

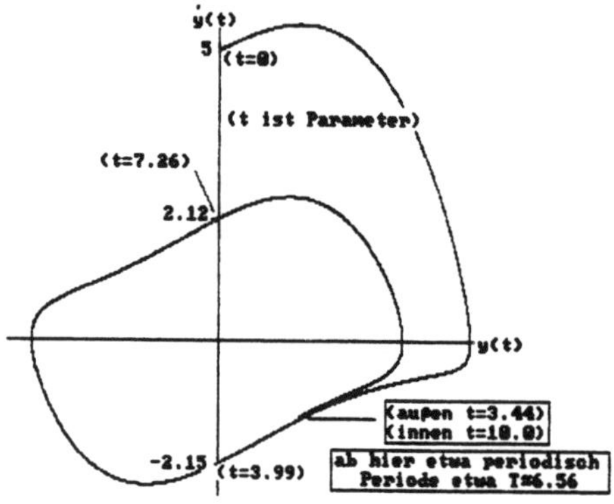

Das nebenstehende Bild ist die Darstellung derselben Funktion im *Phasenraum:* Es ist die Kurve mit der Parameterdarstellung

$$(y(t),\dot{y}(t)),\quad 0\le t\le 10$$

dargestellt, t ist der Parameter. Es handelt sich um die Übertragung obiger Tabelle.
Auch dieses Bild wurde natürlich mit einem Pascal-Programm erstellt worden. Man erkennt hier sehr schön, daß der Vorgang sozusagen periodisch *wird* (geschlossene Kurve im Phasenraum).

Wenn man die Anfangsbedingung

$$y(0)=0,\quad \dot{y}(0)=2.13$$

hat, beginnt der Vorgang sofort periodisch mit einer Periode T≈6.53.

5. Das Runge-Kutta-Verfahren (der Ordnung 4) für 2×2-Systeme 2. Ordnung

Es handelt sich um eine Übertragung des Runge-Kutta-Verfahrens auf eine Anfangswertaufgabe für zwei Differentialgleichungen 2. Ordnung.

Zu berechnen sind die beiden Funktionen x(t),y(t) mit

$\ddot{x} = f(t,x,\dot{x},y,\dot{y}), \quad \ddot{y} = g(t,x,\dot{x},y,\dot{y})$ (Differentialgleichungssystem)

$x(t_0) = x_0, \ y(t_0) = y_0, \ \dot{x}(t_0) = v_0, \ \dot{y}(t_0) = w_0.$ (Anfangsbedingungen)

Man wählt eine Schrittweite h und brechnet, ausgehend von den vier Anfangswerten eine erste Näherung

(x_1,y_1,v_1,w_1) für $(x(t_1),y(t_1),\dot{x}(t_1),\dot{y}(t_1))$, $t_1=t_0+h$.

Dann werden, von diesen ausgehend, entsprechende Näherungen für $t_2=t_0+2\cdot h$ berechnet usw.

Man berechnet dazu Zahlen k_i und l_i (i=1,2,3,4), daraus die neuen genannten Werte.

Der folgende Algorithmus beschreibt die Berechnung der Zahlen

(x_1,y_1,v_1,w_1) aus (x_0,y_0,v_0,w_0) und t_1.

Dann ist, ausgehend von diesen neuen Werten als $(x_0,\ldots)$ nach denselben Formeln die nächste Näherung im Punkte $t_2 = t_0+2\cdot h$ zu berechnen.

$k_1 = f(t_0,x_0,v_0,y_0,w_0) \qquad l_1 = g(t_0,x_0,v_0,y_0,w_0)$

$t = t_0+0.5\cdot h$

$v = \frac{h}{2}\cdot(v_0 + \frac{h}{4}\cdot k_1) \qquad w = \frac{h}{2}\cdot(w_0 + \frac{h}{4}\cdot l_1)$

$x = x_0 + v \qquad y = y_0 + w$

$k_2 = f(t,x,v,y,w), \qquad l_2 = g(t,x,v,y,w)$

$v = v_0 + \frac{h}{2}\cdot k_2 \qquad w = w_0 + \frac{h}{2}\cdot l_2$

$k_3 = f(t,x,v,y,w), \qquad l_3 = g(t,x,v,y,w)$

$t = t_0+h$

$v = v_0 + h\cdot k_3 \qquad w = w_0 + h\cdot l_3$

$x = x_0+h\cdot(v_0+ \frac{h}{2}\cdot k_3) \qquad y = y_0+h\cdot(w_0 + \frac{h}{2}\cdot l_3)$

$k_4 = f(t,x,v,y,w) \qquad l_4 = g(t,x,v,y,w)$

$k = \frac{h}{6}\cdot(k_1+k_2+k_3)$ $\quad l = \frac{h}{6}\cdot(l_1+l_2+l_3)$

* $x_1 = x_0+h\cdot(v_0+k),\ y_1 = y_0+h\cdot(w_0+l)$

$k = \frac{h}{6}\cdot(k_1+2\cdot k_2+2\cdot k_3+k_4)$ $\quad l = \frac{h}{6}\cdot(l_1+2\cdot l_2+2\cdot l_3+l_4)$

* $v_1 = v_0+k \qquad w_1 = w_0+l$

* $t_1 = t_0+h$

Beispiel 10

Man führe einen Schritt nach dem Runge-Kutta-Verfahren für folgende Anfangswertaufgabe durch:

$$\ddot{x} = -10\cdot x + 5\cdot y + 100\cdot\sin(2\pi t) = f(t,x,\dot{x},y,\dot{y})$$
$$\ddot{y} = 5\cdot x - 5\cdot y = g(t,x,\dot{x},y,\dot{y})$$

$x(0)=4,\ \dot{x}(0)=0,\ y(0)=0,\ \dot{y}(0)=0.$

Als Schrittweite wird h=0.01 gewählt.

Lösung:

Es handelt sich um ein lineares System mit konstanten Koeffizienten. Störfunktion ist $(100\cdot\sin 2\pi t, 0)$.

Gekoppelte harmonische mechanische Systeme bzw. gekoppelte elektrische Schwingkreise führen auf Probleme dieser Art (hier ohne Dämpfung bzw. ohmschen Widerstand); da es sich um ein inhomogenes System handelt, entspricht ihm eine *erzwungene* Schwingung.

Es ergeben sich der Reihe nach folgende Werte:

t =0.000
v=0 w=0 x=5 y=0 (Anfangswerte)
k_1=-50 l_1=25

t=0.005
v=-0.0006250000 w=0.0003125000 x=4.9993750000 y=0.0003125000
k_2= -46.8511115922 l_2=24.9953125000

t=0.005
v=-0.2342555580 w=0.1249765625 x=4.9993750000 y=0.0003125000
k_3=-46.8511115922 l_3=24.9953125000

t=0.01
v=-0.4685111159 w=0.2499531250 x=4.9976574444 y=0.0012497656
k_4=-43.6912736631 l_4=24.9820383940

$h\cdot(k_1+k_2+k_3)/6$=-0.2395037053 $h\cdot(l_1+l_2+l_3)/6$=0.1249843750

(*) t_1=0.010 x_1=4.9976049629 y_1=0.0012498438 Ergebnis

$h\cdot(k_1+2k_2+2k_3+k_4)/6$=-0.4684928667 $h\cdot(l_1+2l_2+2l_3+l_4)$=0.2499388140

(*) v_1=-0.4684928667 w_1=0.2499388140 Näherungen der Ableitungen

Diese Werte (*) für t,x,v,y,w sind die neuen Startwerte für den nächsten Schritt.

Rechnet man weiter, ergibt sich folgende Wertetabelle (mit einem Pascal-Programm berechnet):

t	x(t)≈	y(t)≈	$\dot{x}$(t)≈	$\dot{y}$(t)≈	
0.000	5.0000000000	0.0000000000	0.00	0.00	Anfangswerte
0.010	4.9976049629	0.0012498438	-0.47	0.25	oben berechnete Werte
0.020	4.9908411127	0.0049975789	-0.87	0.50	
0.030	4.9803422553	0.0112379763	-1.22	0.75	
0.040	4.9667422333	0.0199626932	-1.49	1.00	
0.050	4.9506718401	0.0311605938	-1.71	1.24	
0.060	4.9327557649	0.0448180707	-1.86	1.49	
0.070	4.9136095818	0.0609193634	-1.96	1.73	
0.080	4.8938367942	0.0794468741	-1.99	1.97	
0.090	4.8740259485	0.1003814780	-1.96	2.21	
0.100	4.8547478278	0.1237028269	-1.88	2.45	
ab hier sind nur einige besondere Werte gedruckt					
0.580	7.3325066069	3.7837642502	1.01	12.56	
0.590	7.3373700448	3.9102127238	-0.04	12.73	Maximum von x
0.600	7.3314956804	4.0383742570	-1.14	12.90	
0.740	5.9431444080	5.9627379275	-19.12	14.20	hier ist x≈y
0.940	0.1550694531	8.5441907434	-34.21	10.19	Nullstelle von x
0.950	-0.1866750969	8.6440034139	-34.12	9.76	
1.110	-4.7974727197	9.5045106556	-19.58	0.25	Maximum von y
1.120	-4.9852477370	9.5034454761	-17.96	-0.47	
1.210	-5.8668055819	9.1607841260	-1.10	-7.19	
1.220	-5.8676736158	9.0851501253	0.92	-7.94	Minimum von x
1.470	-0.1225485705	5.0933659850	38.27	-21.92	Nullstelle von x
1.480	0.2622664017	4.8729003946	38.67	-22.17	
1.690	7.4575049790	0.1780854534	22.65	-20.43	
1.700	7.6755670478	-0.0243621867	20.95	-20.06	Nullstelle von y
1.810	8.8641925383	-1.9588922705	0.30	-14.83	Maximum von x
1.820	8.8576451345	-2.1044804849	-1.61	-14.29	
2.100	2.9298880151	-4.0057256664	-30.92	-0.31	
2.110	2.6212862759	-4.0070812662	-30.79	0.03	Minimum von y
2.380	-3.2619930242	-3.2658586662	-9.71	3.94	hier ist x≈y
3.100	-9.5172327500	-3.1722677291	-1.32	-7.95	
3.110	-9.5234687361	-3.2533822190	0.08	-8.27	Minimum von x
3.330	-5.7409441508	-5.6679761268	33.37	-12.54	hier ist x≈y
3.650	5.8463214260	-8.3472954040	22.17	-0.22	Minimum on y
3.660	6.0588634194	-8.3459424663	20.33	0.49	
3.750	7.0828781920	-8.0014287243	2.06	7.21	
3.760	7.0929736498	-7.9255285709	-0.04	7.97	Maximum von x

Das folgende Bild zeigt die beiden Funktionen x(t) und y(t); zusätzlich ist noch die Störfunktion $100 \cdot \sin(2\pi t)$ eingezeichnet (im anderen Maßstab; ebenfalls mit einem Pascal-Programm erzeugt).

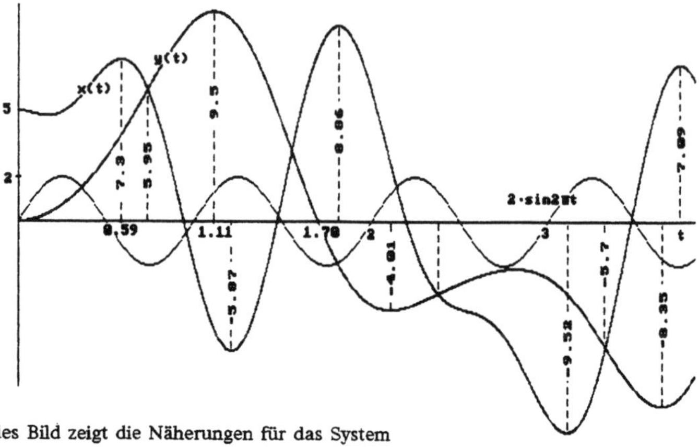

Folgendes Bild zeigt die Näherungen für das System

$$\ddot{x} = -10\cdot x - 8\cdot\dot{x} + 5\cdot y + 100\cdot\sin(2\pi t) = f(t,\dot{x},x,\dot{y},y)$$
$$\ddot{y} = 5\cdot x - 5\cdot y = g(t,\dot{x},x,\dot{y},y)$$

$$x(0)=4,\ \dot{x}(0)=0,\ y(0)=0,\ \dot{y}(0)=0.$$

Es unterscheidet sich nur durch das Dämpfungsglied in der ersten Differentialgleichung vom soeben behandelten. Das Bild zeigt den Ausschnitt $0\le t\le 10$. Man erkennt, daß schließlich x(t), y(t) und die Störfunktion $100\cdot\sin 2\pi t$, mit gleicher Frequenz schwingen, aber phasenverschoben; x(t) und y(t) schwingen in entgegengesetzter Phase. Auch dieses Bild wurde mit dem Runge-Kutta-Verfahren berechnet und dem entsprechenden Turbo-Pascal-Programm erstellt.

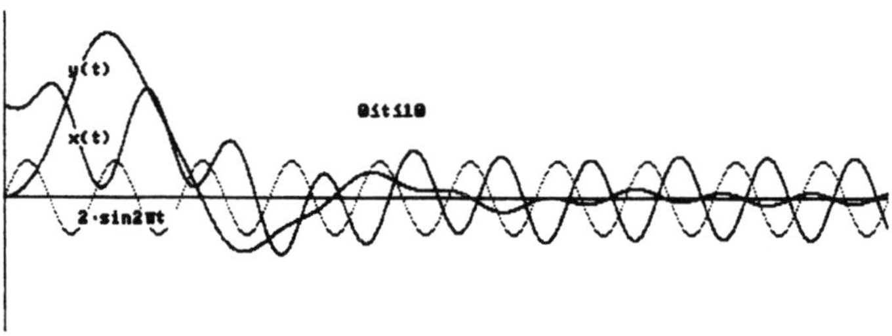

Variationsrechnung

Besondere Tips und Hinweise

Behandlung eines Variationsproblems n-ter Ordnung mit Randbedingungen

1. Indirektes Verfahren: Aufstellen und Lösen der Eulerschen Randwertaufgabe

   a) Eulersche Differentialgleichung aufstellen

   Sie ist eine Differentialgleichung der Ordnung 2n. Die Lösungen der Eulerschen Differentialgleichung sind die Extremalen des Variationsproblems.

   b) Randbedingungen

   Den Ausdruck R aufstellen, wobei R = 0. R ist eine Linearkombination von

   $\eta(a)$, $\eta(b)$, $\eta'(a)$, $\eta'(b)$, $\eta''(a)$, $\eta''(b)$, ...

   Aufgrund der gegebenen Randbedingungen sind gewisse dieser η oder Kombinationen von diesen gleich 0.

   Dann entsteht nach Zusammenfassung bzw. Nullsetzen eine etwas andere Linearkombination verbleibender η (Beispiel 11). Diese η dürfen beliebige Werte annehmen, so daß deren Faktoren alle 0 sind. Das ergibt die natürlichen ("dynamischen") Randbedingungen des Variationsproblems. Mit den gegebenen Randbedingungen bekommt man insgesamt 2n Randbedingungen.

   c) Diese Randwertaufgabe ist zu lösen.

   ♥ Besonderer Tip: Wenn n = 1 und eine der Variablen x oder u in der Grundfunktion F fehlt: Sonderfall. Es läßt sich dann ein "Zwischenintegral" angeben; man bekommt dann eine Differentialgleichung erster Ordnung (Beispiele 5 und 6).
   Es *muß* nicht unbedingt günstig sein, hiernach vorzugehen.

   Achtung: Wenn das Variationsproblem eine Lösung hat, so kommt diese unter den Lösungen dieser Randwertaufgabe vor, gewöhnlich ist letztere auch Lösung des Variationsproblems. Aber: Die Eulersche Randwertaufgabe kann auch dann Lösungen haben, wenn das Variationsproblem keine hat. Die Eulersche Randwertaufgabe ist lediglich eine notwendige (keine hinreichende) Bedingung für die Lösung des Variationsproblems. (Ähnlich bei Funktionen einer Variablen: $f'(x)=0$ ist notwendig für ein Extremum, nicht hinreichend; Sattelpunkt).

2. Direktes Verfahren: Ritz-Verfahren.

   a) Ritzansatz der Form

   $$w(x;a_1,a_2,\dots,a_k) = v_0(x) + a_1v_1(x) + a_2v_2(x) + \dots + a_kv_k(x)$$

   aufstellen. Er muß *für alle a_i alle Randbedingungen* erfüllen.

   Bei Polynomen ist das besonders einfach (siehe z.B. Beispiele 14 und 17).

   b) Den Ritzansatz in das Variationsproblem einsetzen.

   c) Partielle Ableitungen nach allen a_i bilden und 0 setzen.

   ♥ Besonderer Tip: Zuerst unter dem Integral (nach den a_i) ableiten und dann erst (nach x) integrieren.

   d) Entstehendes Gleichungssystem für die a_i lösen. Der Ausdruck w aus a) für diese a_i ist die gesuchte Näherung für die Lösung des Variationsproblems.

1. Variationsprobleme erster Ordnung

Beispiel 1

Es sei

$$F(x,y,z) = x^2y^2 + xz^2 \text{ und } H(\alpha) = -\alpha^2.$$

Wir berechnen

$$I = \int_0^1 (x,u(x),u'(x))dx - H(u(1))$$

für die Funktion $u(x) = x^2+2$. Es sind

$F(x,u(x),u'(x)) = x^2\cdot(x^2+2)^2 + x\cdot(2x)^2$ und $u^2(1) = 9$ und damit

$$I = \int_0^1 [x^2(x^2+2)^2+4x^3]dx + 9 = 12{,}276.$$

Für die Funktion $u(x) = e^{2x}$ ergibt sich ein anderer Wert von I:

I ist (bei gegebener *Grundfunktion* F und *Belastungsglied* H sowie Integrationsgrenzen) eine Funktion von u: I = I[u]. Das Problem lautet: Für welche in [0,1] stetig differenzierbare Funktionen u hat I[u] ein Minimum (oder Maximum)?

Verallgemeinerung

Es sei $a<b$ und F(x,y,z) stetig für $a\le x\le b$, $y\in\mathbb{R}$ und $z\in\mathbb{R}$, also in $[a,b]\times\mathbb{R}\times\mathbb{R}$; dort mögen auch die partiellen Ableitungen F_y und F_z stetig sein.

Ferner seien G(α) und H(α) auf $\mathbb{R}$ stetig differenzierbare Funktionen.

Das *Grundproblem der Variationsrechnung* lautet:

Für welche auf [a,b] zweimal stetig differenzierbare Funktion(en) u nimmt

$$I[u] = \int_a^b F(x,u(x),u'(x))dx + G(u(a)) - H(u(b))$$

ein Extremum an (Maximum oder Minimum)? Es dürfen darüber hinaus auch noch Randbedingungen für u (bei a oder b) gefordert werden.

Wir verwenden folgende Konventionen zur Vereinfachung der Schreibweise:

Statt F(x,y,z) schreiben wir gleich F(x,u,u') und dann z.B. $F_{u'}$ usw. für Ableitungen; ferner statt G(α): G(u(a)) und statt H(α): H(u(b)), für die Ableitungen dann z.B.

$$\frac{dG}{du(a)}\ .$$

Die Funktion F heißt *Grundfunktion*, G und H (Vorzeichen +G–H beachten) *Belastungsglieder* des Variationsproblems

$$(1)\qquad I[u] = \int_a^b F(x,u,u')dx + G(u(a)) - H(u(b)) \Rightarrow \text{Extr.}$$

Um das Problem I[u] = Min. zu lösen, bedient man sich eines "Kunstgriffs", des *Einbettungsansatzes*, mit dessen Hilfe man das bekannte Problem bekommt, das Minimum einer reellwertigen Funktion einer reellen Variablen zu bestimmen:

Einbettungsansatz:

Wir setzen voraus, daß das Variationsproblem eine Lösung y besitzt. Es sei η eine beliebige auf [a,b] stetig differenzierbare Funktion und

(2) $u(x) = y(x) + \varepsilon \cdot \eta(x)$, dabei y Lösung, $\eta \in C^1[a,b]$, ε beliebige reelle Zahl.

Dieses ist der sog. *Einbettungsansatz.*

$C^n[a,b]$ ist die Menge aller auf [a,b] definierten Funktionen, deren n-te Ableitung dort existiert und stetig ist.

Wir stellen fest, daß für $\varepsilon=0$ gilt $u=y$.

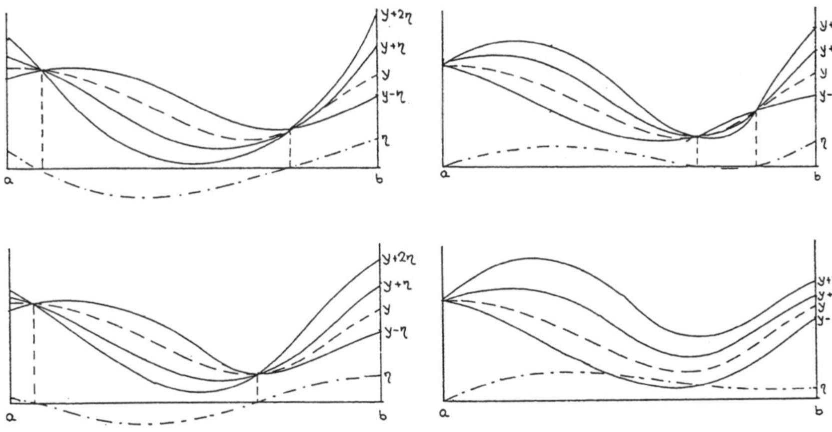

Die vier Bilder zeigen ein und dieselbe Funktion y (gestrichelt) und vier verschiedene Funktionen η (Punkt-Strich). Ferner die entsprechenden Funktionen $u = y + \varepsilon \cdot \eta$, jeweils für $\varepsilon=-1$, $\varepsilon=0$ (hier $u=y$), $\varepsilon=1$ und $\varepsilon=2$; y erscheint also "eingebettet" in die Schar von Funktionen $u = y+\varepsilon \cdot \eta$. Wenn etwa $\eta(a)=0$, wie im zweiten und vierten Bild, gilt für alle u: $u(a)=y(a)$; wenn $\eta'(b)=0$, wie im dritten und vierten Bild, gilt für alle u: $u'(b)=y'(b)$, d.h. alle u haben in b dieselbe Steigung wie die Lösung y.

Wir setzen den Einbettungsansatz (2) in das Variationsproblem (1) ein und erhalten

$$I[u] = I[y+\varepsilon\eta] = J(\varepsilon) = \int_a^b F(x,y+\varepsilon\eta,y'+\varepsilon\eta')dx + G(y(a)+\varepsilon\eta(a)) - H(y(b)+\varepsilon\eta(b))$$

und merken uns, daß y und u Funktionen von x sind. Bei fester aber beliebiger (den Voraussetzungen genügender) Funktion η ist dann I[u] nur von ε abhängig: $J(\varepsilon)$.

Wir wissen, daß das Minimum für u=y angenommen wird (nach Voraussetzung ist y Lösung), also für $\varepsilon=0$: Die Funktion $J(\varepsilon)$ hat daher für $\varepsilon=0$ ein Minimum, also verschwindet dort die Ableitung:

(3) $$\frac{dJ}{d\varepsilon}(0) = 0$$ (notwendige Bedingung).

Wir berechnen nun diese Ableitung. Dazu folgende Vorbemerkungen, um die Rechnung nicht unterbrechen zu müssen:

1. Satz von der Vertauschung von Integration und Differentiation aus "Integrale, die von einem Parameter abhängen":

$$\frac{d}{dt}\int_b^a f(x,t)dx = \int_b^a \frac{\partial}{\partial t}f(x,t)dx$$

2. Kettenregel für Funktionen mehrerer Variablen:

$$\frac{d}{dt}f(x(t),y(t)) = \frac{\partial f}{\partial x}\cdot\frac{dx}{dt} + \frac{\partial f}{\partial y}\cdot\frac{dy}{dt}$$

3. Partielle Integration

$$\int f(x)\cdot g'(x)dx = f(x)\cdot g(x) - \int f'(x)\cdot g(x)dx.$$

Wir werden, da Ableitungen nach verschiedenen Variablen vorkommen, statt f'(x) oft df/dx schreiben um Verwechslungen zu vermeiden, trotzdem bedeute ' (Strich) immer *totale* Ableitung nach x.

Es ist also

(4) $$J(\varepsilon) = \int_a^b F(x,y+\varepsilon\eta,y'+\varepsilon\eta')dx + G(u(a)+\varepsilon\eta(a)) - H(u(b)+\varepsilon\eta(b)).$$

Daraus folgt, wenn man obige Regel 1. beachtet mit 2.:

$$\frac{dJ}{d\varepsilon} = \int_a^b \frac{\partial}{\partial\varepsilon}F(x,y+\varepsilon\eta,y'+\varepsilon\eta')dx + \frac{\partial}{\partial\varepsilon}G(u(a)+\varepsilon\eta(a)) - \frac{\partial}{\partial\varepsilon}H(u(b)+\varepsilon\eta(b))$$

$$= \int_a^b [F_u(x,y+\varepsilon\eta,y'+\varepsilon\eta')\cdot\frac{du}{d\varepsilon} + F_{u'}(x,y+\varepsilon\eta,y'+\varepsilon\eta')\cdot\frac{du'}{d\varepsilon}]\,dx +$$

$$+ G_{u(a)}(u(a)+\varepsilon\eta(a))\cdot\eta(a) - H_{u(b)}(u(b)+\varepsilon\eta(b))\cdot\eta(b).$$

Nach (2) ist das letzte Integral gleich

$$\int_a^b [F_u(x,y+\varepsilon\eta,y'+\varepsilon\eta')\cdot\eta + F_{u'}(x,y+\varepsilon\eta,y'+\varepsilon\eta')\cdot\eta']\,dx.$$

Der zweite Summand des Integranden, nämlich $\int F_{u'}\cdot\eta' dx$ wird mit partieller Integration 3. umgeformt (beachten, daß y und η Funktionen von x sind) und ergibt dann $F_{u'}\cdot\eta - \int (F_{u'})'\cdot\eta dx$, ausführlich:

$$-\int_a^b \frac{d}{dx} F_{u'}(x,y(x)+\varepsilon\eta(x),y'+\varepsilon\eta'(x))]\eta(x)dx + F_{u'}(x,y(x)+\varepsilon\eta(x),y'+\varepsilon\eta'(x))\eta(x)\Big|_a^b$$

Wir haben alle x hingeschrieben; man beachte, daß im Integranden die *totale* (und nicht partielle) Ableitung nach x zu bilden ist. Setzt man diesen Summanden oben ein und ε=0, so erhält man, wenn $\eta(x)$, $\eta(a)$ und $\eta(b)$ ausgeklammert werden

$$(5)\qquad \frac{dJ}{d\varepsilon}(0) = \int_a^b [F_u(x,y,y') - \frac{d}{dx} F_{u'}(x,y,y')]\cdot\eta(x)\,dx$$
$$+ [G_{u(a)}(y(a)) - F_{u'}(a,y(a),y'(a))]\cdot\eta(a)$$
$$- [H_{u(b)}(y(b)) - F_{u'}(b,y(b),y'(b))]\cdot\eta(b).$$

Nach (3) ist dieser Ausdruck gleich 0.

η ist hierin eine beliebige (aber feste) Funktion, d.h. (5) ist 0 für *jede* solche Funktion η (wenn in (1) noch Randbedingungen gegeben sind, wird η noch etwas eingeschränkt). Nach dem *Fundamentallemma der Variationsrechnung* folgt, daß dann in (5) der Faktor von $\eta(x)$ im Integranden verschwinden muß (die eckige Klammer also):

$$(6)\qquad F_u(x,y(x),y'(x)) - \frac{d}{dx} F_{u'}(x,y(x),y'(x)) = 0.$$

Dieses ist die *Eulersche Differentialgleichung* des Variationsproblems (1): Wenn das Variationsproblem (1) eine Lösung y(x) besitzt, so genügt y dieser Differentialgleichung 2. Ordnung; ihre Lösungen sind die *Extremalen* des Variationsproblems.

Für die integralfreien Summanden in (5) gilt dann

$$(7)\qquad R = [\,G_{u(a)}(y(a)) - F_{u'}(a,y(a),y'(a))]\cdot\eta(a)$$
$$- [\,H_{u(b)}(y(b)) - F_{u'}(b,y(b),y'(b))]\cdot\eta(b) = 0.$$

Bemerkungen

1. Wir haben also festgestellt, daß jede Lösung y des Variationsproblems (1) der Eulerschen Differentialgleichung (6) und der Gleichung (7) genügen muß: notwendige Bedingungen. Die Lösungen der Differentialgleichung (6) heißen die *Extremalen* des Variationsproblems.
2. Bevor man die Eulersche Differentialgleichung löst, prüfe man, ob in der Grundfunktion F(x,u,u') eine der drei Variablen fehlt; die Behandlung dieser Sonderfälle erfolgt weiter unten.

Beispiel 2

Wie lauten die Eulersche Differentialgleichung und der Randausdruck für

$$I[u] = \int_0^1 [x^2u^2 + e^{2x}u'^2]\,dx + u^2(0) + 3u^2(1) \;?$$

Lösung:

Hier sind

$F(x,u,u') = x^2u^2 + e^{2x}u'^2,$

$G(u(0)) = u^2(0),\; H(u(1) = -3u^2(1)$ (Vorzeichen +G–H in (1) beachten).

Damit sind

$F_u = 2x^2u,\; F_{u'} = 2e^{2x}u'$ und daher $\frac{d}{dx} F_{u'} = 4e^{2x}u' + 2e^{2x}u''$.

(Beachten, daß die *totale* Ableitung nach x zu nehmen ist und u, u' Funktionen von x sind).

Ferner sind $G_{u(0)} = 2u(0)$ und $H_{u(1)} = -6u(1)$.

Damit erhält man die Eulersche Differentialgleichung (für die Lösung u=y, wenn es eine gibt)

$2x^2y - 4e^{2x}y' - 2e^{2x}y'' = 0$

oder nach Division

(E) $y'' + 2y' - x^2e^{-2x}y = 0$

und den Randausdruck

(R) $R = [2y(0) - 2e^0y'(0)]\cdot\eta(0) - [-6y(1) - 2e^2y'(1)]\cdot\eta(1) = 0.$

a) Nehmen wir an, daß das Minimum von I[u] für *alle* Funktionen u (aus $C^2[a,b]$) gesucht ist. Dann sind *alle* Werte von u(0) und u(1) zuzulassen, d.h. im Einbettungsansatz (2) darf η beliebig sein (aus $C^2[a,b]$), also insbesondere η(0) und η(1) beliebige Werte annehmen. Dann folgt, wenn man η(0)=1 und η(1)=0 bzw. umgekehrt wählt, daß die in den beiden Klammern in R stehenden Faktoren von η(0) und η(1) verschwinden müssen:

$$y'(0) - y(0) = 0$$
$$e^2y'(1) + 3y(1) = 0$$

Dieses sind die ***natürlichen Randbedingungen*** des Variationsproblems, die in bestimmten Anwendungen auch ***dynamische Randbedingungen*** genannt werden.

Wenn das Problem eine Lösung y hat (in den Anwendungen ist das i.a. der Fall), so genügt diese der Eulerschen Differentialgleichung und den obigen "natürlichen" Randbedingungen.

(E) ist eine lineare Differentialgleichung 2.Ordnung, allerdings mit nichtkonstanten Koeffizienten. Ihre Lösung kann -und wird- i.a. noch erhebliche Schwierigkeiten bereiten. Hier allerdings ist y=0 (eine) Lösung, wie man sofort sieht.

b) Nehmen wir jetzt an, das Minimum von I[u] sei für solche Funktionen u gesucht, für die die Bedingung

(R1) u(0) = 2

gilt. Dann wird man nur solche Vergleichsfunktionen u zulassen, die dieser Bedingung genügen;

da y als Lösung (R1) genügt, also y(0) = 2, folgt aus dem Einbettungsansatz, daß

$$2 = u(0) = y(0)+\varepsilon\eta(0) = 2+\varepsilon\eta(0),$$

also $\varepsilon\eta(0)=0$ für *alle* ε, dann also

$$\eta(0) = 0$$

gelten muß, η also der zugehörigen homogenen Bedingung genügt. Damit ist in (R):

$$R = [\ ...\ ]\cdot\eta(0) - [-6y(1)-2e^2y'(1)]\cdot\eta(1) = 0$$

und da, wie in a), $\eta(1)$ beliebig sein darf (und $\eta(0)=0$):

$$\text{(R2)}\qquad e^2\cdot y'(1) + 3y(1) = 0.$$

Dieses ist eine natürliche Randbedingung. Die Lösung des Variationsproblems genügt also der Eulerschen Differentialgleichung, (R2) und der gegebenen Randbedingung y(0)=2, die in anderem Zusammenhang auch *geometrische Randbedingung* genannt wird.

c) Sind u(0)=3 und u(1)=−4 gefordert, so erhält man wie in b) $\eta(0)=0$ und außerdem analog $\eta(1)=0$, damit ist R in (R) für beliebige Faktoren von $\eta(0)$ und $\eta(1)$ (in den [..]) gleich 0. Also muß die Lösung y hier der Eulerschen Differentialgleichung (E) genügen und den beiden gegebenen Randbedingungen y(0)=3, y(1)=−4.

Beispiel 3

Man berechne das Minimum von

$$I[u] = \int_0^1 [u^2 + u'^2]dx + u^2(0)$$

und untersuche, für welche Funktionen $u \in C^1[0,1]$ es angenommen wird.

Lösung:

Es sind $F(x,u,u') = u^2+u'^2$, $G(u(0)) = u^2(0)$, H = 0 und also

$$F_u = 2u,\quad F_{u'} = 2u' \text{ und damit } \frac{d}{dx} F_{u'} = 2u''.$$

Die Eulersche Differentialgleichung lautet daher

$$y'' - y = 0.$$

Der Randausdruck R ergibt sich nach (7):

$$R = [2y(0)-2y'(0)]\cdot\eta(0) + 2y'(1)\cdot\eta(1) = 0.$$

Hier ist keine Randbedingung gefordert, daher u(0) und u(1) beliebig im Einbettungsansatz (2), daher auch $\eta(0)$ und $\eta(1)$ beliebig, daher sind die beiden Faktoren von $\eta(0)$ und $\eta(1)$ in R einzeln 0:

$$y'(0)-y(0) = 0,\quad y'(1) = 0,$$

beides sind also *natürliche Randbedingungen*.

Wir lösen die Randwertaufgabe:

Die allgemeine Lösung der Eulerschen Differentialgleichung lautet

$$y = ce^x + de^{-x}.$$

Dieses sind die *Extremalen* des Variationsproblems. Aus den beiden Randbedingungen folgt sofort c=d=0, damit ist y=0 die Lösung der Eulerschen Randwertaufgabe.

Man sieht, daß I[u] ≥ 0 (Summe von Quadraten) und für u=y=0 ist I=0, das Minimum wird also für u=0 angenommen.

Beispiel 4

Das folgende Variationsproblem soll untersucht werden

$$I[u] = \int_0^1 [u^2 + u'^2]dx + u^2(0) = \text{Min.}$$

$$u(1) = 4$$

Lösung:

Dieses ist dasselbe Variationsintegral wie in Beispiel 3, nur die Bedingung u(1) = 4 ist hinzugekommen. Die Eulersche Differentialgleichung lautet daher wieder

$$y'' - y = 0$$

und der Randausdruck wieder

$$R = [2y(0)-2y'(0)]\cdot\eta(0) + 2y'(1)\cdot\eta(1) = 0.$$

Da hier u(1)=4 gefordert wird, gilt das auch für die Lösung y (wenn es eine gibt, was wir ja annehmen): y(1)=4. Dann folgt aus dem Einbettungsansatz (2) wegen u(1)=4: $\varepsilon\eta(1)=0$ für alle ε, also $\eta(1)=0$. Damit ist der zweite Summand im Randausdruck R gleich 0 (unabhängig von y'(1)); da aber $\eta(0)$ beliebig sein darf, muß der Faktor von $\eta(0)$, d.h. der Ausruck in [..] verschwinden: y'(0)-y(0) = 0. Damit hat man die zwei Randbedingungen

$$y'(0) - y(0) = 0$$

$$y(1) = 4,$$

von denen die erste eine natürliche Randbedingung (dynamische) ist, die zweite nicht (geometrische Randbedingung).

Die Lösung der Eulerschen Randwertaufgabe ist $y = 4e^{x-1}$. Ob diese auch Lösung des Variationsproblems ist, ist damit nicht gesagt.

Definition: Randbedingungen, die dadurch entstehen, daß in (7) eine der beiden Klammern 0 ist, heißen ***natürliche Randbedingungen*** des Variationsproblems.

Man sieht, daß in den natürlichen Randbedingungen stets Ableitungen erster Ordnung auftreten (wenn F von u' auch wirklich abhängt).

Sonderfälle, in denen die Grundfunktion F nicht von allen drei Variablen x, u und u' abhängt. Es ist nicht notwendig günstiger, hiernach vorzugehen.

1. Die Grundfunktion F enthalte x nicht explizit: F(u,u').

Dann ist

$$\frac{d}{dx}(F-F_{u'}\cdot u') = \frac{dF}{dx} - \frac{d}{dx}(F_{u'}\cdot u')$$

$$= \frac{dF}{dx} - [\frac{d}{dx}F_{u'}]\cdot u' - F_{u'}\cdot u'' \quad \text{(Produktregel)}$$

$$= \frac{dF}{dx} - u'\cdot F_u - F_{u'}\cdot u'' \quad (\text{da } F_u - \frac{d}{dx}F_{u'} = 0, \text{ Euler})$$

$$= F_u\cdot u' + F_{u'}\cdot u'' - u'\cdot F_u - F_{u'}\cdot u'' \quad \text{(Kettenregel)} \quad = \quad 0.$$

Damit ist $F - F_{u'}\cdot u' =$ const. (weil aus $f'=0$ folgt $f=$const.), man hat also nur noch eine Differentialgleichung *erster Ordnung* für die Lösungen y:

$$F(y,y') - F_{u'}(y,y')\cdot y' = \text{const.}$$

Da hiermit die Eulersche Differentialgleichung einmal integriert ist, nennt man dieses ein Zwischenintegral, in anderem Zusammenhang auch *Energieintegral*.

Beispiel 5

Gesucht sind die Eulersche Randwertaufgabe und deren Lösung für das Variationsproblems

$$I[u] = \int_0^1 uu'^2 dx + u^2(0) \Rightarrow \text{Extr.}, \quad u(1) = 1.$$

Lösung:

Die Grundfuktion F hängt nicht von x ab, daher lautet ein Zwischenintegral $F - F_{u'}\cdot y' =$ const. also

$$yy'^2 = c = \text{const.}$$

Bemerkung: Die Eulersche Differentialgleichung lautet $2yy''+y'^2=0$; wenn man obige Differentialgleichung erster Ordnung (total) nach x differenziert, so entsteht diese Eulersche Differentialgleichung,

anders: obige Differentialgleichung entsteht umgekehrt durch Integration aus dieser Eulerschen Differentialgleichung, daher der Name Zwischenintegral.

Diese Differentialgleichung $y' = \sqrt{(c/y)}$ bzw. $y' = -\sqrt{(c/y)}$ (falls $c/y\geq 0$, sonst keine Lösung) hat die Lösungen ("Trennung der Veränderlichen")

$$\int \sqrt{y/c}\cdot dy = \int dx$$

woraus folgt (wir betrachten nur den Fall $y'\geq 0$)

$$y^3 = \frac{9}{4}\cdot c\cdot (x+d)^2.$$

Nach (7) ist

$$R = [2y(0)-2y(0)y'(0)]\cdot\eta(0) + 2y(1)y'(1)\cdot\eta(1) = 0.$$

Da aus $u(1)=1$ folgt $\eta(1)=0$ und da $\eta(0)$ beliebig sein darf, folgt, daß der Faktor von $\eta(0)$ in R gleich 0 sein muß:

$$0 = y(0)-y(0)\cdot y'(0) = y(0)\cdot(1-y'(0))$$ (natürliche Randbedingung).

Man hat also zwei Fälle:

a) $y(0) = 0,\ y(1) = 1;$

b) $y'(0) = 1,\ y(1) = 1.$

a) Ist $y(0)=0$, so ist (nach der Differentialgleichung $yy'^2=c$) $c=0$. Dann ist $y^3(1) = 0$ im Widerspruch zur gegebenen Randbedingung; dieser Fall kann also nicht eintreten.

b) Ist $y'(0)=1$, so $y(0)=c$ (wegen $yy'^2=c$). Dann folgt für die Lösung

$$y^3(1) = \frac{9}{4}\cdot c\cdot(1+d)^2 = 1.$$

Also ist $c>0$ beliebig und dann d aus dieser Gleichung zu bestimmen.

2. Die Grundfunktion F enthalte u nicht: $F(x,u')$

Dann lautet die Eulersche Differentialgleichung wegen $F_u=0$ nur

$$\frac{d}{dx} F_{u'} = 0$$

woraus man durch Integration folgendes Zwischenintegral erhält: $F_{u'} = c$.

Beispiel 6

Man untersuche

$$I[u] = \int_0^1 [e^{x^2} + u'^2]\, dx + u^2(1) \Rightarrow \text{Extr.},\quad u(0) = 0.$$

Lösung:

Die Differentialgleichung für die Lösungen y lautet demnach $2y'= 2c = \text{const.}$, deren Lösungen $y = cx+d$. Es ist ferner nach (7):

$$R = -2y'(0)\cdot\eta(0) - [-2y(1)-2y'(1)]\cdot\eta(1) = 0$$ (beachten: $H=-u^2(1)$).

Da hier $y(0)=0$ gefordert ist, folgt $\eta(0)=0$, ferner $\eta(1)$ beliebig. Hieraus folgt, daß der Faktor von $\eta(1)$ in R verschwinden muß:

$y'(1)+y(1) = 0$ (natürliche Randbedingung).

Aus $y(0)=0$ folgt $d=0$, aus der natürlichen Randbedingung $c=0$, also ist $y=0$ Lösung der *Eulerschen Randwertaufgabe.*

Man beachte, daß *wenn* es eine Lösung y des *Variationsproblems* gibt, diese lautet $y=0$, *ob* es eine Lösung gibt, ist noch auf andere Weise zu klären (hier ist $I[u] \geq I[y]$ für alle u, $y=0$ also auch die Lösung des Variationsproblems).

3. Wenn F nicht von u' abhängt, so hat man kein Variationsproblem 1.Ordnung, die Eulersche Differentialgleichung ist dann keine Differentialgleichung.

2. Variationsprobleme höherer Ordnung

Es sei $F(x,y_0,y_1,...,y_n)$ auf $[a,b]\in\mathbb{R}^{n+1}$ definiert (also für alle x aus [a,b] und beliebige y_i), ferner besitze besitze F dort hinreichend hohe Ableitungen; es seien weiter G und H auf $\mathbb{R}^n$ definiert, auch deren Ableitungen hinreichend hoher Ordnung mögen existieren.

Es sei u eine auf [a,b] definierte Funktion mit stetigen Ableitungen bis zur Ordnung 2n ($u\in C^{2n}[a,b]$) und

$$I[u] = \int_a^b F(x,u,u',u'',...,u^{(n)})dx + G(u(a),...,u^{(n-1)}(a)) - H(u(b),..,u^{(n-1)}(b)).$$

Das Variationsproblem besteht darin, diejenigen Funktionen y, die evtl. noch gewisse Randbedingungen bei a und b erfüllen, zu bestimmen, für die I[u] = Min. (Max. oder Extr.) ist, also y mit $I[y] = \text{Min}\,\{I[u]\ /\ u\in W\}$ zu bestimmen, wobei W die Menge derjenigen Funktionen aus $C^{2n}[a,b]$ ist, die jene geforderten Randbedingungen erfüllen.

F heißt *Grundfunktion*, G und H (Vorzeichen G-H beachten) *Belastungsglieder*, n (die höchste auftretende Ableitung) die Ordnung des Variationsproblems.

Sind G und H nicht beide 0, so spricht man von einem *belasteten Variationsproblem*.

Auch hier macht man den *Einbettungsansatz* (2), wobei y Lösung des Variationsproblems sei. Eine Rechnung wie beim Problem erster Ordnung (der Hauptunterschied ist, daß mehrfach partiell integriert wird, um alle Ableitungen von η aus dem Integranden zu entfernen und nur noch η als Faktor im Integranden zu haben) liefert dann die

Eulersche Differentialgleichung:

$$(8)\qquad F_u - \frac{d}{dx}F_{u'} + \frac{d^2}{dx^2}F_{u''} -+ \ ... \ +(-1)^n\frac{d^n}{dx^n}F_{u^{(n)}} = 0$$

wobei das Argument von F jeweils lautet $(x,y(x),y'(x),y''(x),...,y^{(n)}(x))$.

Es zeigt sich, daß (8) eine Differentialgleichung der Ordnung 2n ist.

Der Ausdruck in (6) ist also der "Anfang" dieser Differentialgleichung.

Die erwähnte Anwendung der partiellen Integration liefert den integralfreien Summanden R, wobei wir der besseren Lesbarkeit wegen vereinbaren:

Argument ist bei G jeweils $(y(a),y'(a),...,y^{(n-1)}(a))$,

bei H jeweils $(y(b),y'(b),...,y^{(n-1)}(b))$,

bei F jeweils $(x,y(x),y'(x),y''(x),...,y^{(n)}(x))$, dabei bedeute

z.B. $F_{x=a}$: $F(a,y(a),y'(a),...,y^{(n)}(a))$ usw.

Es ergibt sich R=0, wobei (9):

(9)

$$R = [G_{u(a)} - F_{u'} + \frac{d}{dx} F_{u''} - \frac{d^2}{dx^2} F_{u'''} +- \ldots +(-1)^n \frac{d^{n-1}}{dx^{n-1}} F_{u^{(n)}}] \Big|_{x=a} \cdot \eta(a)$$

$$- [H_{u(b)} - F_{u'} + \frac{d}{dx} F_{u''} - \frac{d^2}{dx^2} F_{u'''} +- \ldots +(-1)^n \frac{d^{n-1}}{dx^{n-1}} F_{u^{(n)}}] \Big|_{x=b} \cdot \eta(b)$$

$$+ [G_{u'(a)} - F_{u''} + \frac{d}{dx} F_{u'''} -+ \ldots\ldots +(-1)^{n-1} \frac{d^{n-2}}{dx^{n-2}} F_{u^{(n)}}] \Big|_{x=a} \cdot \eta'(a)$$

$$- [H_{u'(b)} - F_{u''} + \frac{d}{dx} F_{u'''} -+ \ldots\ldots +(-1)^{n-1} \frac{d^{n-2}}{dx^{n-2}} F_{u^{(n)}}] \Big|_{x=b} \cdot \eta'(b)$$

$$+ [G_{u''(a)} - F_{u'''} + \frac{d}{dx} F_{u^{IV}} -+ \ldots +(-1)^{n-2} \frac{d^{n-3}}{dx^{n-3}} F_{u^{(n)}}] \Big|_{x=a} \cdot \eta''(a)$$

$$- [H_{u''(b)} - F_{u'''} + \frac{d}{dx} F_{u^{IV}} -+ \ldots +(-1)^{n-2} \frac{d^{n-3}}{dx^{n-3}} F_{u^{(n)}}] \Big|_{x=b} \cdot \eta''(b)$$

$$+ [\qquad \ldots \qquad] \cdot \eta'''(a)$$

$$- [\qquad \ldots \qquad] \cdot \eta'''(b)$$

$$\ldots\ldots$$

$$+ [G_{u^{(n-1)}(a)} - F_{u^{(n)}}] \Big|_{x=a} \cdot \eta^{(n-1)}(a)$$

$$- [H_{u^{(n-1)}(b)} - F_{u^{(n)}}] \Big|_{x=b} \cdot \eta^{(n-1)}(b)$$

Übrigens steht in jeder der eckigen Klammern eine Ableitung von mindestens n-ter Ordnung (diese Tatsache wird beim Ritzverfahren für Differentialgleichungen von Bedeutung).

Probleme erster Ordnung siehe (7); dieses ist eine Verallgemeinerung.

Bei Problemen zweiter Ordnung bricht dieser Ausdruck nach der vierten Zeile ab.

R ist eine Linearkombination von

$$\eta(a)\ ,\ \eta(b)\ ,\ \eta'(a)\ ,\ \eta'(b), \ldots,\ \eta^{(n-1)}(a)\ ,\ \eta^{(n-1)}(b),$$

wobei die Faktoren in den eckigen Klammern Ableitungen von G (bei a) bzw. H (bei b) und Ableitungen der Grundfunktion F nach u,u',u",... und deren *totale* Ableitungen nach x enthalten, wobei dann *überall* für x einzusetzen ist a bzw. b.

Beispiel 7

Wie lautet die Eulersche Randwertaufgabe des Variationsproblems I[u] = Min. mit

$$I[u] = \int_0^1 [e^x u''^2 + xu'^2 + u^2 - 2x^2 u]dx + 4u(0) - 8u'(0) \ ?$$

Lösung:

Es sind

$$F = e^x u''^2 + xu'^2 + u^2 - 2x^2 u$$

$$G = 4u(0) - 8u'(0) \quad \text{und} \quad H = 0.$$

Das Variationsproblem ist von der Ordnung n=2. Damit werden

$$F_u = 2u - 2x^2$$

$$F_{u'} = 2xu', \quad \frac{d}{dx} F_{u'} = 2u' + 2xu''$$

$$F_{u''} = 2e^x u'', \quad \frac{d}{dx} F_{u''} = 2e^x u'' + 2e^x u'''$$

$$\frac{d^2}{dx^2} F_{u''} = 2e^x u'' + 4e^x u''' + 2e^x u^{iv}$$

$$G_{u(0)} = 4, \quad G_{u'(0)} = -8.$$

Die Eulersche Differentialgleichung lautet

$$2y - 2x^2 - 2y' - 2xy'' + 2e^x y'' + 4e^x y''' + 2e^x y^{iv} = 0$$

also

$$y^{iv} + 2y''' + (1-xe^{-x})y'' - e^{-x}y' + e^{-x}y = x^2 e^{-x},$$

eine Differentialgleichung 4. Ordnung (=2n).

Der Randausdruck R lautet (für n=2)

$$\begin{aligned} R = \; & [4 - 2\cdot 0\cdot y'(0) + 2e^0 y''(0) + 2e^0 y'''(0)]\cdot\eta(0) \\ & - [0 - 2\cdot 1\cdot y'(1) + 2e^1 y''(1) + 2e^1 y'''(1)]\cdot\eta(1) \\ & + [-8 - 2e^0 y''(0)]\cdot\eta'(0) \\ & - [\,0 - 2e^1 y''(1)]\cdot\eta'(1) \end{aligned}$$

und es ist R=0.

Da keine weiteren Randbedingungen im gegebenen Variationsproblem gefordert werden, darf η beliebig sein, also auch die Randwerte $\eta(0)$, $\eta(1)$, $\eta'(0)$, $\eta'(1)$. Daraus folgt (indem man jeweils eine der vier gleich 1, die anderen drei gleich 0 setzt), daß alle vier Faktoren dieser η in R verschwinden müssen, also die vier eckigen Klammern:

$$\begin{aligned} y'''(0) + y''(0) &= -2 \\ ey'''(1) + ey''(1) - y'(1) &= 0 \\ y''(0) &= -4 \\ y''(1) &= 0 \end{aligned}$$

Das sind *natürliche Randbedingungen.*

Noch einmal: *Wenn* es eine Lösung y des Variationsproblems gibt, dann genügt diese der Eulerschen Differentialgleichung (E) und diesen vier natürlichen Randbedingungen.

Ob es eine Lösung gibt, ist damit nicht geklärt, selbst wenn diese *Eulersche Randwertaufgabe* eine Lösung besitzt (sie ist lediglich eine *notwendige* aber *keine hinreichende* Bedingung). Man sieht übrigens, daß alle vier natürlichen Randbedingungen Ableitungen mindestens 2. Ordnung enthalten.

Beispiel 8

Wir betrachten dasselbe Variationsintegral wie im Beispiel 7, fordern nun aber zusätzlich (R1) $u(0)=3$, $u'(1)=4$.

Lösung:

Die Eulersche Differentialgleichung ist dieselbe wie im vorigen Beispiel, ebenso der Randausdruck R. Nun aber soll das Extremum von I[u] *nur* unter denjenigen Funktionen u bestimmt werden, für die (R1) gilt, also unter allen Funktionen

$$u \in W = \{ u \,/\, u \in C^n[0,1] \text{ und } u(0)=3 \text{ und } u'(1)=4 \}.$$

Ist y Lösung, dann gilt für y natürlich $y(0)=3$, $y'(1)=4$. Aus dem Einbettungsansatz (1)

$$u = y + \varepsilon\cdot\eta$$

folgt dann $3 = u(0) = y(0)+\varepsilon\cdot\eta(0) = 3+\varepsilon\cdot\eta(0)$ für alle ε, also $\eta(0)=0$; ferner analog $4 = u'(1) = y'(1)+\varepsilon\cdot\eta'(1) = 4+\varepsilon\cdot\eta'(1)$ für alle ε, also $\eta'(1)=0$: η genügt also den zu (R1) gehörigen homogenen Randbedingungen. Daher dürfen im Randausdruck R (es ist ja R=0) die Faktoren von $\eta(0)$ und $\eta'(1)$ beliebig sein, aber da $\eta(1)$ und $\eta'(0)$ beliebig sein dürfen, müssen deren Faktoren in R verschwinden.

Das ergibt die natürlichen Randbedingungen

$$\begin{aligned} ey'''(1) + ey''(1) - y'(1) &= 0 \\ y''(0) &= -4 \end{aligned}$$

zu denen dann noch die zwei gegebenen Randbedingungen

$$\begin{aligned} y(0) &= 3 \\ y'(1) &= 4 \end{aligned}$$

kommen. Damit hat man wieder vier lineare Randbedingungen für die Lösung der Eulerschen Differentialgleichung vierter Ordnung.

Beispiel 9

Wir betrachten noch einmal das Variationsproblem aus Beispiel 7 und fordern nun die zwei Randbedingungen

$$\begin{aligned} u'(0) + 2u(0) &= 3 \\ u'(1) - u(1) &= 7. \end{aligned}$$

Hier ist

$$W = \{ u \,/\, u \in C^2[0,1] \text{ und } u'(0)+2u(0)=3 \text{ und } u'(1)-u(1)=7 \}.$$

Da y als Lösung diesen Randbedingungen genügt (d.h.: $y - W$), folgt aus dem Einbettungsansatz

$$\begin{aligned} 3 &= u'(0)+2u(0) = [y'(0)+\varepsilon\cdot\eta'(0)] + 2[y(0)+\varepsilon\cdot\eta(0)] \\ &= [y'(0)+2y(0)] + \varepsilon\cdot[\eta'(0)+2\eta(0)] = 3 + \varepsilon\cdot[\eta'(0)+2\eta(0)] \end{aligned}$$

für alle Zahlen ε, woraus folgt, daß

$\eta'(0) + 2\eta(0) = 0$

gilt. Eine entsprechende Rechnung für $u'(1)-u(1) = 7$ führt dann zu

$\eta'(1) - \eta(1) = 0.$

Die Funktion η genügt daher den zu den gegebenen Randbedingungen gehörigen homogenen Randbedingungen. Daher können im Randausdruck R entweder $\eta'(0)$ durch $\eta(0)$ oder umgekehrt $\eta(0)$ durch $\eta'(0)$ [entsprechend mit $\eta(1)$ und $\eta'(1)$] ausgedrückt werden. Wir setzen hier $\eta'(0)=-2\eta(0)$ und $\eta'(1)=\eta(1)$ in R ein und bekommen dann

1. Faktor von $\eta(0)$:

$$2y'''(0) + 2y''(0) + 16 + 4y''(0) + 4$$

2. Faktor von $\eta(1)$:

$$2ey'''(1) + 2ey''(1) - 2y'(1) - 2ey''(1).$$

Da nun $\eta(0)$ und $\eta(1)$ beliebig sein dürfen ($\eta'(0)$ und $\eta'(1)$ ergeben sich dann aus den beiden homogenen Randbedingungen für η), müssen diese zwei Faktoren verschwinden:

$$y'''(0) + 3y''(0) = -10$$
$$ey'''(1) - y'(1) = 0.$$

Dieses sind natürliche Randbedingungen, dazu kommen die beiden gegebenen:

$$y'(0) + 2y(0) = 3$$
$$y'(1) - y(1) = 7.$$

Man beachte, daß die natürlichen Randbedingungen Ableitungen von mindestens n=2-ter Ordnung enthalten (n=2 ist die Ordnung des Variationsproblems).

Beispiel 10

Wie lautet die zu dem Variationsproblem

$$I[u] = \int_0^1 [(x^2+1)u''^2 + xuu' + 4u^2]dx + u(0)u'(0) + u'^2(1) \Rightarrow \text{Extr.}$$

$$u(1) = -1$$

gehörige Eulersche Randwertaufgabe?

Lösung:

a) Eulersche Differentialgleichung

Es sind

$$F_u = xu' + 8u$$

$$F_{u'} = xu, \quad \frac{d}{dx} F_{u'} = u + xu' \text{ (Produktregel)}$$

$$F_{u''} = 2(x^2+1)u'', \quad \frac{d}{dx} F_{u''} = 2(2xu'' + (x^2+1)u'''),$$

$$\frac{d^2}{dx^2} F_{u''} = 4u'' + 8xu''' + 2(x^2+1)u^{iv}.$$

Damit lautet die Eulersche Differentialgleichung (y statt u geschrieben, da y ja wieder Lösung des Problems sei):

$$2(x^2+1)y^{iv} + 8xy''' + 4y'' + 7y = 0.$$

b) Berechnung der Randbedingungen

Es sind (beachten G–H)

$$G(u(0),u'(0)) = u'(0)u(0), \quad G_{u(0)} = u'(0), \quad G_{u'(0)} = u(0)$$

$$H(u(1),u'(1)) = -u'^2(1), \quad H_{u(1)} = 0, \quad H_{u'(1)} = -2u'(1).$$

Ferner (Ableitungen bereits unter a) berechnet)

$$F_{u'}(0,y(0),y'(0),y''(0)) = 0 \cdot y(0) = 0$$

$$F_{u''}(0,y(0),y'(0),y''(0)) = 2 \cdot y''(0)$$

$$\frac{d}{dx} F_{u''}(0,y(0),y'(0),y''(0)) = 2 \cdot [2 \cdot 0 \cdot y''(0) + (0^2+1) \cdot y'''(0)] = 2y'''(0)$$

und

$$F_{u'}(1,y(1),y'(1),y''(1)) = 1 \cdot y(1) = y(1)$$

$$F_{u''}(1,y(1),y'(1),y''(1)) = 4 \cdot y''(1)$$

$$\frac{d}{dx} F_{u''}(1,y(1),y'(1),y''(1)) = 2 \cdot (2 \cdot 1 \cdot y''(1) + (1^2+1)y'''(1)) = 4y''(1)+4y'''(1)$$

Daraus erhält man R=0, wobei (siehe Randausdruck (9)):

$$R = [y'(0) + 2y'''(0)] \cdot \eta(0) - [-y(1) + 4y''(1) + 4y'''(1)] \cdot \eta(1)$$
$$+ [y(0) - 2y''(0)] \cdot \eta'(0) - [-2y'(1) - 4y''(1)] \cdot \eta'(1).$$

Die Randbedingung $u(1) = -1$ liefert $\eta(1) = 0$. Da keine weiteren Randbedingungen gefordert sind, können $\eta(0)$, $\eta'(0)$ und $\eta'(1)$ beliebig gewählt werden. Damit dann R=0 gilt, müssen deren Faktoren sämtlich 0 sein.

Das ergibt die drei natürlichen Randbedingungen

1. Klammer: $2y'''(0) + y'(0) = 0$

3. Klammer: $2y''(0) - y(0) = 0$

4. Klammer: $2y''(1) + y'(1) = 0$

dazu noch: $y(1) = -1$, die gegebene Randbedingung.

Man hat also für die gewonnene Eulersche Differentialgleichung 4.Ordnung diese vier Randbedingungen.

<u>Beispiel 11</u>

Die Eulersche Randwertaufgabe des folgenden Variationsproblems I[u] = Extr. ist aufzustellen:

$$I[u] = \int_{-1}^{1} [(x+2)u''^2 + xu'^2 + xu^2 - xu]\,dx + u^2(-1) + u^2(1) + 3u'^2(1)$$

$$3u'(1) - u(1) = 3.$$

Lösung:

1. Berechnung der Eulerschen Differentialgleichung

   Es sind

$$F_u = 2xu - x$$

$$F_{u'} = 2xu', \text{ daher } \frac{d}{dx} F_{u'} = 2xu'' + 2u'$$

$$F_{u''} = 2(x+2)u'', \text{ daher } \frac{d}{dx} F_{u''} = 2(x+2)u''' + 2u'', \quad \frac{d^2}{dx^2} F_{u''} = 2(x+2)u^{iv} + 4u'''$$

   und die Eulersche Differentialgleichung daher

$$2(x+2)y^{iv} + 4y''' - 2xy'' - 2y' + 2xy = x.$$

2. Berechnung der Randbedingungen

   Der Randausdruck R lautet nach (9)

$$\begin{aligned} R = \; & [G_{u(-1)} - F_{u'} + \tfrac{d}{dx} F_{u''}]\big|_{x=-1} \cdot \eta(-1) \\ & - [H_{u(1)} - F_{u'} + \tfrac{d}{dx} F_{u''}]\big|_{x=1} \cdot \eta(1) \\ & + [G_{u'(-1)} - F_{u''}]\big|_{x=-1} \cdot \eta'(-1) \\ & - [H_{u'(1)} - F_{u''}]\big|_{x=1} \cdot \eta'(1). \end{aligned}$$

   Setzt man die Ableitungen von F ein (sie stehen oben bereits), bekommt man

$$\begin{aligned} R = \; & [G_{u(-1)} - 2xu' + 2(x+2)u''' + 2u'']_{x=-1} \cdot \eta(-1) \\ & - [H_{u(1)} - 2xu' + 2(x+2)u''' + 2u'']_{x=1} \cdot \eta(1) \\ & + [G_{u'(-1)} - 2(x+2)u'']_{x=-1} \cdot \eta'(-1) \\ & - [H_{u'(1)} - 2(x+2)u'']_{x=1} \cdot \eta'(1) \\ = \; & [G_{u(-1)} + 2u'(-1) + 2u''(-1) + 2u'''(-1)] \cdot \eta(-1) \\ & - [H_{u(1)} - 2u'(1) + 2u''(1) + 6u'''(1)] \cdot \eta(1) \\ & + [G_{u'(-1)} - 2u''(-1)] \cdot \eta'(-1) \\ & - [H_{u'(1)} - 6u''(1)] \cdot \eta'(1) \; . \end{aligned}$$

   Aufgrund der Randbedingung $3u'(1)-u(1)=3$ gilt für alle Vergleichsfunktionen $u(x)=y(x)+\varepsilon\eta(x)$, weil dann auch die Lösung y dieser Bedingung genügt:

$$\begin{aligned} 3 &= 3u'(1) - u(1) = (3y'(1)-y(1)) + \varepsilon \cdot (3\eta'(1)-\eta(1)) \\ &= 3 + \varepsilon \cdot (3\eta'(1)-\eta(1)) \quad \textit{für alle } \varepsilon, \text{ damit weiter} \end{aligned}$$

$$3\eta'(1)-\eta(1) = 0,$$

   η genügt also der zugehörigen *homogenen* Randbedingung.

   Setzt man das ein:

$$\eta'(1) = \frac{1}{3}\eta(1),$$

so bekommt man wegen

$$G = u^2(-1)\,,\quad H = -(u^2(1) + 3u'^2(1))\quad \text{(Vorzeichen G–H beachten)}$$

$$\begin{aligned} R = \; & [2u(-1) + 2u'(-1) + 2u''(-1) + 2u'''(-1)]\cdot\eta(-1) \\ & + [-2u''(-1)]\cdot\eta'(-1) \\ & - [-2u(1) - 2u'(1) - 2u'(1) + 6u'''(1)]\cdot\eta(1). \end{aligned}$$

Da R=0 für alle η (die obiger homogenen Randbedingung genügen), dürfen insbesondere die Werte η(-1), η'(-1) und η(1) "beliebig" sein. Daraus folgt, daß jede [ ] = 0, das gibt drei *natürliche Randbedingungen*

$$\begin{array}{lllll} (1) & y'''(-1) + y''(-1) + y'(-1) + y(-1) & = & 0 \\ (2) & y''(-1) & = & 0 \\ (3) & 3y'''(1) - 2y'(1) - y(1) & = & 0 \end{array}$$

oder äquivalent ((2) in (1))

$$\begin{array}{lll} y'''(-1) + y'(-1) + y(-1) & = & 0 \\ y''(-1) & = & 0 \\ 3y'''(1) - 2y'(1) - y(1) & = & 0 \end{array}$$

zu denen als vierte die gegebene Randbedingung kommt

$$3y'(1) - y(1) = 3.$$

Die Eulersche Differentialgleichung zusammen mit diesen insgesamt vier Randbedingungen ist die Eulersche Randwertaufgabe des Variationsproblems:

Wenn das Problem eine Lösung besitzt, so genügt sie dieser Randwertaufgabe.

Beispiel 12

Wie lautet die zu dem folgenden Variationsproblem gehörende Eulersche Randwertaufgabe?

$$I[u] = \int_0^1 (u'' + x^2u)^2 dx - 2u^2(1) - 2u(1)\cdot u'(1) = \text{Extr.}$$

Lösung:

a) Eulersche Differentialgleichung

Es sind

$$F_u = 2\cdot(u'' + x^2u)\cdot x^2$$

$$F_{u'} = 0$$

$$F_{u''} = 2\cdot(u'' + x^2u)$$

und damit

$$\frac{d}{dx} F_{u''} = 2(u'''+2xu+x^2u')\,;\quad \frac{d^2}{dx^2} F_{u''} = 2(u^{iv}+2u+4xu'+x^2u''),$$

so daß sich als Eulersche Differentialgleichung ergibt (wir dividieren durch 2)

$$y^{iv} + 2x^2y'' + 4xy' + (x^4+2)y = 0.$$

b) Randbedingungen

Es ist keine Randbedingung gegeben, also erhalten wir vier natürliche Randbedingungen. Der Randausdruck R mit R=0 lautet hier

$$\begin{aligned} R = \; & [G_{u(0)} - F_{u'} + \frac{d}{dx} F_{u''}] \cdot \eta \Big|_{x=0} \\ & - [H_{u(1)} - F_{u'} + \frac{d}{dx} F_{u''}] \cdot \eta \Big|_{x=1} \\ & + [G_{u'(0)} - F_{u''}] \cdot \eta' \Big|_{x=0} \\ & - [H_{u'(1)} - F_{u''}] \cdot \eta' \Big|_{x=1} \end{aligned}$$

Hier sind $G = 0$ und $H = 2u^2(1)+2u(1)u'(1)$ (Vorzeichen G-H beachten) und damit

$$\begin{aligned} R = \; & 2u'''(0) \cdot \eta(0) + [-4u(1)-2u'(1)-2u'''(1)-4u(1)-2u'(1)] \cdot \eta(1) \\ & - 2u''(0) \cdot \eta'(0) + [-2u(1)+2u''(1)+2u(1)] \cdot \eta'(1) = 0. \end{aligned}$$

Da keine Randbedingungen gegeben sind, dürfen diese vier Werte von η, nämlich $\eta(0)$, $\eta(1)$, $\eta'(0)$ und $\eta'(1)$ beliebige Werte annehmen, daher müssen deren vier Faktoren Null sein, das ergibt die vier natürlichen Randbedingungen

$$y'''(0) = 0, \quad y''(0) = 0, \quad y''(1) = 0, \quad y'''(1)+2y'(1)+4y(1) = 0.$$

3. Das Ritz-Verfahren für Variationsprobleme

Man versucht, das Extremum von I[u] nicht unter *allen* zulässigen Funktionen u zu bestimmen sondern in einer Teilmenge der Menge aller zulässigen Funktionen.

Beispiel 13

Die Menge aller zulässigen Funktionen bei dem Variationsproblem

$$\int_2^3 (x^2u^2 + 2e^x u'^2)\,dx + u^2(1) \Rightarrow \text{Extr.}, \quad u(2) = 3$$

besteht i.a. aus allen Funktionen u, die einmal stetig differenzierbar sind und für die gilt $u(2) = 3$.

Man kann nun versuchen, das Extremum wenigstens in einer Teilmenge davon zu berechnen, etwa in der Menge aller Polynome p(x) 3.Grades, für die $p(2) = 3$ gilt in der Hoffnung, daß die wahre (unbekannte) Lösung durch diese "gut" angenähert wird.

Dazu setzen wir p(x) an:

$$p(x) = p_0(x) + a_1p_1(x) + a_2p_2(x) + a_3p_3(x)$$

und versuchen die Polynome p_i (höchstens 3.Grades) so zu bestimmen, daß p(x) die Bedingung $p(2) = 3$ erfüllt und zwar *für alle* a_i. Das erreicht man dadurch, daß man

1) $p_0(x)$ so bestimmt, daß $p_0(2) = 3$ gilt (also der gegebenen Randbedingung genügt).

Wähle hier $p_0(x) = 3$ (constant).

2) $p_i(x)$ $(i=1,2,3)$ der Bedingung $p_i(2) = 0$ (also der zugehörigen homogenen Randbedingung) genügt. Wähle etwa $p_i(x) = (x-2)^i$.

Auch $p_i(x) = x^i - 2^i$ ist möglich.

Also haben wir als Teilmenge die Menge aller Polynome der Form

$$p(x) = 3 + a_1(x-2) + a_2(x-2)^2 + a_3(x-2)^3.$$

Beispiel 14

Wie lautet ein 3-parametriger Ritzansatz aus Polynomen p(x) möglichst niedrigen Grades, für die $p(-1) = 2$ und $p'(1) = 6$ gilt ?

Lösung:

Wir setzen wieder an:

$$p(x) = p_0(x) + a_1p_1(x) + a_2p_2(x) + a_3p_3(x),$$

und versuchen die p_i so zu bestimmen, daß ihr Grad jeweils möglichst niedrig ist und *für alle* a_i die gegebenen Randbedingungen erfüllt sind. Natürlich müssen die Polynome p_1 bis p_3 linear unabhängig sein, andernfalls hätte man in p(x) nicht "wirklich" 3 Parameter.

Der Ansatz soll 3 Parameter enthalten und 2 Randbedingungen genügen. Wenn wir für ihn ein Polynom vom Grade m ansetzen - es hat m+1 Koeffizienten - sind 2 Bedingungen zu erfüllen, weswegen noch m-1 Parameter "frei" bleiben. Damit es, wie gewünscht, 3 sind, muß m=4 gewählt werden. Wir setzen also an:

$$p(x) = a_0 + a_1x + a_2x^2 + a_3x^3 + a_4x^4.$$

Die zwei Randbedingungen ergeben die zwei Gleichungen:

$$p(-1) = a_0 - a_1 + a_2 - a_3 + a_4 = 2$$
$$p'(1) = a_1 + 2a_2 + 3a_3 + 4a_4 = 6$$

Das ist ein lineares Gleichungssystem mit 2 Gleichungen und 5 "Unbekannten". Wählt man 3 dieser a_i "beliebig", als Parameter, so lassen sich die verbleibenden 2 berechnen. Hier wählen wir a_4, a_3 und a_2 als Parameter und berechnen dann a_1 und a_0:

$$a_0 - a_1 = 2 - a_2 + a_3 - a_4$$
$$a_1 = 6 - 2a_2 - 3a_3 - 4a_4$$

Aus diesen beiden folgt weiter

$$a_0 = 8 - 3a_2 - 2a_3 - 5a_4.$$

Setzt man diese beiden a in p(x) ein, so erhält man (nach Sortierung nach den a) den Ansatz

$$p(x) = (8-6x) + a_2\cdot(-3-2x+x^2) + a_3\cdot(-2-3x+x^3) + a_4\cdot(-5-4x+x^4).$$

Man mache die Probe: Das Polynom $p_0(x)$ in der ersten Klammer genügt den beiden Randbedingungen, die Polynome, die Faktoren der a_i sind, genügen den zugehörigen *homogenen* Randbedingungen und haben jeweils den Grad 2, 3 und 4.

Nachdem man eine geeignete, den Randbedingungen genügende Funktionenschar konstruiert hat, setzt man diese in das Variationsintegral I[u] für u ein, bekommt (nach Integration nach x in den gegebenen Grenzen) eine Funktion der Parameter a_i. Deren Extrema sind also gesucht. Dazu differenziert man sie nach den a_i und setzt diese Ableitungen Null. Aus dem entstehenden Gleichungssystem berechnet man die Werte der a_i.

Beispiel 15

Das Variationsproblem

$$I[u] = \int_0^1 (u''^2 + xu^2 - 2u)\,dx + 2u(1) - 2u'(1) \Rightarrow \text{Extr.}$$

$$u(0) = u'(0) = 0$$

soll mit dem Ritzverfahren behandelt werden. Dabei soll ein Ritzansatz aus ganzrationalen Funktionen (d.h. Polynomfunktionen) möglichst niedrigen Grades verwendet werden.

Lösung:

1. Bestimmung des Ritzansatzes

Der Ansatz für die geeigneten Ansatzfunktionen lautet

$$w(x;a,b) = v_0(x) + av_1(x) + bv_2(x)$$

wobei die v_i Polynomfunktionen möglichst niedrigen Grades sind, für die gilt:

v_0 genügt den gegebenen Randbedingungen,

v_i genügt den zugehörigen homogenen Randbedingungen (i=1,2):

$v_0(0)=0,\ v_0'(0)=0,$ gegebene Randbedingungen, hier homogen

$v_i(0)=0,\ v_i'(0)=0,$ zugehörige *homogene* Randbedingungen (hier sind sie bereits homogen), i=1 und i=2.

Man wähle v_0=0. Da die beiden Funktionen v_1 und v_2 linear unabhängig sein müssen, darf man diese natürlich nicht 0 wählen (man hätte dann auch nicht wirklich zwei Parameter). Die Funktion

$v_1(x) = x^2$ ist das Polynom kleinsten Grades, das den Bedingungen genügt,

die Funktion

$v_2(x) = x^3$ genügt ebenfalls den Bedingungen und ist linear unabhängig von v_1.

Man hätte auch x^4 wählen können, diese ist aber nicht kleinsten Grades, die Funktion $5x^3+31x^2$ ist ebenso möglich, liefert aber dieselbe Funktionen*schar* w(x;a,b), und nur hierauf kommt es an. Man bekommt also

$$w(x;a,b) = ax^2+bx^3.$$

2. Bestimmung der Parameter im gewählten Ritzansatz

Wir setzen diesen Ritzansatz w(x;a,b) in I[u] ein, bilden also I[w(x;a,b)], dieser Ausdruck hängt *nur* von a und b ab (nicht von x, da nach x integriert wird von x=0 bis x=1), nennen wir ihn I(a,b):

$$I(a,b) = \int_0^1 [w''^2+xw^2-2w]\,dx + 2w(1;a,b) - 2w'(1;a,b).$$

Es sind

$$w = ax^2+bx^3$$
$$w' = 2ax+3bx^2$$
$$w'' = 2a+6bx$$

und damit bekommt man

$$I(a,b) = \int_0^1 [(2a+6bx)^2+x(ax^2+bx^3)^2- 2(ax^2-bx^3)]\,dx + 2(a+b)-2(2a+3b)$$

Nun sind die Werte a und b zu bestimmen, für die I(a,b) extremal wird.

Dazu sind die beiden partiellen Ableitungen von I nach a bzw. b zu bilden und 0 zu setzen (notwendige Bedingungen für ein Extremum einer Funktion dieser beiden Variablen). Es gibt nun zwei Möglichkeiten:

Zuerst Ableiten und dann Integrieren oder umgekehrt zuerst Integrieren und dann Ableiten. Welches der einfachere Weg ist, hängt vom Einzelfall ab: Wenn ein Summand im Integranden ohne einen der Parameter auftritt, so verschwindet er beim Ableiten (nach dem Parameter); es wäre also unsinnig, ihn vorher zu integrieren. Also differenziere man zuerst (nach dem Parameter) und integriere dann (nach x):

$$\frac{\partial}{\partial a} I(a,b) = \int \frac{\partial}{\partial a}[.....]dx + \frac{\partial}{\partial}[.....] = 0,$$

und entsprechend für b. Man bekommt dann nach der folgenden Integration

$$8a + 12b + \frac{1}{3}a + \frac{2}{7}b - \frac{2}{3} - 2 = 0 \quad \text{(aus der Ableitung nach a)},$$

$$12a + 24b + \frac{2}{7}a + \frac{1}{4}b - \frac{1}{2} - 4 = 0 \quad \text{(aus der Ableitung nach b)},$$

also das *lineare* Gleichungssystem

$$175a + 258b = 56 \quad \text{(mit 21 multipliziert)}$$

$$344a + 679b = 126 \quad \text{(mit 28 multipliziert)},$$

das die Lösung (gerundet) $a=0.18$ und $b=0.09$ hat.

Damit ist

$$w(x) = 0.18x^2 + 0.09x^3$$

die sich ergebende Näherung, d.h. unter allen Funktionen *unseres Ritzansatzes* macht sie das Funktional I[u] extremal.

Die Frage, wie weit wahre Lösung y und diese Näherung w voneinander abweichen, wird hier nicht untersucht.

Sonderfall eines quadratischen Funktionals

Bei einem Variationsproblem der Form

$$I(u) = \int_a^b (p(x)\cdot u'^2 + q(x)\cdot u^2 - 2r(x)\cdot u)dx + G(u(a)) - H(u(b)), \text{ wobei}$$

$$G(u(a)) = B_1u^2(a) + 2C_1u(a), \quad H(u(b)) = B_2u^2(b) + 2C_2u(b)$$

- man nennt das ein (in u) quadratisches Funktional, die Eulersche Differentialgleichung und die natürlichen Randbedingungen sind dann linear - ergibt sich bei Verwendung des Ritz-Ansatzes

$$w(x) = v_0(x) + a_1v_1(x) + a_2v_2(x) + \ldots + a_nv_n(x)$$

ein *lineares* Gleichungssystem zur Berechnung der Parameter a_i, nämlich

$$A\cdot\vec{a} = \vec{b} \text{ mit } \vec{a} = (a_1,a_2,\ldots,a_n)^T, \quad A = (a_{ik}), \quad \vec{b} = (b_1,\ldots,b_n)^T,$$

dabei ist A eine n×n-Matrix. Es sind:

$$a_{ik} = \langle v_i, v_k \rangle, \quad b_i = (r, v_i) - \langle v_i, v_0 \rangle$$

wobei zur Abkürzung gesetzt worden ist:

$$\langle f,g \rangle := -[B_2 f(b) \cdot g(b) - B_1 f(a) \cdot g(a)] + \int_a^b (p \cdot f' \cdot g' + q \cdot f \cdot g)\, dx$$

$$(f,g) := [C_2 g(b) - C_1 g(a)] + \int_a^b f \cdot g \, dx \; .$$

Fehlen die Belastungsglieder im Variationsproblem, so sind die Ausdrücke in den beiden eckigen Klammern 0.

Weitere Beispiele stehen im Kapitel "Das Ritz-Verfahren für gewöhnliche lineare Randwertaufgaben".

4. Variationsprobleme mit mehreren (zwei) unabhängigen Variablen

Beispiel 16

Es sei $G \in \mathbb{R}^2$ die abgeschlossene Kreisscheibe $G = \{(x,y) \,/\, x^2+y^2 \le 1\}$. Dann ist

$$I(u) = {}^{G}\!\!\int (y^2 \cdot u_x^2 + x^2 \cdot u_y^2 - 2 \cdot (x^2+2) \cdot u)\,dg$$

eine von der Funktion u abhängige Zahl (u wird z.B. als 2-mal stetig differenzierbar in G vorausgesetzt: $u \in C^2(G)$). Gesucht ist u derart, daß I(u) ein Extremum annimmt. Dabei kann noch gefordert werden, daß u Randbedingungen auf dem Rand ∂G von G (d.i. die Kreis*linie*) genügt, z.B. $u(x,y) = x^2$ für alle $(x,y) \in \partial G$. Ferner ist noch ein "Belastungsglied" erlaubt, etwa der Summand

$$(*) \qquad \int_0^L (x^2 \cdot u^2 + u_s^2)\,ds =: {}^{\partial G}\!\!\int (x^2 \cdot u^2 + u_s^2)\,ds$$

wobei für x und y (auch als Argument in u) eine Parameterdarstellung der Randkurve ∂G mit der ***Bogenlänge*** s als Parameter: $(x(s),y(s))$, $0 \le s \le L$=Länge der Kurve ∂G), u_s bedeute dabei die Ableitung du/ds.

Hier ist eine Parameterdarstellung von ∂G gegeben durch $\vec{x}(t) = (\cos t\,,\, \sin t)$, $0 \le t \le 2\pi$.

Der Zusammenhang zwischen der Bogenlänge s dieser Kurve und dem Parameter t ist gegeben durch

$$s = \int_0^t |\dot{\vec{x}}(t)|\,dt = \int_0^t \sqrt{\sin^2 t + \cos^2 t}\;dt = t \qquad \text{für } 0 \le t \le 2\pi,$$

so daß hier s=t ist. Daher ist $\vec{x}(s) = (\cos s\,,\, \sin s)$, $0 \le s \le 2\pi$ Parameterdarstellung mit der Bogenlänge s als Parameter. Dann lautet (*) in diesem Falle

$$\int_0^{2\pi} [\cos^2 s \cdot u^2(\cos s, \sin s) + \frac{d}{ds}\, u^2(\cos s, \sin s)]\,ds$$

Allgemein: Es sei $G \in \mathbb{R}^2$ ein beschränktes Gebiet (Randkurve ∂G stückweise glatt, für G gelte der Gaußsche Integralsatz der Ebene). Ferner sei F eine Funktion von 5 Variablen (x,y,u,p,q) (definiert für alle $(x,y) \in G$, u,p,q beliebig, die gewissen Stetigkeits- und Differenzierbarkeitsbedingungen genüge). Ferner sei Φ eine Funktion von 4 Variablen. Gesucht wird eine Funktion u (z.B. $u \in C^2(G)$) derart, daß

$$(10) \qquad I(u) = {}^{G}\!\!\int F(x,y,u,u_x,u_y)\,dg + {}^{\partial G}\!\!\int \Phi(x,y,u,\frac{du}{ds})\,ds \Rightarrow \text{Extremal}$$

wobei das erste ein Doppelintegral ist (in kartesischen Koordinaten dg=dxdy) und im zweiten Integral, dem Belastungsglied, s die Bogenlänge auf der Randkurve ∂G von von G bedeutet, die in mathematisch positivem Sinn, d.h. gegen den Uhrzeigersinn zu durlaufen ist. du/ds ist die totale Ableitung von $u=u(x(s),y(s))$ nach der Bogenlänge s.

Dazu dürfen noch Randbedingungen kommen (z.B. Werte von u auf ∂G vorgegeben oder die der Ableitung von u in Richtung der inneren Normalen vorgegeben: $du/d\vec{n}$).

Auch hier macht man den Einbettungsansatz $u = v + \varepsilon \cdot \eta$, wobei v Lösung sei (Existenz vorausgesetzt) und $\eta \in C^2(G)$ (muß, wenn lineare Randbedingungen gegeben sind, den zugehörigen homogenen genügen, z.B. $\eta=0$ auf ∂G).

Eine Rechnung, ähnlich der bei Problemen für Funktionen *einer* Variablen, mit dem Ziel, die Ableitungen von η zu "beseitigen", (hier ist statt partieller Integration der Gaußsche Integralsatz der Ebene bzw. die Greensche Formel anzuwenden) führt auf

$$\int^{G} [F_u - \frac{\partial}{\partial x} F_{u_x} - \frac{\partial}{\partial y} F_{u_y}] \cdot \eta dg + \int^{\partial G} [\Phi_u + F_{u_x} \frac{dy}{ds} - F_{u_y} \frac{dx}{ds} - \frac{d}{ds} \Phi_{u_s}] \cdot \eta ds = 0$$

Diese Gleichung ist das Analogon zu (5) bei *einer* Variablen. Sie gilt *für alle* solche Funktionen η. Daraus folgt, daß der Ausdruck in der ersten eckigen Klammern gleich 0 sein muß:

(11) $F_u - \frac{\partial}{\partial x} F_{u_x} - \frac{\partial}{\partial y} F_{u_y} = 0$ für $(x,y) \in G$: *Eulersche Differentialgleichung.*

Argument ist hier $(x,y,u(x,y),u_x(x,y),u_y(x,y))$ mit $(x,y) \in G$.

(11) ist eine *partielle* Differentialgleichung.

Ist eine Randbedingung gegeben, so daß $\eta=0$ auf dem Rand ist, so ist das zweite Integral 0.

Ist keine Randbedingung gegeben, so ist auch die zweite eckige Klammer 0:

(12) $F_{u_x} \cdot \frac{dy}{ds} - F_{u_y} \cdot \frac{dx}{ds} + \Phi_u - \frac{d}{ds} \Phi_{u_s} = 0$ für $0 \le s \le L$: *natürliche Randbedingungen.*

Als Argumente stehen hier

bei den F: $(x(s),y(s),u(x(s),y(s)),u_x(x(s),y(s)),u_y(x(s),y(s)))$,

bei den Φ: $(x(s),y(s),u(x(s),y(s)),\frac{d}{ds}u(x(s),y(s)))$

s: Bogenlänge auf der Randkurve mit der Parameterdarstellung $(x(s),y(s))$, $0 \le s \le L$.

D.h., jede Funktion, die Lösung des Variationsproblems ist, genügt *notwendig* der Eulerschen Differentialgleichung.

$(dx/ds,dy/ds)$ ist Tangenteneinheitsvektor und daher $(dy/ds,-dx/ds)=:\vec{n}$ Normaleneinheitsvektor, der nach außen zeigt (deren Skalarprodukt ist nämlich 0). Daher ist in der natürlichen Randbedingung

$$F_{u_x} \cdot \frac{dy}{ds} - F_{u_y} \cdot \frac{dx}{ds} = (F_{u_x}, F_{u_y}) \cdot \vec{n}.$$

Die Eulersche Differentialgleichung zusammen mit der entsprechenden Randbedingung (natürliche oder gegebene) heißt die zum Variationsproblem gehörige Eulersche Randwertaufgabe.

Beispiel 17

Wie lautet die Eulersche Randwertaufgabe zum Variationsproblem

$$I(u) = \int^{G} (u_x^2 + u_y^2 - 2ru) dg + \int^{\partial G} (fu^2 - 2gu) ds \Rightarrow \text{Extremal}$$

a) wenn u auf dem Rand vorgegeben ist: $u=\varphi$ auf dem Rand ∂G von G?

b) wenn keine Randbedingungen gegeben sind?

r, f, g und bei b) φ seien geeignete Funktionen.

Lösung:

$F = u_x^2 + u_y^2 - 2ru, \ \Phi = fu^2 - 2gu,$ daraus folgt

$F_u = -2r, \ F_{u_x} = 2u_x, \ \frac{\partial}{\partial x} F_{u_x} = 2u_{xx}, \ F_{u_y} = 2u_y, \ \frac{\partial}{\partial y} F_{u_x} = 2u_{yy}$

so daß die Eulersche Differentialgleichung lautet $-2r - 2u_{xx} - 2u_{yy} = 0$, also $\Delta u = -r$ in G: *Poissonsche Differentialgleichung* (Δ ist der Laplace-Operator: $\Delta u = u_{xx} + u_{yy}$).

a) Ist $u = \varphi$ auf ∂G, so ist $\eta = 0$ auf ∂G, der Randausdruck also 0. Hier ist $u = \varphi$ auf ∂G: sogenannte *Dirichletsche Randbedingung*, sie ist eine wesentliche Randbedingung.

b) Wenn keine Randbedingung gegeben ist, genügt die Lösung den natürlichen Randbedingungen. Sie lauten hier, da $\Phi_u = 2fu - 2g$ (nach Division durch 2)

$$u_x \cdot \frac{dy}{ds} - u_y \cdot \frac{dx}{ds} + fu - g = 0$$

wobei das Argument $(x(s), y(s))$ die Parameterdarstellung der Randkurve mit der Bogenlänge s als Parameter ist ($0 \le s \le L$ = Länge der Randkurve). Man kann die ersten beiden Summanden noch vereinfachen: Nach dem oben Gesagten ist $\vec{n} = (dy/ds, -dx/ds)$ Normaleneinheitsvektor auf ∂G, ferner ist $(u_x, u_y) = \text{grad } u$; daher ist $\text{grad } u \cdot \vec{n}$ die Richtungsableitung $\partial u / \partial \vec{n}$ von u in Richtung der Normale auf ∂G. Die natürliche Randbedingung lautet demnach:

$$\frac{\partial u}{\partial \vec{n}} + fu = g$$ auf ∂G: sogenannte *gemischte Randbedingung*.

Ist $f = 0$, so entsteht

$$\frac{\partial u}{\partial \vec{n}} = g$$ auf ∂G: sogenannte *Neumannsche Randbedingung*.

Die Methode der (mehrdimensionalen) Finiten Elemente ist das Ritz-Verfahren für solche Randwert-Aufgaben. Dazu zerlegt man das Integrationsgebiet G (z.B. durch Dreiecke) und wählt gewisse Ansatz-Funktionen (z.B. lineare in jedem dieser Dreiecke) so, daß die Funktion auf G stetig wird. Dann berechnet man die Koeffizienten der Ansatzfunktionen so, daß das zugehörige Variationsproblem minimiert wird. Das Verfahren ist i.a. sehr rechenintensiv und soll hier nicht besprochen werden.

Das Ritz-Verfahren

für gewöhnliche lineare Randwertaufgaben

Besondere Tips und Hinweise

1. Aufstellen des belasteten Variationsproblems

Lineare Randwertaufgabe

Lineare Dgl. der Ordnung 2n

2n lineare Randbedingungen (RB)

selbstadjungierte Form

restliche RB

wesentliche RB

Grundfunktion F, Ordnung n

Belastungsgl.

Belastetes Variationsproblem + wesentliche. Randbedingungen

2. Dieses belastete Variationsproblem wird wie folgt behandelt.

a) Ritzansatz

$$w(x;a_1,a_2,\dots) = v_0(x) + a_1v_1(x) + a_2v_2(x) + \dots,$$

wobei w *für alle* a_i ***alle Randbedingungen*** des Variationsproblems (die alten wesentlichen) erfüllen muß. Dazu wählt man

1. v_0 so, daß v_0 ***alle diese Randbedingungen*** erfüllt.
   Bei Eigenwertaufgaben, die vollhomogene Randwertaufgaben sind, wähle $v_0=0$.
2. v_i (i=1,2,...) so, daß v_i alle zugehörigen ***homogenen*** ("homogenisierten") Randbedingungen erfüllt, d.h. alle Randbedingungen, die aus den gegebenen dadurch entstehen, daß man die rechten Seiten 0 setzt ("homogenisiert").

b) w wird in das belastete Variationsproblem eingesetzt.

c) Integrieren und die partiellen Ableitungen nach den a_i alle 0 setzen.
Das ergibt ebensoviele lineare Gleichungen wie Parameter a_i.

♥ Besonderer Tip: Man differenziere zuerst und integriere danach, das ist meist günstiger.

Beispiele 8, 9, 10, 11, 12.

♥ Besonderer Tip: Beim Integrieren stets beachten, daß Integrale von sin und cos, über eine Periode erstreckt, den Wert 0 haben. Ebenso haben Integrale von x^n, über ein symmetrisches Intervall [-a,a] erstreckt, den Wert 0, wenn n ungerade ist. Allgemein ist das Integral einer ungeraden Funktion über solch ein Intervall [-a,a] gleich 0.

d) Man löse das entstandene lineare Gleichungssystem.

Bei Eigenwertaufgaben ist dieses System homogen und man sucht die Werte λ, für die es nichttriviale Lösungen hat. Dazu setzt man die Determinante des Gleichungssystems 0 und bestimmt daraus die Λ (Λ ist Näherung für λ). Beispiele 11 und 13.

Ein Sonderfall ist die Methode der Finiten Elemente (FEM), hier eindimensiomal: Man zerlegt [a,b] in Teilintervalle und nimmt in diesen i.a. verschiedene Ansatzfunktionen, hier lineare Splinefunktionen. Dann ist der Ansatz insgesamt eine lineare Splinefunktion. Beispiel 14.

Beschreibung des Verfahrens

Das Verfahren zur Lösung von Variationsproblemen bestand darin, die Eulersche Randwertaufgabe aufzustellen und dann zu lösen. Hier wird dieses Verfahren auf den Kopf gestellt:

Gegeben ist eine lineare Randwertaufgabe, d.h. eine lineare (gewöhnliche) Differentialgleichung der (geraden) Ordnung 2n und 2n lineare Randbedingungen.

Gesucht wird ein Variationsproblem der Ordnung n derart, daß

1. seine Eulersche Differentialgleichung die gegebene Differentialgleichung ist (oder zu ihr äquivalent ist) und
2. gewisse der gegebenen Randbedingungen (die sog. *restlichen*, s.u.) die natürlichen Randbedingungen des Variationsproblem sind (oder zu ihnen äquivalent sind).
3. Die verbleibenden Randbedingungen (die sog. *wesentlichen*) kommen als Randbedingungen zu dem so entstehenden Variationsproblem.

Das *Variationsproblem* wird dann mit dem Ritz-Verfahren behandelt (siehe dort).

Hinweise

1. Die Berechnung der Grundfunktion F des Variationsproblems geschieht in zwei Schritten aus ausschließlich der gegebenen Differentialgleichung. Da die Eulersche Differentialgleichung eines Variationsproblems stets von gerader Ordnung ist, ist das Verfahren auf ebensolche Differentialgleichungen beschränkt.
2. Hat man die Grundfunktion F (besser: *eine* Grundfunktion - es gibt, wenn es eine gibt, mehrere) ermittelt, so werden aus ihr und den restlichen Randbedingungen die Belastungsglieder G und H geeignet bestimmt derart, daß obige Forderung 2. erfüllt wird (auch diese sind i.a. nicht eindeutig durch F und die Randbedingungen bestimmt).

Bemerkung: In Differentialgleichungen bezeichnet man die (gesuchte) Funktion meist mit y, in Variationsproblemen oft mit u. Daher wird beim Übergang von der Differentialgleichung zum Variationsproblem die Variable in u umbenannt. Man bedenke aber:

$y''+4y'-3y=\cos x$ und $u''+4u'-3u=\cos x$ sind *dieselbe* Differentialgleichung.

1. Berechnung der Grundfunktion F aus der Differentialgleichung

Die Eulersche Differentialgleichung eines Variationsproblems hat eine charakteristische Form, nämlich

$$F_u - \frac{d}{dx} F_{u'} + \frac{d^2}{dx^2} F_{u''} - \frac{d^3}{dx^3} F_{u'''} +- \dots = 0 ,$$

schreibt man ' statt d/dx usw., so lautet sie

$$F_u - (F_{u'})' + (F_{u''})'' - (F_{u'''})''' +- \dots = 0$$

Beachten: ' bedeutet stets die *totale* Ableitung nach x (wie d/dx).

Wenn die Grundfunktion F folgendermaßen aussieht:

$$F = r(x)\cdot u + f_0(x)\cdot u^2 + f_1(x)\cdot u'^2 + f_2(x)\cdot u''^2 + \dots$$

dann lautet die Eulersche Differentialgleichung (nach Division durch 2)

$$(\tfrac{1}{2}r(x)+f_0(x)\cdot y) - (f_1(x)\cdot y')' + (f_2(x)\cdot y'')'' -+ \dots = 0$$

wobei wir wieder, wie bei Differentialgleichungen üblich, ' statt d/dx geschrieben haben. Liegt eine Differentialgleichung in dieser Form vor, so erhält man eine Grundfunktion F einfach durch Integrationen. Dazu die

Definition: Man sagt, die lineare Differentialgleichung der geraden Ordnung 2n liege in *selbstadjungierter Form* vor, wenn sie lautet

$$p_0(x)y - (p_1(x)y')' + (p_2(x)y'')'' -+ \dots + (-1)^n(p_n(x)y^{(n)})^{(n)} = r(x).$$

Obige Differentialgleichung hat also diese Form (man bringe die Störfunktion r nach links).

Differentialgleichungen zweiter Ordnung

Beispiel 1

Die *selbstadjungierte Form* der Differentialgleichung 2. Ordnung (n=1) lautet

$$-(p(x)y')' + q(x)y = r(x).$$

Differenziert man den in der Klammer stehenden Ausdruck (Produktregel), so erhält man

$$-p(x)y'' - p'(x)y' + q(x)y = r(x).$$

Die *allgemeine Form* der linearen Differentialgleichung 2. Ordnung lautet

$$f_2(x)y'' + f_1(x)y' + f_0(x)y = r(x).$$

Vergleicht man diese beiden miteinander, so stellt man fest, daß die selbstadjungierte Form jedenfalls dann leicht herzustellen ist, wenn ("Koeffizientenvergleich")

$$p(x) = -f_2(x), \quad p'(x) = -f_1(x) \quad \text{und} \quad q(x) = f_0(x)$$

gilt, wenn also der Faktor von y' Ableitung des Faktors von y" ist.

Beispiel 2

Wie lautet die selbstadjungierte Form der Differentialgleichung

$$(x^3+1)y'' + 3x^2y' + e^xy = \cos x$$

und wie lautet dann eine Grundfunktion eines zugehörigen Variationsproblems?

Lösung:

Es ist der Faktor von y' die Ableitung des Faktors von y", damit ist

$$-(-(x^3+1)y')' + e^xy = \cos x$$

selbstadjungierte Form dieser Differentialgleichung (man bestätige durch Ausdifferenzieren, daß dieses in der Tat die gegebene Differentialgleichung ist).

Die Eulersche Differentialgleichung eines Variationsproblems 1. Ordnung mit der Grundfunktion F lautet

$$-\frac{d}{dx}(F_{u'}) + F_u = 0 \quad \text{oder} \quad -(F_{u'})' + F_u = 0$$

und durch eine Art "Koeffizientenvergleich" mit der selbstadjungierten Form bekommt man, daß letztere diese Eulersche Differentialgleichung ist, wenn

$$F_{u'} = -(x^3+1)u' \quad (\text{"Faktor" von } -d/dx) \text{ und wenn}$$

$$F_u = e^xu - \cos x \; .$$

Das gilt, wenn man

$$F = \frac{1}{2}\cdot(e^xu^2 - 2u\cdot\cos x - (x^3+1)u'^2)$$

wählt; diese Funktion wurde durch Integration der beiden Gleichungen "einzeln" ermittelt, d.h. additiv aus Summanden, deren einer nur von u (und nicht u') und anderer umgekehrt nur von u' (und nicht von u) abhängt; man mache die Probe: Die gegebene Differentialgleichung ist in der Tat die Eulersche Differentialgleichung für diese Grundfunktion F.

Wenn die lineare Differentialgleichung nicht in selbstadjungierter Form vorliegt, kann man sie in manchen Fällen in diese Form überführen; bei linearen Differentialgleichungen der Ordnung 2 (n=1) geht das immer, indem man die Differentialgleichung mit einer geeigneten Funktion μ multipliziert.

Beispiel 3

Gegeben sei die Differentialgleichung

$$(x^3+x)y'' + 2x^2y' + x^2y = \cos x.$$

Hier ist der Faktor von y' nicht die Ableitung des Faktors von y".

Wir multiplizieren die Differentialgleichung mit einer Funktion μ, die wir dann geeignet bestimmen:

$$(*) \quad \mu(x)(x^3+x)y'' + 2x^2\mu(x)y' + x^2\mu(x)y = \mu(x)\cdot\cos x.$$

Diese Differentialgleichung ist zur gegebenen Differentialgleichung äquivalent, wenn μ im betrachteten Intervall keine Nullstellen hat. Wir vergleichen diese mit der selbstadjungierten

Form $-(py')'+qy = r$, die nach einer Differentiation (Produktregel) ergibt (s.o.)

$$-p(x)y'' - p'(x)y' + q(x)y = r(x).$$

Diese Differentialgleichung ist gleich der Differentialgleichung (*), wenn die Koeffizienten von y″, y′, y gleich sind, wenn also

$$p(x) = -\mu(x)(x^3+x) \quad \text{(Faktor von } y''\text{) und}$$

$$p'(x) = -2x^2\mu(x) \quad \text{(Faktor von } y'\text{) und}$$

$$q(x) = x^2\mu(x) \quad \text{(Faktor von } y\text{) und}$$

$$r(x) = \mu(x)\cdot\cos x \quad \text{(Störfunktion).}$$

Aus den ersten beiden Gleichungen folgt (erste differenzieren)

$$p'(x) = -\mu'(x)(x^3+x) - \mu(x)(3x^2+1) = -2x^2\mu(x)$$

und also

$$\mu'(x) + \frac{3x^2+1-2x^2}{x^3+x}\mu(x) = 0.$$

Diese lineare homogene Differentialgleichung 1. Ordnung für μ hat bekanntlich die allgemeine Lösung

$$\mu(x) = c\cdot e^{-F(x)}$$

wobei

$$F(x) = \int \frac{x^2+1}{x^3+x}\,dx = \int \frac{1}{x}\,dx = \ln|x| \;,$$

also

$$\mu(x) = c/x \quad (c\in\mathbb{R}).$$

Da wir nur *eine* solche Funktion μ benötigen, wählen wir c=1 (c=0 ist nicht möglich, da dann die gegebene Differentialgleichung und die mit μ multiplizierte Differentialgleichung nicht äquivalent sind). Damit ist (*)

$$(x^2+1)y'' + 2xy' + xy = \frac{1}{x}\cdot\cos x \quad (x\neq0).$$

Man sieht, daß nun der Faktor von y′ die Ableitung des Faktors von y″ ist; selbstadjungierte Form ist daher

$$-(-(x^2+1)y')' + xy = \frac{1}{x}\cdot\cos x.$$

Damit erhält man eine Grundfunktion F durch Integration aus

$$F_u = xu - \frac{1}{x}\cdot\cos x$$

und

$$F_{u'} = -(x^2+1)\cdot u'.$$

Es ergibt sich dann, wenn man F wieder als Summe einer nicht von u und einer nicht von u′ abhängenden Funktion bildet (das geht, da bei linearen Differentialgleichungen im Summanden mit y kein y' vorkommt und umgekehrt)

$$F = \frac{1}{2}\cdot[xu^2 - \frac{2}{x}\cdot u\cdot \cos x - (x^2+1)u'^2].$$

Man mache die Probe: Die gegebene Differentialgleichung ist in der Tat Eulersche Differentialgleichung für ein Variationsproblem mit dieser Grundfunktion F(x,u,u').

Allgemein: Man kann eine lineare Differentialgleichung 2. Ordnung (n=1) durch Multiplikation mit einem Faktor μ (Multiplikator) in eine solche von selbstadjungierter Form auf folgende Weise überführen:

Gegeben die lineare Differentialgleichung

$$f_2(x)\cdot y'' + f_1(x)\cdot y' + f_0(x)\cdot y = r(x)$$

1. Ist $f_1=0$, so dividiere man durch $-f_2$.
   Selbstadjungierte Form ist dann $-(y')' + (-f_0/f_2)\cdot y = -r/f_0$.
2. Prüfen, ob $f_1 = f'_2$ also der Faktor von y' Ableitung des Faktors von y" ist.
   Wenn das der Fall ist, ist eine selbstadjungierte Form
   $$-(-f_2(x)\cdot y')' + f_0(x)\cdot y = r(x).$$
3. Wenn das nicht der Fall ist, so multipliziere man die Differentialgleichung mit der Funktion
   $$\mu(x) = \frac{1}{f_2(x)}\, e^{F(x)}, \quad \text{wobei} \quad F(x) = \int \frac{f_1(x)}{f_2(x)}dx .$$
   Selbstadjungierte Form ist dann
   $$-(-\mu(x)\cdot f_2(x)\cdot y')' + \mu(x)\cdot f_0(x)\cdot y = \mu(x)\cdot r(x).$$

Differentialgleichungen 4. Ordnung

Bestimmung einer Grundfunktion aus der *Differentialgleichung*

Die *selbstadjungierte Form* lautet (wir lassen die x fort)

$$\text{(S0)} \quad (p_2y'')'' - (p_1y')' + p_0y = r$$

woraus durch Differenzieren folgt

$$\text{(S1)} \quad p_2y^{iv} + 2p_2'y''' + (p_2'' - p_1)\cdot y'' - p_1'y' + p_0y = r.$$

Die *allgemeine Form* einer linearen Differentialgleichung 4. Ordnung lautet

$$\text{(S2)} \quad f_4y^{iv} + f_3y''' + f_2y'' + f_1y' + f_0y = r$$

Diese soll in selbstadjungierte Form (S0) gebracht werden; anders: Die drei Funktionen p in (S0) sollen so berechnet werden, daß die Koeffizientenfunktionen in (S0) bzw. (S1) und (S2) dieselben Funktionen sind.

Man erkennt sofort aus (S1), daß die Faktoren der höchsten Ableitung - der 4. - gleich sein müssen:

$$p_2 = f_4.$$

Subtrahiert man in (S0) und (S1) und (S2) jeweils

$$(p_2y'')''= p_2y^{iv} + 2p_2'y''' + p_2''y''$$

so bekommt man für diese der Reihe nach auf der linken Seite (beachten $p_2=f_4$, wir bringen die Störfunktion jeweils nach links)

(S0') $-(p_1y')' + p_0y - r$

(S1') $-p_1y'' - p_1'y' + p_0y - r$

(S2') $(f_3-2p_2')y''' + (f_2-p_2'')y'' + f_1y' + f_0y - r$

Wenn nun der Faktor von y''' in (S2') nicht 0 ist, läßt sich die Gleichung (S2) so nicht auf selbstadjungierte Form bringen.

Ist aber der Faktor 0, so ist (S2') ein Ausdruck 2. Ordnung. Der läßt sich in selbstadjungierte Form bringen, wenn der Faktor von y' Ableitung des Faktors von y'' ist (einen Multiplikator dürfen wir natürlich nicht mehr verwenden, da im ersten Schritt keiner benutzt wurde).

Beispiel 4

Gegeben sei die lineare Differentialgleichung

$$x^2y^{iv} + 4xy''' + (2+x)y'' + y' + x^2y = \cos x.$$

Selbstadjungierte Form ist

$$(p_2y'')'' - (p_1y')' + p_0y = r$$

Wir wählen daher $p_2(x) = x^2$. Nun wird subtrahiert der Summand

$$(p_2y'')'' = (x^2y'')'' = x^2y^{iv} + 4xy''' + 2y''$$

und es ergeben sich die Ausdrücke

$$xy'' + y' + x^2y - \cos x$$

und

$$-(p_1y')' + p_0y - r$$

Bei ersterem ist der Faktor von y' gleich der Ableitung des Faktors von y'': Selbstadjungierte Form ist daher

$$-(-xy')' + x^2y - \cos x.$$

Daher lautet die selbstadjungierte Form der gegebenen Differentialgleichung

$$(x^2y'')'' - (-xy')' + x^2y = \cos x$$

Bemerkung: Hätte in der gegebenen Differentialgleichung statt 4xy'' z.B. der Summand 2xy'' gestanden, hätte es so jedenfalls nicht geklappt.

Wir wollen noch die Grundfunktion F(x,u,u',u'') eines Variationsproblems 2. Ordnung bestimmen, dessen Eulersche Differentialgleichung obige Differentialgleichung ist.

Die Eulersche Differentialgleichung eines solchen Variationsproblems lautet

$$F_u - \frac{d}{dx} F_{u'} + \frac{d^2}{dx^2} F_{u''} = 0 .$$

Hierbei haben wir die Argumente (x,y,y') weggelassen. Schreiben wir sie "rückwärts" und statt d/dx den Strich u.s.w., so lautet sie

$$(F_{u''})'' - (F_{u'})' + F_u = 0.$$

Diese "vergleichen" wir mit obiger selbstadjungierter Form und erhalten eine Grundfunktion aus

$$F_{u''}(x,y,y',y'') = x^2 y''$$

$$F_{u'}(x,y,y',y'') = -xy'$$

$$F_u\ (x,y,y',y'') = x^2 y - \cos x\ .$$

Diese drei Gleichungen gelten, wenn wir sie einzeln integrieren und dann addieren:

$$F(x,u,u') = \frac{1}{2}\cdot x^2 u''^2 - \frac{1}{2}\cdot xu'^2 + \frac{1}{2}\cdot x^2 u^2 - u\cdot\cos x\ .$$

Man mache die Probe: Die Eulersche Differentialgleichung für Variationsprobleme mit dieser Grundfunktion ist die gegebene Differentialgleichung.

Allgemein

Berechnung der Grundfunktion F:

Hat man die lineare Differentialgleichung 2n-ter Ordnung in selbstadjungierter Form, also in der Form

$$p_0(x)y - (p_1(x)y')' + (p_2(x)y'')'' - (p_3(x)y'')'' +- \ldots = r(x),$$

so wähle man als Grundfunktion

$$F(x,u,u',u'',\ldots) = \frac{1}{2}\cdot[p_0(x)u^2 - 2r(x)u + p_1(x)u'^2 + p_2(x)u''^2 + p_3(x)u'''^2 + \ldots].$$

Beispiel 5

Die lineare Differentialgleichung

$$-((x^3+1)y')' + e^x y = \cos x$$

gehört zur Grundfunktion (d.h. ist Eulersche Differentialgleichung von Variationsproblemen mit der Grundfunktion)

$$F = \frac{1}{2}\cdot[e^x u^2 - 2\cdot u\cdot\cos x + (x^3+1)u'^2].$$

2. Bestimmung der Belastungsglieder aus den Randbedingungen *und* der Grundfunktion

Die linearen Randbedingungen werden unterschieden nach *wesentlichen* und *restlichen* Randbedingungen: Gegeben sei eine Randwertaufgabe der Ordnung 2n, die Differentialgleichung ist also von der Ordnung 2n. Randbedingungen, die Ableitungen bis zur Ordnung von höchstens n-1 enthalten, heißen *wesentliche* Randbedingungen, solche, die Ableitungen mindestens n-ter Ordnung enthalten, heißen *restliche* Randbedingungen. Diese Unterscheidung wird im Hinblick auf die natürlichen Randbedingungen eines Variationsproblems der Ordnung 2n/2 = n gemacht, die ja auch Ableitungen der Ordnung n und höher enthalten (siehe die Bemerkung nach (9) im Abschnitt "Variationsrechnung").

Beispiel 6

Bei einer Randwertaufgabe 2. Ordnung (also n=1) ist

$y(a) = 4$ eine wesentliche Randbedingung,

$y'(b)+2y(b) = 1$ eine restliche Randbedingung.

Bei einer Randwertaufgabe 4. Ordnung (n=2) sind

$y(a) = 2$ und $y'(b)-3y(b) = 4$ wesentliche Randbedingungen,

$y''(a)+2y'(a)-y(a) = 1$ und $y''(b) = 5$ restliche Randbedingungen.

Zur Bestimmung der Belastungsglieder G und H (die Grundfunktion F muß vorher berechnet worden sein) muß man den Randausdruck R auswerten (siehe (7) bzw. (9) in Abschnitt "Variationsrechnung"). Wir erläutern das an folgendem

Beispiel 7

Gegeben sei die Randwertaufgabe

$$6y^{(4)} - 2e^{2x}y'' - 4e^{2x}y' + 2\cdot\sin x\cdot y = -x$$

$$y(0) = 3,\ y''(0)-y'(0) = 8,\ y'(1) = 2,\ y'''(1)-y(1) = 2.$$

Wie lautet ein zugehöriges Variationsproblem?

Lösung:

1. Die Differentialgleichung wird in selbstadjungierte Form gebracht:

$$2\cdot\sin x\cdot y - (+2e^{2x}y')' + (6y'')'' = -x$$

(durch genaues Betrachten der Differentialgleichung 4. Ordnung; Probe machen).

2. Bestimmung der Grundfunktion $F(x,u,u',u'')$:

Es wird F so bestimmt, daß

$$F_u = 2\cdot\sin x\cdot u + x$$

$$F_{u'} = 2e^{2x}u'$$

und

$$F_{u''} = 6u'' .$$

Das gilt, wenn man F wie folgt wählt (einzeln integrieren):

$$F = \frac{1}{2}\cdot(2\cdot\sin x\cdot u^2 + 2xu + 2e^{2x}u'^2 + 6u''^2)$$

$$= 3u''^2 + e^{2x}u'^2 + xu + \sin x\cdot u^2.$$

3. G und H berechnen: Die erste und dritte Randbedingung sind wesentlich, die zweite und vierte restlich (hier ist n=2). Wir bekommen also das Variationsproblem 2. Ordnung

$$I[u] = \int_0^1 F(x,u,u',u'')dx + G(u(0),u'(0)) - H(u(1),u'(1)) = \text{Extr.}$$

Wir berechnen nun den Randausdruck R (siehe (9) im Abschnitt "Variationsrechnung") für diese Grundfunktion F. Es sind

$$F_{u'} = 2e^{2x}u' \quad \text{für } x=0: \quad 2u'(0), \quad \text{für } x=1: \quad 2e^2u'(1)$$

$$F_{u''} = 6u'' \quad \text{für } x=0: \quad 6u''(0), \quad \text{für } x=1: \quad 6u''(1)$$

$$\frac{d}{dx}F_{u''} = 6u''' \quad \text{für } x=0: \quad 6u'''(0), \quad \text{für } x=1: \quad 6u'''(1)$$

und damit R=0 mit

$$\begin{aligned} R = \quad & [\, G_{u(0)} - 2u'(0) + 6u'''(0) \,]\cdot\eta(0) \\ - & [\, H_{u(1)} - 2e^2u'(1) + 6u'''(1)\,]\cdot\eta(1) \\ + & [\, G_{u'(0)} - 6u''(0) \,]\cdot\eta'(0) \\ - & [\, H_{u'(1)} - 6u''(1) \,]\cdot\eta'(1) = 0. \end{aligned}$$

Man beachte, daß G und H nur Ableitungen bis zur Ordnung n-1=1 enthalten (*dürfen* nach Definition).

Setzt man z.B. die erste Klammer (den Faktor von $\eta(0)$) gleich 0, also

$$G_{u(0)} = 2u'(0) - 6u'''(0),$$

so kann diese Gleichung aus diesem Grunde nur dann gelten, wenn man $u'''(0)$ durch Ableitungen der Ordnung 0 und/oder 1 ausdrücken kann, wenn also eine Randbedingung der entsprechenden Form vorliegt, was hier nicht der Fall ist.

Daher kann der Faktor von $\eta(0)$ in R nicht zu 0 gemacht werden; also muß, damit R=0 erfüllt wird, notwendig $\eta(0)=0$ gelten. Anders ist es mit dem Faktor von $\eta(1)$:

Setzt man diesen 0, so ergibt sich für $H_{u(1)}$ die Gleichung

$$H_{u(1)} = 2e^2u'(1) - 6u'''(1).$$

Aufgrund der restlichen Randbedingung (der 4.) läßt sich $u'''(1)$ durch Ableitungen niedrigerer Ordnung ausdrücken:

$$u''(1) = u(1)+2.$$

Setzt man das oben ein, erhält man

$$\text{(a)} \quad H_{u(1)} = 2e^2u'(1) - 6u(1) - 12.$$

Ebenso kann man im Faktor von $\eta'(0)$ in R die 2. Ableitung aufgrund der zweiten restlichen Randbedingung durch Ableitungen niedrigerer Ordnung ersetzen; man kann also auch diese Klammer 0 setzen, und erhält:

$$\text{(b)} \quad G_{u'(0)} = 6u''(0) = 6u'(0) + 48.$$

Der Faktor von $\eta'(1)$ läßt sich nicht 0 setzen, da $u''(1)$ nicht durch niedrigere Ableitungen ersetzt werden kann, es ist also $\eta'(1)=0$ notwendig.

Durch Integration von (a) ergibt sich, daß (a) gilt für z.B. (wir suchen ja nur *irgendeine* Funktion H):

$$H(u(1),u'(1)) = 2e^2u'(1)u(1) - 3u^2(1) - 12u(1).$$

Hinweis hierzu in Anlehnung an *Bestimmung einer Funktion f(x,y) aus dem Gradienten von f* (also aus f_x und f_y):

> Man will f(x,y) aus $f_x = 2e^2y-6x-12$, f_y beliebig, bestimmen, wobei *eine* solche Funktion f genügt. Stichworte: Totales Differential, Potentialfeld, Gradient, Rotor, Integrabilitätsbedingung; siehe z.B. *Repetitorium der Ingenieur-Mathematik*, Teil 1.

Analog gilt (b), wenn man (Integration nach u'(0)) G wählt:

$$G(u(0),u'(0)) = 3u'^2(0) + 48u'(0).$$

Damit lautet ein passendes Variationsproblem:

$$I[u] = \int_0^1 [3u''^2 + e^{2x}u'^2 + xu + \sin x \cdot u^2]dx$$
$$+ 3u'^2(0) + 48u'(0) - 2e^2u'(1)u(1) + 3u^2(1) + 12u(1)$$
$$u(0) = 3 \;, \quad u'(1) = 2,$$

wobei die beiden Randbedingungen die "alten" wesentlichen Randbedingungen sind, die nicht (zur Bestimmung von G und H) verwendet wurden.

Man beachte die Vorzeichen im Belastungsterm G-H.

Man mache einmal die Probe:

Die gegebene Differentialgleichung ist die Eulersche Differentialgleichung dieses Variationsproblems, die beiden restlichen Randbedingungen sind die natürlichen Randbedingungen dieses Variationsproblems.

Beispiel 8

Die folgende Randwertaufgabe soll mit dem Ritzverfahren behandelt werden:

$$y^{(4)} + xy = 1, \quad y(0) = y'(0) = 0, \quad y''(1) = y'''(1) = 1,$$

als Ansatz ist ein zweiparametriger Ritzansatz aus ganzrationalen Funktionen (Polynomen) möglichst niedrigen Grades zu wählen.

1. Überführung der Differentialgleichung in selbstadjungierte Form

Die selbstadjungierte Form der Differentialgleichung 4.Ordnung lautet

$$(p_2(x)y'')'' - (p_1(x)y')' + p_0(x)y = r(x).$$

Durch Vergleich mit dieser sieht man, daß

$$(y'')'' + xy = 1$$

selbstadjungierte Form der gegebenen Differentialgleichung ist.

2. Berechnung einer zugehörigen Grundfunktion

Vergleich mit der Eulerschen Differentialgleichung eines Variationsproblems 2.Ordnung (hier ist n=2), nämlich

$$(F_{u''})'' - (F_{u'})' + F_u = 0,$$ (wir haben ′ statt d/dx usw. geschrieben)

zeigt, daß man wählen sollte:

$F_{u''} = u''$ also Summand $\frac{1}{2}u''^2$ in F

$F_{u'} = 0$ also Summand 0 in F

$F_u = x \cdot u-1$ also Summand $\frac{1}{2}xu^2 - u$ in F

woraus man dann F als Summe dieser drei Summanden bekommt:

$$F(x,u,u',u'') = \frac{1}{2}u''^2 + \frac{1}{2}xu^2 - u.$$

3. Berechnung der Belastungsglieder G-H

Die beiden Randbedingungen bei 0 sind wesentliche Randbedingungen, da sie nur Ableitungen einer Ordnung < n (n=2) enthalten, die beiden bei 1 sind restliche Randbedingungen, da sie Ableitungen mindestens n=2.Ordnung enthalten. Der Randausdruck für ein Variationsproblem 2.Ordnung lautet

$R=0$, wobei (siehe Variationsrechnung (9))

$$\begin{aligned} R = \; & [G_{u(0)} - F_{u'} + \frac{d}{dx} F_{u''}]\Big|_{x=0} \cdot \eta(0) \\ & - [H_{u(1)} - F_{u'} + \frac{d}{dx} F_{u''}]\Big|_{x=1} \cdot \eta(1) \\ & + [G_{u'(0)} - F_{u''}]\Big|_{x=0} \cdot \eta'(0) \\ & - [H_{u'(1)} - F_{u''}]\Big|_{x=1} \cdot \eta'(1) \end{aligned}$$

wobei die Argumente in den F jeweils $(x, y(x), y'(x), y''(x))$ lauten, und dann für x die Werte 0 bzw. 1 einzusetzen sind.

Aufgrund der Randbedingungen gilt, daß $\eta(0)=0$ und $\eta'(0)=0$ sind (wesentliche Randbedingungen für $y(0)$ und $y'(0)$). Da bei x=1 keine wesentliche Randbedingung gegeben ist, können $\eta(1)$ und $\eta'(1)$ "beliebig" sein. Es müssen also die Faktoren von diesen beiden einzeln 0 sein. Wir berechnen die in den Klammern stehenden Ableitungen von F: (alles für x=1):

$$F_{u'} = 0 \ , \quad F_{u''} = u''(1) , \quad \frac{d}{dx} F_{u''} = u'''(1) ,$$

das ergibt dann

$H_{u(1)} = -u'''(1)$ Faktor von $\eta(1)$

$H_{u'(1)} = u''(1)$ Faktor von $\eta'(1)$

und aufgrund der restlichen Randbedingungen lassen sich diese Ableitungen durch Ableitungen niedrigerer Ordnung darstellen, hier gilt

$$u''(1) = u'''(1) = 1,$$

also bekommt man zur Berechnung von H die beiden Gleichungen

$$H_{u(1)} = -1 \ , \quad H_{u'(1)} = 1,$$

hat also das Problem, die Funktion H zweier Veränderlichen aus ihren beiden partiellen Ableitungen zu berechnen (was bekanntlich nicht immer geht; gemischte Ableitungen müssen gleich sein). Man bekommt durch Integration

$$H(u(1),u'(1)) = -u(1) + u'(1)$$

und wegen G=0 als Belastungsglieder

$$G - H = u(1) - u'(1).$$

4. Bestimmung des gesuchten Ritzansatzes

Das entstandene Variationsproblem lautet (wir multiplizieren mit 2)

$$I[u] = \int_0^1 [u''^2 + xu^2 - 2u]dx + 2u(1) - 2u'(1) \Rightarrow \text{Extr.}$$

u(0) = 0, u'(0) = 0, die alten wesentlichen Randbedingungen.

Der Ritzansatz muß diese beiden Randbedingungen erfüllen.

Die Forführung dieses Beispiels steht im Abschnitt Variationsrechnung als Beispiel 15.

<u>Beispiel 9</u>

Folgende Randwertaufgabe soll mit dem Ritz-Verfahren behandelt werden:

$$xy'' + 2y' - y = 0$$

$$y(0.5) = 1, \ y'(1)+2y(1) = 1.$$

Dazu soll ein einparametriger Ritzansatz aus ganzrationalen Funktionen (Polynomen) möglichst niedrigen Grades verwendet werden.

Lösung:

a) Überführung der Differentialgleichung in selbstadjungierte Form

Da der Faktor von y', also 2, nicht Ableitung des Faktors von y'', also von x, ist, muß die Differentialgleichung mit einer Funktion μ multipliziert werden, so daß das gilt; dann also (s.o.)

$$\mu(x) = \frac{1}{x} \cdot e^{F(x)}, \ \text{wobei} \ F(x) = \int \frac{2}{x} dx = \ln(x^2),$$

also mit $\mu(x) = x$. Man bekommt dann die (für x>0 zur gegebenen äquivalente) Differentialgleichung

$$x^2y'' + 2xy' - xy = 0.$$

Bei dieser gilt das oben Gesagte: der Faktor von y' ist Ableitung des Faktors von y''. Daher ist selbstadjungierte Form der Differentialgleichung

$$-(-x^2y')' - xy = 0.$$

b) Eine Grundfunktion $F(x,u,u')$ ergibt sich dann aus dem Vergleich mit der Eulerschen Differentialgleichung eines Variationsproblems mit dieser Grundfunktion, mit

$$-\frac{d}{dx}F_{u'} + F_u = 0$$

wenn man summandenweise gleichsetzt:

$$F_{u'} = -x^2u' \text{ und } F_u = -xu,$$

was gilt, wenn man wählt

$$F = -\tfrac{1}{2}x^2u'^2 - \tfrac{1}{2}xu^2 .$$

c) Berechnung der Belastungsglieder $G(u(0.5)) - H(u(1))$

Hier ist $n=1$ ($2n=2$ ist die Ordnung der Differentialgleichung), also ist $u(0.5)=1$ eine wesentliche Randbedingung.

Die zweite Randbedingung, nämlich $y'(1)+2y(1) = 1$ ist restlich, aus ihr und der Grundfunktion wird nun H ermittelt:

Der Randausdruck R für Variationsprobleme erster Ordnung lautet (siehe (7) im Abschnitt Variationsrechnung)

$$R = [G_{u(a)}(y(a)) - F_{u'}(a,y(a),y'(a))]\cdot\eta(a)$$
$$- [H_{u(b)}(y(b)) - F_{u'}(b,y(b),y'(b))]\cdot\eta(b) = 0,$$

wobei $a=0.5$, $b=1$. Da wegen $u(a)=1$ nur Funktionen zuzulassen sind, für die das gilt, hat man $\eta(a)=0$, der erste Summand in R ist also 0, man kann dann $G=0$ wählen. Wir behalten also noch

$$R = -[H_{u(1)}(y(1)) + 1^2\cdot y'(1)]\cdot\eta(1) = 0.$$

Da $\eta(1)$ beliebige Werte annehmen darf, muß der Ausdruck in der eckigen Klammer verschwinden:

$$H_{u(1)}(y(1)) = -y'(1).$$

Aufgrund der restlichen Randbedingung läßt sich $y'(1)$ durch $y(1)$ ausdrücken und man erhält dann

$$H_{u(1)}(y(1)) = 2y(1)-1,$$

woraus durch Integration H ermittelt wird (wir suchen nur *eine* solche Funktion H, nicht *alle*)

$$H(u(1)) = u^2(1)-u(1).$$

d) Bestimmung eines Ritzansatzes

Es ist das folgende Variationsproblem entstanden (beachten -H), das wir noch mit -2 multiplizieren (was auf seine Lösung y keinen Einfluß hat)

$$I[u] = \int_{0.5}^{1} [x^2 u'^2 + xu^2]dx + 2u^2(1) - 2u(1) \Rightarrow \text{Extr.}$$

$$u(0.5) = 1.$$

Der Ritzansatz muß dieser Randbedingung (der alten wesentlichen) genügen:

$$w(x;a) = v_0(x) + a\, v_1(x)$$

wobei v_0 der gegebenen Bedingung genügen muß und v_1 der zugehörigen homogenen Bedingung:

$$v_0(0.5) = 1 \quad \text{und} \quad v_1(0.5) = 0.$$

Wir wählen $v_0 = 1$ und $v_1(x) = 2x-1$, wählen also den Ritzansatz

$$w(x;a) = 1 + a(2x-1).$$

e) Einsetzen in das Variationsproblem und Berechnung von a

Es ist $w'(x;a) = 2a$. Setzt man w (mit w') in das entstandene Variationsproblem ein, so bekommt man

$$I[w] = \int_{0.5}^{1} [x^2(2a)^2 + x\cdot\{1+a(2x-1)\}^2]dx + 2(1+a)^2 - 2(1+a).$$

Dieses ist eine Funktion von a, bezeichnen wir sie mit I(a). Dann ist a so zu bestimmen, daß I(a) extremal wird, also aus $I'(a) = 0$. Man sieht, daß es wohl günstiger sein wird, zuerst unter dem Integral nach a zu differenzieren und dann zu integrieren, weil z.B. der Summand x im Integranden beim Ableiten nach a verschwindet; andersherum hätte man ihn zunächst integriert um ihn dann erst zu "verlieren":

$$\frac{d}{da}I[w] = \int_{0.5}^{1} \frac{d}{da}[x^2(2a)^2 + x\cdot\{1+a(2x-1)\}^2]dx + 4(1+a)-2 = 0.$$

Die Rechnung liefert die Gleichung

$$\frac{53}{8}a + \frac{29}{12} = 0 \quad \text{daraus} \quad a = -0.3648 \text{ (gerundet)},$$

das heißt, unter den Ansatzfunktionen, also allen Funktionen der Form $w(x) = 1 + a\cdot(2x-1)$ (a beliebig) macht diejenige mit $a = -0.3648$ das Variationsintegral extremal, sie wird als die entsprechende Näherung der Lösung der Randwertaufgabe betrachtet.

Beispiel 10

Man berechne mit dem Ritzverfahren eine Näherung der Lösung der Randwertaufgabe

$$(1+x)^2 y'' + (1+x)y' - y = 2$$
$$y(0) = 0,\quad y'(1) = -0.5.$$

Dabei soll ein einparametriger Ritzansatz aus ganzrationalen Funktionen möglichst niedrigen Grades verwendet werden.

Lösung:

Wir schicken zu späterem Vergleich vorweg: $y(x) = -2+2/(x+1)$ ist die Lösung.

1. Überführung der Differentialgleichung in selbstadjungierte Form

Da hier der Faktor von y', also $(1+x)$, nicht Ableitung des Faktors von y'' ist, multiplizieren wir mit einer Funktion $\mu(x)$ derart, daß das der Fall ist:

$$\mu(x)(1+x)^2 y'' + \mu(x)(1+x)y' - \mu(x)y = 2\mu(x),$$

wobei die Funktion $\mu(x)$ zu wählen ist:

$$\mu(x) = \frac{1}{(1+x)^2}\,e^{F(x)}\,,\quad \text{wobei}\quad F(x) = \int \frac{1+x}{(1+x)^2}\,dx = \ln(1+x),$$

(in $[0,1]$ ist $1+x > 0$, Betragsstriche also nicht erforderlich). Daraus folgt

$$\mu(x) = \frac{1+x}{(1+x)^2} = \frac{1}{1+x}\,.$$

Selbstadjungierte Form der Differentialgleichung ist daher

$$-\Big(-\frac{1}{1+x}\cdot(1+x)^2 y'\Big)' - \frac{1}{1+x}\,y = \frac{2}{1+x}$$

also

$$-(-(1+x)y')' - \frac{1}{1+x}\,y = \frac{2}{1+x}\,.$$

Durch Differenzieren erkennt man, daß diese Differentialgleichung zu der gegebenen äquivalent ist und aus ersterer durch Multiplikation mit $\mu(x)$, also Division durch $(1+x)$ hervorgeht.

2. Berechnung einer Grundfunktion $F(x,u,u')$

Aus der selbstadjungierten Form der Differentialgleichung bekommt man die gesuchte Grundfunktion durch Vergleich und Integration. Die Eulersche Differentialgleichung eines Variationsproblems mit dieser Grundfunktion lautet (wir schreiben sie "rückwärts" und ' statt d/dx)

$$-(F_{u'})' + F_u = 0$$

und durch Vergleich mit der selbstadjungierten Form (rechte Seite dort nach links bringen) bekommt man (wir schreiben u für y)

$$F_{u'} = -(1+x)u' \quad \text{und}$$

$$F_u = -\frac{1}{1+x}\,u - \frac{2}{1+x}\,, \quad \text{(rechte Seite nach links)}$$

und weiter durch Integration dieser Gleichungen einzeln

$$F(x,u,u') = -\frac{1}{2}(1+x)u'^2 - \frac{1}{2}\cdot\frac{1}{1+x}\cdot u^2 - \frac{2}{1+x}\cdot u\,.$$

3. Berechnung der Belastunsglieder G-H

Der Randausdruck lautet R = 0, wobei nach (7) im Abschnitt Variationsrechnung (hier sind a=0 und b=1, weil die Randbedingungen an diesen Stellen gegeben sind)

$$R = [G_{u(0)}(y(0)) - F_{u'}(0,y(0),y'(0))]\cdot\eta(0)$$
$$- [H_{u(1)}(y(1)) - F_{u'}(1,y(1),y'(1))]\cdot\eta(1).$$

Die Randbedingung y(0) = 0 ist wesentlich (hier ist n=1), daher ist η(0)=0 zu wählen. (Bemerkung: auch wenn y(0)=3 gefordert wäre, muß η der homogenen Bedingung η(0)=0 genügen.) Damit ist der erste Summand in R gleich 0, wir können G beliebig wählen, der Einfachheit wegen

$$G(u(0)) = 0.$$

Weiter ist y'(1) = -0.5 eine restliche Randbedingung. Daher kann im Einbettungsansatz η(1) "beliebig" gewählt werden, das bedeutet, daß der Faktor von η(1) in R verschwinden muß (R=0):

$$H_{u(1)}(y(1)) - F_{u'}(1,y(1),y'(1)) = 0.$$

Da hier

$$F_{u'} = -(1+x)u' \quad \text{ist} \quad F_{u'}(1,y(1),y'(1)) = -2y'(1) \quad \text{gilt also}$$

$$H_{u(1)}(y(1)) = -2y'(1).$$

Aufgrund der restlichen Randbedingung läßt sich nun y'(1) durch Ableitungen niedrigerer Ordnung ausdrücken (H darf ja nach Konstruktion nur von u(1) und nicht auch von u'(1) bei einem Variationproblem 1. Ordnung abhängen.):

$$H_{u(1)}(u(1)) = 1.$$

Integration dieser Gleichung liefert (wir brauchen nur *eine* Funktion H)

$$H(u(1)) = u(1).$$

Wir haben also das folgende Variationsproblem erhalten (nach Multiplikation mit -1):

$$I[u] = \frac{1}{2}\cdot\int_0^1 [(1+x)u'^2 + \frac{1}{1+x}\cdot u^2 + \frac{4}{1+x}\cdot u]\,dx + u(1),$$

$$u(0) = 0$$

4. Die Anwendung des Ritzverfahrens auf dieses Variationspoblem

a) Bestimmung eines Ritzansatzes

Der Ansatz muß der Bedingung u(0)=0, der "alten" wesentlichen Randbedingung genügen. Da wir Polynome möglichst niedrigen Grades verwenden wollen, müssen wir als Ansatz nehmen

$$w(x;a) = a\cdot x.$$

b) Einsetzen dieses Ritzansatzes in das Variationsproblem

Man erhält dann

$$I[w] = \frac{1}{2}\cdot\int_0^1 [(1+x)a^2 + \frac{1}{1+x}\cdot a^2x^2 + \frac{4}{1+x}\cdot ax]\,dx + a$$

c) Berechnung des Parameters a aus I[w] = Extr.

Dazu ist dieses nach a abzuleiten und 0 zu setzen. Wir differenzieren zuerst und integrieren dann:

$$\frac{d}{da}\,I(a) = \frac{1}{2}\cdot\int_0^1 \frac{d}{da}\left[(1+x)a^2 + \frac{1}{1+x}\cdot a^2x^2 + \frac{4}{1+x}\cdot ax\right]dx + 1 = 0,$$

wobei wir I[w], das nur von a abhängt, mit I(a) bezeichnet haben.

Eine elementare Rechnung liefert für a den Wert

$$a = \frac{-3 + 2\cdot\ln 2}{1 + \ln 2} = -0.953,$$ also $w(x) = -0.953\cdot x$ als gesuchte Näherung.

Wenn man einen n=4-parametrigen Ansatz wählt:

$$w(x) = a_1x + a_2x^2 + a_3x^3 + a_4x^4$$

(genügt der wesentlichen Randbedingung w(0)=0), so bekommt man für die Parameter folgende Werte −1.97692127, 1.75131901, −1.08251840, 0.3081284,1 also die Näherung

$$w(x) = -1.97692127\cdot x + 1.75131901\cdot x^2 - 1.08251840\cdot x^3 + 0.30812841\cdot x^4.$$

Ein Vergleich dieser Näherung mit der (exakten) Lösung $y=-2+2/(x+1)$:

x	0.1	0.2	0.3	0.4	0.5	0.6	0.7	0.8	0.9	1.0
w(x)	−0.1812	−0.3335	−0.4622	−0.5720	−0.6667	−0.7496	−0.8230	−0.8887	−0.9477	−1.0000
y(x)	−0.1818	−0.3333	−0.4615	−0.5714	−0.6667	−0.7500	−0.8235	−0.8889	−0.9474	−1.0000
	−0.0953	−0.1906	−0.2859	−0.3812	−0.4765	−0.5718	−0.6672	−0.7625	−0.8578	−0.9531

Die letzte Zeile enthält die Werte der Näherung mit nur einem Parameter, also $\approx -0.953\cdot x$. Man erkennt, daß alle diese Werte des 4-parametrigen w(x) einen Fehler haben, der unterhalb 0.1% liegt. Folgendes Bild zeigt die mit dem einparametrigen Ansatz gewonnene Näherung $w(x)=-0.953\cdot x$, in das Bild wurde auch die Lösung y(x) gezeichnet. Zeichnet man die sich bei einem n-parametrigen Ansatz für n>1 ergebende Näherung, so ist bei diesem Maßstab praktisch kein Unterschied zwischen Näherung und Lösung zu erkennen.

Die obigen Werte für n=4, das Bild und alle noch folgenden Zahlen wurden mit dem entsprechenden Programm aus *"Turbo-Pascal-Quelltexte zur Ingenieur-Mathematik"* berechnet bzw. gezeichnet.

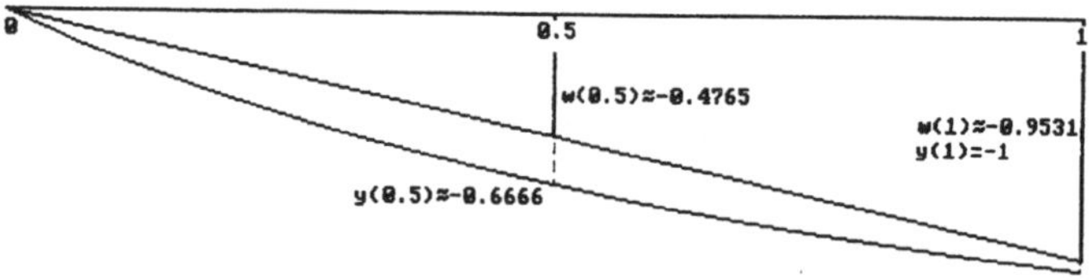

Ein Ansatz mit den Ansatzfunktionen sin(kx) (k=1,2,...,n) genügt ebenfalls der wesentlichen Randbedingung.

Man erhält für n=1 die Näherung $w(x) = -1.18741273 \cdot \sin x$ und für n=4

$w(x) = 2.9635 \cdot \sin x - 4.8830 \cdot \sin 2x + 2.7043 \cdot \sin 3x - 0.7480 \cdot \sin 4x.$

Diese ergeben folgende beiden Wertetabellen für dieselben x wie oben

n=1:	-0.1185	-0.2359	-0.3509	-0.4624	-0.5693	-0.6705	-0.7650	-0.8518	-0.9301	-0.9992
n=4:	-0.1664	-0.3224	-0.4602	-0.5760	-0.6708	-0.7495	-0.8190	-0.8847	-0.9472	-0.9987
n=8:	-0.1792	-0.3348	-0.4619	-0.5702	-0.6667	-0.7504	-0.8229	-0.8889	-0.9471	-0.9998

Die letzte Zeile ergibt sich für einen solchen Ansatz mit n=8 Parametern.

Der Fehler beträgt bei n=4 maximal weniger als 2%, bei n=8 um 0.2%.

Wir geben noch die Werte an, die sich bei Anwendung des Galerkin-, Fehler-Quadrat-, Kollokations- und Differenzenverfahren ergeben (siehe den Abschnitt Rand- und Eigenwertaufgaben). Für die drei zuerst genannten wurde je ein 4-parametriger Ansatz gewählt:

$$w(x) = -0.5 \cdot x + a_1 (x^2-2x) + a_2 (x^3-3x) + a_3 (x^4-4x) + a_4 (x^5-5x)$$

(er genügt beiden Randbedingungen). Dann ergeben sich folgende Parameter a_i

Galerkin:	1.9101	-1.5352	0.8171	-0.1977
Fehler-Quadrat:	1.9411	-1.5940	0.8633	-0.2107
Kollokation	1.8641	-1.4686	0.7809	-0.1946

Ferner ergeben sich folgende Wertetabellen:

x	0.1	0.2	0.3	0.4	0.5	0.6	0.7	0.8	0.9	1.0
Gal.	-0.1818	-0.3335	-0.4616	-0.5714	-0.6665	-0.7499	-0.8236	-0.8890	-0.9474	-0.9999
FQu.	-0.1821	-0.3337	-0.4617	-0.5713	-0.6664	-0.7498	-0.8235	-0.8890	-0.9475	-1.0000
Kol.	-0.1801	-0.3306	-0.4580	-0.5670	-0.6614	-0.7440	-0.8167	-0.8813	-0.9391	-0.9913
Dif1.	-0.1812	-0.3323	-0.4602	-0.5698	-0.6648	-0.7480	-0.8213	-0.8865	-0.9449	-0.9974
Dif2.	-0.1774	-0.3250	-0.4497	-0.5562	-0.6483	-0.7286	-0.7993	-0.8619	-0.9177	-0.9677
y(x)	-0.1818	-0.3333	-0.4615	-0.5714	-0.6667	-0.7500	-0.8235	-0.8889	-0.9474	-1.0000

Das Differenzenverfahren wurde mit zentralen Differenzenquotienten gerechnet, bei Dif1 auch in der rechten Randbedingung, bei Dif2 wurde dort der hintere Differenzenquotient genommen. Knoten sind jeweils die x.

Die letzte Zeile noch einmal die Lösung zum besseren Vergleich.

Beispiel 11

Mit dem Ritzverfahren bestimme man Näherungen für zwei Eigenwerte der Eigenwertaufgabe

$$-y'' = \lambda \cdot (2-x^2) \cdot y \; ; \quad y(0) = 0, \; y'(1) + 2y(1) = 0$$

unter Verwendung eines zweiparametrigen Ritzansatzes aus ganzrationalen Funktionen möglichst niedrigen Grades.

Lösung:

Zur Aufgabenstellung einer Eigenwertaufgabe siehe den Abschnitt "Rand- und Eigenwertaufgaben". Das Vorgehen mit dem Ritzverfahren ist so wie bei "normalen" Randwertaufgaben; man bekommt am Ende ein lineares Gleichungssystem mit dem Parameter λ, das *homogen* ist, also insbesondere die triviale Lösung hat (alle Unbekannten $a_i=0$), was zu der Näherung $w(x)=0$ führt, also der trivialen Lösung der Randwertaufgabe. Daher ist der Parameter λ so zu bestimmen, daß dieses lineare homogene Gleichungssystem nicht-triviale Lösungen hat.

1. Überführung der Differentialgleichung in selbstadjungierte Form

   Man sieht, daß der Faktor von y' (das ist 0) Ableitung des Faktors von y'' (das ist -1) ist, selbstadjungierte Form ist daher

   $$-(y')' + (-\lambda\cdot(2-x^2)\cdot y = 0.$$

2. Bestimmung der Grundfunktion F(x,u,u')

   Vergleich mit der Eulerschen Differentialgleichung dieser Grundfunktion

   $$-(F_{u'})' + F_u = 0$$

   liefert (y der Differentialgleichung durch u im Variationsproblem ersetzt)

   $$F_{u'} = u' \quad \text{und} \quad F_u = -\lambda\cdot(2-x^2)u.$$

   Durch Integration gewinnt man die Grundfunktion

   $$F(x,u,u') = \frac{1}{2}\cdot u'^2 + \frac{1}{2}\cdot\lambda\cdot(x^2-2)u^2 .$$

3. Berechnung der Belastunsglieder G-H

   Der Randausdruck lautet R = 0, wobei nach (7) im Abschnitt Variationsrechnung (hier sind a=0 und b=1, weil die Randbedingungen an diesen Stellen gegeben sind)

   $$R = [G_{u(0)}(y(0)) - F_{u'}(0,y(0),y'(0))]\cdot\eta(0)$$
   $$- [H_{u(1)}(y(1)) - F_{u'}(1,y(1),y'(1))]\cdot\eta(1).$$

   Die Randbedingung y(0)=0 ist wesentlich. Aus ihr folgt, daß im Einbettungsansatz η(0)=0 zu wählen ist, der Faktor von η(0) in R also beliebig sein darf, woraus folgt, daß man G(u(0))=0 wählen darf.

   Die zweite Randbedingung bei 1 ist restlich. Daher darf η(1) beliegige Werte annehmen (lediglich η'(1)+2η(1)=0 muß gelten). Folglich muß in obigem Randausdruck der Faktor von η(1) verschwinden (wir erinnern: R muß *für alle* solche Funktionen η verschwinden); also folgt

   $$H_{u(1)}(y(1)) = F_{u'}(1,y(1),y'(1)).$$

   Mit obigem F gilt

   $$F_{u'}(1,y(1),y'(1)) = y'(1)$$

   und daher

   $H_{u(1)}(y(1)) = y'(1) = -2y(1)$, letzteres nach der restlichen Randbedingung.

   Hieraus folgt durch Integration

   $$H(u(1)) = -u^2(1).$$

Das entstandene Variationsproblem lautet nun

$$I[u] = \frac{1}{2}\cdot\int_0^1 [u'^2 + \lambda\cdot(x^2-2)\cdot u^2]\,dx + u^2(1) \quad \text{(Vorzeichen G-H beachten)}$$

$$u(0) = 0.$$

4. Bestimmung des Ritzansatzes

Der Ritzansatz lautet

$w(x;a,b) = v_0(x) + av_1(x) + bv_2(x)$, wobei

v_0 die gegebenen Randbedingungen erfüllen muß und

v_1 und v_2 die zugehörigen homogenen Randbedingungen erfüllen müssen.

Hier ist von der einen verbliebenen Randbedingung u(0)=0 die Rede, die andere restliche ist in den Belastungsgliedern "verarbeitet" worden.

Da die Randbedingung(en) homogen ist, was bei einer Eigenwertaufgabe *stets* der Fall ist, wähle man $v_0=0$ (beachten, daß lediglich v_1 und v_2 linear unabhängig sein müssen, insbesondere nicht 0 gewählt werden dürfen).

Ferner sollen die beiden v_i ebenfalls der Bedingung

$v_1(0) = 0$ und $v_2(0) = 0$ genügen, aber unabhängig sein. Daher wähle

(Grad minimal)

$v_1(x) = x$ und $v_2(x) = x^2$ (auch x(x-3) wäre möglich, gibt dann aber dieselbe Funktionen*schar);* also ist

$$w(x;a,b) = ax + bx^2$$

(letztere $ax + bx(x-3) = (a-3b)x + bx^2$ liefert dieselbe *Schar*, man ersetze a-3b durch a.)

5. Einsetzen in das Variationsproblem

Man bekommt

$$I[w] = \frac{1}{2}\cdot\int_0^1 [(a+2bx)^2 + \Lambda(x^2-2)(ax+bx^2)^2]dx + (a+b)^2 = I(a,b)$$

Wir haben hier Λ statt λ geschrieben, denn ab hier handelt es sich um *Näherungen* und Λ bezeichne die Näherung für λ.

Nun sind a und b so zu bestimmen, daß I(a,b) ein Extremum annimmt (besser: stationär wird). Dazu ist I(a,b) nach a bzw. b zu differenzieren und diese beiden Ableitungen 0 zu setzen. Das führt auf die beiden Gleichungen (die einfache Rechnung schreiben wir nicht auf)

$(45 - 7\Lambda)a + (45 - 5\Lambda)b = 0$ aus Ableitung nach a und Multiplikation mit 15

$(315 - 35\Lambda)a + (350 - 27\Lambda)b = 0$ aus Ableitung nach b und Multiplikation mit 105

Dieses ist, wie eingangs bereits bemerkt, ein *homogenes* lineares Gleichungssystem für a und b. Das liegt u.a. auch daran, daß $v_0=0$ gewählt wurde.

Bemerkung: Es handelt sich um ein verallgemeinertes Matrizen-Eigenwert-Problem der Form $A\vec{x}=\Lambda\cdot B\vec{x}$, das man in ein "spezielles" umformen kann.

Es hat stets die triviale Lösung a=b=0, die führt aber auf die Näherung w(x)=0 und daß diese Lösung der Eigenwertaufgabe ist, war von vornherein klar; wir suchten ja nach Zahlen λ, für die es auch eine nicht-triviale Lösung hat. Das entstandene lineare Gleichungssystem jedenfalls hat eine nicht-triviale Lösung genau dann, wenn seine Koeffizientendeterminante verschwindet. Diese Gleichung lautet

$$14\Lambda^2 - 515\Lambda + 1575 = 0.$$

Diese quadratische Gleichung für Λ hat die Lösungen

$$\Lambda_1 = 3.36 \quad \text{und} \quad \Lambda_2 = 33.42,$$

und diese beiden Zahlen werden als Näherungen für zwei der Eigenwerte λ_1 und λ_2 angesehen. Wie genau das ist, kann hier nicht weiter untersucht werden.

Beispiel 12

Zu folgender Randwertaufgabe ist ein geeignetes Variationsproblem zu bestimmen, um das Ritzverfahren anwenden zu können:

$$2(x+2)y^{iv} + 4y''' + 2xy'' + 2y' + 2xy = x$$

$$y'''(-1) = 2;\ y''(-1)-y(-1) = 0;\ 3y'(1)-y(1) = 2;\ y'''(1) = 0.$$

Lösung:

1. Die Differentialgleichung in selbstadjungierte Form bringen

Selbstadjungierte Form einer Differentialgleichung 4.Ordnung ist

$$(p_2y'')'' - (p_1y')' + p_0y = r,$$

die nach Differenzieren der Klammern ergibt

$$p_2y^{iv} + 2p_2'y''' + p_2''y'' - p_1y'' - p_1'y' + p_0y = r.$$

Man vergleiche diese mit der gegebenen Differentialgleichung und versuche, die Faktoren von y^{iv} in Übereinstimmung zu bringen:

$$p_2(x) = 2(x+2)$$

dann wähle man weiter

$$p_1(x) = -2x \quad \text{und} \quad p_0(x) = 2x \text{ sowie } r(x) = x.$$

Man stellt fest, daß dann in der Tat die gegebene Differentialgleichung herauskommt, also ist

$$(2(x+2)y'')'' + (2xy')' + 2xy = x$$

selbstadjungierte Form unserer Differentialgleichung.

2. Bestimmung einer Grundfunktion $F(x,u,u',u'')$

Die Eulersche Differentialgleichung eines Variationsproblems zweiter Ordnung mit dieser Grundfunktion lautet

$$(F_{u''})'' - (F_{u'})' + F_u = 0,$$

wobei wir, um den Vergleich mit der selbstadjungierten Form zu erleichtern, für die *totalen* Ableitungen nach x "Strich" statt "d/dx" geschrieben haben.

Der erwähnte Vergleich zeigt, daß man wählen kann

$$F_{u''} = 2(x+2)u''$$

$$F_{u'} = -2xu'$$

$$F_u = 2xu - x \quad \text{(Störfunktion in der Differentialgleichung nach links)}$$

also etwa (einzeln integrieren)

$$F(x,u,u',u'') = (x+2)u''^2 - xu'^2 + xu^2 - xu.$$

3. Bestimmung der Belastungsglieder $G(u(-1),u'(-1)) - H(u(1),u'(1))$

Der Randausdruck R=0 für Variationsprobleme 2.Ordnung lautet bei obiger Grundfunktion, für die

$$F_{u'} = -2xu', \; F_{u''} = 2(x+2)u'' \text{ und daher } \frac{d}{dx} F_{u''} = 2u'' + 2(x+2)u'''$$

ist (siehe (9) im Abschnitt Variationsrechnung):

$$\begin{aligned}
R = \; & [G_{u(-1)} + 2xu' + 2u'' + 2(x+2)u''']|_{x=-1} \cdot \eta(-1) \\
- \; & [H_{u(1)} + 2xu' + 2u'' + 2(x+2)u''']|_{x=1} \cdot \eta(1) \\
+ \; & [G_{u'(-1)} - 2(x+2)u'']|_{x=-1} \cdot \eta'(-1) \\
- \; & [H_{u'(1)} - 2(x+2)u'']|_{x=1} \cdot \eta'(1) \\
= \; & [G_{u(-1)} - 2u'(-1) + 2u''(-1) + 2u'''(-1)] \cdot \eta(-1) \\
- \; & [H_{u(1)} + 2u'(1) + 2u''(1) + 6u'''(1)] \cdot \eta(1) \\
+ \; & [G_{u'(-1)} - 2u''(-1)] \cdot \eta'(-1) \\
- \; & [H_{u'(1)} - 6u''(1)] \cdot \eta'(1).
\end{aligned}$$

Wir können durch die drei restlichen Randbedingungen (in obiger Reihenfolge die erste, zweite und vierte) die höheren Ableitungen durch niedrige ausdrücken (G bzw. H dürfen ja nur von u und u' an den Stellen 1 bzw. -1 abhängen).

Da aufgrund der wesentlichen Randbedingung $3u'(1)-u(1)=2$ für alle Vergleichsfunktionen $\eta(x)$ die zugehörige *homogene* Randbedingung erfüllt sein muß, also $3\eta'(1)-\eta(1) = 0$, erhalten wir, wenn wir hiermit etwa $\eta(1)$ eliminieren (d.h. $\eta(1) = 3\eta'(1)$ einsetzen):

$$\begin{aligned}
= \; & [G_{u(-1)} - 2u'(-1) + 2u(-1) + 4] \cdot \eta(-1) + [G_{u'(-1)} - 2u(-1)] \cdot \eta'(-1) \\
- \; & [3H_{u(1)} + H_{u'(1)} + 6u'(1)] \cdot \eta'(1).
\end{aligned}$$

Nun müssen die Ausdrücke in den nunmehr drei eckigen Klammern verschwinden (weil R=0 *für alle* Vergleichsfunktionen η, die den genannten Bedingungen genügen):

$$G_{u(-1)} = 2u'(-1) - 2u(-1) - 4$$

$$G_{u'(-1)} = 2u(-1)$$

was für

$$G(u(-1),u'(-1)) = 2u(-1)u'(-1) - u^2(-1) - 4u(-1)$$

gilt (Integration). H ist so zu wählen, daß der Faktor von $\eta'(1)$ verschwindet:

$$(*) \quad 3H_{u(1)} + H_{u'(1)} = -6u'(1).$$

Man sucht nur *eine* Funktion H, für die (*) gilt, z.B. ist (*) für

$$H(u(1),u'(1)) = -3u'^2(1)$$

erfüllt (probieren! - weitere Möglichkeiten s.u. (*) ist eine partielle Differentialgleichung für H).

Bemerkung: Weder F noch G noch H sind durch die Randwertaufgabe *eindeutig* bestimmt. Wenn F gewählt wurde, sind G und H noch immer nicht eindeutig:

G ist durch seine beiden partiellen Ableitungen bis auf eine additive Konstante eindeutig bestimmt [analog: f(x,y) aus grad f = (2y-2x-4 , 2x) zu berechnen: f existiert nicht, wenn die Integrabilitätsbedingung nicht erfüllt ist; siehe z.B. *Repetitorium der Ingenieur-Mathematik*, Teil 1].

Für H ist z.B. auch möglich $H = -2u(1)\cdot u'(1) + u^2(1)$ und viele weitere; es ist nur die *eine* Bedingung (*) zu erfüllen.

Beispiel 13

Die folgende Eigenwertaufgabe soll mit dem Ritzverfahren behandelt werden.

$$-(x^2+1)y'' - 2xy' + (x+1)y = \lambda\cdot y,$$
$$2y'(-1) - y(-1) = 0, \quad y(1) = 0.$$

Lösung:

1. Überführung der Differentialgleichung in selbstadjungierte Form

   Man erkennt, daß der Faktor von y' (also -2x) Ableitung des Faktors von y'' ist, daher ist

   $$-((x^2+1)\cdot y')' + ((x+1)-\lambda)\cdot y = 0$$

   selbstadjungierte Form (man mache die Probe durch Ableiten).

2. Berechnung einer Grundfunktion

   Das aufzustellende Variationsproblem ist von erster Ordnung (da die Differentialgleichung die Ordnung 2 hat), seine Grundfunktion ist F(x,u,u'), deren Eulersche Differentialgleichung lautet (wir schreiben ' statt d/dx und "rückwärts"):

   $$-(F_{u'})' + F_u = 0,$$

   diese wird mit obiger selbstadjungierter Form "verglichen". Beide sind gleich, wenn

   $$F_{u'} = (x^2+1)\cdot u' \quad \text{und} \quad F_u = (x+1-\lambda)\cdot u$$

   gilt. Das gilt (Integration), wenn man F wählt:

   $$F(x,u,u') = \frac{1}{2}(x+1-\lambda)\cdot u^2 + \frac{1}{2}(x^2+1)\cdot u'^2.$$

3. Bestimmung der Belastungsglieder

Der Randausdruck für ein Variationsproblem erster Ordnung lautet

$$R = [G_{u(-1)} - F_{u'}]\cdot\eta|_{x=-1} - [H_{u(1)} - F_{u'}]\cdot\eta|_{x=1}$$

$$= [G_{u(-1)} - ((-1)^2+1)u'(-1)]\cdot\eta(-1) - [H_{u(1)} - (1^2+1)u'(1)]\cdot\eta(1)$$

$$= [G_{u(-1)} - 2u'(-1)]\cdot\eta(-1) - (H_{u(1)} - 2u'(1)]\cdot\eta(1),$$

mit den gegebenen Randbedingungen weiter

$$= [G_{u(-1)} - u(-1)]\cdot\eta(-1) - [H_{u(1)} - 2u'(1)]\cdot\eta(1) = 0.$$

Aufgrund der wesentlichen Randbedingung $y(1)=0$ ist $\eta(1)=0$, so daß nur noch der Faktor von $\eta(-1)$ Null ist, da $\eta(-1)$ beliebige Werte annehmen darf.

Also ist $H = 0$ und G aus

$$G_{u(-1)} = u(-1)$$

zu berechnen. Man bekommt also etwa

$$G(u(-1)) = \frac{1}{2}\cdot u^2(-1) \quad \text{und} \quad H = 0.$$

Das Variationsproblem lautet daher

$$I[u] = \frac{1}{2}\cdot\int_{-1}^{1}[(x+1-\lambda)\cdot u^2 + (x^2+1)\cdot u'^2]dx + \frac{1}{2}\cdot u^2(-1), \quad u(1)=0.$$

4. Der Ansatz muß die Randbedingung $u(1)=0$ erfüllen.

Wir wählen folgenden zweiparametrigen Ansatz

$$w(x;a,b) = a(x-1) + b(x^2-1),$$

alle diese Funktionen (kurz: "der Ansatz") erfüllen (für alle a,b) die geforderte Bedingung $w(1)=0$.

5. Einsetzen des Ansatzes in das Variationsproblem

Es ergibt sich (wenn man mit Λ die sich ergebende Näherung für λ bezeichnet)

$$I[w] = f(a,b) = \frac{1}{2}\cdot\int_{-1}^{1}[(x+1-\Lambda)w^2 + (x^2+1)w'^2]dx + \frac{1}{2}w^2(-1), \quad u(1)=0.$$

Hieraus gewinnt man die beiden Gleichungen

$$f_a = 0 \quad \text{und} \quad f_b = 0.$$

Die Rechnung lassen wir fort, es ergibt sich aus diesen beiden das homogene Gleichungssystem

$$(30 - 10\Lambda)a + (4 - 5\Lambda)b = 0$$

$$(4 - 5\Lambda)a + (20 - 4\Lambda)b = 0$$

zur Bestimmung von Näherungen Λ. Dieses Gleichungssystem hat nichttriviale Lösungen a, b genau dann wenn seine Koeffizienten-Determinante gleich 0 ist. Das ergibt folgende Gleichung

$$15\Lambda^2 - 280\Lambda + 584 = 0,$$

ihre zwei Lösungen sind

$$\Lambda_1 = 2.392, \quad \Lambda_2 = 16.274.$$

Diese zwei Zahlen werden als Näherungen für zwei Eigenwerte betrachtet.

Die Matrizen-Eigenwertaufgabe hat zum ersten Eigenwert 2.392 den Eigenvektor $(-1,-0.763)^T$ (der nur bis auf Vielfache eindeutig ist). Daher ist dann

$$w(x) = -(x-1) - 0.763\cdot(x^2-1)$$

Näherung für eine zugehörige Eigenfunktion. Folgendes Bild zeigt diese Funktion.

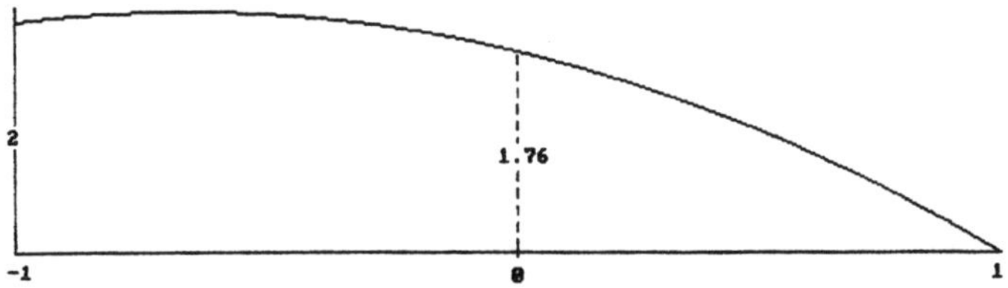

Wir geben noch die Werte an, die sich bei Verwendung der Ansatzfunktionen

x^2+x-2, x^3-2x+1, x^4+x-2 (genügen allen Randbedingungen)

und Anwendung des Galerkin-Verfahrens ergeben:

Ein zweiparametriger Ansatz ergibt $\lambda_1 \approx 2.27$, ein dreiparametriger $\lambda_1 \approx 2.07$.

Die Rayleigh-Quotienten für diese drei Funktionen lauten (gerundet) 2.42, 2.84 und 3.84. Da die Eigenwertaufgabe volldefinit ist, sind sie obere Schranken (und Näherungen) für den kleinsten Eigenwert.

3. Die Methode der Finiten Elemente (FEM) für gewöhnliche Randwertaufgaben

(Eindimensionale FEM-Methode)

Hierunter versteht man das Verfahren von Ritz, wobei man als Ansatzfunktionen (statt z.B. Polynomen) Splinefunktionen nimmt. Wir zeigen das am Beispiel von Splinefunktionen ersten Grades. Es sei

(Z) $a = x_0 < x_1 < x_2 < \ldots < x_{n-1} < x_n = b$ eine Zerlegung von [a,b].

Unter einer zu dieser Zerlegung gehörigen *Splinefunktion ersten Grades* versteht man eine auf [a,b] stetige Funktion s, die in jedem der Teilintervalle von Z linear ist (auch Polygonzug genannt; typisches Bild siehe unten). Die Punkte aus Z heißen ihre *Knoten*. Es sei v_i diejenige Splinefunktion zu Z, die für x_i den Wert 1, die anderen Knoten den Wert 0 hat:

$$v_i(x) = \begin{cases} (x-x_{i-1})/(x_i-x_{i-1}) & \text{für } x_{i-1} \le x \le x_i \\ (x-x_{i+1})/(x_i-x_{i+1}) & \text{für } x_i \le x \le x_{i+1} \\ 0 & \text{sonst} \end{cases}$$

Dann läßt sich jede Splinefunktion s mit Knoten Z eindeutig darstellen in der Form

(1) $s(x) = a_0v_0(x) + a_1v_1(x) + a_2v_2(x) + \ldots + a_nv_n(x)$,

und es gilt $s(x_i) = a_i$.

Wir erläutern das Verfahren der Finiten Elemente am Beispiel einer linearen Differentialgleichung 2.Ordnung mit wesentlichen homogenen Randbedingungen (durch Homogenisierung kann man stets homogene Randbedingungen erreichen). Die Differentialgleichung wird in selbstadjungierte Form gebracht

(*) $-(p(x)\cdot y')' + q(x)\cdot y = r(x), \quad y(a) = y(b) = 0.$

Zugehöriges Variationsproblem ist daher (wir lassen einen Faktor 1/2 fort)

$$I[u] = \int_a^b [p(x)\cdot u'^2 + q(x)\cdot u^2 - 2r(x)\cdot u]\,dx \Rightarrow \text{Extr.}, \quad u(a) = u(b) = 0.$$

Nun setzt man den Ritzansatz (1) hier ein. Da er die Randbedingungen s(a)=s(b)=0 erfüllen muß, ist $a_0=a_n=0$. Dann ist

$$\frac{\partial}{\partial a_i} I[s] = 0 \quad (i=1,\ldots,n-1)$$

zu setzen. Daraus sind die a_i in (1) zu berechnen. Man erhält für sie ein lineares Gleichungssystem

$$C\vec{a} = \vec{b}, \quad \vec{a}=(a_1,\ldots,a_{n-1})^T,$$

wobei C und die rechte Seite nun berechnet werden: $c_{ik}=0$, wenn $|i-k| \ge 2$ (Tridiagonalmatrix) und

$$c_{ik} = c_{ki} = \int_a^b [p(x)\cdot v_i'(x)\cdot v_k'(x) + q(x)\cdot v_i(x)\cdot v_k(x)]\,dx$$

$$b_i = \int_a^b [r(x)\cdot v_i(x)]\,dx$$

Bemerkungen:

1. Die (n-1)-reihig-quadratische Matrix C ist symmetrische Tridiagonalmatrix (kann daher mit den entsprechenden Algorithmen gelöst werden) und positiv definit (das Verfahren von Cholesky ist

auch anwendbar).

2. Da die Integranden höchstens in zwei benachbarten Teilintervallen der Zerlegung Z von Null verschieden sind, zerfallen sie in ein oder zwei Teilintegrale.
3. Man beachte die Bedeutung von p, q und r in der Differentialgleichung (*) (Vorzeichen bei p).

<u>Beispiel 14</u>

Die Randwertaufgabe

$(x+2)\cdot y'' + y' + y = 1,\ y(0)=0,\ y(1)=1$

soll mit der Methode der Finiten Elemente behandelt werden. Dabei soll das Intervall [0,1] in 10 äquidistante Teilintervalle zerlegt werden.

Lösung:

Da die Randbedingungen (sie sind wesentlich) nicht homogen sind, werden sie homogenisiert: Das Polynom $\mu(x):=x$ genügt den Randbedingungen. Ist y Lösung der Randwertaufgabe, so sei $u(x):=y(x)-x$. Dann gilt $u(0)=0$, $u(1)=1$ und $(x+2)\cdot u'' + (u'+1) + (u+x) = 1$, so daß u Lösung folgender Rand wertaufgabe (mit nunmehr homogenen Randbedingungen) ist

(*) $(x+2)\cdot u'' + u' + u = -x,\ u(0)=0,\ u(1)=0.$

Selbstadjungierte Form ist (wir multiplizieren noch mit -1)

$-((x+2)\cdot u')' - u = x,\ u(0)=u(1)=0.$

Zugehöriges Variationsproblem ist (man benötigt es zur Anwendung der Formeln nicht)

$$\int_0^1 [(x+2)\cdot u'^2 - u^2 - 2x\cdot u]\,dx \Rightarrow \text{Min},\ u(0)=u(1)=0.$$

Berechnung des linearen Gleichungssystems

Es ist $p(x)=(x+2)$, $q(x)=-1$, $r(x)=-x$.

Wir berechnen als Muster die Koeffizienten c_{45} und c_{44} sowie b_4 der rechten Seite.

Darin kommen die Splinefunktionen v_4 und v_5 vor, sie lauten

$$v_4(x) = \begin{cases} 10x-3 & \text{für } 0.3\le x\le 0.4 \\ -10x+5 & \text{für } 0.4\le x\le 0.5 \end{cases},\quad v_5(x) = \begin{cases} 10x-4 & \text{für } 0.4\le x\le 0.5 \\ -10x+6 & \text{für } 0.5\le x\le 0.6 \end{cases}$$

Außerhalb der genannten Intervalle sind sie jeweils 0.

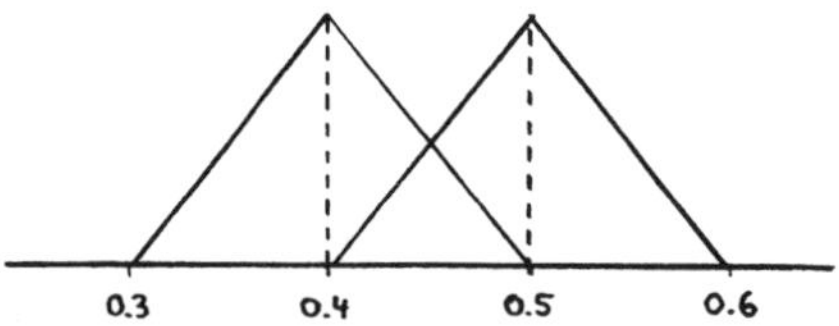

Daher bekommt man nach obigen Formeln

$$c_{45} = \int_0^1 [(x+2)\cdot v_4'\cdot v_5' - v_4\cdot v_5]\,dx.$$

Außerhalb des Intervalls [4/10,5/10] sind die zwei Produkte 0 (siehe das Bild), so daß nur über dieses Intervall zu integrieren ist. Daher ergibt sich weiter mit obigen v

$$c_{45} = \int_{0.4}^{0.5} [(x+2)\cdot(-10)\cdot(10)-(-10x+5)\cdot(10x-4)]dx = \ldots = -\frac{7355}{300} = -24.51666667.$$

Für das Diagonalelement bekommt man

$$c_{44} = \int_{0}^{1} [(x+2)\cdot v_4'^2 - v_4^2]\,dx.$$

Die beiden Quadrate sind außerhalb [3/10,5/10] Null und in beiden Teilintervallen nach verschiedenen Formeln definiert, daher folgt weiter

$$c_{44} = \int_{0.3}^{0.4} [(x+2)\cdot 10^2-(10x-3)^2]dx + \int_{0.4}^{0.5} [(x+2)\cdot(-10)^2-(-10x+5)^2]dx = \frac{1438}{30} = 47.933333$$

$$b_4 = \int_{0}^{1} x\cdot v_4 dx = \int_{0.3}^{0.4} x\cdot(10x-3)dx + \int_{0.4}^{0.5} x\cdot(-10x+5)dx = \frac{-24}{300} + \frac{24}{200} = 0.04.$$

Die c_{ik} mit $|i-k|>1$ sind 0: Die Koeffizientenmatrix ist tridiagonal (man sieht das den Formeln unmittelbar an aufgrund der Produkte der v).

Alle folgenden Werte und das Bild wurden mit den entsprechenden Programmen aus *"Turbo-Pascal-Quelltexte zur Ingenieur-Mathematik"* berechnet bzw. gezeichnet.

Insgesamt lauten die Diagonale, Sub- und Superdiagonale (gleich) sowie rechte Seite des entstehenden linearen 9×9-Gleichungssystems

41.9333	43.9333	45.9333	*47.9333*	49.9333	51.9333	53.9333	55.9333	57.9333
-21.5167	-22.5167	-23.5167	*-24.5167*	-25.5167	-26.5167	-27.5167	-28.5167	
0.01	0.02	0.03	*0.04*	0.05	0.06	0.07	0.08	0.09

Die drei kursiv gedruckten Zahlen wurden oben als Muster berechnet.

Lösung des Gleichungssystems, also Koeffizienten der Splinefunktion s(x), die gleichzeitig die Werte der Näherung in den Knoten 1/10, 2/10,..., 9/10 sind

0.00761 0.01437 0.01988 0.02380 0.02582 0.02571 0.02324 0.01823 0.01053

Die Näherung für y(x) ergibt sich daher als s(x)+x: Wertetabelle a) [die unteren Zeilen b) und c) werden unten erklärt]:

a)	0.10761	0.21437	0.31988	0.42380	0.52582	0.62571	0.72324	0.81823	0.91053
b)	0.10761	0.21437	0.31988	0.42379	0.52582	0.62571	0.72324	0.81823	0.91053
c)	0.10761	0.21439	0.31986	0.42382	0.52580	0.62572	0.72323	0.81822	0.91056

Zu Vergleichszwecken geben wir das Ergebnis bei Anwendung des Ritz-Verfahrens auf die Randwertaufgabe (*) an mit dem 4-parametrigen Ansatz (genügt beiden Randbedingungen)

$$y(x) \approx w(x) = x + a_1\cdot x\cdot(x-1) + a_2\cdot x^2\cdot(x-1) + a_3\cdot x^3\cdot(x-1) + a_4\cdot x^4\cdot(x-1)$$

Die 4 Parameter ergeben sich zu −0.078930, −0.058670, 0.022040, −0.004229.

Eine Wertetabelle für diese Näherung w(x) für x=1/10, 2/10,..., 9/10 steht zum besseren Vergleich oben als b) unter den Koeffizienten der Splinefunktion; die Übereinstimmung ist beeindruckend.

Die Zeile c) oben enthält eine Wertetabelle der Funktion w(x) für den Ansatz

$$w(x) = x + a_1 \sin(\pi x) + a_2 \sin(2\pi x) + \ldots + a_8 \sin(8\pi x)$$

für das Ritz-Verfahren (genügt beiden Randbedingungen). Man bekommt für die 8 Koeffizienten
0.02651055 -0.00194171 0.00082041 -0.00025282 0.00017384 -0.00007597 0.00006297 -0.00003490
Das Bild zeigt die berechnete Splinefunktion s(x), die Näherung für u(x) (nicht y(x)) ist.

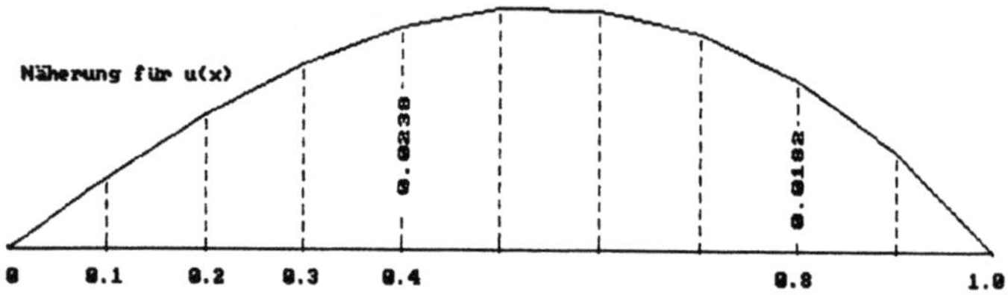

Rand- und Eigenwertaufgaben

Besondere Tips und Hinweise

Prozeduren und Programme zu allen Verfahren stehen in *"Turbo-Pascal-Quelltexte zur Ingenieur-Mathematik"*.

Gegeben ist eine Randwertaufgabe mit Randbedingungen bei a und b.

1. Schießverfahren

   Man löst eine Anfangswertaufgabe und versucht, die Anfangsbedingungen so zu bestimmen, daß die "richtigen" Randwerte im anderen Punkt des Intervalls "getroffen" werden.

2. Das Differenzenverfahren

   Man berechnet Näherungen y_i für die Lösung y an bestimmten Stellen x_i.

   Es wird eine Schrittweite h vorgegeben und es sei

   $$x_0 = a, \quad x_1 = x_0 + h, \quad x_2 = x_0 + 2h, \quad x_3 = x_0 + 3h, \quad \ldots .$$

   Bei a ist die linke, bei b die rechte Randbedingung gegeben.

   Das Verfahren:

   1. Man ersetzt in der Differentialgleichung x durch x_i und y durch y_i sowie die Ableitungen durch entsprechende Differenzenquotienten. Dadurch bekommt man eine *Differenzen*-Gleichung.
   2. Zusammen mit den Randbedingungen, in denen ggf. die Ableitungen ebenfalls durch Differenzenquotienten zu ersetzen sind, bekommt man dann ein Gleichungssystem für die y_i aus ebensovielen Gleichungen wie "Unbekannten" y_i.

      Ist das Problem linear (Differentialgleichung und Randbedingungen), so ist auch das Gleichungssystem linear. Wenn es sich um eine Eigenwertaufgabe handelt, ist es homogen und enthält in seiner Koeffizientenmatrix als Parameter den Eigenwert λ.

      ♥ Besonderer Tip: Beim Ausrechnen gleich sortieren nach den $y(x_i)$.
   3. Man löse das Gleichungssystem.

      Dabei kann man die im Abschnitt über lineare Gleichungssysteme behandelten Verfahren verwenden. Im Falle einer Eigenwertaufgabe hat das Gleichungssystem nicht-triviale Lösungen genau dann, wenn seine Koeffizientendeterminante 0 ist. Hieraus bekommt man Näherungen Λ für die Eigenwerte λ der Eigenwertaufgabe. Man kann (und sollte) natürlich auch die im Kapitel über (Matrizen-) Eigenwertaufgaben besprochenen Verfahren zur Eigenwertberechnung verwenden.

3. Verfahren, die den Defekt benutzen

   Berechnet wird eine Näherung für die Lösung.

   ♥ Besonderer Tip: Es treten bestimmte Integrale und lineare Gleichungssysteme auf; beide kann (und sollte) man *numerisch* mit den behandelten Verfahren berechnen.

   1. Man bestimme eine Schar von Funktionen mit k Parametern: *Alle* Funktionen (d.h. für *alle* Parameter) sollen *allen* Randbedingungen genügen.
   2. Man setze diese Schar w in die Differentialgleichung ein (vorher ggf. die rechte Seite der

Differentialgleichung nach links bringen). Das ergibt den Defekt D.

♥ Besonderer Tip: Beim Einsetzen in die Differentialgleichung gleich nach Koeffizienten der a_i sortieren, das erspart Schreibarbeit.

3. Ab hier unterscheiden sich die Verfahren:

a) Kollokationsverfahren

Man setzt den Defekt D an den k Kollokationsstellen gleich Null.

b) Galerkin-Verfahren

Der Defekt D soll orthogonal zu den k Ansatzfunktionen sein.

♥ Besonderer Tip: Integrale ungerader Funktionen, z.B. x^n für ungerades n, über symmetrische Intervalle [-a,a] sind 0.

♥ Besonderer Tip: Integrale von sin ax und cos ax über ein Intervall der Länge $2\pi/a$ (= Periode) sind 0.

c) Fehler-Quadrat-Verfahren

Das Integral über D^2 soll minimal werden (mittleres Fehlerquadrat).

♥ Besonderer Tip: Integrale ungerader Funktionen, z.B. x^n für ungerades n, über symmetrische Intervalle [-a,a] sind 0.

♥ Besonderer Tip: Integrale von sin ax und cos ax über ein Intervall der Länge $2\pi/a$ (= Periode) sind 0.

4. In allen Fällen ergibt sich ein lineares Gleichungssystem für die Parameter a_i.

1) Randwertaufgabe (keine Eigenwertaufgabe):

Man löse dieses Gleichungssystem und setze die Lösung in den Ansatz w ein: Näherung.

2) Eigenwertaufgabe:

Man berechne Eigenwerte und ggf. Eigenvektoren dieser Matrizen-Eigenwertaufgabe. Erstere sind Näherungen für die der gegebenen Aufgabe, letztere in w: Näherung einer Eigenfunktion.

Folgende Übersicht soll das Auffinden der entsprechenden Beispiele erleichtern. Dabei bedeuten
kursive Nummern: Ausführlich durchgerechnetes Beispiel,
andere Nummern: Vergleich mit anderen Verfahren (meist viele Parameter, nur mit Computer-Rechnung).
In ein und derselben Spalte stehende Nummern bedeuten dasselbe Beispiel. So wird z.B. die Randwert-Aufgabe 20 auch in 21, 22 und 23 bearbeitet, in 23 mit mehr Parametern zum Vergleich.

Randwertaufgaben:

Galerkin-Verfahren	*19*	*20*/23	*24*/27	*29*/31	*32*				
Kollokationsverfahren	19	*22*/23	*26*/27	*28*/31	*32*				
Fehler-Quadrat-Verfahren	19	*21*/23	*25*/27	*30*/31	*32*				
Differenzen-Verfahren	19	23	27	31	*32*	*14*	*15/17*		
Finite-El.-Verfahren *)				31	*32*				
Ritz-Verfahren *)	19				*32*				
Schieß-Verfahren	19			31	*32*			*12*	*13*

Eigenwertaufgaben:

Galerkin-Verfahren	18	*34*	*36*	*38*	
Kollokationsverfahren	18	*33*	36	38	
Differenzen-Verfahren	*18*		36	38	
Finite-El.-Verfahren *)	18		36	38	
Ritz-Verfahren *)			36	38	
Rayleigh-Quotienten		*35*	36	38/7	*37*
Vergleichssatz (Absch.)		*8*			

*) Weitere Beispiele stehen im Abschnitt über das Ritz-Verfahren.

Zur Klärung sollen vorweg die Begriffe "Randwertaufgabe" und "Eigenwertaufgabe" erläutert werden:

Randwertaufgaben

Randwertaufgaben sind Probleme, bei denen diejenige(n) Lösung(en) der Differentialgleichung zu berechnen ist, für die Funktionswerte oder Ableitungswerte *an zwei Stellen* gegeben sind (oder auch Gleichungen zwischen diesen).

Beispiel 1

Die Randwertaufgabe $y'' + 4y = 0,\ y(0) = 0,\ y(\pi/4) = 1$ ist zu lösen.

Die allgemeine Lösung der Differentialgleichung lautet

$$y = c_1 \sin 2x + c_2 \cos 2x,$$

wobei die c beliebige Konstanten sind. Aus den beiden Randbedingungen folgt das Gleichungssystem

$$y(0) = c_2 = 0, \quad y(\pi/4) = c_1 = 1.$$

Damit hat die Randwertaufgabe die einzige Lösung $y = \sin 2x$.

Beispiel 2

Die Randwertaufgabe $y'' + 4y = 0,\ y(0) = 0,\ y(\pi) = 1$ hat keine Lösung, denn jede Lösung der Differentialgleichung hat die Periode π (siehe voriges Beispiel).

Beispiel 3

Die Randwertaufgabe $y'' + 4y = 0,\ y(0) = 0,\ y(2\pi) = 0$ hat unendlich viele Lösungen $y = c \cdot \sin 2x$, wobei c eine beliebige reelle Zahl sein darf.

Eigenwertaufgaben

Eine Eigenwertaufgabe besteht aus einer *linearen homogenen* Differentialgleichung und *linearen homogenen* Randbedingungen (sie wird daher als *vollhomogen* bezeichnet); sie ist also ebenfalls eine Randwertaufgabe. Dabei kommt in der Differentialgleichung oder den Randbedingungen (oder beiden) ein Parameter, der in der Mathematik meist mit λ bezeichnet wird, vor. Die Nullfunktion ist stets Lösung (triviale Lösung).

Das Problem lautet:

Für welche Werte von λ gibt es nicht-triviale Lösungen und wie lauten diese dann?

Diese Zahlen λ heißen die *Eigenwerte*, die zugehörigen nicht-trivialen Lösungen die *Eigenfunktionen* der Eigenwertaufgabe. Zu jedem Eigenwert gibt es unendlich viele Eigenfunktionen, da mit y auch jedes Vielfache c·y Lösung einer vollhomogenen Randwertaufgabe ist.

Beispiel 4

Gegeben ist die Eigenwertaufgabe

$$-y'' = \lambda y \ , \quad y(0) = y(\pi) = 0 .$$

Man sieht, daß es sich um eine vollhomogene Randwertaufgabe handelt und daß $y=0$ (eine) Lösung ist. Wir berechnen die allgemeine Lösung dieser Differentialgleichung:

Das charakteristische Polynom ist $r^2 + \lambda$ und es hat, wenn $\lambda>0$ ist, die beiden Nullstellen $r = i\cdot\sqrt{\lambda}$ und $r = -i\cdot\sqrt{\lambda}$ und daher bilden die beiden Funktionen $\sin\sqrt{\lambda}x$, $\cos\sqrt{\lambda}x$ eine Integralbasis, folglich lautet die allgemeine Lösung der Differentialgleichung

$$y = c_1 \sin\sqrt{\lambda}x + c_2 \cos\sqrt{\lambda}x$$

(die Differentialgleichung ist homogen, eine spezielle Lösung y_{sp} der "inhomogenen" Differentialgleichung ist 0, entfällt also sozusagen).

Die beiden Randbedinungen liefern

$$y(0) = c_2 = 0$$

$$y(\pi) = c_1 \sin\sqrt{\lambda}\pi + c_2 \cos\sqrt{\lambda}\pi = 0$$

also folgt

$$c_1 \cdot \sin\sqrt{\lambda}\pi = 0 .$$

Hieraus folgt $c_1 = 0$ oder $\sin\sqrt{\lambda}\pi = 0$. Ersteres liefert $y=0$, die triviale Lösung, da dann $c_1=c_2=0$. Gefragt ist aber nach nicht-trivialen Lösungen.

Bleibt also die zweite Gleichung

$$\sin\sqrt{\lambda}\pi = 0 .$$

Aus ihr folgt $\sqrt{\lambda}\pi = k\pi$ (k ganze Zahl), also da $\lambda > 0$

$$\lambda = k^2 , \ k = 1,2,3,\ldots \ (\lambda>0) .$$

Dieses sind die positiven Eigenwerte. Die Eigenfunktionen zum Eigenwert k^2 sind

$$y = c\cdot\sin kx \ , \quad c\in\mathbb{R}, \ c\neq 0$$

(diesen Wert für λ sowie $c_1=0$, $c_2=c$ (beliebig) in die allgemeine Lösung einsetzen).

1. Vorbemerkungen zu Eigenwertaufgaben

Im folgenden sei die Eigenwertaufgabe

(*) $L(y) = \lambda \cdot M(y)$, lineare Randbedingungen bei a und b höchstens (n-1)-ter Ordnung gegeben. Dabei sind L und M *lineare Differentialoperatoren* der Ordnung n bzw. m (<n):

$$L(y) = a_n(x) \cdot y^{(n)} + a_{n-1}(x) \cdot y^{(n-1)} + \ldots + a_2(x) \cdot y'' + a_1(x) \cdot y' + a_0(x) \cdot y,$$

M entsprechend. Besondere Bedeutung, sowohl im Hinblick auf die Theorie als auch die Anwendungen haben Eigenwertaufgaben mit *selbstadjungierten Differentialoperatoren:* Der Differentialoperator L heißt selbstadjungiert, wenn er folgende Form hat

$$L(y) = (-1)^k (p_k(x) \cdot y^{(k)})^{(k)} + (p_{k-1}(x) \cdot y^{(k-1)})^{(k-1)} -+ \ldots - (p_1(x) \cdot y')' + p_0(x) \cdot y.$$

Die Ordnung ist demnach stets gerade $n=2 \cdot k$. Insbesondere n=2-ter Ordnung $L(y) = -(p(x) \cdot y')' + q(x) \cdot y$.

Ein Aspekt sowohl der Theorie als auch der Anwendungen ist der Zusammenhang mit Variationsproblemen: Die Eulersche Differentialgleichung eines quadratischen Variationsproblems hat diese Form (siehe die Kapitel über Variationsrechnung und das Ritz-Verfahren).

Für lineare Differentalgleichungen 2. Ordnung kann man durch Multiplikation mit einer geeigneten Funktion μ erreichen, daß der entsprechende Differentialoperator selbstadjungierte Form bekommt. Siehe beim Ritz-Verfahren Beispiele 1 bis 3 und nachfolgenden Text.

Im folgenden bezeichne Z die Menge aller *Vergleichsfunktionen*, das ist die Menge aller Funktionen, die n=2k-mal differenzierbar sind und allen Randbedingungen genügen.

Der Eigenwertaufgabe (*) sind zugeordnet die zwei "Produkte"

$$\langle u,v \rangle := \int_a^b u \cdot L(v)\, dx, \quad u,v \in Z$$

$$(u,v) := \int_a^b u \cdot M(v)\, dx, \quad u,v \in Z$$

Nebenbemerkung: Diese beiden weisen viele Parallelen zu Matrizeneigenwertaufgaben $A\vec{x}=\lambda\vec{x}$ auf:

Die beiden Ausdrücke $\vec{x}^T A\vec{x}$ bzw. $\vec{x}^T \cdot \vec{x}$ spielen dort eine ähnliche Rolle wie hier $\langle u,u \rangle$ und (u,u).

Die *Eigenwertaufgabe* (*) heißt *selbstadjungiert*, wenn $\langle .,. \rangle$ und $(.,.)$ symmetrisch sind, d.h., wenn $\langle u,v \rangle = \langle v,u \rangle$ und $(u,v)=(v,u)$ für alle $u,v \in Z$.

Die Eigenwertaufgabe (*) heißt *volldefinit*, wenn für alle $u \in Z$ gilt

$\langle u,u \rangle \geq 0$ mit $\langle u,u \rangle = 0 \Leftrightarrow u=0$ und

$(u,u) \geq 0$ mit $(u,u) = 0 \Leftrightarrow u=0$.

Ist die Eigenwertaufgabe (*) selbstadjungiert und volldefinit, so heißt die Abbildung R mit $R(u) := \langle u,u \rangle / (u,u)$ für alle $u \in Z$, $u \neq 0$ *Rayleigh-Quotient* der Eigenwertaufgabe.

Beispiel 5

Folgende Eigenwertaufgabe ist selbstadjungiert.

$-(p(x)\cdot y')' = \lambda\cdot r(x)\cdot y,\ a_1\cdot y(a)+a_2\cdot y'(a) = 0,\ b_1\cdot y(b)+b_2\cdot y'(b) = 0$

$(a_1,a_2)\neq(0,0),\ (b_1,b_2)\neq(0,0).$

Hier ist Z die Menge aller auf [a,b] definierten, 2-mal differenzierbaren Funktionen, die den beiden Randbedingungen genügen.

Wir berechnen ⟨u,v⟩ und (u,v) (wir lassen das Argument x fort).

Dabei wird partielle Integration benutzt: $\int\varphi\psi'dx = \varphi\psi-\int\varphi'\psi\,dx$, im folgenden für $\varphi=v$ und $\psi=-p\cdot v'$

$$(1)\qquad \langle u,v\rangle = \int_a^b u\cdot[-(p\cdot v')']dx = -u\cdot p\cdot v'\Big|_a^b + \int_a^b p\cdot u'v'dx.$$

Der integrierte Summand lautet

$R_1 := -p(b)\cdot u(b)\cdot v'(b) + p(a)\cdot u(a)\cdot v'(a).$

Daher ergibt sich ⟨v,u⟩ durch Vertauschen:

$$(2)\qquad \langle v,u\rangle = \int_a^b v\cdot[-(p\cdot u')']dx = -v\cdot p\cdot u'\Big|_a^b + \int_a^b p\cdot v'u'dx.$$

Der integrierte Summand lautet hier

$R_2 := -p(b)\cdot v(b)\cdot u'(b) + p(a)\cdot v(a)\cdot u'(a).$

Die Eigenwertaufgabe ist selbstadjungiert, wenn (1) und (2) für alle Vergleichsfunktionen u, v gleich sind. Da die Integrale gleich sind, sind diese Ausdrücke gleich, wenn die integrierten Summanden gleich sind: $R_1=R_2$, also wenn R=0 für

$R := -p(b)\cdot u(b)\cdot v'(b) + p(a)\cdot u(a)\cdot v'(a) + p(b)\cdot v(b)\cdot u'(b) - p(a)\cdot v(a)\cdot u'(a).$

Lauten die Randbedingungen etwa y(a)=0, y'(b)=0, so folgt wegen u(a)=v(a)=0, u'(b)=v'(b)=0 (da aus Z): R=0.

Gilt in den Randbedingungen etwa $a_2\neq0$, $b_1\neq0$, so lauten sie (mit geeigneten c und d) $y'(a)=c\cdot y(b)$, $y(b)=d\cdot y'(b)$, da gleiches für u und v gilt, folgt nach Einsetzen in R

$R := -p(b)\cdot d\cdot u'(b)\cdot v'(b)+p(a)\cdot u(a)\cdot c\cdot v(a)+p(b)\cdot d\cdot v'(b)\cdot u'(b)-p(a)\cdot v(a)\cdot c\cdot u(a)$

also R=0. Alle weiteren Kombinationen ergeben R=0.

Für (u,v) sieht man die Symmetrie sofort, unabhängig von Randbedingungen:

$$(u,v) = \int_a^b u\cdot r\cdot v\,dx = (v,u).$$

Bei jeder dieser Randbedingungen ist die Eigenwertaufgabe selbstadjungiert.

Wir bemerken noch, daß auch für periodische Randbedingungen y(a)=y(b), y'(a)=y'(b) die Aufgabe selbstadjungiert ist, wenn p(a)=p(b) gilt; auch hier ist R=0.

Beispiel 6

Man zeige, daß die Eigenwertaufgabe aus Beispiel 5 volldefinit ist, wenn p und r in [a,b] stetig sind und dort p(x)>0 und r(x)>0 und $a_1 \cdot a_2 \le 0$ und $b_1 \cdot b_2 \ge 0$.

Lösung:

Nach dem genannten Beispiel ist

$$\langle u,u\rangle = -p(b)\cdot u(b)\cdot u'(b) + p(a)\cdot u(a)\cdot u'(a) + \int_a^b p\cdot u'^2 dx$$

Wenn p(x)>0 in [a,b] und $u(b)\cdot u'(b) \le 0$ und $u(a)\cdot u'(a) \ge 0$, so ist $\langle u,u\rangle \ge 0$. Ist in obiger Randbedingung z.B. $a_2=0$ und $b_1=0$, so sind die beiden ersten Summanden 0. Dann bleibt nur das Integral. Dieses ist 0, *nur* wenn u'=0 ist (pu' ist stetig). Dann ist u konstant. Da u(a)=0, ist auch u=0.

Ist z.B. $a_1 \cdot a_2 < 0$ und $b_1 \cdot b_2 > 0$, so folgt aus den beiden Randbedingungen $u'(a)=c\cdot u(a)$ (c<0), $u'(b)=d\cdot u(b)$ (d>0); setzt man das ein, so erhält man

$$\langle u,u\rangle = -p(b)\cdot c\cdot u^2(b) + p(a)\cdot d\cdot u^2(a) + \int_b^b p\cdot u' dx.$$

Alle drei Summanden sind ≥ 0. Sie sind 0 genau dann, wenn u'=0 und u(a)=u(b)=0, woraus u=0 folgt. Damit ist gezeigt, daß unter unseren Voraussetzungen ⟨u,u⟩=0 *nur* dann, wenn u=0.

Ferner ist unmittelbar zu sehen, daß wegen q(x)>0 auch (u,u)=0 gilt genau dann, wenn u=0.

Damit ist die Behauptung bewiesen.

Beispiel 7

Folgende Eigenwertaufgabe sei gegeben

$$-(1+\sin(\pi x))\cdot y'' = \lambda\cdot y,\quad y(0) = y(1) = 0.$$

Man berechne den Rayleigh-Quotienten R(w) für $w(x)=\sin \pi x$ sowie $w(x)=x\cdot(x-1)$.

Lösung:

Die Behandlung des Eulerschen Knickstabs mit nicht konstantem Trägheitsmoment führt auf diese Randwertaufgabe; Näheres siehe Beispiel 38, wo diese Eigenwertaufgabe mit weiteren Methoden behandlet wird.

Um die Differentialgleichung in selbstadjungierte Form zu bringen, dividiere man sie durch $1+\sin\pi x$:

$$-(y')' = \lambda\cdot\frac{1}{1+\sin\pi x}\cdot y$$

Es gilt für $w(x)=\sin \pi x$: $w\in Z$, da w beiden Randbedingungen genügt.

Für w ist der Rayleigh-Quotient

$$R(w) = \frac{\langle w,w\rangle}{(w,w)}$$

wobei

$$\langle u,v\rangle = \int_0^1 u\cdot(-v'')\,dx.$$

Ferner ist

$$(u,v) = \int_0^1 \frac{1}{1+\sin\pi x}\cdot u\cdot v\,dx$$

so daß für $w(x)=\sin\pi x$ gilt

$$\langle w,w\rangle = \int_0^1 (\pi^2\cdot\sin\pi x)\cdot\sin\pi x\,dx = 4.9348$$

$$(w,w) = \int_0^1 \frac{1}{1+\sin\pi x}\cdot(\sin\pi x)^2 dx = 0.2732,$$

$R(w) \approx 18.060.$

Diese Zahl ist obere Schranke für den kleinsten (im mechanischen Beispiel: Zur Knicklast gehörigen) Eigenwert.

Nimmt man $w(x)=x\cdot(x-1)$, auch diese Funktion genügt den Randbedingungen, so bekommt man $\langle w,w\rangle=1/3$ und $(w,w)=0.018375$, so daß sich dann $R(w)\approx 18.140$ ergibt.

Eigenschaften selbstadjungierter volldefiniter Eigenwertaufgaben

1. Die Eigenwertaufabe hat abzählbar unendlich viele Eigenwerte

   $$\lambda_1 \le \lambda_2 \le \lambda_3 \le \dots \to \infty$$

   alle Eigenwerte sind positiv und sie häufen sich im Endlichen nicht (diese Folge der λ ist divergent: es gibt beliebig große Eigenwerte). Dabei können Eigenwerte mehrfach auftreten. Ein Eigenwert λ hat die *Vielfachheit* k, wenn es k linear unabhängige Eigenfunktionen zu ihm gibt. Sind u und v zwei zu verschiedenen Eigenwerten gehörige Eigenfunktionen, so sind sie

   a) linear unabhängig und

   b) orthogonal: $(u,v)=0$ und

   c) verallgemeinert orthogonal: $\langle u,v\rangle=0$.

   Durch geeignete Multiplikation (mit u ist auch $c\cdot u$ Eigenfunktion, $c\neq 0$) kann man erreichen, daß darüber hinaus gilt

   d) $(u,u)=1$ und $\langle u,u\rangle=\lambda$ (u Eigenfunktion zum Eigenwert λ).

2. Ist u Eigenfunktion zum Eigenwert λ, so ist $R(u)=\lambda$.

   Ferner gilt: Ist λ_1 der kleinste Eigenwert, so gilt für alle $u\in Z$, $u\neq 0$: $R(u) \ge \lambda_1$.

   Allgemein ist mit obigen Bezeichnungen

   $$\lambda_k = \min\{R(u)\ /\ u\in Z \text{ und } (u,u_j)=0,\ j=1,\dots,k-1\}$$

   Aus diesem Grunde kann man R(u) als obere Schranke, oft sogar als Näherung für den kleinsten Eigenwert nehmen.

3. Vergleichssatz: Es seien $L(y)=\lambda\cdot M(y)$ und $L(y)=\mu\cdot N(y)$ mit gleichen Randbedingungen bei a und b zwei selbstadjungierte und volldefinite Eigenwertaufgaben.

Gilt für alle Vergleichsfunktionen u

$$(u,u)_M := \int_a^b u\cdot M(u)\,dx \geq \int_a^b u\cdot N(u)\,dx =: (u,u)_N$$

so gilt für die nach 1. geordnete Folge ihrer Eigenwerte $\lambda_i \leq \mu_i$ für i=1,2,....

Das folgt unmittelbar aus 2.

Beispiel 8

Wir vergleichen folgende drei selbstadjungierte volldefinite Eigenwertaufgaben

(1) $-y'' = \lambda\cdot y$

(2) $-y'' = \lambda\cdot(2+\cos x)\cdot y$

(3) $-y'' = \lambda\cdot 3y$

mit der Randbedingung $y(0)=y(\pi)=0$. Die Eigenwerte von (1) bzw. (3) lauten

(1) 1, 4, 9, 16, ...allgemein k^2 (siehe Beispiel 4)

(3) 1/3, 4/3, 9/3, 16/3, ...allgemein $k^2/3$ (aus Beispiel 4: λ durch 3λ ersetzen)

Da $1 \leq 2+\cos x \leq 3$ in $[0,\pi]$, gilt für die drei zugehörigen Produkte (.,.)

$(u,v)_1 \leq (u,v)_2 \leq (u,v)_3$ für alle Vergleichsfunktionen u, v.

Daher gilt für die Eigenwerte λ_i von (2)

$1/3 \leq \lambda_1 \leq 4,\ 4/3 \leq \lambda_2 \leq 4,\ \ldots,\ k^2/3 \leq \lambda_k \leq k^2$ (k=1,2,3,..)

Die Eigenwertaufgabe (2) wird in den Beispielen 33 bis 35 mit verschiedenen Verfahren behandelt. Dort ergeben sich als Näherungen für die drei ersten Eigenwerte 0.45, 2.06, 4.65. Sie genügen den genannten Abschätzungen.

Eine Eigenwertaufgabe der Form

$-(p(x)\cdot y')' + q(x)\cdot y = = \lambda\cdot r(x)\cdot y,\ a_1\cdot y(a)+a_2\cdot y'(a) = 0,\ b_1\cdot y(b)+b_2\cdot y'(b) = 0$

$(a_1,a_2)\neq(0,0),\ (b_1,b_2)\neq(0,0).$

mit $p(x)>0$ und $q(x)>0$ in [a,b] hießt *Sturm-Liouvillesche Eigenwertaufgabe.*

Sie besitzt unendlich viele positive Eigenwerte

$\lambda_1 < \lambda_2 < \lambda_3 < \ldots \to \infty$

und für ihre Eigenfunktionen gilt der

Nullstellensatz: Die Eigenfunktion y_m zum Eigenwert λ_m hat in (a,b) genau m-1 Nullstellen. Die Nullstellen von y_{m+1} (zu λ_{m+1}) liegen zwischen je zwei Nullstellen von y_m.

Beispiel

Die Eigenfunktionen der Eigenwertaufgabe aus Beispiel 4 sind sin kx. Für k=5 hat diese in $(0,\pi)$ genau k-1 Nullstellen; zwischen je zwei Nullstellen von etwa sin 5x liegt genau eine von sin 6x. Man vergleiche auch das Bild zu Beispiel 36, in das die Eigenfunktionen zu den ersten 5 Eigenwertnäherungen einer Sturm-Liouvilleschen Eigenwertaufgabe gezeichnet sind.

2. Teilhomogenisierung einer linearen Randwertaufgabe

Eine *lineare* Randwertaufgabe (Differentialgleichung und Randbedingungen sind linear) kann man *teilhomogenisieren*, d.h. aus ihr eine Randwertaufgabe mit homogenen Randbedingungen oder homogener Differentialgleichung erzeugen.

y sei Lösung der Randwertaufgabe.

Homogenisierung der Randbedingungen [Differentialgleichung]

Man berechne eine (im gegebenen Intervall hinreichend oft differenzierbare) Funktion u, die den Randbedingungen [der Differentialgleichung] genügt. Dann genügt w=y−u den zugehörigen homogenen Randbedingungen [der zugehörigen homogenen Differentialgleichung]. Dabei ändert sich auch nur jeweils die rechte Seite der Differentialgleichung [Randbedingungen].

Beispiel 9

Die folgende Randwertaufgabe soll teilhomogenisiert werden.

$$y^{(3)} - y'' + y' - y = 5e^{2x}, \quad y(0)+2y'(0) = 1, \; y(1) = 2, \; y'(1) = 2.$$

Lösung:

y sei Lösung der Randwertaufgabe (nicht bekannt).

a) Homogenisierung der Randbedingungen

Es ist eine den Randbedingungen genügende Funktion u zu berechnen (z.B. ein Polynom): Die Funktion $u(x)=x^2+1$ genügt den drei Randbedingungen. Dann genügt die Differenz w mit $w(x) = y(x)-(x^2+1)$ den homogenen Randbedingungen:

z.B. $w(0)+2w'(0) = (y(0)-1)+2\cdot(y'(0)+0) = y(0)+2y'(0)-1 = 0$, denn $y(0)+2y'(0)=1$, da y Lösung.

Nun gilt für w die Differentialgleichung

$$w^{(3)} - w'' + w' - w = (y^{(3)}-0) - (y''-2) + (y'-2x) - (y-(x^2+1)) =$$
$$(y^{(3)} - y'' + y' - y) - (0 - 2 + 2x - (x^2+1)) = 5e^{2x} + x^2 - 2x + 3.$$

Nur die Störfunktion der Differentialgleichung ändert sich also. Ist w Lösung dieser Randwertaufgabe, so ist $y=w+(x^2-1)$ Lösung der gegebenen.

b) Homogenisierung der Differentialgleichung

Die Funktion $u(x)=e^{2x}$ ist Lösung der Differentialgleichung. Daher genügt die Differenz $w(x) = y(x) - e^{2x}$ der zugehörigen homogenen Differentialgleichung (man rechne es nach). w genügt folgenden Randbedingungen (*nur* die rechten Seiten ändern sich):

$$w(0)+2w'(0) = (y(0)-e^0) + 2\cdot(y'(0)-2\cdot e^0) = (y(0)+2y'(0)) - 3 = 1-3 = -2,$$
$$w(1) = y(1) - e^2 = 2 - e^2, \quad w'(1) = y'(1) - 2\cdot e^2 = 2 - 2e^2.$$

Ist w Lösung dieser Randwertaufgabe, so ist $y=w+e^{2x}$ Lösung der ursprünglichen.

Beispiel 10

Man homogenisiere die Randbedingungen der folgenden Randwertaufgabe.

$$-(-(1+0.1\cdot x)\cdot y')' + 16\cdot y = 0.1\cdot x^2, \quad y(0)=0, \quad y(1)=1.$$

Lösung:

Die Funktion $v(x)=x$ genügt den beiden Randbedingungen. Daher genügt die Differenz $u(x)=y(x)-x$ (y ist - unbekannte - Lösung der Randwertaufgabe) den homogenen Randbedingungen $u(0)=u(1)=0$ und für sie gilt insgesamt

$$-(-(1+0.1\cdot x)\cdot u')' + 16\cdot u = -(-(1+0.1\cdot x)\cdot (y-v)')' + 16\cdot (y-v) =$$

$$= -(-(1+0.1\cdot x)\cdot y')' + 16\cdot y \quad + \quad (-(1+0.1\cdot x)\cdot v')' - 16\cdot v$$

$$= 0.1\cdot x^2 - 0.1-16\cdot x$$

da y Lösung ist, ist die erste Summe $0.1\cdot x^2$, in der zweiten ist $v(x)=x$.

3. Transformation des Intervalls [a,b] auf [0,1] oder [-1,1]

Mitunter erfordern Programme, daß das Intervall [0,1] oder [-1,1] ist.

Jede Rand- oder Eigenwertaufgabe mit Randbedingungen bei a und b kann auf das Intervall [0,1] oder [-1,1] transformiert werden. Die lineare Abbildung (Geradengleichung)

(*) $\quad x = a+(b-a)\cdot\xi$

bildet [a,b] auf [0,1] ab: Es gilt nämlich $x=a \Leftrightarrow \xi=0$ und $x=b \Leftrightarrow \xi=1$.

Die Abbildung $x = a+(b-a)/2\cdot(\xi+1)$ bildet [a,b] auf [-1,1] ab.

Beispiel 11

Die Randwertaufgabe

$$y'' + x^2 y' - y = 2x, \quad y(2)=3, \quad y(5)+y'(5)=1$$

soll auf das Intervall [0,1] transformiert werden.

Lösung:

Die Randbedingungen sind bei $a=2$, $b=5$ gegeben. Daher lautet die Transformation (*) hier

$$x = 2+3\xi.$$

Dann wird $y(x) = y(2+3\xi) =: \eta(\xi)$. Es folgt nach der Kettenregel

$$y'(x) = \frac{dy}{d\xi}\cdot\frac{d\xi}{dx} = \frac{1}{3}\cdot\eta'(\xi), \quad y''(x) = \frac{1}{9}\cdot\eta''(\xi)$$

wobei ' bei y die Ableitung nach x, bei η nach ξ bedeutet.

Setzt man das in die Randwertaufgabe ein, so bekommt man für $\eta(\xi)$ die Randwertaufgabe

$$\frac{1}{9}\cdot\eta'' + (2+3\xi)^2\cdot\frac{1}{3}\cdot\eta' - \eta = 2\cdot(2+3\xi), \quad \eta(0)=3, \quad \frac{1}{3}\cdot\eta'(1)+\eta(1)=1.$$

Hat man deren Lösung $\eta(\xi)$ berechnet, so ist $y(x)=\eta((x-2)/3)$ Lösung der gegebenen Randwertaufgabe.

4. Schießverfahren

für Randwertaufgaben 2. Ordnung

$$y'' = f(x,y,y'),\ y(x_0)=y_0,\ y(x_1)=y_1.$$

Man berechnet die Lösung der *Anfangs*wertaufgabe, die aus obiger dadurch entsteht, daß die rechte *Rand*-bedingung $y(x_1)=y_1$ durch die *Anfangs*-bedingung $y'(x_0)=v_1$ ersetzt wird. Deren Lösung sei $\eta(x)$. Dann hängt der Wert $\eta(x_1)$ von v_1 ab. Man versucht nun, v_1 so zu bestimmen, daß der richtige Wert $y(x_1)=y_1$ entsteht.

Das geschieht systematisch.

Erhält man für $y'(x_0)=v_1$ den Wert $y(x_1)=\eta_1$ und für $y'(x_0)=v_2$ den Wert $y(x_1)=\eta_2$, so extrapoliert man linear (auch andere Arten sind möglich) zwischen diesen Werten (Bild) und erhält als neuen Wert $y'(x_0)=v_0$, wobei

$$(*) \quad v_0 = v_1 + \frac{v_2-v_1}{\eta_2-\eta_1}\cdot(y_1-\eta_1)$$

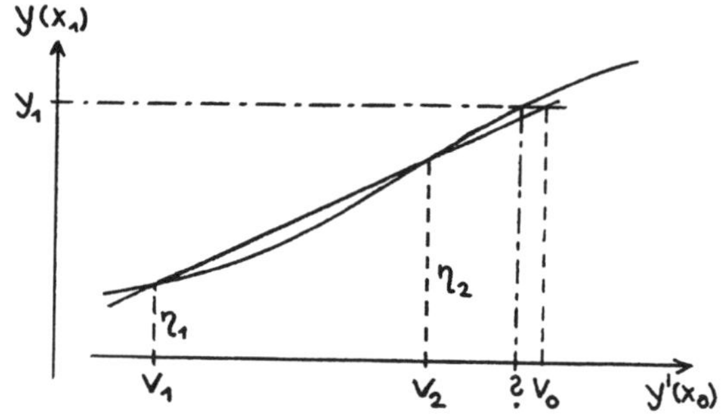

Dieser Wert ersetzt entweder v_1 oder v_2, je nach dem, welcher der zugehörigen $\eta(x_1)$ die schlechtere Näherung für den gewünschten Wert y_1 ist. Dann wird erneut ein Schritt durchgeführt.

Bei einer *linearen* Differentialgleichung kommt man mit 2 Versuchen aus: Man kann, da auch der Wert $y(x_1)$ eine *lineare* Funktion von v_1 ist, den *richtigen* Wert durch nur *eine* Extrapolation erhalten, v_0 ist der richtige Wert.

Ist die Differentialgleichung *nicht linear*, kann man aus zwei Werten v_1 und v_2 durch (*) einen besseren gewinnen.

Beispiel 12

Gegeben sei die Randwertaufgabe

$$y'' + y = 1,\ y(0) = 0.5,\ y(\pi/2) = 1.$$

Mit dem Schießverfahren bestimme man eine Lösung.

Lösung:

Die allgemeine Lösung der Differentialgleichung lautet

$$y = 1 + a\cdot\cos x + b\cdot\sin x.$$

Wir lösen die beiden Anfangswertaufgaben $y'' + y = 1$, $y(0)=0.5$ und (1) $y'(0)=1$ bzw. (2) $y'(0)=2$:

(1) Wir berechnen die Lösung mit den Anfangswerten $y(0)=0.5$, $y'(0)=1$: Setzt man das in die allgemeine Lösung ein, so bekommt man $a=-1/2$, $b=1$. Für diese Lösung gilt $y(\pi/2)=2$.

(2) Wir berechnen die Lösung mit den Anfangswerten $y(0)=0.5$, $y'(0)=2$: Setzt man das in die allgemeine Lösung ein, so bekommt man $a=-1/2$, $b=2$. Für diese Lösung gilt $y(\pi/2)=3$.

Also gilt hier

$$v_1=1 \Rightarrow \eta_1=2, \quad v_2=2 \Rightarrow \eta_2=3.$$

Nach (*) bekommt man dann

$$v_0 = 1 + \frac{2-1}{3-2}\cdot(1-2) = 0.$$

Die Lösung der Anfangswertaufgabe mit diesem Wert, also mit $y'(0)=0$ lautet $y=1-0.5\cdot\cos x$. Für sie ist $y(\pi/2)=1$. Damit ist das die Lösung der vorgelegten Randwertaufgabe. Man sieht, daß nach *einer* Extrapolation die Lösung entsteht; die Randwertaufgabe ist linear.

Hier konnte man die Lösung der Anfangswertaufgaben "exakt" berechnen; man hätte aus der allgemeinen Lösung natürlich auch die der Randwertaufgabe bestimmen können. Anders sieht es aus, wenn die allgemeine Lösung nicht bekannt ist. Dann muß man mit einem numerischen Verfahren jeweils die Anfangswertaufgabe 2. Ordnung behandeln, z.B. mit dem Runge-Kutta-Nystroem-Verfahren. Folgendes Beispiel zeigt das Vorgehen in diesem Fall.

Beispiel 13

Die nicht-lineare Randwertaufgabe

$$y''=-2yy'+2x, \quad y(0.5)=2.5, \quad y(4)=4.25.$$

soll mit dem Schießverfahren behandelt werden.

Lösung:

(1) Wir berechnen die Näherung $y(4)$ für die Lösung der Anfangswertaufgabe, die aus der Randwertaufgabe dadurch entsteht, daß $y(4)=4.25$ durch die Anfangsbedingung $y'(0.5)=v_1=6$ ersetzt wird. Diese Anfangswertaufgabe wird mit dem Runge-Kutta-Nystroem-Verfahren behandelt, als Schrittweite nehmen wir dabei $h=0.1$. Man erhält dann die Werte, die im Beispiel 7 im Kapitel über Anfangswertaufgaben stehen; insbesondere ergibt sich als Näherung für $y(4)$ der Wert $\eta_1=5.219...$

(2) Nun machen wir dasselbe, diesmal mit einer anderen Anfangsbedingung, sagen wir $y'(0.5)=v_2=-4$. Dann liefert das Runge-Kutta-Nystroem-Verfahren bei gleicher Schrittweite $h=0.1$ für $y(4)$ die Näherung $\eta_2=4.12725689$.

Aus diesen Werten bekommt man nach (*) den Wert (gerundet)

$$v_0 = 6.0 + \frac{-4.0-6.0}{4.12725689-5.21962726}\cdot(4.25-5.21962726) = -2.8763599837.$$

Nun wird mit diesem Wert für $y'(0.5)$ die Anfangswertaufgabe - wieder mit Runge-Kutta-Nystroem - behandelt. Wir machen die Rechnung nicht vor. Es ergibt sich dann als Näherung für $y(4)$ der Wert $\eta_0=4.26500661$. Diese Werte v_0, η_0 ersetzen v_1, η_1, da von den 3 Werten für η der Wert η_1 am weitesten vom "Zielwert" 4.25 entfernt ist.

Im nächsten Schritt sind daher $v_1=-2.8763599837$, $\eta_1=4.26500661$ und $v_2=-4$, $\eta_2=4.12725689$.

Daher bekommt man als nächste Näherung nach (*)

$$v_0 = -2.876... + \frac{-4.00+2.876...}{4.127...-4.265...}\cdot(4.25-4.265...) = -2.9987706327.$$

Nun berechnet man, wieder mit dem Runge-Kutta-Nystroem Verfahren, den Wert der Anfangswertaufgabe mit y'(0.5)=-2.99877... im Punkte 4; es erbibt sich die Näherung η_0=4.25023623. Also wird zur nächsten Extrapolation nach (*) v_2 durch v_0 ersetzt. Man bekommt dann das neue Paar. Folgende Tabelle enthält alle nacheinander entstehenden Werte.

y'(0.5)	y(4)
6.0000000000	5.21962726
-4.0000000000	4.12725689
-2.8763599837	4.26500661
-2.9987706327	4.25023623
-3.0007283777	4.24999955
-3.0007246268	4.25000000

Für die Lösung dieser letzten Anfangswertaufgabe ist y(4)=4.25000000, sie ist also Lösung der gegebenen Randwertaufgabe. Die Lösung selbst wird mit dem Runge-Kutta-Nystroem-Verfahren berechnet. Bei Verwendung der Schrittweite 0.1 bekommt man die folgende Tabelle. In der letzten Spalte steht kursiv gedruckt der Wert der "exakten" Lösung, sie lautet y(x)=x+1/x.

x	y(x)≈	y'(x)≈	y(x) exakt
0.50	2.5000000000	-3.0007246268	*2.5000000000*
0.60	2.2668019160	-1.7785912367	*2.2666666667*
0.70	2.1287195079	-1.0415000707	*2.1285714286*
0.80	2.0501298018	-0.5630391366	*2.0500000000*
...			
2.50	2.9000018433	0.8399892658	*2.9000000000*
...			
3.80	4.0631579650	0.9307445991	*4.0631578947*
3.90	4.1564102892	0.9342506468	*4.1564102564*
4.00	4.2500000000	0.9374970379	*4.2500000000*

Es ist übrigens z.B. y'(2.5)=0.84, y'(4)=0.9375 (jeweils exakt).

Alle Werte wurden mit den Prozeduren und Programmen aus *"Turbo-Pascal-Quelltexte zur Ingenieur-Mathematik"* berechnet.

Die Funktionswerte sind auf etwa $\pm 10^{-4}$ genau (um 0.01%). Wenn man im Runge-Kutta-Nystroem-Verfahren h=0.05 wählt, sind alle Werte auf $\pm 10^{-5}$ (≈0.0001%), bei h=0.01 auf $\pm 10^{-8}$ genau.

5. Das Differenzenverfahren

Gegeben sei folgende Randwertaufgabe

$$F(x,y,y',y'',\ldots,y^{(n)}) = 0$$

und Randbedingungen in den Punkten a und b (a<b).

Ziel des Verfahren:

Das Intervall [a,b] wird in m gleichlange Teilintervalle zerlegt durch die Punkte

$$a = x_0 < x_1 < x_2 < x_3 < \ldots < x_m = b, \quad h = x_{i+1}-x_i.$$

Berechnet werden Näherungen y_i für die Werte $y(x_i)$ der Lösung y (Existenz und Eindeutigkeit der Lösung werden vorausgesetzt).

Vorbemerkung zum Verständnis des Verfahrens:

1) Ist y eine Funktion, so ist ihre Ableitung im Punkte x definiert durch

$$y'(x) = \lim_{h\to o} \frac{y(x+h)-y(x)}{h} \qquad \text{(vorderer Differenzenquotient),}$$

so daß für kleine h der Wert von y′(x) und der des Differenzenquotienten ungefähr geich sind. Statt obigen vorderen Differenzenquotienten kann man auch nehmen

$$y'(x) = \lim_{h\to o} \frac{y(x)-y(x-h)}{h} \qquad \text{(hinterer Differenzenquotient)}$$

oder

$$y'(x) = \lim_{h\to o} \frac{y(x+h)-y(x-h)}{2h} \qquad \text{(zentraler Differenzenquotient).}$$

Da y″(x) die Ableitung von y′ im Punkte x ist, bekommt man hierfür analog Differenzenquotienten, die unten stehen.

2) Ist y Lösung der Randwertaufgabe, so gilt

$$F(x,y(x),y'(x),y''(x),\ldots,y^{(n)}(x)) = 0 \quad \text{für alle x im Intervall [a,b],}$$

insbesondere für alle Punkte x_i der Zerlegung

$$(*) \quad F(x_i,y(x_i),y'(x_i),y''(x_i),\ldots,y^{(n)}(x_i)) = 0 \quad \text{für i=0,1,2,...,m.}$$

Beschreibung des Verfahrens:

Man ersetzt in den Gleichungen (*) und den Randbedingungen Funktionswerte und Ableitungen durch entsprechende Differenzenquotienten (s.u.) und bekommt dann m Gleichungen mit m "Unbekannten" y_i; dieses Gleichungssystem ist zu lösen. Dann wird y_i als Näherung für $y(x_i)$ betrachtet.

Ist die Randwertaufgabe linear (also Differentialgleichung und Randbedingungen linear), so ist auch das entstehende Gleichungssystem ein lineares Gleichungssystem und kann mit einem der zahlreichen Verfahren weiterbehandelt werden.

Die genannten Differenzenquotienten sind

$y(x_i)$	y_i	
$y'(x_i)$	$\frac{y_{i+1} - y_i}{h}$	vorderer Differenzenquotient
$y'(x_i)$	$\frac{y_i - y_{i-1}}{h}$	hinterer Differenzenquotient
$y'(x_i)$	$\frac{y_{i+1} - y_{i-1}}{2h}$	zentraler Differenzenquotient
$y''(x_i)$	$\frac{y_{i+1} - 2y_i + y_{i-1}}{h^2}$	
$y'''(x_i)$	$\frac{y_{i+2} - 2y_{i+1} + 2y_{i-1} - y_{i-2}}{2h^3}$	
$y^{iv}(x_i)$	$\frac{y_{i+2} - 4y_{i+1} + 6y_i - 4y_{i-1} + y_{i-2}}{h^4}$	

Für erste Ableitungen haben wir hiernach drei Möglichkeiten; die Fehler*ordnung* für den zentralen Differenzenquotienten ist dabei am günstigsten.

Es sind auch viele weitere "Mischformen" für die höheren Ableitungen möglich.

Beispiel 14

Die Randwertaufgabe

$$y'' + (2+x)\cdot y' + (1+x)\cdot y = x, \quad y(-1) = 2, \quad y'(1) = 0$$

soll mit dem Differenzenverfahren behandelt werden.

Lösung:

Als Schrittweite wählen wir h = 0.5, dann sind die Zerlegungspunkte

$$x_0 = -1.0, \; x_1 = -0.5, \; x_2 = 0.0, \; x_3 = 0.5, \; x_4 = 1.0$$

und y_i bezeichnet die Näherung für den "wahren" Funktionswert $y(x_i)$ der Lösung y der Aufgabe.

1. Aufstellen der Differenzengleichung

Für die Lösung y gilt

$$(*) \quad y''(x_i) + (2+x_i)\cdot y'(x_i) + (1+x_i)\cdot y(x_i) = x_i$$

und die Randbedingungen lauten

$$y(x_0) = 2, \; y'(x_4) = 0.$$

(Normalerweise wird man diese Gleichung (*) nicht notieren sondern sich "denken" und die folgende Gleichung sofort hinschreiben.)

Nun ersetzt man in (*) und den Randbedingungen die Funktionswerte und Werte der Ableitungen in x_i durch obige Differenzenquozienten. Dabei wollen wir für die erste Ableitung in (*) den zentralen Differenzenquotienten benutzen. Dann folgt aus (*) (es ist h=0.5):

$$\frac{y_{i+1} - 2y_i + y_{i-1}}{0.5^2} + (2+x_i)\cdot\frac{y_{i+1} - y_{i-1}}{2\cdot 0.5} + (1+x_i)\cdot y_i = x_i.$$

Wir sortieren nach den y und erhalten dann

$$\text{(D)}\quad (2-x_i)\cdot y_{i-1} + (-7+x_i)\cdot y_i + (6+x_i)\cdot y_{i+1} = x_i.$$

(Um Schreibarbeit zu vermeiden, gleich die "Form" $(\ldots)\cdot y_{i-1}+(\ldots)\cdot y_i+(\ldots)\cdot y_{i+1}$ hinschreiben und dann "verteilen".)

Für i=1,2 und 3 kommen in der Differenzengleichung (D) die inneren Punkte x_1 bis x_3 vor.

(D) ist also zunächst sinnvoll für die Indizes i=1,2 und 3.

Für i=0 ist die "linke" Randbedingung gegeben:

$$\text{(R1)}\quad y_0 = 2 \quad (\text{da } y(-1) = 2).$$

Für i=4 ist die rechte Randbedingung gegeben. Hier haben wir für die Ableitung y'(1) mehrere Möglichkeiten.

a) Wählt man den hinteren Differenzenquotienten, so bekommt man die Gleichung

$$\text{(R2h)}\quad \frac{y_4-y_3}{0.5} = 0.$$

b) Nimmt man den zentralen, so bekommt man die Gleichung

$$\text{(R2z)}\quad \frac{y_5-y_3}{2\cdot 0.5} = 0.$$

Diese benutzt allerdings den Punkt x_5=1.5 außerhalb des Intervalls. Man hat dann einen Punkt und eine "Unbekannte" mehr. Aus diesem Grunde ist dann (D) auch noch für i=4 zu notieren. Aus dieser und (R2z) kann dann die Größe y_5 eliminiert werden (s.u.).

2. Aufstellen des Gleichungssystems und Lösung

Für i=1, 2 und 3 bekommen wir aus (D) (beachten: x_1 = -0.5 usw.):

$$\begin{aligned} 5y_0 - 15y_1 + 11y_2 \qquad\qquad &= -1 \\ 2y_1 - 7y_2 + 6y_3 \qquad &= 0 \\ 3y_2 - 13y_3 + 13y_4 &= 1 \end{aligned}$$

und dazu die beiden Randbedingungen.

a) Hier lauten diese zwei

$$\begin{aligned} y_0 \qquad\qquad &= 2 \\ y_3 - y_4 &= 0 \end{aligned}$$

Dieses lineare Gleichungssystem lautet in Matrizenschreibweise $A\vec{y} = \vec{b}$, wobei

$\vec{y} = (y_0,y_1,y_2,y_3,y_4)^T$ und

$$A = \begin{pmatrix} 1 & 0 & 0 & 0 & 0 \\ 5 & -15 & 11 & 0 & 0 \\ 0 & 4 & -14 & 12 & 0 \\ 0 & 0 & 3 & -13 & 13 \\ 0 & 0 & 0 & 1 & -1 \end{pmatrix}, \quad \vec{b} = \begin{pmatrix} 2 \\ -1 \\ 0 \\ 1 \\ 0 \end{pmatrix}.$$

Man beachte, daß ein Tridiagonalsystem entsteht, das mit den entsprechenden Verfahren behandelt werden kann (und bei Computerrechnung auch sollte).

Um das zu erreichen, haben wir die Gleichungen in anderer Reihenfolge als oben geschrieben. Die Lösung dieses Gleichungssystems ist

$$y_0 = 2.0000,\ y_1 = 0.9778,\ y_2 = 0.3333,\ y_3 = 0.0630,\ y_4 = 0.0630.$$

so daß $y(-1)\approx 2$ (exakt), $y(-0.5)\approx 0.9778$, $y(0)\approx 0.3333$, $y(0.5)\approx 0.0630$, $y(1)\approx 0.0630$ ist.

b) Wenn man den zentralen Differenzenquotienten für $y'(1)$ nimmt, also (R2z), so ist außer den 3 Gleichungen für i=1, 2 und 3 noch die für i=4 zu notieren. Wir bekommen dann folgende Gleichungen für diese i (die ersten drei sind dieselben wie oben):

$$\begin{aligned}
5y_0 - 15y_1 + 11y_2 &= -1 \\
2y_1 - 7y_2 + 6y_3 &= 0 \\
3y_2 - 13y_3 + 13y_4 &= 1 \\
y_3 - 6y_4 + 7y_5 &= 1 \quad (*)
\end{aligned}$$

und die beiden aus den Randbedingungen entstehenden Gleichungen

$$\begin{aligned}
y_0 &= 2 \\
-y_3 + y_5 &= 0 \quad (*)
\end{aligned}$$

Aus den beiden mit (*) bezeichneten Gleichungen wird y_5 eliminiert. Dann erhält man statt dieser zwei Gleichungen eine Gleichung, nämlich

$$8y_3 - 6y_4 = 1 \quad (**)$$

ein tridiagonales 5×5-Gleichungssystem für die y_0 bis y_4.

Lösung: (2.0000,1.1763,0.6040,0.3126,0.2501); also

$y(-1)\approx 2$ (exakt), $y(0.5)\approx 1.1763$, $y(0)\approx 0.6040$, $y(0.5)\approx 0.3126$, $y(1)\approx 0.2501$.

Wir geben noch die Werte an, die sich für andere Knotenzahlen ergeben: In der folgenden Tabelle sind 1) und 2) für h=1/8, zentrale Differenzenquotienten, bei 1) rechts hinterer, bei 2) rechts zentraler Differenzenquotient; 3) und 4) entsprechend, nur mit h=1/16 gerechnet (wobei nur jeder zweite der berechneten Werte ausgedruckt wurde).

x=	-0.75	-0.50	-0.25	-0.00	0.25	0.50	0.75	1.00
1)	1.56494	1.18578	0.86883	0.61942	0.43881	0.32293	0.26297	0.24717
2)	1.50770	1.08753	0.74512	0.48414	0.30335	0.19562	0.14904	0.14904
3)	1.56603	1.18800	0.87195	0.62294	0.44205	0.32522	0.26385	0.24647
4)	1.53766	1.13929	0.81056	0.55572	0.37460	0.26167	0.20680	0.19718
5)	1.51830	1.10167	0.75586	0.48543	0.29091	0.16776	0.10684	0.09598
6)	1.55106	1.16663	0.85222	0.61152	0.44330	0.34056	0.29180	0.28342

Die Zeilen 5) bzw. 6) wurden berechnet unter Verwendung von h=1/16 und des vorderen bzw. hinteren Differenzenquotienten in der *Differentialgleichung*, rechts jeweils hinterer.

Diese Werte wurden mit dem entsprechenden Programm aus *"Turbo-Pascal-Quelltexte zur Ingenieur-Mathematik"* berechnet.

Beispiel 15

Wir nehmen dieselbe Anfangswertaufgabe wie im vorigen Beispiel, allerdings für $y'(x_i)$ den vorderen Differenzenquotienten (und nicht wie oben den zentralen).

Dann ergibt sich aus (*) die Differenzengleichung

$$\frac{y_{i+1} - 2y_i + y_{i-1}}{0.5^2} + (2+x_i)\cdot\frac{y_{i+1} - y_i}{0.5} + (1+x_i)\cdot y_i = x_i.$$

Daraus erhält man (nach den y sortiert und mit 2 multipliziert) die Differenzengleichung

$$\text{(D)} \qquad 8y_{i-1} + (-22-2x_i)y_i + (16+4x_i)y_{i+1} = 2x_i.$$

Für i=1, 2 und 3 bekommt man

$$\begin{array}{lllll} 8y_0 - 21y_1 + 14y_2 & & & = & -1 \\ & 8y_1 - 22y_2 + 16y_3 & & = & 0 \\ & & 8y_2 - 23y_3 + 18y_4 & = & 1 \end{array}$$

sowie wieder aus den Randbedingungen

$$\begin{array}{lll} y_0 & = & 2 \\ y_3 - y_4 & = & 0 \end{array}$$

Dieses tridiagonale Gleichungssystem hat die Lösung

$y_0 = 2.0000$, $y_1 = 0.5650$, $y_2 = -0.3667$, $y_3 = -0.7868$, $y_4 = -0.7868$

Man sieht, daß diese Näherungen weit von den im vorigen Beispiel gewonnenen abweichen. Einer der Gründe dafür ist, daß die Schrittweite 0.5 doch recht grob ist. Oben stehen die Werte, die sich für h=1/16 ergeben.

Beispiel 16

Wir wollen auch noch mit dem hinteren Differenzenquotienten diese Randwertaufgabe behandeln. Das sich dann ergebende Gleichungssystem hat die Koeffizientenmatrix bzw. rechte Seite

$$\begin{pmatrix} 1 & 0 & 0 & 0 & 0 \\ 2 & -9 & 8 & 0 & 0 \\ 0 & 0 & -6 & 8 & 0 \\ 0 & 0 & -2 & -3 & 8 \\ 0 & 0 & 0 & 1 & -1 \end{pmatrix}, \quad \begin{pmatrix} 2 \\ -1 \\ 0 \\ 1 \\ 0 \end{pmatrix}$$

und die Lösung

$y_0 = 2.0000$, $y_1 = 1.0635$, $y_2 = 0.5714$, $y_3 = 0.4286$, $y_4 = 0.4286$.

Oben stehen die Werte, die sich für h=1/16 ergeben.

Beispiel 17

Die folgende Randwertaufgabe soll mit dem Differenzenverfahren behandelt werden:

$$y'' + x^2y' - xy = x^2; \quad y(0) = 1, \; y'(1) = 0.$$

Lösung:

Wir verwenden die Schrittweite h = 1/3 und haben dann

$x_0 = 0$, $x_1 = 1/3$, $x_2 = 2/3$, $x_3 = 1$ mit den zugehörigen Näherungen y_i

für $y(x_i)$.

1. Aufstellen der Differenzengleichung

Wir verwenden für die 1. Ableitung den zentralen Differenzenquotienten und bekommen dann

$$\frac{y_{i+1} - 2y_i + y_{i-1}}{h^2} + x_i^2 \cdot \frac{y_{i+1} - y_{i-1}}{2 \cdot h} - x_i y_i = x_i^2$$

daraus sortiert nach den y die Differenzengleichung

$$(9 - \tfrac{3}{2} \cdot x_i^2) \cdot y_{i-1} + (-18 - x_i) \cdot y_i + (9 + \tfrac{3}{2} \cdot x_i^2) \cdot y_{i+1} = x_i^2.$$

2. Aufstellen des Gleichungssystems

Wir wollen auch für die zweite Randbedingung den zentralen Differenzenquotienten benutzen. Dann muß die Differenzengleichung für i=1, 2 und 3 aufgestellt werden:

$$\begin{array}{lllll} (9-1/6)y_0 + & (-18-1/3)y_1 + & (9+1/6)y_2 & & = 1/9 \\ & (9-2/3)y_1 + & (-18-2/3)y_2 + & (9+2/3)y_3 & = 4/9 \\ & & (9-3/2)y_2 + & (-18-1)y_3 + (9+3/2)y_4 & = 1 \end{array}$$

Dazu kommen die beiden Randbedingungen

$$\begin{array}{lll} y_0 & & = 1 \\ & -3/2 \cdot y_2 \qquad\qquad 3/2 \cdot y_4 & = 0 \end{array}$$

Aus der für i=3 und der letzten Gleichung wird y_4 eliminiert, dann erhält man statt dieser beiden die eine Gleichung

$$15/2 \cdot y_2 - 19 \cdot y_3 + 21/2 \cdot y_4 = 1$$

Die Lösung dieses Tridiagonalsystems lautet (1.000, 0.757, 0.564, 0.481), also hat man $y(0)=1.000$, $y(1/3) \approx 0.757$, $y(2/3) \approx 0.564$, $y(1) \approx 0.481$.

Nimmt man die Schrittweite 1/6, so bekommt man $y(0)=1.000$, $y(1/3) \approx 0.761$, $y(2/3) \approx 0.572$, $y(1) \approx 0.494$, für h=1/9 entsrechend $y(0)=1.000$, $y(1/3) \approx 0.762$, $y(2/3) \approx 0.573$, $y(1) \approx 0.497$.

Beispiel 18

Die folgende Eigenwertaufgabe soll mit dem Differenzenverfahren behandelt werden:

$$-y'' + (x^2+x-1)y' - 2xy = \lambda y; \quad y(-1) = y(1) = 0.$$

Lösung:

Wir wählen h = 0.5 und haben die Knotenpunkte

$$x_0 = -1, \; x_1 = -0.5, \; x_2 = 0, \; x_3 = 0.5, \; x_4 = 1.$$

1. Aufstellen der Differenzengleichung

Wir wählen für y′ den vorderen Differenzenquotienten und bekommen dann

$$-\frac{y_{i+1} - 2y_i + y_{i-1}}{1/4} + (x_i^2+x_i-1) \cdot \frac{y_{i+1} - y_i}{1/2} - 2x_i y_i = \Lambda \cdot y_i.$$

Wir haben Λ für die Näherung für λ geschrieben.

Wir sortieren nach den y und erhalten die Differenzengleichung

$$-4y_{i-1} + (10-4x_i-2x_i^2-\Lambda)y_i + (-6+2x_i+2x_i^2)y_{i+1} = 0$$

Dazu kommen die beiden Randbedingungen

$$y_0 = 0 , \quad y_4 = 0.$$

2. Aufstellen des Gleichungssystems

Für i=1, 2 und 3 bekommt man der Reihe nach die Gleichungen

$$\begin{aligned}
-8y_0 + (23-2\Lambda)y_1 - 13y_2 &= 0\\
-8y_1 + (20-2\Lambda)y_2 - 12y_3 &= 0\\
-8y_2 + (15-2\Lambda)y_3 - 9y_4 &= 0
\end{aligned}$$

und die beiden Gleichungen

$$y_0 = 0$$
$$y_4 = 0$$

Daher ergibt sich das *lineare homogene* Gleichungssystem $A\vec{x} = \vec{o}$, wobei

$\vec{y} = (y_0, y_1, y_2, y_3, y_4)'$ und

$$A = \begin{pmatrix} 2 & 0 & 0 & 0 & 0\\ -8 & 23-2\Lambda & -13 & 0 & 0\\ 0 & -8 & 20-2\Lambda & -12 & 0\\ 0 & 0 & -8 & 15-2\Lambda & -9\\ 0 & 0 & 0 & 0 & 2 \end{pmatrix}.$$

Dieses -wie gesagt: *homogene*- Tridiagonalsystem hat die triviale Lösung $\vec{y} = (0,0,0,0,0)^T$; man sucht bei einer Eigenwertaufgabe aber stets nicht-triviale Lösungen, also Zahlen Λ, für die eine nicht-triviale Lösung $\vec{y}$ existiert.

Dieses System hat eine nicht-triviale Lösung genau dann wenn seine Determinante verschwindet: $\det A = 0$.

Entwickelt man nach der ersten Zeile, die Unterdeterminante dann nach ihrer letzten Zeile, so bekommt man

$$(*) \quad \det A = 4 \cdot \begin{vmatrix} 23-2\Lambda & -13 & 0\\ -8 & 20-2\Lambda & -12\\ 0 & -8 & 15-2\Lambda \end{vmatrix} = 0.$$

(Normalerweise rechnet man nicht über das charakteristische Polynom, sondern direkt.)

Das ergibt die Gleichung (4 wurde fortgelassen und 2 aus der 2. Zeile ausgeklammert und ebenfalls fortgelassen)

$$(**) \quad -4\Lambda^3 + 116\Lambda^2 - 905\Lambda + 1566 = 0.$$

Diese Gleichung kann man mit einem der üblichen Verfahren behandeln, etwa dem Newtonschen Iterationsverfahren.

Wichtiger Hinweis: Berechnet man eine Lösung Λ aus der Gleichung (**) und dann die y aus obigem Gleichungssystem *exakt*, so erhält man für alle y_i den Wert 0, denn der für Λ berechnete Wert ist eben *nicht der genaue Wert*, für ihn ist die Determinante nicht 0, mithin hat das Gleichungssystem *für diesen* berechneten Wert *nur die triviale Lösung*.

Setzt man in (*) $2\Lambda = t$, so bekommt man das gewöhnliche Matrizen-Eigenwertproblem $B\vec{y} = t\vec{y}$ mit

$$B = \begin{pmatrix} 23 & -13 & 0 \\ -8 & 20 & -12 \\ 0 & -8 & 15 \end{pmatrix},$$

das dann mit einem der üblichen Verfahren behandelt werden kann. Iteration nach Wielandt (siehe dort) mit dem Shift $\sigma=0$ ergibt, ausgehend von $(1,0,0)^T$ als Startvektor als letzten Rayleigh-Quotienten (nach Division durch 2) $\Lambda = 2.416505$ als Näherung für den kleinsten Eigenwert λ unserer Eigenwertaufgabe.

Die zugehörigen Werte y_i ergeben sich (normiert) zu

$$y_0 = 0.0000,\ y_1 = 0.7156,\ y_2 = 1.0000,\ y_3 = 0.7869,\ y_4 = 0.0000.$$

Nimmt man den zentralen Differenzenquotienten, so ergibt sich die Matrizen-Eigenwertaufgabe zur Matrix

$$\begin{pmatrix} 9 & -5.25 & 0 \\ -3 & 8 & -5 \\ 0 & -3.75 & 7 \end{pmatrix}.$$

Diese hat als kleinsten Eigenwert 2.00000.

Wir wollen noch Ergebnisse angeben, die die anderen Verfahren liefern.

Beim Galerkin- und Kollokationsverfahren wird jeweils ein Ansatz mit n Parametern gewählt, nämlich

$$w(x) = a_1(x^2-1) + a_2x\cdot(x^2-1) + a_3x^2(x^2-1) + \ldots + a_nx^{n-1}(x^2-1).$$

Er genügt den Randbedingungen. Bei Galerkin wurden $n=6$, bei Kollokation $n=4$ und die äquidistante Kollokationsstellen ±0.6, ±0.2 verwandt. Bei Galerkin2 und Kollokation2 wurde der 6-parametrige Ansatz

$$w(x) = a_1\cos(\pi x/2) + a_2\sin(\pi x) + a_3\cos(3\pi x/2) + a_4\sin(2\pi x) + a_5\cos(5\pi x/2) + a_6\sin(3\pi x)$$

benutzt; auch er genügt den Randbedingungen. Kollokationsstellen: $\pm5/7$, $\pm3/7$, $\pm1/7$.

Beim Differenzenverfahren wurden $n=6$ äquidistante innere Knoten $\pm5/7$, $\pm3/7$, $\pm1/7$ und zentrale Differenzenquotienten genommen. Beim Finite-Elemente-Verfahren wurden ebenfalls diese Knoten genommen.

Es ergeben sich dann folgende Näherungen für die ersten drei Eigenwerte

Galerkin:	2.00000	9.64072	21.996
Kollokation:	2.00000	10.00340	17.392
Galerkin2:	1.99855	9.63851	21.935
Kollokation2:	2.03709	9.77451	22.274
Differenzen:	2.00000	9.11104	19.023
Finite Elem.:	2.04909	10.35861	25.592

Das Ritz-Verfahren liefert dieselben Werte wie Galerkin (da wesentliche Randbedingungen); dazu ist die Differentialgleichung mit $e^{-(x^3/3+x^2/2-x)}$ zu multiplizieren, um sie in selbstadjungierte Form zu bringen; sie ist volldefinit. Auch für das Finite-Elemente-Verfahren ist selbstadjungierte

Form erforderlich.

Es ergeben sich für die ersten drei Ansatzfunktionen des 1. Ansatzes (Polynome) die drei folgenden Rayleigh-Quotienten: 2.00000000, 9.24199210, 14.35946805 (selbstadjungierte Form nötig), für die erstem drei des 2. Ansatzes (sinus und cosinus): 2.02878725, 8.99016834, 21.34251083. Diese insgesamt 6 Zahlen sind obere Schranken für den kleinsten Eigenwert, die kleinste kann als Näherung für den kleinsten Eigenwert dienen. Ob die zweite, also ≈9.242 (bzw. 8.990) eine obere Schranke oder gar (gute) Näherung für den zweiten Eigenwert ist, ist nicht ohne weiteres klar.

Zum 3. Eigenwert lauten die 6 Koeffizienten für die zugehörige Näherung einer Eigenfunktion w(x) nach dem Polynomansatz (bis auf ein Vielfaches eindeutig)

0.1029 0.0393 -1.0000 0.1981 0.5811 -0.1470.

Beim genannten Differenzenverfahren ergeben sich folgende Näherungen für die $y(x_i)$, die natürlich auch nur bis auf ein Vielfaches eindeutig bestimmt sind

-1.0000, -0.4810, 0.4869, 0.5454, -0.1765, -0.5512.

Das beschriebene Finite-Elemente-Verfahren liefert die entsprechenden Näherungen

-1.0000, -0.4539, 0.5061, 0.5330, -0.1933, -0.5490.

Das folgende Bild zeigt die beiden Näherungen, Galerkin und Differenzen, mit geeignetem Faktor, so daß sie verglichen werden können.

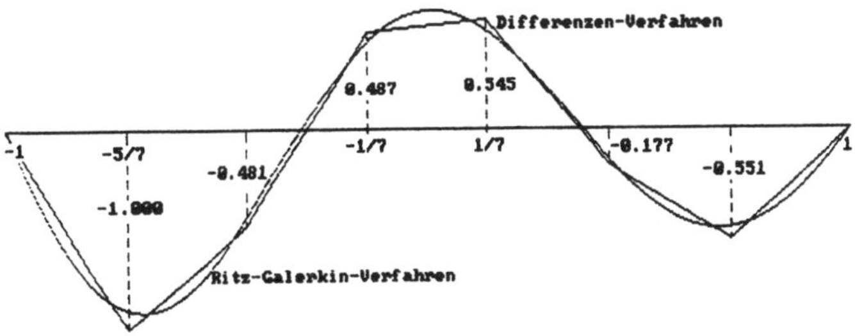

6. Verfahren, die den Defekt benutzen - Galerkin, Kollokation, Fehler-Quadrat-Verfahren

Auch das Ritz-Verfahren ist von diesem Typ. Es steht in einem besonderen Kapitel.

Gegeben sei eine lineare Randwertaufgabe mit Randwerten bei a und b (Differentialgleichung und Randbedingungen linear).

Allen Verfahren ist gemeinsam, daß für eine geeignete Funktionenschar der Defekt berechnet wird. Dieser wird dann auf verschiedene Art "klein" gemacht.

1. Man bestimme eine Schar von Funktionen mit k Parametern: *Alle* Funktionen (d.h. für *alle* Parameter) sollen *allen* Randbedingungen genügen. Als Ansatz wähle man

   $$w(x;a_1,a_2,\dots,a_k) = v_0(x) + a_1v_1(x) + a_2v_2(x) + \dots + a_kv_k(x),$$

   wobei

   a) v_0 allen gegebenen Randbedingungen genügen muß (bei Eigenwertaufgaben 0) und

   b) $v_1, v_2, \dots, v_k$ den zugehörigen homogenen Randbedingungen genügen sollen und linear unabhängig sein müssen. Sind diese v_i Polynome mit paarweise verschiedenem Grad, so sind sie linear unabhängig.

2. Man setze diese Schar w in die Differentialgleichung ein (vorher ggf. die rechte Seite der Differentialgleichung nach links bringen). Das ergibt den Defekt D.

   Auch er hat dieselbe Bauart wie w, nämlich

   $$D(x;a_1,a_2,\dots,a_k) = u_0(x) + a_1u_1(x) + a_2u_2(x) + \dots + a_ku_k(x),$$

3. Ab hier unterscheiden sich die Verfahren:

   a) Kollokationsverfahren

   Man setze den Defekt D an den k "Kollokationsstellen" $x_1, \dots, x_k$ (die in [a,b] liegen sollten) gleich Null:

   $$D(x_i;a_1,\dots,a_k) = 0 \quad \text{für } i=1,\dots,k \quad \text{(Kollokationsgleichungen).}$$

   b) Galerkin-Verfahren

   Der Defekt D soll orthogonal zu den "Ansatzfunktionen" $v_1,\dots,v_k$ (nicht v_0) sein:

   $$\int_a^b D(x;a_1,\dots,a_k)\cdot v_i(x)\,dx = 0 \quad \text{für } i=1,\dots,k \quad \text{(Galerkin-Gleichungen).}$$

   Für selbstadjungierte Randwertaufgaben mit wesentlichen Randbedingungen sind die Galerkin-Gleichungen und die beim Ritz-Verfahren entstehenden Gleichungen gleich.

   c) Fehler-Quadrat-Verfahren

   Das Integral über D^2 soll minimal werden (mittleres Fehlerquadrat). Das führt auf folgende Gleichungen: Der Defekt ist orthogonal zu den Funktionen $u_1,\dots,u_k$ (nicht u_0) aus D:

   $$\int_a^b D(x;a_1,\dots,a_k)\cdot u_i(x)\,dx = 0 \quad \text{für } i=1,\dots,k \quad \text{(Fehler-Quadrat-Gleichungen)}$$

4. In allen Fällen ergibt sich ein lineares Gleichungssystem für die Parameter a_i.

   1) Randwertaufgabe (keine Eigenwertaufgabe):

   Man löse dieses Gleichungssystem. Dabei kann man im Abschnitt über lineare Gleichungssysteme behandelte Verfahren benutzen. Die errechneten Werte a_i^* werden in w eingesetzt und ergeben die gesuchte Näherung

$$w(x;a_1^*,a_2^*,\dots,a_k^*) = v_0(x) + a_1^*v_1(x) + a_2^*v_2(x) + \dots + a_k^*v_k(x).$$

2) Eigenwertaufgabe:

Bei einer Eigenwertaufgabe ist das Gleichungssystem homogen mit einem Eigenwertparameter λ in der Koeffizientenmatrix. Es besitzt nicht-triviale Lösungen genau dann wenn seine Koeffizientendeterminante 0 ist. Das ergibt Näherungen Λ für Eigenwerte λ. Ist zu diesem $(a_1^*,\dots,a_k^*)$ ein Eigenvektor der Matrix-Eigenwertaufgabe, so wird

$$w(x;a_1^*,a_2^*,\dots,a_k^*) = a_1^*v_1(x) + a_2^*v_2(x) + \dots + a_k^*v_k(x).$$

als Näherung einer zugehörigen Eigenfunktion betrachtet.

Beispiel 19

Mit dem Verfahren von Galerkin soll eine Näherung der Lösung der Randwertaufgabe

$$y'' + x^2y' - y = 0, \quad y(-1) = -1, \; y(1) = 1$$

berechnet werden, dabei soll ein zweiparametriger Ansatz aus Polynomen möglichst niedrigen Grades verwandt werden.

Lösung:

1. Bestimmung eines Ansatzes

Es sei

$$w(x) = v_0(x) + a_1v_1(x) + a_2v_2(x),$$

wobei v_0 den gegebenen Randbedingungen genügen muß und die beiden v_i den zugehörigen homogenen Randbedingungen.

Da 2 Randbedingungen zu erfüllen sind und 2 Parameter im Ansatz stehen sollen, muß das Polynom den Grad 3 haben: Das hat 4 Koeffizienten, von denen 2 durch die beiden Randbedingungen festgelegt werden:

$$w(x) = a + bx + cx^2 + dx^3.$$

Dabei soll gelten

$$w(-1) = a - b + c - d = -1$$
$$w(1) = a + b + c + d = 1$$

Wir nehmen c und d als Parameter; dann werden die beiden Ansatzfunktionen Polynome vom Grade 2 bzw. 3. Aus diesen beiden Gleichungen folgt dann

$$a - b = -1 - c + d$$
$$a + b = 1 - c - d$$

und daher a=-c, b=1-d. Man bekommt so den Ansatz

$$w(x) = c + (1-d)x + cx^2 + dx^3 = x + a_1(x^2-1) + a_2x(x^2-1)$$

wobei $a_1:=c$, $a_2:=d$ gesetzt wurde.

2. Berechnung des Defektes

Wir setzen w in die Differentialgleichung ein (rechte Seite nach links) und bekommen dann

$$D(x) = w'' + x^2 w' - w = (x^2-x) + a_1(2x^3-x^2+3) + a_2(3x^4-x^3-x^2+7x).$$

Da das Ergebnis bei dieser linearen Differentialgleichung und dem linearen Ansatz einen ebensolchen Defekt liefert, also einen Defekt, der die Bauart

$$(\ldots) + a_1 \cdot (\ldots) + a_2 \cdot (\ldots)$$

hat, kann man sich sture Schreibarbeit dadurch ersparen, daß man gleich diese Form "einplant", soll heißen: sofort so hinschreibt

$$(\qquad\qquad) + a_1 \cdot (\qquad\qquad) + a_2 \cdot (\qquad\qquad)$$

und *während* der Rechnung die Summanden gleich auf diese drei Klammern verteilt.

3. Berechnung der Galerkinschen Gleichungen

a) Defekt orthogonal zur ersten Ansatzfunktion x^2-1:

$$(1) \quad \int_{-1}^{1} D(x) \cdot (x^2-1)\, dx = 0.$$

b) Defekt orthogonal zur zweiten Ansatzfunktion x^3-x:

$$(2) \quad \int_{-1}^{1} D(x) \cdot (x^3-x)\, dx = 0.$$

Integration dieser beiden Ausdrücke liefert (nach geeigneten Multiplikationen)

$$(1) \quad 98a_1 + 2a_2 = -7$$
$$(2) \quad 6a_1 + 46a_2 = 7$$

mit der Lösung (gerundet) $a_1 = -0.0747$, $a_2 = 0.1619$.

Damit lautet die gesuchte Näherung bei Anwendung des Galerkin-Verfahrens:

$$w(x) = x - 0.0747 \cdot (x^2-1) + 0.1619 \cdot x \cdot (x^2-1) = 0.0747 - 0.8381x - 0.0747x^2 + 0.1619x^3.$$

Wir geben noch die Näherungen an, die sich bei Verwendung der anderen Verfahren ergeben (gleicher Ansatz mit jeweils 2 Parametern):

Fehler-Quadrat: $w(x) = x - 0.1155 \cdot (x^2-1) + 0.1613 \cdot (x^3-x)$.

Kollokation: $w(x) = x - 0.0347 \cdot (x^2-1) + 0.1463 \cdot (x^3-x)$.

Ritz-Verfahren $w(x) = x - 0.0740 \cdot (x^2-1) + 0.1521 \cdot (x^3-x)$.

Bemerkung: Zur Anwendung des Ritz-Verfahrens ist es erforderlich, die Differentialgleichung auf selbstadjungierte Form zu bringen; dazu wird sie mit $\mu(x)=e^{x^3/3}$ multipliziert.

Wenn man n=8 Parameter nimmt, bekommt man folgende Ergebnisse bei Verwendung des entsprechend "verlängerten" Ansatzes

$$w(x) = x + a_1(x^2-1) + a_2 x(x^2-1) + a_3 x^2(x^2-1) + \ldots + a_n x^{n-1}(x^2-1).$$

Die Koeffizienten a_1 bis a_8 ergeben sich bei Anwendung der Verfahren Galerkin, Fehler-Quadrat, Kollokation und Ritz zu

Gal.:	-0.05722	0.15343	-0.08595	0.01240	-0.01700	0.00793	-0.00257	0.00188
FQu.:	-0.05722	0.15343	-0.08605	0.01244	-0.01662	0.00781	-0.00290	0.00196
Kol.:	-0.05719	0.15343	-0.08580	0.01233	-0.01751	0.00812	-0.00173	0.00163
Ritz:	-0.05725	0.15344	-0.08595	0.01238	-0.01701	0.00801	-0.00256	0.00181

Um die Funktionswerte w(x) selbst vergleichen zu können, folgt noch eine Tabelle mit den Werten w(x) für diese 4 Näherungen, jeweils in 0.2-Schritten. Die vorletzte Zeile ergibt sich, wenn man das Differenzenverfahren mit 10 Intervallen verwendet (zentrale Differenzenquotienten, es sind dann direkt die Näherungen der y(x)), die letzte Zeile bei Anwendung des Schießverfahrens. Für letzteres wurde h=0.05 im benutzten Runge-Kutta-Nystroem-Verfahren genommen; die "richtige" Ableitung ist y'(-1)=1.6768589.

x =	-0.8	-0.6	-0.4	-0.2	0.0	0.2	0.4	0.6	0.8
Gal.:	-0.70930	-0.48103	-0.28771	-0.11218	0.05722	0.22871	0.40770	0.59685	0.79560
FQu.:	-0.70930	-0.48103	-0.28771	-0.11218	0.05722	0.22871	0.40771	0.59685	0.79560
Kol.:	-0.70936	-0.48107	-0.28776	-0.11222	0.05719	0.22867	0.40767	0.59682	0.79556
Ritz:	-0.70930	-0.48103	-0.28771	-0.11218	0.05722	0.22871	0.40770	0.59685	0.79560
Dif.:	-0.71101	-0.48352	-0.29051	-0.11501	0.05451	0.22620	0.40555	0.59520	0.79466
Sch.:	-0.70930	-0.48102	-0.28772	-0.11218	0.05723	0.22870	0.40770	0.59686	0.79560

Alle diese Werte wurden mit den in *"Turbo-Pascal-Quelltexte zur Ingenieur-Mathematik"* abgedruckten Programmen berechnet.

<u>Beispiel 20</u>

Die folgende Randwertaufgabe soll mit dem Galerkin-Verfahren behandelt werden

$$y'' - 2xy' + 2y = 0, \quad y(-1) = y(1) = 1.$$

Der Ansatz soll ein zweiparametriger Polynomansatz sein.

Lösung:

1. Bestimmung des Ansatzes

Der Ansatz lautet

$$w(x) = v_0(x) + a \cdot v_1(x) + b \cdot v_2(x),$$

wobei v_0 den gegebenen und die anderen v_i den zugehörigen homogenen Randbedingungen genügen muß. Man sieht wohl ohne Rechnung, daß

$$v_0(x) = 1 \text{ für alle } x$$

eine solche Funktion ist. Für die beiden anderen wählen wir die folgenden linear unabhängigen Polynome

$$v_1(x) = x^2-1 \quad \text{und} \quad v_2(x) = x \cdot (x^2-1) = x^3-x,$$

womit wir folgenden Ansatz haben

$$w(x) = 1 + a \cdot (x^2-1) + b \cdot (x^3-x).$$

2. Berechnung des Defektes

Wir setzen w in die Differentialgleichung ein:

$$D(x;a,b) = w'' - 2xw' + 2w = 2 - a\cdot 2x^2 + b\cdot(-4x^3+6x).$$

3. Berechnung der Galerkin-Gleichungen

Wir lassen ungerade Potenzen im Integranden gleich fort, da sie über [-1,1] integriert Null ergeben.

a) Defekt orthogonal zur ersten Ansatzfunktion

$$\int_{-1}^{1} D(x;a,b)\cdot(x^2-1)\,dx = \int_{-1}^{1} [a\cdot(2x^4+2x^2) + (2x^2-2)]\,dx =$$

$$= a\cdot(-\frac{4}{5} + \frac{4}{3}) + \frac{4}{3} - 4 = 0.$$

b) Defekt orthogonal zur zweiten Ansatzfunktion

$$\int_{-1}^{1} D(x;a,b)\cdot(x^3-x)\,dx = \int_{-1}^{1} b\cdot[-4x^6+6x^4+4x^4-6x^2]\,dx =$$

$= (\ldots)\cdot b = 0,$ wobei in der Klammer nicht 0 steht.

4. Lösung des Gleichungssystems

Die Lösung ist a = 5, b = 0. Daher lautet die gesuchte Näherung

$$w(x) = 1 + 5\cdot(x^2-1).$$

Beispiel 21

Die folgende Randwertaufgabe soll mit dem Fehler-Quadrat-Verfahren behandelt werden

$$y'' - 2xy' + 2y = 0, \quad y(-1) = y(1) = 1.$$

Der Ansatz soll ein zweiparametriger Polynomansatz sein.

Lösung:

Diese Randwertaufgabe wird in Beispiel 20 mit dem Galerkin-Verfahren behandelt.

1. Bestimmung des Ansatzes: Siehe dort. Er lautet

$$w(x) = 1 + a\cdot(x^2-1) + b\cdot(x^3-x).$$

2. Berechnung des Defektes: Siehe dort. Er lautet

$$D(x;a,b) = w'' - 2xw' + 2w = 2 - a\cdot 2x^2 + b\cdot(-4x^3+6x).$$

3. Berechnung der Fehler-Quadrat-Gleichungen

Beim Fehler-Quadrat-Verfahren ist der Defekt orthogonal zu den Koeffizienten der Parameter im Defekt, also hier zu den Funktionen a) $2x^2$ (Faktor von a) und b) $-4x^3+6x$ (Faktor von b):

$$\int_{-1}^{1} D(x;a,b)\cdot 2x^2 dx = 0, \quad \int_{-1}^{1} D(x;a,b)\cdot(-4x^3+6x)\,dx$$

Integration liefert die zwei Gleichungen

$$\frac{8}{5}\cdot a + \quad 0\cdot b = \frac{8}{3}$$

$$0\cdot a + \frac{984}{105}\cdot b = 0$$

4. Lösung dieses Gleichungssystems ist a=5/3, b=0. Die Näherung lautet demnach

$$w(x) = 1 + \frac{5}{3}\cdot(x^2-1).$$

Beispiel 22

Die folgende Randwertaufgabe soll mit dem Kollokations-Verfahren behandelt werden

$$y'' - 2xy' + 2y = 0, \quad y(-1) = y(1) = 1.$$

Der Ansatz soll ein zweiparametriger Polynomansatz sein, Kollokationsstellen -1/3 und +1/3.

Lösung:

Diese Randwertaufgabe wird in Beispiel 20 mit dem Galerkin-Verfahren behandelt.

1. Bestimmung des Ansatzes: Siehe dort. Er lautet

$$w(x) = 1 + a\cdot(x^2-1) + b\cdot(x^3-x).$$

2. Berechnung des Defektes: Siehe dort. Er lautet

$$D(x;a,b) = w'' - 2xw' + 2w = 2 - a\cdot 2x^2 + b\cdot(-4x^3+6x).$$

3. Berechnung der Kollokations-Gleichungen

$$D(1/3;a,b) = -\frac{2}{9}\cdot a - \frac{50}{27}\cdot b + 2 = 0$$

$$D(2/3;a,b) = -\frac{2}{9}\cdot a + \frac{50}{27}\cdot b + 2 = 0$$

4. Lösung des Gleichungssystems ist a=9, b=0. Es ergibt sich demnach die Näherung

$$w(x) = 1 + 9\cdot(x^2-1).$$

Beispiel 23

Folgende Randwertaufgabe wurde in den vorigen drei Beispielen behandelt:

$$y'' - 2xy' + 2y = 0, \quad y(-1) = y(1) = 1.$$

Es ergaben sich relativ starke Abweichungen der verschiedenen Näherungen. Das kann natürlich daran liegen, daß 2 Parameter eben doch zu wenig ist. Wir wollen mehr nehmen.

Alle folgenden Ergebnisse wurden mit den Programmen aus *"Turbo-Pascal-Quelltexte zur Ingenieur-Mathematik"* berechnet.

Wir wollen zunächst angeben, welche Näherungen sich ergeben, wenn man jeweils n=6 Parameter und den Ansatz

$$w(x) = 1 + a_1\cdot(x^2-1) + a_2\cdot x\cdot(x^2-1) + \ldots + a_6\cdot x^5\cdot(x^2-1)$$

wählt (er genügt den beiden Randbedingungen). Es ergeben sich jeweils folgende 6 Parameter:

Galerkin:	5.830891	0.00000000	0.985908	0.00000000	0.241826	0.00000000
Fehler-Qu.:	5.826573	0.00000000	0.972883	0.00000000	0.258644	0.00000000
Kollokation:	5.852982	0.00000000	0.998016	0.00000000	0.207508	0.00000000

(Kollokation mit äquidistanten Knoten ±1/7, ±3/7, ±5/7)

Beispiel: Das Fehler-Quadrat-Verfahren liefert die Näherung

$$w(x) = 5.826573\cdot(x^2-1) + 0.972883\cdot x^2(x^2-1) + 0.258644\cdot x^4(x^2-1).$$

Man sieht, daß die ungeraden Potenzen die Faktoren 0 erhalten: Die (unbekannte) Lösung der Randwertaufgabe ist eine gerade Funktion.

Wir zeigen das kurz: Zu zeigen ist, daß $y(-x)=y(x)$ für die Lösung y der Randwertaufgabe gilt: Es sei $\eta(x):=y(-x)$. Dann folgt (Kettenregel) $\eta'(x)=-y'(-x)$, $\eta''(x)=y''(x)$. Daher gilt

$\eta''(x) - 2x\cdot\eta'(x) + 2\eta(x) = y''(-x) - 2x\cdot(-y'(-x)) + 2y(-x) = y''(-x) - 2\cdot(-x)\cdot y'(-x) + 2y(-x)$.

Da *für alle x* (in $[-1,1]$) $y''(x) - 2x\cdot y'(x) + 2y(x) = 0$ ist, gilt das auch für $-x$ (statt x), das ist der zuletzt berechnete Ausdruck, der daher 0 ist. Da ferner $\eta(-1)=y(1)=0$ und $\eta(1)=y(-1)=0$, genügt auch η der Randwertaufgabe. Da diese genau eine Lösung hat, ist $\eta=y$.

Es wäre demnach sinnvoll, bereits im Ansatz die ungeraden Funktionen (Potenzen) fortzulassen.

Um die Näherungen besser vergleichen zu können, sollen noch die Funktionswerte dieser Näherungen in den Punkten x = -0.8, -0.6,..., 0.8 ausgedruckt werden. Zusätzlich geben wir die Werte an, die sich beim Differenzenverfahren (10 Teilintervalle: Die errechneten Werte sind dann die Näherungen in den genannten Punkten), sowie die sich beim Schießverfahren ergebenden Werte (mit h=0.1 gerechnet und nur jeder zweite Wert gedruckt):

x =	-0.8	-0.6	-0.4	-0.2	0.0	0.2	0.4	0.6	0.8
Gal:	-1.3619	-2.9790	-4.0357	-4.6359	-4.8309	-4.6359	-4.0357	-2.9790	-1.3619
FQu:	-1.3596	-2.9741	-4.0299	-4.6305	-4.8257	-4.6305	-4.0299	-2.9741	-1.3596
Kol:	-1.3676	-2.9931	-4.0551	-4.6575	-4.8530	-4.6575	-4.0551	-2.9931	-1.3676
Dif:	-1.4206	-3.0754	-4.1560	-4.7686	-4.9673	-4.7686	-4.1560	-3.0754	-1.4206
Sch:	-1.3617	-2.9792	-4.0364	-4.6360	-4.8306	-4.6360	-4.0364	-2.9792	-1.3617
Gal:	-1.3634	-2.9632	-4.0067	-4.6220	-4.7909	-4.6220	-4.0067	-2.9632	-1.3634

Die letzte Zeile entsteht, wenn man mit dem Galerkin-Verfahren rechnet und als Ansatz

$$w(x) = 1 + a_1\cdot\cos(\pi/2\cdot x) + a_2\cdot\cos(3\pi/2\cdot x) + a_3\cdot\cos(5\pi/2\cdot x) + a_4\cdot\cos(7\pi/2\cdot x)$$

wählt (auch er genügt den Randbedingungen). Dann ergeben sich übrigens die 4 Parameter

-6.14107 0.41138 -0.10088 0.03962

Es zeigt sich eine recht gute Übereinstimmung der gewonnenen Näherungen.

Beispiel 24

Mit dem Galerkin-Verfahren soll eine Näherung für die Lösung der Randwertaufgabe

$$(1+x)y'' + y' + y = 2,\quad y(0) = 0,\quad y'(1) = 1$$

berechnet werden. Dabei soll ein 2-parametriger Ansatz aus Polynomfunktionen möglichst niedrigen Grades verwendet werden.

Lösung:

1. Berechnung des Ansatzes

   Da der Ansatz zwei Parameter enthalten und zwei Randbedingungen genügen soll, muß zunächst ein Polynom 3. Grades (das 4 Parameter enthält) angesetzt werden:

   $$w(x) = a + bx + cx^2 + dx^3$$

   Die beiden Randbedingungen liefern

   $$\begin{aligned} w(0) &= a &&= 0 \\ w'(1) &= \quad b + 2c + 3d &&= 1 \end{aligned}$$

   Wählt man c und d als Parameter (dann haben die beiden Ansatzfunktionen den Grad 2 bzw. 3), so ergibt sich a = 0 und b = 1-2c-3d. Daraus der Ansatz

   $$w(x) = (1-2c-3d)\cdot x + cx^2 + dx^3 = x + c\cdot(x^2-2x) + d\cdot(x^3-3x).$$

   Wir haben also (nach Umbenennung der beiden Parameter) den Ansatz

   $$w(x) = x + a\cdot x\cdot(x-2) + b\cdot x\cdot(x^2-3).$$

2. Berechnung des Defektes

   Wir setzen w in die Differentialgleichung ein (rechte Seite nach links) und bekommen dann den Defekt:

   $$\begin{aligned} D(x;a,b) &= (1+x)w'' + w' + w - 2 = \\ &= (x-1) + a\cdot(x^2+2x) + b\cdot(x^3+9x^2+3x-3) \end{aligned}$$

   (eine kurze Rechnung haben wir fortgelassen).

3. Berechnung der Galerkinschen Gleichungen

   a) Defekt orthogonal zur ersten Ansatzfunktion $v_1(x)$:

   $$\int_0^1 D(x;a,b)\cdot v_1(x)\,dx =$$

   $$= \int_0^1 [(x-1) + a\cdot(x^2+2x) + b\cdot(x^3+9x^2+3x-3)]\cdot(x^2-2x)\,dx$$

   $$= \frac{1}{4} - \frac{17}{15}\cdot a - \frac{131}{60}\cdot b = 0.$$

   b) Defekt orthogonal zur zweiten Ansatzfunktion $v_2(x)$:

   $$\int_0^1 D(x;a,b)\cdot v_2(x)\,dx =$$

   $$= \int_0^1 [(x-1) + a\cdot(x^2+2x) + b\cdot(x^3+9x^2+3x-3)]\cdot(x^3-3x)\,dx$$

   $$= \frac{9}{20} - \frac{131}{60}\cdot a - \frac{61}{14}\cdot b = 0.$$

4. Lösen des Gleichungssystems

Die Lösung des Gleichungssystems lautet a = 0.6239, b = -0.2094.

Daher lautet die gesuchte Näherung

$$w(x) = x + 0.6239\cdot x\cdot(x-2) - 0.2094\cdot x^2\cdot(x-3).$$

Eine Wertetabelle dieser Funktion lautet

x	0.1	0.2	0.3	0.4	0.5	0.6	0.7	0.8	0.9	1.0
w(x)	0.0441	0.0993	0.1646	0.2385	0.3199	0.4075	0.5001	0.5963	0.6950	0.7948

Beispiel 25

Mit dem Fehler-Quadrat-Verfahren soll eine Näherung für die Lösung der Randwertaufgabe

$$(1+x)y'' + y' + y = 2,\quad y(0) = 0,\quad y'(1) = 1$$

berechnet werden. Dabei soll ein 2-parametriger Ansatz aus Polynomfunktionen möglichst niedrigen Grades verwendet werden.

Lösung:

1. Berechnung des Ansatzes

Siehe Beispiel 24. Der Ansatz ist

$$w(x) = x + a\cdot x\cdot(x-2) + b\cdot x\cdot(x^2-3).$$

2. Berechnung des Defektes

Siehe Beispiel 24. Es ergibt sich

$$D(x;a,b) = (1+x)w'' + w' + w - 2 =$$

$$= (x-1) + a\cdot(x^2+2x) + b\cdot(x^3+9x^2+3x-3)$$

3. Berechnung der Fehler-Quadrat-Gleichungen

a) Defekt orthogonal zum ersten Faktor (von a) im Defekt:

$$\int_0^1 D(x;a,b)\cdot(x^2+2x)\,dx = \frac{38}{15}\cdot a + \frac{337}{60}\cdot b - \frac{25}{6} = 0$$

b) Defekt orthogonal zum zweiten Faktor (von b) im Defekt:

$$\int_0^1 D(x;a,b)\cdot(x^3+9x^2+3x-3)\,dx = \frac{337}{60}\cdot a + \frac{614}{35} + \frac{1}{5} = 0$$

4. Lösen des Gleichungssystems

Die Lösung des Gleichungssystems lautet a = 0.6540, b = -0.2208.

Daher lautet die gesuchte Näherung

$$w(x) = x + 0.6540\cdot x\cdot(x-2) - 0.2208\cdot x^2\cdot(x-3).$$

Eine Wertetabelle dieser Funktion lautet

x	0.1	0.2	0.3	0.4	0.5	0.6	0.7	0.8	0.9	1.0
w(x)	0.0418	0.0953	0.1592	0.2323	0.3131	0.4004	0.4928	0.5890	0.6877	0.7876

Beispiel 26

Mit dem Kollokations-Verfahren soll eine Näherung für die Lösung der Randwertaufgabe

$$(1+x)y'' + y' + y = 2, \quad y(0) = 0, \quad y'(1) = 1$$

berechnet werden. Dabei soll ein 2-parametriger Ansatz aus Polynomfunktionen möglichst niedrigen Grades verwendet werden, als Kollokationsstellen wähle man 1/3 und 2/3.

Lösung:

Diese Aufgabe wird als Beispiel 24 bzw. 25 mit dem Galerkin- bzw. Fehler-Quadrat-Verfahren behandelt.

a) Der Ansatz lautet (siehe dort)

$$w(x) = x + a\cdot x\cdot(x-2) + b\cdot x\cdot(x^2-3).$$

b) und der Defekt (siehe dort)

$$D(x;a,b) = (1+x)w'' + w' + w - 2 =$$

$$= (x-1) + a\cdot(x^2+2x) + b\cdot(x^3+9x^2+3x-3)$$

c) Berechnung der Kollokations-Gleichungen

Der Defekt wird in den beiden Kollokationsstellen 0 gesetzt:

$$D(1/3;a,b) = -\frac{2}{3} + \frac{7}{9}\cdot a - \frac{26}{27}\cdot b = 0$$

$$D(2/3;a,b) = -\frac{1}{3} + \frac{16}{9}\cdot a + \frac{89}{27}\cdot b = 0$$

Dieses Gleichungssystem hat die Lösung

$$a = 1836/3117 = 0.58902791, \quad b = -675/3117 = -0.21655438$$

so daß die berechnete Näherung lautet

$$w(x) = x + 0.58902791\cdot x\cdot(x-2) - 0.21655438\cdot x\cdot(x^2-3)$$

Eine Wertetabelle dieser Funktion lautet

x	0.1	0.2	0.3	0.4	0.5	0.6	0.7	0.8	0.9	1.0
w(x)	0.0528	0.1162	0.1886	0.2690	0.3560	0.4482	0.5445	0.6434	0.7437	0.8441

Beispiel 27

Mit verschiedenen Verfahren sollen Näherungen für die Lösung der Randwertaufgabe

$$(1+x)y'' + y' + y = 2, \quad y(0) = 0, \quad y'(1) = 1$$

berechnet werden. Dabei soll ggf. ein 4-parametriger Ansatz aus Polynomfunktionen möglichst niedrigen Grades verwendet werden.

Lösung:

Der Ansatz aus Beispiel 24 wird "fortgeführt":

$$w(x) = x + a_1\cdot x\cdot(x-2) + a_2\cdot x\cdot(x^2-3) + a_3\cdot x\cdot(x^3-4) + a_4\cdot x\cdot(x^4-5)$$

- er genügt den Randbedingungen.

Man bekommt folgende Ergebnisse (alle und das Bild wurden mit den entsprechenden Programmen aus *"Turbo-Pascal-Quelltexte zur Ingenieur-Mathematik"* berechnet).

Die 4 Koeffizienten in den Ansatzfunktionen lauten

Galerkin:	0.81275766	-0.53719519	0.21605837	-0.04495456
Fehler-Quadrat:	0.81786927	-0.54660626	0.22323418	-0.04690088
Kollokation:	0.80428275	-0.52776199	0.21222314	-0.04534786

(Kollokationsstellen äquidistant: 1/5, 2/5, 3/5, 4/5)

Um die Näherungen w besser vergleichen zu können, folgen Wertetabellen der Werte w(x); die letzten zwei Zeilen sind Werte, die mit dem Differenzenverfahren (zentrale Differenzenquotienten, 10 Intervalle) berechnet wurden, die erste der beiden mit zentralem Differenzenquotient auch für die rechte Randbedingung, die zweite für den hinteren dort.

x:	0.1	0.2	0.3	0.4	0.5	0.6	0.7	0.8	0.9	1.0
Gal.:	0.0423	0.0979	0.1643	0.2394	0.3214	0.4090	0.5009	0.5962	0.6939	0.7933
FQu.:	0.0422	0.0978	0.1642	0.2394	0.3215	0.4090	0.5009	0.5962	0.6939	0.7932
Kol.:	0.0428	0.0988	0.1655	0.2409	0.3232	0.4111	0.5032	0.5986	0.6965	0.7960
Dif.:	0.0427	0.0986	0.1653	0.2407	0.3229	0.4107	0.5028	0.5982	0.6961	0.7955
Dif.:	0.0441	0.1013	0.1692	0.2456	0.3288	0.4174	0.5103	0.6064	0.7048	0.8048

Man darf wohl von ausgezeichneter Übereinstimmung sprechen; die größten Abweichungen liegen um 1%.

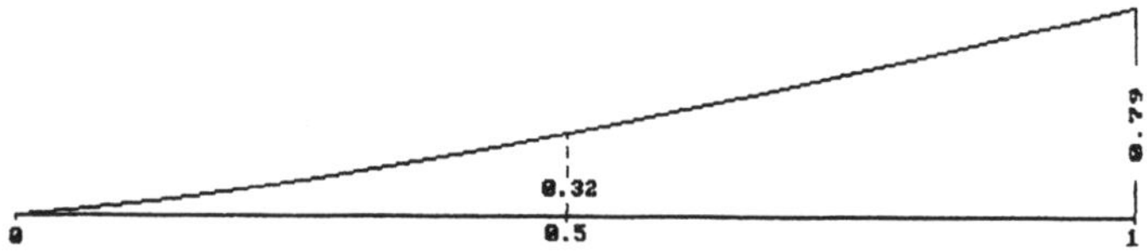

Beispiel 28

Die Randwertaufgabe

$$y'' + (1+x^2)y = -1 \; ; \quad y(-1) = y(1) = 0$$

soll mit dem Kollokationsverfahren behandelt werden. Als Kollokationsstellen wähle man 1/5 und 3/5.

Lösung:

1. Bestimmung des Ansatzes

Da wir zwei Kollokationsstellen wählten, müssen wir einen zweiparametrigen Ansatz wählen; dieser muß die beiden Randbedingungen erfüllen. Wir setzen dazu

$$w(x;a_1,a_2) = v_0(x) + a_1 \cdot v_1(x) + a_2 \cdot v_2(x),$$

wobei v_0 den gegebenen Randbedingungen und die beiden v_i den zugehörigen homogenen Randbedingungen genügen und linear unabhängig sein müssen.

Da hier die Randbedingungen ohnehin homogen sind, kann man v_0=0 wählen.

v_1 soll also Nullstellen bei -1 und +1 haben, ebenso v_2:

$$v_1(x) = 1-x^2, \quad v_2(x) = 1-x^4$$

sind zwei linear unabhängige Funktionen, die das Gewünschte leisten.

(Ebenso hätte man z.B. v_1 wie oben und $v_2 = \cos(\pi/2)x$ wählen können.)

Wir haben also die zweiparametrige Funktionenschar

(A) $$w(x) = w(x;a_1,a_2) = a_1\cdot(1-x^2) + a_2\cdot(1-x^4).$$

2. Berechnung des Defektes

Wir setzen (A) in die Differentialgleichung ein (Störfunktion nach links):

$$D(x) = D(x;a_1,a_2) = w'' + (1+x^2)\cdot w + 1 =$$

$$= -2a_1 - 12x^2a_2 + (1+x^2)\cdot[a_1(1-x^2) + a_2(1-x^4)] + 1,$$

sortiert nach den a ergibt sich weiter

$$= 1 + [-1-x^4]\cdot a_1 + [-12x^2 + (1+x^2)(1-x^4)]\cdot a_2.$$

3. Berechnung des Gleichungssystems

Wir setzen die Kollokationsstellen, also 1/5 und 3/5 für x im Defekt ein und bekommen dann die beiden Kollokationsgleichungen

$$D(1/5) = 1 - \frac{626}{625}\cdot a_1 + \frac{8724}{15625}\cdot a_2 = 0$$

$$D(3/5) = 1 - \frac{706}{625}\cdot a_1 - \frac{49004}{15625}\cdot a_2 = 0.$$

4. Lösen des Gleichungssystems

Die Lösung dieses linearen Gleichungssystem ist

$$a_1 = 0.97949, \quad a_2 = -0.03393,$$

so daß wir als Näherung für die Lösung der Randwertaufgabe bekommen (diese Werte in (A) einsetzen)

$$w(x) = 0.97949\cdot(1-x^2) - 0.03393\cdot(1-x^4).$$

<u>Beispiel 29</u>

Die Randwertaufgabe

$$y'' + (1+x^2)y = -1 \;;\quad y(-1) = y(1) = 0$$

soll mit dem Galerkin-Verfahren behandelt werden. Dabei soll ein zweiparametriger Ansatz aus Polynomen möglichst niedrigen Grades gewählt werden.

Lösung:

Diese Randwertaufgabe wurde als Beispiel 28 mit dem Kollokationsverfahren behandelt.

1. Bestimmung des Ansatzes: Siehe dort. Er lautet

$$w(x) = w(x;a_1,a_2) = a_1\cdot(1-x^2) + a_2\cdot(1-x^4).$$

2. Berechnung des Defektes: Siehe dort. Er lautet:

$$D(x) = 1 + [-1-x^4]\cdot a_1 + [-12x^2 + (1+x^2)(1-x^4)]\cdot a_2.$$

3. Berechnung des Gleichungssystems

Der Defekt ist orthogonal zu den Ansatzfunktionen zu setzen. Das gibt die beiden Galerkin-Gleichungen

$$\int_{-1}^{1} D(x)\cdot(1-x^2)\,dx = -\frac{152}{105}\cdot a_1 - \frac{16}{9}\cdot a_2 + \frac{4}{3} = 0$$

$$\int_{-1}^{1} D(x)\cdot(1-x^4)\,dx = -\frac{16}{9}\cdot a_1 - \frac{19904}{7\cdot 9\cdot 11}\cdot a_2 + \frac{8}{5} = 0$$

4. Lösen des Gleichungssystems

Die Lösung dieses linearen Gleichungssystem ist

$$a_1 = 0.98789, \quad a_2 = -0.05433,$$

so daß wir als Näherung für die Lösung der Randwertaufgabe bekommen

$$w(x) = 0.98789\cdot(1-x^2) - 0.05433\cdot(1-x^4).$$

Beispiel 30

Die Randwertaufgabe

$$y'' + (1+x^2)y = -1 \; ; \quad y(-1) = y(1) = 0$$

soll mit dem Fehler-Quadrat-Verfahren behandelt werden. Dabei soll ein zweiparametriger Ansatz aus Polynomen möglichst niedrigen Grades gewählt werden.

Lösung:

Diese Randwertaufgabe wurde als Beispiel 28 mit dem Kollokationsverfahren behandelt.

1. Bestimmung des Ansatzes: Siehe dort. Er lautet

$$w(x) = w(x;a_1,a_2) = a_1\cdot(1-x^2) + a_2\cdot(1-x^4).$$

2. Berechnung des Defektes: Siehe dort. Er lautet:

$$D(x) = 1 + [-1-x^4]\cdot a_1 + [-12x^2 + (1+x^2)(1-x^4)]\cdot a_2.$$

3. Berechnung des Gleichungssystems

Der Defekt ist orthogonal zu den Koeffizienten im Defekt. Das ergibt die beiden Fehler-Quadrat-Gleichungen

$$\int_{-1}^{1} D(x)\cdot(-1-x^4)\,dx = 3.02222\cdot a_1 + 9.16594\cdot a_2 - 2.4 = 0$$

$$\int_{-1}^{1} D(x)\cdot(-12x+(1+x^2)(1-x^4))\,dx = 9.16594\cdot a_1 + 46.27616\cdot a_2 - 6.019048 = 0$$

4. Lösen des Gleichungssystems

Die Lösung dieses linearen Gleichungssystem ist

$$a_1 = 1.00090, \quad a_2 = -0.06818,$$

so daß wir als Näherung für die Lösung der Randwertaufgabe bekommen

$$w(x) = 1.00909\cdot(1-x^2) - 0.06818\cdot(1-x^4).$$

Beispiel 31

Die Randwertaufgabe

$$y'' + (1+x^2)y = -1 \;; \quad y(-1) = y(1) = 0$$

soll zu Vergleichszwecken mit verschiedenen Verfahren behandelt werden.

Lösung:

Wir wiederholen die Ergebnisse, die sich in den vorigen Beispielen bei Verwendung eines 2-parametrigen Ansatzes ergeben haben:

Die Koeffizienten sind

Kollokation:	0.979486	-0.033935
Galerkin:	0.987770	-0.054327
Fehler-Quadrat:	1.000899	-0.068180
Galerkin2:	0.987770	-0.054327

Die Koeffizienten von Galerkin2 ergeben sich bei Verwendung des Ansatzes

$$a_1\cdot\cos(\pi/2\cdot x) + a_2\cdot\cos(3\pi/2\cdot x)$$

auch er genügt den Randbedingungen; diese Koeffizienten sind natürlich nicht mit denen für den Polynomansatz vergleichbar, lediglich die folgenden Funktionswerte sind es.

Um die Näherungen besser vergleichen zu können, folgen Wertetabellen der vier Näherungen

x=	-0.8	-0.6	-0.4	-0.2	0.0	0.2	0.4	0.6	0.8
Kol.:	0.3326	0.5973	0.7897	0.9064	0.9456	0.9064	0.7897	0.5973	0.3326
Gal.:	0.3235	0.5849	0.7768	0.8940	0.9334	0.8940	0.7768	0.5849	0.3235
FQu.:	0.3201	0.5812	0.7743	0.8928	0.9327	0.8928	0.7743	0.5812	0.3201
Gal2.:	0.3174	0.5876	0.7815	0.8928	0.9284	0.8928	0.7815	0.5876	0.3174

Die Übereinstimmung der Werte ist zweifellos überraschend gut.

Folgende Zahlen wurden ausnahmslos mit den entsprechenden Programmen aus *"Turbo-Pascal-Quelltexte zur Ingenieur-Mathematik"* berechnet.

Wir verwenden folgenden 5-parametrigen Ansatz für das Galerkin-, Fehler-Quadrat- und Kollokationsverfahren (da die Lösung eine gerade Funktion ist, nehmen wir nur gerade Potenzen):

$$w(x) = w(x) = a_1\cdot(1-x^2) + a_2\cdot(1-x^4) + \ldots + a_5\cdot(1-x^{10}).$$

Für das Kollokationsverfahren wurden die Kollokationsstellen ±1/7+0.1, ±3/7+0.1 und ±5/7+0.1

gewählt (symmetrisch zu 0 liegende Kollokationsstellen erzeugen ein singuläres Gleichungssystem).

Galerkin:	0.966026	-0.002824	-0.032132	0.000669	0.000315
Fehler-Quadrat:	0.966026	-0.002820	-0.032144	0.000682	0.000311
Kollokation:	0.966028	-0.002831	-0.032109	0.000634	0.000334
Galerkin2:	0.955737	-0.027309	0.004756	-0.001619	0.000740

Für "Galerkin2" wurden die Ansatzfunktionen $\cos(k\pi/2\cdot x)$ (k=1,3,5,7,9) benutzt. Diese Koeffizienten sind natürlich mit denen darüber nicht vergleichbar, lediglich die folgenden Werte w(x).

Das Differenzenverfahren wurde mit 10 Teilintervallen gerechnet; dann sind -1.0, -0.8, -0.6,..., 0.8, 1.0 Knoten. Dieselben Knoten wurden auch für das Finite-Elemente-Verfahren genommen.

Für das Schießverfahren wurde n=20 (= Schrittweite 0.1) genommen; gestartet wurde mit der Ableitung y'(-1)=0, dann y(1)=-1.31934458, für den zweiten Start mit y'(-1)=1 ergibt sich der Wert y(1)=-0.55955788. Extrapolation liefert die richtige Startableitung y'(-1)=1.7364670559; für sie liefert das Runge-Kutta-Nystroem-Verfahren $y(1)\approx-5.4\cdot10^{20}\approx0$, wie gewünscht. Es wurde unten nur jeder zweite der berechneten y-Werte ausgedruckt.

x=	-0.8	-0.6	-0.4	-0.2	0.0	0.2	0.4	0.6	0.8
Gal.:	0.3232	0.5861	0.7777	0.8934	0.9321	0.8934	0.7777	0.5861	0.3232
FQu.:	0.3232	0.5861	0.7777	0.8934	0.9321	0.8934	0.7777	0.5861	0.3232
Kol.:	0.3232	0.5861	0.7777	0.8934	0.9321	0.8934	0.7777	0.5861	0.3232
Dif.:	0.3260	0.5907	0.7832	0.8994	0.9382	0.8994	0.7832	0.5907	0.3260
FEM.:	0.3209	0.5819	0.7721	0.8870	0.9254	0.8870	0.7721	0.5819	0.3209
Sch.:	0.3232	0.5861	0.7777	0.8934	0.9321	0.8934	0.7777	0.5861	0.3232
Gal2:	0.3237	0.5858	0.7780	0.8932	0.9323	0.8932	0.7780	0.5858	0.3237

Es zeigt sich eine zweifellos beeindruckende Übereinstimmung aller Werte. Man vergleiche auch mit den oben für nur zwei Parameter gewonnenen Näherungen.

Beispiel 32

Die lineare Randwertaufgabe

$$(1+0.1\cdot x)\cdot y'' + 0.1\cdot y' + 16\cdot y = 0.1\cdot x^2,\quad y(0)=0,\quad y(1)=1$$

soll mit folgenden Verfahren behandelt werden:

a) Galerkin-Verfahren und Ritz-Verfahren

b) Fehler-Quadrat-Verfahren

c) Kollokationsverfahren

d) Differenzenverfahren

e) Finite-Elemente-Methode

f) Schießverfahren

Als Ansatz soll für a), b) und c) jeweils gewählt werden

$$w(x,a_1,a_2,\dots,a_n) = x + a_1x(x-1) + a_2x^2(x-1) + a_3x^3(x-1) + \dots + a_nx^n(x-1)$$

Dabei sollen zunächst n=2 Parameter genommen werden.

Lösung:

Der Defekt lautet in diesem Falle nach "Sortierung"

$$D(x)=D(x,a_1,a_2)=(0.1+16x-0.1x^2)+a_1\cdot(1.9-15.6x+16x^2)+a_2\cdot(-2+5.6x-15.1x^2+16x^3).$$

a) Das Ritz-Verfahren ist mit dem Galerkin-Verfahren identisch, da die Randwertaufgabe selbstadjungiert ist und die Randbedingungen wesentlich sind.

Die Galerkin-Gleichungen lauten

$$(1)\qquad \int_0^1 D(x)\cdot x\cdot(x-1)\,dx = 0$$

$$(2)\qquad \int_0^1 D(x)\cdot x^2(x-1)\,dx = 0$$

In diesem Falle ergibt sich sich (nach Multiplikation mit 21000)

$$(1)\quad 3850\ a_1 + 1855\ a_2 = 28245$$
$$(2)\quad 1855\ a_1 + 190\ a_2 = 16905$$

Die Lösung dieses Gleichungssystems lautet gerundet $a_1=9.5929$, $a_2=-4.6834$.

b) Die sich nach dem Fehler-Quadrat-Verfahren ergebenden Gleichungen lauten

$$(1)\qquad \int_0^1 D(x)\cdot(1.9-15.6x+16x^2)\,dx = 0$$

$$(2)\qquad \int_0^1 D(x)\cdot(-2+5.6x-15.1x^2+16x^3)\,dx = 0$$

In diesem Falle ergibt sich sich nach Multiplikation mit 21000

$$(1)\quad 36890\ a_1 + 22820\ a_2 = 85050$$
$$(2)\quad 22820\ a_1 + 54322\ a_2 = -96712$$

Die Lösung dieses Gleichungssystems lautet gerundet $a_1=4.6030$, $a_2=-3.7140$.

c) Die sich nach dem Kollokationsverfahren unter Verwendung der Kollokationsstellen 1/3 und 2/3 ergebenden Gleichungen lauten

$$(1)\qquad D(1/3,a_1,a_2) = 0$$
$$(2)\qquad D(2/3,a_1,a_2) = 0$$

In diesem Falle ergibt sich sich nach Multiplikation mit 270

$$(1)\quad 411\ a_1 + 329\ a_2 = 1464$$
$$(2)\quad 375\ a_1 + 64\ a_2 = 2895$$

Die Lösung dieses Gleichungssystems lautet gerundet $a_1=8.8467$, $a_2=-6.6018$.

d) Wir wählen die Schrittweite $h=1/3$. Ersetzt man die Ableitungen durch die entsprechenden zentralen Differenzenquotienten, so erhält man folgendes Gleichungssystem zur Berechnung der

Näherungen y_1 für y(1/3) und y_2 für y(2/3) (y(0)=0, y(1)=1 sind bereits eliminiert):

$$(1)\quad -2.60\ y_1 + 9.45\ y_2 = 1/90$$

$$(2)\quad 9.45\ y_1 - 3.20\ y_2 = -873.5/90$$

mit der Lösung (gerundet) $y_1=-1.1321$, $y_2=-0.3103$.

e) Das Verfahren ist im Abschnitt über das Ritz-Verfahren beschrieben.

Selbstadjungierte Form der Differentialgleichung ist

$$-(-(1+0.1\cdot x)\cdot y')' + 16\cdot y = 0.1\cdot x^2.$$

Da für unsere Formeln die Randbedingungen homogen sein müssen, sind sie zu homogenisieren. Das ist in Beispiel 10 gemacht (siehe dort). Man bekommt dann für u(x):=y(x)-x die Randwertaufgabe

$$(*)\quad ((1+0.1\cdot x)\cdot u')' + 16\cdot u = 0.1\cdot x^2-16\cdot x-0.1,\ u(0)=u(1)=0.$$

Wir wählen n=3 Teilintervalle, dann sind die Knotenstellen der Splinefunktionen 1/3 und 2/3. Das Gleichungssystem zur Berechnung der Koeffizienten der Spline-Funktion lautet nach Multiplikation mit 810

$$(1)\quad -2142\ a_1 + 3271.5\ a_2 = -1463.5$$

$$(2)\quad 3271.5\ a_1 - 2304.5\ a_2 = -2894.5$$

mit der Lösung (gerundet) $a_1=-2.2265$, $a_2=-1.9051$.

Die lineare Splinefunktion lautet daher

$$s(x) = -2.2265\cdot s_1(x) - 1.9051\cdot s_2(x)$$

Sie ist Näherung der Lösung u der Randwertaufgabe (*), damit gilt

$u(1/3)\approx s(1/3)=-2.2265$, $u(2/3)\approx s(2/3)=-1.9051$.

Für die Lösung y der gegebenen Randwertaufgabe gilt y(x)=u(x)+v(x), so daß für deren Näherung gilt $y(1/3)\approx-2.2265+1/3\approx-1.8932$, $y(2/3)\approx-1.9051+2/3\approx-1.2385$.

Folgende Tabelle enthält zu Vergleichszwecken die Werte der gewonnenen Näherungen in den genannten Punkten x sowie die mit den Verfahren d) und e) gewonnenen Werte.

x =	0.1	0.2	0.3	1/3	0.4	0.5	0.6	2/3	0.7	0.8	0.91
Gal.:	−0.72	−1.18	−1.42		−1.45	−1.31	−1.03		−0.63	−0.14	0.42
FQu.:	−0.28	−0.42	−0.43		−0.35	−0.19	0.03		0.28	0.54	0.79
Kol.:	−0.64	−1.00	−1.14		−1.09	−0.89	−0.57		−0.19	0.23	0.64
Dif.:				−1.13				−0.31			
FEM.:				−1.89				−1.24			

Beispiel: Für die nach dem Galerkin-Verfahren unter a) berechnete Näherung ist

$$w(x) = x + 9.5929\cdot x\cdot(x-1) - 4.6834\cdot x^2(x-1) \text{ und } w(0.3)\approx-1.42.$$

Man sieht die z.T. großen Unterschiede der w(x) und folglich auch dieser Funktionswerte. Ein Grund ist natürlich, daß nur 2 Parameter sehr dürftig sind. Wenn man n=5 in den Ansätzen nimmt, bekommt man für die jeweils 5 Parameter

Galerkin	6.88496416	6.84901120	-10.34201999	-5.51051886	5.09693380
Kollokation	6.89710323	6.73354468	-10.14663916	-5.46810494	4.94560422
Fehler-Quadrat	6.89710480	6.73364719	-10.14728140	-5.46701415	4.94505386

Beispiel: Das Kollokationsverfahren c) liefert die Näherung (auf 3 Stellen gerundet)

$$w(x)=x+6.835x(x-1)+6.985x^2(x-1)-10.379x^3(x-1)-5.853x^4(x-1)+5.469x^5(x-1).$$

Man erkennt hier eine recht gute Übereinstimmung der Näherungen. Deren Werte an den Stellen x lauten nun

x =	0.1	0.2	0.3	0.4	0.5	0.6	0.7	0.8	0.9
Gal.:	-0.572	-1.049	-1.359	-1.459	-1.338	-1.018	-0.549	-0.002	0.540
Kol.:	-0.572	-1.048	-1.358	-1.458	-1.338	-1.019	-0.550	-0.003	0.540
FQu.:	-0.572	-1.048	-1.358	-1.458	-1.338	-1.019	-0.550	-0.003	0.540
Dif.:	-0.561	-1.028	-1.330	-1.423	-1.298	-0.976	-0.511	0.027	0.556
FEM.:	-0.583	-1.071	-1.391	-1.499	-1.382	-1.061	-0.587	-0.032	0.524

Die unter d) Differenzenverfahren und e) Methode der Finiten Elemente genannten Werte sind mit n=10 Teilintervallen berechnet worden, die dann genau die Näherungen an den Stellen x ergeben.

Folgende Tabelle enthält die entsprechenden Werte, wenn man n=10 Parameter nimmt: Die Spalten enthalten die Parameter bei Anwendung der Verfahren a), b) und c).

a	b	c
6.898398	6.898397	6.898404
6.603461	6.603472	6.603324
-9.105568	-9.105730	-9.104323
-7.546537	-7.545417	-7.553114
4.921777	4.917514	4.943186
2.947954	2.957524	2.903809
-1.359294	-1.372235	-1.301645
-0.908471	-0.898170	-0.954526
0.605997	0.601581	0.626454
-0.097748	-0.096970	-0.101601

Beispiel: Ein 10-parametriger Ansatz liefert beim Galerkin-Verfahren a) die Näherung (gerundet)

$$w(x) = x+6.898x(x-1)+6.603x^2(x-1)-9.106x^3(x-1)-7.547x^4(x-1)+4.922x^5(x-1)$$
$$+2.948x^6(x-1)-1.359x^7(x-1)-0.908x^8(x-1)+0.606x^9(x-1)-0.098x^{10}(x-1)$$

Man sieht hier eine sehr gute Übereinstimmung in den Werten. Die Funktionswerte der Näherungen stehen in der Tabelle am Ende des Beispiels.

f) Schießverfahren

Da die Randwertaufgabe linear ist, muß nur einmal extrapoliert werden.

Das Schießverfahren liefert, wenn man die Schrittweite 0.05 wählt, am Ende als Näherungen die in der Tabelle unten in der letzten Zeile genannten Werte. Es ist übrigens die "richtige" Ableitung y'(0)=-5.8985626178. Dann ergibt sich für y(1) der Wert 1.00000000000000.

Zur Berechnung:

Wenn man den ersten Durchlauf mit y'(0)=0 startet ($v_1=0$ beim Schießverfahren) ergibt sich die

Näherung η_1=0.0047332344 für y(1), Start des zweiten Durchlaufs mit $y'(0)=v_2=1$ liefert die Näherung η_2=−0.1639971547 für y(1). Extrapolation ergibt den richtigen Startwert

$$v_0 = 0 + \frac{1-0}{-0.16399...-0.00473...}\cdot(1-0.00473...) = -5.8985626178.$$

Folgende Tabelle gibt die Werte der Näherungsfunktionen in den Punkten x (1.Zeile) an, wobei jeweils n=10-paramterige Ansätze für a) w(x) der Ritz-Galerkin-Näherung (diese Näherung ist oben ausgedruckt), b) Fehler-Quadrat-Verfahren, c) Kollokationsverfahren, d) Differenzenverfahren (zentrale Differenzenquotienten), e) Finite-Elemente (Splinefunktionen 1. Grades), diese beiden stehen oben schon einmal, f) enthält die Werte, die sich beim Schießverfahren ergeben (mit h=0.05 gerechnet, aber nur jede 2. Zahl gedruckt).

x =	0.1	0.2	0.3	0.4	0.5	0.6	0.7	0.8	0.9
a)	−0.571460	−1.048515	−1.359432	−1.459859	−1.338498	−1.017565	−0.548254	−0.002147	0.539948
b)	−0.571460	−1.048515	−1.359432	−1.459859	−1.338498	−1.017565	−0.548254	−0.002147	0.539948
c)	−0.571460	−1.048515	−1.359432	−1.459859	−1.338498	−1.017565	−0.548253	−0.002147	0.539948
d)	−0.560966	−1.027968	−1.329911	−1.423260	−1.297647	−0.976188	−0.510752	0.026829	0.556089
e)	−0.583165	−1.071147	−1.391485	−1.499014	−1.381585	−1.060646	−0.586862	−0.031699	0.523609
f)	−0.571468	−1.048531	−1.359455	−1.459887	−1.338529	−1.017596	−0.548281	−0.002168	0.539936

Diese Zahlen sind natürlich mit einem Computer berechnet worden. Alle nötigen Prozeduren (u.a. Differentialgleichung und Randwerte einlesen, Ansatz für beliebiges n erzeugen, Berechnung der Integranden, Integrationen - es wurde Gauß-Quadratur benutzt- , Aufstellen der Gleichungssysteme, Lösung der Gleichungssysteme, Berechnung der Werte der Näherungsfunktionen und alle Ausgaben und Bilder) sowie die fertigen Programme hierzu stehen in *"Turbo-Pascal-Quelltexte zur Ingenieur-Mathematik"*; mit diesen wurden alle Werte berechnet.

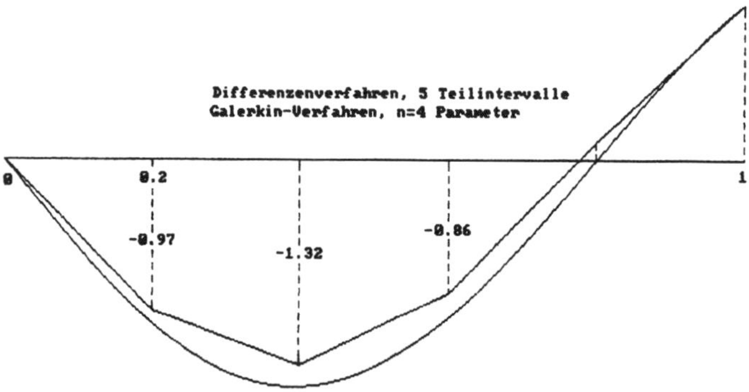

Beispiel 33

Folgende Eigenwertaufgabe soll mit dem Kollokationsverfahren behandelt werden:

$$-y'' = \lambda\cdot(2+\cos x)\cdot y; \quad y(0) = 0,\ y(\pi) = 0.$$

Als Kollokationsstellen werden $\pi/3$ und $2\pi/3$ gewählt.

Lösung:

Diese Aufgabe entsteht bei der Berechnung von Knicklasten für nicht-konstantes Trägheitsmoment. Diese Aufgabe wird als Beispiel 34 mit dem Galerkin-Verfahren behandelt.

1. Bestimmung eines Ansatzes

   Da die Randbedingungen homogen sind (eine Eigenwertaufgabe ist immer vollhomogen), müssen zwei (da zwei Kollokationsstellen) linear unabhänige Funktionen bestimmt werden, die bei 0 und π Nullstellen haben (Randbedingungen). Das sind z.B. $\sin x$ und $\sin 2x$.

   Wir nehmen also den Ansatz

   $$w(x) = w(x;a,b) = a\cdot\sin x + b\cdot\sin 2x.$$

2. Berechnung des Defektes

   Wir setzen w in die Differentialgleichung ein (rechte Seite nach links) und bekommen dann den Defekt:

   $$D(x) = D(x;a,b) = -w'' - \lambda\cdot(2+\cos x)\cdot w =$$
   $$= [\sin x - \lambda\cdot(2+\cos x)\cdot\sin x]\cdot a + [4\cdot\sin 2x - \lambda\cdot(2+\cos x)\cdot\sin 2x]\cdot b.$$

3. Bestimmung des Gleichungssystems

   Wir setzen die Kollokationsstellen in D ein und bekommen nach Multiplikation mit $\pm 4\sqrt{3}$ (wir schreiben Λ für die so entstehende Näherung für λ):

   $$(2-5\Lambda)\cdot a + (8-5\Lambda)\cdot b = 0$$
   $$(2-3\Lambda)\cdot a + (-8+3\Lambda)\cdot b = 0$$

4. Berechnung der Eigenwerte

   Da die triviale Lösung (a und b gleich 0) die Näherung w = 0 liefert, also die triviale Lösung der Randwertaufgabe, ist die Frage: Für welche Λ hat dieses Gleichungssystem nicht-triviale Lösungen? Das ist der Fall genau dann wenn die Koeffizientendeterminante verschwindet; das ergibt die Gleichung

   $$-30\cdot\Lambda^2 + 80\cdot\Lambda - 32 = 0.$$

   Deren Lösungen sind 0.49005929 und 2.17660738; dieses sind die Näherungen für zwei Eigenwerte der Eigenwertaufgabe. Zu 0.4900 gehöriger Eigen*vektor* ist $(1.00000000, 0.08113883)^T$, so daß die entsprechende Näherung für eine Eigen*funktion* lautet

   $$w(x) = \sin x + 0.08113883\cdot\sin 2x.$$

Wenn man einen n=6-parametrigen Ansatz nimmt (Ansatzfunktionen sin kx) und die 6 Kollokationsstellen äquidistant ($k\cdot\pi/7$), so bekommt man folgende 6 Näherungen für die Eigenwerte:

0.49003569, 2.05934741, 4.65444743, 8.27962586, 13.15982672, 22.26980518.

Eigenfunktion-Näherung zum ersten Eigenwert 0.49... ist

$$\sum_{k=1}^{6} c_k\cdot\sin kx,$$ wobei die 6 Koeffizienten lauten

-1.00000000 -0.08133536 -0.00248613 -0.00004056 -0.00000041 -0.00000000.

Es zeigt sich, daß sich praktisch dieselben Werte wie beim Galerkin-Verfahren ergeben.

Diese Werte wurden mit einem der Programme aus *"Turbo-Pascal-Quelltexte zur Ingenieur-Mathematik"* berechnet.

Beispiel 34

Man berechne mit dem Galerkin-Verfahren eine Näherung für zwei Eigenwerte der Eigenwertaufgabe

$$-y'' = \lambda\cdot(2+\cos x)\cdot y;\quad y(0) = 0,\ y(\pi) = 0.$$

Lösung:

Siehe auch Beispiel 33, wo diese Aufgabe mit dem Kolokationsverfahren behandelt wird.

Das Galerkin-Verfahren liefert für denselben Ansatz

$$w(x) = w(x;a,b) = a\cdot\sin x + b\cdot\sin 2x\ .$$

das Gleichungssystem

$$\int_0^\pi D(x)\cdot\sin x\,dx = 0,\qquad \int_0^\pi D(x)\cdot\sin 2x\,dx = 0.$$

Der Defekt D(x) ist natürlich derselbe wie beim Kollokationsverfahren.

Integration ergibt das System (nach Multiplikation mit $4/\pi$)

(1) $(2-4\Lambda)\cdot a + (0-\Lambda)\cdot b = 0$
(2) $(0-\Lambda)\cdot a + (8-4\Lambda)\cdot b = 0$

Das System hat nicht-triviale Lösungen, wenn die Koeffizientendeterminante $15\cdot\Lambda^2-40\cdot\Lambda+16=0$ ist. Die Eigenwertnäherungen sind daher 0.49005929 und 2.17660738. Zu ersterem gehört als Eigenvektor $(1.00000000\ ,\ 0.08113883)^T$. Es ergeben sich also dieselben Werte wie beim Kollokationsverfahren.

Nimmt man den n=6-parametrigen Ansatz mit den Ansatzfunktionen sin kx, so bekommt man als entsprechende Eigenwertnäherungen

0.49003569, 2.05934741, 4.65444743, 8.27962586, 13.15982672, 22.26980518.

Eigenfunktion zur ersten: 0.499... ist

$$\sum_{k=1}^{6} c_k\cdot\sin kx,$$ wobei die 6 Koeffizienten lauten

-1.00000000 -0.08133536 -0.00248613 -0.00004056 -0.00000041 -0.00000000.

Es zeigt sich, daß sich praktisch dieselben Werte wie beim Kollokatonsverfahren ergeben.

Dies Werte wurden mit einem der Programme aus *"Turbo-Pascal-Quelltexte zur Ingenieur-Mathematik"* berechnet.

Beispiel 35

Gegeben sei die Eigenwertaufgabe

$$-y'' = \lambda\cdot(2+\cos x)\cdot y;\quad y(0) = 0,\ y(\pi) = 0.$$

Man berechne die Rayleigh-Quotienten R(u) zu den Funktionen $u(x)=\sin kx,\ k=1,\dots,4$.

Lösung:

Diese u genügen den Randbedingungen: Sie sind die Ansatzfunktionen in Beispiel 33 und 34, in denen diese Aufgabe ebenfalls behandelt wird.

Es ist für $u(x)=\sin x$, da $L(y)=-y''$ und $M(y)=(2+\cos x)\cdot y$:

$$\langle u,u\rangle = \int_0^\pi p(x)\cdot u''(x)\cdot u(x)\,dx = \int_0^\pi (-1)\cdot(-\sin x)\cdot \sin x\,dx = \frac{\pi}{2}$$

$$(u,u) = \int_0^\pi (2+\cos x)\cdot u(x)\cdot u(x)\,dx = \int_0^\pi (2+\cos x)\cdot \sin^2 x\,dx = \pi$$

Daher ergibt sich der Rayleigh-Quotient:

$$R(u) = \frac{\langle u,u\rangle}{(u,u)} = \frac{\pi/2}{\pi} = \frac{1}{2}.$$

Da die Aufgabe volldefinit ist, ist R(u) eine obere Schranke für den kleinsten Eigenwert (alle Eigenwerte sind positiv).

Analog berechnet man die weiteren Rayleigh-Quotienten:

Für $u(x) = \sin 2x$ erhält man folgende Werte:

$$\langle u,u\rangle = \int_0^\pi (-1)\cdot(-4\cdot\sin 2x)\cdot\sin 2x\,dx = 2\pi, \quad (u,u) = \int_0^\pi (2+\cos x)\cdot \sin 2x\,dx = \pi,$$

also R(u) = 2. Es ergeben sich insgesamt folgende Werte:

u(x)	sin x	sin 2x	sin 3x	sin 4x
R(u)	0.5	2	4.5	8

Sie alle sind obere Schranken für den kleinsten Eigenwert. Ob der zweite Rayleigh-Quotient sogar obere Schranke für den zweiten Eigenwert ist, ist nicht sicher; allerdings wird er eine brauchbare Näherung für ihn sein.

<u>Beispiel 36</u>

Die folgende Eigenwertaufgabe soll mit dem Galerkin-Verfahren behandelt werden

$$-(x^2+1)\cdot y'' + 6x\cdot y' = \lambda\cdot y, \quad y(-1) = y(1) = 0.$$

Dabei soll ein zweiparametriger Ansatz aus ganzrationalen Funktionen möglichst niedrigen Grades verwendet werden.

Lösung:

1. Bestimmung des Ansatzes

Der Ansatz soll

$$w(x) = a\cdot v_1(x) + b\cdot v_2(x)$$

lauten, wobei die v_i Polynomfunktionen (ganzrationale Funktionen) möglichst niedrigen Grades sein sollen, die linear unabhängig sein müssen und die zugehörigen homogenen (*sind* beide homogen) Randbedingungen erfüllen: Eine Funktion $v_0(x)$ "entfällt", da die Randbedingungen (wie stets bei einer Eigenwertaufgabe) homogen sind.

Als Ansatzfunktionen wählen wir

$$v_1(x) = x^2-1,\ v_2(x) = x\cdot(x^2-1).$$

Sie erfüllen die Randbedingungen und sind linear unabhängig sowie von minimalem Grad. Wir haben daher den zweiparametrigen Ansatz

$$w(x) = a\cdot(x^2-1) + b\cdot x\cdot(x^2-1).$$

2. Berechnung des Defektes

Wir setzen w in die Differentialgleichung ein, das ergibt den Defekt (rechte Seite nach links)

$$D(x;a,b) = -(x^2+1)w'' + 6xw' - \lambda w =$$

$$= -(x^2+1)\cdot[2a+6bx] + 6x\cdot[2ax+b(3x^2-1)] - \lambda[a(x^2-1)+b(x^3-x)]$$

$$= a\cdot[-2+10x^2 - \lambda(x^2-1)] + b\cdot[-12x+12x^3 - \lambda(x^3-x)].$$

3. Berechnung der Galerkinschen Gleichungen

a) Defekt orthogonal zur ersten Ansatzfunktion:

$$\int_{-1}^{1} D(x;a,b)\cdot(x^2-1)\,dx = 0.$$

Wir lassen die ungeraden Potenzen in der Summe im Integranden fort, da sie das Integral 0 ergeben und bekommen weiter

$$= \int_{-1}^{1} a\cdot[(10x^4-12x^2+2) - \Lambda(x^4-2x^2+1)]\,dx = -\frac{16}{15}\cdot\Lambda\cdot a = 0$$

wobei Λ die Näherung für λ bedeute.

b) Defekt orthogonal zur zweiten Ansatzfunktion:

$$\int_{-1}^{1} D(x;a,b)\cdot(x^3-x)\,dx = \left(\frac{64}{35} + \frac{16}{105}\cdot\Lambda\right)\cdot b = 0$$

Das entstandene Gleichungssystem lautet demnach (man bringe die Terme mit Λ nach rechts)

(*) $A\cdot\vec{c}=\Lambda\cdot B\cdot\vec{c}$, wobei $\vec{c} := (a,b)^T$ und

$$A = \begin{pmatrix} 0 & 0 \\ 64/35 & 0 \end{pmatrix} \quad B = \begin{pmatrix} 16/15 & 0 \\ 0 & -16/105 \end{pmatrix}.$$

(*) ist eine "verallgemeinerte" Eigenwertaufgabe. Wenn man von links mit B^{-1} multipliziert, bekommt man eine spezielle (gewöhnliche) Eigenwertaufgabe. Hier lautet das System ausgeschrieben (nach geeigneten Multiplikationen)

(a) $\Lambda\cdot a = 0$

(b) $(-12+\Lambda)\cdot b = 0$

und hat nichttriviale Lösungen $(a,b) \neq (0,0)$ genau dann wenn seine Koeffizientendeterminate verschwindet, wenn also $\Lambda\cdot(-12+\Lambda) = 0$ ist. Daher sind die beiden Zahlen 0 und 12 als Näherungen für zwei Eigenwerte zu betrachten (was man dem Gleichungssystem auch sofort entnehmen kann).

Wir wollen noch Ergebnisse notieren, die sich bei einem Ansatz mit n Parametern ergeben. Dazu wurde obiger Ansatz entsprechend fortgeführt:

$$w(x) = \sum_{i=1}^{n} c_i x^{i-1}(x^2-1)$$

Für n=4 bekommt man folgende Näherungen für die ersten beiden Eigenwerte bei Verwendung verschiedener Verfahren:

	λ	λ	
Galerkin	1.03	12.0	
Kollokation	1.00	12.0	
Ritz	0.98	12.0	
Finite Elem.	1.12	13.8	
Differenzen	0.95	10.7	(zentrale Differenzenquotienten)
Rayleigh-Qu.	1.08	12.0	

Bemerkung:

Ritz- und Finite-Elemente-Verfahren setzen selbstadjungierte Eigenwertaufgaben voraus. Um diese zu erzeugen, muß die Differentialgleichung mit $(x^2+1)^{-4}$ multipliziert werden:

$$-\frac{1}{(x^2+1)^3}\cdot y'' + \frac{6\cdot x}{(x^2+1)^4}\cdot y' = \lambda\cdot\frac{1}{(x^2+1)^4}\cdot y,\quad y(-1) = y(1) = 0.$$

Probe: Der Faktor von y' ist Ableitung des Faktors von y".

Die beiden Rayleigh-Quotienten sind die für die ersten beiden Ansatzfunktionen $u(x)=(x^2-1)$ bzw. $u(x)=x\cdot(x^2-1)$: Für die erste, $u(x)=x^2-1$, erhält man (selbstadjungierte Form nehmen, Integrale wurden mit Gauß-Quadratur berechnet)

$$\langle u,u\rangle = \int_{-1}^{1}[-(x^2+1)^{-3}\cdot u''(x)+6x\cdot(x^2+1)^{-4}\cdot u'(x)]\cdot u(x)\,dx = 0.785397$$

$$(u,u) = \int_{-1}^{1}(x^2+1)^{-4}\cdot u(x)\cdot u(x)\,dx = 0.726034$$

so daß $R(u) = \langle u,u\rangle/(u,u) \approx 1.08$; das ist eine obere Schranke für den kleinsten Eigenwert. Für $u(x)=x\cdot(x^2-1)$ bekommt man analog $\langle u,u\rangle=0.712391$, $(u,u)=0.059365$, also $R(u)\approx 12.00$ (genauer gerechnet: $R(u)\approx 12.00019$).

Alle folgenden Zahlen und Bilder wurden mit den Programmen aus *"Turbo-Pascal-Quelltexte zur Ingenieur-Mathematik"* berechnet bzw. gezeichnet.

Wir wollen die Zwischenergebnisse angeben, die bei Verwendung des Galerkin-Verfahrens entstehen: Das entstehende Matrizen-Eigenwertproblem lautet

$$A\cdot\vec{c} = \lambda\cdot\vec{c},$$

wobei $\vec{c}$ der Vektor der Koeffizienten c_i in der Ansatzfunktion ist. Die nötigen Integrationen wurden übrigens mit Gauß-Quadratur durchgeführt:

$$A = \begin{pmatrix} 0.00000000 & -0.00000000 & 1.82857143 & 0.00000000 \\ 0.00000000 & 1.82857143 & 0.00000000 & 1.42222222 \\ -0.60952381 & 0.00000000 & 1.21904762 & 0.00000000 \\ 0.00000000 & 0.60952381 & 0.00000000 & 0.94199134 \end{pmatrix}$$

$$B = \begin{pmatrix} 1.06666667 & -0.00000000 & 0.15238095 & 0.00000000 \\ -0.00000000 & 0.15238095 & 0.00000000 & 0.05079365 \\ 0.15238095 & 0.00000000 & 0.05079365 & 0.00000000 \\ 0.00000000 & 0.05079365 & 0.00000000 & 0.02308802 \end{pmatrix}$$

Multiplikation mit B^{-1} von links liefert die folgende spezielle Matrizen-Eigenwertaufgabe

$H \cdot \vec{c} = \lambda \cdot \vec{c}$, wobei

$$H = \begin{pmatrix} 3.00000000 & 0.00000000 & -3.00000000 & -0.00000000 \\ 0.00000000 & 12.00000000 & -0.00000000 & -16.00000000 \\ -21.00000000 & -0.00000000 & 33.00000000 & 0.00000000 \\ -0.00000000 & -0.00000000 & 0.00000000 & 76.00000000 \end{pmatrix}$$

Dieses Matrizen-Eigenwertproblem ist nun zu behandeln. Es wurde hier folgendermaßen bearbeitet: Householder-Transformation: Es ergibt sich die Hessenberg-Matrix (Leerplätze 0)

$$\begin{pmatrix} 3.00000000 & -3.00000000 & -0.00000000 & -0.00000000 \\ -21.00000000 & 33.00000000 & 0.00000000 & 0.00000000 \\ & 0.00000000 & 54.00558776 & -39.43068904 \\ & & -23.43068904 & 33.99441224 \end{pmatrix}$$

Sie zerfällt übrigens wegen der 0 auf der Subdiagonale.

2. Anwendung des QR-Verfahrens mit Wilkinson-Shifts. Dann ergibt sich nach 3 QR-Iterationsschritten aus dieser die zu H ähnliche Dreiecks-Matrix

$$P = \begin{pmatrix} 1.02943725 & 18.00000000 & -0.00000000 & -0.00000000 \\ & 34.97056275 & -0.00000000 & 0.00000000 \\ & & 76.00000000 & 16.00000000 \\ & & & 12.00000000 \end{pmatrix}$$

Sie ist obere Dreiecksmatrix (das betragsgrößte Element unter der Diagonale hat einen Betrag $\approx 8 \cdot 10^{-19}$); die Diagonale besteht aus den Eigenwerten von H, das sind die Eigenwertnäherungen der gegebenen Eigenwertaufgabe.

Man kann nun noch die zugehörigen Eigenvektoren berechnen. Das wurde mit Inverser Iteration nach Wielandt gemacht (als Shift σ wurden die Eigenwerte, um 10^{-10} geändert genommen, als Startvektor $(1,0,0,0)^T$). So erhält man z.B. nach 3 Iterationen folgenden (normierten) Eigenvektor zum kleinsten Eigenwert $\approx$ 1.029...:

$$\vec{c} = (-1.00000000\ ,\ 0.00000000\ ,\ -0.65685425\ ,\ -0.00000000)^T$$

Daher lautet die Näherung einer Eigenfunktion zu dieser Eigenwertnäherung

$$w(x) = -(x^2-1) - 0.657 \cdot x^2 \cdot (x^2-1)\,.$$

Das Kollokationsverfahren ergibt als Eigenfunktions-Näherung zum kleinsten Eigenwert

$$w(x) = -(x^2-1) - 0.542 \cdot x^2 \cdot (x^2-1)\,.$$

Für n=8 bekommt man folgende Näherungen für die ersten beiden Eigenwerte bei Verwendung derselben Verfahren:

	λ	λ
Galerkin	0.975	12.00
Kollokation	0.975	12.00
Ritz	0.975	12.00
Finite Elem.	1.018	12.51
Differenzen	0.968	11.59

Es ist übrigens $v_2(x) = x \cdot (x^2-1)$ (exakte) Eigenfunktion zum (exakten) Eigenwert 12. Daher kommt es, daß die ersten drei Verfahren diesen liefern - die Eigenfunktion "steckt mit im Ansatz".

Folgende Bilder zeigen die gewonnen Näherungen für Eigenfunktionen.

Man beachte dabei, daß die Eigenfunktionen nur bis auf konstante Faktoren ($\neq 0$) eindeutig sind. Das erste Bild zeigt Eigenfunktionen zu den ersten 5 Eigenwertnäherungen, berechnet mit dem Galerkin-Verfahren und einem n=8-parametrigen Ansatz w(x) (s.o.). Es handelt sich (in der selbstadjungierten Form) um eine Sturm-Liouvillesche Eigenwertaufgabe. Daher sind alle Eigenwerte positiv und die zum k-ten Eigenwert gehörige Eigenfunktion hat k-1 Nullstellen in (-1,1): Die zur Eigenwertnäherung 0.98 gehörige also keine, die zu 12 gehörige eine usw. Außerdem liegen zwischen je zwei Nullstellen von z.B. der zum 3. Eigenwert gehörigen Eigenfunktionen je eine Nullstelle der zum 4. Eigenwert gehörigen Eigenfunktion.

Das zweite Bild zeigt die mit Finite-Elemente-Verfahren gewonnene Näherung einer Eigenfunktion zur Eigenwertnäherung 12. Die mit dem Differenzenverfahren gewonnene Näherung ist mit dieser praktisch identisch.

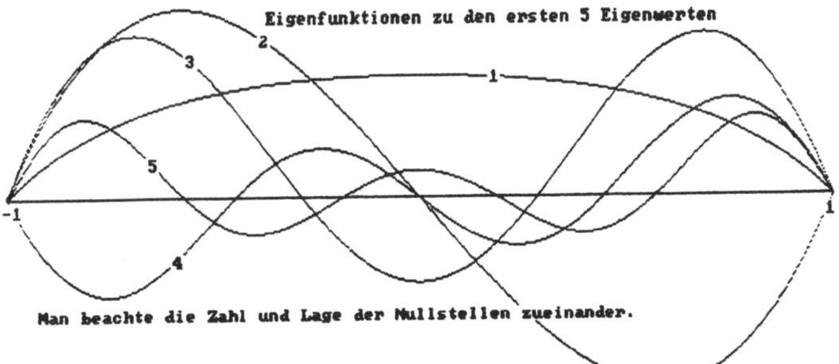

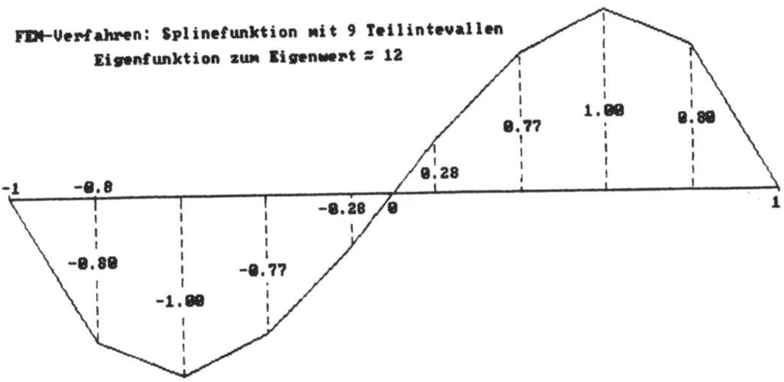

Beispiel 37

Mit dem Galerkin-Verfahren sollen Näherungen für zwei Eigenwerte der folgenden Eigenwertaufgabe berechnet werden:

$$-y'' = \lambda\cdot y, \quad y(0) = 0, \quad y'(1) + y(1) = 0$$

Lösung:

Es handelt sich um die Differentialgleichung des Eulerschen Knickstabs.

1. Bestimmung eines Ansatzes

Es soll ein zweiparametriger Ansatz aus Polynomen benutzt werden. Da er zwei Randbedingungen genügen muß, ist er aus einem Ansatz mit 4 Parametern (Grad 3) zu berechnen, denn die beiden Randbedingungen legen dann zwei dieser Parameter fest:

$$w(x) = a + bx + cx^2 + dx^3$$

Die beiden Randbedingungen ergeben

$$\begin{aligned} w(0) &= a &= 0 \\ w'(1)+w(1) &= a + 2b + 3c + 4d &= 0 \end{aligned}$$

Es folgt

$$2b + 3c + 4d = 0.$$

Wir setzen c und d "beliebig", d.h. als Parameter (dann besteht der Ansatz aus einer Linearkombination eines Polynoms 3. und 4. Grades):

$$2b = -3c - 4d$$

Setzt man alles in w(x) ein, bekommt man den Ansatz

$$w(x) = (-\tfrac{3}{2}c - 2d)\cdot x + cx^2 + dx^3 = c\cdot(x^2 - \tfrac{3}{2}x) + d\cdot(x^3 - 2x)$$

Wir benennen der Einfachheit wegen um: a:=c/2, b:=d/2 und bekommen endgültig

$$w(x) = a\cdot(2x^2-3x) + b\cdot(2x^3-4x).$$

2. Berechnung des Defektes

Der Defekt ergibt sich durch Einsetzen des Ansatzes w in die Differentialgleichung (rechte Seite nach links):

$$D(x;a,b) = -w'' - \lambda w = a\cdot[-4 - \lambda(2x^2-3x)] + b\cdot[-12x - \lambda(2x^3-4x)].$$

3. Galerkin-Gleichungen berechnen

Wir schreiben Λ für die so entstehenden Näherungen für λ.

a) Defekt orthogonal zur ersten Ansatzfunktion:

$$\int_0^1 D(x;a,b)\cdot(2x^2-3x)\,dx = 0.$$

Das ergibt nach Integration die Galerkin-Gleichung

$$a\cdot(\tfrac{10}{3} - \tfrac{4}{5}\cdot\Lambda) + b\cdot(6 - \tfrac{22}{15}\cdot\Lambda) = 0.$$

b) Defekt orthogonal zur zweiten Ansatzfunktion:

$$\int_0^1 D(x;a,b)\cdot(x^3-2x)\,dx = 0.$$

Integration liefert die zweite Galerkin-Gleichung

$$a\cdot(6 - \frac{22}{15}\cdot\Lambda) + b\cdot(\frac{56}{5} - \frac{284}{105}\cdot\Lambda) = 0.$$

Es entsteht also das verallgemeinerte Matrizen-Eigenwert-Problem

(*) $A\cdot\vec{c} = \Lambda\cdot B\cdot\vec{c}$, $\vec{c}:=(a,b)^T$, wobei

$$A = \begin{pmatrix} 10/3 & 6 \\ 6 & 56/5 \end{pmatrix}, \quad B = \begin{pmatrix} 4/5 & 22/15 \\ 22/15 & 284/105 \end{pmatrix}$$

Man beachte übrigens, daß A und B symmetrisch sind (die Eigenwertaufgabe ist selbstadjungiert).

Hier (Handrechnung) werten wir das Gleichungssystem aus:

4. Lösung des Gleichungssystems

Das entstandene homogene Gleichungssystem hat nicht-triviale Lösungen genau dann, wenn seine Koeffizientendeterminante verschwindet. Sie lautet (bis auf einen konstanten Faktor)

$$\frac{5}{7}\cdot\Lambda^2 - \frac{148}{7}\cdot\Lambda + 75$$

und ist Null für $\Lambda = 4.121$ und $\Lambda = 25.479$ (gerundet). Diese zwei Zahlen werden als Näherungen für zwei Eigenwerte der Eigenwertaufgabe betrachtet. Eine nicht-triviale Lösung zum ersten Eigenwert ist dann a=1, b=0.8255, daher ist

$$w(x) = (2x^2-3x) + 0.8255\cdot(2x^3-4x)$$

Näherung für eine zugehörige Eigenfunktion.

Man kann die Eigenfunktionen und -werte exakt berechnen: $y=a\cdot\cos\mu x + b\cdot\sin\mu x$ ist allgemeine Lösung der Differentialgleichung, wobei zur Abkürzung $\sqrt{\lambda} = \mu$ gesetzt wurde. Aus der ersten Randbedingung folgt a=0, aus der zweiten dann $y'(1)+y(1) = b\cdot(\mu\cdot\cos\mu + \sin\mu) = 0$. Da $b\neq 0$ (sonst triviale Lösung) folgt (...)=0. Diese Gleichung ist äquivalent mit $\mu+\tan\mu=0$. Die Eigenwerte sind also die Quadrate dieser μ ($\mu\neq 0$, sonst triviale Lösung). Die ersten vier positiven Lösungen dieser Gleichung (hier mit Newton-Iteration berechnet) lauten entsprechend gerundet

μ:	2.02875784	4.913180	7.9786657	11.085538	14.207437	17.336378
$\lambda=\mu^2$:	4.11585837	24.139342	63.6591066	122.889162	201.851258	300.549999

Man vergleiche die doch recht guten Ergebnisse des Galerkin-Verfahrens.

Folgende Rechnung wurde mit dem Programm aus *"Turbo-Pascal-Quelltexte zur Ingenieur-Mathematik"* durchgeführt. Wir nehmen n=4 Parameter und den "fortgeführten" Ansatz

$$w(x) = c_1\cdot(2x^2-3x) + c_2\cdot(2x^3-4x) + c_3\cdot(2x^4-5x) + c_4\cdot(2x^5-6x)$$

(er genügt den Randbedingungen). Hier entsteht folgende verallgemeinerte Matrizen-Eigenwert-

Aufgabe

(*) $A\cdot\vec{c} = \Lambda\cdot B\cdot\vec{c}$, wobei $\vec{c}$ Vektor der c ist:

$$A = \begin{pmatrix} 3.33333333 & 6.00000000 & 8.40000000 & 10.66666667 \\ 6.00000000 & 11.20000000 & 16.00000000 & 20.57142857 \\ 8.40000000 & 16.00000000 & 23.14285714 & 30.00000000 \\ 10.66666667 & 20.57142857 & 30.00000000 & 39.11111111 \end{pmatrix}$$

$$B = \begin{pmatrix} 0.80000000 & 1.46666667 & 2.07142857 & 2.64285714 \\ 1.46666667 & 2.70476190 & 3.83333333 & 4.90158730 \\ 2.07142857 & 3.83333333 & 5.44444444 & 6.97142857 \\ 2.64285714 & 4.90158730 & 6.97142857 & 8.93506494 \end{pmatrix}$$

Links-Multiplikation von (*) mit der Inversen von B (besser ist ein anderes Vorgehen, da A und B symmetrisch sind - wie stets bei selbstadjungierten Eigenwertaufgaben - und B darüber hinaus positiv definit ist) ergibt das Matrizen-Eigenwertproblem $H\cdot\vec{c}=\Lambda\cdot\vec{c}$ mit

$$H = \begin{pmatrix} 151.46666667 & -30.17142857 & -102.51428571 & -201.14285714 \\ -304.80000000 & 98.74285714 & 296.22857143 & 638.28571429 \\ 271.20000000 & -127.54285714 & -382.62857143 & -850.28571429 \\ -88.00000000 & 56.57142857 & 169.71428571 & 377.14285714 \end{pmatrix}$$

Dieses wird mit einem geeigneten Verfahren zur Eigenwertberechnung bearbeitet, z.B. Hyman oder QR-Iteration, die hier benutzt wird. Zunächst wird mit einer Householder-Transformation auf Hessenberg-Form transformiert, das ergibt (Leerplätze 0)

$$\begin{pmatrix} 151.46668459 & -2.16846821 & -18.04113137 & -227.04139900 \\ 417.36859071 & 28.06092550 & -131.24245530 & -1211.00697641 \\ & -9.59021416 & 36.65574882 & 279.29471372 \\ & & 1.73854790 & 28.54048189 \end{pmatrix}$$

Auf sie wird QR-Iteration angewandt. Man bekommt die Dreiecksmatrix

$$H = \begin{pmatrix} 150.29372605 & -125.83136685 & -271.49545373 & 1287.88199040 \\ & 66.16439495 & 42.67405051 & 185.13355149 \\ & & 4.11585914 & -44.49064673 \\ & & & 24.14982938 \end{pmatrix}$$

Das größte Element unter Diagonale hat übrigens den Betrag $\approx 4.6\cdot 10^{-23}$.

Die Diagonalelemente sind die Eigenwertnäherungen. Man vergleiche mit den "exakten" Werten oben.

Nimmt man einen n=8-parametrigen Ansatz obiger Art, so bekommt man als Eigenwertnäherungen mit dem soeben genannten Turbo-Pascal-Programm für die ersten 6 Eigenwerte (wir schreiben kursiv zu Vergleichszwecken noch einmal obige "exakte" Werte darunter):

4.11585837	24.13934204	63.65922035	122.91436909	203.38604296	315.37936197
4.11585837	*24.139342*	*63.6591066*	*122.889162*	*201.851258*	*300.549999*

Beispiel 38

Mit verschiedenen Verfahren sollen Eigenwerte folgender Eigenwertaufgabe berechnet werden.

$$-(1+\sin(\pi x))\cdot y'' = \lambda\cdot y,\quad y(0) = y(1) = 0$$

Lösung:

Vorbemerkung: Diese Eigenwertaufgabe tritt in der Mechanik auf: Die bekannte Differentialgleichung für den Eulerschen Knickstab lautet (mit den in der Mechanik üblichen Bezeichnungen)

$E\cdot I\cdot y'' + F\cdot y = 0$ $(0\le x\le 1)$ (Länge $l=1$).

Bei veränderlichem Trägheitsmoment $I = I_c\cdot(1+\sin \pi x)$ bekommt man die Differentialgleichung

$$-(1-\sin\pi x)\cdot y'' = \frac{F}{E\cdot I_c}\cdot y.$$

Setzt man hierin $\lambda:=F/(E\cdot I_c)$, so bekommt man obige Eigenwertaufgabe, wenn die Randbedingungen $y(0)=y(1)=0$ lauten ("geometrische" Randbedingungen).

a) Galerkin-Verfahren (mechanisch: Prinzip der virtuellen Verrückungen)

Wir benutzen als Ansatz eine der beiden (den Randbedingungen genügenden) Funktionen:

$$(1')\quad w(x) = \sum_{k=1}^{n} a_k\cdot\sin k\pi x$$

oder

$$(2')\quad w(x) = \sum_{k=1}^{n} a_k\cdot x^k(x-1).$$

Der Defekt lautet $D(x) = -(1+\sin \pi x)\cdot w''-\lambda\cdot w$ und die entstehenden Galerkinschen Gleichungen

$$(1)\quad \int_0^1 D(x)\cdot\sin(k\pi x)\,dx = 0,\quad k=1,\ldots,n$$

bzw.

$$(2)\quad \int_0^1 D(x)\cdot x^k(x-1)\,dx = 0,\qquad k=1,\ldots,n.$$

Für n=1 lautet (1)

$$a_1\cdot\int_0^1 [-(1+\sin \pi x)\cdot(-\pi^2\cdot\sin \pi x)-\lambda\cdot\sin \pi x]\cdot\sin\pi x\,dx = 0.$$

Hierin ist [...] der Defekt für $w=\sin \pi x$, $a_1\neq 0$. Löst man nach λ, bekommt man eine Näherung für einen Eigenwert, daraus dann eine für die Knicklast $F=\lambda\cdot E\cdot I_c$. Man bekommt $\lambda\approx 18.247$.

Folgende Tabelle enthält die Näherungen für die ersten vier Eigenwerte λ für n=1, 3, 5 und 7 und die beiden Ansätze (1) (die ersten 4) und (2) (die letzten 4). Die Werte wurden mit dem entsprechenden Programm aus *"Turbo-Pascal-Quelltexte zur Ingenieur-Mathematik"* berechnet.

n	λ_1	λ_2	λ_3	λ_4
1	18.2472	-	-	-
3	18.0512	66.2867	147.2	-
5	18.0366	65.0830	143.8	261.2
7	18.0343	64.9678	143.4	254.2
1	17.7404	-	-	-
3	18.0299	64.2013	145.9	-
5	18.0335	64.9462	143.3	270.7
7	18.0335	64.9403	143.3	252.8

Die Knicklast (zum kleinsten Eigenwert gehöriges F) ist demnach $F\approx 18.03\cdot E\cdot I_c$. Die höheren Eigenwerte haben in diesem Sinne "mechanisch" keine Bedeutung.

b) Das Kollokationsverfahren ergibt mit dem Ansatz (1) und n=1 die Eigenwertnäherung 19.739 für den kleinsten Eigenwert, für n=4 ergibt sich 18.090. Für den Ansatz (2) erhält man die entsprechenden Näherungen 16.000 und 17.840. Es wurden stets äquidistante Knoten genommen.

c) Das Ritz-Verfahren

Hier wird die Differentialgleichung durch $(1+\sin\pi x)$ dividiert, dann ist sie selbstadjungiert. Zugehöriges Variationsproblem ist

$$I(y) = \int_0^1 \left(y'^2 + \lambda \cdot \frac{1}{1+\sin\pi x} \cdot y^2\right) dx \Rightarrow \text{Min}$$

und I(w) ergibt z.B. für den Ansatz (1)

$$\int_0^1 \left[\left(\sum_{k=1}^{n} a_k \cdot k\pi \cdot \cos(k\pi x)\right)^2 + \lambda \cdot \frac{1}{1+\sin\pi x} \cdot \left(\sum_{k=1}^{n} a_k \cdot \sin(k\pi x)\right)^2\right] dx$$

Ableiten nach a_i und 0 setzen, ergibt die Ritz-Gleichungen für i=1,...,n.

Folgende Tabelle ist genauso aufgebaut, wie die beim Galerkin-Verfahren stehende.

n	λ_1	λ_2	λ_3	λ_4
1	18.0604	-	-	-
3	18.0344	65.2865	144.7	-
5	18.0336	64.9572	143.4	256.7
7	18.0336	64.9421	143.3	253.3
1	18.1401	-	-	-
3	18.0346	67.0377	154.8	-
5	18.0336	64.9447	143.3	290.7
7	18.0335	64.9404	143.3	253.3

Es ergeben sich praktisch dieselben Werte, wie beim Galerkin-Verfahren.

d) Die Rayleigh-Quotienten für die jeweils ersten Ansatzfunktionen $w=\sin\pi x$ bzw. $w=x\cdot(x-1)$ wurden als Beispiel 7 berechnet (auch hier ist, wie beim Ritz-Verfahren, selbstadjungierte Form erforderlich). Man bekommt für $w(x)=\sin \pi x$ bzw. $w(x)=x\cdot(x-1)$ die Rayleigh-Quotienten 18.060 bzw. 18.140. Diese Zahlen sind obere Schranken für den kleinsten (zur Knicklast gehörigen) Eigenwert und können darüber hinaus wegen der Minimaleigenschaft als Näherungen für ihn betrachtet werden.

e) Die Methode der Finiten Elemente (selbstadjungierte Form erforderlich) liefert als Näherung für den kleinsten Eigenwert 18.455 (wobei 3 Teilintervalle benutzt wurden).

f) Das Differenzenverfahren mit 4 Teilintervallen liefert als Näherung für den kleinsten Eigenwert 17.495, bei 16 Teilintervallen ergibt sich 17.967.

Partielle Differentialgleichungen

Besondere Tips und Hinweise

1. Der Produktansatz (Separation) (Beispiele 6 bis 9)

   Die gesuchte Funktion u(x,y) wird als Produkt je einer *nur von x* und einer *nur von y* abhängenden Funktion angesetzt:

   (A) $u(x,y) = f(x) \cdot g(y)$ (oft wird die zweite Variable y mit t bezeichnet: Zeit).

   Das setzt man in die Differentialgleichung ein.

   Nun versuchen, die Variablen x und y zu "trennen", d.h. alles, was x enthält (x und f(x) nebst Ableitungen) auf eine Seite, alles mit y auf die andere. Wenn das gelingt (es geht nur in besonderen Fällen), sind beide Seiten konstant. Man bekommt so zwei *gewöhnliche* Differentialgleichungen für f(x) bzw. für g(y) (oder g(t)) mit einer Konstanten c. Diese beiden lösen. Ihr Produkt ist dann Lösung der gegebenen partiellen Differentialgleichung. Selbst wenn man alle Lösungen der *gewöhnlichen* Differentialgleichungen berechnet hat, bekommt man so i.a. nicht alle Lösungen der *partiellen* Differentialgleichung. Man kann aber aus den so gewonnenen Lösungen weitere gewinnen (Beispiel 8).

   Dann versuchen, die Konstanten so zu bestimmen, daß alle Anfangs- oder Randbedingungen erfüllt sind.

2. Das Differenzenverfahren (Beispiele 10 bis 20, Beispiel 20 als Eigenwertaufgabe)

   Gegeben ist eine Anfangs- oder Randwertaufgabe für eine Funktion u(x,y) (oder u(x,t)).

   Es werden Näherungen u_{ij} für die Werte $u(x_i,y_j)$ berechnet.

   Man wählt je eine Schrittweite h=dx in x-Richtung, k=dy in y-Richtung (oder t-Richtung):

   $$x_0 = a,\ x_1 = x_0 + h,\ x_2 = x_0 + 2h,\ x_3 = x_0 + 3h,\ \ldots$$

   $$y_0 = b,\ y_1 = y_0 + k,\ y_2 = y_0 + 2k,\ y_3 = y_0 + 3k,\ \ldots$$

   wobei (a,b) ein besonderer Punkt, etwa Eckpunkt des interessierenden Bereichs ist.

   Es ergibt sich so ein Gitternetz im Bereich.

   1. Man ersetzt in der Differentialgleichung alle x durch x_i, alle y durch y_j (bzw. t durch t_j), u durch u_{ij} und alle partiellen Ableitungen durch entsprechende Differenzenquotienten.

      Dann bekommt man aus der *Differential-* eine *Differenzen* gleichung.

      ♥ Besonderer Tip: Bei Handrechnung: Unbedingt eine Skizze über die Lage der (x_i,y_j) machen.

      ♥ Besonderer Tip: Bei *linearen* Differentialgleichungen entstehen *lineare* Differenzengleichungen; daher gleich nach den u_{ij} sortieren, um Schreibarbeit zu sparen.

   2. Dasselbe macht man auch mit den Anfangs- und Randbedingungen. Dann bekommt man ein Gleichungssystem für die u_{ij}. Sind die Differentialgleichung und alle Anfangs- und Randbedingungen linear, so ist es auch das Gleichungssystem.

3. Man löse das Gleichungssystem
   a) Bei elliptischen Problemen entsteht gewöhnlich ein (meist "großes") Gleichungssystem. Bei Eigenwertaufgaben entsteht eine Matrizen-Eigenwertaufgabe. (Beispiel 20)
   b) Bei parabolischen und hyperbolischen Problemen entsteht gewöhnlich *eine* Differenzengleichung, und man kann ausgehend von der Anfangsbedingung (t=0) die Werte für die anderen Punkte sukzessive berechnen. Dabei ist nicht jede Kombinatiom der Schrittweiten dx, dy brauchbar. Das Verfahren von Crank-Nicolson benutzt das arithmetische Mittel zweier dividierter Differenzen und erfordert die Lösung eines Gleichungssystems in jedem Zeitschritt (Beispiel 15).

♥ Besonderer Tip: Übersichtsskizze anfertigen; LR-Zerlegung der Matrix dieses impliziten Verfahrens zu Beginn der Rechnung bestimmen.

Programme und Prozeduren zu diesen Verfahren für parabolische, hyperbolische und elliptische Probleme mit der Möglichkeit, Zwischenergebnisse ausgeben zu lassen, stehen in *"Turbo-Pascal-Quelltexte zur Ingenieur-Mathematik"*. Dort stehen auch Programme und Beispiele für weitere Verfahren, die ohne Computer kaum anwendbar sind (Crank-Nicolson, Relaxation und SOR), mit ausführlichen Erklärungen.

Unter einer partiellen Differentialgleichung versteht man eine Gleichung für eine Funktion *mehrerer* Veränderlichen, in der außer den Variablen und der Funktion auch Ableitungen der Funktion auftreten; bei Funktionen mehrerer Veränderlichen also *partielle* Ableitungen. Die Ordnung der höchsten auftretenden Ableitung ist die Ordnung der Differentialgleichung.
Liegen mehrere Differentialgleichungen für mehrere "gesuchte" Funktionen vor, so spricht man von einem System partieller Differentialgleichungen. Z.B. stellen die *Maxwellschen Gleichungen* für elektromagnetische Vorgänge ein solches System dar, wobei die Funktionen die je 3 Komponenten des elektrischen und des magnetischen Feldes sind (siehe auch *Repetitorium der Ingenieur-Mathematik*, Teil 1).

Beispiel 1

Für eine Funktion u von zwei Veränderlichen (x,y) ist

$$u_x - u_y = 2x$$

eine partielle Differentialgleichung erster Ordnung. Lösung dieser Gleichung ist z.B. die Funktion

$$u(x,y) = x^2 + \sin(x+y) + \cos(x+y)$$

was man durch Einsetzen leicht bestätigt. Auch die Funktion

$$u(x,y) = x^2 + e^{x+y} - (x+y)^3$$

ist Lösung der Differentialgleichung. Man stellt fest, daß auch alle Funktionen

$$u(x,y) = x^2 + \Phi(x+y)$$

Lösungen sind, wenn Φ differenzierbar ist. Denn nach der Kettenregel gilt, wenn Φ eine Funktion von w und w eine von (x,y) ist, also $\Phi(w(x,y))$, für ihre Ableitung nach x bzw. y

$$\Phi_x(w) = \Phi'(w)\cdot w_x \quad \text{und} \quad \Phi_y(w) = \Phi'(w)\cdot w_y$$

wobei w = w(x,y). In unserem Fall ist w(x,y)=x+y und daher die partiellen Ableitungen von w beide gleich 1; der Strich (') bedeute Ableitung nach *der* (einen) Variablen, die hier mit w bezeichnet wurde. Daher ist

$u_x(x,y) = 2x + \Phi'(x+y)$, $u_y(x,y) = \Phi'(x+y)$ und daher in der Tat

$u_x - u_y = 2x$, u genügt also der gegebenen Differentialgleichung.

$$u_{xx} + u_x^2 + (x-xy)^2 u_y = xe^{2xy}$$

ist eine partielle Differentialgleichung 2. Ordnung.

$u_{xxy} - e^{xu} + u^2 u_{xy}^3 = 0$ ist eine partielle Differentialgleichung 3. Ordnung.

Gewöhnlich sucht man (wie ja auch bei gewöhnlichen Differentialgleichungen) nach derjenigen Lösung, die bestimmten Anfangs- oder Randbedingungen genügt.

Die Differentialgleichung für u(x,y)

$$(1) \qquad Au_{xx} + Bu_{xy} + Cu_{yy} + Du_x + Eu_y + Fu = G$$

heißt *lineare partielle Differentialgleichung 2. Ordnung*, dabei sind A, B, ..., G Funktionen von (x,y) (im gleichen Gebiet definiert und stetig); ist G = 0, so heißt sie *homogen*, sonst *inhomogen*. Die erste Differentialgleichung aus Beispiel 1 ist linear (erster Ordnung), die beiden anderen sind nicht linear.

Die Differentialgleichung (1) heißt

(a) elliptisch, wenn $B^2 - 4AC < 0$,

(b) parabolisch, wenn $B^2 - 4AC = 0$,

(c) hyperbolisch, wenn $B^2 - 4AC > 0$.

Der jeweils links stehende Ausdruck B^2-4AC heißt die *Diskriminante* der Differentialgleichung. Da A, B und C Funktionen von (x,y) sind, hängt das von (x,y) ab. Wichtige technisch-physikalische Probleme führen auf Differentialgleichungen dieses Typs:

Plattendurchbiegung (elliptisch), Wärmeleitung in einem Stab (parabolisch) und Wellenausbreitung (hyperbolisch). Auch die Anfangs- und Randbedingungen sind dann in gewisser Weise typisch für diese drei Probleme bzw. Typen von Differentialgleichungen.

Beispiel 2

Die Differentialgleichung

$$u_{xx} + u_{yy} = f(x,y)$$

ist eine elliptische Differentialgleichung (A=C=1, B=0). Sie wird auch als *Poissonsche Differentialgleichung* bezeichnet; ist f=0, so heißt sie auch *Laplacesche Differentialgleichung*. Oft verwendet man den *Laplace-Operator* Δ, der definiert ist als

$$\Delta = \frac{\partial^2}{\partial x^2} + \frac{\partial^2}{\partial y^2},$$

mit dessen Hilfe obige Differentialgleichung auch $\Delta u = f(x,y)$ geschrieben werden kann. (Siehe auch *Repetitorium der Ingenieur-Mathematik*, Teil 1.)

Beispiel 3

Die Differentialgleichung für u(x,t) (da in der folgenden Differentialgleichung die zweite Variable meist die Zeit bedeutet, z.B. Wärmeleitung, haben wir gleich t statt y geschrieben)

$$u_{xx} - u_t = 0$$

ist parabolisch und homogen (A=1, B=C=0).

Beispiel 4

Folgende Differentialgleichung für u(x,t) ist hyperbolisch ($A=c^2$, B=0, C=−1):

$$c^2 u_{xx} - u_{tt} = 0$$

Beispiel 5

Für die Differentialgleichung

$$u_{xx} + (x-1)u_{yy} = f(x,y)$$

lautet die Diskriminante

$$B^2 - 4AC = 0 - 4(x-1).$$

Dieser Ausdruck ist für x>1 negativ, also ist die Differentialgleichung für x>1 elliptisch, für x<1 ist sie hyperbolisch.

Elliptische Probleme

Z.B. Plattenbiegung: u(x,y) ist die Durchbiegung im Punkt (x,y).

Hier hat man oft Bedingungen für die Funktion u auf dem Rand (etwa Kreis, Rechteck, jedenfalls gewöhnlich ein beschränktes Gebiet mit einem Rand ∂G).

Diese Randbedingungen sind meist:

1. u(x,y) ist auf ∂G bekannt: 1. Randwertaufgabe oder *Dirichletsches Problem.*
2. Die Ableitung von u(x,y) in Richtung der inneren Normalen von ∂G ist bekannt: 2. Randwertaufgabe oder *Neumannsche Randwertaufgabe.*
   (Richtungsableitung siehe *Repetitorium der Ingenieur-Mathematik,* Teil 1).
3. Eine Linearkombination der in 1. und 2. beschriebenen Werte sind bekannt: 3. Randwertaufgabe.

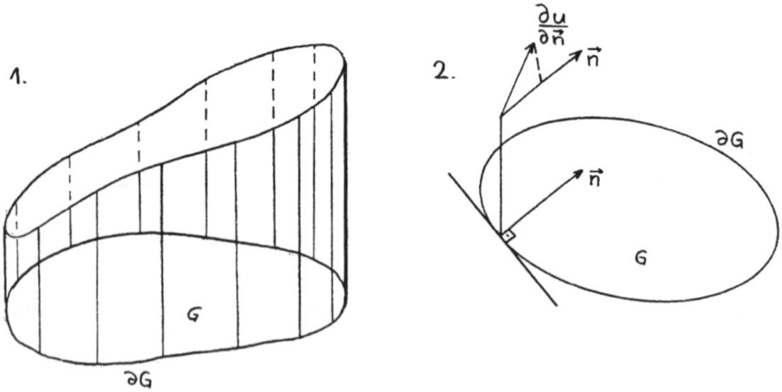

Parabolische Probleme

(D1) $u_{xx} = c \cdot u_t$ (c>0 reelle Zahl)

1. Die Anfangs-Randwert-Aufgabe mit

   (A) $u(x,0)=f(x)$ Anfangsbedingung

   (R) $u(x_0,t)=\varphi(t)$, $u(x_1,t)=\psi(t)$ Randbedingungen

   hat für $x_0 \le x \le x_1$, $t \ge 0$ genau eine Lösung, wenn diese Funktionen dort stetig sind und an den beiden Eckpunkten gilt $f(x_0)=\varphi(0)$ und $f(x_1)=\psi(0)$.

2. Man kann die Differentialgleichung "normieren": durch die Transformation $t \to t/c =: \tau$ geht sie über in

   (D0) $u_{xx} = u_\tau$.

Beispiel: Wärmeleitung in einem Stab; alle Größen seien dimensionslos. x bedeute den Punkt des Stabes (etwa $0 \le x \le 1$ Stab der Länge 1), t die Zeit ($t \ge 0$); also u(x,t) die Temperatur im Punkt x zum Zeitpunkt t. Dabei ist die Temperaturverteilung zu Beginn (t=0) bekannt (u(x,0): Anfangsbedingung) und die Temperatur an den Stabenden (x=0 und x=1) vorgegeben (u(0,t) und u(1,t) für alle t>0:) Randbedingungen; z.B. bedeutet u(0,t)=0, daß das Ende mit x=0 auf 0 Grad gekühlt bleibt; $u(1,t)=a\cdot \sin t$ bedeutet, daß das Ende mit x=1 gemäß diesem Gesetz periodisch erwärmt und gekühlt wird. Der Stab ist ansonsten gegen seine Umgebung isoliert, so daß mit ihr kein Wärmeaustausch stattfindet. Man hat dann also einen Bereich G in der (x,t)-Ebene, der durch $0 \le x \le 1$, $t \ge 0$ gekennzeichnet ist: $G = \{(x,t) \,/\, 0 \le x \le 1 \text{ und } t \ge 0\}$. Dabei sind auf dem Rand die Werte vorgegeben: Für t=0 die Anfangsbedingung (man könnte auch sie Randbedingung nennen) und für x=0 und x=1 die Randbedingungen.

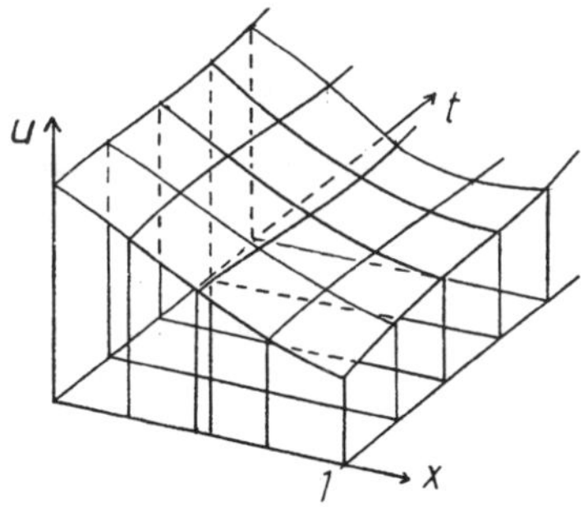

gegeben (bekannt):
u(x,0)
u(0,t), u(1,t)
gesucht:
u(x,t)

Man versucht dann, *die* Lösung der Anfangs- oder Randwertaufgabe zu ermitteln. Das ist bei partiellen Differentialgleichungen ungleich schwieriger als bei gewöhnlichen Differentialgleichungen, selbst im wichtigsten Falle linearer Differentialgleichungen. Wie obiges Beispiel 1 zeigte, kommen in seiner allgemeinen Lösung nicht nur beliebige *Konstante* vor, wie das bei gewöhnlichen Differentialgleichungen der Fall ist, sondern beliebige *Funktionen*.

Daher beschränkt man sich in der Praxis stets darauf, die Lösung (oder Näherungen) für das Problem zu ermitteln ohne den Versuch zu machen, sie aus der allgemeinen Lösung zu berechnen (was auch bei gewöhnlichen Differentialgleichungen micht unbedingt sinnvoll ist).

1. Der Separationsansatz (Produktansatz)

Verfahren:

Gegeben ist eine partielle Differentialgleichung für eine Funktion u der zwei Variablen (x,y).

Man setzt u(x,y) als Produkt einer nur von x und einer nur von y abhängigen Funktion an:

$$u(x,y) = f(x)\cdot g(y).$$

Das setzt man in die Differentialgleichung ein. In einigen Fällen ergeben sich daraus je eine *gewöhnliche* Differentialgleichung für f bzw. g.

Bemerkung:

Insbesondere bei parabolischen Differentialgleichungen bekommt man so mehrere Lösungen und kann nun versuchen, aus diesen weitere zu bestimmen, um auch die Anfangs- oder Randbedingungen zu erfüllen.

Beispiel 6

Für die Laplacesche Differentialgleichung (elliptisch)

$$\Delta u = u_{xx} + u_{yy} = 0$$

sollen mit einem Separationsansatz (Produktansatz) Lösungen berechnet werden.

Lösung:

Wir machen einen Produktansatz

$$u(x,y) = f(x)\cdot g(y)$$

und setzen das in die Differentialgleichung ein. Vorher berechnen wir noch die benötigten partiellen Ableitungen:

$$u_x(x,y) = f'(x)\cdot g(y), \quad u_{xx}(x,y) = f''(x)\cdot g(y),$$

$$u_y(x,y) = f(x)\cdot g'(y), \quad u_{yy}(x,y) = f(x)\cdot g''(y).$$

Hier bedeutet der Strich (') jeweils die Ableitung nach der einen Variablen der Funktion (x bei f und y bei g). Wir setzen das in die Differentialgleichung ein und bekommen

$$f''(x)\cdot g(y) + f(x)\cdot g''(y) = 0.$$

Wir bringen alles, was x enthält nach links, alles mit y nach rechts ("Separation"):

$$\frac{f''(x)}{f(x)} = -\frac{g''(y)}{g(y)}.$$

Nun kommt der entscheidende Gedanke: Die linke Seite hängt nicht von y ab. Ändert man in dieser Gleichung *nur* y (und nicht x), so ändert daher die linke Seite ihren Wert nicht und wegen der Gleichheit daher auch die rechte Seite nicht; also: Diese Gleichung kann *nur* dann bestehen, wenn beide Seiten (Brüche) konstant sind:

$$\frac{f''(x)}{f(x)} = -\frac{g''(y)}{g(y)} = \text{const} = c.$$

Daher haben wir folgende zwei gewöhnliche Differentialgleichungen

(a) $f''(x) = cf(x)$

(b) $g''(y) = -cg(y)$

für die beiden Funktionen f und g. Wir nehmen an, daß c>0 ist (andernfalls analog) und setzen dann $c=a^2$.

Aus (a) folgt (das charakteristische Polynom lautet r^2-a^2 und hat die beiden Nullstellen a und -a):

$f(x) = c_1e^{ax} + c_2e^{-ax}$ (die c sind Integrationskonstante).

Aus (b) folgt analog (das charakteristische Polynom lautet r^2+a^2 und hat die beiden Nullstellen ai und -ai):

$g(y) = d_1\cos ay + d_2\sin ay$ (die d sind Konstante).

Daher haben wir folgende Lösungen der Differentialgleichung gewonnen:

$$u(x,y) = (c_1e^{ax} + c_2e^{-ax})\cdot(d_1\cos ay + d_2\sin ay).$$

Die Zahl der insgesamt fünf Konstanten (a, die c und die d) läßt sich verringern. Ob die Lösung, die man sucht (es sind i.a. auch noch Randbedingungen zu erfüllen) dabei ist, muß besonders ermittelt werden. Das folgende Beispiel zeigt das.

Beispiel 7

Mit dem Produktansatz berechne man Lösungen u(x,y) der Differentialgleichung

$$u_x + yu_y = u.$$

Lösung:

Wir setzen

$$u(x,y) = f(x)\cdot g(y)$$

und bekommen wegen

$$u_x(x,y) = f'(x)\cdot g(y),\quad u_y(x,y) = f(x)\cdot g'(y)$$

(Strich ' bedeutet Ableitung nach *dem* einen Argument x bei f bzw. y bei g)

$$f'(x)\cdot g(y) + y\cdot f(x)\cdot g'(y) = f(x)\cdot g(y).$$

Hieraus erhält man mit dem Ziel, die Variablen x und y zu "separieren":

$f'(x)\cdot g(y) = f(x)\cdot(g(y) - yg'(y))$ und daher

$$\frac{f'(x)}{f(x)} = \frac{g(y) - yg'(y)}{g(y)}.$$

Die linke Seite ändert sich nicht, wenn *nur* y geändert wird; also ist die rechte Seite konstant, damit auch die linke, etwa = λ:

$$\frac{f'(x)}{f(x)} = \lambda, \quad 1 - y\cdot\frac{g'(y)}{g(y)} = \lambda\ .$$

Aus der ersten Gleichung folgt

$f(x) = ce^{\lambda x}$, c beliebige reelle Zahl

und aus der zweiten

$$g'(y) = \frac{1-\lambda}{y}\cdot g(y)\ .$$

Dieses ist eine lineare homogene Differentialgleichung erster Ordnung (auch Typ "Trennung der Veränderlichen") mit den Lösungen für $y\neq 0$:

$g(y) = d\cdot e^{(1-\lambda)\cdot \ln|y|}$, d beliebige reelle Zahl.

Daraus folgt

$$u(x,y) = C\cdot e^{\lambda x}\cdot e^{\ln|y| - \lambda \ln|y|} = C\cdot |y|\cdot e^{\lambda(x - \ln|y|)},\quad y\neq 0.$$

Man mache die Probe.

Zusatzbemerkung:

Ist F eine auf R differenzierbare Funktion, so ist für $y\neq 0$ jede Funktion

$$u(x,y) = |y|\cdot F(x - \ln|y|)$$

Lösung der Differentialgleichung.

(Obige Lösung ergibt sich für $F(u) = C\cdot e^{\lambda u}$.)

Für y>0 wollen wir das zeigen: Nach der Kettenregel ist nämlich

$u_x(x,y) = y\cdot F'(x-\ln y)$, F′ ist Ableitung von F nach seiner *einen* Variablen

$$u_y(x,y) = F(x-\ln y) - y\cdot F'(x-\ln y)\cdot\frac{1}{y}\ ,$$

so daß in der Tat

$u_x + y\cdot u_y = u$ gilt.

Für y<0 ist

$$u(x,y) = -y\cdot F(x-\ln(-y)),$$

und man zeigt analog, daß auch diese Funktion Lösung der Differentialgleichung ist.

Beispiel 8

Die parabolische Anfangs-Randwert-Aufgabe

$$u_{xx} = u_t,\ u(0,t)=u(1,t)=0,\ u(x,0)=f(x),\ t\geq 0,\ 0\leq x\leq 1$$

soll, für verschiedene $f\neq 0$, mit dem Produktansatz behandelt werden.

Lösung:

Wir setzen $u(x,t)=v(x)\cdot w(t)$.

1. Bestimmung von v und w so, daß die Differentialgleichung gilt:

$$u_{xx}(x,t) = v''(x)\cdot w(t) = u_t(x,t) = v(x)\cdot \dot{w}(t),$$

daraus folgt

$$\frac{v''(x)}{v(x)} = \frac{\dot{w}(t)}{w(t)} .$$

Diese Gleichung kann nur gelten, wenn beide Quotienten konstant sind (ändert man *nur* x, so ändert sich die rechte Seite nicht, also muß $v''(x)/v(x)=\text{const.}$ gelten), etwa $= -\lambda^2$ (wir werden sehen, daß die Konstante negativ sein muß). Dann folgt aus diesen Gleichungen

$$(1) \quad \dot{w}(t) = -\lambda^2\cdot w(t) \quad \Rightarrow \quad w(t) = c\cdot e^{-\lambda^2 t}$$

$$(2) \quad v''(x) = -\lambda^2\cdot v(t) \quad \Rightarrow \quad v(x) = c_1\cdot \sin\lambda x + c_2\cdot\cos\lambda x$$

so daß

$$u(x,t) = e^{-\lambda^2 t}\cdot(d_1\cdot\sin\lambda x + d_2\cdot\cos\lambda x) \qquad (d_i:=c\cdot c_i)$$

für beliebige λ und d Lösung der Differentialgleichung ist.

Hätte man die Konstante ≤ 0 genommen, wäre $u=0$.

2. Bestimmung der Konstanten so, daß u auch den *Rand* bedingungen $u(0,t)=u(1,t)=0$ genügt.

Aus $u(0,t)=0$ folgt sofort $d_2=0$, dann weiter

$$u(1,t) = e^{-\lambda^2 t}\cdot d_1\cdot\sin\lambda = 0.$$

Da $d_1\neq 0$ (sonst wäre $u=0$ und $u(x,0)=f(x)=0$), ist $\sin\lambda=0$, mithin $\lambda=k\pi$, k ganze Zahl. Dann folgt hierfür:

$$(3) \quad u_k(x,t) = e^{-(k\pi)^2 t}\cdot c_k\cdot\sin k\pi x$$

ist für jedes $k=1,2,3,\ldots$ und beliebiges c_k Lösung der Differentialgleichung und genügt beiden *Rand* bedingungen ($k=0$ liefert $u=0$, k negativ liefert wegen $\sin(-\alpha)=-\sin\alpha$ dieselben Funktionen). Wir stellen darüber hinaus fest, daß z.B. Summen dieser Funktionen ebenfalls diese Eigenschaften haben (der Differentialgleichung und den beiden Randbedingungen zu genügen), desgleichen auch unendliche Reihen

$$(4) \quad u(x,t) = \sum_{k=1}^{\infty} u_k(x,t) = \sum_{k=1}^{\infty} e^{-(k\pi)^2 t}\cdot c_k\cdot\sin k\pi x$$

wenn diese Reihe und ihre partiellen Ableitungen gewisse Konvergenzeigenschaften besitzen.

3. Anpassung an die *Anfangs* bedingung u(x,0)=f(x)

Dieses ist in gewisser Hinsicht der schwierigste Punkt. Es soll also gelten

$$u_k(x,0) = c_k \cdot \sin k\pi x = f(x)$$

Ist z.B. $f(x)=5\cdot\sin 3\pi x$, so ist in (3) offenbar ("Koeffizientenvergleich") $c_k=5$ und k=3 zu wählen. Ist aber $f(x) = 5\cdot\sin 3\pi x - 8\cdot\sin 2\pi x$, so ist die Summe

$$e^{-(3\pi)^2 t} \cdot 5 \cdot \sin 3\pi x + e^{-(2\pi)^2 t} \cdot 8 \cdot \sin 2\pi x$$

Lösung der Anfangs-Randwert-Aufgabe.

Für (fast) ***beliebiges*** f(x) muß gelten, wenn (4) die Lösung enthalten soll

$$(5) \quad u(x,0) = \sum_{k=1}^{\infty} c_k \cdot \sin k\pi x = f(x) \quad \text{für } 0 \le x \le 1.$$

Wenn f(x) ***nicht*** diese Form hat und sich auch nicht so schreiben läßt, bekommt man *so* keine Lösung der Aufgabe.

Ist z.B.

$$(6) \quad f(x) = \sum_{n=1}^{\infty} \frac{3}{(\pi n)^3} \cdot \sin(2n\pi x)$$

so bekommt man aus (5) durch Vergleich der Koeffizienten k=2n und $c_k = 3/(n\pi)^3$, so daß die Lösung der Anfangs-Randwert-Aufgabe lautet

$$(7) \quad u(x,t) = \frac{3}{\pi^3} \cdot \sum_{n=1}^{\infty} \frac{1}{n^3} \cdot e^{-(2n\pi)^2 t} \cdot \sin(2n\pi x).$$

Bemerkungen:

a) Die zweite Gleichung in (5) stellt die *Fourier-Reihe* der Funktion f dar, die hier nur sin-Glieder enthalten darf (das liegt an den Randbedingungen u(0,t)=u(1,t)=0).

b) Aus der zweiten Gleichung (5) folgt, wenn man sie mit sin(jπx) multipliziert und dann über [0,1] integriert

$$(8) \quad c_k = 2 \cdot \int_0^1 f(x) \cdot \sin(k\pi x)\, dx,$$

die *Fourier-Koeffizienten* von f.

Übrigens ist (6) die Fourier-Entwicklung der Funktion $x\cdot(x-1)\cdot(2x-1)$ und es gilt Gleichheit: Diese Funktion ist für alle x mit $0 \le x \le 1$ ***gleich*** der Reihe f(x). Daher ist (7) die Lösung der Aufgabe

$$u_{xx} = u_t, \; u(0,t) = u(1,t) = 0, \; u(x,0) = x\cdot(x-1)\cdot(2x-1), \; t \ge 0, \; 0 \le x \le 1.$$

Beispiel 9

Die parabolische Anfangs-Randwert-Aufgabe

$$u_{xx} = u_t,\ u(0,t)=u(1,t)=0,\ u(x,0)=x\cdot(1-x),\ t\geq 0,\ 0\leq x\leq 1$$

soll mit dem Produktansatz behandelt werden.

Lösung:

Diese Aufgabe unterscheidet sich nicht von der vorigen, in der lediglich $f(x)=x\cdot(1-x)$ zu setzen ist. Die Fourier-Entwicklung dieser Funktion für $0\leq x\leq 1$ (und periodisch mit der Periode 1 fortgesetzt) lautet

$$(6)\qquad f(x) = \frac{8}{\pi^3}\cdot\sum_{n=1}^{\infty}\frac{\sin((2n-1)\pi x)}{n^3},\quad 0\leq x\leq 1$$

so daß sich hier die Lösung der Anfangs-Randwert-Aufgabe durch Koeffizienten-Vergleich mit (5) der vorigen Aufgabe ergibt: $k=2n-1$, $c_k=8/((2n-1)\pi)^3$:

$$(7)\qquad u(x,t) = \frac{8}{\pi^3}\cdot\sum_{n=1}^{\infty}\frac{1}{n^3}\cdot e^{-((2n-1)\pi)^2 t}\cdot\sin((2n-1)\pi x)$$

Wir geben noch eine Wertetabelle dieser Funktion an (entsprechend gerundet):

t↓	x → 0.1	0.2	0.3	0.4	0.5	0.6	0.7	0.8	0.9
0.000	0.0900	0.1600	0.2100	0.2400	0.2500	0.2400	0.2100	0.1600	0.0900
0.006	0.0802	0.1482	0.1980	0.2280	0.2380	0.2280	0.1980	0.1482	0.0802
0.012	0.0736	0.1378	0.1863	0.2160	0.2260	0.2160	0.1863	0.1378	0.0736
0.018	0.0683	0.1288	0.1753	0.2043	0.2141	0.2043	0.1753	0.1288	0.0683
0.024	0.0638	0.1207	0.1651	0.1930	0.2025	0.1930	0.1651	0.1207	0.0638
0.030	0.0598	0.1134	0.1554	0.1821	0.1912	0.1821	0.1554	0.1134	0.0598
0.036	0.0562	0.1067	0.1464	0.1718	0.1805	0.1718	0.1464	0.1067	0.0562
0.042	0.0529	0.1004	0.1380	0.1620	0.1702	0.1620	0.1380	0.1004	0.0529
0.048	0.0498	0.0946	0.1300	0.1527	0.1605	0.1527	0.1300	0.0946	0.0498
0.054	0.0469	0.0891	0.1225	0.1440	0.1513	0.1440	0.1225	0.0891	0.0469
0.060	0.0441	0.0839	0.1155	0.1357	0.1427	0.1357	0.1155	0.0839	0.0441

Hätte man die Differentialgleichung $u_{xx}=3\cdot u_t$ und dieselben Randbedingungen, so lautet deren Lösung $u(x,t/3)$.

2. Das Differenzen-Verfahren

Für das explizite Differenzenverfahren ist es erforderlich, daß für die Schrittweiten k=dt und h=dx gilt: $r := dt/(c \cdot dx^2) \le 0.5$. Andernfalls konvergiert es nicht gegen die Lösung.

Praktisch gibt man h=dx und r vor und bestimmt dann k=dt so, daß diese Ungleichung gilt. Dann bekommt man gewöhnlich recht kleine dt. Für c=1 und beispielsweise dx=0.1 muß $dt \le 0.5 \cdot 0.01 = 0.005$ sein.

Das implizite Verfahren von Crank-Nicolson hat diesen Nachteil nicht.

Das Verfahren ist Übertragung des Differenzen-Verfahrens für gewöhnliche Differentialgleichungen auf partielle.

Auch hier werden die (nun partiellen) Ableitungen durch entsprechende Differenzenquotienten ersetzt.

Verfahren

1. Man gibt sich eine Schrittweite h=dx in x-Richtung und eine Schrittweite k=dy in y-Richtung vor und zerlegt dann den Integrationsbereich G der (x,y)-Ebene durch die Teilpunkte

   (x_i, y_j), wobei $x_i = x_0 + ih$ und $y_j = y_0 + jk$ sind.

   Der Punkt (x_0, y_0) bezeichnet z.B. einen Eckpunkt des Bereiches.

   Die Punkte bilden dann im Bereich ein Gitternetz.
2. Man ersetzt die partiellen Ableitungen durch entsprechende Differenzenquotienten (s.u.) und bekommt dann eine Differenzengleichung aus der Differentialgleichung.
3. Man löse die entstandene Differenzengleichung. Bei elliptischen Differentialgleichungen bekommt man ein Gleichungssystem, bei parabolischen und hyperbolischen berechnet neue Werte gewöhnlich aus den vorigen Werten.

Das Bild zeigt eine solche Zerlegung in ein "Gitternetz". Die Numerierung der Punkte kann man auch anders wählen, z.B. wenn Symmetrie der Funktion u zu einer Geraden x=c vorliegt, wird man bei c mit x_0 beginnend nach links mit x_{-1}, ... und nach rechts mit x_1, ... indizieren, da dann die Gleichungen einfacher in ihrer Handhabung werden können.

a) Man setzt für x den Wert x_i, für y den Wert y_j ein.

Die Differenzenquotienten, die die Ableitungen ersetzen, sind

b) für Funktionswerte

$$u(x,y) \Rightarrow u_{ij}$$

c) für erste Ableitungen

$$\Rightarrow \frac{u_{i+1,j} - u_{i,j}}{h} \quad \text{vorderer Differenzenquotient}$$

$$u_x(x,y) \Rightarrow \frac{u_{i+1,j} - u_{i-1,j}}{2h} \quad \text{zentraler Differenzenquotient}$$

$$\Rightarrow \frac{u_{i,j} - u_{i-1,j}}{h} \quad \text{hinterer Differenzenquotient}$$

$$\rightarrow \quad \frac{u_{i,j+1}-u_{i,j}}{k} \quad \text{vorderer Differenzenquotient}$$

$$u_y(x,y) \quad \rightarrow \quad \frac{u_{i,j+1}-u_{i,j-1}}{2k} \quad \text{zentraler Differenzenquotient}$$

$$\rightarrow \quad \frac{u_{i,j}-u_{i,j-1}}{k} \quad \text{hinterer Differenzenquotient}$$

d) für zweite Ableitungen z.B.

$$u_{xx}(x,y) \quad \rightarrow \quad \frac{u_{i+1,j}-2u_{i,j}+u_{i-1,j}}{h^2} \quad \text{zentraler Differenzenquotient}$$

$$u_{xy}(x,y) \quad \rightarrow \quad \frac{u_{i+1,j+1}-u_{i+1,j-1}-u_{i-1,j+1}+u_{i-1,j-1}}{4hk}$$

$$u_{yy}(x,y) \quad \rightarrow \quad \frac{u_{i,j+1}-2u_{i,j}+u_{i,j-1}}{k^2} \quad \text{zentraler Differenzenquotient.}$$

Für höhere Ableitungen kann man entsprechende Differenzenquotienten gewinnen.

Beispiel 10

Mit dem Differenzenverfahren sollen Näherungen für die Lösung u(x,t) der parabolischen Anfangs-Randwertaufgabe

$u_{xx} = u_t$, $u(x,0) = x\cdot(1-x)$, $u(0,t) = 0$, $u(1,t) = 0$ für $0\le x\le 1$ und $t\ge 0$

berechnet werden.

In einem Stab der Länge 1 (von x=0 bis x=1 gemessen) bedeute u(x,t) die Temperatur im Punkt x zur Zeit t. Der Stab wird zu Beginn (t=0) gemäß $u(x,0) = x\cdot(1-x)$ erwärmt (Anfangsbedingung) und seine beiden Enden (x=0 und x=1) werden während des ganzen Prozesses ($t\ge 0$) auf der Temperatur 0 gehalten (Randbedingungen $u(0,t)=u(1,t)=0$). Es finde sonst keine Abstrahlung nach außen statt, der Stab ist also gut isoliert.

Dann ergibt sich (nach gewissen Umformungen und Normierungen, die insbesondere die Wärme-Leitfähigkeit betreffen) dieses Problem.

Lösung:

Der Bereich ist hier der Streifen $B = \{(x,t) \;/\; 0\le x\le 1 \text{ und } t\ge 0\}$, der durch die Anfangs-Rand-Bedingungen festgelegt wurde.

1. Schrittweiten wählen

   Wir wählen die Schrittweiten h in x- und k in t-Richtung; wir werden sie erst später festlegen.

2. Aufstellen der Differenzengleichung

   Wir ersetzen in der Differentialgleichung die Funktion u (kommt nicht vor) und ihre partiellen Ableitungen durch obige Differenzenquotienten und erhalten, wenn wir für die erste Ableitung den vorderen Differenzenquotienten wählen (die Begründung für diese Wahl folgt gleich)

$$\frac{u_{i+1,j}-2u_{i,j}+u_{i-1,j}}{h^2} = \frac{u_{i,j+1}-u_{i,j}}{k} .$$

3. Lösen der Differenzengleichung

In dieser Gleichung kommen die vier Werte

$$u_{i-1,j},\ u_{i,j},\ u_{i+1,j},\ u_{i,j+1}$$

vor. Sie stehen in bestimmter Anordnung (Bild unten) an den Gitterpunkten. Man kann daher, da die Werte $u_{i,0}$ (Anfangsbedingung) gegeben sind, aus der Differenzengleichung den Wert $u_{i,j+1}$ ausrechnen, wenn man die drei anderen (in der Zeile darunter) kennt, also ausgehend von der unteren Zeile jeweils die nächste berechnen.

Hätte man den hinteren Differenzenquotienten für u_t genommen, wäre das nicht möglich.

Wir bekommen also kein Gleichungs*system* im eigentlichen Sinne, da wir, wie eben angedeutet, die Werte von unten beginnend sukzessive berechnen. Dazu lösen wir obige Differenzengleichung nach $u_{i,j+1}$ auf:

$$\text{(D)}\quad u_{i,j+1} = r\cdot u_{i-1,j} + (1 - 2r)\cdot u_{i,j} + r\cdot u_{i+1,j},\quad r:=k/h^2 .$$

Hier erkennt man noch einmal deutlich, wie der Wert $u_{i,j+1}$ in der (j+1)-ten Zeile aus den drei Werten "unter" ihm in der j-ten Zeile zu berechnen ist, ausgehend von der "Basiszeile", der 0-ten Zeile, für die die $u_{i,0}$ durch die Anfangsbedingung festliegen.

Wir wählen nun die Schrittweiten h=0.1 (dann wird das Intervall $0\le x\le 1$ in 10 Teilintervalle zerlegt) und k=0.002, dann ist r=0.2. Setzen wir diese Werte in (D) ein, so bekommen wir die Differenzengleichung

$$\text{(D1)}\quad u_{i,j+1} = 0.2\cdot u_{i-1,j} + 0.6\cdot u_{i,j} + 0.2\cdot u_{i+1,j} .$$

Die Skizze veranschaulicht, wie ein Wert aus den vorigen durch eine Art gewichtetes Mittel berechnet wird.

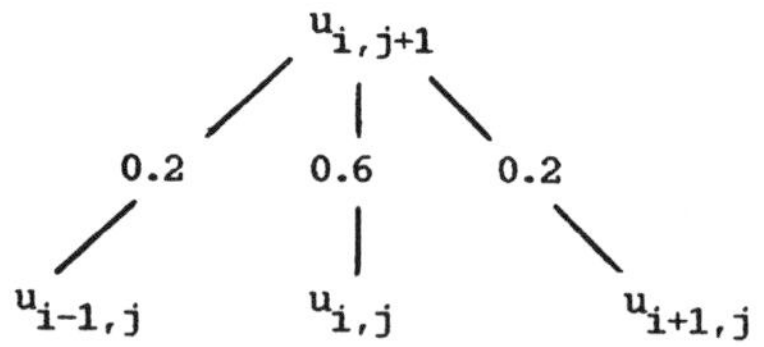

In der unteren Zeile ergeben sich die Werte von u aus $u(x,0) = x\cdot(1-x)$, also

$$u_{0,0} = u(0,0) = 0,\ u_{1,0} = u(0.1,0) = 0.09,\ u_{2,0} = u(0.2,0) = 0.16,\ \ldots$$

usw. Die Werte stehen in der Tabelle unten (die Tabelle ist entsprechend der Schreibrichtung nach unten mit wachsendem t aufgebaut). Man erkennt, daß die Werte mit wachsendem t gegen 0 gehen (Wärmeausgleich im Stab); die Kühlung auf 0 an den Enden ist der Grund hierfür.

t↓	x → 0.1	0.2	0.3	0.4	0.5	0.6	0.7	0.8	0.9
0.000	0.0900	0.1600	0.2100	0.2400	0.2500	0.2400	0.2100	0.1600	0.0900
0.002	0.0860	0.1560	*0.2060*	0.2360	0.2460	0.2360	0.2060	0.1560	0.0860
0.004	0.0828	0.1520	0.2020	0.2320	0.2420	0.2320	0.2020	0.1520	0.0828
0.006	0.0801	0.1482	0.1980	0.2280	0.2380	0.2280	0.1980	0.1482	0.0801
0.008	0.0777	0.1445	0.1940	0.2240	0.2340	0.2240	0.1940	0.1445	0.0777
0.010	0.0755	0.1410	0.1901	0.2200	0.2300	0.2200	0.1901	0.1410	0.0755
0.012	0.0735	0.1378	0.1863	0.2160	0.2260	0.2160	0.1863	0.1378	0.0735
ab hier wird nur jede 3. Zeile gedruckt, nach wie vor aber mit 0.02 gerechnet									
0.018	0.0683	0.1287	0.1753	0.2043	0.2141	0.2043	0.1753	0.1287	0.0683
0.024	0.0638	0.1207	0.1650	0.1929	0.2024	0.1929	0.1650	0.1207	0.0638
0.030	0.0598	0.1133	0.1554	0.1820	0.1912	0.1820	0.1554	0.1133	0.0598
0.036	0.0562	0.1066	0.1463	0.1717	0.1804	0.1717	0.1463	0.1066	0.0562
0.042	0.0528	0.1003	0.1379	0.1619	0.1701	0.1619	0.1379	0.1003	0.0528
0.048	0.0497	0.0945	0.1299	0.1526	0.1604	0.1526	0.1299	0.0945	0.0497
0.054	0.0468	0.0890	0.1224	0.1438	0.1512	0.1438	0.1224	0.0890	0.0468
0.060	0.0441	0.0838	0.1154	0.1356	0.1425	0.1356	0.1154	0.0838	0.0441
0.060	*0.0441*	*0.0839*	*0.1155*	*0.1357*	*0.1427*	*0.1357*	*0.1155*	*0.0839*	*0.0441*

Man kann sehen, daß jeder Wert aus den drei Werten in der darüberliegenden Zeile nach der obigen Gleichung berechnet wurde. Z.B. in der zweiten Zeile (t=0.002, x=0.3000) ist die kursive Zahl 0.2060 = 0.2·0.1600 + 0.6·0.2100 + 0.2·0.2400. Auch die Symmetrie zur Mitte x=0.5 ist physikalisch richtig. Die Tabelle wurde mit dem entsprechenden Programm aus *"Turbo-Pascal-Quelltexte zur Ingenieur-Mathematik"* berechnet.

Dieselbe Anfangs-Randwert-Aufgabe wurde als Beispiel 9 mit einem Separationsansatz behandelt. Dort steht eine Tabelle, die über die dort gewonnene (exakte) Lösung berechnet wurde. Die Übereinstimmung der Werte ist recht gut. Zu bequemerem Vergleich ist die letzte, kursiv gedruckte Zeile die dort berechnete.

Hätte man die Differentialgleichung $u_{xx}=3\cdot u_t$ und dieselben Randbedingungen, so könnte man diese Tabelle auch als Näherung hierfür nehmen, wenn t durch t/3 ersetzt wird, anders: wenn die Spalte der t durch 0.000, 0.006, 0.012, ... ersetzt wird.

Beispiel 11

Wir wollen dieselbe Aufgabe wie im vorigen Beispiel behandeln, nun aber mit den Schrittweiten h=0.05 (x-Richtung) und k=0.002 (t-Richtung).

Die Differenzengleichung lautet nun, da $r:=k/h^2=0.8$

(D1) $$u_{i,j+1} = 0.8\cdot u_{i-1,j} - 0.6\cdot u_{i,j} + 0.8\cdot u_{i+1,j}.$$

und es ergibt sich folgende Wertetabelle, wobei nur jeder zweite x-Wert gedruckt wurde:

t↓ x →	0.1	0.2	0.3	0.4	0.5	0.6	0.7	0.8	0.9
0.000	0.090	0.160	0.210	0.240	0.250	0.240	0.210	0.160	0.090
0.002	0.086	0.156	0.206	0.236	0.246	0.236	0.206	0.156	0.086
0.004	0.082	0.152	0.202	0.232	0.242	0.232	0.202	0.152	0.082
0.006	0.081	0.148	0.198	0.228	0.238	0.228	0.198	0.148	0.081
ab hier nur jede 3. Zeile gedruckt, aber nach wie vor mit h=0.05, k=0.002 gerechnet									
0.012	0.069	0.135	0.186	0.216	0.226	0.216	0.186	0.135	0.069
0.018	0.096	0.151	0.182	0.205	0.214	0.205	0.182	0.151	0.096
0.024	-0.141	-0.088	0.069	0.171	0.199	0.171	0.069	-0.088	-0.141
0.030	1.678	1.999	1.276	0.572	0.337	0.572	1.276	1.999	1.678
0.036	-13	-17	-12	-5.360	-2.798	-5.360	-12	-17	-13
0.042	116	158	124	70	47	70	124	158	116
0.048	-1024	-1462	-1258	-829	-627	-829	-1258	-1462	-1024
0.054	9247	13743	12743	9463	7822	9463	12743	13743	9247
0.060	-85005	-130709	-129125	-105330	-92542	-105330	-129125	-130709	-85005

Diese Werte sind offensichtlich unsinnig. Der Grund: Die Zahl $r=h/k^2$ ist größer als 0.5.

Beispiel 12

Mit dem Differenzenverfahren sollen Näherungen berechnet werden für die folgende Anfangs-Randwert-Aufgabe

$$u_{xx} + 0.8\cdot x\cdot u_x = u_t \;, \quad u(x,0) = x,\; u(0,t) = 0,\; u(8,t) = 8.$$

Dabei sollen die Schrittweiten h=0.8 (in x-Richtung) und k=0.32 (in t-Richtung) verwendet werden.

Lösung:

1. Die Schrittweiten sind vorgegeben.
2. Aufstellen der Differenzengleichung

   Wir wählen für beide ersten Ableitungen die entsprechenden vorderen Differenzenquotienten. Dann bekommen wir

$$\frac{u_{i+1,j} - 2u_{i,j} + u_{i-1,j}}{h^2} + 0.8\cdot x_i \frac{u_{i+1,j} - u_{i,j}}{h} = \frac{u_{i,j+1} - u_{i,j}}{k} .$$

   Der Punkt mit den "Koordinaten" i,j ist (x_i,t_j), also ist hier die Variable x der Differentialgleichung durch x_i, die Variable t durch t_j zu ersetzen (letztere kommt nicht vor).

   Wir setzen h=0.8 und k=0.32 ein, lösen nach $u_{i,j+1}$ auf und bekommen die Differenzengleichung

$$u_{i,j+1} = 0.5\cdot u_{i-1,j} - 0.32\cdot x_i\cdot u_{i,j} + (0.5+0.32\cdot x_i)\cdot u_{i+1,j}.$$

3. Lösung der Differenzengleichung

   Die Werte auf dem Rand sind vorgegeben, insbesondere die für x=0. Man bekommt folgende Tabelle

x	0.800	1.600	2.400	3.200	4.000	4.800	5.600	6.400	7.200	8.000
t										
0.000	0.800	1.600	2.400	3.200	4.000	4.800	5.600	6.400	7.200	8.000
0.320	1.005	2.010	3.014	4.019	5.024	6.029	7.034	8.038	9.043	8.000
0.640	1.262	2.524	3.786	5.048	6.310	7.572	8.834	10.096	5.616	8.000
0.960	1.585	3.170	4.755	6.340	7.926	9.511	11.096	-1.951	14.542	8.000
1.280	1.991	3.982	5.973	7.964	9.954	11.945	-19.600	46.596	-12.047	8.000
1.600	2.501	5.001	7.502	10.002	12.503	-53.277	147.895	-135.926	73.487	8.000

Der Wert 3.786 in der Zeile mit t=0.64, x=2.400 ergibt sich so:

$$0.5\cdot 2.010 - 0.32\cdot 2.400\cdot 3.014 + (0.5 + 0.32\cdot 2.400)\ 4.019.$$

Wie weit diese Werte mit der Lösung übereinstimmen, müßte nun noch ermittelt werden.

Beispiel 13

Mit dem Differenzenverfahren sollen Näherungen für dieselbe Aufgabe wie im vorigen Beispiel berechnet werden, allerdings mit anderen Anfangs- und Randbedingungen:

$$u_{xx} = u_t,\quad u(x,0) = 0,\quad u(0,t) = 0,\quad u(1,t) = \sin(50t)$$

Hier also ist der Stab zu Beginn insgesamt auf der Temperatur 0 ($u(x,0)=0$) und sein "linkes" Ende ($x=0$) wird auf dieser Temperatur gehalten während das "rechte" Ende ($x=1$) gemäß $u(1,t)=\sin(50t)$ periodisch geheizt bzw. gekühlt wird (der gesamte Stab wieder isoliert, d.h. die Temperatur wird nur an den Enden wie beschrieben "geregelt", sonst findet kein Wärmeaustausch mit der Umgebung statt).

Lösung:

Wir wählen $h=0.1$, $k=0.002$, dann ist $r=k/h^2=0.2$. Dann bekommen wir die Differenzengleichung

$$u_{i,j+1} = 0.2\cdot u_{i-1,j} + 0.6\cdot u_{i,j} + 0.2\cdot u_{i+1,j},$$

(wie in Beispiel 10).

Es ergeben sich folgende Werte (die Tabelle ist wieder mit dem Programm aus *"Turbo-Pascal-Quelltexte zur Ingenieur-Mathematik"* berechnet und aus Platzgründen nur auf drei Stellen nach dem Komma ausgedruckt worden).

Berechnungsbeispiele zur folgenden Tabelle:

Die Werte in der linken Spalte für x=0.000 sind alle gemäß der linken Randbedingung gleich 0, die für x=1.000 (rechte Spalte) gemäß der Randbedingung dort gleich sin(50t). Z.B. für

$t=0.016$: $\sin(50\cdot 0.016) = 0.7174$ ("Bogenmaß").

Die Werte in der oberen Zeile für t=0.000 sind gemäß der Anfangsbedingung alle gleich 0.

Der Wert 0.1356 (für x=0.700, t=0.030) ergibt sich aus der Zeile darüber:

$$0.2\cdot 0.0433 + 0.6\cdot 0.1183 + 0.2\cdot 0.2799 = 0.1356$$ (gerundet ausgedruckt).

Die Leerplätze in der Tabelle sind Zahlen, die ≈ 0 sind, vor dem Dezimalpunkt steht stets eine 0.

t	x= 0.10	0.20	0.30	0.40	0.50	0.60	0.70	0.80	0.90	1.00
0.000	0	0	0	0	0	0	0	0	0	0
0.002									.0200	.0998
0.004								.0040	.0517	.1987
0.006							.0008	.0127	.0909	.2955
0.008						.0002	.0030	.0260	.1350	.3894
0.010						.0007	.0070	.0432	.1821	.4794
0.012					.0002	.0018	.0130	.0637	.2308	.5646
0.014					.0005	.0037	.0209	.0870	.2801	.6442
0.016				.0001	.0010	.0065	.0307	.1124	.3289	.7174
0.018				.0003	.0019	.0103	.0422	.1394	.3765	.7833
0.020			.0001	.0006	.0033	.0150	.0552	.1674	.4221	.8415
0.022			.0002	.0010	.0051	.0207	.0696	.1959	.4650	.8912
0.024			.0003	.0016	.0074	.0274	.0851	.2244	.5046	.9320
0.026		.0001	.0005	.0025	.0102	.0349	.1014	.2526	.5403	.9636
0.028		.0002	.0008	.0037	.0136	.0433	.1183	.2799	.5718	.9854
0.030		.0003	.0013	.0051	.0176	.0524	.1356	.3060	.5986	.9975
0.032	.0001	.0004	.0018	.0068	.0220	.0621	.1531	.3304	.6202	.9996
0.034	.0001	.0006	.0025	.0089	.0270	.0723	.1703	.3529	.6366	.9917
...										
0.060	.0043	.0121	.0279	.0582	.1109	.1909	.2902	.3712	.3427	.1411
0.062	.0050	.0137	.0308	.0627	.1164	.1947	.2865	.3493	.2882	.0416
0.064	.0057	.0154	.0337	.0671	.1213	.1974	.2807	.3245	.2311	-.0584
0.066	.0065	.0171	.0367	.0712	.1257	.1989	.2728	.2971	.1720	-.1577
...										
0.122	.0190	.0346	.0417	.0315	-.0071	-.0836	-.1945	-.3051	-.3241	-.1822
0.124	.0183	.0329	.0383	.0258	-.0147	-.0905	-.1944	-.2868	-.2721	-.0831
0.126	.0176	.0311	.0347	.0202	-.0217	-.0961	-.1921	-.2654	-.2172	.0168
0.128	.0168	.0291	.0311	.0147	-.0282	-.1004	-.1876	-.2411	-.1601	.1165
...										
0.150	.0051	.0050	-.0047	-.0251	-.0502	-.0610	-.0199	.1300	.4509	.9380
0.152	.0041	.0031	-.0069	-.0260	-.0473	-.0506	.0019	.1642	.4901	.9679
0.154	.0031	.0013	-.0087	-.0265	-.0437	-.0395	.0238	.1969	.5245	.9882
0.156	.0021	-.0004	-.0103	-.0264	-.0394	-.0277	.0458	.2278	.5538	.9985
0.158	.0012	-.0018	-.0115	-.0258	-.0345	-.0153	.0675	.2566	.5776	.9989
0.160	.0003	-.0032	-.0124	-.0246	-.0289	-.0026	.0888	.2830	.5958	.9894

Man sieht an den Werten, wie sich der Stab vom rechten Ende her im Laufe der Zeit zunächst erwärmt. Man erkennt, wie die Temperaturwerte im Stab mit einer Verzögerung denen am rechten Ende folgen. Aus diesem Grunde haben wir viele Werte zu Beginn notiert. Ferner haben wir die Werte t, für die am rechten Ende wieder Werte um 1.000 vorgegeben werden (t um $\pi/20 \approx 0.157$) notiert um sie mit denen bei t=0.032, wo rechts auch u=1 war, zu vergleichen: Es sind andere Werte, bedingt durch die geänderte Temperaturverteilung im Stab. Die Werte entsprechen qualitativ dem zu erwartenden Verhalten, inwieweit sie auch quantitativ stimmen, ist damit natürlich nicht geklärt.

<u>Beispiel 14</u>

Die folgende Anfangs-Randwertaufgabe soll mit dem Differenzen-Verfahren behandelt werden:

$$u_{xx} + u_x = u_t,\ u(x,0) = 1-x^2,\ u(-1,t) = u(1,t) = 0.$$

Es sollen als Schrittweiten h=0.5 in x-, k=0.1 in t-Richtung gewählt werden.

Lösung:

1. Die Schrittweiten sind vorgegeben. Hier ist $r=k/h^2=0.4\leq 0.5$.
2. Aufstellen der Differenzengleichung

Wir überlegen zunächst, welche Differenzenquotienten wir für die beiden ersten Ableitungen zweckmäßigerweise wählen sollten:

In der zweiten Ableitungen kommen die drei Werte

$$u_{i-1,j}\ ,\ u_{i,j}\ ,\ u_{i+1,j}$$

vor. In u_x kommen in jedem Fall wieder zwei dieser drei vor, es ist also gleichgültig, welchen Differenzenquotienten wir wählen. In u_t kommen vor:

$u_{i,j+1}$ und $u_{i,j}$, wenn wir den vorderen Differenzenquotienen nehmen,

$u_{i,j-1}$ und $u_{i,j}$, wenn wir den hinteren Differenzenquotienten wählen und

$u_{i,j-1}$ und $u_{i,j+1}$, wenn wir den zentralen Differenzenquotienten wählen.

Die Bilder veranschaulichen dann, welche Werte jeweils in der entstehenden Differenzengleichung auftreten.

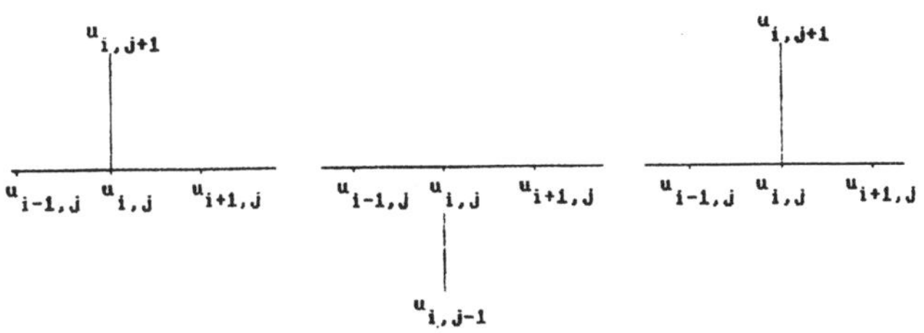

Da wir "unten", bei t=0, beginnen müssen (hier sind die Werte $u_{i,0}$ bekannt), müssen wir den vorderen wählen, andernfalls können wir nicht weiterrechnen, da der "Anfang" fehlt.

Auch für u_x nehmen wir den vorderen Differenzenquotienten.

Dann bekommen wir folgende Differenzengleichung

$$\frac{u_{i+1,j} - 2u_{i,j} + u_{i-1,j}}{h^2} + \frac{u_{i+1,j} - u_{i,j}}{h} = \frac{u_{i,j+1} - u_{i,j}}{k}$$

Wir setzen h=0.5 und k=0.1 ein und lösen nach $u_{i,j+1}$ auf, dem Wert also, der jeweils in der nächsten Zeile des Schemas steht:

$$u_{i,j+1} = 0.4\cdot u_{i-1,j} + 0.6\cdot u_{i+1,j}.$$

3. Lösung der Differenzengleichung

x / t	-1.0000	-0.5000	0.0000	0.5000	1.0000
0.000	0.0000	0.7500	1.0000	0.7500	0.0000
0.100	0.0000	0.6000	0.7500	0.4000	0.0000
0.200	0.0000	0.4500	0.4800	0.3000	0.0000
0.300	0.0000	0.2880	0.3600	0.1920	0.0000
0.400	0.0000	0.2160	0.2304	0.1440	0.0000
0.500	0.0000	0.1382	0.1728	0.0922	0.0000
0.600	0.0000	0.1037	0.1106	0.0691	0.0000
0.700	0.0000	0.0664	0.0829	0.0442	0.0000
0.800	0.0000	0.0498	0.0531	0.0332	0.0000
0.900	0.0000	0.0319	0.0398	0.0212	0.0000
1.000	0.0000	0.0239	0.0255	0.0159	0.0000
...					
2.000	0.0000	0.0006	0.0006	0.0004	0.0000
2.100	0.0000	0.0004	0.0005	0.0003	0.0000
...					
2.600	0.0000	0.0001	0.0001	0.0000	0.0000
2.700	0.0000	0.0000	0.0001	0.0000	0.0000
2.800	0.0000	0.0000	0.0000	0.0000	0.0000

Die Zahl 0.1106 in der Zeile für t=0.6 ergibt sich aus 0.4·0.1382 + 0.6·0.0922.

Das *Verfahren von Crank-Nicolson* für parabolische Differentialgleichungen

$$u_{xx} = c \cdot u_t .$$

Dieses ist eine Variante des "normalen", auch explizit genannten Verfahrens. Mann ersetzt die Ableitung u_{xx} nicht durch den genannten Differenzenquotienten sondern durch ein arithmetisches Mittel, nämlich: statt für $u_{xx}(x_i,t_j)$ die übliche dividierte Differenz

$$\frac{u_{i+1,j}-2u_{i,j}+u_{i-1,j}}{dx^2}$$

zu nehmen, nimmt man das arithmetisch Mittel dieser und der für das nächste $t=t_{j+1}$, also

$$\frac{1}{2}\cdot\left[\frac{u_{i+1,j}-2u_{i,j}+u_{i-1,j}}{dx^2} + \frac{u_{i+1,j+1}-2u_{i,j+1}+u_{i-1,j+1}}{dx^2}\right]$$

Setzt man das in die Differentialgleichung ein, so bekommt man (nach den 2.Indizes sortiert):

$$(*) \qquad -ru_{i-1,j+1}+(2+2r)u_{i,j+1}-ru_{i+1,j+1} = ru_{i-1,j}+(2-2r)u_{i,j}+ru_{i+1,j}$$

wobei $r:=dt/(c\cdot dx^2)$ gesetzt wurde. Für r=1 vereinfacht sich der Ausdruck.

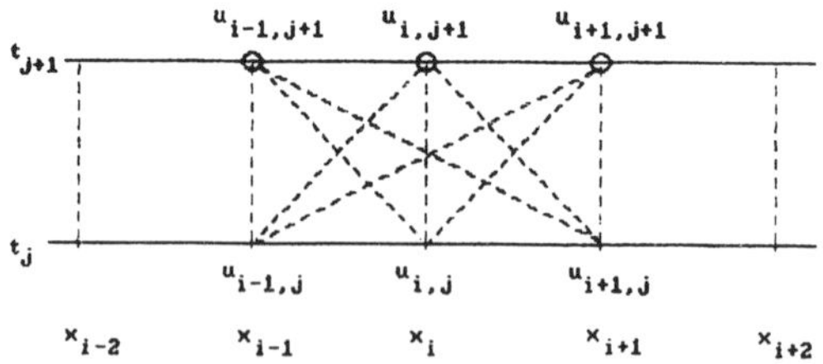

In dieser Gleichung stehen links Werte für $t=t_{j+1}$ und rechts für das vorige $t=t_j$.

Berechnet man bei dem "normalen", dem expliziten Verfahren jeweils nur *einen* neuen Wert (aus drei der vorherigen Zeitreihe), so stellt (*) eine lineare Gleichung für drei links stehende "neue" Werte bei t_{j+1} dar, rechts stehen bekannte aus der vorigen Reihe für t_j.

Für i=1,2,...,n ist (*) demnach ein lineares Gleichungs*system*, aus dem die n Werte für die neuen "Zeitreihe" aus denen der vorigen berechnet werden, man spricht daher von einem *impliziten* Verfahren.

Beispiel 15

Mit dem Crank-Nicolson-Verfahren sollen Näherungen für die Lösung u(x,t) der parabolischen Anfangs-Randwertaufgabe

$$u_{xx} = u_t,\ u(x,0) = x\cdot(1-x),\ u(0,t) = 0,\ u(1,t) = 0 \text{ für } 0\le x\le 1 \text{ und } t\ge 0$$

berechnet werden.

Lösung:

Diese Aufgabe wurde in den Beispielen 9 und 10 mit dem Produktansatz bzw. dem expliziten Differenzenverfahren behandelt.

Wir wollen die Schrittweite dx=h=0.2, dt=k=0.03 nehmen. Dann ist übrigens $r=dt/dx^2=0.75$. Da das größer als 0.5 ist, liefert das explizite Verfahren hierfür unsinnige Ergebnisse; es ist nicht brauchbar.

Hier ergibt sich die Differenzengleichung

$$-0.75\cdot u_{i-1,j+1}+3.5\cdot u_{i,j+1}-0.75\cdot u_{i+1,j+1} = 0.75\cdot u_{i-1,j}+0.5\cdot u_{i,j}+0.75\cdot u_{i+1,j}$$

Für j=0 und i=1,2,3,4 bekommt man zur Berechnung der Werte u_{i1} für $t=t_1=0.03$:

$$\begin{array}{ll} i=1: & 3.5\cdot u_{11}-0.75\cdot u_{21} = 0.26 \\ i=2: & -0.75\cdot u_{11}+3.5\cdot u_{21}-0.75\cdot u_{31} = 0.42 \\ i=3: & -0.75\cdot u_{21}+3.5\cdot u_{31}-0.75\cdot u_{41} = 0.42 \\ i=4: & -0.75\cdot u_{31}+3.5\cdot u_{41} = 0.26 \end{array}$$

Berechnungsbeispiel für die rechte Seite: Für i=2 ergibt sich

$$0.75\cdot u_{10}-0.5\cdot u_{20}+0.75\cdot u_{30} =$$

$$0.75\cdot 0.2\cdot(1-0.2)+0.5\cdot 0.4\cdot(1-0.4)+0.75\cdot 0.6\cdot(1-0.6) = 0.42.$$

Die Werte der u_{i0} sind die der Anfangsbedingung $x_i\cdot(1-x_i)$. Da die Randwerte bei x=0 und x=1 alle 0 sind, sind die Werte $u_{0.}$ bzw. $u_{5.}$ alle 0, andernfalls sind diese Werte auf die rechte Seite zu bringen.

Das Gleichungssystem hat die Lösung (0.1137,0.1837,0.1837,0.1137), das sind demnach die Näherungen in den Punkten x=0.2, 0.4, 0.6 und 0.8, für jeweils t=0.03.

Dann wird, ausgehend von diesen, die nächste Zeile für t=0.06 berechnet. Man erkennt, daß man ein Gleichungssystem mit derselben Koeffizientenmatrix wie eben bekommt (die *Koeffizienten* in (*) hängen nur von r ab). Diese Matrix lautet (wieder)

$$A = \begin{pmatrix} 3.5000 & -0.7500 & 0.0000 & 0.0000 \\ -0.7500 & 3.5000 & -0.7500 & 0.0000 \\ 0.0000 & -0.7500 & 3.5000 & -0.7500 \\ 0.0000 & 0.0000 & -0.7500 & 3.5000 \end{pmatrix}$$

A ist übrigens tridiagonal.

Lediglich die rechte Seite $\vec{s}$, die ja von den vorigen u abhängt, ändert sich. Sie lautet übrigens in diesem Schritt 0.1946 0.3149 0.3149 0.1946.

Berechnungsbeispiel für die 3. Komponente: 0.75·*0.1837*+0.5·*0.1837*+0.75·*0.1137* = 0.3149; die kursiv gedruckten Zahlen stehen in der Zeile für t=0.03, der soeben berechneten Zeile. Man sollte daher *vor allen Rechnungen* die LR-Zerlegung von A berechnen: A=L·R und dann aus dieser jeweils die Lösung durch Vorwärts- und Rückwärtssubstitution:

$A\cdot\vec{u} = L\cdot R\cdot\vec{u} = L\cdot\vec{v} = \vec{s} \Rightarrow \vec{v}$ berechnen $\Rightarrow \vec{u}$ aus $R\cdot\vec{u} = \vec{v}$

(statt in jedem Schritt ein Gleichungssystem zu lösen).

Der Vollständigkeit wegen geben wir die LR-Zerlegung von A an:

$$A = \begin{pmatrix} 1 & & & \\ -0.2143 & 1 & & \\ 0.0000 & -0.2246 & 1 & \\ 0.0000 & 0.0000 & -0.2251 & 1 \end{pmatrix} \cdot \begin{pmatrix} 3.5000 & -0.7500 & 0.0000 & 0.0000 \\ & 3.3393 & -0.7500 & 0.0000 \\ & & 3.3316 & -0.7500 \\ & & & 3.3312 \end{pmatrix}$$

Die Lösung lautet (0.0851,0.1377,0.1377,0.0851).

Folgende Tabelle enthält die gewonnenen Ergebnisse:

t: x=	0.0000	0.2000	0.4000	0.6000	0.8000	1.0000
0.000:	0.0000	0.1600	0.2400	0.2400	0.1600	0.0000
0.030:	0.0000	0.1137	0.1837	0.1837	0.1137	0.0000
0.060:	0.0000	0.0851	0.1377	0.1377	0.0851	0.0000
		0.0839	*0.1357*	*0.1357*	*0.0839*	

Die Werte der kursiv hinzugefügten Zeile sind die mit Beispiel 9 gewonnenen (exakten) Ergebnisse. Man beachte insbesondere, daß das Verfahren trotz r>0.5 Näherungen liefert im Gegensatz zur expliziten Methode, die bei diesem r versagt.

Wir wollen noch angeben, welche Werte sich ergeben, wenn man dx=0.1 und dt=0.012 wählt; dann ist übrigens r=0.012/0.01=1.2 und das explizite Verfahren versagt. Die folgenden Ergebnisse wurden mit dem entsprechenden Programm aus *"Turbo-Pascal-Quelltexte zur Ingenieur-Mathematik"* berechnet.

t: x=	0.1000	0.2000	0.3000	0.4000	0.5000	0.6000	0.7000	0.8000	0.9000
0.000:	0.0900	0.1600	0.2100	0.2400	0.2500	0.2400	0.2100	0.1600	0.0900
0.012:	0.0731	0.1381	0.1866	0.2162	0.2261	0.2162	0.1866	0.1381	0.0731
0.024:	0.0640	0.1208	0.1653	0.1933	0.2028	0.1933	0.1653	0.1208	0.0640
0.036:	0.0563	0.1069	0.1468	0.1722	0.1809	0.1722	0.1468	0.1069	0.0563
0.048:	0.0499	0.0949	0.1304	0.1532	0.1611	0.1532	0.1304	0.0949	0.0499
0.060:	0.0443	0.0843	0.1159	0.1363	0.1433	0.1363	0.1159	0.0843	0.0443
0.060:	*0.0441*	*0.0839*	*0.1155*	*0.1357*	*0.1427*	*0.1357*	*0.1155*	*0.0839*	*0.0441*

Die letzte kursive Zeile enthält die (exakten) Werte nach Beispiel 9, Fehler <0.5%.

Hat man an einem der Ränder (oder beiden) von 0 verschiedene Funktionswerte oder Ableitungen wie z.B. $u_x(0,t)$ vorgegeben, so sind diese jeweils in die rechten Seiten der Gleichungssysteme "einzuarbeiten", in letzterem Falle deren dividierte Differenzen; siehe hierzu die Programme und Prozeduren aus *"Turbo-Pascal-Quelltexte zur Ingenieur-Mathematik"*.

Aus Gründen der Vollständigkeit geben wir Zwischenergebnisse an, berechnet mit den genannten Programmen.

Die Koeffizientenmatrix des Gleichungssystems zur Berechnung der neuen Werte aus der vorigen Zeile lautet

$$\begin{pmatrix}
4.4000 & -1.2000 & 0.0000 & 0.0000 & 0.0000 & 0.0000 & 0.0000 & 0.0000 & 0.0000 \\
-1.2000 & 4.4000 & -1.2000 & 0.0000 & 0.0000 & 0.0000 & 0.0000 & 0.0000 & 0.0000 \\
0.0000 & -1.2000 & 4.4000 & -1.2000 & 0.0000 & 0.0000 & 0.0000 & 0.0000 & 0.0000 \\
0.0000 & 0.0000 & -1.2000 & 4.4000 & -1.2000 & 0.0000 & 0.0000 & 0.0000 & 0.0000 \\
0.0000 & 0.0000 & 0.0000 & -1.2000 & 4.4000 & -1.2000 & 0.0000 & 0.0000 & 0.0000 \\
0.0000 & 0.0000 & 0.0000 & 0.0000 & -1.2000 & 4.4000 & -1.2000 & 0.0000 & 0.0000 \\
0.0000 & 0.0000 & 0.0000 & 0.0000 & 0.0000 & -1.2000 & 4.4000 & -1.2000 & 0.0000 \\
0.0000 & 0.0000 & 0.0000 & 0.0000 & 0.0000 & 0.0000 & -1.2000 & 4.4000 & -1.2000 \\
0.0000 & 0.0000 & 0.0000 & 0.0000 & 0.0000 & 0.0000 & 0.0000 & -1.2000 & 4.4000
\end{pmatrix}$$

Man beachte, daß es ein symmetrisches Tridiagonalsystem wird, es genügt dem starken Zeilensummenkriterium. Folgende Matrix enthält deren LR-Zerlegung, genauer: Auf und oberhalb der Diagonale steht R. unterhalb L (die Diagonal-Einsen von L sind zu ergänzen).

$$\begin{pmatrix}
4.4000 & -1.2000 & 0.0000 & 0.0000 & 0.0000 & 0.0000 & 0.0000 & 0.0000 & 0.0000 \\
-0.2727 & 4.0727 & -1.2000 & 0.0000 & 0.0000 & 0.0000 & 0.0000 & 0.0000 & 0.0000 \\
0.0000 & -0.2946 & 4.0464 & -1.2000 & 0.0000 & 0.0000 & 0.0000 & 0.0000 & 0.0000 \\
0.0000 & 0.0000 & -0.2966 & 4.0441 & -1.2000 & 0.0000 & 0.0000 & 0.0000 & 0.0000 \\
0.0000 & 0.0000 & 0.0000 & -0.2967 & 4.0439 & -1.2000 & 0.0000 & 0.0000 & 0.0000 \\
0.0000 & 0.0000 & 0.0000 & 0.0000 & -0.2967 & 4.0439 & -1.2000 & 0.0000 & 0.0000 \\
0.0000 & 0.0000 & 0.0000 & 0.0000 & 0.0000 & -0.2967 & 4.0439 & -1.2000 & 0.0000 \\
0.0000 & 0.0000 & 0.0000 & 0.0000 & 0.0000 & 0.0000 & -0.2967 & 4.0439 & -1.2000 \\
0.0000 & 0.0000 & 0.0000 & 0.0000 & 0.0000 & 0.0000 & 0.0000 & -0.2967 & 4.0439
\end{pmatrix}$$

Man beachte auch hier die besonders einfachen Strukturen von L und R, insbesondere die zahlreichen Nullen. In den 5 Schritten ergeben sich folgende rechte Seiten:

1.	0.1560	0.2960	0.3960	0.4560	0.4760	0.4560	0.3960	0.2960	0.1560
2.	0.1365	0.2565	0.3505	0.4088	0.4284	0.4088	0.3505	0.2565	0.1365
3.	0.1194	0.2268	0.3108	0.3645	0.3828	0.3645	0.3108	0.2268	0.1194
4.	0.1058	0.2009	0.2763	0.3244	0.3409	0.3244	0.2763	0.2009	0.1058
5.	0.0939	0.1785	0.2455	0.2885	0.3033	0.2885	0.2455	0.1785	0.0939

Lesebeispiel: Die Werte für t=0.36 berechnen sich aus denen für t=0.24 aus dem Gleichungssystem $A\vec{u}=\vec{s}$, wobei A obige Matrix ist und $\vec{s}$ der unter 3. genannte Vektor.

Beispiel 16

Folgendes Dirichlet-Problem soll für die Laplace-Differentialgleichung mit dem Differenzenverfahren behandelt werden:

$$\Delta u = 0$$

$$u(0,y) = y^4, \quad u(1,y) = y^4 - 6y^2 + 1$$

$$u(x,0) = x^4, \quad u(x,1) = x^4 - 6x^2 + 1.$$

Als Schrittweiten wähle man h=k=0.25.

Lösung:

1. Die Schrittweiten sind vorgegeben.
2. Aufstellen der Differenzengleichung

   Setzt man $x=x_i$ und $y=y_j$ in der Differentialgleichung, so bekommt man aus ihr:

$$\frac{u_{i+1,j} - 2u_{i,j} + u_{i-1,j}}{h^2} + \frac{u_{i,j+1} - 2u_{i,j} + u_{i,j-1}}{k^2} = 0.$$

   Setzt man $h=k=0.25$, so bekommt man, nach Multiplikation mit h^2 und sortiert nach den u die Differenzengleichung

$$u_{i+1,j} + u_{i,j+1} - 4u_{i,j} + u_{i-1,j} + u_{i,j-1} = 0.$$

   Es kommen in ihr jeweils 5 Werte $u_{i,j}$ vor, die wie folgt relativ zueinander liegen:

$$\begin{array}{ccccc} & & u_{i,j+1} & & \\ & & | & & \\ u_{i-1,j} & — & u_{i,j} & — & u_{i+1,j} \\ & & | & & \\ & & u_{i,j-1} & & \end{array}$$

3. Aufstellen des Gleichungssystems

   Wir bezeichnen den Eckpunkt (0,0) mit (x_0,y_0) und haben dann das Gitter

y					
1.00	.	.	.	.	.
0.75	.	.	.	.	.
0.50	.	.	.	.	.
0.25	.	.	.	.	.
0.00	.	.	.	.	.
	0.00	0.25	0.50	0.75	1.00 x

   Die Funktionswerte auf dem Rand sind gegeben und lauten entsprechend den Randbedingungen:

y					
1.00	1.000	0.629	-0.438	-2.059	-4.000
0.75	0.316	.	.	.	-2.059
0.50	0.063	.	.	.	-0.438
0.25	0.004	.	.	.	0.629
0.00	0.000	0.004	0.063	0.316	1.000
	0.00	0.25	0.50	0.75	1.00 x

   Berechnungsbeispiel:

   Der Wert -0.438 am oberen Rand für $x=x_2=0.5$, $y=y_4=1.0$ ergibt sich aus der vierten Randbedingung

$$u(0.5\ ,\ 1.0) = 0.5^4 - 6\cdot 0.5^2 + 1 = -0.4375.$$

Wir bekommen folgendes lineare Gleichungssystem für die neun Werte, deren "Plätze" oben durch je einen Punkt markiert sind:

ij	u_{11}	u_{12}	u_{13}	u_{21}	u_{22}	u_{23}	u_{31}	u_{32}	u_{33}	rechte Seite
11	-64	16		16						-0.007813
12	16	-64	16		16					-0.062500
13		16	-64			16				-0.945313
21	16			-64	16		16			-0.062500
22		16		16	-64	16		16		0.000000
23			16		16	-64			16	0.437500
31				16			-64	16		-0.945313
32					16		16	-64	16	0.437500
33						16		16	-64	4.117188

Leerstellen stehen für Nullen.

In der oberen Zeile stehen die "Unbekannten", in der linken Spalte die Indizes i und j, die aus der Differenzengleichung zu der entsprechenden Gleichung führen.

Berechnungsbeispiele

a) Die Gleichung für i=3 und j=2 ergibt sich aus der Differenzengleichung, wenn man in ihr diese Werte einsetzt:

$$u_{42} + u_{33} - 4 \cdot u_{32} + u_{22} + u_{31} = 0.$$

Hierin sind

$$x_3 = 0.75, \; y_2 = 0.50 \text{ und } u_{42} = -0.4375 \text{ (rechter Rand, s.o.).}$$

Bringt man diesen Summanden nach rechts, so erhält man die Gleichung

$$u_{22} + u_{31} - 4 \cdot u_{32} + u_{33} = 0.4375$$

b) Die Gleichung für i=1 und j=1, also (x,y)=(0.25 , 0.25) ergibt sich so:

In der Differenzengleichung wird i=1, j=1 gesetzt:

$$u_{21} + u_{12} - 4 \cdot u_{11} + u_{01} + u_{10} = 0.$$

Hierin sind $u_{01} = 0.004$ und $u_{10} = 0.004$ (Randbedingungen, s.o.) und daher nach Umordnung (diese zwei Summanden nach rechts):

$$-4 \cdot u_{11} + u_{12} + u_{21} = -0.004 - 0.004 = -0.008.$$

Wir haben mit 10 Stellen gerechnet und dann gerundet, die exakten Werte waren 0.0039 statt 0.004, so daß sich der Wert 0.0078 ergibt.

4. Lösen des Gleichungssystems

Das Gleichungssysstem erfüllt das starke Zeilensummenkriterium, daher konvergieren Gesamt- und Einzelschrittverfahren (die man allerdings erst bei größeren Gleichungssystemen anwenden würde; wir benutzten den Gauß-Algorithmus). Die Lösung des Gleichungssystems haben wir in folgendes Schema eingetragen, das aus obigem Schema der Randwerte entsteht, wenn man die

Punkte durch die berechneten Werte u (kursiv gedruckt) ersetzt. Die Werte der (exakten) Lösung stehen im nächsten Beispiel (dort sind die hierzu gehörigen Werte unterstrichen).

y					
1.00	1.000	0.629	-0.438	-2.059	-4.000
0.75	0.316	*0.120*	*-0.451*	*-1.255*	-2.059
0.50	0.063	*-0.014*	*-0.232*	*-0.451*	-0.438
0.25	0.004	*-0.005*	*-0.014*	*0.120*	0.629
0.00	0.000	0.004	0.063	0.316	1.000
x	0.00	0.25	0.50	0.75	1.00

Beispiel 17

Wir behandeln erneut das Problem aus dem vorigen Beispiel, nun aber mit den Schrittweiten h=k=0.125 (halbiert). Randwerte lassen wir aus Platzgründen fort. Es ergibt sich

0.875	0.51576	0.30471	-0.03798	-0.49760	-1.05361	-1.67966	-2.34362
0.750	0.26565	0.11217	-0.13507	-0.46130	-0.84600	-1.26283	-1.67966
0.625	0.11827	0.01337	-0.15315	-0.36654	-0.60627	-0.84600	-1.05361
0.500	0.04146	-0.02380	-0.12436	-0.24545	-0.36654	-0.46130	-0.49760
0.375	0.00889	-0.02569	-0.07502	-0.12436	-0.15315	-0.13507	-0.03798
0.250	0.00003	-0.01283	-0.02569	-0.02380	0.01337	0.11217	0.30471
0.125	0.00013	0.00003	0.00889	0.04146	0.11827	0.26565	0.51576
	0.125	0.250	0.375	0.500	0.625	0.750	0.875

Diese 7·7=49 Werte wurden aus einem Gleichungssystem mit 49 Gleichungen berechnet (die Koeffizientenmatrix hat immerhin schon 49^2=2401 Elemente) mit dem entsprechenden Programm aus *"Turbo-Pascal-Quelltexte zur Ingenieur-Mathematik"*, das zuerst das Gleichungssystem *berechnet* und es dann *löst* - in diesem Fall mit dem Gaußverfahren; da das System meist Nullen enthält ("Bandmatrix"), sollte man besser ein "Spezialprogramm" zur Lösung benutzen (z.B. SOR, siehe dazu ebenfalls *"Turbo-Pascal-Quelltexte zur Ingenieur-Mathematik"*).

Zum Vergleich die gerundeten Werte der (exakten) Lösung $u(x,y)=x^4-6x^2y^2+y^4$ in derselben Anordnung (unterstrichene Zahlen beziehen sich auf das vorige Beispiel).

0.875	0.51465	0.30298	-0.04004	-0.49976	-1.05566	-1.68140	-2.34473
0.750	0.26392	0.10938	-0.13843	-0.46484	-0.84937	-1.26563	-1.68140
0.625	0.11621	0.01001	-0.15723	-0.37085	-0.61035	-0.84937	-1.05566
0.500	0.03931	-0.02734	-0.12866	-0.25000	-0.37085	-0.46484	-0.49976
0.375	0.00684	-0.02905	-0.07910	-0.12866	-0.15723	-0.13843	-0.04004
0.250	-0.00171	-0.01563	-0.02905	-0.02734	0.01001	0.10938	0.30298
0.125	-0.00098	-0.00171	0.00684	0.03931	0.11621	0.26392	0.51465
	0.125	0.250	0.375	0.500	0.625	0.750	0.875

Beispiel 18

Man berechne mit dem Differenzenverfahren eine Näherung für die Lösung der elliptischen Randwertaufgabe

$\Delta u = 2/(x+1)^3$,

$u(0,y) = 1-y^2,\ u(x,0) = x^2 + \frac{1}{x+1},\ u(1,y) = \frac{3}{2} - y^2,\ u(x,1) = x^2 + \frac{1}{x+1} - 1$

für $0 \le x \le 1$ und $0 \le y \le 1$ unter Verwendung der Schrittweiten $h=k=1/4$ in x- und y-Richtung.

Lösung:

Die Differenzengleichung lautet

$$u_{i-1,j} + u_{i,j-1} - 4u_{i,j} + u_{i,j+1} + u_{i+1,j} = \frac{1}{16}\cdot\frac{2}{(x_i+1)^3}$$

Man bekommt hier folgendes Gleichungssystem zur Berechnung der $u_{i,j}$ in den Gitterpunkten:

Index ij:	11	12	13	21	22	23	31	32	33	rechte S.
11	-4	1	0	1	0	0	0	0	0	-1.736000
12	1	-4	1	0	1	0	0	0	0	-0.686000
13	0	1	-4	0	0	1	0	0	0	-0.236000
21	1	0	0	-4	1	0	1	0	0	-0.879630
22	0	1	0	1	-4	1	0	1	0	0.037037
23	0	0	1	0	1	-4	0	0	1	0.120370
31	0	0	0	1	0	0	-4	1	0	-2.548105
32	0	0	0	0	1	0	1	-4	1	-1.226676
33	0	0	0	0	0	1	0	1	-4	-1.048105

Berechnungsbeispiel:

Die Gleichung für i=2, j=3 lautet ausgeschrieben (es ist die 6. in unserer Anordnung)

$$u_{13} + u_{22} - 4u_{23} + u_{33} = 0.120370.$$

Es handelt sich um die Differenzengleichung für i=2 und j=3, und diese lautet (da $x_2=1/2$)

$$u_{13} + u_{22} - 4u_{23} + u_{33} + u_{24} = \frac{1}{16}\cdot\frac{2}{(x_2+1)^3} = \frac{1}{27}$$

Hierin ist u_{24} Randwert:

$$u_{24} = u(x_2,y_4) = u(0.5,1) = 0.5^2 + \frac{1}{0.5+1} - 1 = -\frac{1}{12} \quad \text{(Randwert)}$$

so daß folgt

$$u_{33} - 4u_{23} + u_{13} + u_{22} = \frac{1}{27} - u_{24} = \frac{1}{27} + \frac{1}{12} \approx 0.120370.$$

Die Lösung des Gleichungssystems lautet, schematisch in der Anordnung der Gitterpunkte

y x=	0.25	0.50	0.75
0.25 :	0.801376	0.855287	1.072026
0.50 :	0.614217	0.668116	0.884711
0.75 :	0.301376	0.355287	0.572026

Zu Vergleichszwecken geben wir die exakten Werte an - die Lösung lautet $u(x,y)=x^2-y^2+1/(x+1)$, wobei auch die Randwerte eingetragen wurden (den kursiven Teil mit obigen Näherungen vergleichen):

y x=	0.00	0.25	0.50	0.75	1.00
0.00 :	1.000000	0.862500	0.916667	1.133929	1.500000
0.25 :	0.937500	*0.800000*	*0.854167*	*1.071429*	1.437500
0.50 :	0.750000	*0.612500*	*0.666667*	*0.883929*	1.250000
0.75 :	0.437500	*0.300000*	*0.354167*	*0.571429*	0.937500
1.00 :	0.000000	-0.137500	-0.083333	0.133929	0.500000

Folgendes Bild ist eine perspektivische Skizze der berechneten Werte, unten das Gitter:

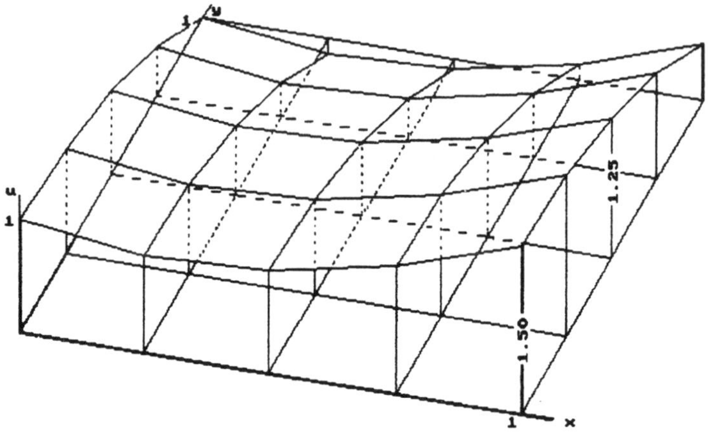

Wenn man in x-Richtung 8 und y-Richtung 12 Teilintervalle wählt, also $h=1/8$, $k=1/12$, so bekommt man ein Gleichungssystem mit $7 \cdot 11=77$ Gleichungen für die 77 Gitterpunkte. Es wurde hier iterativ gelöst (mit dem SOR-Verfahren, das in *"Turbo-Pascal-Quelltexte zur Ingenieur-Mathematik"* erklärt wird). Die Lösung steht unten. Man vergleiche mit den oben abgedruckten exakten Werten; der Fehler liegt um 0.1%.

y x=	1/8	0.25	3/8	0.50	5/8	0.75	7/8
1/12	0.8977	0.8556	0.8610	0.9098	0.9991	1.1270	1.2920
2/12	0.8769	0.8349	0.8402	0.8890	0.9783	1.1062	1.2712
0.25	0.8422	0.8002	0.8056	0.8543	0.9436	1.0715	1.2365
4/12	0.7936	0.7516	0.7570	0.8057	0.8950	1.0229	1.1879
5/12	0.7311	0.6892	0.6946	0.7433	0.8326	0.9604	1.1254
0.50	0.6548	0.6128	0.6182	0.6669	0.7562	0.8841	1.0490
7/12	0.5645	0.5226	0.5279	0.5767	0.6659	0.7938	0.9588
8/12	0.4603	0.4184	0.4238	0.4725	0.5618	0.6896	0.8546
0.75	0.3423	0.3003	0.3057	0.3544	0.4437	0.5716	0.7365
10/12	0.2103	0.1683	0.1737	0.2224	0.3117	0.4396	0.6046
11/12	0.0644	0.0224	0.0278	0.0765	0.1658	0.2937	0.4587

Bemerkung:

Wenn man jeweils 8 Teilintervalle in x- und y-Richtung wählt, so sind Werte in 49 Gitterpunkten zu berechnen. Rechenzeit auf (m)einem PC mit den Programmen aus dem genannten Buch (die Werte sollen lediglich einen Vergleich liefern, nicht die absoluten Zeiten sind das Wesentliche):

1. Gleichungssystem lösen (nur lösen, ohne dessen Aufstellung) mit Gauß: 0.33s
2. Einzelschrittverfahren: Gleichungssystem lösen, Start mit Null-Vektor: 48 Schritte, 0.60s
3. Relaxationsverfahren: Gleichungssystem lösen (optimaler Parameter): 17 Schritte, 0.22s
4. SOR-Verfahren (optimaler Parameter, einschl. Berechnung des Systems): 17 Schritte, 0.05s.

Beispiel 19

Die folgende elliptische Randwertaufgabe soll mit dem Differenzenverfahren behandelt werden:

$$\Delta u = u_{xx} + u_{yy} = 2x^2 + 2y^2 + 6xy,$$

$$u(0,y) = 0, \; u(1,y) = y^2 + y, \; u(x,0) = 0, \; u(x,1) = x^3 + x^2.$$

Als Schrittweiten sollen h=k=0.25 gewählt werden.

Lösung:

Es handelt sich um eine Poissonsche Differentialgleichung (Typ also elliptisch) und eine Dirichletsche (erste) Randwertaufgabe.

1. Die Schrittweiten sind vorgegeben.
2. Aufstellen der Differenzengleichung

   Setzt man $x=x_i$ und $y=y_j$ in der Differentialgleichung, so bekommt man aus ihr:

$$\frac{u_{i+1,j} - 2u_{i,j} + u_{i-1,j}}{h^2} + \frac{u_{i,j+1} - 2u_{i,j} + u_{i,j-1}}{k^2} = 2x_i^2 + 2y_j^2 + 6x_iy_j.$$

   Setzt man h=k=0.25, so bekommt man nach Multiplikation mit h² und sortiert nach den u, die Differenzengleichung

$$u_{i+1,j} + u_{i,j+1} - 4 \cdot u_{i,j} + u_{i-1,j} + u_{i,j-1} = \frac{1}{16} \cdot (2x_i^2 + 2y_j^2 + 6x_iy_j).$$

   Es kommen in ihr jeweils 5 Werte $u_{i,j}$ vor, die wie folgt relativ zueinander liegen:

	$u_{i,j+1}$	
	|	
$u_{i-1,j}$ ——	$u_{i,j}$	—— $u_{i+1,j}$
	|	
	$u_{i,j-1}$	

3. Aufstellen des Gleichungssystems

   Wir bezeichnen den Eckpunkt (0,0) mit (x_0,y_0) und haben dann das Gitter

y					
1.00	.	.	.	.	.
0.75	.	.	.	.	.
0.50	.	.	.	.	.
0.25	.	.	.	.	.
0.00	.	.	.	.	.
	0.00	0.25	0.50	0.75	1.00 x

   Die Funktionswerte auf dem Rand sind entsprechend den Randbedingungen:

y					
1.00	0.00000	0.078125	0.375000	0.984375	2.000000
0.75	0.00000	.	.	.	1.312500
0.50	0.00000	.	.	.	0.750000
0.25	0.00000	.	.	.	0.312500
0.00	0.00000	0.000000	0.000000	0.000000	0.000000
	0.00	0.25	0.50	0.75	1.00 x

Berechnungsbeispiel:

Der Wert $u_{4,3}$=1.312500 ergibt sich aus der zweiten Randbedingung:

$$u(x_4, y_3) = u(1\ , 0.75) = 0.75^2 + 0.75 = 1.3125.$$

Wir bekommen folgendes lineare Gleichungssystem für die neun Werte, deren "Plätze" oben durch je einen Punkt markiert sind:

ij	u_{11}	u_{12}	u_{13}	u_{21}	u_{22}	u_{23}	u_{31}	u_{32}	u_{33}	rechte Seite
11	-64	16		16						0.039063
12	16	-64	16		16					0.085938
13		16	-64			16				0.070313
21	16			-64	16		16			0.085938
22		16		16	-64	16		16		0.156250
23			16		16	-64			16	-0.132813
31				16			-64	16		-0.164063
32					16		16	-64	16	-0.507813
33						16		16	-64	-1.945313

Leerstellen stehen für Nullen.

Die Matrix erfüllt übrigens das starke Zeilensummenkriterium.

In der oberen Zeile stehen die "Unbekannten", in der linken Spalte die beiden Indizes i und j, die aus der Differenzengleichung zu der entsprechenden Gleichung führen.

Berechnungsbeispiel

Die Gleichung für i=3 und j=2 (8. Gleichung) ergibt sich aus der Differenzengleichung, wenn man in ihr diese Werte einsetzt:

$$u_{42} + u_{33} - 4 \cdot u_{32} + u_{22} + u_{31} = \frac{1}{16} \cdot (2x_3^2 + 2y_2^2 + 6x_3y_2) .$$

Hierin sind

$x_3 = 0.75$, $y_2 = 0.50$ und $u_{42} = 0.75$ (rechter Rand, s.o.).

Diesen letzten Summanden nach rechts bringen; man erhält die Gleichung

$$u_{22} + u_{31} - 4 \cdot u_{32} + u_{33} =$$

$$= (2 \cdot 0.75^2 + 2 \cdot 0.50^2 + 6 \cdot 0.75 \cdot 0.50 - 16 \cdot 0.57)/16 = -0.507813.$$

4. Lösung des Gleichungssystems

Das Gleichungssystem hat folgende Lösung, wobei wir die 9 Werte der u_{ij} gleich *kursiv* an die entsprechenden Stellen des Gitters schreiben:

y					
1.00	0.00000	0.078125	0.375000	0.984375	2.000000
0.75	0.00000	*0.046875*	*0.234375*	*0.632813*	1.312500
0.50	0.00000	*0.023438*	*0.125000*	*0.351563*	0.750000
0.25	0.00000	*0.007813*	*0.046875*	*0.140625*	0.312500
0.00	0.00000	0.000000	0.000000	0.000000	0.000000
	0.00	0.25	0.50	0.75	1.00 x

Bemerkung: Die Lösung unserer Randwertaufgabe lautet

$$u(x,y) = x^2 y(x+y)$$

und man rechnet leicht nach, daß alle obigen Näherungen die exakten (auf 6 Dezimalen gerundeten) Werte sind.

Folgende Bilder zeigen die Näherungen. Die Zahl der Teilintervalle ist einmal jeweils 4, beim zweiten Bild jeweils 8 in x- und y-Richtung. Sie wurden mit einem Pascal-Programm angefertigt.

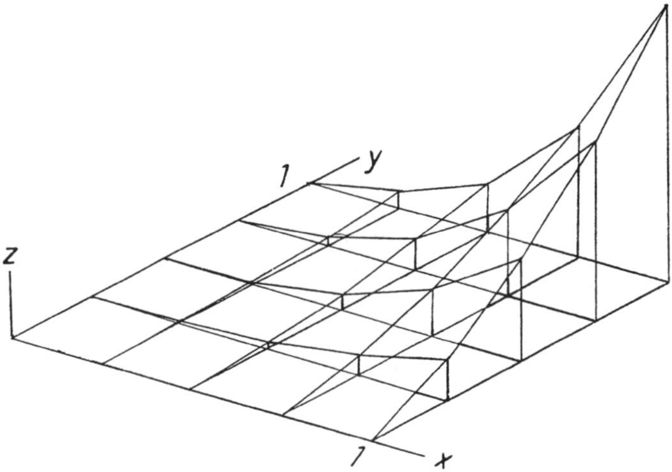

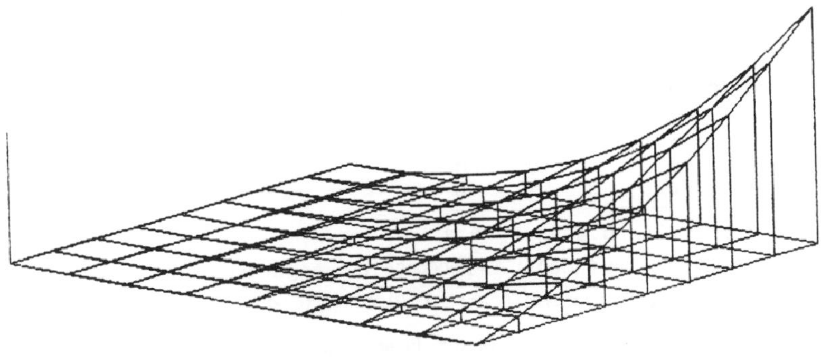

Beispiel 20

Folgende Eigenwertaufgabe soll mit dem Differenzenverfahren behandelt werden:

$$-\Delta u = \lambda u$$

auf G und u=0 auf dem Rand des Quadrates G = {(x,y) / 0≤x≤1 und 0≤y≤1}.

Lösung:

Wir wählen in beiden Richtungen die Schrittweite h=1/4. Die Differenzengleichung lautet dann

$$-u_{i-1,j} - u_{i,j-1} + 4\cdot u_{i,j} - u_{i,j+1} - u_{i+1,j} = h^2\cdot\lambda\cdot u_{i,j}$$

(siehe Beispiel 18). Das Gleichungssystem hat (bis auf den Faktor -1) dieselbe Koeffizientenmatrix wie die in Beispiel 18, die rechte Seite ist $h^2\lambda\cdot$Vektor der u, letzterer ist

$$\vec{u} = (u_{11}, u_{12}, u_{13}, u_{21}, u_{22}, u_{23}, u_{31}, u_{32}, u_{33})^T$$

Es entsteht also das Matrizen-Eigenwertproblem $A\cdot\vec{u} = \lambda/16\cdot\vec{u}$.

Setzt man $\lambda/16 =: \mu$, so bekommt man eine spezielle Matrizen-Eigenwertaufgabe für die 9×9-Matrix A. Deren Eigenwerte μ sind zu berechnen. Rechnung mit Wielandt-Iteration (Start mit $\sigma=1$ und dem Vektor $(1,0,0,...,0)^T$) ergibt nach 7 Iterationsschritten $\mu=1.1715$ als kleinsten Eigenwert von A, aus dem sich dann $\lambda=16\mu=18.74$ als Näherung für den kleinsten Eigenwert der vorliegenden Eigenwertaufgabe ergibt. Als zugehörigen Eigenvektor der Matrizen-Eigenwertaufgabe bekommt man

(0.5000 , 0.7072 , 0.5000 , 0.7072 , 1.0000 , 0,7072 , 0.5000 , 0.7072 , 0.5000)^T.

Das sind Näherungswerte $u_{ij}\approx u(x_i,y_j)$ einer zugehörigen Eigenfunktion u; übertragen in eine Wertetabelle ergibt sich

y↑ x→	0.25	0.50	0.75
0.75	0.5000	0.7072	0.5000
0.50	0.7072	1.0000	0.7072
0.25	0.5000	0.7072	0.5000

: x

Exakter Wert ist übrigens $\lambda=2\pi^2=19.73921$ und eine zugehörige Eigenfuntion ist $u(x,y)=\sin\pi x\cdot\sin\pi y$ (nebst allen Vielfachen). Die Werte 0.7072 sind Näherungen für $\sqrt{0.5}$ (und stehen im Rechner mit größerer Genauigkeit, als hier angegeben). Berechnet wurden alle Werte mit den Prozeduren aus *"Turbo-Pascal-Quelltexte zur Ingenieur-Mathematik"*.

Wenn man h=k=1/5 nimmt, bekommt man aus der 16×16-Matrix auf dieselbe Art die Näherung 19.09830 für den kleinsten Eigenwert. Die entsprechenden Näherungen lauten (passend normiert)

y↑ x→	0.2	0.4	0.6	0.8
0.8	p	q	q	p
0.6	q	r	r	q
0.4	q	r	r	q
0.2	p	q	q	p

Hierbei ist p:=0.381966, q:=0.618034, r:=1.000000: Näherungen für die Werte von $c\cdot u(x,y)$ mit $c=\sin^2 0.4\pi$: $c\cdot u(0.2,0.4)=c\cdot\sin(0.2\pi)\cdot\sin(0.4\pi)=q$ (exakt, soweit hingeschrieben).

Für h=k=1/6 bekommt man eine 25×25-Matrix. Es ergibt sich die Eigenwertnäherung 19.29 (bei der Wielandt-Iteration mit $\sigma=0$ gestartet). Die Näherungen für eine Eigenfunktion lassen wir hier fort.

3. Stabilität, Abbruchfehler

Stabilität (ε-Schema)

Hier wird die Frage untersucht, wie sich Rundungsfehler bei einem Differenzenverfahren einer z.B. parabolischen Anfangs-Randwertaufgabe auswirken, ob sie mit wachsendem t unbeschränkt wachsende Fehler der folgenden Werte erzeugen (instabiles Verfahren) oder beschränkt bleiben (stabiles Verfahren), vielleicht sogar gegen 0 gehen. Wir erläutern das an einem Beispiel.

Beispiel 21

Die parabolische Anfangs-Randwertaufgabe

$u_{xx} = u_t$ Randwerte bei x=0 und x=1, Anfangswerte bei t=0

führt für h=0.2 und k=0.05 auf die Differenzengleichung

$$(*) \quad u_{i,j+1} = 1.25\cdot u_{i-1,j} - 1.5\cdot u_{i,j} + 1.25\cdot u_{i+1,j} \ .$$

Wir nehmen an, daß die Werte u_{ij} (für $t=t_j$ also) Fehler $\varepsilon_{i,j}$ haben, daß also die *berechneten* Werte dieser Zeile nicht die exakten, sondern

$$\tilde{u}_{i,j} := u_{i,j} + \varepsilon_{i,j}$$

lauten (die exakten Werte sind nicht bekannt). Dann lauten die hieraus berechneten Werte der folgenden Zeile

$$\begin{aligned}\tilde{u}_{i,j+1} &= 1.25\cdot\tilde{u}_{i-1,j} - 1.5\cdot\tilde{u}_{i,j} + 1.25\cdot\tilde{u}_{i+1,j}\\ &= 1.25\cdot u_{i-1,j} - 1.5\cdot u_{i,j} + 1.25\cdot u_{i+1,j} +\\ &\quad + 1.25\cdot\varepsilon_{i-1,j} - 1.5\cdot\varepsilon_{i,j} + 1.25\cdot\varepsilon_{i+1,j}\\ &= u_{i,j+1} + \varepsilon_{i,j+1}\end{aligned}$$

Hier ist $u_{i,j+1}$ der exakte (aus den -unbekannten- exakten Werten berechnete) Wert, $\varepsilon_{i,j+1}$ ist der Fehler, der durch die Fehler der vorigen Zeile entstanden ist. Man erkennt, daß dieser Fehler sich ebenfalls nach der Differenzengleichung (*) aus den vorigen Fehlern berechnet; das liegt daran, daß die Differenzengleichung linear ist.

Nun wird untersucht, wie sich *ein* Fehler auf die folgenden Werte auswirkt. Wir nehmen beispielsweise an, daß der Wert u_{3j} einen Fehler ε hat, und *nur* dieser. Dann haben die Werte der nächsten Zeile (für t_{j+1}) folgende Fehler:

$$\begin{aligned}\varepsilon_{2,j+1} &= 1.25\cdot\varepsilon_{1,j} - 1.5\cdot\varepsilon_{2,j} + 1.25\cdot\varepsilon_{3,j} = 1.25\cdot\varepsilon\\ \varepsilon_{3,j+1} &= 1.25\cdot\varepsilon_{2,j} - 1.5\cdot\varepsilon_{3,j} + 1.25\cdot\varepsilon_{4,j} = -1.5\cdot\varepsilon\\ \varepsilon_{4,j+1} &= 1.25\cdot\varepsilon_{3,j} - 1.5\cdot\varepsilon_{4,j} + 1.25\cdot\varepsilon_{5,j} = 1.25\cdot\varepsilon\end{aligned}$$

auf alle anderen Werte dieser Zeile hat er keinen Einfluß. Die Fehler der folgenden Zeile berechnen sich dann wieder nach (*). Folgende Tabelle enthält die Faktoren von ε, beginnend mit der Zeile, in der der Fehler erstmalig auftritt (die Randwerte links und rechts werden demnach als exakt berechnet angenommen, daher bleiben dort die 0; Leerplätze 0).

0.0	0.2	0.4	0.6	0.8	1.0	
0.000		1.000				
0.000	1.250	-1.500	1.250			(oben berechnete Zahlen)
0.000	-3.750	5.375	-3.750	1.563	0.000	
0.000	12.344	-17.438	14.297	-7.031	0.000	
0.000	-40.313	59.457	-52.031	28.418	0.000	
0.000	134.790	-204.615	187.891	-107.666	0.000	
0.000	-457.954	710.274	-672.188	396.362	0.000	

Nach insgesamt 32 Schritten lauten die 4 Werte für x=0.2, 0.4, 0.6 und 0.8 etwa so:

-70613059905790969 114254273714826524 -114254202934637589 70612945381039543

Das Verfahren ist daher instabil. Wenn man z.B. annimmt, daß statt mit der Zahl 1/3 mit der Zahl 0.333333333 gerechnet wird (Fehler $\varepsilon \approx 3 \cdot 10^{-10}$), so hat das zur Folge, daß nach 32 Schritten der hierdurch bedingte Fehler auf etwa das $1.1 \cdot 10^{17}$-fache, also etwa $3 \cdot 10^{7}$ angewachsen ist. Das Verfahren ist zweifellos unbrauchbar.

Man nennt ein Verfahren *stabil*, wenn die aus einem Fehler im Laufe der Rechnung folgenden Fehler beschränkt bleiben. Im Idealfall gehen diese gar gegen 0.

Beispiel 22

Wir wollen die Aufgabe aus Beispiel 10 auf Stabilität untersuchen.

Hier ergab sich für h=0.1 und k=0.002 die Differenzengleichung

$$u_{ij} = 0.2 \cdot u_{i-1,j-1} + 0.6 \cdot u_{i,j-1} + 0.2 \cdot u_{i+1,j}.$$

Wir nehmen an, daß ein (Rundungs)-Fehler $1 \cdot \varepsilon$ bei einem der berechneten u auftritt (erste Ergebniszeile). Dann ergeben sich, analog zum vorigen Beispiel, folgende Folgefehler:

0.100	0.200	0.300	0.400	0.500	0.600	0.700	0.800	0.900
			1.000					
		0.200	0.600	0.200				
	0.040	0.240	0.440	0.240	0.040			
0.008	0.072	0.240	0.360	0.240	0.072	0.008		
	nach insgesamt 30 Schritten							
0.039	0.074	0.098	0.109	0.108	0.095	0.075	0.051	0.026
0.038	0.072	0.095	0.107	0.106	0.094	0.075	0.051	0.026

Man erkennt, daß die durch diesen Fehler im Lauf der Rechnung erzeugten Folgefehler kleiner werden und sogar gegen 0 gehen, das läßt sich leicht zeigen: Das Verfahren ist stabil.

Allgemein gilt für parabolische Anfangs-Randwertaufgaben der Differentialgleichung

$$u_{xx} = c \cdot u_t$$

1. Das explizite Differenzenverfahren ist stabil genau dann wenn $0 \le r := dt/(c \cdot dx^2) \le 0.5$.
2. Das implizite Differenzenverfahren von Crank-Nicolson ist für jedes solche $r \ge 0$ stabil.

Abbruchfehler

Wir wollen noch den *Abbruchfehler* berechnen, der entsteht, wenn man einen Differentialausdruck durch eine dividierte Differenz ersetzt. Als Muster nehmen wir die parabolische Differentialgleichung.

Beispiel 23

Es sei

(1) $u_{xx} - u_t = 0.$

Wir werden berechnen, wie weit

(2) $u_{xx}(x_i,t_j) - u_t(x_i,t_j)$

und der zugehörige Differenzenausdruck

(3) $$\frac{u_{i-1,j}-2u_{ij}+u_{i+1,j}}{h^2} - \frac{u_{i,j+1}-u_{i,j}}{k}$$

"asymptotisch" voneinander abweichen, wenn man $k/h^2=:r$ konstant wählt, genauer: von welcher Ordnung die Differenz beider gegen 0 geht mit $h\to 0$ (bei konstantem r). Dazu wird die Differenz der beiden Ausdrücke in (x_i,t_j) nach Taylor entwickelt.

Es gilt (Taylorentwicklung bei (x,t))

$$u(x,t+k) = u + u_t\cdot k + \frac{1}{2!}\cdot u_{tt}\cdot k^2 + \frac{1}{3!}\cdot u_{ttt}\cdot k^3 + \dots$$

$$u(x+h,t) = u + u_x\cdot h + \frac{1}{2!}\cdot u_{xx}\cdot h^2 + \frac{1}{3!}\cdot u_{xxx}\cdot h^3 + \frac{1}{4!}\cdot u_{xxxx}\cdot h^4 + \dots$$

Aus der ersten Formel folgt (Argument der u jeweils (x,t))

$$\frac{u(x,t+k) - u(x,t)}{k} = u_t + \frac{1}{2!}\cdot u_{tt}\cdot k + \frac{1}{3!}\cdot u_{ttt}\cdot k^2 + \dots$$

und aus der zweiten, wenn man sie einmal für h und einmal für –h schreibt und dann addiert

$$\frac{u(x+h,t)-2u(x,t)+u(x-h,t)}{h^2} = u_{xx} + \frac{2}{4!}\cdot u_{xxxx}\cdot h^2 + \frac{2}{6!}\cdot\frac{\partial^6}{\partial x^6}u\cdot h^4 + \dots$$

Die Differenz dieser zwei Ausdrücke für $x=x_i$, $t=t_j$ ist der Differenzenausdruck (3). Rechts entsteht dann die Differenz (2) + Rest.

Nun sei u Lösung der Differentialgleichung (1). Dann ist $u_t=u_{xx}$ und erneutes Differenzieren nach t ergibt (Vertauschung der Reihenfolge) $u_{tt}=u_{txx}=u_{xxxx}$ usw. Setzt man das ein, so bekommt man für die genannte Differenz (2) wegen $u(x_i+h,t_j)=u(x_{i+1},t_j)$ usw.

$$\frac{u_{i-1,j}-2u_{ij}+u_{i+1,j}}{h^2} - \frac{u_{i,j+1}-u_{i,j}}{k} =$$

$$u_t + \frac{1}{12}\cdot u_{tt}\cdot h^2 + \frac{2}{6!}\cdot u_{ttt}\cdot h^4 + \dots - u_t - \frac{1}{2}\cdot u_{tt}\cdot k - \frac{1}{6}\cdot u_{ttt}\cdot k^2 - \dots$$

wobei auf der rechten Seite das Argument der u jeweils (x_i,t_j) lautet. Dieser Ausdruck ist weiter gleich

$$\frac{1}{12}\cdot u_{tt}(x_i,t_j)\cdot(h^2-6k) + u_{ttt}(x_i,t_j)\cdot\left(\frac{2}{6!}\cdot h^4 - \frac{1}{6}\cdot k^2\right) + \dots =$$

$$\frac{1}{12}\cdot u_{tt}(x_i,t_j)\cdot(1-6r)\cdot h^2 + \frac{1}{6}\cdot u_{ttt}(x_i,t_j)\cdot\left(\frac{1}{60} - r^2\right)\cdot h^4 + (\dots)\cdot h^6 + \dots$$

Dieses ist (für konstantes $r=k/h^2$) asymptotisch gleich h^2. Der Abbruchfehler ist dann am günstigsten, wenn $r=1/6$; dann ist er von der Ordnung h^4.

Dieses ist nicht der Fehler "exakte Lösung minus Näherung" (in den Gitterpunkten).

Beispiel 24

Es soll der Abbruchfehler für das Verfahren von Crank-Nicolson berechnet werden.

Lösung:

Die Differentialgleichung laute

$$u_{xx} = u_t .$$

Man berechne nach der Taylorschen Formel für den Entwicklungspunkt (x,t):

$$(1) \qquad u(x+h,t+k) = u + Du + \frac{1}{2!}\cdot D^2u + \frac{1}{3!}\cdot D^3u + \frac{1}{4!}\cdot D^4u + \ldots$$

wobei gesetzt ist

$$D = h\cdot\frac{\partial}{\partial x} + k\cdot\frac{\partial}{\partial t} .$$

Dann berechne man aus (1) $u(x,t+k)$ und $u(x-h,t+k)$ und daraus dann

$$\frac{1}{h^2}\cdot(u(x-h,t+k)-2u(x,t+k)+u(x+h,t+k))$$

sowie (hierin $k=0$)

$$\frac{1}{h^2}\cdot(u(x-h,t)-2u(x,t)+u(x+h,t)) .$$

Dann ergibt sich für das arithmetische Mittel dieser beiden wegen $u_{xx}=u_t$

$$u_{xx} + \frac{1}{2}\cdot u_{xxt}k + \frac{1}{12}\cdot u_{xxxx}h^2 + \frac{1}{4}\cdot u_{xxtt}k^2 + \ldots \text{ (Summanden höherer Ordnung)}$$

$$= u_t + \frac{1}{2}\cdot u_{tt}k + \frac{1}{12}\cdot u_{tt}h^2 + \frac{1}{4}\cdot u_{ttt}k^2 + \ldots$$

(Argument von u ist überall (x,t)). Subtrahiert man hiervon den Ausdruck (siehe vorige Aufgabe)

$$\frac{1}{k}\cdot(u(x,t+k)-u(x,t)) = u_t + \frac{1}{2}\cdot u_{tt}k + \frac{1}{6}\cdot u_{ttt}k^2 + \ldots$$

so bekommt man den zu berechnenden Ausdruck des Crank-Nicolson-Verfahrens. Es ergibt sich dann

$$\frac{1}{12}\cdot u_{tt}h^2 + \frac{1}{12}\cdot u_{ttt}k^2 + \ldots \text{ (Summanden höherer Ordnung).}$$

Wenn die Ableitungen beschränkt sind, ist dieser Ausdruck von der Ordnung $O(h^2)+O(k^2)$ für $h\to 0$, $k\to 0$.

Insbesondere zeigt das, daß man h und k von derselben Größenordnung wählen darf, also $k=\text{const}\cdot h$ - im Gegensatz zum expliziten Verfahren.

Laplace-Transformation

Besondere Tips und Hinweise

1. **Laplace-Transformation**: Aus f(t) ist die Funktion F(s) = L{f(t)} zu berechnen.

   1. Schritt

      In die Tabelle sehen.

   2. Schritt

      Setzt sich die zu transformierende Funktion aus tabellierten Funktionen zusammen oder geht sie auf eine solche Art aus jenen hervor, so daß man die Sätze anwenden kann?

      Z.B. durch

      - Verschiebung (Verschiebungssatz): Beispiele 7 bis 14, 31 u.a.
      - Multiplikation mit t^n (Multiplikationssatz): Beispiel 17
      - Multiplikation mit e^{-at} (Dämpfungssatz): Beispiel 15
      - Ableiten (Differentiationssatz): Beispiele 18 bis 21, 23 u.a.
      - Ersetzen von t durch at (Ähnlichkeitssatz): Beispiel 16
      - periodische Fortsetzung (Satz über per. Funktionen): Beispiele 5, 11, 14

      Dann kann man i.a. ohne oder mit einfacheren Integrationen auskommen, um F(s) zu berechnen.

   3. Schritt

      Wenn das alles nicht der Fall ist, so wird man F(s) mit der Definition berechnen müssen, also aus einem uneigentlichen Integral.

      ♥ Besonderer Tip:

      Bei der Berechnung von Integralen beachte man insbesondere, daß das Integral von sin und cos, erstreckt über eine Periode, den Wert 0 hat.

      Beispiele 1 bis 4 u.a.

2. **Rücktransformation**: Aus F(s) = L{f(t)} die Funktion f(t) berechnen

   1. Schritt

      In die Tabelle sehen.

   2. Schritt

      Ist F(s) echt gebrochen rational, so führt stets Partialbruch-Zerlegung zum Ziel, die auftretenden Funktionen stehen alle in der Tabelle (evtl. mit Zahlen multiplizieren oder geringfügig umformen). Das muß aber nicht der einfachste Weg sein, mitunter ist die Berechnung des Faltungsintegrals einfacher.

      Beispiele 22, 26, 27, 30 u.a.

3. Schritt

Ist F(s) = L{f(t)} das Produkt zweier Laplace-Transformierter, die in der Tabelle stehen oder deren Urbilder man kennt: F(s) = L{g(t)}·L{h(t)} ? Dann ist f(t) = g(t)*h(t), die Faltung von g mit h (Faltung ist kommutativ).

Beispiele 24, 25, 26, 28, 29, 30 u.a.

♥ Besonderer Tip

Man notiere sich bei der Berechnung des Faltungsintegrals jeweils die ermittelten Stammfunktionen (und setze nicht gleich die Grenzen ein), oft wird später noch einmal dasselbe Integral mit anderer oberer Grenze benötigt.

Beispiele 15, 28, 29, 30, 31, 32

♥ Besonderer Tip

Im Faltungsintegral treten als Argumente τ und (t−τ) auf. Bei welchem der beiden Faktoren man (t−τ) schreibt, hängt von diesen ab; gewöhnlich ist es am einfachsten, wenn man bei derjenigen Funktion, die etwa durch ihre Definition "komplizierter" zu handhaben ist, τ schreibt und bei der anderen (t−τ).

Beispiele 25, 28, 29, 30, 31, 32 u.a.

♥ Besonderer Tip

Man beachte auch hier, daß Integrale über eine volle Periode von sin und cos den Wert 0 haben. Beispiel 29

3. **Behandlung von linearen Anfangswertaufgaben** (Beispiele 27 bis 32)

Man wendet Laplace-Transformation auf die Differentialgleichung (Lösung y; auf beide Seiten) an, wobei die gegebenen Anfangsbedingungen (bei t=0) verwendet werden (stecken in den Formeln für L{y} usw.) und löst nach L{y(t)}=Y(s) auf: L{y(t)} = w(s). Dann versuchen, die rechte Seite auf die Form L{v(t)} zu bringen: "von welcher Funktion v ist w die Laplace-Transformierte?": (Tabelle, Partialbruchzerlegung, Faltungsintegral).

♥ Besonderer Tip: Man beachte, daß man i.a. die Laplace-Transformierte der Störfunktion *nicht* zu berechnen braucht, sie kommt nur in einer Faltung vor.

♥ Besonderer Tip: Man lese das zur Rücktransformation Beschriebene durch.

4. Anwendungen

Bei elektrischen Schaltungen oder mechanischen Systemen notiert man oft sofort die Laplace-Transformierte der nötigen Funktionen (Strom, Spannung, Auslenkung, Torsionswinkel usw.) ohne das System von Differentialgleichungen aufzustellen. Man rechnet im *Frequenzbereich* statt im *Zeitbereich*.

Wenn t die Dimension Zeit hat, dann hat s die Dimension 1/Zeit, also die einer Frequenz (denn im Laplace-Integral ist s·t im Exponenten eine Zahl, dimensionslos also).

♥ Besonderer Tip

Für Kontrollen: s hat die Dimension 1/t, F(s) die von t·f(t).

F(s)/G(s) hat dieselbe Dimension wie f(t)/g(t).

Ist z.B. u(t) eine Spannung, i(t) ein Strom, so ist u(t)/i(t) eine Impedanz, ebenso U(s)/I(s).

Übersicht

F(s) bedeute die Laplace-Transformierte von f(t), G(s) die von g(t).

Urbild	Bild	Bemerkungen
Wichtige Sätze Die Sätze folgen in dieser Reihenfolge; Einzelheiten siehe dort.		
1) f ist periodisch	siehe den Satz über periodische Funktionen	
2) $f(t-c)$	$e^{-cs}F(s)\ ,\ c > 0$	Verschiebungssatz ***(Vorsicht)***
3) $e^{-\delta t}f(t)$	$F(s+\delta)$	Dämpfungssatz
4) $f(at)$	$F(s/a)/a$	Ähnlichkeitssatz
5) $t^n f(t)$	$(-1)^n \cdot F^{(n)}(s)$	Multiplikationssatz
6) $\int_0^t f(x)\ dx$	$F(s)/s$	Integrationssatz
7) $f(t)/t$	$\int_s^\infty F(u)du$	Divisionssatz
8) $f^{(n)}(t)$	$s^n F(s) - \sum_{i=1}^{n} f^{(i-1)}(0^+)s^{n-i}$	Differentiationssatz
9) $f(t)*g(t)$	$F(s)\cdot G(s)$	Faltungssatz

Einige Funktionen

Die Laplace-Transformierten weiterer Funktionen findet man in Büchern über Laplace-Transformation.

1	$1/s$	$s > 0$
t	$1/s^2$	$s > 0$
t^n	$\frac{n!}{s^{n+1}}$	$s > 0,\ n=1,2,3,\ldots$
e^{at}	$\frac{1}{s-a}$	$s > a$
$\sin \omega t$	$\frac{\omega}{s^2+\omega^2}$	$s > 0$
$\cos \omega t$	$\frac{s}{s^2+\omega^2}$	$s > 0$
$e^{-\delta t}\sin \omega t$	$\frac{\omega}{(s+\delta)^2+\omega^2}$	$s+\delta>0,\ \delta>0$
$e^{-\delta t}\cos \omega t$	$\frac{s+\delta}{(s+\delta)^2+\omega^2}$	$s+\delta>0,\ \delta>0$
$\sinh at$	$\frac{a}{s^2-a^2}$	$s > a$
$\cosh at$	$\frac{s}{s^2-a^2}$	$s > a$
$\delta(t)$	1	siehe Beispiel 35

1. Laplace-Transformation

Die Laplace-Transformation ordnet gewissen Funktionen f einer reellen Veränderlichen eine Funktion L{f} einer komplexen (wir beschränken uns auf reelle) Variablen zu. Dabei sei f auf $[0,\infty)$ definiert. Der Funktion f ordnet man zu die Funktion F(s) = L{f} mit

$$F(s) = L\{f\} = \int_0^\infty e^{-st}\cdot f(t)\,dt \tag{1}$$

sofern dieses uneigentliche Integral existiert. Sie heißt die *Laplace-Transformierte* von f; dabei ist s reelle Variable von F.

Bemerkungen

1. Als Schreibweise wird statt L{f} meist L{f(t)} gewählt, was eigentlich nicht korrekt ist, da die *Funktion* f abgebildet wird und nicht der Funktions*wert* f(t); ebenso ist F die Bild*funktion*, F(s) Funktions*wert* im Punkte s.
2. Es ist üblich, die Bildfunktion von f mit F zu bezeichnen (also den entspr. Großbuchstaben zu verwenden) und die Variable von f mit t, die der Laplace-Transformierten F mit s zu bezeichnen.
3. Man beachte, daß in (1) nach t integriert wird (von 0 bis ∞) und s ein "Parameter" ist; Eigenschaften solcher Integrale werden unter dem Stichwort "Integrale, die von einem Parameter abhängen" behandelt.
4. Bei Verwendung von Tabellen vergewissere man sich, ob *diese* Laplace-Transformation verwendet wurde; bisweilen wird in (1) noch mit s multipliziert.
5. Man bezeichnet bisweilen f als Oberfunktion, F als Unterfunktion. Dann liegt f im *Oberbereich*, F im *Unterbereich*.
6. Es ist (insbesondere im Hinblick auf den Verschiebungssatz) nützlich, f(t) für negative t gleich 0 zu setzen.

Beispiel 1

Man berechne die Laplace-Transformierte von $f(t) = \cos \omega t$.

Lösung:

$$L\{\cos\omega t\} = \int_0^\infty e^{-st}\cdot\cos\omega t\,dt.$$

Eine Stammfunktion des Integranden ist

$$g(t;s) = \frac{e^{-st}}{s^2+\omega^2}\cdot(-s\cdot\cos\omega t + \omega\cdot\sin\omega t) \quad .$$

Das uneigentliche Integral existiert, wenn der Grenzwert

$$\lim_{t\to\infty} g(t;s)$$

existiert. Die in der Klammer stehende Summe ist für jedes s eine beschränkte Funktion von t. Ferner konvergiert e^{-st} für $t\to\infty$ gegen 0, wenn $s > 0$ ist (für $s<0$ existiert der Grenzwert nicht).

Daher ist

$$\lim_{t\to\infty} g(t;s) = 0, \quad \text{wenn } s>0$$

woraus wegen $g(0;s) = -s/(s^2+\omega^2)$ folgt

$$L\{\cos \omega t\} = \frac{s}{s^2+\omega^2} \qquad \text{für alle } s > 0.$$

Analog berechnet man

$$L\{\sin \omega t\} = \frac{\omega}{s^2+\omega^2} \qquad \text{für alle } s > o.$$

Beispiel 2

Wie lautet die Laplace-Transformierte von $f(t) = e^{at}$?

Lösung:

Es ist

$$L\{e^{at}\} = \int_0^\infty e^{-st}\cdot e^{at}\,dt = \int_0^\infty e^{(a-s)t}\,dt.$$

Eine Stammfunktion des Integranden ist

$$\frac{1}{a-s}\cdot e^{(a-s)t},$$

deren Grenzwert für $t\to\infty$ existiert, wenn $a-s < 0$ und hat dann den Wert 0. Also gilt

$$L\{e^{at}\} = \frac{1}{s-a} \qquad \text{wenn } s > a.$$

Beispiel 3

Wie lautet die Laplace-Transformierte von $f(t) = t$?

Lösung:

Es ist

$$L\{t\} = \int_0^\infty t\cdot e^{-st}\,dt.$$

Eine Stammfunktion des Integranden ist

$$\frac{-st-1}{s^2}\cdot e^{-st}$$

und für $t\to\infty$ existiert dessen Grenzwert, wenn $s>0$ ist, er hat dann den Wert 0. (Regel von L'Hospital; beachten, daß $x\cdot e^{-x}$ für $x\to\infty$ gegen 0 geht.)

Daher bekommt man

$$L\{t\} = \frac{1}{s^2} \text{ für } s > 0.$$

Analog (vollständige Induktion oder Multiplikationssatz, s.u.) bekommt man

$$L\{t^n\} = \frac{n!}{s^{n+1}} \quad \text{für } s > 0 \text{ und } n=1,2,3,\ldots .$$

Beispiel 4

Man berechne die Laplace-Transformierte von

$$f(t) = \begin{cases} t-1 & \text{für } 1 \le t \le 2 \\ -t+3 & \text{für } 2 \le t \le 3. \\ 0 & \text{sonst} \end{cases}$$

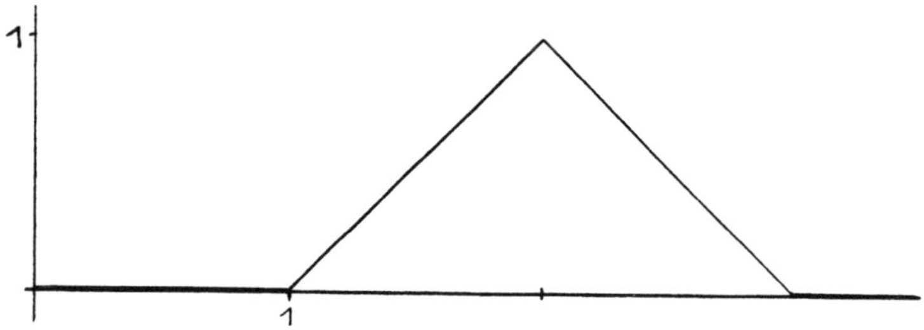

Lösung:

Das Integrationsintervall ist hier entsprechend der Definition von f zu unterteilen:

$$L\{f(t)\} = \int_0^1 0\,dt + \int_1^2 e^{-st}(t-1)\,dt + \int_2^3 e^{-st}(-t+3)\,dt + \int_3^\infty 0\,dt$$

$$= e^{-st}\cdot\frac{-st-1}{s^2} + \frac{1}{s}\cdot e^{-st}\Bigg|_1^2 \; -e^{-st}\cdot\frac{-st-1}{s^2} - \frac{3}{s}\cdot e^{-st}\Bigg|_2^3$$

$$= s^{-2}\cdot(e^{-s} - 2e^{-2s} + e^{-3s}) \quad \text{für alle } s > 0.$$

Die Berechnung von Laplace-Transformierten geschieht gewöhnlich nicht über die Berechnung des Integrals (1) sondern mit Hilfe der folgenden Sätze. Wenn man die Laplace-Transformierte von f kennt, so kann man Laplace-Transformierte von aus f abgeleiteten Funktionen einfacher berechnen.

Satz über periodische Funktionen

f(t) habe die Periode p (also f(t+p)=f(t) für alle t≥0). Dann gilt

$$L\{f(t)\} = \frac{1}{1-e^{-ps}}\cdot\int_0^p e^{-st} f(t)\,dt.$$

Bemerkung: Man braucht also nur das (eigentliche) Integral über die erste Periode von f zu berechnen.

Beispiel 5

Es sei

$$f(t) = \begin{cases} \sin t, & \text{wenn } \sin t > 0 \\ 0, & \text{sonst} \end{cases}$$

Wie lautet die Laplace-Transformierte F(s) dieser Funktion?

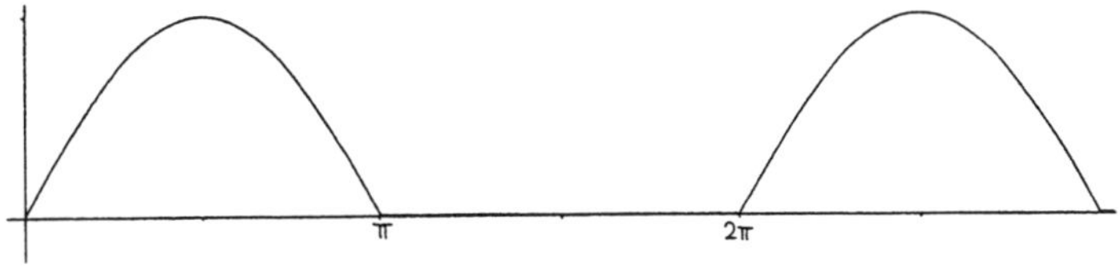

Lösung:

f hat die Periode $p = 2\pi$. Es ist

$$\int_0^{\pi} e^{-st} \cdot \sin t \, dt = \frac{1}{s^2+1} e^{-st}(-s \cdot \sin t - \cos t) \Bigg|_0^{\pi}$$

$$= \frac{1}{s^2+1} \cdot (e^{-\pi s}+1)$$

und nach dem Satz über periodische Funktionen folgt dann

$$F(s) = \frac{1}{s^2+1} \cdot \frac{1+e^{-\pi\pi}}{1-e^{-2\pi s}} .$$

Da $1-e^{-2\pi s} = 1 - (e^{-\pi s})^2 = (1-e^{-\pi s})(1+e^{-\pi s})$, folgt weiter

$$F(s) = \frac{1}{s^2+1} \cdot \frac{1}{1-e^{-\pi s}} .$$

Eine direkte Berechnung von F(s) mit (1) hätte wegen der erforderlichen Zerlegung des Integrationsintervalls eine geometrische Reihe ergeben, wäre also wohl umständlicher.

Additionssatz

Es gilt $L\{af(t)+bg(t)\} = aL\{f(t)\} + bL\{g(t)\}$, wenn die beiden Laplace-Transformierten für dieselben s existieren und a und b reelle Zahlen sind.

In Worten etwa: Die Laplace-Transformierte einer Summe ist Summe der Laplace-Transformierten, konstante Faktoren bleiben erhalten.

Beispiel 6

Die Laplace-Transformierte von $3 \cdot \cos \omega t + 4t$ ist daher nach den ersten Beispielen

$$3 \cdot \frac{s}{s^2+\omega^2} + 4 \cdot \frac{1}{s^2} \quad \text{für } s > 0.$$

Verschiebungssatz

Wenn f(t) die Laplace-Transformierte F(s) hat, dann hat **für c>0**

$$g(t) = \begin{cases} f(t-c), & \text{wenn } t \geq c \\ 0 & \text{sonst} \end{cases}$$

die Laplace-Transformierte $e^{-cs} \cdot F(s)$.

In Worten: Verschiebt man f um c *nach rechts*, so multipliziert sich ihre Laplace-Transformierte mit e^{-cs}; dabei ist f(t)=0 für t<0 zu setzen.

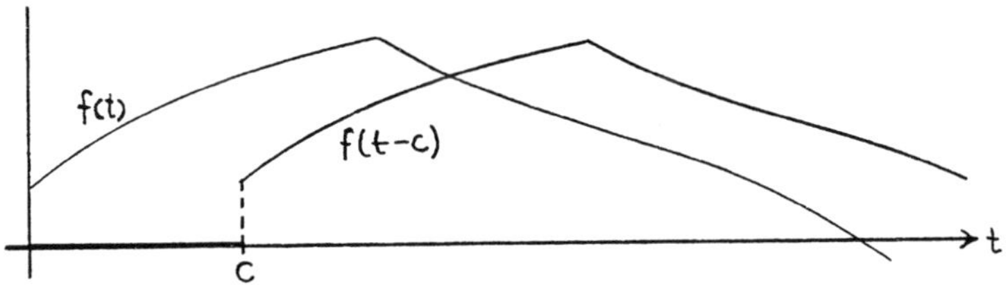

Beispiel 7

Es sei

$$f(t) = \begin{cases} 0 & , \text{ wenn } 0 \leq t \leq 2\pi \\ \sin t, & \text{wenn } t \geq 2\pi \end{cases}$$

Zu berechnen ist die Laplace-Transformierte F(s) dieser Funktion.

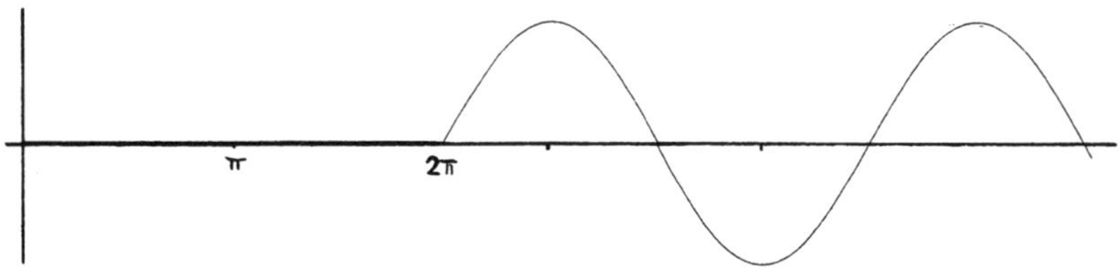

Lösung:

Setzt man

$$g(t) = \begin{cases} \sin t, & \text{wenn } t \geq 0 \\ 0 & , \text{ wenn } t < 0 \end{cases}$$

so ist $f(t) = g(t-2\pi)$. Die Laplace-Transformierte von g(t) ist nach Beispiel 1 berechnet; man beachte, daß eine Änderung der Funktion für negative t *keine* Änderung ihrer Laplace-Transformierten zur Folge hat. Damit ist die Laplace-Transformierte von f(t) nach dem Verschiebungssatz

$$F(s) = e^{-2\pi s} \cdot \frac{1}{s^2+1} \,.$$

Hätte man g(t)=sint um 2π verschoben, also $g(t-2\pi)$ gebildet, so ergäbe sich erneut g(t), also auch dieselbe Laplace-Transformierte und nicht die von f(t).

Beispiel 8

Die Laplace-Transformierte der "Rampenfunktion"

$$f(t) = \begin{cases} 0 & , \text{ wenn } t \le A \\ \frac{t-A}{B-A} & , \text{ wenn } A \le t \le B \\ 1 & , \text{ wenn } t \ge B \end{cases}$$

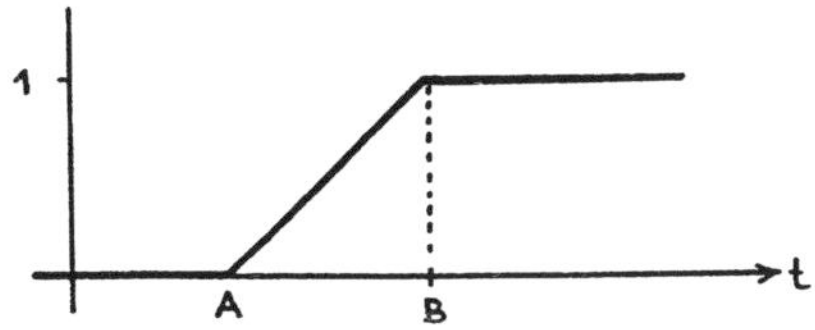

ist zu berechnen; dabei sei $A \ge 0$.

Lösung:

Diese Funktion läßt sich in einfacher Weise aus den Funktionen

$$g(t) = \begin{cases} 0, & \text{wenn } t < 0 \\ t, & \text{wenn } t \ge 0 \end{cases}$$

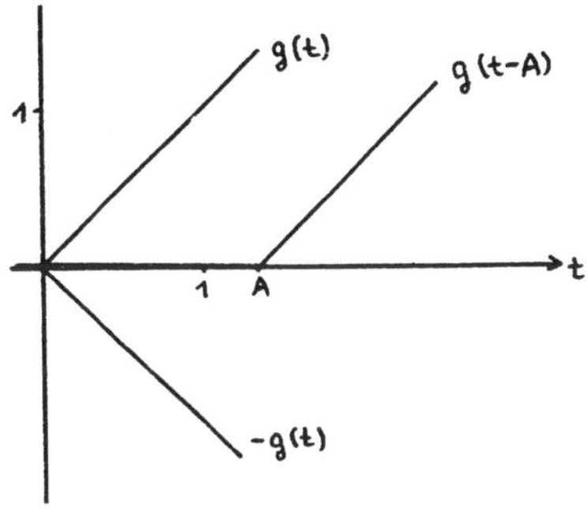

und -g(t) erzeugen (siehe Bild). Es ist

$$f(t) = \frac{1}{B-A} \cdot (g(t-A) - g(t-B))$$

Nun wird transformiert:

Es ist $L\{g(t)\} = s^{-2}$ (Beispiel 3) und daher nach dem Verschiebungssatz

$$L\{g(t-A)\} = e^{-As} s^{-2}$$

und nach dem Additionssatz weiter

$$L\{f(t)\} = \frac{1}{B-A} \cdot (e^{-As} \cdot \frac{1}{s^2} - e^{-Bs} \cdot \frac{1}{s^2})$$

$$= \frac{1}{B-A} \cdot s^{-2} \cdot (e^{-As} - e^{-Bs}) .$$

Beispiel 9

Man berechne die Laplace-Transformierte der *heavisideschen Einheits-Sprung-Funktion*,

$$f(t) = \begin{cases} 0, & \text{wenn } t \le a \\ 1, & \text{wenn } t > a \end{cases}$$

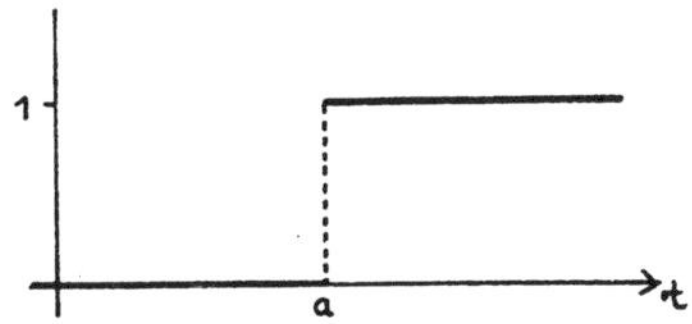

dabei sei $a > 0$.

Lösung:

Setzt man

$$g(t) = \begin{cases} 0, & \text{wenn } t < 0 \\ 1, & \text{wenn } t \ge 0 \end{cases}$$

so bekommt man, da $L\{g(t)\} = 1/s$ und $f(t) = g(t-a)$:

$$L\{f(t)\} = \frac{1}{s} \cdot e^{-as} .$$

Beispiel 10

Wie lautet die Laplace-Transformierte der Funktion

$$f(t) = \begin{cases} 1, & \text{wenn } A \le t < B \\ 0, & \text{sonst} \end{cases}$$

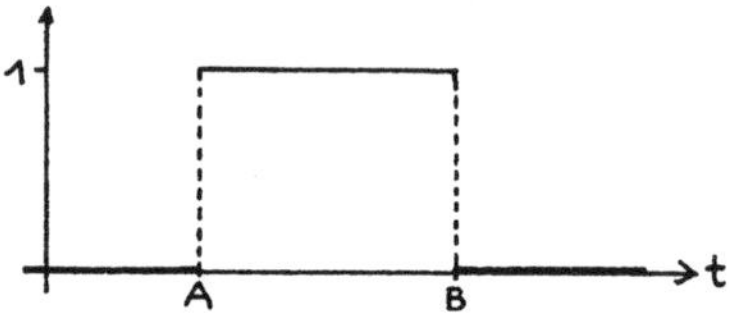

wobei $A \ge 0$ sei ?

Lösung:

Es sei

$$E(t,A) = \begin{cases} 0, & \text{wenn } t < A \\ 1, & \text{wenn } t \ge A \end{cases}$$

Dann gilt offensichtlich $f(t) = E(t,A)-E(t,B)$ un daher

$$L\{f(t)\} = \frac{1}{s}\cdot(e^{-As}-e^{-Bs}).$$

Beispiel 11

Wie lautet die Laplace-Transformierte der Funktion h(t) ("Sägezahnkurve")?

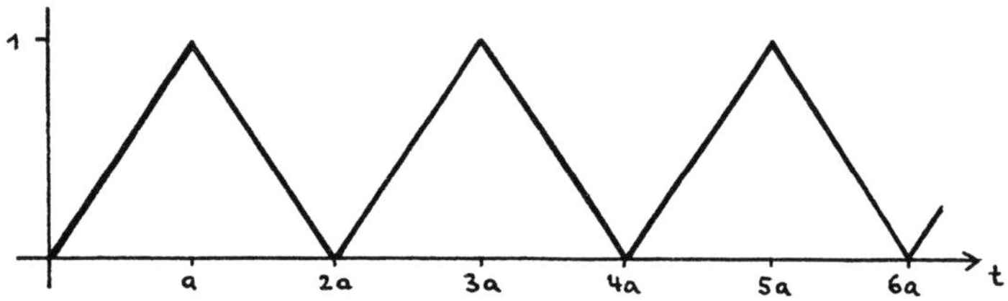

Lösung:

h ist periodisch mit der Periode $p = 2a$. Daher gilt nach dem Satz über periodische Funktionen für die Laplace-Transformierte H von h

$$H(s) = \frac{1}{1-e^{-ps}}\cdot\int_0^p e^{-st}h(t)\,dt.$$

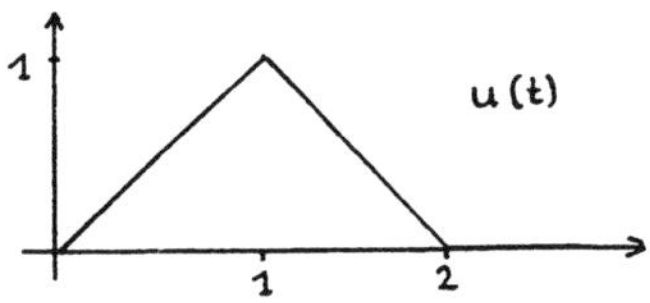

Wir berechnen zunächst die Laplace-Transformierte U von u (Skizze): u entsteht aus der Funktion f aus Beispiel 4 durch Verschiebung um $c = +1$, hat daher die Laplace-Transformierte

$$U(s) = e^{s}\cdot F(s) =$$

$$= e^{s}\cdot s^{-2}\cdot e^{-s}(1-e^{-s})^{2}$$

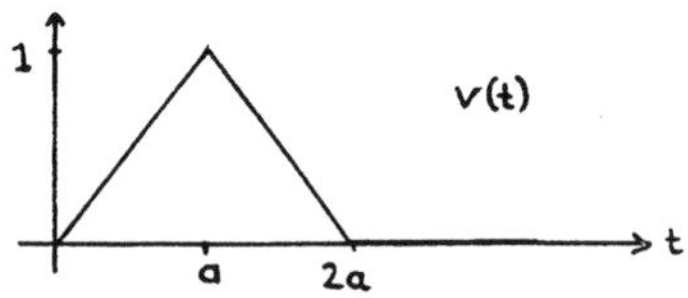

und die aus u(t) entstehende Funktion $v(t) = u(t/a)$ (Skizze) hat nach dem Ähnlichkeitssatz (dort $1/a$ statt a) die Laplace-Transformierte V mit

$$V(s) = a\cdot U(as) =$$

$$= a\cdot(as)^{-2}\cdot(1-e^{-as})^{2}.$$

Daher gilt nach Definition der Laplace-Transformation

$$V(s) = \int_0^{\infty} e^{-st} v(t)\,dt,$$

und da v(t)=0 für t>p=2a, ist dieses weiter gleich dem Integral von 0 bis p.

Da für $0 \le t \le p$ gilt h(t) = v(t), ist auch

$$\int_0^{p} e^{-st} h(t)\,dt = V(s) = a\cdot(as)^{-2}\cdot(1-e^{-as})^2.$$

Damit ist das zur Berechnung von H(t) benötigte Integral *ohne jegliche Integration* ermittelt. Wir bekommen daher

$$H(s) = \frac{1}{1-e^{-2as}}\cdot\frac{a}{(as)^2}\cdot(1-e^{-as})^2 .$$

Der Nenner des ersten Bruches ist $(1+e^{-as})(1-e^{-as})$, somit erhält man

$$H(s) = \frac{1}{as^2}\cdot\frac{1-e^{-as}}{1+e^{-as}} .$$

Klammert man in Zähler und Nenner des zweiten Bruches $e^{-as/2}$ aus, so bekommt man

$$H(s) = \frac{1}{as^2}\cdot\frac{e^{as/2} - e^{-as/2}}{e^{as/2} + e^{-as/2}} = \frac{1}{as^2}\cdot\tanh(as/2) .$$

Beispiel 12

Wie lautet die Laplace-Transformierte von

$$f(t) = \begin{cases} 1-(t-2)^2, & \text{wenn } 1 \le t \le 3 \\ 0 & \text{sonst} \end{cases} \quad ?$$

Lösung:

Wir wollen nicht die *Definition* der Laplace-Transformation benutzen, denn da f(t) sich aus solchen Funktionen zusammensetzen läßt, deren Laplace-Transformierte bekannt sind, können wir die sonst erforderliche Integration (noch dazu ein uneigentliches Integral) vermeiden. Man vergleiche die Bilder.

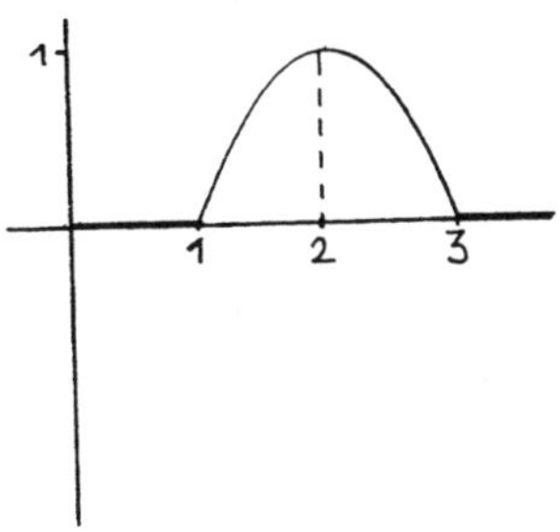

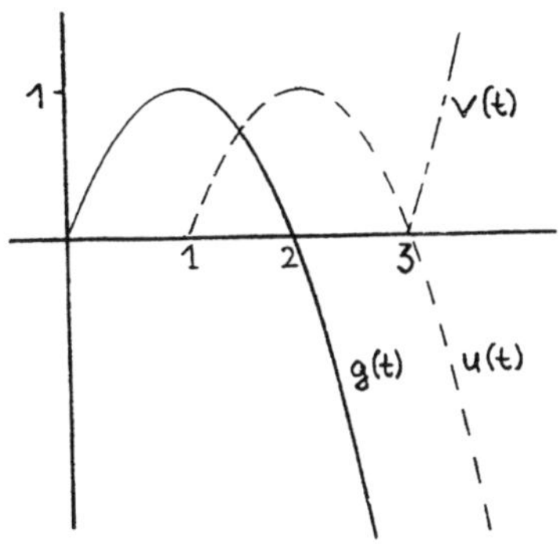

1) Sei

$$g(t) = \begin{cases} 1-(t-1)^2 = -t^2+2t, & \text{wenn } t \geq 0 \\ 0, & \text{wenn } t < 0 \end{cases}$$

Dann ist (Tabelle), da g(t) dieselbe Laplace-Transformierte G hat wie $-t^2+2t$, (weil eine Änderung der Funktion für negative t ihre Laplace-Transformierte nicht beeinflußt):

$$L\{g(t)\} = -\frac{2}{s^3} + \frac{2}{s^2} = \frac{2}{s^2}\cdot\left(1 - \frac{1}{s}\right) .$$

Die Funktion $u(t) = g(t-1)$ hat dann nach dem Verschiebungssatz die Laplace-Transformierte

$$L\{u(t)\} = e^{-s}\cdot\frac{2}{s^2}\cdot\left(1 - \frac{1}{s}\right) .$$

2) Sei

$$h(t) = \begin{cases} -1 + (t+1)^2 = t^2+2t, & \text{wenn } t \geq 0 \\ 0, & \text{wenn } t < 0 \end{cases}$$

Diese Funktion hat, da sie für $t \geq 0$ mit dem Polynom 2.Grades übereinstimmt, dessen Laplace-Transformierte

$$L\{h(t)\} = \frac{2}{s^2}\cdot\left(1 + \frac{1}{s}\right),$$

und daher, wieder nach dem Verschiebungssatz, hat $v(t) = h(t-3)$ die Laplace-Transformierte

$$L\{h(t)\} = e^{-3s}\cdot\frac{2}{s^2}\cdot\left(1 + \frac{1}{s}\right).$$

3) Man sieht, daß $f(t) = u(t) + v(t)$ gilt, daher ist

$$L\{f(t)\} = \frac{2}{s^3}\cdot\left[e^{-s}(s-1) + e^{-3s}(s+1)\right].$$

Beispiel 13

Wie lautet die Laplace-Transformierte der skizzierten Funktion f ?

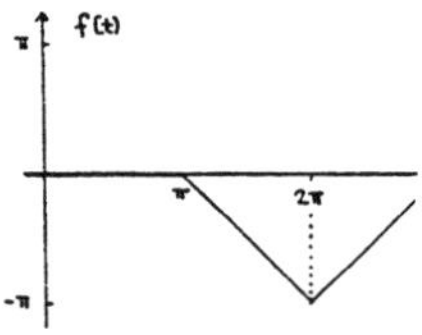

Lösung:

Auch hier kommt man ganz ohne Integration aus, wenn man f geschickt aus bekannten Funktionen zusammensetzt.

Wir definieren folgende Funktionen:

1) $f_1(t) = \begin{cases} 0, & \text{wenn } 0 \leq t \leq \pi \\ \pi-t, & \text{wenn } t \geq \pi \end{cases}$

2) $f_2(t) = \begin{cases} 0, & \text{wenn } 0 \leq t \leq 2\pi \\ 2t-4\pi, & \text{wenn } t \geq 2\pi \end{cases}$

3) $f_3(t) = \begin{cases} 0, & \text{wenn } 0 \leq t \leq 4\pi \\ 8\pi-2t, & \text{wenn } t \geq 4\pi \end{cases}$

4) $f_4(t) = \begin{cases} 0, & \text{wenn } 0 \leq t \leq 5\pi \\ t-5\pi, & \text{wenn } t \geq 5\pi \end{cases}$

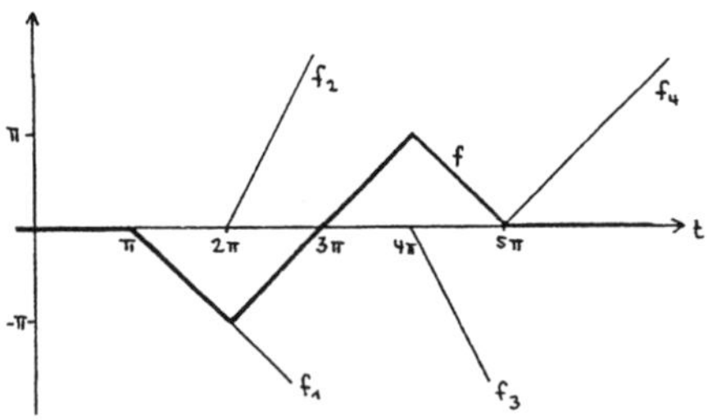

Man sieht dann, daß f(t) die Summe dieser vier Funktionen ist. Setzt man

$$g(t) = \begin{cases} 0, & \text{wenn } t < 0 \\ -t, & \text{wenn } t \geq 0 \end{cases}$$

so ist die Laplace-Transformierte von g dieselbe wie die von -t (Tabelle):

$$G(s) = -s^2.$$

Dann sind

$$f_1(t) = g(t-\pi)$$

$$f_2(t) = -2 \cdot g(t-2\pi)$$

$$f_3(t) = 2 \cdot g(t-4\pi)$$

$$f_4(t) = -g(t-5\pi),$$

und nach dem Verschiebungssatz folgt dann für deren Laplace-Transformierte

$$F_1(s) = -e^{-\pi s}s^{-2}, \quad F_2(s) = 2e^{-2\pi s}s^{-2},$$

$$F_3(s) = -2e^{-4\pi s}s^{-2}, \quad F_4(s) = e^{-5\pi s}s^{-2}.$$

Die Summe dieser drei ist also die gesuchte Laplace-Transformierte von f(t):

$$F(s) = s^{-2} \cdot [-e^{-\pi s} + 2e^{-2\pi s} - 2e^{-4\pi s} + e^{-5\pi s}].$$

Beispiel 14

Man berechne die Laplace-Transformierte der abgebildeten "Sägezahnkurve".

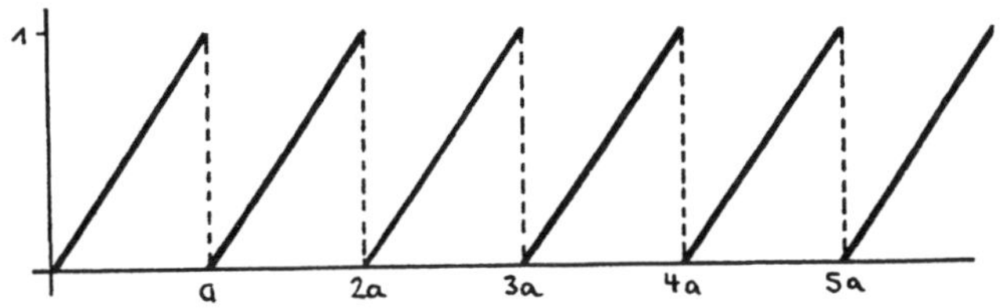

Lösung:

Wir wollen wieder ohne Integrationen auskommen, nicht das Integral der Definition der Laplace-Transformierten berechnen. Dazu muß man versuchen, die zu transformierende Funktion geschickt aus bekannten zu erzeugen und die entsprechenden Sätze verwenden.

Die Funktion f(t) (Bild) ist die Rampenfunktion aus Beispiel 8 (dort A=0, B=a), sie hat daher die Laplace-Transformierte

$$\frac{1}{a} \cdot s^{-2}(1-e^{-as}).$$

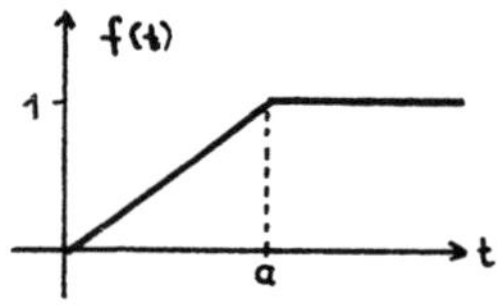

Die Funktion g(t) (Bild) (Einheitssprung) hat nach Beispiel 9 die Laplace-Transformierte

$$-s^{-1}e^{-as}.$$

Die Summe dieser beiden Funktionen ergibt h(t) (Bild) mit der Laplace-Transformierten

$$H(s) = \frac{1}{a}\cdot s^{-2}(1-e^{-as}) - \frac{1}{s}e^{-as}.$$

Daher ist nach Definition der Laplace-Transformation

$$H(s) = \int_0^\infty e^{-st}h(t)\,dt$$

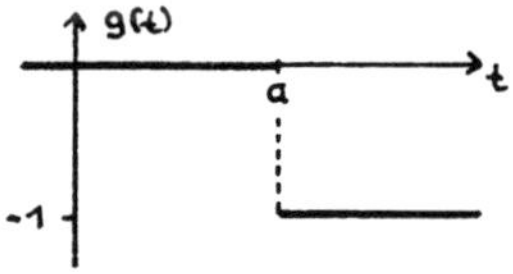

und da weiter h(t) = 0 für t > a, hat dasselbe Integral, erstreckt über [0,a], denselben Wert:

$$H(s) = \int_0^a e^{-st}h(t)\,dt.$$

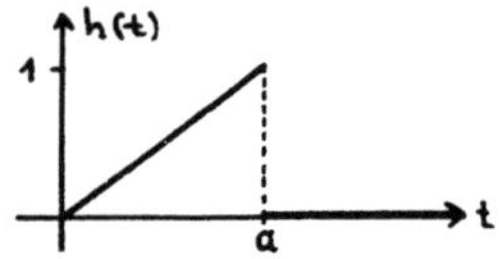

Die Laplace-Transformierte der gesuchten Funktion, die die Periode a hat, ist nach dem Satz über periodische Funktionen gleich

$$\frac{1}{1-e^{-as}}\cdot\int_0^a e^{-st}h(t)\,dt = \frac{1}{as^2} - \frac{1}{s}\cdot\frac{e^{-as}}{1-e^{-as}}\,.$$

Dämpfungssatz

Wenn f(t) die Laplace-Transformierte F(s) hat, so hat die Funktion $e^{-\delta t}\cdot f(t)$ die Laplace-Transformierte $F(s+\delta)$.

In Worten:

Multipliziert man f mit $e^{-\delta t}$ (was im Falle $f(t)=\sin \omega t$ eine Dämpfung bedeutet), so verschiebt sich die Laplace-Transformierte um δ nach links (δ<0: rechts).

Beispiel 15

Wie lautet die Laplace-Transformierte von $f(t) = e^{-\delta t}\cos \omega t$?

Lösung:

Es ist

$$L\{\cos \omega t\} = \frac{s}{s^2+\omega^2} \quad \text{und daher} \quad L\{e^{-\delta t}\cos \omega t\} = \frac{s+\delta}{(s+\delta)^2+\omega^2}$$

Ähnlichkeitssatz

Wenn f(t) die Laplace-Transformierte F(s) hat, so hat f(at) für a>0 die Laplace-Transformierte F(s/a)/a.

Beispiel 16

Wie lautet die Laplace-Transformierte G(s) von

$$g(t) = \begin{cases} \sin \pi t, & \text{wenn } \sin \pi t \geq 0 \\ 0, & \text{sonst} \end{cases}$$

Lösung:

Ist f(t) die Funktion aus Beispiel 5, so ist $g(t) = f(\pi t)$ und die Laplace-Transformierte ist demnach

$$G(s) = \frac{1}{\pi} \cdot \frac{1}{1+(s/\pi)^2} \cdot \frac{1}{1-e^{-s}} .$$

Multiplikationssatz

Wenn f(t) die Laplace-Transformierte F(s) hat, dann hat $t^n \cdot f(t)$ die Laplace-Transformierte

$$(-1)^n \cdot F^{(n)}(s) \quad \text{für } n=1,2,3,....$$

Beispiel 17

Wie lautet die Laplace-Transformierte von $g(t) = t^2 \cdot \sin t\,\omega t$?

Lösung:

Es ist

$$F(s) = L\{\sin \omega t\} = \omega/(s^2+\omega^2) .$$

Die zweite Ableitung von F(s) ist die gesuchte Funktion (da n=2 ist)

$$G(s) = F''(s) = \frac{2\omega}{(s^2+\omega^2)^3} \cdot (3s^2-\omega^2) .$$

Integrationssatz

Wenn f(t) die Laplace-Transformierte F(s) hat, dann hat

$$\int_0^t f(x)\,dx$$ die Laplace-Transformierte F(s)/s.

Divisionssatz

Wenn f(t) die Laplace-Transformierte F(s) hat und der Grenzwert

$\lim_{t \to 0} f(t)/t$ existiert, dann hat f(t)/t die Laplace-Transformierte

$$L\{f(t)/t\} = \int_s^\infty F(u)\,du .$$

Den folgenden, im Hinblick auf die Anwendung der Laplace-Transformation auf Anfangswertaufgaben wichtigen Satz formulieren wir mit y(t) statt f(t):

Differentiationssatz

Wenn y(t) die Laplace-Transformierte Y(s) hat, dann hat die n-te Ableitung $y^{(n)}(t)$ die Laplace-Transformierte

$$L\{y^{(n)}(t)\} = s^nY(s) - s^{n-1}y(0^+) - s^{n-2}\dot{y}(0^+) - s^{n-3}\ddot{y}(0^+) - \ldots - y^{(n-1)}(0^+)$$

insbesondere:

$$L\{\dot{y}(t)\} = s\cdot Y(s) - y(0^+)$$

$$L\{\ddot{y}(t)\} = s^2\cdot Y(s) - s\cdot y(0^+) - \dot{y}(0^+).$$

Hierbei sind $y(0^+)$, $\dot{y}(0^+)$ usw. rechtsseitige Grenzwerte bei t=0. In den meisten Fällen sind diese gleich y(0) usw.

Beispiel 18

Wie lautet die Laplace-Transformierte der Funktion g(t) (Bild) ?

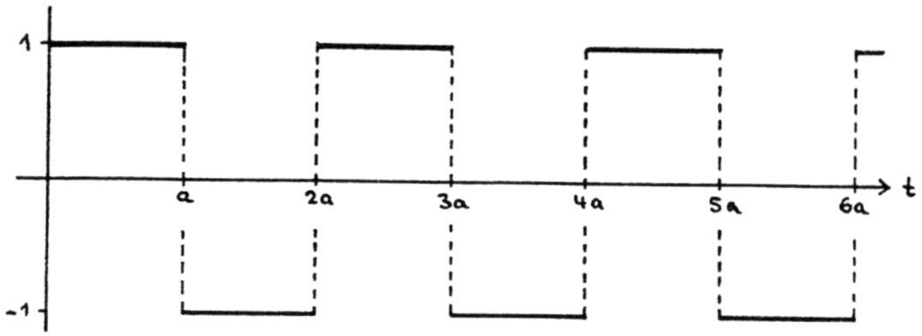

Lösung:

Diese Funktion ist Ableitung der Sägezahnkurve f(t) aus Beispiel 11 (bis auf den Faktor 1/a und deren Knickstellen, wo man g(t) beliebig definieren kann, da das keinen Einfluß auf das Laplace-Integral hat). Es gilt also (von den erwähnten Ausnahmen abgesehen) $\dot{f}(t) = g(t)$, und daher nach dem Differentiationsatz

$$L\{g(t)\} = L\{\dot{f}(t)\} = a\cdot(s\cdot L\{f(t)\} - f(0^+)) = \frac{1}{s}\cdot\tanh(as/2).$$

Beispiel 19

Es sei

$$y(t) = \begin{cases} 0 & , \text{ wenn } t < 0 \\ t & , \text{ wenn } 0 \le t < 1 \\ 1+\sin(t-1) & , \text{ wenn } t \ge 1 \end{cases} .$$

Wie lautet die Laplace-Transformierte von $y(t)$, $\dot{y}(t)$ und $\ddot{y}(t)$?

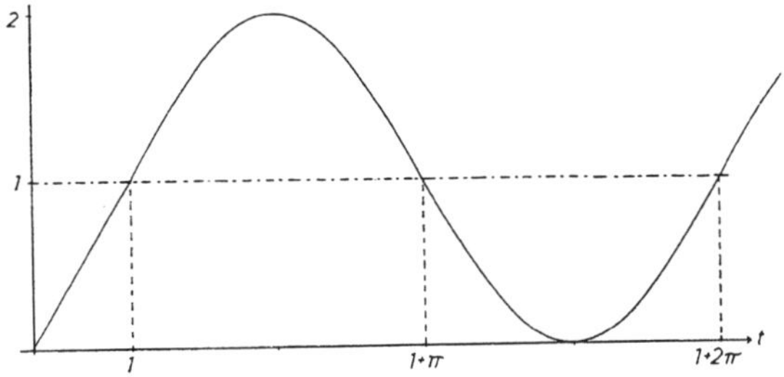

Lösung:

Die Laplace-Transformierte von

$$f(t) = \begin{cases} 0, & \text{wenn } t<0 \\ \sin t, & \text{wenn } t\ge 0 \end{cases}$$

lautet

$$L\{\sin t\} = \frac{1}{s^2+1} .$$

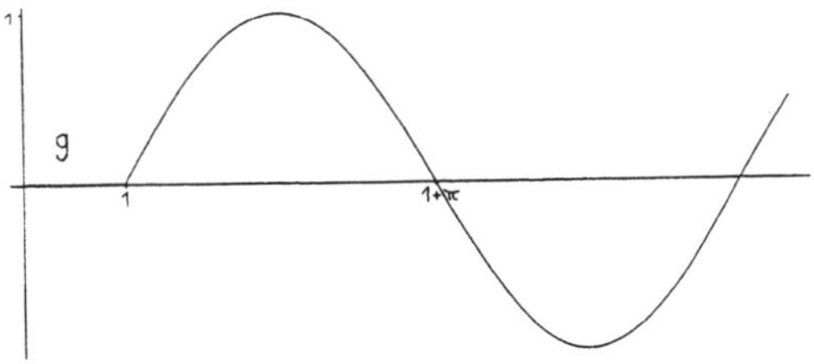

Daher gilt für die Funktion

$$g(t) = \begin{cases} 0, & \text{wenn } t<1 \\ \sin(t-1), & \text{wenn } t\ge 1 \end{cases}$$

nach dem Verschiebungssatz

$$L\{g(t)\} = e^{-s}\cdot\frac{1}{s^2+1} .$$

Ferner lautet die Laplace-Transformierte der Rampenfunktion (Beispiel 8, A=0, B=1)

$$h(t) = \begin{cases} 0, & \text{wenn } t < 0 \\ t, & \text{wenn } 0 \le t \le 1 \\ 1, & \text{wenn } t > 1 \end{cases}$$

$$L\{h(t) = \frac{1}{s^2}(1-e^{-s}) ,$$

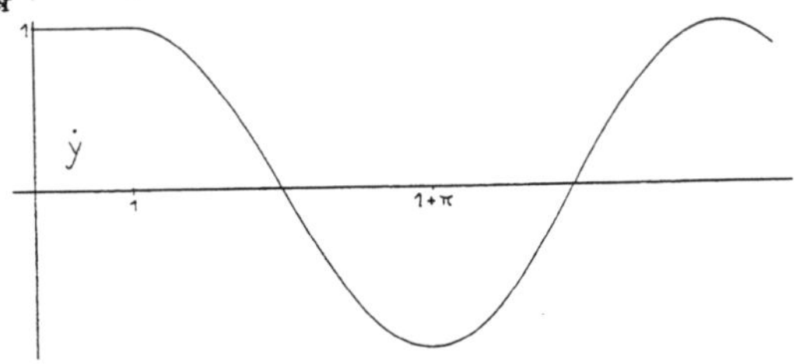

und daher die Laplace-Transformierte von

$y(t) = h(t)+g(t)$

$$Y(s) = \frac{1}{s^2}(1-e^{-s}) + e^{-s}\cdot\frac{1}{s^2+1}$$

Die Laplace-Transformierte der Ableitung

$$\dot{y}(t) = \begin{cases} 0 & , t < 0 \\ 1 & , 0 \le t \le 1 \\ \cos(t-1), & t \ge 1 \end{cases}$$

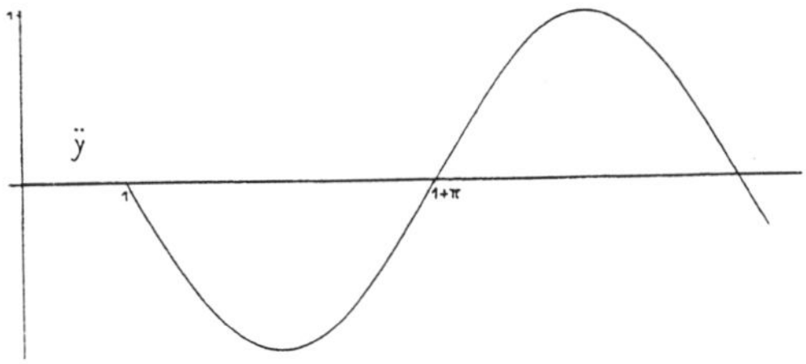

ist

$L\{\dot{y}(t)\} = s \cdot Y(s)$ und die der zweiten Ableitung

$$\ddot{y}(t) = \begin{cases} 0, & \text{wenn } t < 1 \\ -\sin(t-1), & \text{wenn } t \geq 1 \end{cases}$$

lautet

$L\{\ddot{y}(t)\} = s^2 Y(s) - 1$ weil $y(0^+) = 1$.

(Für die linksseitige Ableitung gilt übrigens $y(0^-)=0$.)

Beispiel 20

Die Funktion f(t) aus Beispiel 4 hat die Ableitung

$$f(t) = \begin{cases} 0, & \text{wenn } t < 1 \\ 1, & \text{wenn } 1 \leq t < 2 \\ -1, & \text{wenn } 2 \leq t < 3 \\ 0, & \text{wenn } 3 \leq t \end{cases}$$

an den Knickstellen 1, 2 und 3 ist f nicht differenzierbar, wir haben hier jeweils die rechtsseitigen Ableitungen gewählt (was keinen Einfluß auf die Laplace-Transformierte hat). Daher lautet die Laplace-Transformierte

$$L\{f(t)\} = (e^{-s} - 2e^{-2s} + e^{-3s})/s.$$

Man hätte übrigens auch f(t) als Summe von drei Einheitssprüngen darstellen und daraus die Laplace-Transformierte berechnen können.

Beispiel 21

Die Funktion y(t) genüge der Anfangswertaufgabe

$$\ddot{y} + 3\dot{y} + ty = \cos 2t, \quad y(0)=2, \quad \dot{y}(0)=1.$$

Welcher Gleichung genügt ihre Laplace-Transformierte Y(s)?

Lösung:

Wenn also Y(s) die Laplace-Transformierte von y(t) bezeichnet, und ′ deren Ableitung (nach s), dann haben

a) $ty(t)$ die Laplace-Transformierte $-Y'(s)$ (Multiplikationssatz)

b) $\dot{y}(t)$ die Laplace-Transformierte $sY(s)-2$ (Differentiationssatz, $y(0)=2$ wegen der Anfangsbedingung)

c) $\ddot{y}(t)$ die Laplace-Transformierte $s^2Y(s)-2s-1$ (Differentiationssatz und Anfangsbed.)

d) $\cos 2t$ die Laplace-Transformierte $s/(s^2+4)$.

Daher folgt aus der Differentialgleichung nach dem Additionssatz

$$s^2Y(s) - 2s - 1 + 3sY(s) - 6 - Y'(s) = s/(s^2+4),$$

also genügt die Laplace-Transformierte Y(s) von y(t) der Differentialgleichung erster Ordnung

$$Y'(s) - (s^2+3s)Y(s) = \frac{s}{s^2+4} - 2s - 7.$$

Man könnte nun diese Differentialgleichung lösen und aus dieser Lösung durch Rücktransformation die gesuchte Lösung y(t) bestimmen.

2. Rücktransformation

Beispiel 22

Es sei

$$F(s) = \frac{s^2+6s-8}{s^3-2s^2+4s-8} \quad .$$

Wie lautet dann die (stetige) Funktion f(t), deren Laplace-Transformierte F(s) ist?

Lösung:

Man sagt, es solle F "rücktransformiert" werden, es solle $L^{-1}\{F(s)\}$ bestimmt werden.

Man führe bei echt gebrochen rationalen Funktionen eine reelle Partialbruchzerlegung durch:

$$F(s) = \frac{1}{s-2} + \frac{6}{s^2+4} \quad .$$

Da der erste Summand Laplace-Transformierte von e^{2t}, und der zweite von $3 \cdot \sin 2t$ sind, ist

$f(t) = e^{2t} + 3 \cdot \sin 2t$.

Beispiel 23

Gegeben sei die lineare Anfangswertaufgabe

$$\ddot{y} - 4\dot{y} + 13y = f(t), \quad y(0) = 3, \quad \dot{y}(0) = 2.$$

Die Laplace-Transformierte von y(t) bezeichnen wir mit Y(s). Dann gilt nach dem Differentiationssatz:

$\ddot{y}(t)$ hat die Laplace-Transformierte $s^2Y(s)-3s-2$

$\dot{y}(t)$ hat die Laplace-Transformierte $sY(s)-3$

$y(t)$ hat die Laplace-Transformierte $Y(s)$

(die Summanden ergeben sich aus den Anfangsbedingungen).

Daher lautet die Laplace-Transformierte der Anfangswertaufgabe (Summensatz beachten):

$$s^2Y(s) - 4sY(s) + 13Y(s) - 3s - 2 + 12 = F(s)$$

wobei F(s) die Laplace-Transformierte der Störfunktion f(t) bezeichne. Daher gilt

$$Y(s) = \frac{1}{s^2-4s+13} \cdot F(s) + \frac{3s-10}{s^2-4s+13} \quad .$$

Man sieht, daß im Nenner das charakteristische Polynom der linearen Differentialgleichung *mit konstanten Koeffizienten* steht; ferner ist dieses eine "normale" Gleichung für Y(s), soll heißen: *keine Differential*-Gleichung.

Y(s) ergibt sich als Summe von zwei Summanden, wobei

1. der erste Summand der Quotient aus F(s), der Laplace-Transformierten der Störfunktion und dem charakteristischen Polynom der Differentialgleichung ist,
2. der zweite Summand der Quotient aus einem Polynom ersten Grades, das sich aus den Anfangsbedingungen berechnet und wiederum dem charakteristischen Polynom der Differentialgleichung. Es ist also, da die aus den Anfangsbedingungen sich ergebenden Summanden der Laplace-Transformierten der Ableitungen stets im Grad um (mindestens) 1 unter der Ordnung der Ableitung liegen, eine *echt* gebrochen rationale Funktion.

Um y(t) daraus zu berechnen, muß man also beide Summanden rücktransformieren.

Dazu benötigt man zwei Sätze:

1. Den Faltungssatz (s.u.), der beschreibt, *von welcher Funktion* das Produkt zweier Laplace-Transformierter ihrerseits die Laplace-Transformierte ist.
2. Die Rücktransformation einer *echt* gebrochen rationalen Funktion (Partialbruch-Zerlegung, Tabelle der Laplace-Transformierten).

Faltungssatz

Für das Produkt der Laplace-Transformierten von f(t) und g(t) gilt

$$L\{f(t)\}\cdot L\{g(t)\} = L\{\int_0^t f(t-\tau)\cdot g(\tau)\,d\tau\}.$$

Man nennt das rechts in { } stehende Integral, also

$$(2)\qquad f(t)*g(t) = \int_0^t f(t-\tau)\cdot g(\tau)\,d\tau$$

die *Faltung von f und g* (lies: "f gefaltet mit g") und kann den Faltungssatz dann so formulieren:

Das Produkt der Laplace-Transformierten von f und g ist die Laplace-Transformierte der Faltung von f mit g: $L\{f\}\cdot L\{g\} = L\{f*g\}$.

Die Verknüpfung "Faltung" ist

kommutativ: $f(t)*g(t) = g(t)*f(t)$

assoziativ: $f(t)*[g(t)*h(t)] = [f(t)*g(t)]*h(t)$, weswegen die eckigen Klammern entbehrlich sind.

Man beachte: t kommt im Faltungsintegral (2) an zwei Stellen vor: Als obere Grenze und im Argument $(t-\tau)$ einer der beiden Faktoren im Integranden; nach τ wird integriert.

Beispiel 24

Von welcher Funktion f(t) ist folgende Funktion F die Laplace-Transformierte?

$$F(s) = \frac{1}{s+1}\cdot\frac{1}{s^2+4}$$

Lösung:

$G(s) = \frac{1}{s+1}$ und $H(s) = \frac{1}{s^2+4}$ sind die Laplace-Transformierten von

$g(t) = e^{-t}$ und $h(t) = \frac{1}{2}\cdot\sin 2t$

so daß ihr Produkt $F(s) = G(s)\cdot H(s)$ Laplace-Transformierte der Faltung $f(t) = g(t)*h(t)$ ist, die wir nun berechnen werden:

$$f(t) = g(t)*h(t) = \int_0^t e^{-(t-\tau)} \cdot \frac{1}{2} \cdot \sin 2\tau \, d\tau$$

$$= \frac{1}{2}e^{-t} \cdot \int_0^t e^{\tau} \cdot \sin 2\tau \, d\tau$$

$$= \frac{1}{2}e^{-t} \cdot \frac{1}{5}e^{\tau} \cdot (\sin 2\tau - 2 \cdot \cos 2\tau) \Big|_{\tau=0}^{\tau=t}$$

$$= \frac{1}{10} \cdot e^{-t} \cdot [e^{t}(\sin 2t - 2 \cdot \cos 2t) + 2]$$

$$= \frac{1}{10} \cdot (\sin 2t - 2\cos 2t + 2e^{-t}).$$

Man beachte: Die Grenzen 0 und t sind für τ (und nicht t) einzusetzen.

Wegen der Eindeutigkeit ist dieses die ***einzige stetige*** Funktion, deren Laplace-Transformierte F(s) ist. Man hätte übrigens in diesem Falle auch die Partialbruch-Zerlegung von F(s) verwenden können; es ist nämlich

$$F(s) = \frac{1}{5} \cdot \left(\frac{1}{s^2+1} + \frac{1}{s^2+4} - \frac{s}{s^2+4}\right),$$

die Urbilder dieser drei Brüche stehen in der Tabelle.

Beispiel 25

Man berechne die Faltung y(t) von g(t) = cos t mit

$$f(t) = \begin{cases} 0 & \text{, wenn } t \le \pi \\ \frac{1}{2\pi} \cdot (t-\pi) & \text{, wenn } \pi \le t < 2\pi \\ \frac{-1}{2\pi} \cdot (t-3\pi) & \text{, wenn } 2\pi \le t < 3\pi \\ 0 & \text{, wenn } 3\pi \le t \end{cases}$$

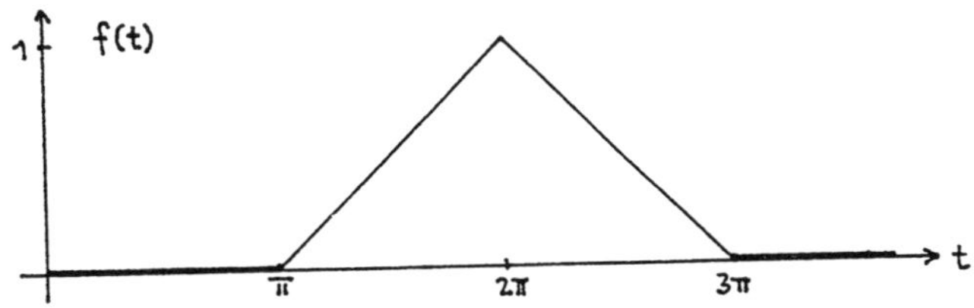

Lösung:

Wir rechnen nach f(t)*g(t) oder g(t)*f(t) in (2). Da hier f(t) die "kompliziertere" Definition hat, nehmen wir $g(\tau)$ und $f(t-\tau)$ im Faltungsintegral (2). Andernfalls gehen in die Fallunterscheidung t *und* τ ein, weil nach (t−τ) zu unterscheiden ist.

$$y(t) = g(t)*f(t) = \int_0^t g(t-\tau)\cdot f(\tau)\, d\tau \;.$$

Wir zerlegen das Integrationsintervall [0,t] entsprechend den Formeln, nach denen f(τ) berechnet wird:

1. Sei $0 \le t \le \pi$: Dann ist $0 \le \tau \le t \le \pi$ und damit $f(\tau)=0$.
   Hier also $y(t) = 0$.

2. Sei $\pi \le t \le 2\pi$: Dann ist $0 \le \tau \le t$ und daher liegt der Punkt $\tau = \pi$ im Integrationsintervall [0,t]. Wir bekommen hier

$$y(t) = \int_0^\pi \cos(t-\tau)\cdot 0\, d\tau + \int_\pi^t \cos(t-\tau)\cdot\frac{1}{2\pi}\cdot(\tau-\pi)\, d\tau$$

$$= \frac{1}{2\pi}\cdot\int_\pi^t \tau\cdot\cos(t-\tau)\, d\tau - \frac{1}{2}\cdot\int_\pi^t \cos(t-\tau)\, d\tau$$

(man schreibe die folgende Stammfunktion zweckmäßigerweise genau auf, sie wird später mit anderen Grenzen erneut benötigt)

$$= \left[\frac{1}{2\pi}\cdot(\cos(t-\tau) - \tau\cdot\sin(t-\tau)) + \frac{1}{2}\cdot\sin(t-\tau)\right]\Bigg|_{\tau=\pi}^{\tau=t}$$

$$= \frac{1}{2\pi}\cdot(1+\cos t)\,.$$

3. Sei $2\pi \le t \le 3\pi$. Dann liegen wegen $0 \le \tau \le t$ die beiden Punkte $\tau = \pi$ und $\tau = 2\pi$ im Integrationsintervall [0,t]. Wir bekommen daher hier

$$y(t) =$$

$$\int_0^\pi f(\tau)\cdot\cos(t-\tau)\, d\tau + \int_\pi^{2\pi} f(\tau)\cdot\cos(t-\tau)\, d\tau + \int_{2\pi}^t f(\tau)\cdot\cos(t-\tau)\, d\tau \;.$$

Da t zwischen 2π und 3π liegt, braucht das letzte Integral nicht mehr weiter unterteilt zu werden. Wir erhalten für diese drei Integrale I_1 bis I_3 der Reihe nach

$I_1 = 0$ (weil hier $f(\tau) = 0$ ist).

$$I_2 = \frac{1}{2\pi}\cdot\int_\pi^{2\pi} (\tau-\pi)\cdot\cos(t-\tau)\, d\tau.$$

Man beachte, daß dieses *nicht* $y(2\pi)$ ist (siehe 2.), da im *Integranden* noch t steht, lediglich die *obere Grenze* ist hier 2π. Aber eine Stammfunktion wurde unter 2. bereits berechnet, das Integral hat hier lediglich eine andere obere Grenze. Wir bekommen daher weiter

$$I_2 = \left[\frac{1}{2\pi}\cdot(\cos(t-\tau) - \tau\cdot\sin(t-\tau)) + \frac{1}{2}\cdot\sin(t-\tau) \right] \Bigg|_{\tau=\pi}^{\tau=2\pi}$$

$$= \frac{1}{2\pi}\cdot(\ 2\cdot\cos t - \pi\cdot\sin t\ ).$$

$$I_3 = \frac{-1}{2\pi}\cdot\int_{2\pi}^{t} (\tau-3\pi)\cdot\cos(t-\tau)\ d\tau$$

Es ist auch hier sinnvoll, die folgende Stammfunktion zu notieren, denn sie wird unter 4. erneut benötigt, nur mit anderer oberer Grenze:

$$= \left[\frac{-1}{2\pi}\cdot(\ \cos(t-\tau) - \tau\cdot\sin(t-\tau)\ ) - \frac{3}{2}\cdot\sin(t-\tau) \right] \Bigg|_{\tau=2\pi}^{\tau=t}$$

$$= -\ \frac{1}{2\pi}\cdot(1 - \cos t + \pi\cdot\sin t).$$

Da y(t) die Summe dieser drei Integrale ist, bekommt man hier

$$y(t) = \frac{1}{2\pi}\cdot(-1 + 3\cdot\cos t).$$

4. Sei $t \geq 3\pi$. Dann liegen die drei Punkte $\tau = \pi$, 2π und 3π im Integrations-Intervall $[0,t]$. Wir bekommen daher

$$y(t) = \int_0^{\pi} \cdots + \int_{\pi}^{2\pi} \cdots + \int_{2\pi}^{3\pi} \cdots + \int_{3\pi}^{t} \cdots .$$

Bezeichnen wir diese vier Integrale der Reihe nach mit I_1 bis I_4, so gilt:

$I_1 = 0$ (da hier $f(\tau) = 0$)

$$I_2 = \frac{1}{2\pi}\cdot\int_{\pi}^{2\pi} (t-\tau)\cdot\cos(t-\tau)\ d\tau = \frac{1}{2\pi}\cdot(2\cdot\cos t - \pi\cdot\sin t)\ ,$$

dieses Integral wurde bereits unter 3. berechnet.

$$I_3 = \frac{-1}{2\pi}\cdot\int_{2\pi}^{3\pi} (\tau-3\pi)\cdot\cos(t-\tau)\ d\tau\ ;$$

dieses Integral wurde mit anderer oberer Grenze unter 3. berechnet, daher war es sinnvoll, sich dort jeweils die benutzte Stammfunktion zu notieren.

Man bekommt hier weiter

$$= \frac{-1}{2\pi}\cdot[\cos(t-3\pi) - 3\pi\cdot\sin(t-3\pi) - \cos(t-2\pi) + 2\pi\cdot\sin(t-2\pi)] -$$

$$-\ \frac{3}{2}\cdot\sin(t-3\pi) + \frac{3}{2}\cdot\sin(t-2\pi)$$

$$= \frac{-1}{2\pi}\cdot(-2\cdot\cos t - \pi\cdot\sin t).$$

$I_4 = 0$, weil hier $f(\tau) = 0$.

Damit ist y(t) die Summe dieser vier Integrale:

$$y(t) = \frac{1}{2\pi}\cdot 4\cdot\cos t.$$

Endergebnis:

$$y(t) = \frac{1}{2\pi}\cdot\begin{cases} 0, & \text{wenn } 0 \le t \le \pi \\ 1 + \cos t, & \text{wenn } \pi \le t \le 2\pi \\ -1 + 3\cdot\cos t, & \text{wenn } 2\pi \le t \le 3\pi \\ 4\cdot\cos t, & \text{wenn } t \ge 3\pi \end{cases}$$

Beispiel 26

Wie lautet f(t), wenn

$$L\{f(t)\} = \frac{1}{(s-1)(s^2+1)}.?$$

Lösung:

Da der erste Bruch Laplace-Transformierte von e^t und der zweite von sin t ist (Brüche einzeln schreiben), gilt

$$L\{f(t)\} = L\{e^t\}\cdot L\{\sin t\},$$

und nach dem Faltungssatz ist dieses Laplace-Transformierte der Faltung von e^t und sint, also

$$L\{f(t)\} = L\{e^t * \sin t\}.$$

Nach dem Eindeutigkeitssatz folgt, wenn man stetige Urbilder sucht:

$$f(t) = e^t * \sin t.$$

Es ist nach Definition der Faltung

$$e^t * \sin t = \int_0^t \sin\tau\cdot e^{t-\tau}d\tau = -\frac{1}{2}(\sin t + \cos t - e^t).$$

Man hätte übrigens auch eine Partialbruch-Zerlegung von $L\{f(t)\}$ durchführen können um dann die Rücktransformation der entstehenden Summe vorzunehmen.

3. Anwendung auf Anfangswertaufgaben

Beispiel 27

Man Löse die folgende Anfangswertaufgabe mit Laplace-Transformation

$$\ddot{y} + 4\dot{y} + 5y = 4\cdot\sin t + 4\cdot\cos t, \quad y(0) = 1, \ \dot{y}(0) = 0.$$

Lösung:

1. Anwendung der Laplace-Transformation auf die Differentialgleichung

Es sei $Y(s) = L\{y(t)\}$ die Laplace-Transformierte von $y(t)$, dann gilt aufgrund von Linearität, Differentiationssatz und Formeln für sin und cos:

$$[s^2Y(s) - sy(0^+) - \dot{y}(0^+)] + 4\cdot[sY(s) - y(0^+)] + 5Y(s) = \frac{4}{s^2+1} + \frac{4s}{s^2+1}.$$

Daraus folgt durch Auflösen nach $Y(s)$ (die rechtsseitigen Werte $y(0^+)$ usw. sind gleich den entsprechenden Werten $y(0)$ usw.)

$$Y(s) = \frac{4+4s}{(s^2+1)(s^2+4s+5)} + \frac{\dot{y}(0)+(s+4)y(0)}{s^2+4s+5} = \frac{4+4s}{(s^2+1)(s^2+4s+5)} + \frac{s+4}{s^2+4s+5}.$$

Wir führen, bevor wir rücktransformieren, eine reelle Partialbruchzerlegung durch.

Dabei ist

$$s^2 + 4s + 5 = (s+2)^2 + 1,$$ hat also keine reellen Nullstellen.

Die Partialbruchzerlegung ergibt dann mit geeigneter Zusammenfassung

$$Y(s) = \left[\frac{1}{s^2+1} - \frac{1}{(s+2)^2+1}\right] + \frac{2+(s+2)}{(s+2)^2+1} = \frac{1}{s^2+1} + \frac{1}{(s+2)^2+1} + \frac{s+2}{(s+2)^2+1}.$$

2. Rücktransformation

Nach der Tabelle der Laplace-Transformierten kann man direkt die drei Summanden rücktransformieren:

$$y(t) = \sin t + e^{-2t}\sin t + e^{-2t}\cos t.$$

Man hätte diese Anfangswertaufgabe auch "konventionell" lösen können, also

a) die allgemeine Lösung der homogenen Differentialgleichung und

b) eine Lösung der inhomogenen Differentialgleichung bestimmen und

c) die zwei Konstanten in der allgemeinen Lösung dann aus den Anfangsbedingungen bestimmen.

Auch dieses erfordert Rechenaufwand, besonders b) [Ansatz in Form der rechten Seite] und auch c) erfordern die Berechnung und Lösung eines linearen Gleichungssystems. Man macht gewissermaßen zuviel, indem man zunächst *alle* Lösungen berechnet um dann daraus die den Anfangsbedingungen genügende Lösung zu bestimmen. Bei der Lösung mit Laplace-Transformation berechnet man *gleich* die gesuchte Lösung der Anfangswertaufgabe.

Beispiel 28

Mit Hilfe der Laplace-Transformation berechne man die Lösung der folgenden Anfangswertaufgabe

$$\ddot{y} + y = f(t), \quad \dot{y}(0) = y(0) = 0,$$

wobei

$$f(t) = \begin{cases} -(t-2)^2+1, & \text{wenn } 1 \le t \le 3 \\ 0 & \text{sonst} \end{cases}$$

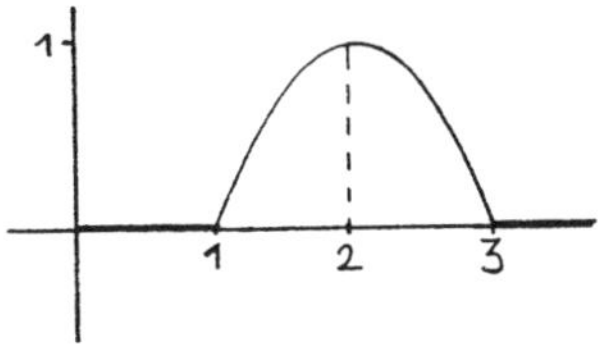

Lösung:

Die Laplace-Transformierte von f wurde übrigens im Beispiel 12 berechnet, dort ist auch ein Bild dieser Funktion zu finden.

1. Berechnung der Laplace-Transformierten Y der Lösung y

   Man wende auf die Differentialgleichung die Laplace-Transformation an:

$$L\{\ddot{y}\} + L\{y\} = L\{f(t)\}.$$

   Nach dem Differentiationssatz bekommt man

$$s^2Y(s) - sy(0^+) - \dot{y}(0^+) + Y(s) = L\{f(t)\}.$$

   Da die Anfangsbedingungen alle 0 sind, bleibt

$$(s^2+1)\cdot Y(s) = L\{f(t)\}.$$

   Man berechnet ***nicht*** L{f(t)}, da von dieser Funktion f(t) nur in der Faltung benötigt wird. Damit ergibt sich für die Laplace-Transformierte der Lösung

$$L\{y(t)\} = \frac{1}{s^2+1}\cdot L\{f(t)\}.$$

2. Rücktransformation, also Berechnung von y(t) aus Y(s)=L{y(t)}

   Nach Tabelle ist der Bruch die Laplace-Transformierte von sint, daher gilt

$$L\{y(t)\} = L\{\sin t\}\cdot L\{f(t)\}.$$

   Nach dem Faltungssatz ist dieses Produkt zweier Laplace-Transformierter gleich der Laplace-Transformierten der Faltung ihrer Urbilder sin t und f(t), also

$$L\{y(t)\} = L\{\sin t * f(t)\}.$$

   Aus dem Eindeutigkeitssatz folgt dann für stetige Urbilder (Rücktransformation)

$$y(t) = \sin t * f(t).$$

   Hier erkennt man deutlich, daß die Laplace-Transformierte der Störfunktion f(t) nicht benötigt wird.

   Es ergibt sich die Frage, ob man y(t) nach sin t*f(t) oder umgekehrt nach f(t)*sin t berechnen sollte (siehe (2), Faltungssatz). Da f(t) wegen der formelmäßig je nach Intervall unterschiedlichen Definition etwas "komplizierter" in der Handhabung ist, empfiehlt es sich, im Faltungsintegral $f(\tau)\cdot\sin(t-\tau)$ als Integranden zu wählen, also nach

$$y(t) = \int_0^t f(\tau)\cdot\sin(t-\tau)\,d\tau$$

   zu rechnen. Wegen der unterschiedlichen Formeln zur Berechnung von $f(\tau)$ zerlegen wir das

Integrationsintervall [0,t] je nach t durch die Punkte t=1 und t=3:

a) Sei $0 \le t \le 1$.

Dann ist auch $0 \le \tau \le t \le 1$ und daher hier $f(\tau) = 0$. Daher ist hier $y(t) = 0$.

b) Sei $1 \le t \le 3$.

Dann ist $0 \le \tau \le t \le 3$ und für t zwischen 1 und 3 liegt 1 dann zwischen 0 und t, damit ist das Integrationsintervall [0,t] durch $\tau = 1$ zu zerlegen:

$$y(t) = \int_0^1 f(\tau)\cdot\sin(t-\tau)\,d\tau + \int_1^t f(\tau)\cdot\sin(t-\tau)\,d\tau$$

$$= 0 + \int_1^t (1-(\tau-2)^2)\cdot\sin(t-\tau)\,d\tau$$

$$= \int_1^t \sin(t-\tau)\,d\tau - \int_1^t (\tau-2)^2\cdot\sin(t-\tau)\,d\tau.$$

(es ist sinnvoll, sich hier die Stammfunktion zu notieren, sie wird nämlich noch benötigt werden)

$$= \cos(t-\tau) - 2(\tau-2)\cdot\sin(t-\tau) - [(\tau-2)^2-2]\cdot\cos(t-\tau)\Big|_{\tau=1}^{\tau=t}$$

$$= 3 - (t-2)^2 - 2\cdot\cos(t-1) - 2\cdot\sin(t-1).$$

c) Sei $t \ge 3$. Dann teile man das Integrationsintervall [0,t], das nun die beiden Punkte 1 und 3 enthält, auf durch diese Punkte:

$$y(t) = \int_0^t f(\tau)\cdot\sin(t-\tau)\,d\tau = \int_0^1 \ldots + \int_1^3 \ldots + \int_3^t \ldots .$$

Wir bezeichnen die drei Integrale mit I_1 bis I_3 und bekommen dann

$I_1 = I_3 = 0$, (weil für $\tau<1$ bzw. $\tau>3$ gilt $f(\tau) = 0$). Also wird $y(t) = I_2$.

$$I_2 = \int_1^3 [1-(\tau-2)^2]\cdot\sin(t-\tau)\,d\tau =$$

eine Stammfunktion dieses Integranden haben wir bereits unter b) berechnet und müssen hier als obere Grenze 3 (statt dort t) einsetzen:

$$= \cos(t-\tau) - 2(\tau-2)\cdot\sin(t-\tau) - [(\tau-2)^2-2]\cdot\cos(t-\tau)\Big|_{\tau=1}^{\tau=3}$$

$$= 2\cdot\cos(t-3) - 2\cdot\cos(t-1) - 2\cdot\sin(t-3) - 2\cdot\sin(t-1).$$

Wir fassen zusammen zum Endergebnis:

$$y(t) = \begin{cases} 0 & \text{, wenn } 0\le t\le 1 \\ 3 - (t-2)^2 - 2\cdot\cos(t-1) - 2\cdot\sin(t-1) & \text{, wenn } 1\le t\le 3 \\ 2\cdot\cos(t-3) - 2\cdot\cos(t-1) - 2\cdot\sin(t-3) - 2\cdot\sin(t-1) & \text{, wenn } t\ge 3 \end{cases}$$

Beispiel 29

Mit Hilfe von Laplace-Transformation berechne man die Lösung der Anfangswertaufgabe

$\ddot{y} + 4y = f(t),\ y(0) = \dot{y}(0) = 0$, wobei f(t) die skizzierte Funktion ist.

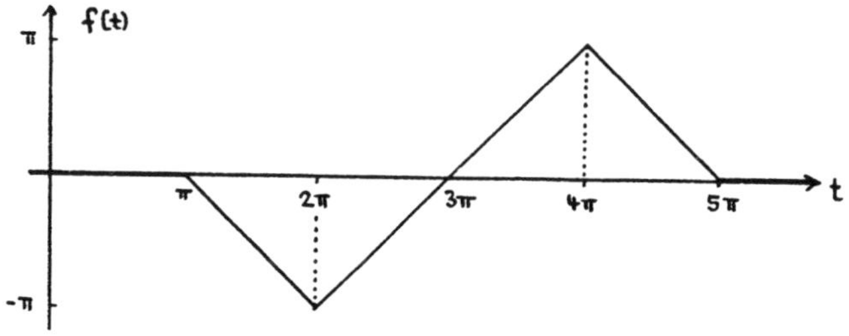

Lösung:

1. Anwendung der Laplace-Transformation auf die Differentialgleichung

   Nach dem Differentiationssatz erhält man, da die Anfangsbedingungen alle 0 sind:

   $$(s^2+4)\cdot L\{y(t)\} = L\{f(t)\}$$

   und daher für die Laplace-Transformierte der Lösung y(t)

   $$L\{y(t)\} = \frac{1}{s^2+4}\cdot L\{f(t)\}\ .$$

2. Rücktransformation

   Da der Bruch die Laplace-Transformierte von 0.5·sin2t ist, folgt weiter

   $$L\{y(t)\} = 0.5\cdot L\{\sin 2t\}\cdot L\{f(t)\}$$

   und nach dem Faltungssatz ist das rechts stehende Produkt der beiden Laplace-Transformierten gleich der Laplace-Transformierten der Faltung von sin 2t mit f(t), also (nach Multiplikation mit 2)

   $$2\cdot L\{y(t)\} = L\{f(t)*\sin 2t\}.$$

   Für stetige Funktionen y(t) und $f(t)*\sin 2t$ folgt hieraus deren Gleichheit.
   (Eindeutigkeitssatz: Sind f und g stetig mit L{f} = L{g}, so gilt f = g.)
   Es ist daher

   $$2\cdot y(t) = f(t) * \sin 2t.$$

   Wir bemerken, daß es also nicht nötig ist, L{f(t)} zu berechnen.
   Da f(t) die "kompliziertere" Definition hat, rechnen wir nach der Formel

   $$f(t) * \sin 2t = \int_0^t f(\tau)\cdot\sin 2(t-\tau)\, d\tau$$ (und nicht $f(t-\tau)\cdot\sin 2\tau$ im Integranden)

   und müssen also unterscheiden nach t, entsprechend der formelmäßig unterschiedlichen Definition von $f(\tau)$ in den einzelnen Intervallen.

a) $0 \le t \le \pi$

Dann ist auch $0 \le \tau \le t \le \pi$, das Faltungsintegral also 0:

$y(t) = 0.$

b) $\pi \le t \le 2\pi$

Dann ist auch $0 \le \tau \le t \le 2\pi$, daher liegt im Integrationsintervall $0 \le \tau \le 2\pi$ der Knick bei π, wir müssen also das Faltungsintegral zerlegen.

Da in $[0,\pi]$ gilt $f(\tau)=0$, in $[\pi,2\pi]$ gilt $f(\tau)=\pi-\tau$, folgt

$$f(t) * \sin 2t = \int_0^{\pi} 0\,d\tau + \int_{\pi}^{t} (\pi-\tau)\cdot\sin 2(t-\tau)\,d\tau$$

$$= \frac{\pi}{2}\cdot\cos 2(t-\tau) - \frac{1}{4}\cdot\sin 2(t-\tau) - \frac{1}{2}\tau\cdot\cos 2(t-\tau) \Bigg|_{\tau=\pi}^{\tau=t}$$

(diese Stammfunktion werden wir später erneut benötigen)

$$= \frac{1}{2}(\pi-t) + \frac{1}{4}\cdot\sin 2t$$

so daß sich y(t) durch Division durch 2 ergibt:

$$y(t) = \frac{1}{4}\cdot(\pi-t) + \frac{1}{8}\cdot\sin 2t \ .$$

c) $2\pi \le t \le 4\pi$

Dann ist das Integrationsintervall aufzuteilen durch π und 2π, da nun diese beiden Punkte darin liegen. Man erhält dann, wenn die entstehenden Integrale mit I_1 bis I_3 bezeichnet werden

$I_1 = 0$, da hier $f(\tau) = 0$ ist.

$$I_2 = \int_{\pi}^{2\pi} (\pi-\tau)\cdot\sin 2(t-\tau)\,d\tau.$$

Dieses Integral wurde bereits unter b) berechnet mit anderer oberer Grenze (t statt hier 2π); man erhält daher weiter

$$= \frac{\pi}{2}\cdot\cos 2(t-2\pi) - \frac{\pi}{2}\cdot\cos 2(t-\pi) - \frac{1}{4}\cdot\sin 2(t-2\pi) +$$

$$+ \frac{1}{4}\cdot\sin 2(t-\pi) - \pi\cdot\cos 2(t-2\pi) + \frac{\pi}{2}\cdot\cos 2(t-\pi)$$

$$= -\frac{\pi}{2}\cdot\cos 2t \ .$$

Wir haben dort die Grenze eingesetzt und aus dem Grunde die Stammfunktion dort extra notiert.

$$I_3 = \int_{2\pi}^{t} (\tau-3\pi)\cdot\sin 2(t-\tau)\,d\tau =$$

auch hier ist es sinnvoll, sich die entspr. Stammfunktion zu notieren

$$= \left[-\frac{3}{2}\pi\cdot\cos2(t-\tau) + \frac{1}{4}\cdot\sin2(t-\tau) + \frac{1}{2}\tau\cdot\cos2(t-\tau)\right]\Bigg|_{\tau=2\pi}^{\tau=t}$$

$$= \frac{1}{2}(t-3\pi) + \frac{\pi}{2}\cdot\cos 2t - \frac{1}{4}\cdot\sin 2t.$$

2y(t) ist die Summe dieser drei Integrale, also

$$y(t) = \frac{1}{4}(t-3\pi) - \frac{1}{8}\cdot\sin 2t.$$

d) $4\pi \le t \le 5\pi$

Dann ist das Faltungsintegral durch π, 2π und 4π zu zerlegen und man erhält dann der Reihe nach die vier folgenden Integrale I_1 bis I_4

$I_1 = 0$ weil $f(\tau) = 0$ in diesem Intervall $[0,\pi)$.

$$I_2 = \int_{\pi}^{2\pi} f(\tau)\cdot\sin2(t-\tau)\,d\tau = -\frac{\pi}{2}\cdot\cos 2t,$$ bereits unter c) berechnet

$$I_3 = \int_{2\pi}^{4\pi} (\tau-3\pi)\cdot\sin 2(t-\tau)\,d\tau = \pi\cdot\cos 2t.$$

Unter b) wurde eine Stammfunktion ermittelt, mit dieser oberen Grenze ergibt sich der angegebene Wert.

Man beachte, daß Integrale von $\sin 2(t-\tau)$ bzw. $\cos 2(t-\tau)$, über eine Periode, also ein Intervall der Länge π erstreckt, den Wert 0 haben.

$$I_4 = \int_{4\pi}^{t} (5\pi-\tau)\cdot\sin2(t-\tau)\,d\tau =$$

$$= \frac{5}{2}\pi\cdot\cos2(t-\tau) - \frac{1}{4}\cdot\sin2(t-\tau) - \frac{1}{2}\tau\cdot\cos2(t-\tau)\Bigg|_{\tau=4\pi}^{\tau=t}$$

$$= \frac{1}{2}(5\pi-t) - \frac{1}{2}\pi\cdot\cos 2t + \frac{1}{4}\cdot\sin 2t.$$

Da 2y(t) die Summe dieser vier Faltungsintegrale ist, bekommt man

$$y(t) = \frac{1}{4}(5\pi-t) + \frac{1}{8}\cdot\sin 2t.$$

Als Endergebnis fassen wir zusammen:

$$y(t) = \frac{1}{8}\cdot\begin{cases} 0, & \text{wenn } 0 \le t \le \pi \\ 2\pi - 2t + \sin2t, & \text{wenn } \pi \le t \le 2\pi \\ 2t - 6\pi - \sin2t, & \text{wenn } 2\pi \le t \le 4\pi \\ 10\pi - 2t + \sin2t, & \text{wenn } 4\pi \le t \end{cases}$$

Beispiel 30

Die folgende Anfangswertaufgabe ist mit Hilfe von Laplace-Transformation zu lösen:

$$\ddot{y} - \dot{y} = f(t), \quad y(0) = \dot{y}(0) = 0,$$

wobei f die abgebildete Funktion ist.

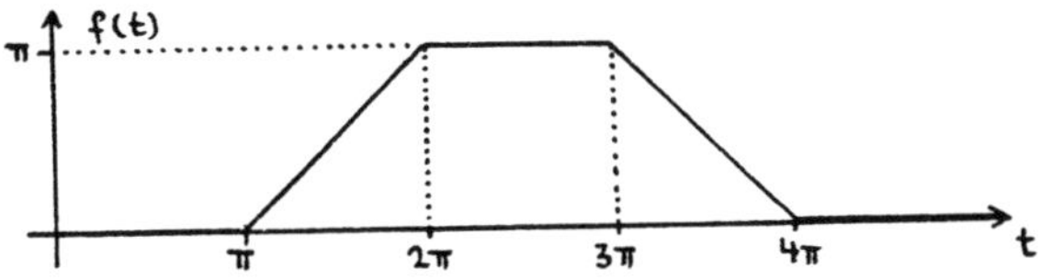

Lösung:

1. Laplace-Transformation der Differentialgleichung

$$L\{\ddot{y}(t)\} - L\{\dot{y}(t)\} = L\{f(t)\}$$

und mit den Formeln über die Laplace-Transformierte der Ableitungen (Differentiationssatz) folgt weiter

$$(s^2Y(s) - sy(0) - \dot{y}(0)) - (sY(s) - y(0)) = L\{f(t)\},$$

wobei Y(s) = L{y(t)}, die Laplace-Transformierte der Lösung y sei.

Daraus folgt unter Verwendung der gegebenen Anfangsbedingungen

$$L\{y(t)\} = \frac{1}{s^2-s} \cdot L\{f(t)\}.$$

2. Darstellung von Y(s) als Produkt zweier Laplace-Transformierter

Es ist also zu ermitteln, von welcher Funktion der erste Faktor, der Bruch also, Laplace-Transformierte ist. Dazu führen wir mit ihm eine Partialbruch-Zerlegung durch. Diese ergibt

$$\frac{1}{s^2-s} = \frac{1}{s(s-1)} = \frac{1}{s-1} - \frac{1}{s}.$$

Dieses ist nach der Tabelle der Laplace-Transformation die Laplace-Transformierte von e^t-1, also

$$\frac{1}{s^2-s} = L\{e^t-1\},$$ und daher oben eingesetzt

$$L\{y(t)\} = L\{e^t-1\} \cdot L\{f(t)\}.$$

3. Rücktransformation

Nach dem Faltungssatz gilt weiter

$$L\{y(t)\} = L\{(e^t-1)*f(t)\}.$$

Da y stetig ist und auch die Faltung auf der rechten Seite, sind die abgebildeten Funktionen, also die Urbilder, gleich (Eindeutigkeitssatz):

$$(*) \quad y(t) = (e^t-1)*f(t) = \int_0^t f(\tau)\cdot(e^{t-\tau}-1)\,d\tau.$$

Wir rechnen nach dieser Formel, also $(t-\tau)$ nicht als Argument von f, da f "komplizierter" definiert ist als e^t-1.

Nun ist das Intervall entsprechend der Definition von $f(\tau)$ zu zerlegen. Es ist

$$f(t) = \begin{cases} 0, & \text{wenn } t \le \pi \\ t-\pi, & \text{wenn } \pi \le t \le 2\pi \\ \pi, & \text{wenn } 2\pi \le t \le 3\pi \\ 4\pi-t, & \text{wenn } 3\pi \le t \le 4\pi \\ 0, & \text{wenn } 4\pi \le t \end{cases}$$

a) $0 \le t \le \pi$. Dann ist, da τ dann zwischen 0 und t liegt, $f(\tau)=0$, also $y(t)=0$.

b) $\pi \le t \le 2\pi$. Dann ist das Faltungsintegral (*) zu unterteilen:

$$y(t) = \int_0^\pi \ldots + \int_\pi^t \ldots,$$

wobei das erste Integral 0 ist, da hier $f(\tau)=0$. Im zweiten Integral ist $f(\tau)=\tau-\pi$ (denn $t\le 2\pi$), also bekommt man

$$y(t) = \int_\pi^t (\tau-\pi)(e^{t-\tau}-1)\,d\tau = \int_\pi^t [\pi-\tau-\pi e^{t-\tau}+e^t\tau e^{-\tau}]\,d\tau$$

$$= \pi\tau - \frac{1}{2}\tau^2 + \pi e^{t-\tau} + e^{t-\tau}(-\tau-1)\Bigg|_{\tau=\pi}^{\tau=t}$$

$$= -\frac{1}{2}t^2 + (\pi-1)t + (-\frac{1}{2}\pi^2+\pi) - 1 + e^{t-\pi}.$$

c) $2\pi \le t \le 3\pi$. Dann liegen π und 2π im Integrationsintervall des Faltungsintegrals (*):

$$y(t) = \int_0^\pi \ldots + \int_\pi^{2\pi} \ldots + \int_{2\pi}^t \ldots .$$

Das erste Integral ist 0, da hier $f(\tau)=0$ ist. Das zweite Integral lautet

$$I_2 = \int_\pi^{2\pi} (\tau-\pi)(e^{t-\tau}-1)\,d\tau.$$

Eine Stammfunktion ist unter b) bereits berechnet worden:

$$I_2 = \pi\tau - \frac{1}{2}\tau^2 + \pi e^{t-\tau} + e^{t-\tau}(-\tau-1)\Bigg|_{\tau=\pi}^{\tau=2\pi}$$

$$= -\frac{1}{2}\pi^2 + (-\pi-1)e^{t-2\pi} + e^{t-\pi} .$$

Das dritte Integral lautet, da im Intervall $[2\pi,t]$ für $t \le 3\pi$ gilt $f(\tau)=\pi$:

$$I_3 = \int_{2\pi}^t \pi(e^{t-\tau}-1)\,d\tau = -\pi\tau - \pi e^{t-\tau}\Bigg|_{\tau=2\pi}^{\tau=t}$$

$$= -\pi t + 2\pi^2 - \pi + \pi e^{t-2\pi} .$$

y(t) ist Summe dieser drei Integrale:

$$y(t) = -\pi t + \frac{3}{2}\pi^2 - \pi - (e^{-2\pi} + e^{-\pi})\cdot e^t \ .$$

d) Sei $3\pi \le t \le 4\pi$

Dann ist das Integrationsintervall [0,t] in (*) zu unterteilen:

$$y(t) = \int_0^{\pi} \dots + \int_{\pi}^{2\pi} \dots + \int_{2\pi}^{3\pi} \dots + \int_{3\pi}^{t} \dots \ .$$

Bezeichnen wir diese vier Integrale der Reihe nach mit I_1 bis I_4, so ist

$I_1 = 0,$ weil im Intervall $[0,\pi]$ gilt $f(\tau)=0$.

$I_2 = \int_{\pi}^{2\pi} (\tau-\pi)(e^{t-\tau}-1)\, d\tau = I_2$ aus c).

$$I_3 = \int_{2\pi}^{3\pi} \pi(e^{t-\tau}-1)\, d\tau,$$

eine Stammfunktion wurde bereits unter c) (dort I_3) berechnet, man erhält mit den hier stehenden Grenzen weiter

$$= -\pi\tau - \pi e^{t-\tau} \Big|_{\tau=2\pi}^{\tau=3\pi} = -\pi^2 + \pi e^{t-2\pi} - \pi e^{t-3\pi} \ .$$

$$I_4 = \int_{3\pi}^{t} (4\pi-\tau)(e^{t-\tau}-1)\, d\tau =$$

$$= -4\pi\tau + \frac{1}{2}\tau^2 - 4\pi e^{t-\tau} - e^{t-\tau}(-\tau-1) \Big|_{\tau=3\pi}^{\tau=t}$$

$$= \frac{1}{2}t^2 - (4\pi-1)t + \frac{15}{2}\pi^2 - 4\pi + 1 - (1-\pi)e^{t-3\pi} \ .$$

Daher ist die Summe dieser vier Integrale

$$y(t) = \frac{1}{2}t^2 - (4\pi-1)t + (6\pi^2-4\pi+1) + (-e^{-3\pi}-e^{-2\pi}+e^{-\pi})e^t \ .$$

e) Sei $t \ge 4\pi$.

Dann ist das Faltungsintegral (*) durch die Punkte π, 2π, 3π und 4π aufzuteilen in eine Summe aus fünf Integralen I_1 bis I_5. Man bekommt

$I_1 = 0.$

I_2 ist dasselbe Integral wie I_2 in c).

I_3 ist dasselbe Integral wie I_3 in d).

I_4 ist in d) mit der oberen Grenze t statt hier 4π berechnet worden, dort steht die folgende Stammfunktion:

$$-4\pi\tau + \frac{1}{2}\tau^2 - 4\pi e^{t-\tau} - e^{t-\tau}(-\tau-1) \Bigg|_{\tau=3\pi}^{\tau=4\pi}$$

$$= -\frac{1}{2}\pi^2 + e^{t-4\pi} + (\pi-1)e^{t-3\pi} .$$

$$I_5 = \int_{4\pi}^{t} 0\cdot(e^{t-\tau})\, d\tau = 0, \text{ denn für } \tau>4\pi \text{ ist } f(\tau)=0.$$

Damit bekommt als Summe dieser fünf Integrale:

$$y(t) = -2\pi^2 + (e^{-4\pi} - e^{-3\pi} - e^{-2\pi} + e^{-\pi})\cdot e^t .$$

Das Endergebnis ist also y(t), so wie es in den einzelnen Intervallen in a) bis e) berechnet wurde.

Beispiel 31

Wie lautet die Laplace-Transformierte der Funktion f aus dem vorigen Beispiel?

Lösung:

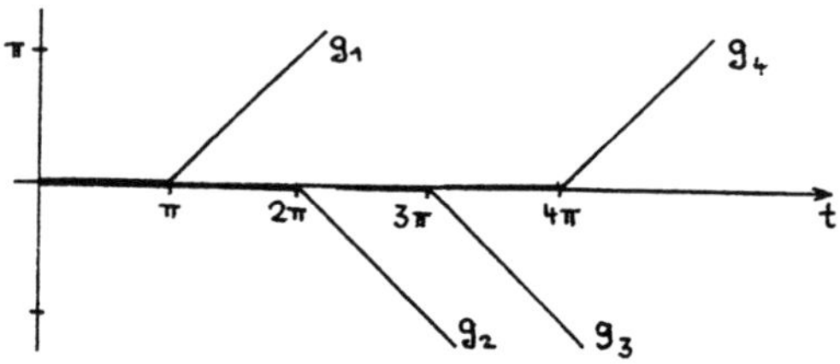

Die Funktion f ist Summe der Funktionen g_1 bis g_4 (Bild), wie man sofort sieht. Da die Funktion t die Laplace-Transformierte $L\{t\} = 1/s^2$ hat (Tabelle), haben diese Funktionen g die folgenden Laplace-Transformierten (Verschiebungssatz):

$$L\{g_1\}=e^{-\pi}\cdot\frac{1}{s^2}, \quad L\{g_2\}=e^{-2\pi}\cdot\frac{1}{s^2}, \quad L\{g_3\}=e^{-3\pi}\cdot\frac{1}{s^2}, \quad L\{g_4\}=e^{-4\pi}\cdot\frac{1}{s^2},$$

daher gilt nach dem Additionssatz

$$L\{f(t)\} = \frac{1}{s^2}\cdot(e^{-\pi s} - e^{-2\pi s} - e^{-3\pi s} + e^{-4\pi s}).$$

Beispiel 32

Die folgende Anfangswertaufgabe soll mit Hilfe von Laplace-Transformation gelöst werden:

$$\ddot{y} + 4y = f(t), \quad \dot{y}(0) = 1, \; y(0) = -1,$$

wobei f(t) die skizzierte Funktion ist (ein Sinus-Bogen).

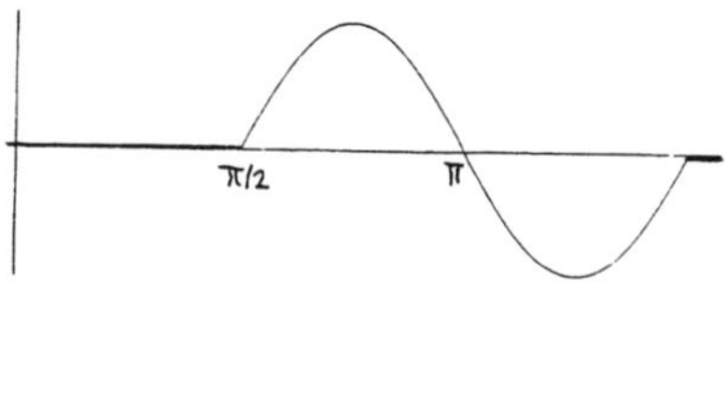

Lösung:

1. Laplace-Transformation der Differentialgleichung

Anwendung der Laplace-Transformation auf die Differentialgleichung ergibt aufgrund des

Differentiationssatzes

$$s^2Y(s) - sy(0) - \dot{y}(0) + 4Y(s) = L\{f(t)\}$$

und mit den gegebenen Anfangsbedingungen erhält man für die Laplace-Transformierte Y(s) der Lösung weiter

$$Y(s) = \frac{1}{s^2+4} \cdot L\{f(t)\} + \frac{-s+1}{s^2+4} .$$

2. Rücktransformation

a) Erster Summand G(s) in Y(s)

Man versucht zu ermitteln, von welcher Funktion der linke Bruch die Laplace-Transformierte ist. Die Tabelle zeigt, daß er Laplace-Transformierte von $1/2 \cdot \sin 2t$ ist, also

$$G(s) = \frac{1}{2} \cdot L\{\sin 2t\} \cdot L\{f(t)\}.$$

Daher bekommt man aufgrund des Faltungssatzes

$$2 \cdot G(s) = L\{\sin 2t\} \cdot L\{f(t)\} = L\{f(t) * \sin 2t\}$$

und weiter nach dem Eindeutigkeitssatz als ersten Summanden (bis auf den Faktor 1/2)

$$(*) \quad f(t) * \sin 2t = \int_0^t f(\tau) \cdot \sin 2(t-\tau)\, d\tau.$$

Da f(t) in den drei Intervallen $[0,\pi/2]$, $[\pi/2,3\pi/2]$ und $[3\pi/2,\infty)$ nach unterschiedlichen Formeln berechnet wird, unterteilen wir:

1. Sei $0 \le t \le \pi/2$. Dann steht im Faltungsintegral (*) der Faktor $f(\tau)=0$, also ist die Faltung hier 0.
2. Sei $\pi/2 \le t \le 3\pi/2$. Dann liegt der Punkt $\tau=\pi/2$ im Integrationsintervall von (*), also hier

$$f(t) * \sin 2t = \int_0^{\pi/2} 0 \cdot \sin 2(t-\tau)\, d\tau + \int_{\pi/2}^{t} [-\sin 2\tau \cdot \sin 2(t-\tau)]\, d\tau$$

denn in diesem Intervall ist $f(t) = -\sin 2t$. Weiter erhält man dann

$$= \frac{1}{2}\tau \cdot \cos 2t - \frac{1}{8} \cdot \sin(4\tau-2t) \Bigg|_{\tau=\pi/2}^{\tau=t}$$

$$= \frac{1}{2} \cdot (t-\frac{\pi}{2}) \cdot \cos 2t - \frac{1}{4} \cdot \sin 2t.$$

3. Sei $t \ge 3\pi/2$. Dann ist das Faltungsintegral (*) durch $\pi/2$ und $3\pi/2$ zu unterteilen:

$$f(t) * \sin 2t =$$

$$\int_0^{\pi/2} 0 \cdot \ldots\, d\tau + \int_{\pi/2}^{3\pi/2} [-\sin 2\tau \cdot \sin 2(t-\tau)]\, d\tau + \int_{3\pi/2}^{t} 0 \cdot \ldots d\tau.$$

Das erste und letzte Integral sind 0, für das mittlere wurde unter 2. bereits eine Stammfunktion berechnet, mit der neuen oberen Grenze bekommt man weiter

$$= \frac{1}{2}\tau\cdot\cos 2\tau - \frac{1}{8}\cdot\sin(4\tau-2t)\Big|_{\tau=\pi/2}^{\tau=3\pi/2} = \frac{1}{2}\pi\cdot\cos 2t \;.$$

b) Zweiter Summand H(s) in Y(s)

$$H(s) = \frac{-s+1}{s^2+4} = \frac{-s}{s^2+4} + \frac{1}{2}\cdot\frac{2}{s^2+4} = -L\{\cos 2t\} + \frac{1}{2}\cdot L\{\sin 2t\},$$

wie man der Tabelle der Laplace-Transformation entnimmt.

Als Endergebnis bekommt man daher (beachten G(s) = f(t)*sin2t)/2)

$$y(t) = \begin{cases} -\cos 2t + \frac{1}{2}\sin 2t, & \text{wenn } t \le \pi/2 \\ -\cos 2t + \frac{1}{2}\sin 2t + \frac{1}{4}(t-\frac{\pi}{2})\cos 2t - \frac{1}{8}\sin 2t, & \text{wenn } \pi/2 \le t \le 3\pi/2 \\ (\frac{1}{4}\pi-1)\cos 2t + \frac{1}{2}\sin 2t, & \text{wenn } t > 3\pi/2 \end{cases}$$

Beispiel 33

Wie lautet die Laplace-Transformierte der Funktion f(t) aus dem vorigen Beispiel?

Lösung:

Wir setzen

$$f_1(t) = \begin{cases} 0, & \text{wenn } t \le \pi/2 \\ -\sin 2t, & \text{wenn } t \ge \pi/2 \end{cases}$$

$$f_2(t) = \begin{cases} 0, & \text{wenn } t \le 3\pi/2 \\ -\sin 2t, & \text{wenn } t \ge 3\pi/2 \end{cases}$$

Man sieht, daß f(t) die Differenz dieser beiden Funktionen ist. Nach dem Verschiebungssatz sind, da

$$L\{\sin 2t\} = \frac{2}{s^2+4} :$$

$$L\{f_1(t)\} = e^{-\pi s/2}\cdot\frac{2}{s^2+4} \quad \text{und} \quad L\{f_2(t)\} = e^{-3\pi s/2}\cdot\frac{2}{s^2+4} \;,$$

und daher

$$L\{f(t)\} = \frac{2}{s^2+4}\left(e^{-\pi s/2} - e^{-3\pi s/2}\right).$$

Beispiel 34

Man löse mit Laplace-Transformation die Anfangswertaufgabe

$$\ddot{y} + y = g(t),\; y(0) = 1,\; \dot{y}(0) = 0,$$

wobei

$$g(t) = \begin{cases} 0, & \text{wenn } t \le \pi \\ 1, & \text{wenn } \pi \le t < 2\pi \\ -1, & \text{wenn } 2\pi \le t < 3\pi \\ 0, & \text{wenn } 3\pi \le t \end{cases}$$

Lösung:

1. Berechnung der Laplace-Transformierten Y(s) der Lösung y(t)

   Laplace-Transformation der Differentialgleichung ergibt

   $$s^2Y(s) - sy(0) - \dot{y}(0) + Y(s) = L\{g(t)\}$$

   und daher mit den beiden Anfangsbedingungen

   $$Y(s) = \frac{1}{1+s^2}\cdot L\{g(t)\} + \frac{s}{1+s^2} .$$

   Nun ist g(t) die Ableitung der Funktion $2\pi\cdot f(t)$, wenn f(t) die in Beispiel 25 definierte Funktion ist, genauer:

   $$g(t) = 2\pi\cdot\frac{d}{dt}f(t), \quad \text{für } t \neq \pi,\ 2\pi,\ 3\pi.$$

   Daher bekommt man nach dem Differentiationssatz wegen $f(0^+)=0$:

   $$L\{g(t)\} = 2\pi\cdot L\{\dot{f}(t)\} = 2\pi\cdot(s\cdot L\{f(t)\} - f(0^+)) = 2\pi s\cdot L\{f(t)\}.$$

   Dann ist

   $$Y(s) = 2\pi\cdot\frac{s}{1+s^2}\cdot L\{f(t)\} + \frac{s}{1+s^2} .$$

2. Rücktransformation

   Da die beiden Brüche in Y(s) die Lapace-Transformierten von cos t sind, bekommt man weiter

   $$Y(s) = L\{y(t)\} = 2\pi\cdot L\{\cos t\}\cdot L\{f(t)\} + L\{\cos t\} = L\{2\pi(\cos t * f(t)) + \cos t\}$$

   woraus durch Rücktransformation für die stetige Funktion y folgt

   $$(*) \quad y(t) = 2\pi\cdot(\cos t * f(t)) + \cos t.$$

   In Beispiel 25 wurde diese Faltung bereits berechnet, so daß man sofort bekommt

   $$y(t) = \begin{cases} \cos t, & \text{wenn } 0 \le t < \pi \\ 1 + 2\cdot\cos t, & \text{wenn } \pi \le t < 2\pi \\ -1 + 4\cdot\cos t, & \text{wenn } 2\pi \le t < 3\pi \\ 5\cdot\cos t, & \text{wenn } 3\pi \le t \end{cases}$$

   Man rechnet übrigens leicht nach, daß y stetig differenzierbar ist (also y und Ableitung stetig sind), die zweite Ableitung hat natürlich Sprünge an den Sprungstellen von g(t), also π, 2π und 3π, ist sonst aber stetig.

Wir betrachten dieselbe Differentialgleichung nun mit den Anfangsbedingungen

$$y(0) = \dot{y}(0) = 0.$$

Dann bekommt man

$$Y(s) = \frac{1}{1+s^2}\cdot L\{g(t)\}$$

und daher die Lösung

$$y(t) = \begin{cases} 0, & \text{wenn } 0 \le t < \pi \\ 1 + \cos t, & \text{wenn } \pi \le t < 2\pi \\ -1 + 3\cos t, & \text{wenn } 2\pi \le t < 3\pi \\ 4\cos t, & \text{wenn } 3\pi \le t \end{cases}$$

Es ist also auch hier *nicht* y(t)=0 für alle t ≥ 3π, obwohl hier g(t)=0 und die Anfangsbedingungen homogen sind. Das liegt natürlich daran, daß die Lösung bei 3π mit dem Funktionswert -4 "ankommt".

Hat man aber die Anfangsbedingung

$$y(0) = -4, \quad \dot{y}(0) = 0,$$

so ist y(t)=0 für alle t>3π.

Ist $y(0)=0$, so gibt es für keinen Wert von $\dot{y}(0)$ eine Lösung y der Anfangswertaufgabe, für die y(t)=0 für alle t>3π; dann nämlich hat man in (*) den Summanden sin t statt cos t.

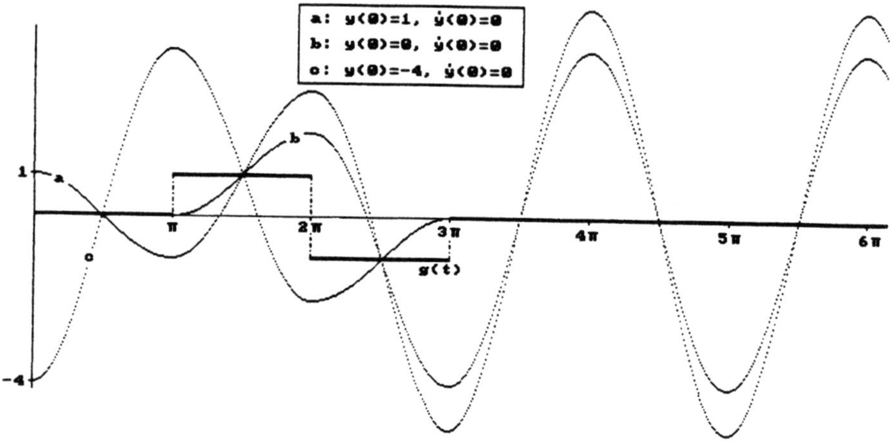

4. Anwendungen

In der Regelungstechnik betrachtet man gewisse Eingangssignale, insbesondere folgende Deltafunktion.

Beispiel 35

Es sei für $a \neq 0$

$$f_a(t) := \begin{cases} 1/a, & 0 \le t < a \\ 0 & \text{sonst} \end{cases}$$

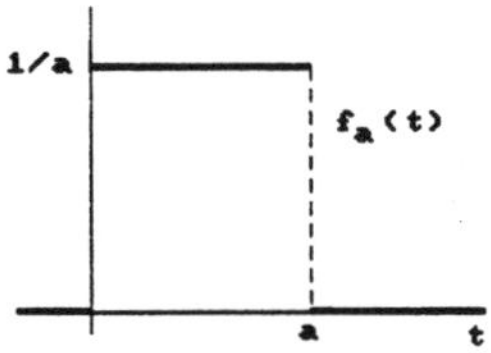

Dann ist für jedes a: $\int f_a(t)\, dt = 1$ über $[0,\infty)$.

Die Laplace-Transformierte dieser Funktion lautet

(siehe Beispiel 10, dort A=0, B=a)

$$L\{f_a(t)\} = \frac{1}{a}\cdot\frac{1}{s}\cdot(1-e^{-as}) \quad (a \neq 0)$$

Nun betrachten wir deren Grenzwerte für $a \neq 0$:

$$\lim_{a\to 0} f_a(t) =: \delta(t) = \begin{cases} 0 & \text{für } t \neq 0 \\ \infty & \text{für } t=0 \end{cases}$$

$$\lim_{a\to 0} L\{f_a(t)\} = 1$$

Hierzu ist zunächst zu bemerken, daß $\delta(t)$ für $t=0$ nicht definiert ist, da aber $1/a \to \infty$ für $a \to 0$, haben wir ∞ geschrieben. Man nennt δ die *Deltafunktion* (*Dirac-Stoß, Impulsfunktion* u.ä.) Man täusche sich aber nicht: δ ist keine Funktion im gewöhnlichen Sinne (reellwertig für alle reellen Zahlen), denn gerade im Nullpunkt, auf den es im folgenden ankommt, ist sie ∞ - was immer das heißen mag. Man kann aber (mit mathematisch mehr Aufwand) alles exakt begründen. Folgendes soll nur dazu dienen, "irgendeine" Vorstellung zu entwickeln, die in technischen Anwendungen nützlich ist.

1. "δ ist eine Funktion, die überall 0 ist und im Nullpunkt den Wert ∞ hat so, daß ihr Integral über $[0,\infty)$ den Wert 1 hat." - Es hilft nichts: δ ist keine Funktion in diesem Sinne und wäre sie eine, so wäre das Integral nach den bekannten Sätzen 0 (da $\delta(t)$ bis auf einen Punkt überall Null ist). Was übrigens sollte dann $2\cdot\delta$ bedeuten?
2. "Die δ-Funktion hat die Laplace-Transformierte 1." Einerseits ist δ keine "Funktion", andererseits ist es durchaus fragwürdig, ob man Grenzwertbildung und Laplace-Transformation vertauschen darf.

Es gilt, wenn f auf [a,b] definiert und in 0 stetig ist:

$$\int_a^b f(t)\cdot\delta(t)\, dt = \begin{cases} f(0) & \text{wenn } a \le 0 < b \\ 0 & \text{sonst} \end{cases}$$

Auch hieraus folgt, daß die Laplace-Transformierte 1 ist.

Ferner ist dann für die Faltung $f(t) * \delta(t) = f(t)$.

$\delta(t)$ beschreibt einen "schlagartigen, zur Zeit $t=0$ geführten Stoß unendlich kurzer Dauer aber mit endlicher Wirkung". δ wird auch als *Nadelfunktion* bezeichnet.

Beispiel 36

Es sei x(t) eine gegebene Funktion und y(t) genüge der Differentialgleichung

$$\ddot{y} + 2\dot{y} + 10y = -45\dot{x} + 10x$$ (dazu Anfangsbedingungen)

Dann ist die Lösung y(t) dieser linearen Differentialgleichung mit konstanten Koeffizienten von der Funktion x(t) abhängig.

x(t) heißt oft - namentlich in der Regelungstechnik - *Eingangsfunktion (-signal, Input usw.)* und y(t) *Ausgangsfunktion (Systemantwort, Output usw.).*

Wenn man nun die Systemantwort auf verschiedene Eingangsfunktionen (z.B. Dirac-Stoß, Einheitssprung) sucht, wird es sinnvoll sein, das,was nur vom Eingang x(t) abhängt von dem zu "trennen", was vom System (der Differentialgleichung) herrührt. Das läßt sich mit Laplace-Transformation auf besonders elegante Weise durchführen:

Laplace-Transformation dieser Differentialgleichung ergibt, wenn

$y(0)=0,\ \dot{y}(0)=0$ und auch $x(0)=0$ (alle Speicher sind zu Beginn leer, ohne Energie)

und wie üblich $Y(s)=L\{y(t)\},\ X(s)=L\{x(t)\}$

$$Y(s) = \frac{-45s+10}{s^2+2s+10}\cdot X(s) = G(s)\cdot X(s).$$

Allgemein weiter:

In dieser Gleichung hängt der Quotient G(s) nicht vom Eingang x(t) ab, er ist eine Funktion, die sozusagen das System, mathematisch: die Differentialgleichung mit allen homogenen Anfangsbedingungen beschreibt:

(1) $Y(s) = G(s)\cdot X(s)$

Die Funktion G(s) heißt *Übertragungsfunktion (Transfer function).*

a) Eingang sei die Delta-Funktion: $x(t)=\delta(t)$. Dann folgt aus (1) wegen $X(s)=1$ weiter $Y(s) = G(s)$, so daß $y(t) = g(t)$ mit

(2) $L\{g(t)\} = G(s)$.

g(t) heißt *Impulsantwort (impulse-response-function)*, da sie eben die Antwortfunktion auf den Impuls $\delta(t)$ ist.

Das zeigt, daß die Impulsantwort g(t) der Differentialgleichung mit dem Eingang $\delta(t)$ genügt.

b) Eingang sei die Sprungfunktion: $x(t)=1$ wenn $t>0$ und 0 für $t<0$. Dann folgt aus (1) wegen $X(s)=1/s$ $Y(s) = G(s)/s$, so daß $y(t) = g(t)*1$ ist. Diese Antwortfunktion heißt *Übergangsfunktion* h(t):

$$h(t) = g(t)*1 = \int_0^t g(\tau)\cdot 1\,d\tau.$$

Hieraus folgt

$$\dot{h}(t) = g(t).$$

Aus (1) ergeben sich prinzipiell zwei Möglichkeiten zur Rücktransformation:

a) Das (ausmultiplizierte) Produkt rücktransformieren:

$y(t) = q(t)$, wobei $L\{q(t)\}=G(s)\cdot X(S)$ ("Frequenz-Methode", frequency domain method).

b) Faltung:

$y(t) = g(t)*x(t)$ ("Zeit-Methode", time domain method).

Beispiel 37

Man berechne die Lösung der Anfangswertaufgabe aus dem vorigen Beispiel für die Eingangsfunktion $x(t) = 1 - \cos t$ und homogene Anfangsbedingungen.

Lösung:

Wir wollen nach beiden Methoden a) und b) rechnen.

a) Rücktransformation des Produktes G(s)·X(S)

Es ist nach Tabelle

$$X(s) = \frac{1}{s} - \frac{s}{s^2+1} = \frac{1}{s\cdot(s^2+1)}$$ und daher mit obigem G(s)

$$Y(s) = G(s)\cdot X(s) = \frac{1}{s\cdot(s^2+1)}\cdot\frac{-45s+10}{s^2+2s+10}\ .$$

Reelle Partialbruchzerlegung ergibt

$$Y(s) = \frac{1}{s} - \frac{5}{s^2+1} - \frac{s-3}{s^2+2s+10}\ .$$

Zur Rücktransformation schreibe man das weiter so

$$Y(s) = \frac{1}{s} - 5\cdot\frac{1}{s^2+1} - \frac{s+1}{(s+1)^2+9} + \frac{4}{3}\cdot\frac{3}{(s+1)^2+9}\ .$$

Rücktransformation ergibt dann (nach Tabelle)

$$y(t) = 1 - 5\cdot\sin t - e^{-t}\cdot(\cos 3t + \frac{4}{3}\cdot\sin 3t)\ .$$

Für große t, nach dem Einschwingvorgang ($t\to\infty$), ist $y(t) = 1-\sin t$: Das Ausgangssignal hat dieselbe Frequenz wie das Eingangssignal, schwingt aber phasenverschoben.

b) Wir rechnen über die Faltung. Die Lösung ist

$$y(t) = g(t)*x(t) = \int_0^t g(t-\tau)\cdot x(\tau)\,d\tau$$

Hier ist (G siehe voriges Beispiel) nach Partialbruchzerlegung

$$G(s) = \frac{-45s+10}{s^2+2s+10} = -45\cdot\frac{s-10/45}{(s+1)^2+9} = -45\cdot\frac{s+1}{(s+1)^2+9} - \frac{55}{3}\cdot\frac{3}{(s+1)^2+3}$$

so daß die Impulsantwort lautet (Tabelle)

$$g(t) =-45\cdot e^{-t}\cdot\cos 3t - \frac{55}{3}\cdot e^{-t}\cdot\sin 3t.$$

Dann ergibt sich y(t) aus

$$y(t) = g(t)*x(t) = \int_0^t g(\tau)\cdot(1-\cos(t-\tau))\,d\tau.$$

Wir brechen hier ab. Es ergibt sich natürlich dasselbe Ergebnis wie unter a.

In den folgenden Beispielen sei u(t) Spannung (Laplace-Transformierte U(s)) und i(t) der Strom (Laplace-Transformierte I(s)). Mit Z(s) wird dann die *Kurzschlußkernimpedanz* des Vierpols bezeichnet:

$$U(s) = Z(s)\cdot I(s).$$

Man beachte, daß gewöhnlich u(t) das Eingangssignal ist und i(t) oft Ausgangssignal. Dann ist in diesem Sinn 1/Z(s) Übertragungsfunktion.

Wir nehmen an, daß zur Zeit t=0 alle Energiespeicher leer sind (alle Anfangsbedingungen homogen).

<u>Beispiel 38</u>

Für folgende Vierpole lauten die entsprechenden Z(s) so:

Z(s): R Ls 1/Cs

Das folgt aus den Formeln für die Spannungsabfälle, die der Reihe nach lauten

$$u = R\cdot i \Leftrightarrow U = R\cdot I \qquad u = L\cdot \dot{i} \Leftrightarrow U = Ls\cdot I \qquad u = \frac{1}{C}\cdot\int_0^t i\,dt \Leftrightarrow U = 1/Cs\cdot I$$

(Differentiations- und Integrationssatz wurden benutzt).

<u>Beispiel 39</u>

Es sollen die Kurzschlußkernimpedanzen folgender Vierpole bestimmt werden.

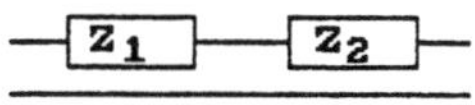

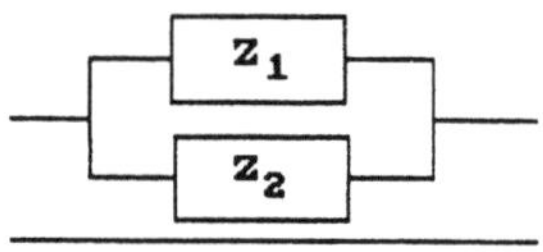

Lösung:

Das linke Bild der Serienschaltung liefert sofort $U = Z_1(s)\cdot I + Z_2(s)\cdot I$, sodaß hier gilt

(S) $Z(s) = Z_1(s)+Z_2(s)$

Die Parallelschaltung im rechten Bild liefert nach den Kirchhoffschen Regeln

$U(s) = Z_1(s)\cdot I_1(s)$ ("untere" Masche) und

$Z_1(s)\cdot I_1(s) - Z_s(s)\cdot(I(s)-I_1(s)) = 0$ (Masche)

Elimination von $I_1(s)$ ergibt $U(s)=Z(s)\cdot I(s)$ mit

(P) $$Z(s) = \frac{Z_1(s)\cdot Z_2(s)}{Z_1(s)+Z_2(s)}$$

<u>Beispiel 40</u>

Nach der Formel für die Serienschaltung haben die drei folgenden Schaltungen die genannten Z(s):

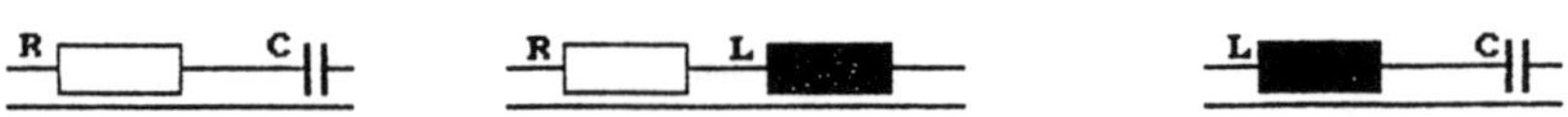

R + 1/Cs **R + Ls** **Ls + 1/Cs**

Beispiel 41

Es soll die Kurzschlußkernimpedanz folgenden Vierpols bestimmt werden.

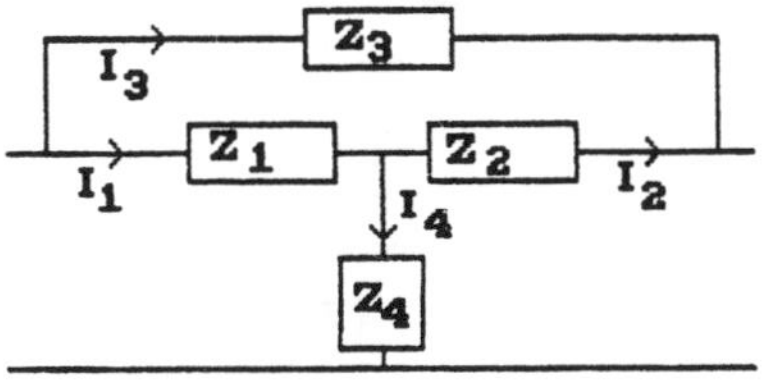

Lösung:

Es gilt nach Laplace-Transformation (Kirchhoffsche Regeln)

$$
\begin{array}{llll}
I_1 - I_2 - I_4 & = & 0 & \text{(Knoten)} \\
I_2 + I_3 - I & = & 0 & \text{(Knoten)} \\
Z_1 I_1 + Z_4 I_4 & = & U_e & \text{(Masche)} \\
Z_2 I_2 - Z_4 I_4 & = & 0 & \text{(Masche)} \\
Z_1 I_1 + Z_2 I_2 - Z_3 I_3 & = & 0 & \text{(Masche)}
\end{array}
$$

Die I sind hier die "Unbekannten" und gesucht ist nur I (die Laplace-Transformierte des Kurzschlußstroms), I ist lineare Funktion der rechten Seite, also von U_e.

Wir benutzen die Cramersche Regel: Bezeichnet man mit A die Koeffizientenmatrix und mit D ihre Determinante, mit E die Determinante der Matrix, die aus A dadurch entsteht, daß die letzte Spalte (Faktoren von I) durch die rechte Seite ersetzt wird, so gilt

$$D = -Z_3 \cdot [Z_1+Z_2) \cdot Z_4 + Z_1 Z_2], \quad E = -U_e \cdot [Z_1 Z_2 + Z_4 \cdot (Z_1+Z_2+Z_3)].$$

Daraus weiter I = E/D (Cramersche Regel), also

$$U_e(s) = Z_3 \cdot \frac{Z_1+Z_2 + \Gamma}{Z_1+Z_2+Z_3 + \Gamma} \cdot I, \quad \Gamma := \frac{Z_1 Z_2}{Z_4}$$

Beispiel 42

Folgende Tabelle enthält Beispiele von Kurzschlußkernimpedanzen nach (1) für einige typische Schaltbilder. Herleitungen und Erklärungen folgen anschließend. Weitere findet man in entsprechender Literatur. Die Bezeichnungen in den Schaltbildern sind die in der Elektrotechnik üblichen.

1

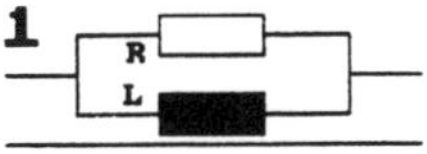

$$R \cdot \frac{s}{s+R/L}$$

2

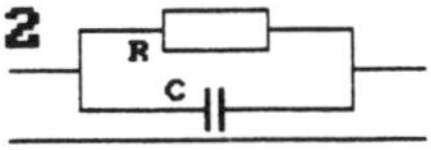

$$\frac{1}{C} \cdot \frac{1}{s+1/RC}$$

3

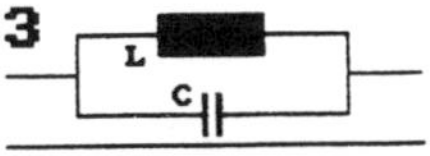

$$\frac{1}{C} \cdot \frac{s}{s^2+1/LC}$$

4

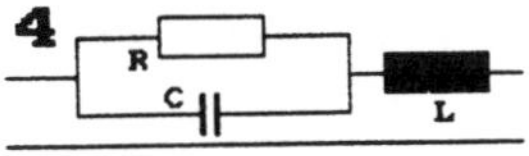

$$L \cdot \frac{s^2+s/RC+1/LC}{s+1/RC}$$

5

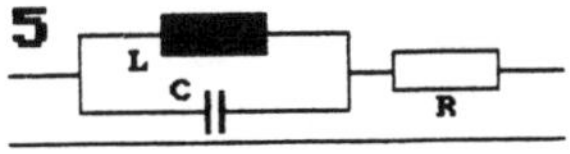

$$R + \frac{s}{C \cdot (s^2+1/LC)}$$

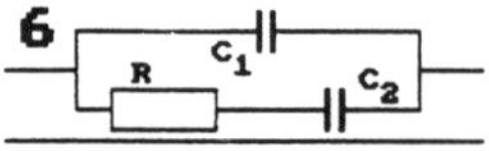

$$\frac{1}{C_1}\cdot\frac{s+\frac{1}{RC_2}}{s\cdot\left(s+\frac{C_1+C_2}{RC_1C_2}\right)}$$

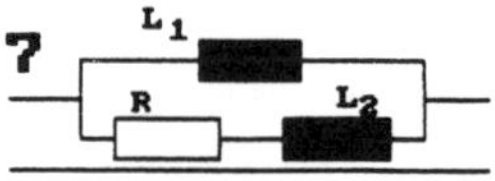

$$\frac{L_1\cdot L_2}{L_1+L_2}\cdot\frac{s\cdot(s+R/L_2)}{s+\frac{R}{L_1+L_2}}$$

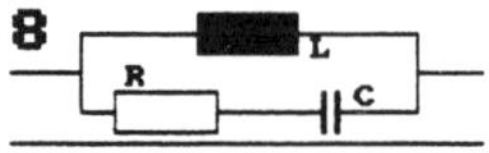

$$R\cdot\frac{s\cdot(s+1/RC)}{s^2+s\cdot R/L+1/LC}$$

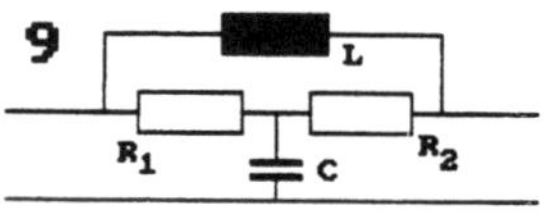

$$\frac{R_1R_2C\cdot L}{R_1R_2C+L}\cdot\frac{s\cdot\left(s+\frac{R_1+R_2}{R_1R_2C}\right)}{s+\frac{R_1+R_2}{R_1R_2C+L}}$$

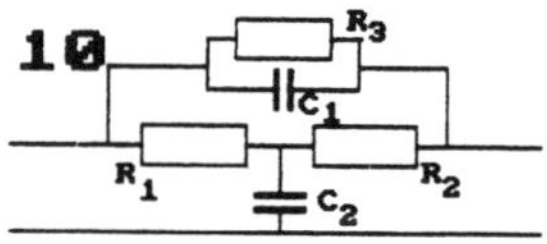

$$\frac{1}{C_1}\cdot\frac{s+\frac{R_1+R_2}{R_1R_2C_2}}{s^2+\frac{(R_1+R_2)R_3C_1+R_1R_2C_2}{R_1R_2R_3C_1C_2}\cdot s+\frac{R_1+R_2+R_3}{R_1R_2R_3C_1C_2}}$$

Berechnungsbeispiele:

Bei allen Berechnungen ist Bruchrechnung die einzige "Schwierigkeit".

1. bis 3. folgen aus (P) in Beispiel 39, der Reihe nach mit den entsprechenden Z(s) aus Beispiel 38.

4. bzw. 5. ergeben sich aus den Formeln für die Serien- und die Parallelschaltung:

4.: Ls + (Kreis aus 2.) und 5.: R + (Kreis aus 3.).

Wenn man 4. rücksubstituiert, also aus $U(s)=Z(s)\cdot I(s)$ auf u(t) und i(t) schließen will, so bekommt man zunächst $L\cdot(s^2+s/RC+1/LC)\cdot I(s) = (s+1/RC)\cdot U(s)$ und dann (Differentiationssatz)

$$i'' + \frac{1}{RC}\cdot i' + \frac{1}{LC}\cdot i = \frac{1}{L}\cdot u' + \frac{1}{RCL}\cdot u$$ (homogene Anfangsbedingungen, '=d/dt).

8. ergibt sich (ähnlich 6. und 7.) aus Parallel- und Serienschaltung:

$$\frac{Ls\cdot(R+1/Cs)}{Ls+(R+1/Cs)} = \dots$$

9. und 10. folgen aus Beispiel 41. Für 10. etwa ist dort einzusetzen

$$Z_1(s) = R_1,\ Z_2(s) = R_2,\ Z_4(s) = 1/C_2s,\ Z_3(s) = \frac{1}{C_1}\cdot\frac{1}{s+1/R_3C_1}$$ (nach 2.)

Beispiel 43

Für folgende Schaltung berechne man die Übertragungsfunktion G(s) mit $U_a(s)=G(s)\cdot U_e(s)$.

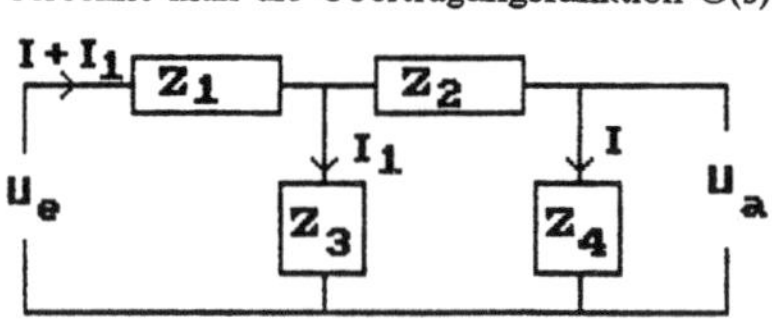

Lösung:

Man beachte die bereits eingezeichneten Ströme mit den Richtungen. Es gilt (wir lassen s fort)

$U_e = Z_1\cdot(I+I_1) + Z_3\cdot I_1$ (linker Kreis)

$(Z_2+Z_4)\cdot I - Z_3\cdot I_1 = 0$ (Maschengleichung)

$U_a = Z_4\cdot I$ (rechter Kreis)

Eliminiert man I_1 aus den ersten beiden, so ergibt sich

$$U_e = [Z_1Z_3+(Z_1+Z_3)\cdot(Z_2+Z_4)]/Z_3\cdot I.$$

Setzt man dieses I in die 3. Gleichung ein, so bekommt man

$$U_a(s) = \frac{Z_3Z_4}{Z_1Z_3+(Z_1+Z_3)(Z_2+Z_4)}\cdot U_e(s) = G(s)\cdot U_e(s).$$

Beispiel 44

An der linken Klemme des im nebenstehenden Schaltbild veranschaulichten Kreises liegt die Eingangsspannung $u_e(t)$. Gesucht ist die Ausgangsspannung $u_a(t)$.

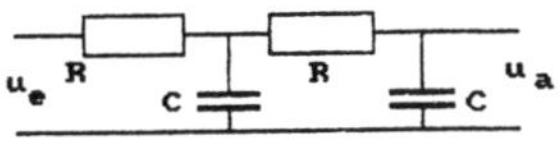

Lösung:

Man setzte für G(s) im vorigen Beispiel die Kurzschlußkernimpedanzen nach Beispiel 37 ein:

$$Z_1 = Z_2 = R, \quad Z_3 = Z_4 = 1/Cs$$

so ergibt sich

$$G(s) = \frac{1}{T^2s^2+3Ts+1}, \quad T:=RC$$

Das beschreibt nach Rücksubstitution (Differentiationssatz) wegen $U_a=G(s)\cdot U_e$:

$$(RC)^2\cdot\ddot{u}_a + 3RC\cdot\dot{u}_a + u_a = u_e.$$

die Differentialgleichung für die Ausgangsspannung.

Beispiel 45

Für folgende Schaltung berechne man die Übertragungsfunktion G(s) mit $U_a(s)=G(s)\cdot U_e(s)$.

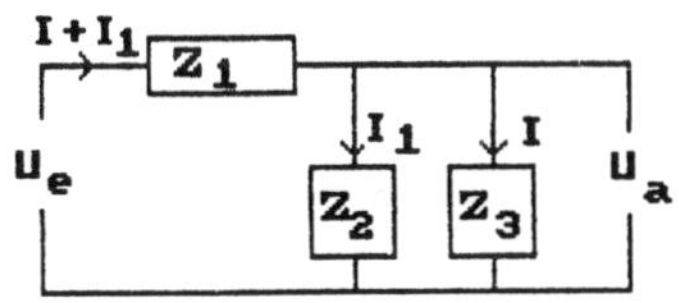

Lösung:

Man beachte die bereits eingezeichneten Ströme mit den Richtungen. Es gilt (wir lassen s fort)

$U_e = Z_1\cdot(I+I_1) + Z_2\cdot I_1$ (linker Kreis)

$Z_2\cdot I_1 - Z_3\cdot I = 0$ (Masche)

$U_a = Z_3\cdot I$ (rechter Kreis)

Eliminiert man (wie in Beispiel 42) I_1, so ergibt sich

$$G(s) = \frac{Z_2\cdot Z_3}{(Z_1+Z_2)\cdot Z_3 + Z_1Z_2}.$$

Beispiel 46

An der linken Klemme des im nebenstehenden Schaltbild veranschaulichten Kreises liegt die Eingangsspannung $u_e(t)$. Gesucht ist die Ausgangsspannung $u_a(t)$.

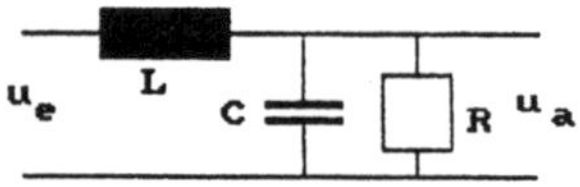

Lösung:

Man setzte in der Formel für G(s) im vorigen Beispiel

$Z_1 = Ls, \; Z_2 = 1/Cs, \; Z_3 = R.$

Dann bekommt man

$$U_a(s) = \frac{1}{LC} \cdot \frac{1}{s^2+s/RC+1/LC} \cdot U_e(s) = G(s) \cdot U_e(s).$$

Eine Rücksubstitution liefert für homogene Anfangsbedingungen

$$\ddot{u}_a + \frac{1}{RC}\dot{u}_a + \frac{1}{LC}u_a = \frac{1}{LC}u_e.$$

Hier ist u_a Ausgangsfunktion und u_e Eingangsfunktion, sowohl im mathematischen wie auch im Sinne der Elektrizitätslehre.

Diese Differentialgleichung kann man natürlich auch auf andere Art gewinnen.

Das Bild unten zeigt $y=u_a$ für solch eine Differentialgleichung mit verschiedenen Dämpfungsgliedern (d als Parameter), Eingang ist die Sprungfunktion $u_e(t)=1$ für $t>0$, 0 sonst. Die Anfangswertaufgabe für die *Sprungantwort* u_a lautet

$\ddot{u}_a + d \cdot \dot{u}_a + 0.8 \cdot u_a = g(t)$, homogene Anfangsbedingungen.

Das Bild wurde gewonnen mit den Prozeduren aus *"Turbo-Pascal-Quelltexte zur Ingenieur-Mathematik"* (es wurde Runge-Kutta-Nystroem benutzt).

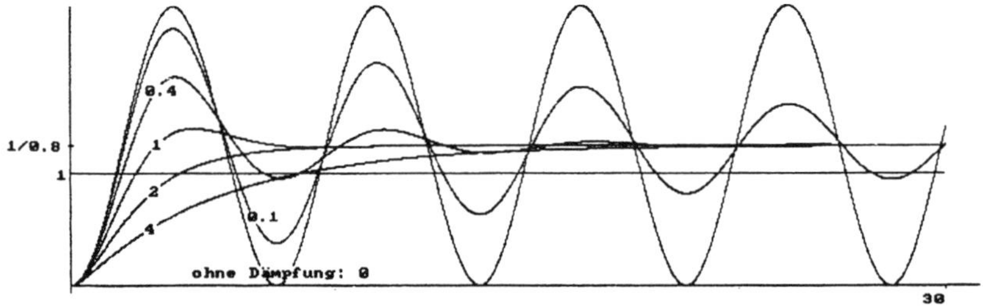

Wenn die Eingangsfunktion $u_e(t)=1$ für $1 \le t \le 9$ und 0 sonst lautet, ergibt sich folgendes Bild für dieselbe Anfangswertaufgabe und dieselben Werte von d.

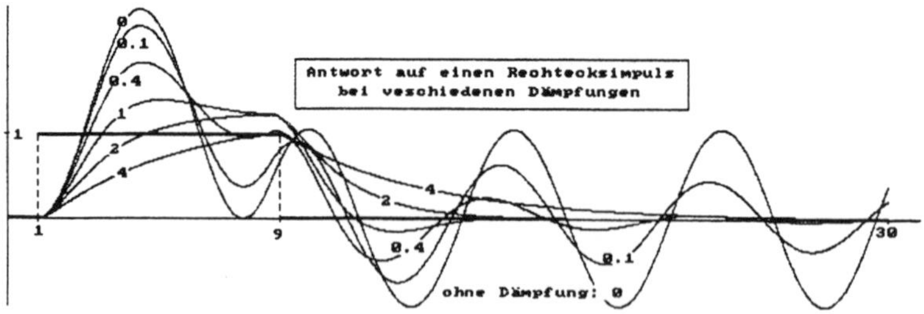

Beispiel 47

Man berechne die Kurzschlußkernimpedanz Z(s) für den skizzierten Vierpol.

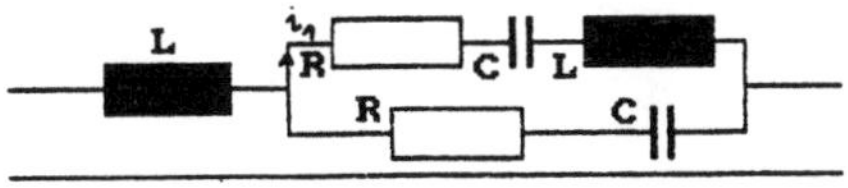

Lösung:

Wir wollen zuerst "normal" rechnen: Die Differentialgleichungen bestimmen und dann die gesuchte Übertragungsfunktion. Danach werden wir direkt mit den Laplace-Transformierten rechnen.

Für die geschlossene Masche gilt (Kirchhoffsche Regeln, Spannungsabfälle), '=d/dt

$$(1)\quad L\cdot i_1' + R\cdot i_1 + \frac{1}{C}\cdot\int_0^t i_1 dt - R\cdot(i-i_1) - \frac{1}{C}\cdot\int_0^t (i-i_1)dt = 0$$

und für die "untere" Masche

$$(2)\quad L\cdot i' + R\cdot(i-i_1) + \frac{1}{C}\cdot\int_0^t (i-i_1)dt = u_e.$$

Hieraus ist i_1 zu eliminieren um i(t) bzw. I(s) zu berechnen.

Benutzt man sofort die bekannten Übertragungsfunktionen Z(s) der "Bausteine" des Kreises (das Bild soll das verdeutlichen)

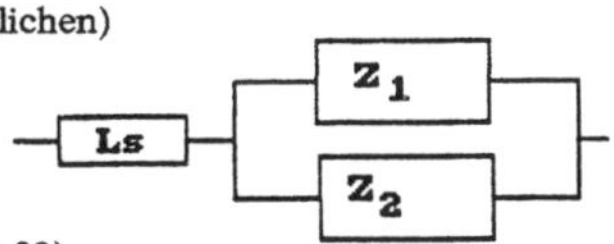

$Z_1(s) = Ls+R+1/Cs$ (Serienschaltung)

$Z_2(s) = R+1/Cs$ (Serienschaltung)

so bekommt man direkt (mit der Formel (P) aus Beispiel 39)

$$Z(s) = Ls + \frac{Ls+R+1/Cs}{1 + (Ls+R+1/Cs)\cdot\frac{1}{R+1/Cs}} = \frac{p(s)}{q(s)}$$

Hieraus folgt Differentialgleichung für i(t) aus $p(s)\cdot I(s) = q(s)\cdot U_e(s)$ (rücktransformieren).

Beispiel 48

Das nebenstehende mechanische System soll untersucht werden. Dabei werden die Kraft F(t) als Eingangs- und y(t) als Ausgangsfunktion betrachtet.

Lösung:

Wir wollen die Differentialgleichungen für die beiden y aufschreiben. Es ist stets (stillschweigend) vorausgesetzt, daß die Federkraft proportional zur Auslenkung (Hookesches Gesetz) und die Reibungskraft proportional zur Geschwindigkeit ist.

Es gilt für die obere bzw. untere Masse

$$m\ddot{y}_1 + c\dot{y}_1 + ky_1 - c(\dot{y}-\dot{y}_1) - k(y-y_1) = 0$$

$$m\ddot{y} + c(\dot{y}-\dot{y}_1) + k(y-y_1) = F(t)$$

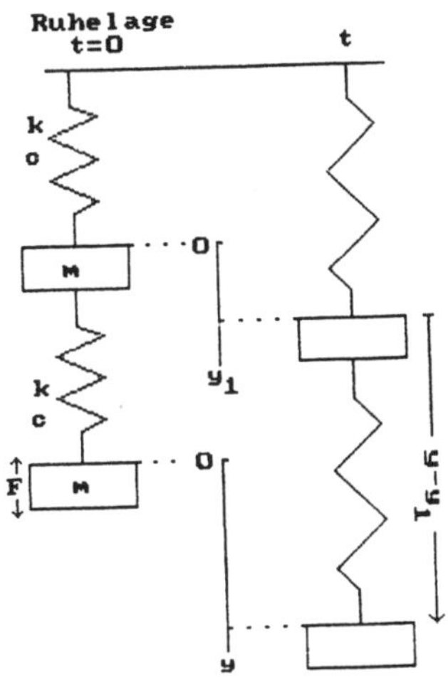

Setzt man jeweils die Geschwindigkeiten ein, also $\dot{y}=v$ usw., so lautet das System

$$(1)\quad m\cdot\dot{v}_1 + c\cdot v_1 + k\cdot\int_0^t v_1\,dt - c\cdot(v-v_1) - k\cdot\int_0^t (v-v_1)\,dt = 0$$

$$(2)\quad m\cdot\dot{v} + c\cdot(v-v_1) + k\cdot\int_0^t (v-v_1)\,dt = F(t)$$

Man bekommt dasselbe System, wie im vorigen Beispiel, wenn man folgendes "ersetzt"

$v=\dot{y} \Leftrightarrow i,\ F \Leftrightarrow u,\ m \Leftrightarrow L,\ c \Leftrightarrow 1/C,\ k \Leftrightarrow R.$

Damit gilt mit den dortigen Bezeichnungen $Y(s)=1/Z(s)\cdot F(s)$, $G(s)=1/Z(s)$ ist die Übertragungsfunktion. Das folgende Bild zeigt Schwingungen der beiden Massen.

Im Bild ist dargestellt die Schwingung $y(t)$ der unteren Masse für drei Rechtecksimpulse $s(t)$, wobei $s(t)=1$ für $0<t<t_1$, 0 sonst für $t_1=5$, 10 und 15. Ferner ist $m=1$kg, $c=0.12$Ns/m, $k=1$N/m.

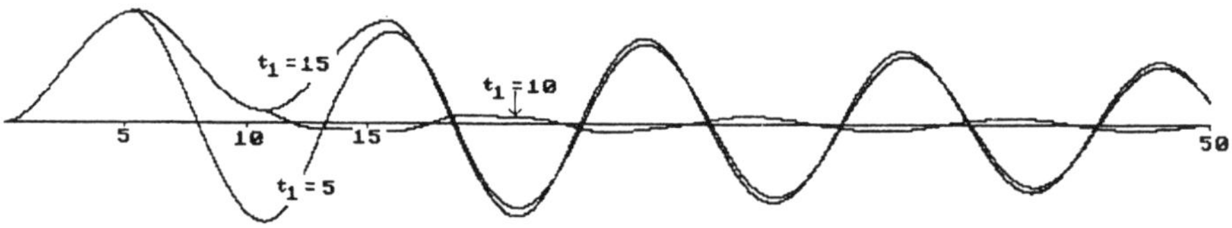

Beispiel 49

Für folgenden Vierpol soll die Kurzschlußkernimpedanz $Z(s)$ berechnet werden.

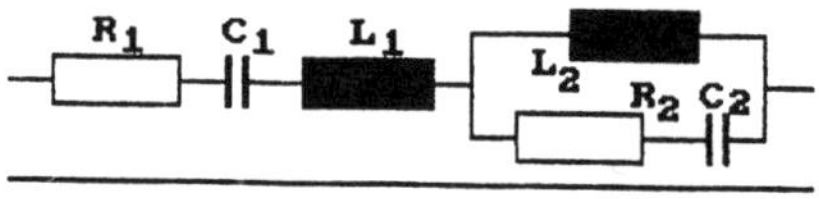

Lösung:

Das Bild zeigt, wie der Vierpol zusammensetzbar ist.

Hierin sind $Z_1(s)$ nach Beispiel 39/40 und $Z_2(s)$ nach Nr.8 einzusetzen.

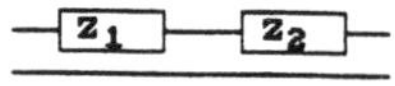

Man bekommt dann als Ergebnis für die Kurzschlußkernimpedanz

$Z(s) = Z_1(s)+Z_2(s)$ (ist eine rationale Funktion).

Der Rest hat den Rang von Bruchrechnung. Daraus bekommt man dann direkt den Zusammenhang zwischen $i(t)$ und $u_e(t)$ durch Rücktransformation von $U_e(s)=Z(s)\cdot I(s)$.

Beispiel 50

Für das abgebildete mechanische System soll die Übertragungsfunktion $G(s)$ für $Y(s)=G(s)\cdot X(s)$ bestimmt werden, $x(t)$ ist eine Kraft.

Lösung:

Das Prinzip ist dasselbe, wie in Beispiel 48. Mit den dort genannten "Ersetzungen" bekommt man dasselbe Differentialgleichungssystem wie im vorigen "elektrischen" Beispiel.

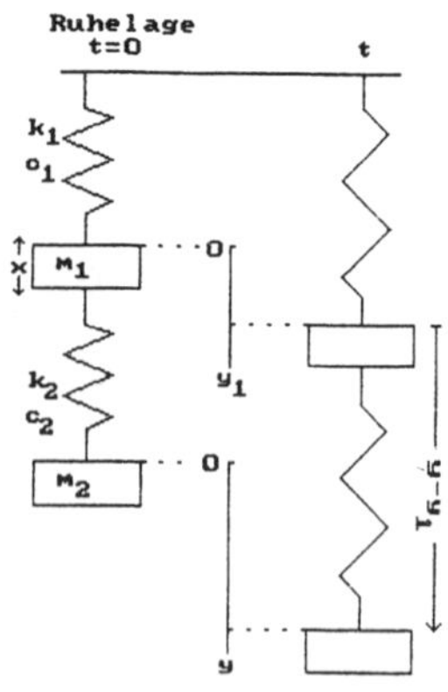

BASIC-Programme

Vorbemerkungen zu den Programmen

Die meisten Programme sind bewußt so geschrieben, daß sie die im Text genannten Algorithmen *sind*. Eingaben erfolgen oft durch READ-Befehle aus DATA-Anweisungen (das macht Erklärungen einfacher), sie können alle durch INPUT ersetzt werden (Tastatureingabe). Ausgaben sind insbesondere bei Matrizen formatiert (PRINT USING), damit sie besser lesbar werden. Quadratische Matrizen werden stets in der Reihenfolge: Reihenzahl N, A zeilenweise eingelesen (dann ggf. rechte Seite). Manche Programme sind mit den Befehlen nicht wie verbreitet mit 10 beginnend numeriert. Der Grund ist, daß sie so direkt in andere Programme eingebunden werden können und dann auch "passen". Auf Feinheiten wurde bewußt verzichtet (Unterprogramme, Abbruchkriterien, Fehlerbehandlungsroutinen usw.). Es kann durchaus vorkommen, daß ein Programm Unsinn liefert (z.B. eine (1,1)-Matrix auf Hessenberg-Form transformieren oder Interpolation mit nur einem Knoten u.ä.). Man beachte auch, daß einige BASIC-Compiler einen Abbruch nur bei *Ausgaben* ermöglichen; so kann ein Programm, dessen Abbruchkriterium nie erfüllt wird, sich lautlos sammt PC "in die Ewigen Jagdgründe verabschieden". Es soll noch einmal deutlich betont werden, daß die Programme ausschließlich Lehr- und Lernzwecken dienen sollen (und es hoffentlich auch tun). Der Grund für die Wahl von BASIC ist, daß sich Taschenrechner mit (einfachen Versionen von) BASIC programmieren lassen.
Von Studenten wurde ich darauf hingewiesen, daß manche Taschenrechner Basic-Versionen benutzen, die sich (zumindest) in folgendem wichtigen Punkt leider vom Standard-Basic unterscheiden. Das folgende Beispiel soll das verdeutlichen (man teste ggf. den eigenen Rechner): Das Programm

```
10 FOR I=1 TO -1:PRINT I:NEXT I
```

druckt in Standard-Basic nichts, da *zu Beginn* bereits i größer als -1 ist. Einige Basic-Versionen geben allerdings 1 aus, was zeigt, daß erst *nach* dem ersten Durchlauf der Schleife geprüft wird, ob die Laufvariable i größer als -1 ist. Abhilfe kann mit einer entsprechenden Abfrage erreicht werden.
Dieser Fall tritt z.B. in Programmen auf, in denen zwei Schleifen verschachtelt sind. Im folgenden Programm CHOLESKY etwa umfaßt die Schleife für k (=1...n) die Zeilen 2040 bis 2120, darin liegt eine Schleife für j (=k+1...n), Zeilen 2070 bis 2110. Wenn nun (im letzten Durchlauf für k) k=n ist, so läuft die "innere" j-Schleife von n+1 bis n, in Standard-Basic wird sie nicht mehr ausgeführt, was auch sein soll. In den genannten Versionen jedoch wird sie noch einmal mit j=n+1 durchlaufen: Es kann zu einem Fehler kommen. Abhilfe in diesem Fall:

```
2065 IF K=N THEN 2130
```

Dadurch wird in diesem Fall die j-Schleife nicht mehr durchlaufen.

Alle in diesem Buch behandelten Verfahren findet man in TURBO-PASCAL in *"Turbo-Pascal-Quelltexte zur Ingenieur-Mathematik"*. Darüber hinaus sind dort weitere Verfahren beschrieben und ebenfalls als Quelltext abgedruckt. Im Gegensatz zu den folgenden BASIC-Programmen wird dort ausschließlich strukturiert programmiert: Alle Verfahren und Hilfsoperationen liegen als Prozeduren vor, die zu Units zusammengefaßt werden.

Der <u>GAUSS-ALGORITHMUS</u> zur Lösung quadratischer regulärer linearer Gleichungssysteme. Die Koeffizientenmatrix A wird überschrieben. Muster in den DATA-Zeilen ist das Beispiel 2.

```
510 READ N
520 DIM A(N,N+1)
530 DIM X(N),Y(N),Z(N),S(N),SS(N)
540 FOR I=1 TO N:FOR K=1 TO N:READ A(I,K):NEXT K:NEXT I
550 FOR I=1 TO N:READ A(I,N+1):NEXT I
560 FOR I=1 TO N:Z(I)=I:S(I)=I:NEXT I
```

```
570 FOR K=1 TO N-1
580   W=0
590   FOR I=K TO N
600     FOR J=K TO N
610       IF ABS(A(I,J))<=W THEN 630
620       II=I:KK=J:W=ABS(A(I,J))
630     NEXT J
640   NEXT I
650   RES=Z(II):Z(II)=Z(K):Z(K)=RES:RES=S(KK):S(KK)=S(K):S(K)=RES
660   FOR I=1 TO N+1:RES=A(II,I):A(II,I)=A(K,I):A(K,I)=RES:NEXT I 'Zeilenvert.
670   FOR I=1 TO N:RES=A(I,KK):A(I,KK)=A(I,K):A(I,K)=RES:NEXT I   'Spaltenvert.
680   FOR I=K+1 TO N
690     A(I,K)=A(I,K)/A(K,K)
700     FOR J=K+1 TO N+1:A(I,J)=A(I,J)-A(I,K)*A(K,J):NEXT J
710   NEXT I
720 NEXT K
730 FOR I=N TO 1 STEP -1
740   Y(I)=A(I,N+1)
750   FOR J=I+1 TO N:Y(I)=Y(I)-A(I,J)*Y(J):NEXT J
760   Y(I)=Y(I)/A(I,I)
770 NEXT I
780 FOR I=1 TO N:SS(S(I))=I:NEXT I
790 FOR I=1 TO N:X(I)=Y(SS(I)):NEXT I
800 FOR I=1 TO N:PRINT USING"####.#####";X(I):NEXT I
900 DATA 4                                            :REM Reihenzahl
901 DATA 4,1,2,-1,8,2,3,0,16,3,1,10,12,-2,-3,16 :REM Die Koeffizientenmatrix
902 DATA 9,14,8,-10                                   :REM Die rechte Seite
```

Das folgende Programm löst ein **TRIDIAGONALSYSTEM**. Dabei sind zuerst die Dimension, dann die Diagonale, die Sub- und die Superdiagonale und zuletzt die rechte Seite als DATA-Anweisungen anzufügen. Unten sind es die Zahlen zu Beispiel 7.

```
510 READ N
520 DIM A(3,N),X(N)
530 FOR I=1 TO N:READ A(2,I):NEXT I        'Die Diagonalelemente
540 FOR I=2 TO N:READ A(1,I):NEXT I        'Die Subdiagonalelemente
550 FOR I=1 TO N-1:READ A(3,I):NEXT I      'Die Superdiagonalelemente
560 FOR I=1 TO N:READ A(0,I):NEXT I        'Die rechten Seiten
570 FOR I=2 TO N
580   AL=A(1,I)/A(2,I-1):A(2,I)=A(2,I)-AL*A(3,I-1):A(0,I)=A(0,I)-AL*A(0,I-1)
590 NEXT I
600 X(N)=A(0,N)/A(2,N)
610 FOR I=N-1 TO 1 STEP -1:X(I)=(A(0,I)-A(3,I)*X(I+1))/A(2,I):NEXT I
620 FOR I=1 TO N:PRINT USING"####.#####";X(I):NEXT I
900 DATA 5                    :REM Die Reihenzahl
901 DATA 2,2,2,2,2            :REM Die Diagonale
902 DATA 0.5,0.5,0.5,0.5      :REM Die Subdiagonale
903 DATA 0,0.5,0.5,0.5        :REM Die Superdiagonale
904 DATA 0,6,-21,-6,0         :REM Die rechte Seite
```

Das folgende Programm berechnet die **CHOLESKY**-Zerlegung von A. Dazu ist nur der Teil von A mit DATA-Anweisungen zu schreiben, der auf und oberhalb der Diagonale liegt (unten ist es die Matrix aus Beispiel 12), denn A ist notwendig symmetrisch. Ist A nicht positiv definit, bricht das Programm ab. Dann wird ab Zeile Nr. 2150 das lineare Gleichungssystem gelöst. Soll *nur* die Cholesky-Zerlegung bestimmt werden, ist ab Zeile 2150 zu streichen. A wird durch die Matrix U (A=UU') überschrieben.

```
2020 DIM A(N,N)
2030 FOR I=1 TO N:FOR J=I TO N:READ A(I,J):NEXT J:NEXT I
2040 FOR K=1 TO N
2050   FOR I=1 TO K-1:A(K,K)=A(K,K)-A(K,I)*A(K,I):NEXT I
2060   A(K,K)=SQR(A(K,K))
2070   FOR J=K+1 TO N
2080     A(J,K)=A(K,J)
2090     FOR I=1 TO K-1:A(J,K)=A(J,K)-A(J,I)*A(K,I):NEXT I
2100     A(J,K)=A(J,K)/A(K,K)
2110   NEXT J
2120 NEXT K
2130 PRINT "Die Matrix U mit UU`=A der Cholesky-Zerlegung lautet"
2140 FOR J=1 TO N:FOR K=1 TO J:PRINT USING"###.######";A(J,K);:NEXT K:PRINT:NEXT J
2150 DIM B(N),C(N)
2160 FOR I=1 TO N:READ B(I):NEXT I
2170 FOR K=1 TO N
2180   C(K)=B(K)
2190   FOR I=1 TO K-1:C(K)=C(K)-A(K,I)*C(I):NEXT I
2200   C(K)=C(K)/A(K,K)
2210 NEXT K
2220 FOR K=N TO 1 STEP -1
2230   X(K)=C(K)
2240   FOR I=N TO K+1 STEP -1:X(K)=X(K)-A(I,K)*X(I):NEXT I
2250   X(K)=X(K)/A(K,K)
2260 NEXT K
2270 PRINT "Lösung des Gleichungssystems"
2280 FOR I=1 TO N:PRINT USING"####.#####";X(I):NEXT I
2300 DATA 4
2301 DATA 9,12,3,6,17,7,1,14,-17,70
2302 DATA -12,-28,-42,91
```

Das folgende Programm berechnet die **LR-ZERLEGUNG** der Matrix A mit natürlicher Pivot-Wahl. Am Schluß ist A überschrieben durch R (Diagonale und darüber) und L (unter der Diagonale, ohne die 1 auf der Diagonale von L). Dann sieht die Matrix wie in Beispiel 9 (Banachiewicz) aus, dessen Daten wir hier zur Veranschaulichung auch als DATA-Anweisungen anfügen. Dieses Programm kann für das LR-Verfahren für Eigenwertaufgaben verwendet werden.

```
2010 READ N
2020 DIM A(N,N)
2030 FOR I=1 TO N:FOR K=1 TO N:READ A(I,K):NEXT K:NEXT I
2040 FOR K=1 TO N-1
2050   FOR I=K+1 TO N
2060     A(I,K)=A(I,K)/A(K,K)
2070     FOR J=K+1 TO N:A(I,J)=A(I,J)-A(I,K)*A(K,J):NEXT J
2080   NEXT I
2090 NEXT K
2100 FOR I=1 TO N:FOR K=1 TO N:PRINT USING"###.######";A(I,K),:NEXT K:PRINT:NEXT I
5000 DATA 4
5001 DATA 2,-2,1,3,4,-3,3,8,6,-8,2,6,8,-5,3,17
```

Das folgende Programm berechnet die **QR-ZERLEGUNG** von A. Danach wird das Gleichungssystem Ax=b gelöst. Soll nur die QR-Zerlegung berechnet werden, so sind die Zeilen ab Nr. 2330 zu streichen. A ist die gegebene Matrix, HH die Householder-Matrix, T das Produkt der Householder-Matrizen, am Ende also die gesuchte Orthogonalmatrix. Die Householder-Matrix wird nicht als dyadisches Produkt berechnet sondern direkt (man setze den Vektor h zu ihrer Berechnung einmal ein; Zeilen 2090 bis 2150). Die Daten am Ende sind von Beispiel 10.

```
2010 READ N
2020 DIM A(N,N),HH(N,N),T(N,N),H(N)
2030 FOR I=1 TO N:FOR J=1 TO N:READ A(I,J):NEXT J:T(I,I)=1:NEXT I
2040 FOR K=1 TO N-1
2050   SS=0
2060   FOR J=K+1 TO N:SS=SS+A(J,K)*A(J,K):NEXT J
2070   IF SS<.000005 THEN 2280 ELSE SS=SS+A(K,K)*A(K,K)
2080   IF A(K,K)<0 THEN S=SQR(SS) ELSE S=-SQR(SS)
2090   HH(K-1,K-1)=1:HH(K,K)=A(K,K)/S:SS=SS*(1-HH(K,K))
2100   HH(K-1,K)=0:HH(K,K-1)=0
2110   FOR I=K+1 TO N
2120     HH(K-1,I)=0:HH(I,K-1)=0:HH(I,K)=A(I,K)/S:HH(K,I)=HH(I,K)
2130     FOR J=I+1 TO N:HH(I,J)=-A(I,K)*A(J,K)/SS:HH(J,I)=HH(I,J):NEXT J
2140   NEXT I
2150   FOR I=K+1 TO N:HH(I,I)=1-A(I,K)*A(I,K)/SS:NEXT I
2160   FOR I=K TO N
2170     FOR J=K TO N
2180       H(J)=0:FOR L=1 TO N:H(J)=H(J)+HH(J,L)*A(L,I):NEXT L
2190     NEXT J
2200     FOR J=K TO N:A(J,I)=H(J):NEXT J
2210   NEXT I
2220   FOR I=1 TO N
2230     FOR J=1 TO N
2240       H(J)=0:FOR L=1 TO N:H(J)=H(J)+HH(L,J)*T(I,L):NEXT L
2250     NEXT J
2260     FOR J=1 TO N:T(I,J)=H(J):NEXT J
2270   NEXT I
2280 NEXT K
2290 PRINT "Die orthogonale Matrix Q ist"
2300 FOR I=1 TO N:FOR K=1 TO N:PRINT USING"###.######";T(I,K);:NEXT K:PRINT:NEXT I
2310 PRINT "Die Matrix R lautet"
2320 FOR I=1 TO N:FOR K=1 TO N:PRINT USING"###.######";A(I,K);:NEXT K:PRINT:NEXT I
2330 DIM B(N),X(N)
2340 FOR I=1 TO N:READ B(I):NEXT I
2350   FOR I=1 TO N
2360     H(I)=0:FOR J=1 TO N:H(I)=H(I)+T(J,I)*B(J):NEXT J
2370   NEXT I
2380 FOR I=N TO 1 STEP -1
2390   X(I)=H(I):FOR J=N TO I+1 STEP -1:X(I)=X(I)-A(I,J)*X(J):NEXT J
2400   X(I)=X(I)/A(I,I)
2410 NEXT I
2420 PRINT "Lösung des Gleichungssystems"
2430 FOR I=1 TO N:PRINT USING"####.#####";X(I):NEXT I
2440 DATA 4,-1,1,-2,3,-1,4,-1,6,1,-4,-1,-4,2,0,5,-4,0,12,-16,9
```

Das **GESAMTSCHRITT-VERFAHREN VON JACOBI**. Zuerst die Reihenzahl n, dann A zeilenweise, dann die rechte Seite, dann den Startvektor eingeben (unten ist Beispiel 15 bzw. 17 als Muster gewählt). Abbruch muß per Hand erfolgen.

```
10  READ N
20  DIM A(N,N),B(N),X(N),Y(N)
30  FOR I=1 TO N:FOR K=1 TO N:READ A(I,K):NEXT K:NEXT I
40  FOR I=1 TO N:READ B(I):NEXT I
50  FOR I=1 TO N:READ X(I):NEXT I
60  W=W+1:PRINT "Iterationsnummer ";W  'w zählt die Iterationen
```

```
70  FOR K=1 TO N
80     Y(K)=B(K)
90     FOR I=1 TO N:Y(K)=Y(K)-A(K,I)*X(I):NEXT I
100    Y(K)=(Y(K)+A(K,K)*X(K))/A(K,K)
110    PRINT USING"####.#####";Y(K);
120 NEXT K
130 PRINT
140 FOR I=1 TO N:X(I)=Y(I):NEXT I  'alte x durch neue y ersetzen
150 GOTO 60
500 DATA 3
501 DATA 8,1,1,2,7,1,1,-1,5
502 DATA 20,26,4
503 DATA 1,2,1                          :REM Startvektor
```

Das **EINZELSCHRITT-VERFAHREN VON GAUSS-SEIDEL**. Das Programm ist fast so, wie das obige Jacobi-Programm. Folgende Änderungen (sie sind oben kursiv hervorgehoben): Alle Y(K) durch Y ersetzen (Zeilen 80 bis 110), in Zeile 20: Y(N) streichen, Zeile 140 streichen. Folgende Zeile einfügen: 115   X(K)=Y

Das folgende Programm berechnet nach dem Verfahren von **WILKINSON** aus A die Hessenberg-Matrix, die A überschreibt (A ist also verloren). Dabei wird Pivot-Suche verwendet (das größte Element unter dem Diagonalelement) und anschließend die erforderliche Ähnlichkeitstransformation. Will man keine Pivotwahl machen, so sind die Zeilen 50 bis 120 zu streichen oder entsprechend zu ändern, wenn man im Falle, daß eine 0 auftritt, das *erste* von 0 verschiedene Element zur Elimination nehmen will. A hat auf der Subdiagonale nicht notwendig 0 oder 1; soll das der Fall sein, so muß man das Programm EINSMACHEN einfügen. T ist die Transformationsmatrix. Die DATA-Anweisungen sind Beispiel 15.

```
10  READ N
20  DIM A(N,N),T(N,N),H(N)
30  FOR I=1 TO N:FOR J=1 TO N:READ A(I,J):NEXT J:T(I,I)=1:NEXT I
40  FOR K=1 TO N-2
50     SMAX=0
60     FOR J=K+1 TO N
70        IF ABS(A(J,K))<=SMAX THEN 90
80        JMAX=J:SMAX=ABS(A(J,K))
90     NEXT J
100    IF SMAX=0 THEN 230
110    FOR I=1 TO N:RES=A(JMAX,I):A(JMAX,I)=A(I,JMAX):A(I,JMAX)=RES:NEXT I
120    FOR I=1 TO N
130       RES=A(I,JMAX):A(I,JMAX)=A(I,K+1):A(I,K+1)=RES
140       RES=T(I,JMAX):T(I,JMAX)=T(I,K+1):T(I,K+1)=RES
150    NEXT I
160    FOR I=K+2 TO N
170       H(I)=A(I,K)/A(K+1,K):A(I,K)=0:A(I,K+1)=A(I,K+1)-A(K+1,K+1)*H(I)
180       FOR J=K+2 TO N:A(I,J)=A(I,J)-A(K+1,J)*H(I):NEXT J
190    NEXT I
200    FOR I=1 TO N
210       FOR J=K+2 TO N:A(I,K+1)=A(I,K+1)+A(I,J)*H(J)
220       T(I,K+1)=T(I,K+1)+T(I,J)*H(J):NEXT J
200    NEXT I
230 NEXT K
500 DATA 4
501 DATA -1,1,-2,3,-1,4,-1,6,1,-4,-1,-4,2,0,5,-4
2910 PRINT "Die zu A ähnliche Hessenberg-Matrix ist"
2920 FOR I=1 TO N:FOR J=1 TO N:PRINT USING"###.######";A(I,J);:NEXT J:PRINT:NEXT I
2930 PRINT "Die Transformationsmatrix T ist"
2940 FOR I=1 TO N:FOR J=1 TO N:PRINT USING"###.######";T(I,J);:NEXT J:PRINT:NEXT I
```

Das folgende Programm führt die **HOUSEHOLDER-TRANSFORMATION** durch. Die Matrix A wird durch die entstehende zu A ähnliche Hessenberg-Matrix überschrieben. T ist die Transformationsmatrix.
Die Berechnung der jeweiligen Householder-Matrix HH geschieht direkt und nicht über das dyadische Produkt (Zeilen 90 bis 170). Die Hessenberg-Matrix kann auf der Subdiagonale von 0 oder 1 verschiedene Zahlen haben. Sollen nur 0 oder 1 auf ihr stehen, so muß man das Programm "EINSMACHEN" einfügen (dann bleibt die Matrix allerdings nicht notwendig symmetrisch, falls sie es vorher war). Die Daten sind die von Beispiel 19.

```
10  READ N
20  DIM A(N,N),HH(N,N),T(N,N),H(N)
30  FOR I=1 TO N:FOR J=1 TO N:READ A(I,J):NEXT J:NEXT I
40  FOR I=1 TO N:T(I,I)=1:NEXT I
50  FOR K=1 TO N-2
60    HH(K,K)=1:SS=0:FOR L=K+2 TO N:SS=SS+A(L,K)*A(L,K):NEXT L
70    IF SS<.000005 THEN 400 ELSE SS=SS+A(K+1,K)*A(K+1,K)
80    IF A(K+1,K)<0 THEN S=SQR(SS) ELSE S=-SQR(SS)
90    HH(K+1,K+1)=A(K+1,K)/S:SS=SS*(1-HH(K+1,K+1))
100   HH(K,K+1)=0:HH(K+1,K)=0
110   FOR I=K+2 TO N
120     HH(K,I)=0:HH(I,K)=0:HH(I,I)=1-A(I,K)*A(I,K)/SS
130     FOR J=I+1 TO N
140       HH(I,J)=-A(I,K)*A(J,K)/SS:HH(J,I)=HH(I,J)
150     NEXT J
160     HH(K+1,I)=A(I,K)/S:HH(I,K+1)=HH(K+1,I)
170   NEXT I
180   'Berechnung der nächsten Matrix A
190    '1. Schritt: A•H berechnen, überschreiben von A
200        FOR I=1 TO N
210          FOR J=K+1 TO N
220            H(J)=0:FOR L=1 TO N:H(J)=H(J)+A(L,I)*HH(J,L):NEXT L
230          NEXT J
240          FOR L=K+1 TO N:A(L,I)=H(L):NEXT L
250        NEXT I
260    '2. Schritt: H•A berechnen, überschreiben von A
270        FOR I=1 TO N
280          FOR J=K+1 TO N
290            H(J)=0:FOR L=1 TO N:H(J)=H(J)+A(I,L)*HH(L,J):NEXT L
300          NEXT J
310          FOR L=K+1 TO N:A(I,L)=H(L):NEXT L
320        NEXT I
330   'Berechnung des Produktes der bisherigen Householder-Matrizen
340   FOR I=1 TO N
350     FOR J=1 TO N
360       H(J)=0:FOR L=1 TO N:H(J)=H(J)+T(I,L)*HH(L,J):NEXT L
370     NEXT J
380     FOR L=1 TO N:T(I,L)=H(L):NEXT L
390   NEXT I
400 NEXT K
500 DATA 4
501 DATA 4,1,2,1,1,7,1,0,2,1,4,-1,1,0,-1,3
2910 PRINT "Die zu A ähnliche Hessenberg-Matrix B ist"
2920 FOR I=1 TO N:FOR J=1 TO N:PRINT USING"###.######";A(I,J);:NEXT J:PRINT:NEXT I
2930 PRINT "Die Transformationsmatrix T ist"
2940 FOR I=1 TO N:FOR J=1 TO N:PRINT USING"###.######";T(I,J);:NEXT J:PRINT:NEXT I
```

Dieses Programm **EINSMACHEN** führt mit der Hessenberg-Matrix A eine Ähnlichkeitstransformation durch, an deren Ende A auf der Subdiagonale nur 0 oder 1 hat. Das Programm ist z.B. in das Wilkinson-Programm mit diesen Zeilennummern einzufügen. Die Transformaionsmatrix T wird mitberechnet (weitergeführt).

```
1010 H(1)=1
1020 FOR I=2 TO N
1030   IF A(I,I-1)=0 THEN H(I)=1 ELSE H(I)=H(I-1)/A(I,I-1)
1040 NEXT I
1050 FOR I=2 TO N
1060   FOR J=I-1 TO N:A(I,J)=A(I,J)*H(I):NEXT J
1070   FOR J=1 TO N:T(I,J)=T(I,J)/H(J):NEXT J
1080 NEXT I
1090 FOR J=2 TO N-1
1100   FOR I=1 TO J+1:A(I,J)=A(I,J)/H(J):NEXT I
1110 NEXT J
1120 FOR I=1 TO N:A(I,N)=A(I,N)/H(N):NEXT I
```

Dieses Programm berechnet das **CHARAKTERISTISCHE POLYNOM** (Koeffizienten) einer Hessenberg-Matrix. Es ist ein Hilfsprogramm und kann mit diesen Zeilennummern an die Programme zum Wilkinson-Verfahren oder zur Householder-Transformation angefügt werden (in diesen sind die Zeilen 2910 bis 2940 zu streichen). Wenn auf der Subdiagonale der Hessenberg-Matrix eine 0 steht, zerfällt bekanntlich das charakteristische Polynom; dieser Fall ist hier berücksichtigt. Die Hessenberg-Matrix muß auf ihrer Subdiagonale 0 oder 1 haben (mit dem Programm EINSMACHEN erzeugen).

```
3010 DIM AF(N+1,N+1),AL(N+1,N+1),NUL(N)
3020 J=0
3030 FOR I=1 TO N-1
3040   IF A(I+1,I)<>0 THEN 3060
3050   J=J+1:NUL(J)=I  'NUL(.) gibt die Spalten an, in denen Subdiagonal-Nullen
3060 NEXT I
3070 NN=J+1:NUL(NN)=N
3080 IF NN>1 THEN PRINT "Das charakteristische Polynom zerfällt in Faktoren: ";NN
3090 FOR M=1 TO NN
3100   N=NUL(M)-NUL(M-1)
3110   FOR I=1 TO N:FOR J=1 TO N:AF(I,J)=A(I+NUL(M-1),J+NUL(M-1)):NEXT J:NEXT I
3120   FOR I=0 TO N:FOR J=0 TO N:AL(I,J)=0:NEXT J:NEXT I
3130   FOR I=0 TO N+1:AL(I,I)=1:NEXT I
3140   FOR I=1 TO N
3150     FOR J=1 TO I:AL(I,0)=AL(I,0)-AF(J,I)*AL(J-1,0):NEXT J
3160   NEXT I
3170   FOR K=1 TO N
3180     FOR I=K+1 TO N
3190       FOR J=K TO I-1:AL(I,K)=AL(I,K)-AF(J+1,I)*AL(J,K):NEXT J
3200       AL(I,K)=AL(I,K)+AL(I-1,K-1)
3210     NEXT I
3220   NEXT K
3230 PRINT "Koeffizienten nach steigenden Potenzen des ";
3240 IF NN>1 THEN PRINT USING" ## ten Faktors des ";M;
3250 PRINT "charakteristischen Polynoms"
3260 FOR I=0 TO N:PRINT USING"#####.#####";AL(N,I);:NEXT I
3270 PRINT:IF N=1 THEN PRINT "Besonderer Hinweis: Ein Eigenwert ist ";-AL(N,0)
3280 NEXT M
```

Das folgende Programm iteriert mit dem **HYMAN-VERFAHREN** (und dem Newtonschen Iterationsverfahren) Eigenwerte der Matrix A. Es ist als Hilfsprogramm zu den Programmen zum Wilkinson-Verfahren und zur Householder-Transformation gedacht und kann an diese angehängt werden. Dazu muß die entstehende Hessenberg-Matrix auf der Subdiagonale nur 1 haben (EINSMACHEN einfügen); wenn eine 0 auf der Subdiagonale steht, ergibt sich ein Fehler. Es werden die Näherungen für Eigenwerte sowie die zugehörigen Funktions- und Ableitungswerte p und p' des charakteristischen Polynoms gedruckt. Wenn der Betrag von p ≤ 0.0001 ist, wird die Iteration abgebrochen und ein neuer Startwert kann eingegeben werden (Zeile 4130). Man beachte aber, daß dieser Fall möglicherweise nie eintritt (das Programm könnte dann nicht einmal mehr abzubrechen sein und sich mit PC in die Ewigen Jagdgründe verabschieden!).

```
4010 DIM X(N),Y(N)
4020 INPUT "Startwert von Lambda: ",LBD
4030 X(N)=1:Y(N)=0
4040 FOR K=1 TO N
4050   NN=N-K
4060   X(NN)=LBD*X(NN+1)
4070   FOR J=NN+1 TO N:X(NN)=X(NN)-A(NN+1,J)*X(J):NEXT J
4080   Y(NN)=X(NN+1)+LBD*Y(NN+1)
4090   FOR J=NN+1 TO N:Y(NN)=Y(NN)-A(NN+1,J)*Y(J):NEXT J
4100 NEXT K
4110 LBD=LBD-X(0)/Y(0)
4120 PRINT LBD,X(0),Y(0)
4130 IF ABS(X(0))>.0001 THEN 4030
4140 PRINT "Eigenvektor von A"
4150 FOR I=1 TO N   'x wird mit der Matrix T transformiert
4160  Y(I)=0:FOR J=1 TO N:Y(I)=Y(I)+T(I,J)*X(J):NEXT J:PRINT USING"####.####";Y(I)
4170 NEXT I
4180 GOTO 4020
```

Das **VERFAHREN VON JACOBI** zur Berechnung der Eigenwerte und -vektoren einer symmetrischen Matrix. Dazu ist nach der Reihenzahl von A nur der auf und über der Diagonale stehende Teil der Matrix einzulesen (Muster unten ist die Matrix aus Beispiel 23). Das Verfahren bricht ab, wenn alle außerhalb der Diagonale stehenden Zahlen betragsmäßig kleiner als 0.0000001 sind (Zeile 360). Ausgabe sind die Matrix A nach jeder Rotation (die A überschreibt) und die Transformationsmatrix. Durch die LOCATE-Anweisung (Zeile 310) steht A "ortsfest" auf dem Bildschirm und man kann die Entwicklung gut beobachten (ist es zu schnell, füge man direkt vor LOCATE ein INPUT QQQ$:).
Die Diagonalelemente sind Näherungen für die Eigenwerte von A. Die Spalten der Matrix T sind Näherungen für die entsprechenden Eigenvektoren.

```
10  READ N
20  DIM A(N,N),T(N,N)
30  FOR I=1 TO N:T(I,I)=1:FOR J=I TO N:READ A(I,J):A(J,I)=A(I,J):NEXT J:NEXT I
40  'Suche nach dem betragsgrößten Element außerhalb der Diagonale
50  NN=NN+1
60  AMAX=0
70  FOR I=1 TO N
80    FOR J=I+1 TO N
90      IF ABS(A(I,J))<=AMAX THEN 110
100     AMAX=ABS(A(I,J)):IMAX=I:JMAX=J
110   NEXT J
120 NEXT I
130 'Berechnung der cos und sin der Rotationsmatrix
140 AD=A(IMAX,IMAX)-A(JMAX,JMAX)
150 ALPHA=AD/2/A(IMAX,JMAX)
160 IF ALPHA>=0 THEN KV=1 ELSE KV=-1
170 AB=KV/(ABS(ALPHA)+SQR(1+ALPHA*ALPHA))
180 ACOS=SQR(1/(1+AB*AB)):ASIN=ACOS*AB
190 'Berechnung und Überschreiben von A durch Ω'·A
200 FOR J=1 TO N
210   A1=A(IMAX,J)*ACOS+A(JMAX,J)*ASIN:A2=-A(IMAX,J)*ASIN+A(JMAX,J)*ACOS
220   A(IMAX,J)=A1:A(JMAX,J)=A2
230 NEXT J
```

```
240 'Berechnung und Überschreiben von Ω'A durch (Ω'A)·Ω und Berechnung des neuen Ω
250 FOR J=1 TO N
260   A1=A(J,IMAX)*ACOS+A(J,JMAX)*ASIN:A2=-A(J,IMAX)*ASIN+A(J,JMAX)*ACOS
270   A(J,IMAX)=A1:A(J,JMAX)=A2
280   T1=T(J,IMAX)*ACOS+T(J,JMAX)*ASIN:T2=-T(J,IMAX)*ASIN+T(J,JMAX)*ACOS
290   T(J,IMAX)=T1:T(J,JMAX)=T2
300 NEXT J
310 LOCATE 1,1
320 PRINT USING"Iteration Nr. ###";NN
330 FOR I=1 TO N:FOR J=1 TO N:PRINT USING"###.#######";A(I,J);:NEXT J:PRINT:NEXT I
340 PRINT
350 FOR I=1 TO N:FOR J=1 TO N:PRINT USING"###.#######";T(I,J);:NEXT J:PRINT:NEXT I
360 IF AMAX<.0000001 THEN END
370 GOTO 50
380 DATA 4,9,12,3,6,17,7,1,14,-17,70
```

Das **QR-VERFAHREN** (siehe Seite 103). Es sind folgende Programme mit ihren dort angegebenen *ungeänderten* Zeilen-Nummern hintereinander zu koppeln:

1. HOUSEHOLDER-TRANSFORMATION: Die Zeilen 2910 bis 2940 streichen
2. QR-ZERLEGUNG: Darin Zeilen 2010 bis 2030 und ab 2290 streichen, ferner einfügen:
   `2000 FOR I=1 TO N:FOR K=1 TO N:T(I,K)=0:NEXT K:T(I,I)=1:NEXT I`
3. Folgendes Programm **RQ-BERECHNUNG** zur Berechnung von B=R·Q ist dann anzufügen.

Dieses Programm ist sicher nur für PC geeignet. Der LOCATE-Befehl sorgt dafür, daß die Ausgabe der iterierten Matrix stets "ortsfest" auf dem Bildschirm steht und sich ihre Entwicklung erkennen läßt. Auf der Diagonale entstehen dann die Eigenwerte von A. Die Iterationsnummer wird mitgedruckt. Ein Abbruch des Programms muß per Hand erfolgen. Es ist sinnvoll, die Größen i bis m als Integer-Variable (schneller) und a,h,s,t als REAL-Variable doppelter Genauigkeit zu deklarieren.

```
3010 FOR I=1 TO N
3020   FOR K=1 TO N
3030     HH(I,K)=0
3040     FOR J=I TO N:HH(I,K)=HH(I,K)+A(I,J)*T(J,K):NEXT J
3050   NEXT K
3060 NEXT I
3070 FOR I=1 TO N:FOR K=1 TO N:T(I,K)=0:A(I,K)=HH(I,K):NEXT K:T(I,I)=1:NEXT I
3080 LOCATE 1,1
3090 M=M+1:PRINT USING"Iteration Nr. ###";M
3100 FOR I=1 TO N:FOR K=1 TO N:PRINT USING"###.######";A(I,K);:NEXT K:PRINT:NEXT I
3110 GOTO 2040
```

Das Programm **LR-VERFAHREN** (siehe Seite 103). Es sind folgende Programme mit ihren dort angegebenen *ungeänderten* Zeilen-Nummern hintereinander zu koppeln:

1. WILKINSON-VERFAHREN (darin die Druckbefehle 2910 bis 2940 streichen)
2. EINSMACHEN
3. LR-ZERLEGUNG (Zeilen 2010, 2020, 2030 und 2100 sowie die DATA-Anweisungen streichen)
4. Folgendes Programm **RL-BERECHNUNG** zur Berechnung von B=R·L ist dann anzufügen.

Siehe auch die Bemerkungen zum QR-Verfahren.

```
3000 M=M+1:PRINT USING"Iteration Nummer ####";M
3010 FOR K=1 TO N
3020   FOR I=1 TO N
3030     IF I<K THEN 3070
3040     T(K,I)=A(K,I)
3050     FOR J=I+1 TO N:T(K,I)=T(K,I)+A(K,J)*A(J,I):NEXT J
3060     GOTO 3090
3070     T(K,I)=A(K,K)*A(K,I)
3080     FOR J=K+1 TO N:T(K,I)=T(K,I)+A(K,J)*A(J,I):NEXT J
3090   NEXT I
3100 NEXT K
3110 FOR I=1 TO N:FOR K=1 TO N:A(I,K)=T(I,K):NEXT K:NEXT I
3120 LOCATE 1,1
```

```
3130 FOR I=1 TO N:FOR K=1 TO N:PRINT USING"###.######";A(I,K);:NEXT K:PRINT:NEXT I
3140 GOTO 2040
```

Das **LR-VERFAHREN MIT CHOLESKY-ZERLEGUNG** für positiv definite Matrizen A. Auch hier gilt das zum QR-Verfahren Gesagte. Man beachte noch, daß von der positiv definiten (insbesondere symmetrischen) Matrix A nur der auf und oberhalb der Diagonale liegende Teil einzulesen ist (siehe beim Programm CHOLESKY). Für die positiv definite Matrix aus Beispiel 23 dann zufügen

```
1 DATA 4,9,12,3,6,17,7,1,14,-17,70
```

Dazu müssen folgende Programme wie folgt aneinandergefügt werden:

1. CHOLESKY (ab Zeile 2150 streichen, also nur den Zerlegungsteil)
2. Folgende zwei Zeilen einfügen:
```
2600 FOR J=1 TO N:FOR K=J+1 TO N:A(J,K)=A(K,J):A(K,J)=0:NEXT K:NEXT J
2610 FOR J=1 TO N:FOR K=1 TO N:T(J,K)=A(K,J):NEXT K:NEXT J
```
3. Das als QR-VERFAHREN beschriebene Programm (Zeilen 3010 bis 3110)
   Man kann allerdings (wegen Symmetrie) die Zeile 3040 so schreiben:
```
3040    FOR J=I TO N:HH(I,K)=HH(I,K)+A(I,J)*T(J,K):NEXT J:HH(K,I)=HH(I,K)
```

Das **POTENZ-VERFAHREN NACH VON MISES**. Es wird in jeder Iteration gedruckt: Der Vektor y=Ax, dann dieser normiert (Betrags-Norm), dann die Quotienten q der Komponenten und der letzte verfügbare Rayleigh-Quotient. Die Daten unten ergeben Beispiel 27.

```
10  READ N
20  DIM A(N,N),X(N),Y(N)
30  FOR I=1 TO N:FOR K=1 TO N:READ A(I,K):NEXT K:NEXT I
40  FOR K=1 TO N:READ X(K):S=S+X(K)*X(K):NEXT K  'x ist Startvektor
50  FOR K=1 TO N:X(K)=X(K)/SQR(S):NEXT K   'x wird normiert
60  S=0:R=0:B=0:M=M+1       'M zählt die Iterationsschritte
70  FOR K=1 TO N
80    Y(K)=0
90    FOR I=1 TO N:Y(K)=Y(K)+A(K,I)*X(I):NEXT I  'y=Ax wird berechnet
100   S=S+Y(K)*Y(K)
110 NEXT K
120 S=SQR(S)  'Betrag von y
130 FOR I=1 TO N:R=R+X(I)*Y(I):B=B+X(I)*X(I):NEXT I 'xy und xx werden ber.
140 PRINT:PRINT USING "Der Rayleigh-Quotient R[y] lautet: ####.########";R/B
150 PRINT:PRINT USING "Iteration ###";M
160 PRINT "Der Vektor y=Ax: ";:FOR I=1 TO N:PRINT USING "###.#######";Y(I);:NEXT I
180 PRINT:PRINT "y normiert:      ";
190   FOR I=1 TO N:PRINT USING "####.########";Y(I)/S;:NEXT I
200 PRINT:PRINT "Die Quotienten:  ";
210 FOR K=1 TO N
220  IF X(K)=0 THEN PRINT "                ";  ELSE PRINT USING "###.#######";Y(K)/X(K);
230  X(K)=Y(K)/S
240 NEXT K
250 GOTO 60
500 DATA 4,4,1,2,1,1,7,1,0,2,1,4,-1,1,0,-1,3
501 DATA 1,1,1,1        :REM Startvektor
```

Das Programm **DEFLATION DURCH ÄHNLICHKEITS-TRANSFORMATION** berechnet bei Kenntnis eines Eigenvektors T der (n,n)-Matrix A die reduzierte (n-1,n-1)-Matrix (die A überschreibt). Zuerst sind n und dann A gefolgt vom bekannten Eigenvektor einzulesen (Muster ist Beispiel 22). Ausgabe ist die neue "kleinere" Matrix A (und der Eigenwert zum Eigenvektor). Es wird im Falle, daß die erste Komponente von T Null ist, die *erste* von Null verschiedene gesucht (60-80). Die entstandene Matrix kann dann mit einem anderen Verfahren weiterbehandelt werden (sie ist als A, aber nur Zeilen und Spalten 2 bis n gespeichert, siehe Druck-Zeile 160).

```
10  READ N
20  DIM A(N,N),T(N),L(N)
30  FOR I=1 TO N:FOR K=1 TO N:READ A(I,K):NEXT K:NEXT I
```

```
40  FOR I=1 TO N:READ T(I):NEXT I
50  IF T(1)<>0 THEN 130
60  FOR K=1 TO N
70    IF T(K)<>0 THEN 90
80  NEXT K
90  II=K
100 RES=T(II):T(II)=T(1):T(1)=RES
110 FOR K=1 TO N:RES=A(II,K):A(II,K)=A(1,K):A(1,K)=RES:NEXT K
120 FOR K=1 TO N:RES=A(K,II):A(K,II)=A(K,1):A(K,1)=RES:NEXT K
130 FOR K=2 TO N:L(K)=-T(K)/T(1):NEXT K
140 FOR K=2 TO N:FOR I=1 TO N:A(K,I)=A(K,I)+L(K)*A(1,I):NEXT I:NEXT K
150 FOR K=1 TO N:FOR I=2 TO N:A(K,1)=A(K,1)-L(I)*A(K,I):NEXT I:NEXT K
160 FOR K=2 TO N:FOR I=2 TO N:PRINT USING"###.#######";A(K,I);:NEXT I:PRINT:NEXT K
170 PRINT "Eigenwert zum verwandten Eigenvektor ist ";:PRINT A(1,1)
300 DATA 4
301 DATA 3,0,-1,1,0,7,1,1,-1,1,4,2,1,1,2,4
302 DATA 0,2,1,1    :REM Der bekannte Eigenvektor zum bekannten Eigenwert
```

Das Programm **HORNER** berechnet den Funktionswert p(a) und die Koeffizienten des Taylor-Polynoms der Entwicklung von p nach Potenzen von (x-a). Dabei ist p in der Newton-Form gegeben. Es sind der Grad des Polynoms p(x), dann die Knoten und Koeffizienten je im Sinne steigender Potenzen einzulesen (Muster ist Beispiel 2). Die Knoten müssen nicht notwendig paarweise verschieden sein. Ausgabe sind die Koeffizienten der Entwicklung nach (x-a) im Sinne steigender Potenzen.
Dieses Programm kann an das Programm NEWTON-INTERPOLATION angehängt werden, dann erscheint das *interpolierende* Polynom nach Potenzen von (x-a) entwickelt. Dazu sind in Letzterem die Zeile 70, in diesem Programm die Zeilen 510, 520, 540 und 550 zu streichen. Aus diesem Grunde wurden die Zeilen 530 bzw. 560 nicht in 520 bzw. 550 genommen.

```
510 READ N
520 DIM Y(N),X(N)
530 DIM A(N)
540 FOR K=0 TO N-1:READ X(K):NEXT K
550 FOR K=0 TO N:READ Y(K):NEXT K
560 FOR K=0 TO N:A(K)=Y(K):NEXT K
570 INPUT "Wert a eingeben: ",A
580 FOR K=0 TO N
590   FOR I=N TO K+1 STEP -1:A(I-1)=A(I)*(A-X(I-K-1))+A(I-1):NEXT I
600   PRINT USING " ###.####";A(K);
610 NEXT K
620 PRINT
630 GOTO 560
700 DATA 4                 :REM Grad
701 DATA -2,-1,1,-2        :REM n Knoten nach aufsteigenden Potenzen
702 DATA 2,-3,0,-10,3      :REM n+1 Koeffizienten nach aufsteigenden Potenzen
```

Dieses Programm **NEWTON-INTERPOLATION** berechnet die Koeffizienten des Newtonschen Interpolationspolynoms *mit einfachen Knoten*. Zuerst ist die Zahl der Knoten, dann die Paare (x,y) einzugeben (als Muster sind die Zahlen aus Beispiel 5 angegeben). Die Koeffizienten werden im Sinne steigender Potenzen gedruckt (wie Seite 114, Zeile 4), sie sind in dieser Reihenfolge als y(0) bis y(n) gespeichert (die alten y sind am Ende also überschrieben).

```
10 READ N:N=N-1
20 DIM X(N),Y(N)
30 FOR K=0 TO N:READ X(K),Y(K):NEXT K
40 FOR K=1 TO N
50   FOR I=N TO K STEP -1:Y(I)=(Y(I)-Y(I-1))/(X(I)-X(I-K)):NEXT I
60 NEXT K
70 FOR K=0 TO N:PRINT USING" ###.#####";Y(K);:NEXT K
80 DATA 5
90 DATA -1,1,0,0,1,0,3,4,4,-1
```

Das Programm **NEVILLE-AITKEN**-Algorithmus berechnet den Funktionswert des Interpolationspolynoms gegebener Wertepaare (x,y). Zuerst ist die Zahl der Paare einzulesen, dann die Paare selbst (Muster ist Beispiel 10). Die Zahl x wird über Tastatur eingegeben. Die y-Werte werden überschrieben.

```
10  READ N:N=N-1
20  DIM X(N),Y(N)
30  FOR K=0 TO N:READ X(K),Y(K):NEXT K
40  INPUT "Wert x ",X
50  FOR K=1 TO N
60    FOR I=0 TO N-K
70      Y(I)=((X-X(I))*Y(I+1)-(X-X(I+K))*Y(I))/(X(I+K)-X(I))
80    NEXT I
90  NEXT K
100 PRINT USING"p(###) ist ###.#####";X,Y(0)
500 DATA 5
501 DATA -1,1,0,0,1,0,3,4,4,-1
```

Das Programm berechnet die natürliche kubische **SPLINE-FUNKTION**, die gegebene Daten interpoliert. Zuerst ist über DATA-Anweisung die Zahl n der Paare einzulesen, dann die n Paare (x,y). Unten sind es die Daten aus Beispiel 13.

```
10  READ N:N=N-1 'n=Zahl der Interpolationsknoten
20  DIM X(N),F(N),MU(N),LAMDA(N),D(N)
30  FOR I=0 TO N:READ X(I),F(I):NEXT I
40  FOR I=0 TO N-1:DX(I)=X(I+1)-X(I):DF(I)=F(I+1)-F(I):NEXT I
50  FOR I=1 TO N
60  LAMDA(I)=DX(I)/(DX(I-1)+DX(I)):MU(I)=1-LAMDA(I):NEXT I
70  FOR I=1 TO N-1:R(I)=6*(DF(I)/DX(I)-DF(I-1)/DX(I-1))/(DX(I-1)+DX(I)):NEXT I
80  LAMDA(0)=0:R(0)=0:MU(N)=0:R(N)=0
90  FOR I=0 TO N:D(I)=2:NEXT I
100 FOR I=1 TO N
110   L(I)=MU(I)/D(I-1):D(I)=D(I)-L(I)*LAMDA(I-1):R(I)=R(I)-L(I)*R(I-1)
120 NEXT I
130 MOM(N)=R(N)/D(N)
140 FOR I=N-1 TO 0 STEP -1:MOM(I)=(R(I)-LAMDA(I)*MOM(I+1))/D(I):NEXT I
150 FOR I=0 TO N-1
160   C(I)=DF(I)/DX(I)-(2*MOM(I)+MOM(I+1))*DX(I)/6
170   B(I)=MOM(I)/2
180   A(I)=(MOM(I+1)-MOM(I))/6/DX(I)
190 NEXT I
200 PRINT
210 PRINT"Die Faktoren in den Intervallen lauten mit fallenden Exponenten:"
220 FOR I=0 TO N-1
230   PRINT USING"##.## ≤x≤##.##:";X(I),X(I+1);
240   PRINT USING" ###.#########";A(I),B(I),C(I),F(I)
250 NEXT I
500 DATA 4
501 DATA 0,-1,1,2,3,12,4,19
```

Das Programm berechnet das Integral nach der **SEHNEN-TRAPEZ-REGEL**. In Zeile 10 ist der Integrand hinter = zu schreiben (hier Muster Beispiel 1).

```
10 DEF FNF(X)=sin(x)
20 INPUT "Beide Grenzen durch Komma getrennt ",A,B
30 INPUT "Zahl n der Teilintervalle ",N
40 H=(B-A)/N
50 FOR I=1 TO N-1:S=S+FNF(A+I*H):NEXT I
60 S=S+0.5*(FNF(A)+FNF(B))
70 PRINT "Wert des Integrals: ",H*S
```

Das Programm berechnet das Integral nach der Formel von **SIMPSON**. In Zeile 10 ist der Interand hinter = zu schreiben (hier Muster Beispiel 1).

```
10 DEF FNF(X)=sin(x)
20 INPUT "Beide Integrationsgrenzen a,b, durch Komma getrennt: ",A,B
30 INPUT "Zahl der Schritte (gerade Zahl) ",N
40 H=(B-A)/N
50 FOR I=1 TO N-2 STEP 2:S1=S1+FNF(A+I*H):S2=S2+FNF(A+H+I*H):NEXT I
60 S1=4*(S1+FNF(A+(N-1)*H)):S2 = 2*S2+FNF(A)+FNF(B)
70 PRINT "Wert des Integrals: ";(S1+S2)*H/3
```

Das Programm zur **GAUSS-LEGENDRE-QUADRATUR**. Dazu wird das Integrationsintervall zerlegt in n Teilintervalle, in jedem auf [-1,1] transformiert (Zeile 70) und die Näherung berechnet. In Zeile 10 ist der Integrand hinter das =-Zeichen zu schreiben (hier ist es Beispiel 4), dann sind die Integrationsgrenzen und die Zahl der Intervall-Zerlegungen (s.o.) anzugeben. Die hier vorgegebene Stellenzahl der Knoten und Gewichte wird natürlich nicht ausgenutzt, wenn die verwandte BASIC-Version diese Stellenzahl überhaupt nicht verarbeiten kann (Zeilen 40 und 50).

```
10  DEF FNF(X)=exp(-x*x/2)/sqr(3.141592653589793/2)
20  INPUT "Integrationsgrenzen durch Komma getrennt: ";A,B
30  INPUT "Zahl der Teilintervalle ",N:H=(B-A)/N:A0=A:A1=A+H
40  XX(1)=0.861136311594049:XX(2)=0.339981043584865:XX(3)=-XX(1):XX(4)=-XX(2)
50  GEW(1)=0.3478548451374568:GEW(2)=0.6521451548625432 'Gewichte, xx Knoten
60  FOR J=1 TO N
70    FOR I=1 TO 4:X(I)=(XX(I)+1)*(A1-A0)/2+A0:NEXT I
80    G=G+(A1-A0)*.5*(GEW(1)*(FNF(X(1))+FNF(X(3)))+GEW(2)*(FNF(X(2))+FNF(X(4))))
90    A0=A1:A1=A1+H
100 NEXT J
110 PRINT "Näherung für das Integral ",G
120 END
```

Das **RUNGE-KUTTA-VERFAHREN**. In Zeile 10 ist die rechte Seite der Differentialgleichung y'=f(x,y) einzutragen (hier als Muster Beispiel 3). Der Rest ist wohl verständlich. Es ist allerdings eine BASIC-Version erforderlich, die benutzerdefinierte Funktionen *zweier* Variablen verarbeiten kann. Abbruch muß per Hand erfolgen. Gedruckt werden jeweils x und y.

```
10 DEF FNF(X,Y)=1/2/(y-x*x*x)+3*x*x
20 INPUT "Anfangswerte x0,y0 durch Komma getrennt: ",X,Y
30 INPUT "Schrittweite h eingeben: ",H
40 K1=FNF(X,Y):K2=FNF(X+H/2,Y+H/2*K1):K3=FNF(X+H/2,Y+H/2*K2):K4=FNF(X+H,Y+H*K3)
50 Y=Y+H*(K1+2*K2+2*K3+K4)/6
60 X=X+H
70 PRINT X,Y
80 GOTO 40
```

Das Verfahren von **ADAMS-BASHFORTH**. In 10 ist die rechte Seite der Differentialgleichung y'=f(x,y) einzutragen (hier als Muster Beispiel 4), dann sind Werte über Tastatur einzugeben. Die ersten Werte y_1, y_2 und y_3 werden nach dem Runge-Kutta-Verfahren berechnet (Zeilen 50 bis 110). Der Abbruch muß per Hand erfolgen.

```
10  DEF FNF(X,Y)=-2*X*Y*Y/(X*X+1)
20  DIM Y(3)
30  INPUT "Anfangswerte x0,y0 durch Komma getrennt: ",X,Y:Y0=Y
40  INPUT "Schrittweite h eingeben: ",H
50  FOR I=1 TO 3
60    K1=FNF(X,Y):K2=FNF(X+H/2,Y+H/2*K1):K3=FNF(X+H/2,Y+H/2*K2):K4=FNF(X+H,Y+H*K3)
70    Y=Y+H*(K1+2*K2+2*K3+K4)/6:X=X+H
```

```
80     PRINT X,Y
90     Y(I)=Y
100 NEXT I
110 Y1=Y(1):Y2=Y(2):Y3=Y(3)
120 X1=X0+H:X2=X1+H:X3=X2+H
130 F0=FNF(X0,Y0):F1=FNF(X1,Y1):F2=FNF(X2,Y2)
140 F3=FNF(X3,Y3)
150 Y4=Y3+H/24*(55*F3-59*F2+37*F1-9*F0)
160 X3=X3+H:Y3=Y4
170 PRINT X3,Y3
180 F0=F1:F1=F2:F2=F3
190 GOTO 140
```

Das Prädiktor-Korrektor-Verfahren von <u>**ADAMS-MOULTON**</u>. Siehe die Erläuterungen beim Verfahren von Adams-Bashforth.

```
10  DEF FNF(X,Y)=-2*X*Y*Y/(X*X+1)
20  DIM Y(3)
30  INPUT "Anfangswerte x0,y0 durch Komma getrennt: ",X,Y:Y0=Y
40  INPUT "Schrittweite h eingeben: ",H
50  FOR I=1 TO 3
60     K1=FNF(X,Y):K2=FNF(X+H/2,Y+H/2*K1):K3=FNF(X+H/2,Y+H/2*K2):K4=FNF(X+H,Y+H*K3)
70     Y=Y+H*(K1+2*K2+2*K3+K4)/6:X=X+H
80     PRINT X,Y
90     Y(I)=Y
100 NEXT I
110 Y1=Y(1):Y2=Y(2):Y3=Y(3)
120 X1=X0+H:X2=X1+H:X3=X2+H
130 F0=FNF(X0,Y0):F1=FNF(X1,Y1):F2=FNF(X2,Y2)
140 F3=FNF(X3,Y3)
150 Y4=Y3+H/24*(55*F3-59*F2+37*F1-9*F0)
160 PRINT "x: ";X3+H,:PRINT "Prädiktor: ";Y4,
170 F4=FNF(X3+H,Y4)
180 Y4=Y3+H/24*(9*F4+19*F3-5*F2+F1)
190 PRINT "Korrektor: ";Y4
200 F0=F1:F1=F2:F2=F3
210 X3=X3+H:Y3=Y4
220 GOTO 140
```

Das <u>**DIFFERENZEN-VERFAHREN**</u> für gewöhnliche Randwertaufgaben 2. Ordnung, gegeben in der Form

$$y'' + f_1(x)\cdot y' + f_0(x)\cdot y = r(x),\quad a_0y'(a) + b_0y(a) = r_0,\quad a_1y'(b) + b_1y(b) = r_1.$$

Zuerst sind aus DATA-Anweisungen einzulesen a und b, dann die Zahlen a_1, b_1 und r_1 der Randbedingungen, dann n. Die Funktionen f_1, f_0 und r sind in die Zeilen 30 bis 50 zu schreiben (die hier als Muster eingesetzten Daten in den Zeilen 30 bis 50 und 300 und 301 sind die von Beispiel 14). Da das entstehende Gleichungssystem tridiagonal ist, haben wir die benötigten Zeilen 570-620 des Programmes TRIDIAGONALSYSTEM gleich angehängt. Es wird für die 1.Ableitung in der Differentialgleichung der vordere Differenzenquotient verwendet. Soll der hintere bzw. zentrale verwendet werden, so ist die Zeile 100 zu ersetzen durch die entsprechende der beiden folgenden Zeilen

```
100  A(1,I)=1-H*FNF1(X)/2:A(2,I)=-2+H*H*FNF0(X):A(3,I)=1+H*FNF1(X)/2 'zentraler DQ
100  A(1,I)=1-H*FNF1(X):A(2,I)=-2+H*FNF1(X)+H*H*FNF0(X):A(3,I)=1      'hinterer  DQ
```

```
10  READ A,B
20  READ A0,B0,R0:READ A1,B1,R1
30  DEF FNF1(X)=2+X          'Faktor von y'
40  DEF FNF0(X)=1+X          'Faktor von y
50  DEF FNR(X)=X             'Störfunktion
60  READ N:H=(B-A)/N:N=N+1
70  DIM A(3,N)
```

```
80  FOR I=2 TO N-1
90    X=A+(I-1)*H
100   A(1,I)=1:A(2,I)=-2-H*FNF1(X)+H*H*FNF0(X):A(3,I)=1+H*FNF1(X)       'vorderer DQ
110   A(0,I)=H*H*FNR(X)     'rechte Seiten
120 NEXT I
130 A(2,1)=H*B0-A0:A(3,1)=A0:A(0,1)=H*R0
140 A(1,N)=-A1:A(2,N)=H*B1+A1:A(0,N)=H*R1
150 PRINT USING"Näherungen für y(##.#) bis y(##.#) bei Schrittweite ##.##";A,B,H
300 DATA -1,1
301 DATA 0,1,2,1,0,0,4
570 FOR I=2 TO N
580   AL=A(1,I)/A(2,I-1):A(2,I)=A(2,I)-AL*A(3,I-1):A(0,I)=A(0,I)-AL*A(0,I-1)
590 NEXT I
600 X(N)=A(0,N)/A(2,N)
610 FOR I=N-1 TO 1 STEP -1:X(I)=(A(0,I)-A(3,I)*X(I+1))/A(2,I):NEXT I
620 FOR I=1 TO N:PRINT X(I):NEXT I
```

Das **SIMPLEX-VERFAHREN** für das Maximum-Problem, alle Restriktionen mit ≤. Zuerst sind in DATA-Anweisungen einzufügen die Zahl m der Restriktionen, n der Variablen, dann A zeilenweise, die rechten Seiten der Restriktionen, dann die Koeffizienten der Zielfunktion und deren Absolutglied (oft 0). Als Muster sind die Daten von Beispiel 4 angefügt. Ausgabe ist der Lösungspunkt, der Wert der Zielfunktion im Lösungspunkt, die Werte der Schlupfvariablen im Lösungspunkt und die Zahl der Eckenaustausche. Dabei sind die Variablen mit X(1) bis X(N), die Schlupfvariablen weiter mit X(N+1) bis X(N+M)=X(K) bezeichnet. Das Programm ist sehr einfach und sieht keine Entartungsfälle vor (es kann sich also in einer Schleife fangen). Ferner wird von den ursprünglichen Variablen als Nullvariablen ausgegangen (Zeile 90).

```
10 READ M,N:K=M+N                      'M Zahl der Restriktionen, N Zahl der Variablen
20 DIM A(M,K+2),JJ(K),JJJ(M)
30 FOR I=1 TO M:FOR J=1 TO N:READ A(I,J):NEXT J:NEXT I 'Matrix A
40 FOR I=1 TO M:READ A(I,K+1):NEXT I                   'Rechte Seiten
50 FOR I=1 TO N:READ A(0,I):NEXT I:READ A(0,K+1)       'Zielfunktion, Abs.-Glied
60 NSCHRITT=1                                          'Zahl der Eckentausche
70 FOR J=1 TO M:JJJ(J)=J+N:NEXT J
80 FOR I=1 TO M:A(I,N+I)=1:NEXT I
90 FOR I=1 TO K:JJ(I)=I:NEXT I                         'Basisvariablen-Protokoll
100 'Das Simplex-Verfahren beginnt
110 '1. Suche größten positiven Faktor in der Zielfunktion
120     AMAX=0:JMAX=0
130     FOR I=1 TO K
140      IF A(0,I)<=AMAX THEN 160
150      AMAX=A(0,I):JMAX=I
160     NEXT I
170     IF AMAX=0 THEN 410
180 '2. Quotienten berechnen und kleinsten unter den größten finden
190     AMAX=0
200     FOR I=1 TO M
210      IF A(I,JMAX)<=0 THEN A(I,K+2)=9E+37 ELSE A(I,K+2)=ABS(A(I,K+1)/A(I,JMAX))
220      IF A(I,K+2)>AMAX THEN AMAX=A(I,K+2)
230     NEXT I
240     FOR I=1 TO M
250      IF A(I,K+2)>=AMAX THEN 270
260      AMAX=A(I,K+2):IMIN=I
270     NEXT I
280     APIVOT=A(IMIN,JMAX)
290 '3. Simplexschritt
300     NSCHRITT=NSCHRITT+1
310     JJJ(IMIN)=JMAX
320     FOR I=0 TO M
330       IF I=IMIN THEN 380
```

```
340       AA=A(I,JMAX)/APIVOT
350       FOR J=1 TO K+1
360         IF J=JMAX THEN A(I,J)=0 ELSE A(I,J)=A(I,J)-AA*A(IMIN,J)
370       NEXT J
380     NEXT I
390     FOR J=1 TO K+1:A(IMIN,J)=A(IMIN,J)/APIVOT:NEXT J
400 GOTO 120
410 PRINT "Das Maximum wird angenommen im Punkte"
420 FOR I=1 TO M
430   IF JJJ(I)>N THEN 450
440   PRINT USING"x(##)= #######.######";JJJ(I),A(I,K+1)
450 NEXT I
460 PRINT "alle anderen ursprünglichen Variablen sind 0."
470 PRINT USING"C(max) = #####.######";-A(0,K+1):PRINT
480 PRINT "Schlupfvariable dort:"
490 FOR I=1 TO M
500   IF JJJ(I)<N+1 THEN 520
510   PRINT USING"x(##)=#######.######";JJJ(I),A(I,K+1)
520 NEXT I
530 PRINT "alle anderen Schlupfvariablen sind 0.":PRINT
540 PRINT USING"Es wurden insgesamt ## Eckenaustausche durchgeführt";NSCHRITT-1
550 END
900 DATA 5,3  :REM Zahl der Restriktionen, Zahl der Variablen in den Ungleichungen
901 DATA 2,2,1,4,1,2,1,2,1,2,1,2,1,1,1   :REM A zeilenweise
902 DATA 10,14,8,8,15                    :REM rechte Seiten
903 DATA 4,7,2,0                         :REM Zielfunktion hier 4x+7y+2z+0
```

Alphabetischer Index

Es bedeuten
LG: lineare Gleichungssysteme, EW: Eigenwertaufgaben, I: Interpolation, LO: lineare Optimierung, VR: Variationsrechnung, AWA: Anfangswertaufgaben, RWA:Rand- und Eigenwertaufgaben, PD: partielle Differentialgleichungen, LT: Laplace-Transformation.

Gerhard Merziger / Thomas Wirth
Repetitorium der Höheren Mathematik

Kein Lehrbuch, keine Formelsammlung.
Mathematische Verfahren werden anhand von mehr als **1200** durchgerechneten Beispielen und Aufgaben erklärt.

ISBN 3-923923-33-3 570 Seiten unverb. empf. LP **29,80 DM**

Gerhard Merziger / Thomas Wirth
BASIC – Programme zur Höheren Mathematik

60 Programme Listings, Gebrauchsanweisungen und ausführlich kommentierte Beispiele.

ISBN 3-923923-15-5 192 Seiten unverb. empf. LP **17,80 DM**

Diskette (MSDOS 3,5" oder 5,25") zu **17,80 DM** beim Verlag.

Dietrich Feldmann
Repetitorium der Ingenieurmathematik – Teil 1

Standardarbeitsbuch zur Ingenieurmathematik.
Ausführliche Erklärungen der Rechenverfahren mit über 1000 durchgerechneten Beispielen und Aufgaben.

ISBN 3-923923-00-7 332 Seiten unverb. empf. LP **21,80 DM**

Dietrich Feldmann
Repetitorium der Ingenieurmathematik – Teil 2

Numerische Verfahren.
Lineare Gleichungssysteme, Eigenwertaufgaben, Interpolation, Integration, Lineare Optimierung, Variationsrechnung, Anfangswertaufgaben, Rand- und Eigenwertaufgaben, partielle Differentialgleichungen, Laplace-Transformation.
ca. 250 ausführlich behandelte Beispiele.

ISBN 3-923923-04-X 416 Seiten unverb. empf. LP **23,80 DM**

Günter Mühlbach
Repetitorium der Ingenieurmathematik – Teil 3

Wahrscheinlichkeitsrechnung und Statistik.
Zufallsgrößen, Verteilungen, Korrelationen und Regressionen, Parameterschätzungen, Konfidenzintervalle, Qualitätskontrollen, Tests.

ISBN 3-923923-30-9 174 Seiten unverb. empf. LP **18,80 DM**

Franco Binomi
Vorbereitung zum Vordiplom – Mathematik für Ingenieure I, II

Für immer wieder auftretende Aufgabentypen in Vordiplomklausuren werden Lösungsrezepte angegeben.

ISBN 3-923923-11-2 78 Seiten unverb. empf. LP **9,80 DM**

Dietrich Feldmann
Turbo-Pascal-Quelltexte – Zur Ingenieurmathematik

180 Prozeduren in 10 Units über 80 fertige Programm-Beispiele
Ausdruck aller Zwischenergebnisse möglich.
Interpolation, Integration, Matrizen, Lineare Gleichungssysteme, Eigenwertaufgaben, Anfangswertaufgaben, Rand- und Eigenwert, partielle Differentialgleichungen, Lineare Optimierung.

ISBN 3-923923-03-1 364 Seiten unverb. empf. LP **32,80 DM**

Diskette (MSDOS 3,5") zu **17,80 DM** beim Verlag.